기후위기, 환경 그리고 기후형법

기후위기에 대한
대응으로서 기후형법

김 재 윤

Climate Crisis, Environment and Climate Criminal Law

Climate Criminal Law as a Response to the Climate Crisis

法 文 社

이 저서는 2022년 대한민국 교육부와 한국연구재단의 지원을 받아 수행된 연구임
(NRF-2022S1A6A4044425)

머리말

미국 <뉴욕매거진>의 부편집장이자 칼럼니스트인 데이비드 월러스 웰즈(David Wallace-Wells)는 ≪2050 거주불능 지구(The Uninhabitable Earth)≫라는 책에서 2050년 기후난민의 수가 최대 10억 명 돌파, 여름철 최고 기온이 평균 35도 이상인 도시가 970개까지 증가, 폭염으로 전 세계에서 25만 5천 명이 사망 등 지구에서 인간이 더 이상 거주가 불가능할 것이라는 암울한 기후재난 시나리오를 제시하고 있습니다.

여러분의 생각은 어떤지 궁금합니다. 이 시나리오가 실제로 실현될 수 없고 그저 재난 영화의 시나리오일 뿐이라고 생각할 수 있습니다. 하지만 매년 우리나라의 여름철 폭염과 폭우, 겨울철 한파와 폭설 등을 겪으며, 기후변화가 우리나라에도 예외 없이 큰 영향을 미치고 있음을 누구도 부인할 수 없을 것입니다. 인류가 현재 직면한 기후변화에 따른 기후위기는 과거의 어떤 위기와도 비교될 수 없을 정도로 심각하고 전면적이어서 인간 실존의 위기일 뿐만 아니라 지구 전체의 위기입니다.

기후과학자가 아닌 법학자, 특히 형법학자는 기후위기에 대해 어떤 대응책을 제시할 수 있을까라는 의문이 이 책을 쓰게 된 근본적인 이유입니다. 필자는 그동안 환경범죄, 기업(법인)범죄, 의료범죄를 중심으로 연구를 진행해 왔습니다. 특히, "환경범죄와 관련하여 현대 환경형법에 있어 보편적 법익과 법익보호의 정당성에 관한 고찰"(환경법연구 제26권 제2호, 2004.6), "환경위험의 법적 조정 가능성과 한계에 관한 고찰"(환경법연구 제28권 제1호, 2006.5), "원자력과 방사성물질등의 위험에 대한 형법적 보호"(법학연구 제45권 제1호, 2012.2), "환경범죄단속법상 형벌규정의 문제점과 개정방향"(일감법학 통권 제40호, 2018.6), "초국가적 환경범죄에 대한 우리나라 환경형법 적용과 관련된 쟁점"(형사정책 제31권 제4호, 2020) 등 관련 논문을 형사법 전문학술지에 게재했습니다. 이러한 연구 수행 중 녹색범죄, 녹색범죄학, 생태정의, 녹색법학, 지구법학 등 관련 주제에 관한 연구가 영미법계 국가를 중심으로 활발히 진행되고 있음을 알게 되었습니다. 특히, 2019년 4월 21일 타계한 영국 변호사 폴리 히긴스(Polly Higgins)가 생태살해(ecocide)죄를 로마규정(Rome Statute)상 다섯 번째 국제범죄로 만들기 위해 활발한 캠페인을 전개했으며, 관련 연구가 영미법계 국가를 중심으로 상당히 활발하게 전개되었습니다. 그러나 우리나라에서 녹색범죄, 생태살해 범죄, 기후범죄 등에 대한 연구 결과물을 찾아보기 힘듭니다. 이는 국내 형법학자 가운데 환경범죄를 연구하는 학자가 소수이고, 또 2019년 로스쿨 출범 후에 학문후속세대 양성의 실패로 더 이상 학문적 열정을 가지고 법학(환경형법학 포함)을 연구하는 연구자가 적은 데서도 기인합니다.

이에 필자는 그간 환경범죄를 연구한 성과를 바탕으로 한국연구재단의 2022년 저술출판지원사업에 지원한 '기후위기, 환경 그리고 기후형법 －기후위기에 대한 대응으로서 기후형법－'이라는 과제가 선정되어 3년의 연구 끝에 이 책을 출간하게 되었습니다. 이 주제에 대한 연구 과정에서 작성한 몇 편의 논문을 형사법 전문학술지에 게재하고 학술대회에서 발표하면서 형법학계에 생태살해 범죄(ecocide crime), 기후범죄(climate crime), 탄소범죄(carbon crime), 기후형법(climate criminal law), 녹색범죄학(green criminology), 녹색범죄(green crime), 기후정의(climate justice), 녹색정의(green justice), 생태정의(eco justice), 지구법학(earth jurisprudence) 등 관련 개념을 소개하고 기후형법의 이론적 체계의 구축을 미흡하나마 시도하였습니다. 그 과정에서 몇몇 형법학자는 생태살해 범죄, 기후범죄, 탄소범죄 등의 개념이 모호하고 형법의 최후수단성에 배치된다는 부정적 견해를 밝히기도 하였습니다. 하지만 형법의 보충성을 누구보다 잘 알고 있으면서도 기후위기에 대한 적절한 대응책의 제시에 형법학만이 예외가 될 수 없을 것입니다. 이에 부족하나 한국 형법학자로서는 처음으로 기후범죄, 생태살해 범죄 등 관련 논의를 종합적으로 다룬 책을 출간하게 되었습니다. 이 책의 주제를 연구하면서 형사법 전문학술지에 게재한 6편의 연구논문의 목록은 다음과 같습니다.

1. "국제범죄로서 '생태살해(ecodide)죄' 도입에 대한 검토", 형사정책 제34권

제1호, 한국형사정책학회, 2022.4, 141~165면.

2. “‘생태살해죄’ 심리법원으로서 국제형사재판소의 한계와 대안”, 형사법연구 제35권 제2호, 한국형사법학회, 2023.6, 287~317면.
3. “기후변화에 대한 범죄학적 대응의 내용과 한계”, 형사정책 제36권 제1호, 한국형사정책학회, 2024.4, 7~35면.
4. “탄소범죄의 관점에서 본 각국의 기후변화법상 탄소배출 감축 대응의 내용과 한계”, 일감법학 제59호, 건국대학교 법학연구소, 2024.12, 419~456면.
5. “인권, 형법 그리고 국제형법 차원에서 녹색범죄에 관한 시론적 연구”, 형사정책 제37권 제1호, 한국형사정책학회, 2025.4, 145~176면.
6. “기후위기 시대에 기후범죄에 대한 소고 –기후범죄의 개념, 유형 및 성격을 중심으로”, 법학연구 제25권 제2호, 한국법학회, 2025.6, 41~72면.

연구를 마친 지금 시점에서 되돌아보면, 기후형법의 이론적 구축이라는 야심찬 연구 목표를 제시하였으나, 그 이론적 논의와 체계화에 있어 여전히 미흡한 점이 적지 않음을 절실히 느낍니다. 결론에서 밝힌 바와 같이, 본 연구는 기후위기 극복을 위하여 종래의 인간중심적 환경형법이 지닌 이론적 한계를 넘어 기후형법의 새로운 이론적 기반을 모색하고자 한 첫 시도에 불과합니다. 첫술에 배부를 수는 없는 법입니다. 저의 역할은 기후형법의 개념을 소개하고 논의를 촉발하는 데 그치며, 앞으로 이 분야의 이론적 토대가 충실히 구축될 수 있도록 훌륭한 동료 및 선후배 형법학자들께서 지혜와 역량을 모아 주시기를 기대합니다.

끝으로, 이 책이 출간되기까지 저자를 물심양면으로 도와주신 모든 분에게 감사의 말씀을 전하고 싶습니다. 그 가운데서도 이 연구 주제를 연구하는 동안 많은 도움을 주신 건국대학교 법학전문대학원의 모든 교수님들, 특히 저자를 학문의 길로 이끌어주시고 학문적 조언을 아낌없이 보내주신 손동권 명예교수님과 2025학년도 1학기를 끝으로 정년을 맞이하신 이승호 교수님께 깊은 감사의 말씀을 드립니다. 그리고 에코사이드, 녹색범죄학 등 관련 해외도서를 구입해 주신 법원도서관 외국 법률도서 지원사업 담당자님, 이 책의 저술 과정에서 발표의 기회를 주신 의정부지검(환경중점검찰청) 환경・자연유산보호 전문검사 커뮤니티의 김성훈 검사장님, (사)한국법학회 권오걸 회장님께 특별히 감사드립니다. 마지막으로 이 책의 출간을 흔쾌히 허락해 주신 법문사 배효선 대표님과 계약 · 편집 · 교정 작업에 수고를 아끼지 않은 김성주 과장님, 노윤정 차장님께 감사드립니다.

2025년 7월

건국대학교 법학전문대학원 연구실에서 일감호를 바라보며

김 재 윤

저자 약력

■ **김 재 윤**

건국대학교 법학전문대학원 교수

기업범죄, 환경범죄, 의료범죄를 중심으로 활발한 연구 활동을 펼치고 있는 형사법 학자이다. 특히 2015년 출간한 단행본 『기업의 형사책임』은 기업(법인) 대한 범죄능력 인정을 위한 이론적 탐구의 결과물로 2016년도 대한민국학술원 우수학술도서로 선정된 바 있다. 그리고 2020년 출간한 『기업범죄예방과 준법지원인제도』는 기업범죄예방을 위한 컴플라이언스(Compliance) 제도를 형사법적 시각에서 중점적으로 다루어 2021년 세종도서로 선정되었다. 2021년부터는 기후위기와 기후형법의 관계에 대해 깊은 관심을 가지고 연구를 진행하고 있다. 또한 그는 2004년 9월 1일 인제대학교 법학과 조교수 임용을 시작으로 2019년 8월말까지 12년간 근무하던 전남대학교 법학전문대학원을 떠나 현재 건국대학교 법학전문대학원에서 원장 직무를 수행하며 변호사 양성에 힘쓰고 있다.

목 차

Contents

Climate Crisis, Environment and Climate Criminal Law

서론

현재 인류는 18세기 산업혁명 이후 과학기술의 끊임없는 발전을 통해 그 어느 세기의 인류보다 풍요로운 삶을 영위하고 있다. 하지만 현재 인류가 향유하는 물질적 풍요의 이면에는 화석연료의 사용에 따른 이산화탄소나 아산화질소 등 온실가스가 지구대기에 확산·누적되어 지구온난화에 따른 '기후변화(climate change)'[1]가 급격히 진행되고 있다. 세계기상기구(WMO)가 2020년 12월에 발표한 보고서에 따르면 2020년 지구 평균기온은 산업화 이전(1850~1900년) 수준보다 약 1.2℃ 높을 것으로 예상되고, 2024년까지 일시적으로 1.5℃를 초과할 가능성은 적어도 20%라고 한다.[2] 이러한 지구온난화에 따른 기후변화는 극심한 기상이변, 자연재해 증가, 빙하 손실, 해수면 상승, 허리케인, 홍수와 범람, 극한 폭염, 가뭄과 용수 부족, 산불, 사막화, 열대 풍토병과 매개체 감염질환 급증 등을 발생시키고, 그로 인해 수백만 명의 사람들에게 영향을 미쳐 현재의 인류의 생존뿐만 아니라 미래세대의 삶까지도 위협하는 '기후위기(climate crisis)'를 초래하고 있다. 실제로 2020년 한해만 보아도 유럽 관측 사상 최고기온, 이탈리아 베네치아, 모데나(Modena) 지역에서의 홍수, 호주에서 2019년 9월부터 2020년 2월까지 6개월간 지속된 역사상 최악의 산불 사태, 동아프리카 메뚜기 떼, 캘리포니아 주와 오리건 주 등 미국 서부의 궤멸적 산불 등이 발생하여 2020년을 "기후위기 서막이 끝난 해"라고 불릴 수 있을 정도이다.[3] 이러한 기후변화에 따른 기후위기의 심각성은 인류에게 기후위기 문제에 즉각적이고 효율적인 대응을 할 것을 요구하고 있다. 이에 범지구적인 기후위기에 적극적으로 대처하기 위해

1) 기후변화는 인간 활동에 직접 또는 간접으로 기인하여 지구대기의 구성을 변화시키는 상당한 기간 동안 관측된 자연적 기후 가변성에 추가하여 일어나는 기후의 변화(「기후변화에 관한 국제연합 기본협약」 제1.2조), 또는 사람의 활동으로 인하여 온실가스의 농도가 변함으로써 상당 기간 관찰되어 온 자연적인 기후변동에 추가적으로 일어나는 기후체계의 변화(「기후위기 대응을 위한 탄소중립·녹색성장 기본법」 제2조 제1호) 등으로 정의된다.

2) WMO, WMO Provisional Report on the State of the Global Climate 2020 참조.

3) 조효제, 『탄소사회의 종말』, 21세기북스, 2021, 9면.

서는 기상학, 생태학, 정치학, 경제학, 사회학, 철학 등의 영역에서 그 대응 전략이 모색되어야 하는데, 범죄학과 (형)법학 분야도 예외가 될 수 없다.

기후위기에 대한 대응과 관련하여 최근 범죄학 분야에서는 "환경범죄나 환경위해를 연구하고, 종차별주의(speciecism)와 환경정의(environmental justice) 내지 기후정의(climate justice)"를 주된 연구 분야로 하는 '녹색범죄학(green criminology)'[4]이 새롭게 제시되어 주목받고 있다. 1990년 마이클 린치(Michael J. Lynch) 교수가 처음 제시한 녹색범죄학은 대인폭력범죄, 거리범죄, 주거침입죄 등과 같은 전통범죄학의 연구범위를 넘어 지역 및 지구생태계에 인간의 활동이 파괴적 영향을 미치는 곳까지 포괄하여 환경침해, 환경법, 환경규제 등을 연구하는 학문을 말한다.[5] 대표적인 녹색범죄학 분야의 연구자인 롭 화이트(Rob White)는 "환경범죄에 대한 관심은 지역 및 전 지구적인 것을 고려해야 하고, 그러한 침해가 관할권, 지리적 조건, 사회적 분할의 통상적인 범위를 뛰어넘는 방식을 고려할 필요"가 있으며, 그 분석의 이론적 틀은 "인간과 자연 사이의 관계를 개념화한 생태철학(eco-philosophy)"에 속한다고 한다. 또한 그는 헌법합치적인 녹색범죄학을 "포스트모던주의적인 입장에서 바라보면서 자연세상과 인간의 사회세상을 성별을 반영한 관점(gendered view)에서 바라보고, 인간중심적 · 생태중심적 · 경제중심적 관점에서 연구하는 분야"라고 한다.[6] 녹색범죄학에 대한 개념 정의에 관한 다양한 노력이 있었는데, 그러한 노력을 크게 볼 때 두 가지 입장으로 나

---

4) 'green'의 번역과 관련하여 이경재 교수는 "친환경"으로 번역하고 있으나(이경재, "기후변화와 친환경범죄학의 탄생", 과학기술과 법 제8권 제1호, 2017. 6, 36면), 이미 국내에서는 green과 관련하여 녹색성장(green growth), 녹색성장위원회(green growth korea), 녹색법학(green legal theory), 「저탄소 녹색성장 기본법」 등 정부, 학계 및 법률용어로 "녹색"으로 용어가 자리 잡고 있음을 고려할 때 "친환경"이 아닌 "녹색"으로 번역함이 보다 적절한 번역이라고 본다.

5) 국내에서 녹색범죄학에 대한 개략적인 소개로는 이경재, 앞의 논문, 35면 이하 참조. 국외 문헌으로는 David Rodríguez Goyes/Nigel South, "Green criminology before 'Green Criminology': amnesia and absences", *Critical Criminology 25(2)*, 2017, pp. 1-25; Michael J. Lynch, "The Greening of Criminology: A perspective for the 1990s", Reprinted in: P. Beirne & N. South (Eds.), *Green Criminology, Hampshire*, UK: Aldershot, 1990/2006; Michael J. Lynch, "Green Criminology and Environmental Crime: Criminology That Matters in the Age of Global Ecological Collapse", *Journal of White Collar and Corporate Crime, Vol. 1(1)*, 2020, pp. 50-61 참조.

6) Nigel South/Avi Brisman/Piers Beirne, "A guide to a green criminology", in *Routledge International Handbook of Green Criminology*, Edited by Nigel South and Avi Brisman, New York: Routledge, 2014, p. 35.

눌 수 있다. 즉 하나는 실정법적 입장으로 무엇보다 환경범죄의 법률적 개념 정의에 대해 지지하는 입장이다. 이때 환경범죄의 개념은 환경 관련 국제조약과 국제협정에서 발견할 수 있다. 다른 하나는 비판범죄학적 입장으로 법사회학적 관점에서 환경범죄를 다루는 입장이다.[7)]

한편 기후위기에 대한 대응은 법학, 특히 환경형법학을 중심으로 이루어져왔다. 즉 전통적으로 환경형법학은 대기오염, 수질오염, 해양오염, 토양오염 등을 일으키는 인간의 행위를 기후위기를 초래하는 원인으로서 환경범죄로 규정하고, 이러한 환경범죄에 대해 형벌을 적극적으로 부과함으로써 지구환경을 보호하고 기후위기에 부차적으나마 대응하고자 하였다. 무엇보다 환경형법학의 영역에서는 환경범죄에 적극적으로 대처함으로써 달성하고자 하는 환경보호를 위해 과연 형법이 적합한 수단인지 여부, 형법이 환경보호를 위한 적합한 수단일지라도 어느 정도까지 실효성을 담보할 수 있는지 등이 주요 이론적 관심사로 연구되었다. 하지만 환경범죄에 대해 국가형벌권이라는 규제수단을 사용함으로써 강력한 환경보호를 추구하고자 했던 당초의 목표는 기대에 못 미치고 있다. 이는 일차적으로 다른 어떤 분야보다도 환경형법의 분야에서 '집행결손(Vollzugsdefizite)'이 계속 나타나고 있기 때문이다. 또 다른 이유로 결과귀속의 문제를 언급할 수 있다. 즉 환경범죄는 광역성, 불특정·불가항력성, 인과관계 증명의 곤란성, 전지구성 및 초계급적 보편성 등과 같은 특징을 가지고 있는데,[8)] 이러한 환경범죄의 특징은 환경범죄를 발생토록 한 개인 또는 기관의 의사결정에 대해 형사책임을 묻기 위한 전제조건인 개인적 귀속을 어렵게 한다. 그 결과 환경형법을 통한 효율적 환경보호의 과제 달성을 어렵게 하고 있다.

그러나 앞서 언급한 집행결손과 결과귀속의 문제 이외에 보다 근본적으로 형법을 포함한 법체계가 자연의 생명적 질서인 다양성, 순환성, 공생성, 관계성을 존중하는 '생태중심적 세계관'에 바탕을 둔 '생태중심주의'라는 새로운 패러다임으로 전환하지 못한 채 여전히 인간이 자연보다 우월하다는 인식아래 자연의 조

7) Holger Schmidt, "Ein grüner Zweig der Kiminologie?", *Krim. Journal, 45.* Jg 2013, H.4, S. 264.

8) 이에 대한 자세한 설명으로는 김재윤, 『현대형법의 위기와 과제』, 전남대학교출판부, 2009, 129-131면 참조.

종과 착취를 승인한 '인간중심주의'에 기초하여 환경문제의 해결책을 제시하고 있기 때문이라 여겨진다.[9)] 이와 관련하여 강희원 교수는 현재의 법학이론이 인간중심적 형이상학에 기초하고 있음을 적절히 지적하고 있다. 그의 견해에 따르면 현재의 법학이론의 기본구조는 16세기 및 17세기 서구유럽에서 확립된 이른바 근대적 세계관에 기초한 '기계론적 자연관'과 인간과 자연의 관계를 주체-객체의 관계로 단절해서 주체 중심적으로 파악하는 '이분법적 사고'에 바탕을 두고 있다고 한다. 즉 기계론적 자연관은 인간과 자연을 대등관계가 아닌 주종관계로 파악하여 인간은 자연을 마음대로 부리는 주인이고, 자연은 인간의 욕구를 만족시키기 위한 대상 또는 수단으로 이해될 뿐이다. 이분법적 사고는 인간과 자연의 관계를 일방적인 이용관계로 이해하여 자연은 그 자체의 고유 가치를 가질 수 없고 인간과의 관계 속에서 비로소 인간이 부여하는 의미만큼의 상대적인 가치를 가지게 된다고 한다.[10)] 이러한 인간중심적 사고에 기초한 전통적 법학이론은 무엇보다 인간의 물질적 욕망을 보장하고 물질적 욕구를 더욱더 확대·재생산하기 위한 제도적 장치로 작용한다. 그 결과 기계론적 세계관을 바탕으로 한 인간중심적 법학이론은 환경과 그 구성인자를 인간의 물질적 욕망을 충족시켜 주는 데에 필요한 수단 내지 적어도 인간의 이익에 기여하는 한에서 보호할 뿐 환경 그 자체를 보호하기 위한 이론구성에 소홀해 왔다고 한다.[11)]

더욱이 인간중심적 법학이론은 기후위기의 시대에 기후변화에 따른 '기후범죄(climate crime)'를 극복하기 위해 필요하고도 적절한 해결책을 제시하고 있지 않다. 기후변화는 자연 환경이나 생태계뿐만 아니라 사회적으로도 부정적 영향을 미치는데, 예컨대 고온과 가뭄은 식량 생산이나 안전, 수력발전 등에 커다란 영향을 미친다. 실제로 특정 지역이나 국가에서 기후변화의 결과, 극심한 기상이변, 홍수, 극한 폭염과 추위, 가뭄, 산불 등이 발생할 경우 식량 약탈과 밀거래,

---

9) 이러한 인간중심적 사고의 주요원리를 생태중심주의에 입각하여 분석한 글로는 조정옥, "서양 철학사에서 생태 중심적 원리의 모색", 철학과 현상학 연구 제22권, 2004, 155면 이하 참조.

10) 강희원, "법의 녹색화와 녹색법학", 경희법학 제29권 제1호, 1994, 209-211면.

11) 예를 들어 환경정책기본법 시행령 제2조에 규정되어 있는 이른바 '환경기준(Standards Environmental Quality)'은 인간의 신체적·사회적·경제적·정치적 조건에 의해서 결정될 뿐이지 환경 그 자체의 고유한 가치와 생태학적 맥락에 의해서 결정되지 않는다. 나아가 앞서 언급한 형법에 있어 인격적 법익론은 이러한 인간중심적 사고를 중심 바탕으로 한 법익론이다.

불법포획 등 동물의 불법사냥, 인신매매나 자원의 불법거래, 탄소배출권 거래사기 등 기후변화로 인해 발생하는 범죄, 즉 기후범죄가 야기된다. 이러한 기후범죄는 대기오염이나 해양오염과 같이 전통적인 환경범죄의 영역에 포함되는 경우도 있지만 그렇지 않은 경우로 ① 미세먼지 내지 초미세먼지[12]나 유해폐기물 · 화학물질, 불법적 탄소배출 등의 국가 간 이동을 통해 발생하는 이른바 '초국가적 환경오염(transboundary pollution)'[13] 등과 같은 기후변화를 야기는 기후범죄,[14] ② 탄소배출권 거래사기 등과 같은 기후변화에 대한 정책반응에서 기인하는 기후범죄, ③ 최근 국제(환경형)법 분야에서 활발히 논의되고 있는 '생태살해죄(ecocide)'[15]와 같이 국제범죄의 한 유형으로서 기후변화의 결과에 따른 기후범죄 등으로 그 유형을 분류할 수 있다. 이러한 기후범죄는 국가형벌권의 행사

---

12) 미세먼지(PM-10)는 대기 중 고체상태의 입자와 액체상태의 입자의 혼합물로 공기역학직경이 10㎛(*1㎛=백만분의 1m) 이하인 부분을 의미한다. 미세먼지 중에서도 직경이 2.5㎛ 이하로서 특별히 관리되어야할 필요성이 있는 미세먼지를 초미세먼지(PM-2.5)라고 하는데, 초미세먼지는 직경이 10㎛ 이하인 미세먼지(PM-10)에 비해 크기가 매우 작으므로, 흡입시 기도에서 걸러지지 못하고 대부분 폐포까지 침투하여 심장질환과 호흡기질환을 유발하다고 한다(유인호, "미세먼지 시대의 환경 · 에너지 법정책", 미세먼지 해결 방안에 관한 법 · 정책적 접근, 대한변호사협회, 2019, 57-58면).

13) transboundary or transfrontier or transnational pollution을 번역할 때 국내의 법학자들 사이에서 그 표현이 통일되어 있지 않다. 조병선 교수는 '월경환경오염'("월경환경오염과 초국환경형법의 단계화 – 초국환경형법과 지역간환경형법 –", 청주법학 제10권, 1995, 43면 이하)으로, 이재곤 교수는 '초국가적 환경오염'("국제법에 있어서 환경권", 현대사회와 법의 발달, 홍문사, 1994, 289면), 박기갑 교수는 '국경을 넘는 오염'("국제법상의 국가간 대기오염방지와 그 규제동향", 국제법평론 창간호, 1993, 40-80면) 등으로 다양하게 번역하고 있다. 그런데 '월경(越境)'이란 용어는 일본학자들이 주로 사용하는 용어로 한글로 표현했을 때 어감이 부적절하고, trans-를 '초(超)'로 번역하는 것이 단어조합에 자연스럽고 의미 전달에 적합하다는 이유로 대부분 이렇게 번역하고 있다. 이와 관련하여 오염물질의 경우 우리나라 말로 가장 적합하고 자연스럽다고 생각되는 번역은 '국경을 넘는'이라고 생각한다. 다만 오염물질이 아니라 인간의 행위를 전제로 하는 범죄, 그리고 범죄와 형벌을 핵심내용으로 하는 형법의 경우 국가를 기반으로 하므로 '초국가적'으로 번역하기로 한다.

14) 초국가적 환경범죄에 대한 상세한 분석으로 김재윤, "초국가적 환경범죄에 대한 우리나라 환경형법 적용과 관련된 쟁점", 형사정책 제31권 제4호, 2020, 7면 이하 참조.

15) "ecocide"라는 용어는 1970년대 초 미국 식물학자 Arthur W. Galston에 의해 만들어진 용어로 독일형법과 국제적 차원에서 형사범죄로 ecocide를 도입할 것이 요구되고 있다. 보다 구체적으로 환경문제, 즉 비국제적인 무력 충돌로 자연 환경에 광범위하고 장기적이며 심각한 피해를 입힌 경우 국제(환경형법)법상 매우 제한적인 형사책임만을 물을 수밖에 없다는 한계가 발생하는데, 이러한 비국제적 무력 충돌의 차원에서 거주자들의 평화로운 영토 향유권이 중대하게 훼손될 정도로 그 영토의 생태계에 광범위한 피해가 초래되거나 그것의 파괴 또는 상실을 일으키는 광범위한 환경파괴 행위에 대해 「국제형사재판소에 관한 로마규정」 제5조에서 규정하고 있는 집단살해죄(genocide), 인도에 반한 죄, 전쟁범죄, 침략범죄 이외에 다섯 번째의 새로운 국제범죄로 '생태살해(ecocide)죄'로 규정하여 형사처벌할 필요가 있다는 국제적 운동이 전개되고 있다.

를 엄격하게 제한하여 개인의 자유를 최대한 보장하기 위한 전통적인 인간중심적 법학이론을 수단으로 대응하는데 일정한 한계를 나타낼 수밖에 없다고 본다.

이러한 문제의식 아래 본 저술서는 기후위기에 대한 대응으로 기존의 인간중심적 법학의 관점을 통해서는 일정한 한계가 노출될 수밖에 없고, 이러한 한계를 극복하기 위해서는 종래의 인간중심적 법학의 패러다임에서 벗어나 인간뿐만 아니라 환경 그 자체의 고유 가치를 인정함으로써 법에 의한 사회정의, 법을 통한 자연과 인간의 평화로운 공동체형성 및 이를 통한 환경정의 내지 기후정의까지 실현될 수 있는 새로운 패러다임으로서 '생태중심적 · 지구중심적 법학'[16]으로 패러다임의 대전환이 요구됨을 고찰하고자 한다. 이러한 패러다임의 대전환을 바탕으로 기후위기에 대한 범죄학과 형법학의 대응으로 녹색범죄학과 '기후형법(climate criminal law)'의 이론적 기초를 어떻게 구성할 수 있는가를 모색하는데 목적을 두고자 한다.[17]

본 저술서의 구체적인 내용과 범위는 다음과 같다.

우선, **제1장**에서는 **기후형법의 이론 구축의 필요성**을 검토하고자 한다. 이때 기후변화에 따른 기후위기의 실체와 기후위기의 성격, 새로운 지질연대로서 '인류세'와 기후변화의 피해자로서 인간, 동식물 및 생태계, 아동 · 청소년, 원주민을 살펴보고, 기후변화의 심각성에 의해 대두된 기후범죄를 어떻게 정의할 수 있고 그 유형을 어떻게 분류할 수 있을지, 기후범죄는 어떠한 성격을 갖는지 등에 대하여 살펴보자 한다(§1). 그리고 생태윤리학 내지 생태철학에서 전개되고 있는 인간중심주의, 생물중심주의, 생태중심주의 및 전체론 등으로의 관점의 전환의 내용을 검토하고, '환경의 세기'라고 불리는 21세기에서 전 지구적 차원에서 기후위기를 극복할 수 있는 새로운 패러다임은 종래 기계론적 자연관을 바탕으로 한 기계론적 법학[18]에서 벗어나 새로운 법학으로 녹색법학과 지구법학의

16) 최근 지구중심주의 관점에서 법학의 변화를 탐구한 문헌으로 강금실 외 7인, 『지구를 위한 법학』, 서울대학교출판문화원, 2020 참조.

17) 2021년 12월 9일 한국형사 · 법무정책연구원은 '형법을 통한 기후위기 대응 전략 탐구'라는 주제로 기후위기에 대한 형사법적 접근과 국제적 대응전략에 대한 국제포럼을 개최한 바 있다(한국형사 · 법무정책연구원, 2021. 12. 14.자 보도자료 참조)

18) 이에 대한 상세한 분석으로는 프리초프 카프라(Fritjof Capra)/우고 마테이(Ugo mattei)/박태현 · 김영준 옮김, 『최후의 전환』, 경희대학교출판부, 2019, 143면 이하 참조.

역사적, 이론적 토대를 살펴보고, 생태중심적 · 지구중심적 세계관을 바탕으로 한 생태중심적 · 지구중심적 녹색법학[19]으로서 기후형법으로 패러다임을 전환할 필요성이 있음을 검토하고자 한다(§2).

제2장 기후변화에 대한 형사법적 · 범죄학적 · 국제환경형법적 대응의 내용과 한계에서는 우선 형사사법기관(법원, 검찰, 경찰, 교도소 등)이 기후변화에 어떻게 대응하고 있는지를 전반적으로 살펴보고자 한다. 이와 관련하여 첫째, 탄소배출 감축과 기후정의를 추구하고자 시도되었던 국내외 기후소송의 경향과 주요 사례를 소개하고자 한다. 다음으로, 형사사법기관의 기후변화 대응을 기관 운영 차원과 기후 활동가의 기후시위에 대한 대응으로 구분하여 전자의 측면에서 형사사법기관이 어떻게 생태위기와 기후위기에 대한 관점이 기관 차원에서 '녹색화(greening)'되는지, 그리고 후자의 측면에서 기후 활동가들의 기후시위를 진압하는 경찰의 치안유지 활동과 관련한 쟁점을 검토하고자 한다. 셋째, 형사사법기관이 지구온난화를 유발하고 지속시키는 데 가장 큰 역할을 하는 기후변화 야기자들에 대해 책임귀속을 하고자 할 때 발생하는 어려움은 어떤 것인지를 검토하고, 기후변화에 대한 형사법적 대응에 대한 한계를 극복하기 위해 전개할 수 있는 개입과 사회 운동의 의미에 대한 살펴보고자 한다(§3).

한편 기후변화에 대한 범죄학적 대응, 특히 녹색범죄학적 대응의 내용은 무엇이지, 그러한 대응에 있어 어떠한 문제점이 있는지(§4), 그리고 기후변화의 문제는 전 지구적 차원의 문제인데 이러한 기후위기에 국제적으로 협력하여 대응하기 위한 노력으로 체결된 다양한 기후변화 관련 국제협약 등[예컨대 「**기후변화에 관한 국제연합 기본 협약**(The United Nations Framework Convention on Climate Change, 1992)」] 국제적 차원에서의 기후변화에 대한 대응으로 국제환경형법의

19) 2021년 4월 29일 독일 연방헌법재판소는 독일 기후변화법에 대해 일부 위헌 결정을 했다. 2030년 이후 온실가스 감축 관련 내용이 충분하지 않다며, 이를 '미래 세대의 기본권 침해'로 판단한 것이다. 독일 기후변화법은 국가 온실가스 배출량을 2030년까지 1990년 대비 55% 감축하고, 이 목표에 맞춰 각 부문에 연간 배출량을 할당하도록 하고 있다. 이에 대해 독일 연방헌법재판소는 "2050년 탄소중립을 달성하는데 충분치 않다. 파리협정에서 정한 기후변화 억제 목표를 달성하려면 2030년 이후에 더 급격하게 온실가스를 감축해야 한다."라고 판단했다. 그러면서 독일 연방의회에 "올해 말까지 2030년 이후 온실가스 감축을 어떻게 할 것인지 구체화한 조항을 마련하라"고 주문했다(한겨레 2021. 4. 40일자 기사: "독일 헌재 온실가스 감축 부담, 미래세대로 넘기면 위헌" 참조). 이러한 독일 기후변화법에 대한 독일 연방헌법재판소의 결정은 생태중심적 · 지구중심적 세계관을 바탕으로 한 기후위기의 적절한 대응으로 보인다.

내용과 그 한계를 살펴보고자 한다(§5).

제3장 기후형법의 범죄학적 토대로서 '녹색범죄학'과 '지구법학'의 결합에서는 우선 환경정의, 녹색정의 및 기후정의가 무엇이고 어떠한 측면에서 공통점과 차이점이 있는지를 살펴보고자 한다(§6).[20] 기후형법은 기후변화로 야기되는 기후범죄에 대해 형법을 대응 수단으로 하여 무너진 기후정의를 시정하기 위한 이론적 시도이기 때문에 기후정의의 전제가 되는 환경정의가 무엇인지, 이러한 환경정의는 기후정의로 어떻게 확장될 수 있는지, 기후형법은 국제사회에서 기후변화로 발생한 기후부정의(climate injustice)에 대한 명확한 진실규명과 그에 대한 형사처벌을 통해 기후 불평등의 완화 요구에 기여할 수 있는지를 검토하고자 한다. 나아가 범죄학과 국제형사법적 관점에서 기후변화는 커다란 관심의 대상이 되고 있는데, 1990년대 이후 일부 범죄학자들은 기후변화가 일으키는 다양한 해악(harm)이나 침해와 범죄(crime)에 관심을 기울여 이를 연구대상으로 삼는 '녹색범죄학'이 새롭게 대두되고 있다. 이에 기후형법의 범죄학적 이론의 토대로서 녹색범죄학의 기원과 의의, 녹색범죄학의 특징과 이론적 분석틀, 녹색범죄학적 관점에서 본 기후범죄에 대한 형사법적 대응의 내용과 한계, 이를 바탕으로 어떠한 시사점을 얻을 수 있는지를 분석하고자 한다(§7). 나아가 녹색범죄학과 지구법학의 주요 목표가 무엇이고, 핵심 연구분야가 무엇인지를 강조하여 두 학문 간의 공통점을 파악하고, 환경문제 해결을 위해 녹색범죄학과 지구법학을 상호 결합하여 두 학문의 학자들이 이론적 논의에 활발히 참여함으로써 두 학문 모두가 얻게 될 이점은 무엇인지를 검토하고자 한다(§8).

제4장 기후범죄에 대한 기후형법의 대응의 모색에서는 앞서 언급한 바와 같이 기후변화를 일으키는 기후범죄(초국가적 환경오염 등), 기후변화에 대한 정책 반응에서 기인하는 기후범죄(탄소배출권 사기 등), 기후변화의 결과에 따른 기후

20) 한상운 외의 연구에 따르면 "환경정의는 환경보호와 환경권이 보장되며, 환경의 위험과 혜택이 모든 사람에게 평등하게 분배되어 환경오염에 따른 책임과 피해구제가 공정하게 이루어지고, 환경정보와 사법에 대한 접근성과 환경정책결정에 참여가 보장되는 것"을 말하며, "기후정의는 환경정의의 이러한 문제의식을 흡수하고 있으면서도 '저탄소사회로의 전환'이라는 혁신적 요소를 내포"하고 "기후변화가 갖는 특징 때문에 정의의 범주가 국가 간으로 확장되며 해결의 주체 또한 개별 국가를 넘어선 국가 간 협력체계가 강조"된다고 한다(한상운 외, 『기후정의 실현을 위한 정책개선방안 연구(Ⅰ)』, 한국환경정책·평가연구원, 2019, 9면).

범죄(생태살해죄 등)로 그 유형을 분류할 수 있다. 이에 우선 **초국가적 환경오염에 대한 기후형법의 대응**으로 초국가적 환경범죄와 관련하여 그 유형과 환경형법적 대응의 내용과 한계에 대해 고찰하고자 한다(§9). 다음으로, 기후위기에 대한 대응으로 국제사회는 온실가스 감축을 최우선 과제로 삼고 있다.[21] 2015년 「파리협정(Paris Agreement)」은 온실가스 배출 감축을 위해 지구 평균온도 상승 폭을 산업화 이전 대비 2℃ 이하로 유지하고, 온도 상승 폭을 1.5℃ 이하로 제한하기 위해 함께 노력한다는 구체적 목표를 제시하였다.[22] 우리나라는 2012. 5. 14. 「온실가스 배출권의 할당 및 거래에 관한 법률(이하 '배출권거래법'이라 함)」을 제정하여 이를 2015. 1. 1.부터 시행하고 있으며, 2020. 12. 30. 유엔기후변화협약 사무국의 국가연락책임관(National Focal Point)으로서 기후변화에 관한 파리협정에 따라 '2030 국가온실가스감축목표'와 '2050 장기저탄소발전전략'을 2020년 12월 30일 유엔기후변화협약사무국에 제출하였다. 따라서 **탄소시장에서 탄소배출권 관련 범죄와 대응**에서는 탄소시장을 규제적 탄소시장과 자발적 탄소시장으로 구분하여 배출권거래제의 거래 구조, 각국의 규제적 탄소시장, 사기나 부가가치세 탈세 등의 범죄행위범죄 유형과 실제 사례 및 구체적인 대응 방안에 대해 살펴보고자 한다(§10). 셋째, 영국 환경변호사 폴리 히긴스(Polly Higgins)[23]는 2010년 4월 「국제형사재판소에 관한 로마규정(이하 '로마규정'이라 함)」을 개정하여 인류의 평화와 안전에 반하는 다섯 번째 국제범죄로서 '생태살해(ecocide)'에 관한 조항을 포함시키자는 제안을 UN 국제법위원회(International Law Commission)에 제출하였다. 이 제안에 따르면 '생태살해'란 "인간의 행위에 의한 것이든, 다른

21) 국제사회는 이산화탄소 등 지구기온을 상승시키는 온실가스의 대기 중 배출을 억제함으로써 지구온난화로 인한 해수면상승, 홍수피해, 생태계 파괴 등의 지구환경 피해를 방지하기 위하여 1972. 2월 스위스 제네바에서 세계기상기구(WMO) 주관으로 제1차 세계기후회의가 개최되었고, 지속적인 논의 끝에 1992. 5. 기후변화협약 제정을 위한 정부간협상위원회(INC)에서 「기후변화협약(United Nations Framework Convention on Climate Change)」이 채택되었다. 기후변화협약은 선진국들이 이산화탄소를 비롯한 각종 온실가스의 방출을 제한하고 지구온난화를 막는 것을 주요 목적으로 한다.

22) 외교부 홈페이지 참조. http://www.mofa.go.kr/www/brd/m_20152/view.do?seq=365390&srchFr=&srchTo=&srchWord=&srchTp=&multi_itm_seq=0&itm_seq_1=0&itm_seq_2=0&company_cd=&company_nm=&page=3 〈최종 검색: 2023. 2. 17.〉

23) 폴리 히긴스(Polly Higgins)는 생태살해를 범죄로 만들기 위한 캠페인을 최초로 제안하고 캠페인을 이끈 영국 변호사이다. 그녀는 2019년 4월 21일 타계하기 전까지 수많은 강연과 다큐멘터리를 제작하고 영국 정부에 조언하면서 '생태살해'라는 단어를 전 세계적으로 이해하도록 만들었다.

원인에 의한 것이든 주어진 영토에서 생태계가 광범위하게 손실, 손상 또는 파괴됨으로써 해당 영토에서 거주하는 거주자의 평화로운 향유가 심각하게 감소되거나 장차 감소되는 것"을 의미한다고 한다.[24] 이에 로마규정에 **국제환경형법의 규율대상으로 '생태살해**(ecocide)**죄**'라는 새로운 범죄구성요건을 신설하여 국제형사재판소(ICC) 관할로 하여 다루고자 하는 국제적 논의에 대해 검토하고자 한다. 이때 생태살해라는 용어의 개념정의, 개별 국가의 생태살해죄 관련 형법 규정, 생태살해의 방지와 처벌에 관한 법률 제정의 필요성, 생태살해죄 범죄구성의 이론적 어려움, 국제형사재판소 관할 국제범죄로서 생태살해죄 포함의 한계와 그 대안 등에 대해 구체적으로 살펴보고자 한다(§11, §12).

결론: 기후형법의 과제와 전망에서는 이상의 논의를 간략히 요약하고, 기후위기에 적절히 대응하기 위해서는 기계론적 세계관을 바탕으로 한 인간중심적 환경형법이라는 기존의 패러다임에서 벗어나 21세기의 새로운 패러다임으로서 생태적 세계관을 바탕으로 한 생태중심적·지구중심적 녹색형법으로서 기후형법으로의 전환이 필요하며, 기후위기를 벗어나기 위해 종래 인간중심적 환경형법의 이론적 한계를 극복하고 기후형법의 이론적 토대를 구축하고자 하는 시도가 있어야 하며, 정치·경제·사회·문화·교육 등 전체적인 사회구조가 인간중심적 패러다임에서 벗어나 인간과 자연은 한 수레 두 바퀴와 같이 생태계의 일원으로서 상호 연대하는 생태중심적·지구중심적 패러다임으로 전환될 때 기후위기의 진정한 해결의 실마리가 보일 것임을 결론으로 도출하고자 한다.

24) 조효제, 앞의 책, 117면.

제1장

기후형법의 이론 구축의 필요성

[§ 1] 기후위기와 기후범죄

[§ 2] 법학에서 패러다임의 변화:
인간중심적 근대 법학에서 지구법학으로

[§ 1]
기후위기와 기후범죄

Ⅰ. 기후변화에 따른 기후위기의 실체

1. 지구온난화 및 기후변화의 과학적 증거와 그 실체

(1) 주요 개념

‘지구온난화(global warming)’는 지난 산업혁명 이후 석탄, 천연가스, 석유 등 화석연료의 광범위한 이용에 따른 다량의 온실가스(이산화탄소: CO_2, 메탄: CH_4, 아산화질소: N_2O, 염화불화탄소류: CFCs, 과불화탄소류: PFCs, 육불화황: SF_6 등)가 대기로 배출됨에 따라 지구 대기 중 온실가스 농도가 증가하여 지구로 유입되는 태양복사에너지를 가두게 되어 결과적으로 지구의 지표온도가 상대적으로 짧은 기간 동안 과도하게 상승하는 것을 의미한다.

‘기후변화(climate change)’는 일반적으로 넓은 의미에서 해수면 상승과 해류 변화에서부터 다양한 방식으로 동물과 식물에 영향을 미치는 지역 환경에 대한 온도 변화에 이르기까지 온도 상승이 일으키는 상호 관련 효과(예컨대 바닷물 온도 상승으로 인한 산호의 죽음 또는 새의 이동 패턴의 변화)를 말한다. 그런데 기후변화는 좁은 의미에서 산업화와 글로벌 자본주의 시스템의 생산과 직·간접적으로 관련된 온실가실배출 또는 탄소배출 등 인간에 의한 인위적인 조치로 인하여 진행되고 있는 지구온난화라는 범주의 기후변화로 제한된 개념으로도 볼 수 있다.

그리고 ‘기후교란(climate disruption)’은 기후변화에 따른 지구적 변화의 본질을 설명하는 데 사용된다. 특히 이 용어는 지구 평균 기온의 상승이 단순히 완만하고 균일한 온난화로 해석되는 것이 아니라, 극한 날씨의 급격한 변화를 유발하고 장기적인 날씨 및 기후 패턴을 방해한다는 사실을 강조하기 위해 사용된다.

반면에 '기상' 또는 '날씨(weather)'는 햇빛, 바람, 비, 눈 등과 같이 직접적으로 지역에서, 주로 단기간에 개인들이 경험하는 것을 의미한다. 날씨는 단기적으로 변화가 심하기 때문에 예측이 어렵지만, 기후는 안정적인 날씨의 패턴으로 예측이 가능하여 인류의 역사와 문화에 커다란 영향을 미쳐왔다.[1)]

(2) 지구온난화 및 기후변화의 과학적 발견과 경고

1988년 계속되는 폭염과 심화되는 가뭄이 미국 전역을 강타했다. 같은 해 6월 23일 미국 항공우주국(NASA)의 '고다드 우주연구 연구소(Goddard Institute for Space Studies)'[2)] 소장이자 기후과학 분야의 선도적 연구자인 제임스 한센(James E. Hansen) 박사는 미 상원 위원회에 출석하여 주로 화석연료의 연소를 통해 열을 가두는 온실가스가 대기로 방출되면 지구를 덮고 있는 대기가 열을 보유하는 이른바 '온실효과(greenhouse effect)'에 대해 증언을 하였다. 그의 발언은 기후변화 논쟁을 더욱 가속화 시키는 계기가 되었다.[3)]

그러나 1988년 여름 한센과 같은 과학자가 온실효과라고 불리게 된 문제에 대해 언급하고 이산화탄소 배출과 지구온난화 사이의 연관성에 대한 경종을 울린 것이 처음은 아니라는 점에 주목할 필요가 있다. 즉 1824년으로 거슬러 올라가 프랑스 수학자이자 물리학자인 요제프 푸리에(Joseph Fourier)는 지구의 대기가스가 절연체로 작동하여 지구를 예상보다 더 따뜻하게 유지할 수 있다고 주장했다. 그는 태양에 의해 뜨거워진 공기가 유리 덮개로 인해 밖으로 빠져나가지 못

1) 라광현, "기후변화와 범죄발생: 국내외 연구 추세와 형사정책적 함의", 형사정책 제31권 제4호, 2020. 1, 75면; 윤지영 외 4인, 『법과학을 적용한 형사사법의 선진화 방안(Ⅶ): 기후변화 위기 시대의 환경범죄 대응』, 한국형사정책연구원, 2016. 12, 84-87면; 이경재, "기후변화와 친환경범죄학의 탄생", 과학기술과 법 제8권 제1호, 2017. 6, 36-37면.

2) 2023년 1월 12일 NASA 고다드 우주연구 연구소(GISS)의 분석에 따르면 2022년 지구의 평균 표면 온도는 2015년과 함께 기록상 다섯 번째로 따뜻했다고 한다. 지구의 장기적인 온난화 추세가 지속되면서 2022년 지구 온도는 NASA의 기준 기간(1951-1980) 평균보다 화씨 1.6도(섭씨 0.89도) 높아졌다고 한다. https://www.nasa.gov/press-release/nasa-says-2022-fifth-warmest-year-on-record- warming-trend-continues 〈최종 검색: 2023. 2. 17.〉

3) Ronald C. Kramer, *Carbon Criminals, Climate Crimes*, Rutgers University Press, 2020, p. 27.

하는 방식과 유사하게 대기 가스가 외부로 나가는 열(적외선 또는 긴 파장) 복사를 방해한다고 추론했다. 미국 과학자인 유니스 뉴튼 푸트(Eunice Newton Foote)는 당시 '탄산(CO2)'이라고 불렸던 물질의 온난화 특성을 발견하고 1856년 출판물에서 이른바 온실효과를 처음으로 설명했다. 그리고 19세기 후반에 스웨덴 화학자(1903년 노벨 화학상 수상자)인 스반테 아레니우스(Svante Arrhenius)는 화석연료(당시에는 주로 석탄)의 연소가 탄소를 대기 중으로 방출하고 결국에는 지구를 가열할 것이라고 설명한 최초의 과학자가 되었다. 그는 컴퓨터의 도움 없이 대기 중 이산화탄소가 대략 두 배로 증가하면 지구 온도가 섭씨 5~6도 상승할 수 있다고 계산했는데, 이는 놀랍도록 정확한 예측이다.

1938년 영국의 증기 엔지니어이자 발명가인 가이 스튜어트 캘런더(Guy Stewart Callendar)는 인간 활동에 의해 방출된 온실가스가 지구온난화의 원인이라는 최초의 경험적 증거를 수집했다. 그는 화석연료를 태움으로써 인간이 자연의 순환 과정을 가속화할 수 있게 되었음을 지적했다. 1957년 미국 해양학자인 로저 레벨레(Roger Revelle)와 그의 동료 한스 쥐스(Hans Suess)는 화석연료를 태우고 이산화탄소를 대기 중으로 방출함으로써 인간은 "과거에 결코 일어날 수 없었고 미래에도 재현할 수 없는 종류의 대규모 지구물리학적 실험을 수행할 수 있다."라는 내용의 논문을 발표했다. 그리고 1965년 11월 미국 대통령 과학 자문위원회는 화석연료의 지속적인 연소가 "지역적 또는 국가적 노력을 기울이더라도 통제할 수 없는 현저한 기후변화"를 야기할 수 있다고 공식적으로 경고하는 보고서를 발표했다.[4)]

이처럼 지구온난화와 기후변화에 대한 과학적 발견과 경고는 이전에도 있었지만 1988년의 사건은 이러한 현상이 지구상의 모든 생명체에 대해 가하는 심각한 위험을 새롭게 조명했다. 이러한 실존적 위험은 바로 석탄, 천연가스, 석유 등과 같은 화석연료의 연소로 인해 발생한 것이다. 이 문제에 관해 전 세계에서 가장 영향력 있는 잡지 중 하나인 미국 타임(TIME)지는 1988년 전통적인 '올해의 인물(Man of the Year)'을 발표하는 대신 '올해의 행성: 멸종 위기에 처한 지구(Planet of the Year: Endangered Earth)'라는 다소 충격적인 선택을 하였다. 이

4) Kramer, 앞의 책, pp. 28-29.

는 기후변화에 대한 새로운 수준의 대중 인식과 정치적 관심을 불러일으키기에 충분했다. 1988년 이후 지구온난화가 일어나고 있다는 사실을 부정하는 것은 정치적 지탄과 도덕적 의문의 제기를 받아야 했으며, 화석연료 배출을 완화 또는 감축하고 기후변화 적응을 위한 적절한 계획을 수립하지 않는 것은 사회적으로나 법적으로 무책임한 것으로 평가되기 시작했다. 그러나 화석연료 산업에 종사하는 기업들(대표적으로 셰브론: Chevron, 엑손모빌: ExxonMobil, 코노코필립스: ConocoPhillips, 마라톤페트롤리움: Marathon Petroleum, 발레로 에너지: Valero Energy, 필립스 66: Phillips 66, 가스프롬: Gazprom, 로스네프트: Rosneft 등)은 이러한 문제에 대한 사전 지식이 있었음에도 불구하고 탄소배출을 줄이고 지구온난화를 억제하려는 정치적 노력을 중단시키거나 늦추도록 노력을 했고, 동시에 궁극적으로 이로부터 마지막 한 방울의 이익까지 계속해서 추출하고자 한다.[5] 영국의 기후싱크탱크 인플루언스맵(InfluenceMap)이 2022. 11. 3. 발표한 '기업 기후정책 발자국(corporate climate policy footprint)' 보고서에 따르면 미국의 주요 석유기업 셰브론(Chevron)과 엑손모빌(ExxonMobil)이 지난 12개월 간 기후정책에 부정적인 영향을 미친 기업 1위, 2위를 각각 차지했다고 한다([그림

그림 1-1 기후정책에 대해 가장 부정적이고 영향력 있는 10대 기업

Rank	+/- from 2021	Name	Sector(s)	Headquarters	Climate Policy Footprint
1	(+) 1	Chevron			-84
2	(-) 1	ExxonMobil			-76
3	(+) 3	BASF We create chemistry			-69
4	(+) 3	ConocoPhillips			-64
5	0	SEMPRA			-57
6	(+) 5	American Electric Power			-57
7	(-) 3	Southern Company			-53
8	New Entry	NIPPON STEEL			-52
9	(+) 8	GAZPROM			-42
10	(-) 7	TOYOTA			-42

출처: 인플언스맵(InfluenceMap), corporate climate footprint

5) Kramer, 앞의 책, p. 33.

1-1] 참조).[6)]

(3) 지구온난화 및 기후변화의 실체

기후변화는 자연의 변화인 동시에 인간에게 가해진 위협 중 가장 극적인 사례로 인간의 '실존적 위기'를 논할 정도로 심각하고 중대한 문제로 인식되고 있다. 많은 사람들이 우려하는 이유 중 하나는 지구온난화와 기후변화가 이제 지구상에 살고 있는 모든 인간, 비인간 종(동물과 식물) 및 '생태계(ecosystem)'[7)]에 부정적 영향을 미치고 있기 때문이다. 기후변화로 극한 기상이변, 자연재해 증가, 극지 만년설의 소실, 해수면 상승, 홍수와 범람, 폭염, 가뭄과 용수 부족, 사막화, 열대 풍토병과 매개체 감염질환 급증 등이 발생할 확률이 "높은 신뢰도"에서 "매우 높은 신뢰도" 사이에 있다는 '기후변화에 관한 정부 간 협의체(IPCC: Intergovernmental Panel on Climate Change)'의 발표가 이를 방증한다.[8)] 약 1760년에서 1820년 사이에 영국에서 시작된 산업혁명 이전과 비교해 현재 지구 평균기온이 약 1도 이상 상승하여 이미 지구환경은 비상사태에 처해 있다.[9)] 미국 〈뉴욕매거진〉의 부편집장이자 칼럼니스트인 데이비드 월러스 웰즈(David Wallace-Wells)는 ≪2050 거주불능 지구(The Uninhabitable Earth)≫라는 책에서 2050년 기후난민의 수가 최대 10억 명 돌파, 여름철 최고 기온이 평균 35도 이상인 도시가 970개까지 증가, 폭염으로 전 세계에서 25만 5천 명이 사망, 개발도상국의 1억 5천만 명이 단백질 결핍 증상 호소, 전 세계적으로 50억 명 이상이 물 부족 위기에 직면, 라틴아메리카 커피 재배 농장의 최대 90퍼센트 소멸로 지구에서 인간이 더 이상 거주가 불가능할 것이라는 암울한 기후재난 시나리오를 제시하고 있다.[10)]

---

6) 뉴스펭귄 2022. 11. 7.자 기사: "기후정책 부정적 영향 미치는 기업은 대부분 화석연료기업" https://www.newspenguin.com/news/articleView.html?idxno=12714 〈최종 검색: 2023. 2. 17.〉

7) 주요 국제협약에서 생태계(ecosystem)는 "동물, 식물 및 미생물 군집과 이들의 무생물 환경이 하나의 기능적 단위로 상호 작용하는 역동적인 복합체"로 정의된다. 모든 생태계는 비생물적 요소(공기, 물, 토양, 원자 및 분자)와 생물적 요소(동물, 식물, 박테리아 및 균류)로 구성된다(Secretariat of the Convention on Biological Diversity, 1992).

8) IPCC는 기후변화 문제에 대처하기 위해 세계기상기구(WMO)와 유엔환경계획(UNEP)이 1988년에 공동 설립한 국제기구로, 기후변화에 관한 과학적 규명에 기여하고 있다. http://www.climate.go.kr/home/cooperation/lpcc.php 〈최종 검색: 2023. 2. 17.〉

9) 조효제, 『탄소사회의 종말』, 21세기북스, 2020, 29면.

기후변화는 우리가 알아차릴 수 있다고 생각하는 것보다 더 빠르고 우리의 상상보다 더 길기도 하다. 대부분의 기후변화 연구가 2100년을 종점으로 모델링을 진행한다. 그렇다고 기후변화가 2100년에 거짓말처럼 사라지는 것은 아니다. 때문에 일부 기상학자들은 그 후 따라올 100년을 가리켜 '지옥 같은 100년(century of hell)'이라 부르기도 한다.[11] 한 최신 논문에서 연구진은 지구온난화가 더 극적인 결과를 야기할 수 있음을 지적했다. 온실가스 배출량을 대폭 감축하더라도 기온은 4~5도 상승할 수 있으며, 이에 '찜통 지구(Hothouse Earth)'가 도래하여 지구 전체의 거주 가능성이 심각한 위험에 처할 수 있다고 한다.[12]

지구온난화와 기후변화에서 다루는 숫자가 너무 작다 보니 1도, 2도, 3도, 4도, 5도 상승에 따른 실체가 어떤 것인지 상상하기 어렵다. 또한 기후변화는 티머시 모턴(Timothy Morton)이 '초과물(hyperobject)'이라고 부른 개념, 즉 인터넷처럼 너무 거대하고 복잡해서 결코 제대로 이해할 수 없는 개념에 해당한다.[13] 기후변화의 규모, 범위, 잔혹성 등 여러 특징을 한꺼번에 고려한다면 기후변화는 초과물 이상으로 고차원적이고 불가해한 개념일지도 모른다.

2021년 8월 9일 IPCC는 기후변화의 과학적 근거를 담은 '제6차 평가보고서 제1실무그룹 보고서'를 승인하면서 이제 1.5도 온난화를 돌이킬 수 없게 됐다는 암울한 결론을 내놓았다. 보고서는 "여러 기후 영향 요인이 모든 지역에서 변화할 것"이라고 전망했다. 지구 평균온도가 1.5~2도 상승할 경우 17억 명이 폭염에 노출되고, 4억 2천만 명이 온열질환으로 고통을 받는다. 수해로 약 270만 명의 이재민이 매년 발생할 수 있다고 했다. 이러한 이상기후는 결국 식량·식수 부족으로 이어진다. 2050년까지 기아와 영양실조로 생명을 잃거나 위협받는 인구가 최대 8천만 명까지 늘어난다. 적도 지역에서 유행하는 뎅기, 황열, 지카바

10) 데이비드 월러스 웰즈/김재경 옮김, 『2050 거주불능 지구』, 추수밭, 2019.

11) Brady Dennis and Chris Mooney, "Scientists nearly double sea level rise projections for 2100, because of Antarctica", *The Washington Post*, March 30, 2016. https://www.washingtonpost.com/news/energy-environment/wp/2016/03/30/antarctic-loss-could-double-expected-sea-level-rise-by-2100-scientists-say/ 〈최종 검색: 2023. 1. 16.〉

12) Will Steffen et al., "Trajectories of the Earth System in the Anthropocene", *Preceedings of the National Academy of Sciences* (August 6, 2018). https://www.pnas.org/doi/10.1073/pnas.1810141115 〈최종 검색: 2023. 1. 16.〉

13) Timothy Morton, *Hyperobjects: Philosophy and Ecology after the End of the World*, University Of Minnesota Press, 2013.

이러스 등 감염병이 중위도 지역인 아시아, 유럽에서 나타날 수 있다. 온실가스 고농도 시나리오에서는 아시아·유럽·아프리카에서 22억 5천만 명이 뎅기열 위험에 노출된다. 1.5도 상승할 경우 콜롬비아·브라질·아르헨티나 홍수 피해 인구가 100~200% 증가한다. 에콰도르는 300%, 페루는 400% 증가한다. 2도가 상승하면 도시지역 거주 4억명 이상이 식수난에 노출된다. 지구 평균온도가 2~3도 상승하면 이번 세기 안에 생물종 54%까지 멸종할 것으로 전망됐다. 2도가 오를 경우 2100년까지 영구동토층 15%가 사라진다고 한다([그림 1-2] 참조).[14)]

그림 1-2 인류가 선택할 사회경제 경로(SSP)에 따른 지구 평균기온 상승

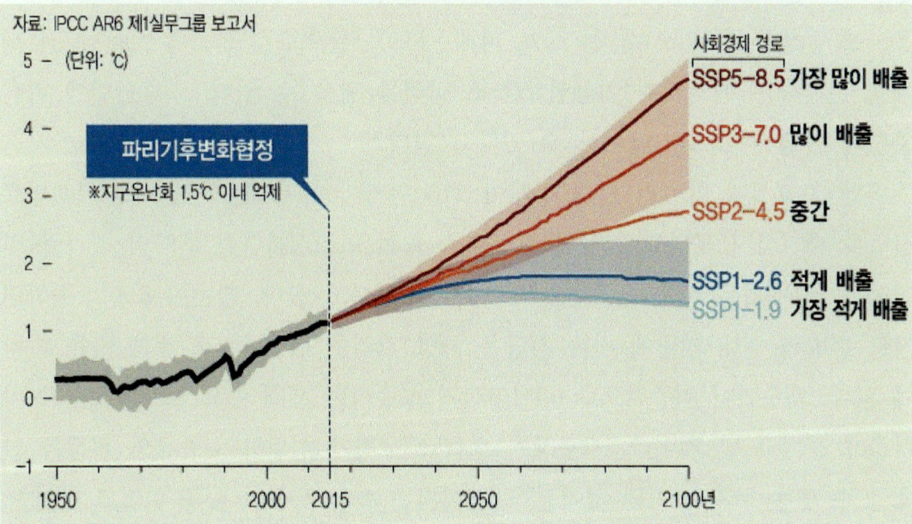

출처: IPCC AR6 제1실무그룹 보고서

또한 데이비드 월러스 웰즈는 1도씩 온도 상승에 따른 참혹한 결과를 더욱 구체적으로 묘사하고 있다.[15)] 그에 따르면 기온이 2도 상승하면 빙상이 붕괴되기 시작하고, 4억 명 이상의 사람이 물 부족을 겪으며, 적도 지방의 주요 도시가 사람이 살 수 없는 곳으로 변하고 북위도 지역조차 여름마다 폭염으로 수천

14) 한겨레신문 2021. 8. 10.자 기사: '물난리 일상화' 아시아·유럽, 적도 감염병까지 온다. https://v.daum.net/v/20210810050611227?s=print_news 〈최종 검색: 2023. 2. 17.〉

15) 마크 라이너스(Mark Lynas)도 「최종 경고: 6도의 멸종」이라는 책에서 전 지구적인 지표면 평균온도가 1도씩 상승할 때 나타날 수 있는 기후재앙에 대하여 아주 상세하게 기술하고 있다(마크 라이너스/김아림 옮김, 『최종 경고: 6도의 멸종』, 세종서적(주), 2022 참조).

명이 목숨을 잃는다. 기온이 3도 상승하면 남부 유럽은 영구적인 가뭄에 시달리고 중앙아시아는 평균적으로 지금보다 19개월 더 오래 지속되는 건기를, 카리브해 지역은 21개월 더 오래 지속되는 건기를 겪는다. 북부 아프리카에서는 건기가 60개월, 그러니까 5년 증가한다. 매년 들불과 산불로 불타는 지역이 지중해 지역에서는 2배, 미국에서는 6배 이상 늘어난다. 기온이 4도 상승하면 라틴아메리카에서만 뎅기열 감염 사례가 800만 건 이상 증가하고, 식량 위기가 거의 매년 전 세계에 닥친다. 폭염 관련 질병으로 인한 사망자 수가 9퍼센트 증가한다. 하천 범람으로 입는 피해가 인도에서는 20배, 방글라데시에서는 30배, 영국에서는 60배 증가한다. 특정 지역에서는 기후가 원인되는 여러 종류의 자연재해가 동시에 발생할 수 있으며, 전 세계 피해 규모를 돈으로 환산하면 오늘날 전 세계에 존재하는 부의 2배 이상인 600조 달러를 넘을 수 있다. 기후난민에 따른 분쟁과 전쟁 역시 2배 늘어날 수 있다고 한다.16)

유엔 보고서에 따르면 현재 상황이 2100년까지 유지되는 경우, 즉 화석연료 산업을 폐기하지 못하고 최악의 탄소배출 노선을 고집하다가 최악의 결과를 맞이하는 경우 기온 상승 상한선은 8도로 추정된다고 한다. 기온이 8도 상승하면 적도 지방과 열대 지방에 사는 사람은 해당 지역을 벗어나기도 전에 죽을 수밖에 없다. 해수면이 최종적으로 60미터까지 상승하여 세계 주요 도시의 2/3가 바닷물에 잠기고 말 것이다. 지구상에 오늘날 우리가 섭취하는 종류의 식품을 산출할 수 있는 토지가 거의 없어진다. 굽이치는 화염 폭풍이 숲을 휘젓고 다니며, 점점 더 강력한 허리케인이 해안을 강타한다. 열대성 질병이 빈틈없이 곳곳을 채우면서 북상하여 오늘날 북극에 해당하는 지역까지 퍼질 것이다. 직접적인 열기가 너무 나 강해 사람이 살 수 없는 지역이 전체 면적의 1/3에 달할 것이다. 그때에도 살아남은 사람들이 있다면 그들은 오늘날 우리로서는 참을 수조차 없는 전례 없는 가뭄과 폭염을 일상처럼 견뎌야 할 것이다.17)

이처럼 끔찍한 기후위기의 시나리오와 지금 우리가 살고 있는 세상 사이에는 '인류가 어떤 선택을 하는가?'라는 열린 질문만이 남아 있다. 물론 지구가 온실

---

16) 데이비드 월러스 웰즈/김재경 옮김, 앞의 책, 29-32면.
17) 데이비드 월러스 웰즈/김재경 옮김, 앞의 책, 33-34면.

가스에 적응하는 과정은 장기간에 걸쳐 이루어지기 때문에 어느 정도의 온난화는 이미 예정되어 있다. 하지만 현재의 인류가 어떤 가능성(2도, 3도, 4도, 5도, 심지어 8도)을 향해 나아갈지는 상당 부분 지금 어떤 행동을 선택하는지에 달려 있다. 2015년 파리협정에서 21세기 말까지 지구 평균기온 상승을 산업화 이전 대비 2도 보다 상당히 낮은 수준으로 유지하고, 1.5도로 제한하기 위해 노력한다는 전 지구적 장기목표 하에 모든 국가가 2020년부터 기후행동에 참여하며, 5년 주기 이행점검을 통해 점차 노력을 강화하도록 결의했다. 만일 이와 달리 우리가 탄소를 배출하는 생산방식에 대해 아무런 조치를 취하지 않는다면, 즉 인류의 산업 활동이 지난 30년과 마찬가지로 향후 30년 동안 '발전'이라는 이름으로 끊임없이 추구해 온 경제성장이라는 논리에 함몰되어 동일한 상승 곡선을 그린다면 21세기가 끝날 때 즈음에는 오늘날 기준에서 거주할 수 있는 지역이 계속해서 줄어들다가 결국 살 만한 지역이 하나도 남아 있지 않을 것이다.[18)]

2. 기후위기의 성격: 역설적 위기로서 기후위기

조효제 교수는 기후위기의 성격과 관련하여 "기후변화는 온갖 역설로 가득 차 있는 위기"라고 진단하고 있다. 그에 따르면 기후위기가 역사적이고 전 지구적인 배경에서 나타난 현상인 만큼 그것은 모순적이고 역설적인 성격을 갖는데, 이를 크게 일곱 가지의 역설로 설명하고 있다.[19)]

첫째, 선진국-개도국의 역설이다. 이는 기후변화에서 가장 잘 알려진 역설로 온실가스 배출의 책임의 가장 적은 나라 사람들이 가장 먼저, 가장 큰 피해를 당하기 쉽다는 것이다. 이는 '기후부정의(climate injustice)'라는 관점에서 설명되고 한다. 유사한 예로 농촌 빈곤층과 도시 영세민들은 기후변화에 대한 책임이 극히 적은 데도 더 큰 피해를 당하는 역설이 발생한다. 작은 섬나라 개발도상국들은 기후변화에 따른 해수면 상승으로 담수 부족, 농작물 수확 감소, 그리고 심하면 주거지 전체가 물에 잠길 위협 속에 살고 있다. 그러나 현재 국제법 체제하에서 세계에서 기후변화로 가장 가시적이고 확실한 피해를 입을 집단인 섬나

18) 데이비드 월러스 웰즈/김재경 옮김, 앞의 책, 34-35면.
19) 조효제, 앞의 책, 66-72면.

라 주민들을 구제할 현실적인 방도가 없다. 이들이 대규모 온실가스 배출국들을 상대로 근본적인 문제 제기를 하거나 법적 절차에 따른 구제를 요구할 경우 원조나 지원이 끊길 위험이 있다. 이를 이른바 '국제법상 정의의 역설'이라고 한다.[20]

둘째, 심리적 역설이다. 이는 기후변화에 대한 정보와 지식이 늘어날수록 기후위기로부터 심리적 거리를 두려는 사람이 늘어나는 현상을 말한다. 이런 현상은 기후변화를 너무 먼 이슈로 느끼고, 세상의 종말을 두려워하고, 객관적 사실을 부인하고, 자신의 행동과 문제해결 사이에 큰 간극이 있을 때 인지부조화가 일어나며, 문화적 정체성의 필터로 정보를 걸러서 자기에게 유익하고 편한 정보만 수용하려는 경향 때문에 나타난다. 이러한 심리적 역설은 과학적 설명이 맞닥뜨리는 역설이기도 하다. 기후변화를 가장 권위 있고 정확하게 설명하는 방식은 과학적 증거의 제시이다. 하지만 아무리 객관적이고 설득력 있는 과학적 설명도 여러 사람들과 만날 때에는 사회에 존재하는 수많은 이야기들과 경쟁을 해야 한다. 그 스토리 중에는 반과학적이거나 맹목적인 것들도 많다. 그리고 과학에 반대하지 않더라도 지구의 미래를 삶의 우선순위로 두지 않는 사람도 많다.

셋째, 대중의 소극적 지지의 역설이다. 이는 '환경 지지의 역설'로 설명된다. 즉 대중이 환경의 중요성을 인식하고 환경적 가치를 지지하고, 심지어 환경을 위해 비용을 지불할 용기가 있다고 하면서도, 그것이 개인의 행동 변화로 이어지지 않거나 환경을 보존하려는 구체적 경제정책에 대한 적극적 지지로 이어지지 않는 역설을 말한다. 또한 이는 '기든스의 역설'로도 설명된다. 앤서니 기든스(Anthony Giddens)는 이를 다음과 같이 설명한다. "기후변화의 위험에 대한 이야기를 아무리 많이 들어도 그것에 적극적으로 대응하기는 어렵다. 하루하루를 힘들게 살아가는 현식 속에서 그런 말은 너무 비현실적으로 들리기 때문이다. 기후변화를 정치적으로 해결하기 위해서는 이러한 역설에 대처해야 한다. 지구온난화는 구체적이고 시급하고 가시적인 문제라고 생각되지 않기 때문에 그것이 아무리 심각하다 해도 우리는 그저 손 놓고 있기가 쉽다. 그러나 문제가 눈앞에

20) Maxine Burkett, "A Justice Paradox: Climate Change, Small Island Developing States, and the Absence of International Legal Remedy", *University of Hawaii Law Review 35(2)*, 2013, p. 634.

닥치고 상황이 너무 나빠져 어떻게든 조처를 취하지 않으면 안 될 지경이 되면 그때는 이미 늦은 것이다."[21]

넷째, 예기치 않은 효과의 역설이다. 이는 기후변화에 대한 정책이 의도하지 않는 '녹색 역설'로 나타나는 것을 말한다. 예컨대 기후변화에 대한 대응책의 하나로 화석연료 사용을 억제하기 위해 화석연료 기업들에게 이른바 '탄소세(carbon tax)'를 부과할 것을 예고할 경우 이들은 시기를 앞당겨 다량의 화석연료를 채굴할 가능성이 크다. 그렇게 되면 온실가스의 누적효과가 늘어나는 결과가 발생한다. 하지만 반대로 이들 기업에 대한 투자자들이 이른바 '화석연료 투자 철회 운동(fossil fuel divestment movement)'의 흐름 속에서 강력한 기후변화 정책의 예상 효과에 선제적으로 반응하여 화석연료 산업에 대해 선제적으로 투자를 철회하는 효과, 즉 '녹색 역설'이 나타날 수도 있다. 또 다른 예로 현 시점에서 전 세계 온실가스 배출량 1위인 중국은 석탄 화력발전량도 1위를 차지하고 있는데, 역설적이게도 재생에너지 분야의 기술개발에서 선두 주자의 위치에 있다. 기후위기 악화와 기후위기 대응을 동시에 보여주는 역설적 사례다.

다섯째, 지구적-지역적 대응의 역설이다. 이는 전 지구적 차원에서 발생하는 기후변화에 적응하는 가장 좋은 방법은 지역적 차원에서 사회적 취약성을 줄이는 것을 말한다. '기후변화 적응의 역설'이라고 한다. 전 지구적 차원에서 동일한 기후변화라는 과학적 의미의 '위험 요인'이 발생하더라도 지역적 차원에서 빈곤, 계급, 성별, 인종 등의 사회적 의미의 '취약 요인'에 따라 피해를 입는 정도가 달라지기 때문이다. 이와 관련하여 하버드대학의 심리학자 로버트 제이 리프턴(Robert Jay Lifton)은 기후위기에 대해 각국이 각자도생을 위한 적응에 몰두할수록 더욱 치명적인 기후위기의 피해를 입게 되는데, 이런 식의 대응을 '좌초된 적응'이라고 경고한다. 이를 '리프턴의 적응 역설'이라 한다. 그는 기후위기에 대응하기 위해서는 전 지구적 차원의 탄소배출량 감축 노력과 함께 지역적 차원에서 개별 국가의 적응을 합쳐 '인류 종 전체의 적응'이 필요하다고 주장한다.[22]

여섯째, 좋은 의도와 그렇지 못한 결과의 역설이다. 경제개발을 통해 물질적

---

21) 앤서니 기든스/홍욱희 옮김, 『기후변화의 정치학』, 에코리브르, 2009, 205면.

22) Robert Jay Lifton, *The Climate Swerve: Reflections on Mind, Hope, and Survival*, The New Press, 2017.

조건이 향상될수록 불평등이 늘어나고 환경이 나빠지는 관계가 성립한다. 환경이 나빠지지만 당장의 생활수준은 올라가기 때문에 사람들은 개발 정책을 지지한다. 그러나 경제성장은 결국 기후위기로 귀결된다. 잘 살기 위해 선택한 경로가 최악의 결과를 야기한 역설이다.

마지막으로, 기후변화 적응의 정치의 역설이다. 이는 기후변화에 근본적 차원에서 적응하려는 정책, 즉 사회 전체의 변혁은 이상적이기는 하지만 이행하기가 어렵고, 현 사회를 지탱하는 글로벌 자본주의 시스템 내에서 이행할 수 있는 정책은 기후변화에 대한 근본 처방이 될 수 없음을 말한다. 데이비드 월러스 웰스는 기후위기의 본질은 과학의 문제가 아니라 정치의 문제임을 적절히 지적하고 있다. 그는 인간이 기후메커니즘을 과학적으로 확실하게 파악하게 되었지만, 기후위기의 앞날이 어떻게 전개될 것인지 전망할 수 없게 된 역설을 제시한다. 과학자는 기후위기에 대응하기 위한 적절한 기후'모델'을 제시할 수 있다. 하지만 그 모델에 어떤 투입물을 넣느냐, 즉 얼마나, 어떤 방식으로, 누구에 의해, 언제까지 온실가스를 감축하느냐 하는 문제는 과학자가 아닌 국가와 시민들이 결정하고 이행해야 하는 정치적 문제이다.

Ⅱ. 새로운 지질연대로서 '인류세'와 기후변화의 피해자

1. '홀로세(Holocene)'를 지나 '인류세(Anthropocene)'로의 진입

IPCC는 2014년 보고서에서 "기후 시스템에 대한 인간의 영향은 분명하고, 최근 인위적인 온실가스 배출량은 역사상 가장 높다. 최근의 기후변화는 인간과 자연 시스템에 광범위한 영향을 미쳤다."라고 밝혔다.[23] 이처럼 지난 몇 세기 동안 인간 활동에 의해 야기된 전 지구적 변화는 이른바 '인류세(人類世, Anthropocene)'라는 새로운 지질연대로 묘사되고 있다. 현재의 지질연대인 현세(現世) 또는 충적세(沖積世)를 의미하는 '홀로세(Holocene)'는 마지막 빙하기 이후 약 11,700년 전에 시작된 상대적인 기후 안정 기간을 말한다. 기후학자 파울 요제프 크뤼천(Paul

23) IPCC, *Climate Change 2014 Synthesis Report, Approved Summary for Policymakers*, 2014, p. 2.

Jozef Crutzen)과 유진 스토머(Eugene F. Stoemer)는 지구의 역사에서 새로운 지질학적 시대인 인류의 시대, 즉 '인류세'라는 개념을 새롭게 제시했다.[24] 홀로세를 대체하고자 제안된 인류세는 산업혁명 이후, 기후와 생태계가 극적으로 변화되었으며, 인간의 활동에 의해 대기의 화학적 조성 변화와 생물 대멸종이 진행중임을 강조하기 위한 것이다. 즉 이러한 개념의 등장은 지구온난화의 가속과 기온 상승에 대한 인간의 기여에서 찾을 수 있다. 인류세는 "행성 진화의 새롭고 위험한 단계"와 "인류 역사, 생명의 역사, 지구 자체의 역사에서 전환점"으로 간주되고 있다.

그런데 제이슨 무어(Jason W. Moore)와 안드레아스 말름(Andreas Malm)과 같은 일부 기후학자들은 인류세 개념에 비판적 입장을 취하면서 지구온난화의 책임이 모든 인류에게 있다는 생각은 결코 지지할 수 없다고 한다. 모든 사람들이 지구온난화에 책임을 져야 한다면 아무도 책임이 없는 것이며, 기후교란을 주도하는 광범위한 구조적, 문화적 세력과 특정 계층, 조직 및 제도를 시야에서 사라지게 한다고 주장한다.[25] 반면에 캐나다 생태사회주의 학자인 이안 앵거스(Ian Angus)는 이러한 비판에 대해 과학자들은 인류세 프로젝트의 최전선에서 "모든 인간이 책임을 져야 한다"는 어떤 이야기도 반복적이고 명시적으로 거부했다고 한다. 그는 인류세는 모든 인간을 지칭하는 것이 아니라 인간의 활동이 없었다면 일어나지 않았을 전 지구적 변화의 시대를 지칭하는 개념일 뿐이라고 반박한다.[26]

인류세 시작에 대한 가장 일반적 기준점은 유럽에서 1700년대 중반부터 시작된 산업혁명이다. 200년이 넘은 기간 동안 진행된 산업혁명은 무분별한 이익을 추구하는 강력한 힘을 가진 국가, 기업, 군대 등에 의해 주도되었고 뒷받침 되었다. 특히 산업혁명은 지배적인 세계관이었던 세계 제국주의, 식민주의 및 군국

---

24) Paul Jozef Crutzen and Eugene F. Stoemer, "The 'Anthropocene'", *The International Geosphere-Biosphere Programme(IGBP) Newsletter 41*, 2000, pp. 17-18.

25) Jason Moore, *Capitalism in the Web of Life: Ecology and the Accumulation of Capital*, London: Verso, 2015; Andreas Malm, *Fossil Capital: The Rise of Steam Power and the Roots of Global Warming*, London: Verso, 2016.

26) Ian Angus, *Facing the Anthropocene: Fossil Capitalism and the Crisis of the Earth System*, New York: Monthly Review Press, 2016, p. 232.

주의와 특정한 방식으로 천연자원을 생산하고 소비하기 위한 물질적 기반, 즉 오늘날 글로벌 자본주의라는 불리는 것에 의해 달성되었다.

역사적으로 이러한 산업혁명에 따른 영향은 극적이었다. 예를 들어 북극 툰드라와 호주 사막과 같이 세상에서 인간이 살기에 가장 열악한 곳을 포함하여 수천 년 동안 생태학적으로 지속가능한 삶의 방식을 채택함으로써 자연과 조화롭게 살아온 사람들은 공동체의 박탈, 이동 및 파괴를 겪었다. 이러한 과정은 전 세계 천원 자원의 현대적 채굴 내지 착취에 그대로 반영되고 있다. 지속 불가능한 방식으로 천연자원을 채굴하거나 착취하는 일은 줄어들지 않고 계속되고 있으며, 여기에는 온실가스 배출에 직접적으로 기여하는 인간 활동이 포함된다. 이에 따라 지구온난화에 대한 인간 활동의 전반적 영향은 명확하고 명백하며, 석탄, 천연가스, 석유 등과 같은 화석연료 산업의 또 다른 이름인 이른바 '더러운 산업(dirty industries)'의 구체적인 기여도 마찬가지이다.[27)]

인간 활동이 기후변화의 주요 원인으로 작용하고 있다는 것이 더욱 분명하게 밝혀지고 있는데, 이는 글로벌 자본주의에 따른 생산방식에 실질적 변화가 필요함을 의미한다. 예를 들어 글로벌 생산과 소비 패턴은 채울 수 없는 에너지 욕구를 특징으로 하며, 성장 모델에 기초하고 있다. 이는 석탄 화력발전소와 같은 파괴적인 에너지원의 사용을 정당화할 뿐만 아니라 오염 및 폐기물 산업을 계속 지원하는 상황을 야기한다. 또한 인간 활동에 의해 야기된 지구온난화의 속성은 가장 심각한 오염과 피해를 야기시킨 산업과 국가에 대해 그들의 잘못된 행동을 바로잡도록 일정한 책임을 부과한다. 이러한 시나리오에서 기후변화에 대한 대응 방법으로 완화 및 적응은 관행적으로 해온 행동의 시정과 기존 생산방식에 대한 대대적인 변경을 요구한다. 이때 유엔의 정의에 따르면 '완화(mitigation)'는 "온실가스 배출을 감축하거나 흡수하는 과정으로서, 미래의 기후변화 및 그 영향을 완화하는 방법"이고, '적응(adaptation)'은 "실제로 일어나고 있거나, 일어날 것으로 예상되는 기후변화와 그 영향에 적응하는 과정으로서, 기후변화로 인한 위험을 최소화하고, 나아가 이를 유익한 기회로 활용하는 방법"을 뜻한다. 이러한 완화와 적응은 "기후변화의 위험을 저감하고 관리하기 위한 상호 보완적 전

27) Rob White, *Climate Change Criminology*, Bristol University Press, 2020, p. 7.

략"이므로, 장기적으로 "지속가능한 발전을 향한 기후-복원 경로에 기여할 수 있다."라고 한다.[28)]

따라서 지구온난화와 기후변화에 대한 이해와 대응은 잠재적인 인간의 행동이 기후'복원'의 방향으로 변화할 수 있다는 중대한 기대를 수반한다. 이것은 "지구온난화가 의도적이고, 예방 가능하며, 인간의 작위 또는 부작위에 의해 야기된 것이라면, 그로 인해 발생한 생태적·사회적 피해는 비난 가능한 '기후범죄'로 규정되어야 하는가, 그리고 가해자(대표적으로 '탄소범죄자'로 지칭되는 화석연료 기업)는 형사사법기관에 의해 어떻게 처리되어야 하는가?"라는 질문으로 이어진다. 이러한 질문은 (기후)형법학과 (녹색)범죄학과 가장 관련성을 가질 뿐 아니라 근본적인 관심사이기도 하다. 또한 적어도 관심을 가져야 하는 질문이다.[29)]

2. 기후변화의 피해자

지구온난화와 기후변화에 따라 최악의 영향을 받을 가능성이 높은 사람들은 경제적으로 불우한 사람들(빈곤층), 신체적으로 취약한 사람들(어린이 또는 노인) 및 자신들의 본래 거주 지역에서 쫓겨난 사람들(식민지화의 대상이 된 원주민)이다. 이러한 기후변화 피해자에 대한 구분은 계급 구분, 성별 차이, 생물학적 구성이 아닌, 사회적 구성으로서 인종과 민족을 토대로 하여 발생한 불평등에 따른 것이다. 전 세계적으로 불평등한 권력 관계의 중요한 구조적 토대는 본질적으로 인간(노동자, 소비자)과 인간 아닌 동식물, 그리고 환경적 실체(강, 나무, 산 등)의 착취에 기반한 시스템인 글로벌 자본주의이다. 지구온난화와 기후변화와 관련된 피해자를 구체적으로 살펴보면 다음과 같다.

(1) 인간, 동식물 및 생태계

지구온난화와 기후변화에 따른 피해자의 범주에는 인간과 인간이 아닌 동식물뿐만 아니라 강, 산, 특정 생태계 등이 일정한 상황에서 피해자로 간주될 수 있다. 실제로 권리(rights)와 정의(justice)에 대한 보다 광범위한 개념정의는 '피해자'의 범위를 확장하여 다양한 영역에 걸쳐 비인간을 포함한다. 보다 구체적으

28) 조효제, 앞의 책, 57면.
29) White, 앞의 책, pp. 8-9.

로 '생태정의(eco justice)'의 관점은 피해를 입은 특정 주체나 대상의 관점에서 이를 다음과 같이 재구성한다. 첫째, '환경정의(environmental justice)' 관점에서 피해자는 인간이다. 환경권은 현재와 미래의 인간의 삶의 질을 향상시키기 위한 인권 또는 사회권의 확장으로 간주된다. 둘째, '생태학적 정의(ecological justice)' 관점에서 피해자는 환경 그 자체이다. 인간은 자신을 위해 보존해야 하는 복잡한 생태계의 한 구성요소에 불과하다. 셋째, '종의 정의(species justice)' 관점에서 피해자는 동물과 식물이다. 동물은 학대를 당하지 않을 본질적 권리가 있으며, 식물은 생물다양성을 위협할 정도로 서식지가 훼손되지 않을 권리가 있다고 한다.[30)]

기후변화에 따른 피해는 다양한 형태로 여러 장소에서 발생한다. 인간이 아닌 동물, 식물, 생태계 및 인간 개체군과 관련된 피해는 그 특성, 상호 역학관계 및 심각성에 있어 중요한 질적 차이가 있지만, 이러한 차이는 어디에서나 발견된다. 이러한 차이에도 불구하고 지구온난화로 인해 이들의 파괴, 저하 또는 감소가 발생하면 기후변화와 관련된 피해의 한 형태로 볼 수 있다.

'피해자'를 정의하는 것은 궁극적으로 관점의 문제이며 다음 제2절에서 자세히 살펴보겠지만 예컨대 '생태중심주의(ecocentrism)'는 환경이 인간에 대한 도구적 또는 공리적 가치와는 별개로 그 자체로 가치가 있다는 보는 것을 의미한다. 이처럼 기후변화의 피해자로 인간, 인간이 아닌 동식물 및 생태계를 고려하는 생태중심주의 관점은 비인간의 이익에 대한 향상된 법적 인식이나 사회적 인식을 전제로 한다. 따라서 인간의 활동에 의해 피해가 발생하면 생물권이나 비생물권에 속한 모두를 피해자로 간주할 수 있다.[31)]

예를 들어 기후 조건의 장기적인 변화뿐만 아니라 급격한 온도 변화는 동물과 식물에게 엄청난 영향을 미친다. 열 스트레스는 동물의 사망률을 증가시키고 질병에 대한 저항력을 약화시킨다. 온도 변화는 식물 종의 구성을 동시에 변경하여 방목 동물의 먹이 공급원에 영향을 미친다. 또한 신선한 물의 적절한 공급 부족은 질병의 확산과 전반적인 건강 및 안녕에 영향을 미친다. 이처럼 기후변

30) White, 앞의 책, pp. 79-80.

31) Brian Preston, "The use of restorative justice for environmental crime", *Criminal Law Journal 35*, 2011, pp. 136-145.

화는 여러 방식으로 물리적, 생물학적 세계를 변화시키고 있으며, 비인간 환경 매체는 그 영향에 면역되지 않는다. 예를 들어 기후변화의 결과로 상황이 악화될 가능성이 있는 '유전자 변형 유기체(GMO: Genetically Modified Organism)' 및 단일 재배에 대한 의존을 포함하여 생물다양성에 대한 위협은 심각하다. 이러한 추세는 탄력성에도 영향을 미친다. 예컨대 오랜 세월 동안 농부들은 해충, 마름병 및 기타 형태의 농작물 실패로부터 보호하기 위해 다양한 작물 품종에 의존해 왔다. 이러한 다양성을 줄이면 토양을 보호하는 데 도움이 되는 내장된 메커니즘과 전체 농업 과정의 활력에 영향을 미친다. 더욱이 생산성을 높이기 위해 예를 들어 전통적인 윤작 방법이 아닌 화학 첨가물에 의존하는 토지와 토양의 집중적인 사용은 장기적으로 농업 생존력을 더욱 감소시킬 것이다.[32]

다른 한편으로 기후변화는 기존의 위험을 증폭시키고 자연 및 인간 시스템에 새로운 위험을 야기할 것이다. 이러한 새로운 위험은 불평등하게 작용하며, 일반적으로 선진국이 아닌 저개발국가에서 소외되고 가난한 사람들과 지역 사회에 더 가혹하게 다가간다.[33] 이는 기후변화에 따른 피해의 보편성과 차별성을 의미한다. 즉 한편으로 모두가 예외 없이 지구온난화에 영향을 받는다. 이러한 "보편적 피해"의 한 형태로서 기후변화는 계급, 성별, 민족, 인종, 부족 또는 카스트에 관계없이, 그리고 누구의 잘못에 의한 것이든 상관없이 우리 모두에게 손해를 끼친다는 것을 의미한다.

그러나 다른 한편으로 기후변화의 부정적 영향은 모든 사람이 느끼지만 모든 사람에게 동일한 것은 아니다. 보편적 피해에 대한 주장[34]은 실제로 주요 위험 및 보호 요인과 관련하여 서로 다른 집단 및 계층이 상당히 다르게 배치되는 방식으로 중요한 차이를 만든다는 점을 간과한다. 기후변화와 관련된 사회적 갈등은 단순히 환경 조건의 변화에 의해 결정되는 것이 아니라, 사회적 불평등이 반영된 결과이다.

물론 많은 것은 사람이 사는 곳에 달려 있다. 예를 들어 많은 선진국들이 중

32) White, 앞의 책, pp. 80-82.

33) IPCC, *Climate Change 2014 Synthesis Report, Approved Summary for Policymakers*, 2014, p. 4.

34) Ulrich Beck, "World risk society as cosmopolitan society? Ecological questions in a framework of manufactured uncertainties", *Theory, Culture, Society 13(4)*, 1996, pp. 1-32.

위도나 고위도에 위치해 있다. 반면에 가난한 저개발국가는 저위도, 즉 지구상에서 가장 뜨거운 지역에 집중되어 있다. 열대 지방과 아열대 지방의 기온이 상승함에 따라 그곳 사람들은 지리적으로나 재정적으로 특권을 가진 사람들보다 더 높은 비율로 열 관련 사망을 겪게 될 것이다. 그렇더라도 동시에 더 거세지는 폭염의 증가는 지리적 위치에 관계없이 더 많은 사망자를 발생시키기도 한다. 예를 들어 기후변화가 인간 건강에 미치는 영향에 대한 전문가인 엘리자베스 한나(Elizabeth Hanna) 박사가 적절히 지적한 바와 같이 2003년 유럽 폭염으로 서유럽에서 70,000명이 사망했고, 2010년 폭염으로 러시아와 동유럽에서 55,000명이 추가로 사망했다. 2001~2010년 10년 동안 열사병으로 인한 사망이 이전 10년보다 2,300% 증가했다고 한다.[35)]

피해에 대한 취약성은 지리적 위치뿐만 아니라 다른 불평등으로 인한 것이다. 지구온난화의 맥락에서 석유 자원의 감소와 식량 위기는 가난한 사람들에게 더 많은 환경적, 경제적 부담을 안겨준다. 즉 우선 이들은 직장에서 쫓겨난다. 그런 다음 극심한 가뭄, 홍수 및 사이클론에 의해 초래된 기후혼란과 관련된 비용 부담을 불균형하게 짊어진다. 그리고 산업용 바이오 연료와 같은 사이비 해결책이 그들의 토지와 식량을 침탈할 때 다시 한 번 패배한다. 그것이 산업형 농업이든, 산업용 바이오 연료이든, 자동차 공장이든, 고속도로이든 그 경작, 채취, 건설 등을 위해 자신들의 토지로부터 토착민과 소작농의 퇴거와 강제 이주는 이들의 토지에 대한 권리를 빼앗아 성장을 창출하는 경제 모델의 불가피한 결과이기도 하다.[36)]

이처럼 기후변화와 관련된 피해의 차별성은 사회적 지위를 반영한다. 가난하고 취약한 사람들은 부자와 권력자보다 기후변화와 관련된 폭력으로 고통을 받는다. 땅을 잃고 생계를 유지하기 위해 고군분투하며 기후 관련 이주를 강요당하는 것은 부유한 사람들이 아니다. 마찬가지로 기후변화와 관련된 생물학적 변

35) Graham Readfearn, "Tony Abbot dares us to reject evidence on climate, but reveals a coward", Guardian, 10 October 2017. https://www.theguardian.com/environment/planet-oz/2017/oct/11/tony-abbott-dares-us-to-reject-evidence-on-climate-but-reveals-a-coward 〈최종 검색: 2023. 2. 17.〉

36) Vandana Shiva, *Soil Not Oil: Environmental Justice in an Age of Climate Crisis*, North Atlantic Books, 2015, pp. 5-6.

화의 피해를 짊어지는 것은 지구온난화 과정에 가장 적게 기여한 가난한 나라들이다. 강력한 힘을 기업과 그 경영진, 헤게모니 국가와 그 지도자들은 일반적으로 기후변화의 분배적 영향, 즉 사회적 상황과 필요한 자원을 집결하는 능력에 의해 기후변화 피해 사례로부터 제외된다. 또한 그들은 일반적으로 취약한 국가 및 인구 집단에 기후변화 피해에 따른 보상금을 지불하거나 기후변화 적응 조치에 요구되는 자금을 지원하지 않아도 된다.[37)]

(2) 아동 · 청소년과 세대 간 평등

기후변화와 관련하여 어린이와 청소년의 인식과 입장은 점점 더 '낙인찍힌 자'와 '특권자' 사이의 구분에 의해 좌우될 것이다. 이러한 두 범주가 세계적 규모로 확대 재생산되고 있기 때문에 더욱 그렇다. 예를 들어 홍수나 사이클론 같이 기상이변으로 고통 받는 청소년은 '불가항력(an Act of God)'라는 의미에서 '기후 피해자'로 분류될 것이다. 이러한 현상은 인간의 개입(지구온난화 포함)과 관계없이 '자연재해'로 간주되는 경향이 있기 때문이다. 반대로 이 같은 청소년은 기후재난을 피해 배를 타고 더 안전한 국가와 지역으로 이주하려고 시도할 경우 '범죄자'로 전락할 수 있다. 기후 이민자는 선의의 '피해자'가 '불법이민자'로 변모함에 따라 계속해서 부정적인 꼬리표를 달게 될 가능성이 높다. 피해자는 있던 그 자리에 그대로 있으면 괜찮지만, 너무 가까워지면 누구도 원치 않기 때문이다. 이러한 낙인찍기 과정은 특정 지역의 젊은 인구 그룹에 적용되기 때문에 다시 한 번 세계적 불평등에 반영될 것이다.

오늘날 환경법이나 국제환경(형)법은 미래 세대를 환경범죄의 피해자로 간주하고 있다. 여기에 이제 지구온난화의 영향과 관련된 관심이 포함될 필요가 있다. 이와 관련하여 미국 국제환경법 교수인 브라운 웨이스(Brown Weiss)는 특히 인간의 이익과 관련하여 중요한 개념으로 선택 보존, 품질 보존 및 접근 보존이라는 세 가지 핵심 사항을 가진 '세대 간 형평성(intergenerational equity)'이라는 개념을 제시한다.[38)] 그녀에 따르면 우선 '선택 보존(conservation of options)'이

---

37) White, 앞의 책, pp. 82-85.

38) Edith Brown Weiss, "Climate change, intergenerational equity, and international law", *The Vermont Journal of International Law 9*, 2008, pp. 615-628.

란 각 세대는 자연과 문화 자원 기반의 다양성을 보존해야 하므로, 미래 세대가 문제를 해결하고 자신의 가치를 실현하는 데 사용할 수 있는 선택을 과도하게 제한하지 않고 이전 세대가 누렸던 것과 비교할 때 그에 상응하는 다양성을 누릴 자격이 있어야 함을 의미한다. 이 개념은 다양성이 생태계와 문화 시스템 모두의 견고성에 기여한다는 생각을 기반으로 한다.

다음으로 '품질 보존(conservation of quality)'이란 각 세대는 이전 세대로부터 받은 것보다 더 나쁜 상태로 전달되지 않도록 행성 지구의 품질을 유지할 의무가 있으며, 이전 세대가 누렸던 것과 비교할 때 유사한 수준의 행성 지구의 품질을 누릴 자격이 있어야 함을 말한다. 이 개념은 생태적 지속 가능성과 아울러 계속적인 변화 속에서도 유지되어야 하는 균형의 중요성과 관련이 있다.

마지막으로 '접근 보존(conservation of access)'이란 각 세대는 구성원들에게 이전 세대의 유산에 대한 공평한 접근권을 제공하고 미래 세대를 위해 이 접근권을 보전해야 함을 의미한다. 이 개념은 이용 가능한 것을 저하시키지 않고 행성 지구와 그 자원에 대해 세대 간 차별을 두지 않고 효과적 접근을 보장하는 것과 관련이 있다.

세대 간 형평성이란 개념은 과거와 미래라는 두 방향을 가리키는 시간적 개념으로 보는 것이 필요하다. 이에 세대 간 형평성은 과거 세대로부터 현재 세대로 흘러야 하지만, 동시에 현재 세대는 형평성이 미래세대로 흐를 수 있도록 보장해야 한다. 이러한 세대 간 형평성의 시간적 특성은 세대 간 형평성과 세대 내 형평성 사이에 고유한 연결이 있음을 의미한다. 이는 그 의무가 각 세대가 받은 것보다 나쁘지 않은 상태로 행성 지구를 물려주고 자원과 혜택에 대한 공평한 접근을 제공해야 함을 내용으로 하고 있기 때문이다.

또한 세대 간 형평성은 시간이 지나감에 따라 세대를 가로지는 '수직적 형평성'과 권리의 평등이 시간뿐만 아니라 인구 집단에 걸쳐 확장되는 '수평적 평등'을 의미한다. 이러한 관점에서 미래 세대의 건강과 안녕은 현 세대의 청소년들을 어떻게 소중히 여기고 양육하느냐에 달려 있다. 그런데 기후변화에 따른 피해는 아동에게 특히 취약하고 차등적으로 영향을 미친다. 모기 퇴치를 위해 사용되는 살충제의 예를 살펴보면 모기가 옮기는 질병의 확산을 방지하기 위해 살충제를 사용하지만, 이에는 고려되지 않은 '숨겨진' 비용이 있다. 즉 아동과 화학약품에 민감한 사람들은 살충제와 같은 화학약품을 뿌릴 경우 일반적인 다른 사람들 보다 더 큰 고통을 겪는다. 이들은 다른 사람들보다 치료로 인해 발생하는 부작용에 더 취약하기 때문이다. 이러한 상황에서 중요한 질문은 "얼마나 많은 피해를 입을까?"뿐만 아니라 "누가 피해를 입을까"이다.

이 질문과 관련하여 아동은 일반적으로 성인보다 환경 위험에 더 취약하기 때문에 특별한 주의를 기울어야 한다. 그들은 성인보다 더 많은 공기를 호흡하고 몸집에 비해 더 많은 음식과 물을 소비한다. 그들의 신체는 아직 발달 중이고 환경을 통제할 능력이 거의 없다. 이는 아동이 "작은 어른"이 아니며, 특히 환경 위험에 취약하다는 것을 의미한다. 최근 한 통계에 따르면 기후변화로 인한 전 세계 질병부담의 약 90%를 아동이 부담한다고 한다.[39)]

또한 모든 아동이 취약하지만 일부는 다른 아동보다 더 취약한 경우도 있다. 예컨대 인도의 아동들이 그러하다. 매일 인도에서 발생하는 기후부정의의 규모는 재앙에 가깝다. 매일 수십만 개의 공장이 공해방지 장치 없이 연기를 내뿜고 있으며, 수천 명의 인도인이 적절한 안전장구 없이 일하러 가고, 5세에서 14세 사이의 1,200만 명 이상의 아동들이 학교에 가지 않고 노동을 하면서 하루하루를 보낸다. 수백만 리터의 미처리 폐수가 강과 땅에 버려지고 있으며, 수백만 톤의 유독성 유해 폐기물이 행성 지구에 버려지고 있다.[40)] 이러한 환경은 아이들이 성장하고 일하는 과정에서 커다란 피해를 야기할 것이고, 이와 같은 공장에서 하루를 보내게 될 아이들의 미래 자녀들에게도 비슷한 조건을 남겨줄 것이다.

일반적으로 아동이 다양한 질병과 환경 위험에 취약하다는 사실은 잘 알려져 있지만, 특별히 기후변화의 피해자로 간주되는 경우는 드물다. 하지만 앞서 인도 아동에 대한 인도 공익변호사 메타(M.C. Mehta)가 강조한 바와 같이 아동은 실제로 전혀 보호받지 못하고 있다. 세대 간 형평성과 관련하여 아동의 고유한 권리에 관해서 때때로 약자로서, 그리고 미래세대로서 아동의 이익이 전면에 부

---

39) WHO, *Protecting Health from Climate Change: Connecting Science, Policy and People*, Geneva: WHO Press, 2009, p. 2.

40) Mahesh Chander Mehta, *In the Public Interest: Landmark Judgements and Orders of the Supreme Court of India on Environment and Human Rights (Volume 1)*, in: New Delhi: Prakriti Publications, 2008, pp. xviii-xix.

각되는 경우가 있다. 예를 들어 1993년 필리핀 대법원은 세대 간 형평성의 문제를 *Minors Oposa v Secretary of Statefor the Department of Environment and Natural Resources* 사건에서 다루었다. 저명한 환경 운동가인 안토니오 오포사(Antonio Oposa)를 포함한 어린이 집단이 비영리 단체인 '필리핀 생태 네트워크(the Philippine Ecological Network, Inc.)'와 함께 소송을 제기하여 자국에서 빠르게 사라지는 열대우림의 파괴를 막았다. 오포사는 대법원에서 '세대 간 형평성'을 주장했는데, 그는 필리핀의 천연자원은 모든 연령대의 사람들에게 속하며, 성인이 국가의 모든 자원을 수확하면 자녀, 자녀의 자녀, 그리고 모든 미래의 세대의 자원을 훔치는 것이라는 논리를 펼쳤다. 필리핀 대법원은 청구인들에게 유리한 판결을 내렸고, 다음과 같은 몇 가지 획기적이고 강력한 판결을 내렸다. 우선 깨끗한 환경에 대한 권리, 땅에서 생존할 권리, 미래세대에게 제공할 권리는 기본권에 해당한다는 것이다. 둘째, 깨끗한 환경을 유지해야 할 세대 간 책임이 있다는 것이다. 즉 각 세대는 환경을 보존하기 위해 다음 세대에 대한 책임이 있으며, 아동의 자신의 세대와 미래세대를 대신하여 그 권리를 행사할 수 있다는 것이다. 셋째, 필리핀 헌법은 정부가 "국민의 건강을 보호 및 증진하고 그들에게 건강 의식을 심어줄 것"을 요구하였다.[41]

그러나 이러한 특정 사례를 제외하고 기후변화 문제와 관련하여 국내 또는 국제적 수준에서 세대 간 형평성에 대한 아동의 권리보호를 다룬 예는 거의 없다. 국제형사재판소(ICC)는 실제로 그러한 문제를 심리하도록 설계되지 않았으며, 일반적으로 환경 피해자에 관해서는 즉각적인 피해로 인한 고통과 일반적으로 권리의 상당한 침해에 대한 언급을 포함하여 피해자에 대한 좁거나 넓은 개념정의를 채택하는 데 상당한 모호성을 띠고 있다. 기존 법률과 법원의 판례는 세대 간에 걸친 피해(예컨대 지구온난화로 인한 피해)를 고려하는 작업에 부적절한 경향이 있다. 피해자와 가해자가 구체적으로 특정되어야만 법률이 적용되는 경향이 있기 때문이다. 그리고 본질적으로 권리 문제(예컨대 동물의 권리, 식물의 권리 등)와 기후변화와 관련된 국내(환경)법과 국제(환경)법은 해당 법률이 시행되

41) https://archive.crin.org/en/library/legal-database/minors-oposa-v-secretary-department-environmental-and-natural-resources.html 〈최종 검색: 2023. 2. 17.〉

고 있는 국가의 정치적·경제적 맥락에 의해 제약을 받는 경향이 크기 때문이다. 권력자들은 여전히 자신들의 길을 가고 있다. 하지만 이들과 달리 현재도, 그리고 미래에도 아동들은 기후변화에 가장 취약한 사람들 중 하나이다. 오늘날 저개발국가의 많은 아동들이 오염된 공기와 물, 극심한 날씨, 빈곤, 착취적이고 건강에 해로운 노동 조건, 태어나기도 전에 몸에 독소가 영향을 미쳐 고통을 받고 있다. 행성 지구의 환경자원에 대한 접근권과 관련하여 현재의 불평등은 남아 있는 자원에 대한 정당한 관심의 부족으로 인해 상황이 더 악화되고 있다고 있다.[42)]

(3) 원주민과 기후 불평등

식민주의와 제국주의의 중심에는 땅이 있다. 식민 권력의 유지는 본질적으로 자원의 식민화의 문제였고 지금도 마찬가지이다. 이는 남미, 북미, 호주와 같은 지역의 많은 원주민들과 아프리카, 아시아, 그리고 그 너머의 원주민들에게 영향을 준 현상이다. 토지를 빼앗는 것은 여러 대륙에 걸쳐 수세기 동안 토착민에 대한 강탈과 학대의 중심이었다. 이는 오늘날도 일정 부분 계속되고 있다.[43)]

지구온난화는 마찬가지로 전 세계 원주민의 건강과 안녕에 상호 연관된 방식으로 중대한 영향을 미친다. 즉 기후변화의 원인에는 삼림벌채와 같은 활동이 포함되며, 이는 다시 농작물 대체, 광물 채굴 작업 및 가축 사육에 영향을 준다. 원주민이 수백 년 동안 터전을 이루며 살고 있는 땅에 대한 이러한 종류의 침탈은 원주민의 삶의 방식에 직접적인 영향을 미친다. 예를 들어 미국에서 '치페와(Chippewa)' 원주민들은 자신들이 양도한 땅에서 광물 채굴 작업을 하면 땅과 물이 환경적으로 파괴되고, 그 결과 생계 수단까지 파괴된다는 것을 알고 그들의 땅에서 이러한 작업을 반대했다. 다른 곳에서의 유사한 사건과 마찬가지로 이러한 자연 세계의 오염은 원주민의 정체성과 문화의 핵심에 대한 공격을 의미한다. 이러한 종류의 투쟁은 토지와 천연자원의 몰수를 특징으로 하는 내부 식민화의 오랜 역사적 과정의 하나였다. 원주민의 소유권, 이익 그리고 그들의 고

---

42) White, 앞의 책, pp. 85-90.

43) 이에 대해 자세히는 Damien Short, *Redefining Genocide: Settler Colonialism, Social Death and Ecocide*, London: Zed Books, 2016 참고.

유한 경험과 지식은 완전히 무시되었다.

지구온난화를 일으키는 환경파괴적인 인간의 활동은 동시에 원주민의 삶의 기반을 약화시킨다. 캐나다 앨버타 타르샌드(Tar Sand: 중질유를 포함한 모래)는 생태학적으로 파괴적인 에너지 추출과정으로 인한 피해의 규모와 영향을 그대로 보여주는 대표적인 사례이다. 타르샌드는 점성이 강하기 때문에 바로 파이프라인을 통해 이동시킬 수가 없다. 따라서 추출과정에서 고온의 물을 사용하여 오일층을 분리해 내는데, 이 과정에서 1배럴의 원액을 얻기 위해서는 4~5배럴의 물이 필요하다. 지하수가 이 과정에서 사용되며, 타르가 붙은 돌을 씻어낸 물은 그야말로 타르 찌꺼기가 섞인 흙탕물, 즉 폐수가 된다. 이 과정에서 해양생태계가 파괴된다. 또한 타르샌드는 채취부터 정제과정에 이르기까지 기존 석유의 채취-정제과정보다 70~110% 더 많은 온실가스를 배출하고, 연료로 사용될 때, 즉 연소될 때는 14~20% 더 많은 온실가스를 배출한다. 뿐만 아니라 타르샌드를 채취하기 위해서는 지반 수백 미터를 뚫어서 채취하는데, 이러한 채취과정은 지반을 약하게 만들어 지진이나 다른 자연재해를 일으킬 가능성을 높인다. 그리고 타르샌드 채취를 위해서는 건설장비들이 들어가야 하므로 나무들을 잘라내야 한다. 타르샌드 채취과정에서 파괴되는 땅의 면적이 천연가스를 채취할 때 파괴되는 땅 면적의 4배에 달한다. 타르샌드를 채취하기 위해 지금까지 플로리다 주 크기의 숲이 파괴되었다고 한다.[44] 요컨대 타르샌드 추출과정의 결과 중 하나는 생태계, 동물 및 인간에 대한 다양한 유형의 피해이다. 현지 원주민의 경우 삶과 땅의 연결이 끊어지기 때문에 일종의 '대량학살(genocide)'의 의미로 다가온다.

브라질과 콜롬비아의 아마존 지역에서는 임업, 농업, 소 사육, 광업, 석유 및 천연가스 설비, 수력발전 댐으로 인해 토지 수용과 정리가 이루어지고 있다. 이 지역의 원주민들에게 이것은 특히 물질적으로나 영적으로 파괴적인 결과를 야기하고 있다.

식민지의 특징 중 하나는 토지와 지식의 박탈이고, 다른 하나는 복지와 안녕의 무시이다. 예를 들어 북극 지역에는 30만 명 이상의 원주민을 포함하여 약

---

44) 참세상 2013. 5. 13.자 기사: "타르샌드, 인간을 집어삼킬 검은 덩어리" http://m.newscham.net/news/view.php?board=renewal_col&nid=70310 〈최종 검색: 2023. 2. 17.〉

400만 명이 거주하고 있다. 캐나다, 덴마크, 그린란드, 핀란드, 아이슬란드, 노르웨이, 러시아 연방, 스웨덴, 미국 등 8개 국가가 북극 지역에 영토를 가지고 있다. 표면적으로는 깨끗한 환경이고 지역 주민들이 전통적인 식량원에 의존하고 있지만 수많은 오염 물질이 북극과 북극에 사는 사람과 동물에 수십 년 동안 영향을 미쳤다.[45] 이 오염은 다른 곳, 특히 미국과 같은 산업 중심지에서 시작되었지만 그 영향은 처참했다. 예를 들어 북극의 일부 지역에서 모유 수유 중인 산모들은 유해 화학 물질이 신생아에게 노출되는 것을 우려하여 모유를 분유로 보충할 것을 권고 받고 있다. 이 모든 것은 북극권 빙하와 영구동토층이 녹으며 땅 속 얼음에 갇혀 있던 온실가스가 대량 방출되고 이들이 다시 기후변화를 가속화하는 효과로 인해 더욱 복잡해진다. 식량 공급원과 오랫동안 확립된 전통을 유지하기가 훨씬 더 어려워지고 있다.

비슷한 맥락에서 해수면 상승은 태평양과 인도양 전역의 원주민과 전통 민족에게 즉각적인 문제를 야기한다. 이들 지역에서 해수면 상승에 따른 섬 주택의 침수는 본질적으로 또 다른 형태의 대량학살을 의미하기 때문이다. 즉 토지와 삶의 파괴를 통해 사람들을 전체적으로 희생시키는 것이다. 조상의 고향에서 사람들을 기후변화로부터 안전한 지역으로 이주시키는 것은 답이 아니다. 원주민은 영적 안녕을 위해 땅에 의존하기 때문이다. 원주민들을 그들의 땅으로부터 분리시키는 것은 사실상 둘 다를 죽이는 것과 같다고 한다.[46]

원주민들은 이러한 만행에 대해 수동적이지 않다. 수십 년 동안 그들은 지역 저항과 기후변화에 관한 국제 포럼에 적극적으로 참여하면서 반격해 왔다. 원주민들의 요구 중에는 자신들의 땅에서 규제받지 않는 '경제 개발'을 허용하지 않겠다는 그들의 선택권이 포함되어 있다. 이는 원주민들에게 '자결권(self-determination)'을 보장하라는 것이다. 식민지화는 자결권을 위한 투쟁이 일어나는 살아 있는 역사적 맥락을 제공한다. 반식민지의 입장은 환경운동가와 원주민 운동가 사이의 가능한 동맹의 기초를 형성한다. 이들 투쟁의 중심에는 영토 문제와

45) EEA (European Environment Agency), *EEA Signals: Biodiversity, Climate Change and You*, Copenhagen: European Environment Agency, 2010.

46) Deniz Tekayak, "Protecting earth rights and the rights of indigenous peoples: Towards an international crime of ecocide", *Fourth WoxU Journal 14(2)*, 2016, pp. 5-11.

지상과 지하에서 일어나는 일을 누가 통제하는지에 대한 문제가 있다. 토지에 대한 자결권은 원주민이 사는 곳이 어디든 중요하다.[47)]

Ⅲ. 기후변화와 범죄

1. 기후변화에 따른 범죄유형

기후변화는 상당한 불안과 갈등을 일으킬 수 있는 생태학적 조건을 끊임없이 만들어 낸다. 고온과 가뭄은 식량생산이나 식수 확보, 수력발전과 같이 물에 의존하는 경제 부문에 영향을 미친다. 예를 들어 2003년 한 해 동안 지구온난화에 따른 극심한 폭염으로 2만 명 이상이 사망했고, 해빙으로 인해 유럽의 알파인 빙하의 질량이 1/10로 줄었다. 이로 인하여 기후변화에 따른 다양한 범죄들이 빈번히 발생할 가능성이 높다. 예를 들어 기후변화 관련 범죄 중 일부는 식품과 관련된 약탈과 밀거래, 불법어획과 조류 등 불법사냥, 인신매매나 식량의 불법거래 등이 포함될 수 있다. 생존주의와 완화와 적응으로 대표되는 기후변화 정책은 생존과 관련된 가족 농장의 식량이나 물 절도가 발생하거나, 조직범죄의 형태로 탄소배출권 거래 사기나 물 불법거래와 같은 새로운 범죄의 토대를 제공한다. 그리고 기후변화와 관련하여 파생되는 범죄도 있다.[48)] 예를 들어 부유한 사람들은 자신들의 이익이나 기득권을 지키기 위해 토지를 봉쇄하거나 식량이나 생필품들을 사재기한다. 반대로 가난한 사람들은 폭우나 흉작 또는 생필품 생산 부족에 따라 생존을 위해 불법적 약탈행위를 한다. 그밖에도 기후변화에 따른 시민소요나 조직범죄가 활발해 지고 기후 이동과 관련한 불법이민이 증가하게 된다.[49)]

따라서 기후변화에 수반될 것으로 예상되는 문제의 특성에 부합하는 적절한 범죄예방 정책과 접근 방식을 고려할 필요가 있다. 지구온난화와 관련된 모든 범죄학 프로젝트의 중요한 관심사는 지역사회 내외에서 사회적 탄력성을 구축하고, 그 일환으로 기후변화의 예측 가능한 결과 혹은 예측할 수 없는 결과를 적

47) White, 앞의 책, pp. 90-93.
48) White, 앞의 책, pp. 43-44.
49) 이경재, 앞의 논문, 49면.

절히 처리할 수 있는 기관을 설립하며, 그러한 기관의 역량을 향상시키는 데 있다. 하지만 이러한 일들의 대부분은 정치적 의지와 기후변화 관련 정책에 대한 지속적인 논쟁의 결과에 따라 좌우된다.

지구온난화와 기후변화 관련 범죄의 분석과 관련된 개념과 유형이 일정 부분 이루어지고 있다. 예컨대 기후변화와 관련된 특정 범죄와 환경범죄의 유형은 기후변화를 일으키는 환경범죄(삼림파괴, 대기오염, 산업공해, 불법개간 등), 기후변화의 결과에 따른 환경범죄(물 절취, 야생동물 밀렵, 불법어획 등), 시민소요와 범죄행위 등 관련 범죄, 기후변화에 대한 정책 대응으로서 완화 및 적응과 관련된 규제 및 법 집행 관련 범죄로 분류할 수 있다(〈표 1-1〉 참조).[50]

표 1-1 기후변화 관련 범죄의 유형

	범죄 영역	범죄 행위
기후변화를 일으키는 환경범죄	- 삼림파괴 - 대기오염 - 산업공해 - 불법개간 - 원생지 식물 제거	- 불법벌목행위 - 매연배출 - 허가되지 않은 오염행위 - 주거지 및 산림 파괴 - 생물군의 제거
기후변화의 결과에 따른 환경범죄	- 야생동물 밀렵 - 불법어획	- 물, 식량 절취 - 불법 동물도살 - 어족의 감소
관련 범죄 (시민소요와 범죄행위)	- 공공질서 위반 - 환경테러 - 인신매매	- 식량 폭동 - 방화, 산림방화 - 이주와 밀입국
기후변화에 대한 정책 대응에서 기인하는 규제범죄	- 탄소배출권 거래 - 탄소배출에 따른 온실가스 감축이나 환경기금 투자 - 불법생산 - 공모	- 사기 - 허위보고 - 불법 유전자변형식품 제조 - 뇌물

출처: Rob White, *Climate Change Criminology*, Bristol University Press, 2020, p.45.

그리고 기후변화에 따른 범죄의 유형, 비율 및 빈도에 변화가 있을 것으로 예

50) White, 앞의 책, p. 45.

상된다. 환경 갈등은 주로 자원의 확보와 관련된 투쟁으로 모아지고 그에 수반된 범죄가 빈번해 질 것이다.

한편 기후변화 관련 범죄를 가해자의 관점에서 다음과 같이 나누어 설명하기도 한다.

- **약자에 의한 범죄**: 불법이주, 자연보호 구역에서 식량 불법채집, 물 절취 및 거리 폭동에 이르기까지 기본 생존(예: 토지 손실, 강수 부족, 급격한 기온 변화)을 위한 범죄
- **권력자에 의한 범죄**: 특권과 이익 보호, 토지 봉쇄, 식량 및 기타 기본 자원 비축, 사설군대/보안 구축
- **조직 범죄자에 의한 범죄**: 탄소배출권 거래 사기, 인신매매, 밀거래, 폐기물 불법 투기, 식량과 물의 불법거래 등과 같은 새로운 범죄 기회
- **국가에 의한 범죄**: 강력한 이해관계와의 결탁, 인권과 생태권의 부정, 개입 또는 규제의 실패, 자신들의 국가 이외의 지역에서 식량 생산/소비를 위한 불법적 토지 매입[51]

2. 기후변화와 폭력범죄

기후변화의 결과를 논의할 때 대부분은 폭력범죄와 사회적 갈등과 관련된 범죄에 초점을 맞추고 있다. 그렇게 함으로써 최근의 기후변화 관련 범죄 연구는 기후변화와 폭력 사이의 다양한 유형의 연관성을 밝혀내고 있다. 이들 대부분은 지구온난화와 폭력범죄 사이에 일정한 연과성이 있지만, 그것이 얼마나 강한 연결고리를 가지고 있는지, 그리고 시간이 지남에 따라 계속 지속될 것인지 여부는 특히 기후변화에 대한 장기적인 조정을 고려할 때 여전히 중요한 문제로 남아있다. 순간적인 감정 폭발로 범죄를 저지르는 '격정범죄(crime of passion)'와 유사하게 기후변화 관련 폭력범죄는 '뜨거운 피'가 동인이 아니라 '뜨거운 기온'이라는 점을 제외하고 순간의 열기 속에서 발생하는 것으로 개념화되고 있다.

기후변화와 폭력 사이의 연관성을 연구할 때 범죄학적 관점은 기후변화 관련 폭력을 유발하는 특정 요인과 피해를 크게 기온변화와 인간행동, 상황적 접근

51) White, 앞의 책, pp. 45-46.

및 장소 기반 활동 그리고 일반 긴장 이론으로 나누어 검토하고 있다.[52)]

(1) 기온변화와 인간행동

기후변화와 관련된 범죄의 본질을 탐구하는 범죄학 연구는 기온변화와 인간행동 사이의 관계에 대한 조사를 포함한다. 이때 한 가지 쟁점은 극한 기상 조건, 특히 폭염이 공격성을 증가시키고 그에 따라 폭력범죄가 증가되는지 여부이다.[53)] 달리 말하면 고온과 과민성 사이에 상관관계가 있는 것으로 보이며, 그에 따른 한 가지 결과는 폭력범죄를 저지르는 경향이 증가한다는 것이다. 이것은 때때로 '일반적인 감정적 공격모델(GAAM: the General Affective Aggression Model)'이라고 하며, 이는 기온이 아주 높은 조건이 과민성을 증가시켜 이러한 극한 조건에 노출된 사람들로부터 더 공격적인 반응을 이끌어 낼 수 있다고 한다. 예를 들어 고온에서는 공격성이 증가하는 것으로 보이며, 이러한 공격성은 대상에 대한 적대감과 관련된 폭력적이고 감정적인 기반을 가지고 있다고 한다. 이는 미국 볼티모어에서 날씨와 폭력 사인의 연관 관계를 조사한 연구에서 확인된 것으로, 일일 최고기온이 볼티모어 시에서 발생한 전체 범죄, 폭력범죄, 살인사건과 함께 볼티모어 시에 위치한 존스 홉킨스 병원에서 제시된 전체 외상, 상해, 총상과 상당한 연관이 있다는 것이다.[54)]

이러한 연구 결과는 커다란 의미를 갖는다. 예를 들어 미국의 월간 범죄 패턴에 대한 날씨의 영향을 조사한 연구에서는 기후변화로 인해 다른 심각한 범죄 중에서 살인, 강간, 강도가 상당한 정도 추가적으로 발생할 것이라고 예측한 바 있다. 요컨대 폭력은 '여름철' 사건이자 '더운 날씨'의 성격을 갖는다는 것이다. 이는 연중 더 무더운 달에 폭력의 계절적 변동이 최고조에 달한다는 것을 보여준다.[55)]

---

52) White, 앞의 책, p. 46.

53) 이에 대해 상세한 연구로는 Ehor Boyanowsky, "Violence and aggression in the heat of passion and in cold blood", *International Journal of Law and Psychiatry 22(3-4)*, 1999, pp. 257-271; James Rotton and Ellen G. Cohn, "Global warming and US crime rates: An application of routine activity theory", *Environment and Behavior 35(6)*, 2003, pp. 802-825.

54) Samuel J Michel/Han Wang/Shalini Selvarajah/Joseph K Canner et al, "Investigating the relationship between weather and violence in Baltimore, Maryland, USA", *Injury 47(1)*, 2016, pp. 272-276.

55) Craig A Anderson/Brad Bushman/Ralph W. Groom, "Hot years and serious and deadly assault: empirical tests of the heat hypothesis", *Journal of Personality and Social Psychology*

또 다른 연구에서는 열과 관련된 공격성이 폭염 기간 동안의 집단 폭력(거리 폭동, 군중 폭력 등)에 영향을 미칠 수 있다고 한다. 상대 습도도 범죄율의 한 요인이다. 여러 유형의 인간 갈등을 조사한 결과 기온이 1도 상승할 때마다 대인 갈등이 2.4%, 집단 갈등이 11.3% 증가한다는 추정치가 제시되고 있다.[56)]

(2) 상황적 접근 및 장소 기반 활동

상황적 접근은 지역 날씨, 실내·외 일상, 사람들이 시간을 보내는 특정 장소와 누구와 시간을 보내는지, 그리고 이것이 특정 유형의 범죄에 가담하는 경향에 어떤 영향을 미치는지 사이의 연관성에 초점을 둔다. 이러한 연관성은 주변 온도와 장소, 인구 집단에 따라 달라진다. 미국의 제2차 세계대전 이후 높아진 범죄율을 설명하기 위해 고안된 이론인 '일상활동이론(RAT: Routine Activities Theory)'에 따르면 범죄는 범죄 동기가 있는 범죄자, 적절한 목표물(피해자), 그리고 보호자가 없을 때 발생할 가능성이 높다고 한다.[57)] 이를 기후변화와 범죄 사이의 관계에 적용해 보면 기후변화와 관련된 온도 변화는 사람들로 하여금 그들의 전형적인 계절적 일상 활동을 조정하여 그에 따라 범죄 기회구조에 영향을 미친다는 것을 의미한다.[58)] 예컨대 한파가 몰아친다면 사람들은 외부 활동을 줄이게 되고, 붐비는 거리에서 활동하는 소매치기 범죄자들은 적절한 목표물을 찾기 어려워진다. 반대로 기온이 상승하여 추운 날씨가 누그러지면 사람들은 외부 활동을 더 많이 하기 때문에 사람들 간의 상호 작용이 잦아지고, 그에 따라 폭력범죄가 더 많이 증가할 수 있으며, 외부활동에 따른 보호자의 부재는 빈 집털이 범죄를 증가시킬 수 있다.[59)]

주변 온도는 매일 매일의 열과 기후의 계절적 변동 모두와 관련이 있다. 예를 들어 미국 필라델피아의 일일 기온과 범죄 사건을 조사한 결과, 더 높은 기온과

73(6), 1997, pp. 1213-1223.

56) Marshall Burke/Solomon M. Hsiang/Edward Miguel, "Climate and conflict", *Annual Review of Economics 7(1)*, 2015, pp. 577-617.

57) Lawrence E. Cohen and Marcus Felson, "Social change and crime rate trends: A routine activity approach", *American Sociological Review 44(4)*, 1979, pp. 588-608.

58) Lawrence E. Cohen, "Weather and crime", *British Journal of Criminology 30(1)*, 1990. pp. 51-64.

59) 라광현, 앞의 논문, 77면.

폭력범죄 및 무질서한 행동 사이에 강한 연관성이 있음이 밝혀졌다. 흥미롭게도 이 연구는 폭력범죄 및 무질서한 행동이 온도가 적정할 때, 특히 추운 달에 가장 높다는 것을 밝혀냈다.60) 이는 사람들이 일반적으로 매우 추운 날씨보다는 편안할 때 더 활동적이고 상호 작용을 한다는 것과도 관련이 있다. 마찬가지로 비와 눈은 트라우마 및 범죄와 부정적 연관성을 갖는 경향이 있다.

또한 캐나다 밴쿠버의 계절 범죄 패턴에 대한 연구에 따르면 모든 범죄 유형의 비율이 겨울철에 가장 낮다는 것은 이러한 결과를 반영한다. 예를 들어 폭행과 절도와 같은 대부분의 범죄 유형에서 범죄 건수는 봄과 여름에 증가했다가 가을에 다시 감소한다. 여름철 주요 범죄 장소에는 도시 최대의 공원(스탠리 공원), 인기 있는 해변, 쇼핑 지역 등이 속한다고 한다.61)

(3) 일반긴장이론

'일반긴장이론(GST: General Strain Theory)'이란 인간이 생활하면서 다양한 부정적 감정과 긴장을 느끼게 되며, 이런 부정적인 감정 또는 긴장을 해소하기 위해 다양한 행동을 하고, 이런 행동 중에 일부가 범죄로 나타날 수 있다는 이론을 말한다.62) 일반긴장이론이 기후변화와 관련된 요인(예컨대 기온 상승 및 극단적인 이상기후 현상)의 관점에서 기후변화가 범죄에 미치는 영향을 설명하는 데 사용되고 있다. 이에 따르면 기후변화가 사회적·개인적 긴장의 증가, 사회적 지지 감소, 사회적 갈등 등과 같은 범죄 유발 기제와 연결된다고 한다.63)

특히 전 미국 범죄학 학회 회장을 역임한 로버트 애그뉴(Robert Agnew)는 일반긴장이론에 기초하여 기후변화가 범죄에 미치는 영향을 종합적으로 연구하였다. 그에 따르면 기온 상승과 이상 기상현상 등 기후변화가 일으키는 기상현상의 변화는 일차적으로 식량과 식수를 고갈시키며, 국내·외 인구 이동을 증가시키고, 사회적 갈등을 조장하는 등의 변화를 일으킨다고 한다. 기후변화 그 자체

60) Leah Schinasi and Ghassan B. Hamra, "A time series analysis of associations between daily temperature and crime events in Philadelphia, Pennsylvania", *Journal of Urban Health 94*, 2017, pp. 892-900.
61) White, 앞의 책, pp. 48-51.
62) 이에 대한 자세한 설명으로는 조준현, 『범죄학(개정판)』, 법원사, 2008, 392-396면 참조.
63) Robert Agnew, "Dire forecast: A theoretical model of the impact of climate change on crime", *Theoretical Criminology 16(1)*, 2011, pp. 21-46.

와 기후변화가 일으키는 일차적인 영향은 다시 범죄의 선행요인에 영향을 미친다. 예를 들어 이상 기상현상의 증가로 인한 경작지 파괴는 식량 부족 문제를 일으키며, 기근에 시달리는 주민들의 긴장을 증가시키거나 사회적 갈등을 증폭시켜 식량을 둘러싼 폭력, 절도, 사기 등의 개인적 차원의 범죄를 증가시킬 수 있다고 한다([그림 1-3] 참조).

이러한 애그뉴의 기후변화와 범죄 간의 관계에 관한 설명은 개인과 집단 등 모든 수준의 단위에 적용될 수 있다. 즉 앞서 언급한 바와 같이 이 이론은 개인 수준에 적용될 수 있지만, 집단이나 국가 수준의 범죄 혹은 폭력을 설명할 수도 있다. 예컨대 다뉴브강은 독일, 헝가리, 우크라이나 등 17개국을 2,858㎞ 흘러 흑해로 나가는데, 이처럼 여러 개의 국가를 거쳐 흐르는 강이 기후변화로 인해 고갈된다면, 이는 집단 혹은 국가 수준에서의 폭력이나 국제법을 위반하는 국가범죄로 이어질 수 있다.[64]

그림 1-3 기후변화가 범죄에 미치는 영향

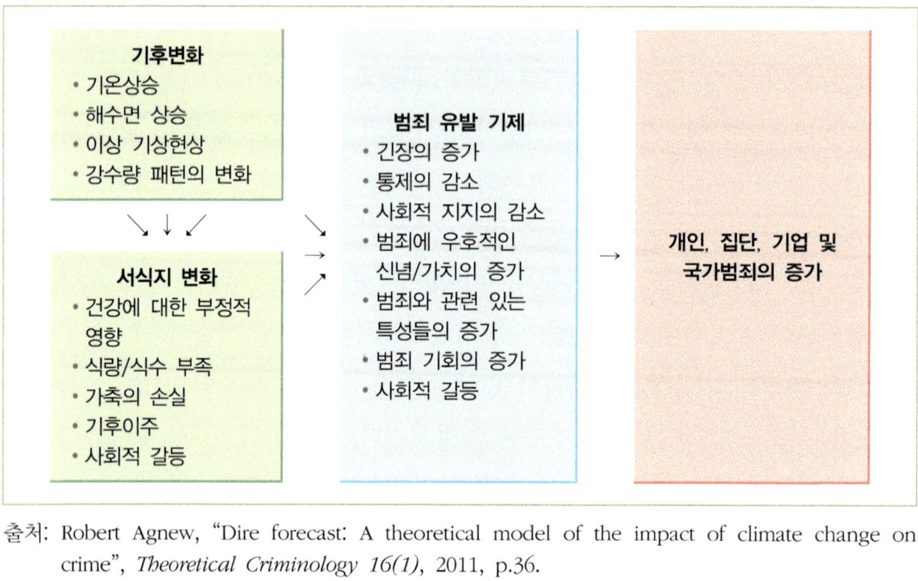

출처: Robert Agnew, "Dire forecast: A theoretical model of the impact of climate change on crime", *Theoretical Criminology 16(1)*, 2011, p.36.

64) 라광현, 앞의 논문, 78-79면.

Ⅳ. 기후범죄의 정의, 유형 및 성격

1. 기후범죄의 개념정의

(1) 기후범죄의 일반적 개념정의, 환경범죄와의 공통점과 차이점

'기후범죄(climate crimes)'란 "자연의 권리를 침해하거나 환경보호 관련 법규를 위반하여 종의 절멸, 생태계의 훼손 또는 자연 순환의 영구적 변경을 가져오는 지구온난화와 기후변화의 중대한 원인을 제공하는 행위"로 정의할 수 있다.[65] 이는 기업이나 정부가 이산화탄소(CO_2), 메탄(CH_4), 아산화질소(N_2O) 등 온실가스(GHG)를 과도하게 배출하거나, 환경보호 관계 법규를 위반하거나,[66] 기후변화 완화 또는 적응 정책을 방해하거나, 기후위기와 관련된 정치적 부작위가 포함될 수 있다.

그런데 기후범죄가 무엇을 뜻하는지에 대해서는 아직 여러 국가의 기후변화 관련 법률에서 명확하게 개념정의가 내려지고 있지 않다.[67] 다만 기후범죄는 기존의 환경법, 환경형법, 국제환경법 등에서 비교적 명확하게 개념정의가 되고 있는 환경범죄와의 공통점과 차이점을 살펴봄으로써 그 개념 윤곽을 다소나마 구체화할 수 있다. 즉 한편으로, 기후범죄와 환경범죄의 공통점을 다음과 같이 언급할 수 있다. 첫째, 기후범죄와 환경범죄는 모두 환경 파괴와 관련된다는 점이다. 즉 두 개념 모두 인간의 행위로 인해 자연 환경, 야생동물, 생물 다양성, 천연자원 등이 파괴되고 훼손되거나, 지구 생태계가 위협받는 문제를 다룬다. 둘째, 법적 규제와 정부의 강력한 관련 정책의 마련과 시행이 필요하다는 점이다. 즉 기후범죄와 환경범죄 모두 법적 규제와 국내 관련 기후변화 혹은 환경보호 법률이나, 국제협약을 통해 예방 및 처벌이 논의되고 있다. 셋째, 기업·정

65) 이러한 기후범죄의 개념정의에 대한 이론적 토대에 대한 상세한 설명은 제3장 §8 참조.

66) 우리나라에서는 환경범죄를 예방하고 처벌하기 위해 다양한 법규를 시행하고 있다. 주요 법규로는 「환경범죄 등의 단속 및 가중처벌에 관한 법률」, 「환경정책기본법」, 「대기환경보전법」, 「수질 및 수생태계 보전에 관한 법률」, 「폐기물관리법」, 「야생생물 보호 및 관리에 관한 법률」 등을 언급할 수 있다.

67) 영국, 독일, 프랑스, 일본 등 각국의 기후변화 관련 법률의 제정 배경과 주요 내용, 의미와 한계에 대한 분석으로는 김재윤, "탄소범죄의 관점에서 본 각국의 기후변화법상 탄소배출 감축 대응의 내용과 한계", 일감법학 제59호, 2024. 12, 430-448면 참조.

부·개인의 민·형사상 책임이 논의된다는 점이다. 즉 기후변화를 야기하거나 환경을 훼손하는 불법행위는 모두 기업의 산업 활동, 정부의 정책 결정, 개인의 불법행위 등 다양한 행위주체에 의해 발생할 수 있고, 이들에 대한 책임귀속의 문제가 중요한 쟁점으로 다루어진다. 마지막으로, 장기적이고 전 지구적이며 회복하기 어려운 피해를 초래한다는 점에서 공통된다. 즉 기후변화나 환경오염은 즉각적이고 일시적인 피해뿐만 아니라 장기적으로 전 지구적 차원에서 인간의 건강, 생태계, 글로벌 자본주의 체제에 중대한 악영향을 미친다.

다른 한편으로, 기후범죄와 환경범의 차이점을 다음과 같이 언급할 수 있다. 첫째, 개념정의와 관련하여 기후범죄는 지구온난화와 기후변화를 가속화하고, 심화시키는 불법적·비윤리적 행위로 정의되나, 환경범죄는 인간의 건강이나 자연 환경을 직접적으로 훼손하는 불법행위로 정의된다는 점에서 구분된다. 둘째, 주요 행위와 관련하여 기후범죄는 화석연료 기업이나 정부 또는 정부기관에 의한 온실가스의 과다 배출, 기후변화 관련 정책의 방해나 불이행, 화석연료의 불법적 추출과 남용, 산림 파괴(탄소 흡수원 파괴) 등이 포함되나, 환경범죄는 대기 오염, 수질 오염, 토양 오염, 야생동물 불법 포획 및 거래, 산림 훼손, 폐기물 불법 처리, 화학 물질 유출 등이 포함된다. 셋째, 영향 범위와 관련하여 기후범죄는 전 지구적 차원에서 지구온난화와 기후변화를 가속화하여 전 지구적인 영향을 미치는 반면, 환경범죄는 특정 지역에 국한된 환경 파괴 및 생태계 교란을 초래하여 지역적 또는 국지적인 영향을 미친다. 넷째, 법적 대응과 관련하여 기후범죄는 1992년 「유엔기후변화협약(UNFCCC)」, 2015년 「파리협정(Paris Agreement)」[68]과 같은 국제적 합의와 협약이 필요하고 아직까지 법적 개념정의가 모호한 반면, 환경범죄는 대부분 개별 국가의 환경보호 관련 법규에 의해 형사처벌이 가능하다.

---

68) 파리협정에 대한 상세한 설명으로는 김상만, "신기후체제 파리협정(Paris Agreement)의 역사적 의의와 한계에 대한 고찰", 아주법학 제9권 제4호, 2016, 225면 이하; 환경부, 『교토의정서 이후 신기후체제 - 파리협정 길라잡이』, 2016. 5. 참조. 우리나라는 2016년 11월 3일 가입하였다. 파리협정에의 채택 경위와 주요 내용에 대한 상세히는 김상만, 위의 논문, 229-238면; 박지혜, "국가 온실가스 감축목표의 법적 위상과 구속력 – 新기후체제의 요청과 향후 과제를 중심으로 –", 환경법연구 제42권 제2호, 2020, 47면 이하; 송동수, "신기후변화협약 체제에서의 한국 환경법제의 대응", 토지공법연구 제85권 제1호, 2019, 335면 이하 참조.

요컨대 기후범죄는 지구온난화와 기후변화에 악영향을 미치는 행위에 초점을 맞춘 개념인 반면, 환경범죄는 자연 환경이나 생태계를 직접적으로 훼손하는 행위를 포함하는 개념이다. 하지만 기후범죄와 환경범죄는 서로 밀접하게 연결되어 있으며, 큰 틀에서 보면 기후범죄는 환경범죄의 일부로 간주할 수 있다고 본다.

(2) 로버트 애그뉴(Robert Agnew)의 통합적 범죄개념에 따른 기후범죄

한편 기후범죄가 무엇을 뜻하는지에 대한 구체적이고 명확한 개념정의에 앞서 지구온난화와 기후변화 문제에 관해 이야기할 때 흔히 '범죄(crime)' 혹은 '범죄 관련성(criminal relevance)'이라는 용어를 사용하곤 한다. 이때 '범죄'의 개념은 형법상 형식적 범죄개념을 뜻하는 구성요건에 해당하는 위법·유책한 행위를 의미하는 것이 아니라,[69] 일반적으로 비윤리적·비도덕적으로 간주되는 행위 또는 비난받아 마땅한 피해(사악하거나 부끄럽거나 잘못된 행위)에 대한 깊은 우려를 전달하기 위한 상징적 장치 내지 표현으로 사용됨에 유의할 필요가 있다. 그리고 형법학자 또는 범죄학자의 견해에 따르면 그러한 비난받을 만한 피해는 공개적인 재판 절차에 의해 비난받아야 하며, 무기징역, 유기징역, 벌금, 몰수 등으로 대표되는 형사제재를 받아 마땅하다고 한다. 영국 범죄학자 로버트 라이너(Robert Reiner)의 견해에 따르면 어떤 행위를 '범죄'로 규정하는 것은 단순한 규칙 위반과는 차원이 다른 사회적 반응을 수반한다고 한다. 그에 따르면 '범죄'란 단순히 법규를 위반한 행위가 아니라, 사회적으로 강한 부정적 반응(예컨대 비승인, 공포, 혐오 또는 비난)을 불러일으키는 행위로 국가나 법 체계가 이를 막기 위해 즉각적인 법적 제재 조치의 부과가 요구되는 것이지만, 범죄를 저질렀다고 해서 반드시 징역형이나 벌금과 같은 형사처벌의 고통을 가하는 것만이 아닌 교육, 치료, 사회봉사 등 다른 방식의 처벌이나 개입이 필요할 수 있다."라고 한다.[70] 그렇다면 라이너의 견해에 따라 온실가스의 불법 배출 등과 같은 기후변화를 초래하는 불법행위가 비승인, 공포, 혐오 또는 비난받아 마땅한 행

---

69) 김일수/서보학, 『새로 쓴 형법총론(제13판)』, 박영사, 2020, 9면.

70) Robert Reiner, *Crime: The Mystery of the Common-Sense Concept*, Cambridge, UK: Polity Press, 2016, p. 5.

위로서 하나의 독자적인 '범죄'로 개념정의 될 수 있는지 보다 자세히 검토할 필요가 있다.

'기후범죄'가 하나의 독자적인 '범죄'로 분류되기 위해서는 형법학 또는 범죄학 분야에서 범죄의 개념정의[71]에 대해 폭넓게 논의된 많은 중요한 요소를 통합할 수 있는 광범위하고 유연한 정의가 필요하다. 이와 관련하여 미국 범죄학자인 로버트 애그뉴(Robert Agnew)에 따르면 일정한 행동을 '범죄'로 분류하기 위해서는, ① 도덕적으로 비난받을 만한 피해(morally blameworthy harm), ② 일반 대중에 의한 비난(condemnation by the general public), ③ 국가에 의한 형사제재라는 세 가지 특성을 포함하고 있어야 한다는 견해를 제시한다. 따라서 애그뉴는 '범죄' 개념을 단순히 법률적 측면뿐만 아니라, 사회적・도덕적 관점도 고려하여 통합적으로 이해하는데, 이때 "범죄란 비난받을 만한 피해로 분류되거나, 적어도 상당히 많은 시민들로부터 비난을 받거나, 국가의 실정법 체계에 따라 형사 범죄로 규정되거나, 징벌적 손해배상과 같은 민사적 제재의 대상이 되는 행위"로 정의할 수 있다고 한다.[72]

이처럼 애그뉴의 범죄에 대한 통합적 개념정의는 초기에 '핵심범죄(core crime)'라고 불렀던 전통적인 거리범죄(예컨대 살인, 강도, 강간, 폭력행위 등)를 의미했으나, 점차 '인식되지 않은 비난받을 만한 피해'이라는 범죄의 성립요소에 특히 주목했다. 이 요소는 범죄를 넓은 사회적・도덕적 관점에서 개념정의하려는 사람들의 다양한 연구 결과를 하나로 연결하는 중요한 역할을 한다. 이때 '인식되지 않는 비난받을 만한 피해'란 특정 행위가 개인이나 사회에 심각한 피해를 주지만, 일반 대중들이 이를 제대로 인식하지 못하거나 충분히 문제 삼지 않음으로써 그들로부터 강력하게 비난받지 못하고 있고, 그로 인해 국가로부터 강력한 형사제재를 받고 있지 않는 행위에 의해 초래된 결과를 의미한다. 대기업

---

71) 일반적으로 형법학에서 범죄란 "법익침해 행위임과 동시에 의무위반 행위"로서 "구성요건에 해당하는 위법하고 책임 있는 행위"를 의미한다(이재상/장영민/강동범, 『형법총론(제10판)』, 박영사, 2019, 78-79면). 그리고 범죄학에서 범죄란 "형사에 관한 실정법을 위반하는 행위"로서 범죄가 성립하기 위해서는 대체로 "범죄의사, 책임능력, 강요당하지 않았다는 사정" 등이 필요하다고 한다(조준현, 『범죄학(개정판)』, 법원사, 2008, 20-23면 참조).

72) Robert Agnew, *Toward a Unified Criminology: Integrating Assumptions about Crime, People, and Society*, New York: New York University Press, 2011, p. 37.

이 환경을 오염시켜 지역 주민이 건강상 커다란 피해를 입지만, 형사처벌이 미약하거나 문제로 인식되지 않는 '환경범죄'나 거대 금융 기업이 경제적 불평등을 심화시키지만, 일반 사기범죄처럼 강하게 처벌받지 않는 '경제범죄'가 그 대표적인 예라 하겠다. 또한 많은 '기후범죄'가 아직까지 실정법에 따른 형사범죄로 규정되지 않은 현 상황에서 이러한 '인식되지 않는 비난받을 만한 피해'라는 설명은 커다란 의미를 갖는다. 애그뉴에 따르면 기후범죄는 후술하는 것처럼 '국가-기업범죄(state-corporate crime)'로서의 성격을 갖는데, 일반적으로 국가-기업범죄에 의해 야기된 피해가 바로 '인식되지 않는 비난받을 만한 피해'의 범주에 속한다고 한다. 국가-기업범죄로서 기후범죄는 주로 화석연료 산업에 종사하는 기업, 국제정치 공동체 내에서 활동하는 국가, 군사기관 및 다양한 기타 정부 기관, 보수 단체, 이데올로기 지향적인 싱크 탱크[73] 등에 의해 행해지는 것으로 알려지고 있다. 따라서 이들을 이른바 '탄소범죄자(carbon criminal)'로 정의할 수 있다. 그런데 이를 탄소범죄자는 자신들이 보유한 막강한 권한을 이용하여 피해를 정당화하고 변명하며, 책임을 은폐하고, 국가로부터 형사제재를 손쉽게 회피하곤 한다.[74]

따라서 여전히 기후범죄가 우리나라를 포함하여 많은 국가에서 실정법상 형사범죄로 규정되어 있지 않은 현 단계에서 애그뉴가 제안한 범죄의 통합적 개념 정의에 따라 지구온난화와 기후변화와 관련하여 이러한 탄소범죄자가 관여하는 비난받을 만한 피해를 구체화하고, 가능한 경우 이러한 피해에 대한 일반 대중의 비난 정도를 평가하며, 기후범죄를 야기한 행위를 예방하기 위하여 국가와 기타 정부 기관이 취해야 할 법적 조치의 성격과 범위를 분석하는 작업이 필요하다고 본다.

---

73) 대표적으로 The Heartland Institute는 기후변화에 대한 과학적 합의를 거부하는 것으로 알려진 미국의 보수적이고 자유주의적인 공공정책 싱크 탱크이다. 연구소 내 과학자들의 의견은 크게 두 가지로 갈린다고 한다. 하나는 기후변화는 실재하지 않는 완전한 허구라는 주장, 다른 하나는 지구가 조금 따뜻해지는 건 실제로 인류에게 재앙이 아니라 축복이 될 수 있다는 주장이다(Suzanne Goldenberg, "Climate change is good for you, says ultra-conservative Heartland Institute", *Guardian*, 9 Apr. 2014). https://www.theguardian.com/environment/2014/apr/09/climate-change-report-heartland-institute-debunk-ipcc 〈최종 검색: 2025. 3. 13.〉

74) Agnew, 앞의 논문, p. 38.

2. 기후범죄의 유형

기후범죄의 유형과 관련하여 미국 범죄학자인 로널드 크라머(Ronald C. Kramer)는, 크게 ① 계속되는 화석연료 추출과 그에 따라 탄소배출량을 증가시키는 '탄소범죄로서 기후범죄', ② 정치적 부작위를 통해 탄소배출량 감소 실패를 일으키는 '정치적 부작위로서 기후범죄', ③ 보수적 싱크 탱크를 통해 조직적으로 기후변화를 거부하거나 부인하는 '기후변화 부인 기후범죄', ④ 석유 전쟁, 군사적 온실가스 배출, 기후위기에 대한 부당하고 군국주의적인 적응 형태를 포함하는 '제국의 기후범죄'로 구분하였다. 이를 보다 자세히 살펴보면 다음과 같다.[75)]

(1) 탄소범죄로서 기후범죄

기후범죄의 첫 번째 유형으로, 탄소범죄로서 기후범죄를 언급할 수 있다. 기후범죄의 대표적인 유형인 '탄소범죄(carbon crimes)'는 더 뜨거워진 행성 지구, 기후파괴, 그리고 그로 인한 사회적 혼란과 생태계 파괴를 기록하는 여러 과학적 증거를 고려할 때 화석연료의 지속적인 추출과 연소가 사회적·생태적 혼란과 파괴를 일으키는 온실가스 배출과 깊은 관련을 맺고 있다. 화석연료의 지속적인 추출 및 연소와 그에 따른 온실가스 배출은 산업화 시대가 시작된 이래로 발생한 지구온난화를 일으키는 인위적, 즉 인간의 활동에서 비롯된 것이다.

탄소범죄에 따른 피해는 애그뉴가 언급한 '도덕적으로 비난받을 만한 피해'에 해당한다. 이러한 행위가 일반 대중들로부터 아직 비난을 받지 않고 있다거나, 국가가 탄소범죄를 실정 범죄화하여 법적으로 형사제재를 가할 수 있는지 여부와 관계없이 기후범죄의 한 유형으로 분류할 수 있다.

특히 기후변화의 사회적·생태적 혼란과 파괴에 책임 있는 사람이 누구인지와 관련하여 화석연료 사업에 종사하는 기업을 언급하지 않을 수 없다. 미국의 사회학자 찰스 페로(Charles Perrow)와 시몬 풀버(Simone Pulver)는 "화석연료 기업은 온실가스를 직접 배출함으로써 혹은 온실가스 배출을 일으키는 행동을 간

---

75) 이하의 논의는 Ronald C. Kramer, *Carbon Criminals, Climate Crimes*, Rutgers University Press, 2020, pp. 58-83 참조.

접적으로 장려함으로써 세계 탄소오염의 대부분에 책임이 있다."라고 적절히 지적했다.[76] 콜로라도 기후 책임 연구소의 리차드 히즈(Richard Heeds)는 1751년부터 2010년 사이에 누적된 전 세계 이산화탄소 및 메탄 배출량의 63%가 단지 90개의 '탄소 메이저 기업'에 기인한다는 분석 결과를 발표했고,[77] 이들 기업은 오늘날에도 대부분 여전히 운영되고 있다([그림 1-4] 참조). 또한 후속 연구는 이러한 90개의 탄소 메이저 기업들이 배출한 과거(1880~2010년) 및 최근(1980~2010년)의 배출량을 정량화하여 대기 중 이산화탄소, 지구 온도 및 해수면 상승에 크게 기여했음을 입증했다.[78]

그림 1-4 1965~2017년까지 이산화탄소 및 메탄 배출량 상위 12개 투자자 소유, 국가 소유 석유, 천연가스 및 석탄 기업[79]

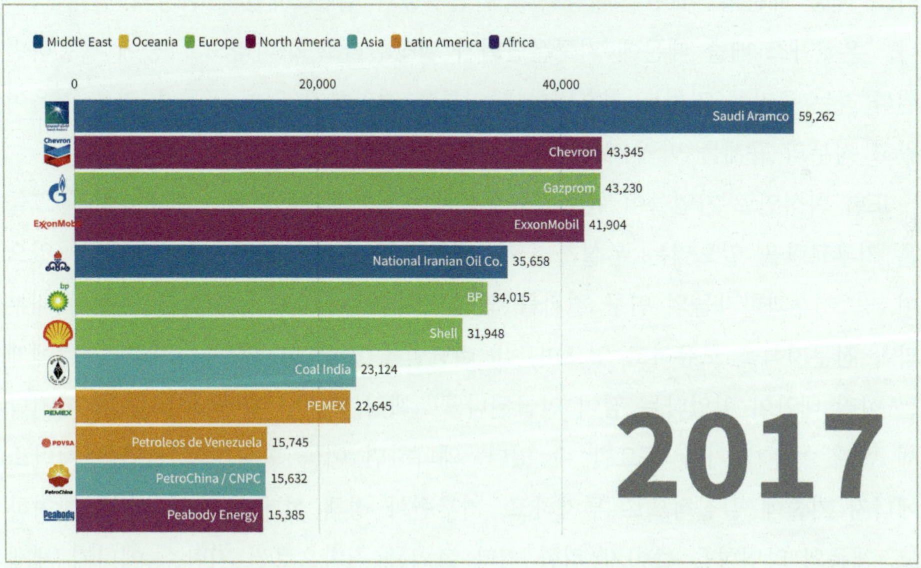

출처: Climate Accountability Institute Homepage

76) Charles Perrow and Simone Pulver, "Organizations and Markets", in: *Climate Change and Society: Sociological Perspectives*, edited by R. E. Dunlap and R. J. Brulle, New York: Oxford University Press, 2015, p. 61.

77) Richard Heede, "Tracing Anthropogenic Carbon Dioxide and Methane Emissions to Fossil Fuel and Cement Producers, 1854-2010", *Climatic Change 122*, 2014, pp. 229-241.

78) B. Ekwurzel, J. Boneham, M. W. Dalton, et al., "The Rise in Global Atmospheric CO2, Surface Temperature, and Sea Level from Emissions Traced to Major Carbon Producers", *Climatic Change 144*, 2017, pp. 579-590.

79) https://climateaccountability.org/carbon-majors/ 〈최종 검색: 2025. 3. 13.〉

많은 기후과학자들은 화석연료 기업들이 지구온난화를 일으키는 온실가스 배출에 일차적인 책임이 있다는 데 동의한다. 기후변화와 관련하여 기업이 수행하는 첫 번째 역할은 생산자의 역할이기 때문이다. 또한 주요 석탄, 천연가스 및 석유 기업들이 화석연료를 계속 추출하고, 때로는 더 극단적인 추출 방법을 사용하여 상품으로 판매함으로써 기후위기의 발생에 중요한 역할을 해왔으며 현재까지도 계속 수행하고 있다. 더욱이 이들 화석연료 기업은 지구온난화를 촉진할 뿐만 아니라, 화석연료 의존도를 줄이려는 일반 대중의 노력을 무산시키거나 희석시키기 위해 노력한다. 또한 그들은 적어도 1960년대 초부터 이산화탄소와 유해한 지구온난화 사이의 부정적 관계에 대해 누구보다 더 잘 알고 있었음에도 불구하고 "기후변화가 없다"라거나, "기후변화는 있지만, 그게 인류에 의한 온실가스 배출 때문이 아니라 태양이나 화산활동과 같은 자연적 현상의 결과"라거나, "온실가스 배출 때문에 지구온난화가 발생한다고 하더라도 나중에 적응하면 된다"라는 주장을 펼치는 기후변화 부인론을 전파하기 위해 공동 노력을 기울여 왔고 정부의 규제를 막기 위해 다각적인 로비 활동을 펼쳤다.

또한 화석연료 기업들이 탄소범죄자로서 비난을 받아야 하는 이유로, ① 그들은 기후교란을 일으키는 온실가스 총 배출량의 가장 큰 비율을 차지하고 있으며, ② 기후과학자들의 연구 결과를 인식하고 이해할 수 있는 높은 수준의 내부 과학 전문지식을 보유하고 있으며, ③ 비난받을 만한 피해의 관점에서 그들에게는 여러 대안이 있었다는 점이 언급된다.[80] 책임 비난의 관점에서 볼 때 마지막 세 번째 이유가 가장 중요할 수 있다. 왜냐하면 이들 화석연료 기업은 저탄소 에너지 기술에 실질적으로 투자하고, 기후변화 정책 설계에 건설적으로 참여하고, 제품의 악영향을 줄이기 위한 기타 조치를 취함으로써 저탄소 에너지 체제로 전환이 가능하도록 사업 모델을 개편할 수 있었기 때문이다. 그럼에도 불구하고 그들은 그렇게 하지 않았다. 오늘날에도 그들은 기후변화의 원인이 되는 것으로 알려진 제품의 사용 확대를 장려하면서 탄소 오염원인 화석연료를 계속해서, 그리고 새로운 방식으로 더 많이 추출·탐색하고 있다. 화석연료 산업에

80) Peter C. Frumhoff, Richard Heede and Naomi Oreskes, "The Climate Responsibilities of Industrial Carbon Producers", *Climatic Change 132*, 2015, pp. 157-171.

서 벗어나 재생가능한 에너지원으로의 전환이라는 대안을 사용할 수 있다는 점을 감안할 때, 화석연료의 지속적인 추출과 이러한 연료의 판매 및 연소로 인한 탄소배출은 기후범죄로서 비난받을 만한 피해로 충분히 간주할 수 있다고 한다.[81)]

(2) 정치적 부작위로서 기후범죄

둘째, 정치적 부작위로서 기후범죄이다.[82)] 이는 기후과학자들이 "지구온난화는 불가피하며, 규모와 시간의 문제일 뿐이다."[83)] 혹은 "기후변화와 관련된 폭염, 기근, 전염병 등과 같은 요인으로 인해 2030년에서 2050년 사이에 25만 명의 초과 사망이 발생할 것으로 추정된다."[84)]라고 지구온난화와 기후변화가 야기할 기후위기에 대해 계속 경고를 했음에도 불구하고 정치 집단이 지구온난화에 대한 우려를 불식시키기 위해 온실가스 배출량 감축을 위한 중요 정책적 조치를 취하지 않은 행위를 말한다.

영국의 사회학자 앤서니 기든스는 자신의 저서 《기후변화의 정치학(The Politics of Climate Change)》에서 "국가가 기후변화를 다루는 데 앞장서야 한다. 국가가 주체가 되어야 한다."[85)]라고 주장했다. 그가 보기에 온실가스 배출량을 줄이고 기후교란에 대처하는 것은 과학적 또는 기술적 문제라기보다 정치적 도전에 더 가깝다고 여겼기 때문이다. 또한 「지구 기후변화 의무에 관한 오슬로 원칙(the Oslo Principles on Global Climate Change Obligations)」[86)]을 공포하기 위해 모인 국제법, 인권법, 환경법 전문가 그룹에 따르면 지구온난화에 대처하기 위한 정책을 수립하고 이행해야 국가의 책임은 중요한 정치적 문제일 뿐만 아니라 도덕

81) Kramer, 앞의 책, pp. 46-48.
82) 이에 대한 상세한 설명으로는 Kramer, 앞의 책, pp. 84-93 참조.
83) Roger Pielke, "Policy History of U.S. Global Change Research Pro gram: Part I. Administrative Development", *Global Environmental Change 10(1)*, 2000, pp. 9-25.
84) Eric Bonds, "Upending Climate Violence Research: Fossil Fuel Corporations and the Structural Violence of Climate Change", *Human Ecology Review 22*, 2016, pp. 3-23.
85) Anthony Giddens, *The Politics of Climate Change, Second edition*. Cambridge, UK: Polity Press, 2011, p. 94.
86) 이 원칙의 목표는 지구 평균 기온 상승을 섭씨 2도로 제한하는 것이다. 이에 대해 자세히는 https://globaljustice.yale.edu/oslo-principles-global-climate-change-obligations 참조 〈최종 검색: 2025. 3. 13.〉

적, 법적인 의무라고 한다. 이처럼 국가가 기후변화를 완화할 수 있는 가장 큰 정치적 능력을 갖추고 있으며, 국제법이나 각국의 기후변화 관련 법률에 따라 이와 같은 중요한 목표를 달성하기 위한 주요 법적 의무가 있음에도 불구하고 개별 국가와 국제정치 공동체가 탄소배출량을 줄이기 위해 필요하고 효과적인 조치를 의도적으로 취하는 않을 경우, 이러한 정치적 부작위를 기후범죄로 분류할 수 있다. 기후변화에 대응하지 못한 국가의 정치적 실패는 종종 어떠한 의사결정도 하지 않는 것과 관련이 있다. 즉 온실가스 배출을 줄이고 기후교란을 효과적으로 해결하기 위한 다양한 정책적 수단이 있음에도 불구하고 아무런 의사결정도 하지 않음으로써 이러한 수단이 정책 무대에 등장하기도 전에 좌절되거나 실행되기도 전에 훼손된다. 이러한 의식적 의사불결정은 정치적 부작위로서 기후범죄의 상당 부분을 차지한다.

정치적 부작위로서 기후범죄와 관련하여 지구온난화의 참혹한 결과와 기후위기 대응의 절박함을 고려할 때 누적 이산화탄소 배출량 1위를 기록하고 있는 미국 정부의 기후변화에 대한 정치적 부작위가 커다란 문제로 대두되고 있다. 이는 미국 내에서 공화당을 중심으로 하여 기후변화 부인이라는 상호 관련된 현상의 강력한 영향을 고려하지 않고는 완전히 이해할 수 없으며,[87] 트럼프 대통령의 재선으로 정치적 부작위로서 기후범죄는 더욱 심각해 질 것으로 예상된다.

(3) 기후변화 부인 기후범죄

셋째, 기후변화를 부인하는 기후범죄이다.[88] 이는 정부 기관, 기업 및 민간단체를 중심으로 지구온난화와 기후변화의 정도가 심각한 수준에 이르렀다는 경고와 관련된 수많은 객관적이고 과학적인 증거에도 불구하고 이를 거부하거나 부인하는 형태의 기후범죄를 말한다. 남아프리카의 사회학자이자 범죄학자였던 스탠리 코헨(Stanley Cohen)은 피해자, 가해자 또는 제3자인지와 관계없이 개인, 조직, 일반 대중, 정치인 및 정부가 부인 진술(statements of denial)을 통해 국가범죄와 관련된 잔학한 행위와 고통을 인정하지 않거나 아무런 조치도 취하지 않는 방식에 의해 그들의 정의관, 신념, 지식 및 관행에 어떻게 악영향을 미치는지

87) Kramer, 앞의 책, pp. 88-91.
88) 이에 대한 상세한 설명으로는 Kramer, 앞의 책, pp. 93-103 참조.

를 연구했다. 그에 따르면 '부인(denial)'은 "바람직하지 않은 상황(사건, 상태, 현상 등)을 인식되지 않게 하거나, 무시하거나, 정상적인 것처럼 보이게 만드는 발언을 말한다.[89] 그는 국가범죄에 대한 부인을 세 가지 범주, 즉 '문언적 부인(literal denial)', '해석적 부인(interpretive denial)' 및 '함축적 부인(implicatory denial)'으로 구별했는데, 이 모두가 기후변화 부인에 적용될 수 있다. 우선 문언적 부인은 예를 들어 "지구가 따뜻해지고 있지 않다."라고 주장하는 것처럼 "어떤 일이 일어나지 않았거나 사실이 아니다."라고 주장하는 것이다. 다음으로 해석적 부인은 기본적 사실을 부인하지는 않지만, 사실에 대해 다른 사람들에게 명백하게 보이는 것과는 다른 의미를 부여한다.[90] 이때 실제로 일어난 사건이나 피해는 국가가 책임을 부인하는 방식으로 사회적, 도덕적으로 왜곡되거나 재구성된다. 예를 들어 기후변화 부인론자들이 지구가 온난화되고 있다는 사실 자체는 인정하지만, 그 온난화가 화석연료를 태우는 것과 같은 인간의 활동에 의한 것이 아니라 태양으로부터 더 높은 에너지 산출과 같은 자연적인 요인에 의한 것이라고 주장하는 것이다. 마지막으로 함축적 부인은 여전히 겪고 있는 끔찍한 고통의 수많은 이미지에 대한 인식을 처리하기 위해 정당화, 합리화, 회피 등과 같은 어휘의 사용을 말한다. 이러한 함축적 부인으로 인해 지구온난화와 그에 따른 재앙적 결과에 대해 많은 사람들이 알고 있지만, 그 지식을 일상생활이나 정치적 행동에 통합하기 위해 거의 실천하지 않게 한다고 한다.[91]

이러한 기후변화 부인 노력은 헤리티지 재단(the Heritage Foundation), 후버 연구소(the Hoover Institution), 카토 연구소(the Cato Institute), 번영을 위한 미국인(Americans for Prosperity), 미국 입법 교류 협의회(the American Legislative Exchange Council) 등과 같은 보수적 싱크 탱크에 의해 수행되고 있다. 이러한 보수적 싱크 탱크는 초기에 엑손모빌과 같은 화석연료 기업으로부터 자금을 지원받았다. 예를 들어 Western Fuels, Koch Industries 및 ExxonMobil 등과 같은 화석연료 기업은 지구온난화를 부인하기 위해 미국 내에서 활동하는 보수적

89) Stanley Cohen, *States of Denial: Knowing about Atrocities and Suffering*, Cambridge, UK: Polity Press, 2001, p. 51.
90) Cohen, 위의 책, p. 7.
91) Cohen, 앞의 책, pp. 7-9.

싱크 탱크와 환경 회의론자들에게 각각 수백만 달러를 기부한 것으로 알려졌다.[92] 또한 영국의 비영리 연구기관인 InfluenceMap은 ExxonMobil, Royal Dutch Shell 및 이러한 세 개의 석유산업 관련 그룹이 기후변화 정책을 방해하기 위해 고안된 '옹호(advocacy)'에 연간 1억 1,500만 달러(약 1,672억 원)를 지출한다고 추정한다. 이러한 기업 자금은 직접적인 로비 활동뿐만 아니라 광고, 마케팅, 홍보, 정치기부, 규제기관 접촉 등의 방식으로 지원된다고 한다.[93]

특히 기후변화 부인은 트럼프 1기 행정부에 의해 대대적으로 자행되었다. 우선 트럼프는 기후변화가 '사기(fraud)'라고 믿으며, 국무장관, 내무장관, 에너지부장관, 환경보호국 국장을 포함한 행정부 내 고위직에 기후변화 부인론자를 임명하였다. 또한 그는 2017. 6. 1. 미국이 「파리협정」에서 탈퇴하고 새로운 합의를 도출하기 위한 협상을 시작할 것이라고 발표했다. 나아가 트럼프는 석탄, 천연가스, 석유가 땅에 남아 있어야 하는 시기에 국내 화석연료 추출에 대한 그의 지지는 흔들림이 없었다. 마지막으로 트럼프 1기 행정부는 자동차 연비 기준과 청정전력 계획을 포함하여 오바마 대통령이 달성할 수 있었던 '기후행동계획(The President's Climate Action Plan)'의 거의 모든 요소를 되돌리려 시도했다. 노엄 촘스키(Noam Chomsky)는 2016년 미국 대통령 선거 캠페인 기간 동안 어느 한 인터뷰에서 어떤 대가를 치르더라도 화석연료 추출 및 소비를 극대화하려는 트럼프가 대통령에 당선된다면 "인류에게 거의 종말을 고할 것"이라고 경고한 바 있다.[94] 또한 트럼프 대통령이 2018. 11. 26. 기후변화로 인해 미국이 매년 수천억 달러의 비용을 부담해야 할 것이라는 기후변화 보고서의 결론에 대해 질문을 받자 "나는 그것을 믿지 않는다."라고 단언을 했을 때, 기상학자인 엑릭 홀트하우스(Eric Holthaus)는 "트럼프가 기후변화에 대해 고의적으로 부인하고 난독화하는 것은 인류에 대한 범죄이다. 수십억 명의 사람들이 앞으로 몇 세대 동안 헤아릴 수 없는 피해를 입을 것이다."라고 언급했다.[95]

---

92) 이에 대한 상세한 설명으로는 Jane Mayer, *Dark Money: The Hidden History of the Billionaires behind the Rise of the Radical Right*, New York: Anchor Books, 2017 참고.

93) Eric Roston, "Trying to Put a Price on Big Oil's 'Climate Obstruction' Efforts", Bloomberg (April 7). Retrieved June 30, 2016. https://www.bloomberg.com/news/articles/2016-04-07/trying-to-put-a-price-on-big-oil-s-climate-obstruction-efforts 〈최종 검색: 2025. 3. 13.〉

94) Kramer, 앞의 책, p. 24, 222.

(4) 제국의 기후범죄

마지막으로, 제국의 기후범죄이다.[96] 이는 제2차 세계대전 이후 미국 제국주의의 발전, 미국 사회 내에서 군국주의 문화의 번성, 그리고 화석연료를 기반으로 하는 화석자본주의를 바탕으로 하여 석유에 대한 접근과 통제권을 확보하기 위한 미국의 군사적 개입, 이러한 전쟁과 기타 작전 수행으로 인한 미 국방부(펜타곤)의 온실가스 다량 배출 및 기후교란에 대해 군사화되고 폭력적이며 억압적인 형태의 기후변화 적응은 '인식되지 않은 비난할 만한 피해'로서 범죄로 간주할 수 있음을 말한다. 역사가 알프레드 맥코이(Alfred McCoy)에 따르면 "제국은 직접적인 영토지배(식민지)나 간접적인 영향력(군사, 경제, 문화)을 통해 지배세력이 타인의 운명을 통제하는 글로벌 거버넌스의 한 형태"라고 한다.[97] 또한 사회학자 마이클 만(Michael Mann)에 따르면 군국주의란 "전쟁과 전쟁 준비를 정상적이고 바람직한 사회적 활동으로 간주하는 일련의 태도와 사회적 관행"이라고 한다. 군국주의는 사회에서 군사기관의 가치와 복잡한 사회적·경제적 문제를 해결하기 위한 군사력의 지배적인 사용에 대한 극단적인 강조로 표현된다. 이러한 군국주의는 국가는 물론이고 미 국방부(펜타곤) 및 중앙정보국(CIA)과 같은 특정 정부 조직 내에서뿐만 아니라 더 큰 정치 체제에서 작동한다고 한다.[98]

가. '석유를 위해 피를 흘리는' 대 중동 전쟁

크라머는 제국의 기후범죄를 다시 다음과 같이 세 가지 형태로 구분하였다. 첫 번째 형태의 제국의 기후범죄는 미국이 석유에 대한 접근과 통제권을 확보하기 위해 착수한 수많은 불법적인 제국주의적 개입과 전쟁을 말한다. 이는 결과적으로 화석연료의 더 많은 추출을 가능하게 했고 이른바 '대가속기(The Great Acceleration)'라 불리는 1960년대 이후 급격히 증가하는 탄소배출량을 보장했다.

---

95) Andrea Germanos, "'Crime against Humanity' and 'International Embarrassment': Trump Refuses to 'Believe' Climate Report", *Common Dreams* (Novem ber 26). Retrieved November 26, 2018.

96) 이에 대한 상세한 설명으로는 Kramer, 앞의 책, pp. 154-188 참조.

97) Alfred W. McCoy, *In the Shadows of the American Century: The Rise and Decline of U.S. Global Power*, Chicago: Haymarket Books, 2017.

98) Michael Mann, *Incoherent Empire*, London: Verso, 2003, pp. 16-17.

제3세계의 독립 민족주의를 저지하고 소련에 대항하여 냉전 체제와 싸우는 것 외에도 제2차 세계대전 이후 미국 제국의 지도자들의 또 다른 지정학적 관심은 중동의 방대한 석유와 천연가스 공급에 대한 접근과 통제권이었다. 글로벌 자본주의 체제는 석유로 연료를 공급하고 기름칠을 했을 뿐만 아니라, 이것은 미국의 번영에 매우 중요한 자원이므로 미국은 군사력 사용을 포함하여 어떤 대가를 치르더라도 이에 대한 접근권을 확보해야 했다. 저렴한 석유의 가용성은 국가안보 차원의 문제가 되었다. 결국 이는 미국 외교 및 군사 역사를 전문으로 하는 역사가 앤드루 바세비치(Andrew J. Bacevich)가 '석유를 위해 흘리는 피(Blood for Oil)'라고 언급한 바 있는 중동에서 두 번에 걸친 직접적인 군사 개입으로 이어졌다. 이러한 중동 전쟁은 제국의 기후범죄로 분류될 수 있으며, 이는 펜타곤의 탄소배출과 기후교란에 대한 군사적 적응이라는 추가 기후범죄를 형성하는 밑바탕으로 작용했다고 한다.[99)]

1946년부터 1971년까지 미국의 연간 석유 제품 소비량은 18억 배럴에서 54억 배럴로 3배 증가했다. 이처럼 미국과 다른 강대국들이 경제 호황을 누리기 위해 값싸고 풍부한 석유에 의존하게 되었고 석유는 훨씬 더 전략적으로 중요해졌다. 대가속기 동안 선진국들의 눈부신 경제성장은 페르시아만 석유 없이는 불가능했을 정도다. 이 막대한 석유 소비는 화석연료를 추출하고 판매하려는 지속적인 노력, 증가하는 탄소배출량, 지구온난화를 동반했다. 그러나 당시 미국 소비자들은 심각한 기후변화 문제에 대해 거의 또는 전혀 알지 못했다. 그들의 주요 관심사는 시장에서 선택의 증가, 취업, 더 큰 경제적 기회, 저렴한 석유와 풍부한 석유에 대한 확실한 접근을 요구하는 지속적인 물질적 풍요였다.[100)] 1970년 이후 페르시아만 석유에 대한 미국 의존도가 높아짐에 따라 미국의 정치 및 군사 지도자들은 이 중요한 자원에 대한 접근과 통제권을 유지하기 위해 새롭고 복잡한 도전에 직면하게 되었다. 페르시아만 석유에 대한 접근과 통제권을 위한 직접적인 군사 개입은 1991년 걸프전과 2003년 이라크 전쟁으로 나타났다고 한다.[101)]

---

99) Kramer, 앞의 책, p. 161.

100) Andrew J. Bacevich, *The New American Militarism: How Americans Are Seduced by War*, New York: Oxford University Press, 2005, p. 182.

미국의 두 번에 걸친 대 중동 전쟁은 수많은 사람들, 특히 이라크인에게 끔찍한 영향을 미쳤으며 오늘날까지 계속되고 있지만, 미국의 군산복합체 기업과 다국적 석유 기업에게는 막대한 이익을 가져다주었다. 또한 이러한 중동 전쟁은 시간이 지남에 따라 더욱 복잡해지고 다른 지정학적 목표가 포함되었지만, 이 전쟁의 시작과 끝에 있어 석유의 중요성은 의심할 여지가 없다. 석유를 위해 피를 흘리는 이러한 자원전쟁은 제국의 전쟁범죄일 뿐만 아니라, 기후범죄의 한 형태이다. 이처럼 석유에 접근하고 통제권을 확보하기 위해 군사력을 사용하는 것은 대가속기 동안 연료를 공급하는 데 커다란 도움이 되었다. 반면에 그것은 더 큰 경제성장, 소비 확대 및 환경파괴를 가져왔다. 또한 그것은 화석연료의 끊임없는 추출과 탐색을 하게 함으로써 기후재앙을 일으키는 데 도움을 주었고, 저렴하지만 더러운 형태의 에너지가 판매되고 연소되도록 하여 온실가스를 배출하고 지구를 온난화시키는 결과를 야기했다고 한다.[102]

나. 군사기관에 의한 탄소배출

두 번째 유형의 제국의 기후범죄는 펜타곤으로 대표되는 군사기관에 의한 탄소배출이다. 제2차 세계대전 이후 미국 제국의 등장과 막강한 군사력을 바탕으로 여러 분쟁 지역에서 군사적 개입의 확장은 전 세계적으로 다양한 정치적, 경제적, 사회적 변화를 가져왔다. 첨단 무기, 원거리 군사기지 시스템, 여러 전투기를 탑재한 거대한 항공모함을 갖춘 미국이라는 전쟁 국가의 운영은 광범위한 환경파괴를 야기한다. 전쟁은 인간의 생명과 재산을 파괴한다. 그러나 전쟁, 전쟁 준비, 대규모 군사기지의 유지도 모두 환경에 파괴적인 영향을 미친다. 이 중요한 문제는 종종 간과되지만 환경사회학자들의 연구 결과에 따르면 대부분의 국가에서 군사기지 내 활동이 국가의 '생태발자국(ecological footprint)'[103]을 증가시키고 환경 문제를 악화시키는 것으로 나타났다.[104] 환경사회학자인 케네스

---

101) Kramer, 앞의 책, pp. 162-163.

102) Kramer, 앞의 책, p. 173.

103) '생태발자국'은 1996년 캐나다 브리티시컬럼비아 대학교의 경제학 교수 윌리엄 리스(William Rees)와 박사 연구생 마티스 웨커네이걸(Mathis Wackernagel)이 창안한 개념으로, 인간이 지구에서 삶을 영위하는 데 필요한 의·식·주 등을 제공하기 위한 자원의 생산과 폐기에 드는 비용을 토지로 환산한 지수를 말한다. 생태발자국 관련 데이터는 생태발자국네트워크 https://www.footprintnetwork.org/ 〈최종 검색: 2025. 3. 13.〉에서 확인할 수 있다.

굴드(Kenneth Gould)는 "군사화는 가장 생태적으로 파괴적인 인간의 노력"이라고 주장한다.[105] 세계 곳곳에서 펼쳐지고 있는 군사 작전은 엄청난 양의 재생 불가능한 에너지와 기타 자원을 소비하고 막대한 양의 독성 폐기물과 기타 오염 물질을 생성한다. 독일 환경분석가 미하엘 레너(Michael Renner)는 "세계 군대는 지구상에서 가장 큰 단일 오염원"이라고 주장한다.[106] 무력 충돌이 없는 경우에도 군대의 다음과 같은 일상적인 활동은 다양한 방식으로 환경을 악화시킨다. 실제 전투 작전과 전쟁 준비에는 많은 인원, 강도 높은 훈련, 첨단 무기 및 기타 장비, 크고 다양한 운송 차량과 함대, 연구 개발 활동 및 보조 인프라가 필요하다. 병사들은 군사 기지에 머물며 훈련을 받고, 장비를 점검・정비해야 하며, 그곳에 보급품과 식량을 공급해야 한다. 군사 기지는 종종 막대한 양의 콘크리트를 사용하여 건설되며, 유지 관리가 필요하다. 활주로와 도로를 건설해야 하고 보급품을 운송해야 한다. 다른 교통수단도 제공되어야 하며, 종종 먼 곳으로 이동해야 한다. 비행기, 헬리콥터, 항공모함과 기타 전함, 탱크와 기타 무장 차량 등을 개발, 제조 및 유지해야 한다. 첨단 무기, 기계, 기타 장비를 생산, 테스트 및 준비해야 한다. 물론 이 모든 것을 공급하는 데 막대한 양의 석유, 천연가스 및 기타 재생 불가능한 자원이 소비된다. 또한 유해 폐기물과 여러 형태의 오염 물질을 자주 발생시킨다. 그리고 중요한 것은 지구온난화에 기여하는 엄청난 양의 온실가스를 배출한다는 것이다.[107]

지구온난화를 일으키는 핵심 목록(예컨대 탄소 메이저 기업)에 세계의 대규모 군사 시설, 특히 미국의 국방부(펜타곤)를 추가할 수 있다. 펜타곤은 미국과 아마도 전 세계에서 석유와 기타 재생 불가능한 형태의 에너지를 가장 많이 소비하는 단일 기관으로 지목되고 있다.[108] 이러한 에너지 소비는 지구온난화와 기후

104) Andrew K. Jorgenson and Brett Clark, "The Economy, Military, and Ecologically Unequal Exchange Relationships: A Panel Study of the Ecological Footprints of Nations, 1975–2000", *Social Problems 56*, 2009, pp. 621–646.

105) Kenneth A. Gould, "The Ecological Costs of Militarization", *Peace Review: A Journal of Social Justice 19*, 2007, p. 331.

106) Michael Renner, "Assessing the Military's War on the Environment", *State of the World*, edited by L. Stark, New York: W. W. Norton, 1991, p. 132.

107) Kramer, 앞의 책, p. 176.

108) Neta C. Crawford, "Pentagon Fuel Use, Climate Change, and the Costs of War", *Providence, RI: Watson Institute of International & Public Affairs*, Brown University, 2019, pp. 1–46.

변화에 영향을 미치는 것으로 알려진 이산화탄소, 메탄, 기타 온실가스 배출에 직접적으로 기여한다. 실제로 미국 정치학자인 네타 크로포드(Neta C. Crawford)가 최근 보고서에서 주장한 바와 같이, 미국 국방부는 세계 최대의 석유 소비 기관이며, 그에 따라 세계 최대의 단일 온실가스 배출 기관이다([그림 1-5] 참조).[109] 따라서 펜타곤을 포함한 미군은 주요 탄소범죄자 명단에 추가될 수 있다고 한다.[110]

그림 1-5 미국 국방부의 총 온실가스 배출량 추정치(1975-2018)

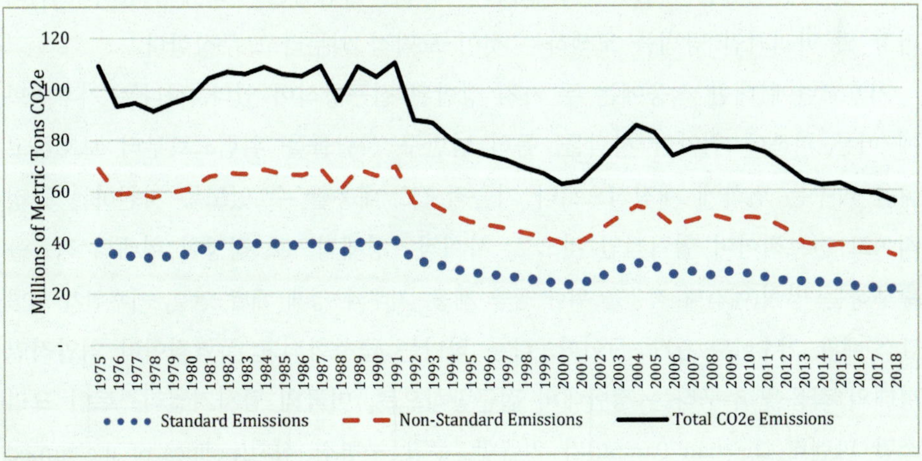

출처: Crawford (2019), p.16.

다. 기후교란에 대한 군사적 형태의 적응

세 번째 유형의 제국의 기후범죄는 기후교란에 대해 군사화되고 폭력적이며 억압적인 형태의 기후변화 적응이다. 기후변화에 대한 대응 방법으로 '완화'와 '적응'이 중요하다. 유엔의 정의에 따르면 '완화(mitigation)'는 "온실가스 배출을 감축하거나 흡수하는 과정으로서, 미래의 기후변화 및 그 영향을 완화하는 방법"을 말하고, '적응(adaptation)'은 "실제로 일어나고 있거나, 일어날 것으로 예상되는 기후변화와 그 영향에 적응하는 과정으로서, 기후변화로 인한 위험을 최소화하고, 나아가 이를 유익한 기회로 활용하는 방법"을 뜻한다. 이러한 완화와

109) Crawford, 위의 논문, pp. 1-2.
110) Kramer, 앞의 책, p. 175.

적응은 "기후변화의 위험을 저감하고 관리하기 위한 상호 보완적 전략"이므로, 장기적으로 "지속가능한 발전을 향한 기후-복원 경로에 기여할 수 있다."라고 한다.[111] 미국 환경학자인 빌 맥키번(Bill McKibben)은 지구온난화로 인해 이미 발생한 기후변화 때문에 우리는 제2차 세계대전 말(1945년) 혹은 대가속기(1960년~) 이전에 존재했던 지구와 상당히 다른 행성(그는 이를 'Eaarth'라고 부른다)에 살고 있다고 주장한다.[112] 이처럼 기후변화가 이미 진행 중이며 미래에 크게 심화될 것이라는 사실을 받아들이는 맥키번과 같은 활동가들은 우리가 기후변화로 인한 피해에 취약한 사람들을 보호하고 이러한 치명적인 변화에 적응하기 위해 가장 덜 파괴적인 방법을 모색하는 것이 도덕적 의무라고 주장한다.

기후교란에 대한 적응에는 두 가지 상반된 접근방식이 있다. 하나는 기후변화에 따른 피해에 취약한 사람들, 특히 남반구 사람들을 위험으로부터 보호하고 삶을 바꾸는 변화에 재정적으로나 기술적으로 대응할 수 있도록 지원하는 긍정적이고 진보적이며 협력적인 것으로, 사회적·경제적으로 정당한 형태의 적응을 추구하는 방식(예컨대 적응을 위한 금융 제공, 기후와 경제 개발 연결, 기후위기 위험 감소 계획, 기후이주 관리 등)이다. 다른 하나는 군사화되고 폭력적이며 억압적인 형태의 적응을 추구하는 정반대의 접근방식으로, 미국의 탐사저널리스트인 크리스탄 파렌티(Christian Parenti)가 언급한 '무장 구명정 정치(politics of the armed lifeboat)'를 포함한다.[113] 이러한 후자의 방식에 의한 적응은 남반구의 경제적으로 취약한 사람들이 아니라 북반구의 부유하고 강력한 사람들을 보호하는 의미로 왜곡되고 재해석된다. 이처럼 기후교란에 대한 적응과 관련하여 기후변화에 대한 정의롭고 협력적인 형태의 적응을 배제하는 것뿐만 아니라, 지구온난화의 부정적 영향에 대응하기 위해 군사화되고 폭력적인 형태의 적응에 의존하는 적응 방식은 모두 기후범죄의 하나로 분류할 수 있다. 왜냐하면 이러한 두 가지 적응 방식은 모두다 세계에서 가장 부유하고 강력한 국가의 기업과 지배 세력들에게 이익을 주기 위해 남반구 사람들, 사회 시스템, 그리고 생태계의 많은 부분

---

111) 조효제, 앞의 책, 57면.

112) Bill McKibben, *Eaarth: Making Life on a Tough New Planet*, New York: Tinies Books/Henry Holt, 2010.

113) Christian Parenti, *Tropic of Chaos: Climate Change and the NeuGeography of Violence*, New York: Nation Books, 2011.

에 '커다란 비난받을 만한 피해'를 야기하기 때문이다.

남반구에 위치한 여러 국가와 국민은 이러한 기후범죄의 주요 피해자가 될 것이다. IPCC에 따르면 기후교란은 저개발국가에서 사는 사람들에게 훨씬 더 치명적일 것이라고 한다. 이들은 생존을 위해 환경에 더 많이 의존하고 있는데, 이미 식량과 식수 부족, 사막화 등의 문제에 직면해 있고 선진국에 비해 경작지가 턱없이 부족하고 기후변화의 영향을 완화할 수 있는 기술개발 수준도 낮기 때문이다.[114] 하지만 저개발국가에서 기후교란의 영향은 남반구의 황폐한 지역 경계를 훨씬 넘어 확장될 것이다. 사람들이 일반적으로 그들의 죽음을 자연재해 탓으로 돌리며 어쩔 수 없는 것으로 받아들이지 않는 한, 기후변화의 영향이 점점 심화됨에 따라 이러한 지역을 떠나 보다 안전한 곳으로 이주를 선택하는 과정에서 '기후이주(climate migration)'가 빈번히 일어날 것으로 예상할 수 있다.[115]

실제로 2021년 9월 13일 세계은행은 '그라운즈웰 2.0(Groundswell 2.0)' 보고서를 통해 "라틴아메리카, 북아프리카, 사하라 사막 이남 아프리카, 동유럽과 중앙아시아, 남아시아, 그리고 동아시아와 태평양 등 6개 지역을 분석해 본 결과, 탄소배출량이 높은 수준을 유지하고 개발이 불평등하게 진행된다는 가장 비관적인 시나리오 하에서 자국 내 이주민이 최대 2억 1,600만 명에 이를 것"이라고 전망했다. 보고서는 사막화와 취약한 해안선, 그리고 높은 농업 의존도로 인해 기후변화에 가장 취약한 지역인 사하라 사막 이남 아프리카에서 가장 많은 이주민이 생기면서 국경 내에서만 8,600만 명에 달하는 사람들이 이주하게 될 것으로 예상했다. 또 튀니지 북동부, 알제리 북서부, 모로코 서부와 남부, 그리고 아틀라스 중앙 산맥에서 물 부족 현상이 심화되면서 북아프리카 인구의 약 9%에 해당하는 1,900만 명이 이주해 기후 이주민 중 가장 높은 비율을 차지할 것으로 내다봤다.[116]

이러한 기후이주는 추가적인 위험과 피해를 야기한다. 기후변화로 인한 급격한 환경 변화로 이주를 강요당했다고 느끼는 사람들의 삶에 대한 심각한 혼란

---

114) IPCC, *Fifth Assessment Report. Climate Change 2013: The Physical Science Basis*, Geneva: Author, 2013.

115) Kramer, 앞의 책, pp. 179-180.

116) ESG경제 2021. 9. 14.자 기사: "기후변화로 2050년까지 2억 명 넘는 이주민 발생 위험" https://www.esgeconomy.com/news/articleView.html?idxno=1216 〈최종 검색: 2025. 3. 13.〉

이외에도 이러한 이주는 폭력적인 갈등과 같은 심각한 위협도 수반한다. 기후난민을 위한 경제적 지원과 사회 서비스에 대한 수요뿐만 아니라, 폭력적 분쟁의 가능성은 북반구의 많은 사람들에게 국경을 '통제'하기 위해 군사적 방법에 의존해야 하는 광범위한 '안보 위협'으로까지 인식된다. 이에 북반구 국가들(특히 미국)은 배타적 이민정책, 확대된 국경 통제와 감시, 불법 이민자의 체포와 추방, 정치적 탄압, 군사화된 치안유지 등의 방식으로 기후변화에 대응함으로써 폭력범죄를 직접 저지르기까지 한다. 특히 기후난민을 대상으로 하는 기후위기에 대한 이러한 군국주의적 적응 형태는 제국의 기후범죄로 정의될 수 있는 '비난받을 만한 피해'로 간주할 수 있다고 한다.[117)]

3. 기후범죄의 성격

(1) 국가-기업범죄(state-corporate crime)로서 기후범죄

크라머의 견해에 따르면 기후범죄는 '국가-기업범죄'로서의 성격을 갖는다고 한다. 일반적으로 '국가-기업범죄'란 국가와 정부 기관이 추구하는 정책과 기업이 추구하는 정책이 서로 상호작용을 일으켜 발생하는 범죄를 말한다. 기후범죄는 지구온난화의 가해자와 대응자가 국가와 초국가적 기업(TNC: Transnational Corporation)으로 하나로 연결되어 발생하기 때문에 국가-기업범죄의 본질에 대해 고려하게 한다. 국가-기업범죄는, ① 국가 주도 범죄(예컨대 정부 기관이 주도적 역할을 하고 기업의 도움을 받는 경우), ② 국가가 방조하는 범죄(예컨대 규제 불이행 또는 기업의 불법행위에 대한 고의적인 방조), ③ 기업이 주도하는 범죄(예컨대 기업이 경제 권력을 행사하여 국가로 하여금 불법행위를 하도록 강요하는 경우), ④ 기업이 방조하는 범죄(예컨대 기업이 국가에게 불법행위에 필요한 범죄수단을 제공하는 경우)라는 네 가지 유형으로 분류할 수 있다.

특히 기후범죄는 국가-기업범죄의 전형적인 예로 언급된다. 구체적으로 국가와 기업은 다음과 같은 네 가지 방식으로 상호 작용하면서 기후변화 피해를 야기한다. 첫째, 지구온난화가 인간의 활동에서 야기된다는 사실을 부인한다. 둘째, 온실가스 배출량을 완화 혹은 감축시키려는 노력을 저지한다. 셋째, 기후변

117) Kramer, 앞의 책, p. 181.

화에 대한 진보적이고 생태학적으로 정당한 적응을 정치 영역에서 배제시킨다. 넷째, 스스로 세상의 다른 부분들을 배제하는 사회조직을 강화함으로써 기후변화로 인해 발행하는 사회적 갈등에 대응한다. 이러한 국가-기업범죄로서 기후범죄는 작위는 물론 화석연료 산업을 대체하기 위한 아무런 정책적 조치를 취하지 않음으로써 이산화탄소 배출규제에 실패하거나 화석연료 사용 의존도를 강화하는 것 같은 부작위에 의하여도 발생한다고 한다.118)

한편 IPCC에 따르면 개별적으로, 그리고 집단적으로 이산화탄소 배출에 따른 제품을 생산하는 기업의 일상적인 비즈니스 활동은 지구온난화에 기여한다고 한다.

- 이산화탄소, 메탄 및 아산화질소의 대기 중 농도가 적어도 지난 800,000년 동안 전례 없는 수준으로 증가했다.
- 이산화탄소 농도는 주로 화석연료 배출과 이차적으로 순 토지의 사용 변화에 따른 배출로 인해 산업화 이전 시대 이후 40% 증가했다.
- 온실가스의 지속적인 배출은 기후 시스템의 모든 구성요소에 더 많은 변화를 야기할 것이다. 기후변화를 완화하려면 온실가스 배출량을 실질적이고 계속 감축해야 한다.

이처럼 지구온난화를 일으키는 온실가스 배출 추세는 국가 혹은 정부 기관과 기업의 적극적인 결탁에서 비롯된 것이다. 이것은 국가-기업범죄로서 기후범죄가 국가의 적극적 지원 내지 방조 아래 화석연료 기업의 일상적인 비즈니스 활동으로부터 자연스럽게 발생하고 있음을 보여준다.119)

(2) 생태학살(ecocide)로서 기후범죄

인간, 비인간 종(동물과 식물) 및 생태계에 부정적 영향을 미치는 기후변화는 범죄학적으로 독자적인 종류의 범죄로 개념화될 수 있다. 이때 새로운 범죄는 우리가 범죄에 따른 피해에 대응하는 방식이 아니라, 처음부터 피해를 광범위하게 개념정의하는 방식으로 정의할 수 있다. 이 경우 피해는 행성 지구에 거주하

118) Rob White, *Climate Change Criminology*, Bristol University Press, 2020, pp. 25-26.
119) White, 앞의 책, p. 28.

는 모든 생명체와 지속가능한 생태계에 차등적이고 불평등하며 보편적으로 영향을 미치는 방식으로 나타난다.

생태학살(ecocide)[120]이라는 용어는 이러한 피해를 정의하는 과정을 개념화하는 데 사용된다. 이때 생태학살은 기후교란으로 인한 심각한 생태적, 사회적 격변을 특징짓는 데 더 많이 사용되고 있다. 이 용어는 영국 변호사인 폴리 히긴스(Polly Higgins)가 처음으로 제시한 것으로, "인간의 행위나 기타 원인에 의해 주어진 영토에서 생태계가 광범위하게 손실, 손상 또는 파괴됨으로써 해당 영토에 거주하는 거주자의 평화로운 향유가 심각하게 감소되거나 장차 감소되는 것"[121]으로 정의할 수 있다. 따라서 기후범죄가 일으키는 종의 절멸, 생태계의 훼손, 자연 순환의 영구적 변경이라는 피해를 고려할 때 기후범죄는 생태학살로서의 성격을 갖고 있다고 볼 수 있다. 생태학살은 인간을 포함하여 생태계와 그 안에 있는 종의 안녕과 건강을 파괴하고 감소시키는 인간의 활동을 새로운 범죄로 규정하려는 시도이다. 기후변화와 천연자원의 총체적 착취는 인간의 전반적인 죽음으로 이어지고 있으며, 이에 따라 생태학살을 범죄화할 필요가 있다는 논의가 증가하고 있다.

실제로 개인, 기업 및 정부에 대해 「국제형사재판소에 관한 로마규정(Rome Statute of the International Criminal Court)」(이하 '로마규정'이라 함)[122]상 집단살해

---

120) ecocide의 용어 번역과 관련하여 현재 우리나라의 신문기사, 관련 전문서적, 학술논문 등에서 '환경학살', '생태학살', '생태살해'가 사용되고 있다. eco에 대해 예컨대 Eco-House와 같이 '친환경' 주택 또는 '환경친화적' 주택으로 번역되는 경우도 있으나, ecocide가 생태계의 광범위한 손실, 손상 또는 파괴를 의미하기 때문에 '친환경' 또는 '환경'은 부적절하다고 보며, 가혹하게 마구 죽임을 뜻하는 '학살'은 법률용어라기 보다는 살해의 가혹성에 초점을 둔 일상적 용어이다. 또한 ecocide는 genocide에서 착안하여 새롭게 만든 합성어인데, genocide에 대해 집단'학살' 또는 집단'살해'로 번역되어 사용되고 있다. 그러나 「국제형사재판소에 관한 로마규정」의 번역문에서 genocide를 집단살해죄로, 로마규정의 국내 이행 법률인 「국제형사재판소 관할 범죄의 처벌 등에 관한 법률」에서도 genocide를 집단살해죄로 사용하고 있다. 따라서 이하에서는 법률용어의 성격을 강조할 때는 '생태살해' 또는 '생태살해죄'로, 피해의 광범위성과 잔혹성을 강조할 때는 '생태학살'로 번역하여 사용하고자 한다.

121) Polly Higgins, *Eradicating Ecocide: Exposing the Corporate and Political Practices Destroying the Planet and Proposing the Laws Needed to Eradicate Ecocide*, London: Shepheard-Walwyn Publishers, 2010, p. 3.

122) 로마규정(Rome Statute)은 국제형사재판소(ICC) 창설의 근거가 된 국제조약이다. 로마규정은 1998년 7월 17일에 채택되어 2002년 7월 1일에 발효되었다. 우리나라는 그 이행 법률로 「국제형사재판소 관할 범죄의 처벌 등에 관한 법률」을 2007년 12월 21일 법률 제8719호로 제정하여 시행하고 있다.

죄, 인도에 반한 죄, 전쟁범죄, 침략범죄 이외에 인류의 평화와 안전에 반하는 다섯 번째 국제범죄로 '생태살해죄(ecocide crime)'를 도입하자는 주장은 로마규정의 개정, 이러한 범죄를 처리하기 위한 국제환경법원(International Court for the Environment)의 창설 또는 국제형사재판소(ICC) 내 환경 전담 재판부의 설립과 함께 개별 국가 차원에서 환경전문법원이나 환경 전담 재판부의 확대 등이 실현될지 여부와 관계없이 중요한 수사적 가치가 있다.[123] 생태학살을 21세기의 가장 중요한 범죄로 보는 사람들의 눈에서 볼 때, 지구온난화와 기후변화에 가장 큰 기여를 하는 화석연료 기업과 그 경영책임자들은 생태학살의 대표적인 가해자들에 속한다.[124]

4. 기후범죄의 실정 범죄회에 있어 유의점

(1) 크라머의 기후범죄 유형에 대한 비판적 검토

앞서 언급한 바와 같이 크라머는 기후범죄 유형을 탄소범죄로서 기후범죄, 정치적 부작위로서 기후범죄, 기후변화 부인 기후범죄, 제국의 기후범죄로 분류하였다. 이와 같은 크라머의 기후범죄 유형이 애그뉴의 견해와 같이 '인식되지 않는 비난받을 만한 피해'의 범죄 성립요소를 강조하여 독자적인 '범죄'로 인식할 수 있더라도 이를 실제 개별 국가에서 기후범죄로 실정 범죄화할 수 있는지 검토가 필요하다.

이와 관련하여 우선 제국의 기후범죄를 새롭게 실정 범죄화하기에는 부적절하다고 본다. 제국의 기후범죄 가운데 '석유를 위해 피를 흘리는' 대 중동 전쟁은 기후범죄가 아니라 이미 국제법상 로마규정 제8조에 따른 전쟁범죄로 충분히 의율하여 형사처벌이 가능하다고 본다. 그리고 세 번째 유형의 제국의 기후범죄에 해당하는 기후교란에 대해 군사화되고 폭력적이며 억압적인 형태의 기후변화 적응에 대해서는 기후범죄로 실정 범죄화하기 보다는 기후난민에 대한 완화된 이민정책을 실행하고, 기후난민 혹은 기후이민자에 대한 불법 체포와 추방에 대해서는 기존 국내 「출입국관리법」이나 「형법」의 적용을 통해 해결이 가능할 것

123) 이에 관한 국내의 논의로는 김재윤, "국제범죄로서 '생태살해(ecocide)죄'의 도입에 대한 검토", 형사정책 제34권 제1호, 2022. 4, 141-165면 참조.
124) White, 앞의 책, pp. 22-23.

이다. 다만 군사기관에 의한 탄소배출 유형의 제국의 기후범죄는 제국의 기후범죄라기 보다는 탄소범죄로서 기후범죄의 하나로 파악하여 대응하는 것이 적절하다고 본다.

둘째, 기후변화 부인 기후범죄에 대해서는 그 자체를 하나의 독자적인 기후범죄로 실정 범죄화하기 보다는 기후변화 부인론자들에 대해 공직 진출을 어렵게 하거나 선거 등을 통해 정치적 책임을 묻는 방식이 적절하다고 본다. 또한 기후변화 부인이 과학적으로 전혀 근거가 없음을 기후과학자들의 실증적 연구 결과의 축적을 통해서도 극복해 나갈 수 있다고 본다.

셋째, 정치적 부위작로서 기후범죄는 앞서 언급한 기후변화 부인 기후범죄와 마찬가지로 지구온난화와 기후변화를 일으키는 온실가스 배출량 감축을 위한 중요한 기후변화 관련 정책적 조치를 취하는 않은 부작위에 대해 정치적 책임을 묻는 방식을 통해 해결을 시도해야지 이를 형법상 부진정부작위범의 형태로 대응하는 것은 실효성이 적다고 본다. 형법상의 부진정부작위범은 행위주체에 대해 보증인지위와 보증의무(작위의무)를 전제로 하는데, 이는 일차적으로 관계 법률에 의해 명확하게 일정한 작위의무가 규정되어 있어야 한다. 그런데 현행 국내외 기후변화 관련 법률에서 국가, 정부기관, 기업(법인 포함), 일반 시민에게 온실가스 배출량 감축을 위한 기후변화 관련 정책을 강제하고 이를 고의적으로 위반한 경우 형사제재를 부과하는 근거 조항을 찾아볼 수 없다. 기후변화 관련 정책에 대한 의식적 의사불결정은 정치적 부작위임에 틀림없지만 그에 따른 책임은 정치적 책임으로 해결해야지 국가형벌권이란 가장 강력한 수단을 최우선적으로 사용할 것은 아니다.

마지막으로, 크라머가 제안한 기후범죄의 유형 중 탄소범죄로서의 기후범죄는 다른 유형의 기후범죄보다 실정 범죄화하는 데 적합하고 필요하기까지 하다고 본다. 이미 다른 선행연구에서 제시한 바와 같이, 탄소범죄는 "기업이나 개인이 온실가스 배출 규제를 고의로 위반하거나 허위 보고하거나 유해 물질을 불법으로 폐기하여 온실가스 배출을 고의로 증가시키는 등의 행위"를 의미한다. 이러한 행위는 지구온난화를 가속화시키고 기후변화를 심화시켜 인류의 생존을 위협하는 심각한 범죄행위이다. 이러한 탄소범죄의 주요 유형으로, ① 고의적인 탄소감축 규제 위반, ② 탄소배출량 허위 보고, ③ 유해 물질 등 불법 폐기, ④ 탄소시장에서 탄소배출권의 불법거래,[125] ⑤ 기후변화 관련 정보 은폐 등을 언급할 수 있다.

이와 같은 탄소범죄의 유형 가운데 실제로 실정 범죄화된 사례를 찾아보면 '기후변화 관련 정보 은폐' 유형이 프랑스 「기후 · 회복력법(Climate & Resilience Act)」 제12조에서 규정되어 있음을 발견할 수 있다.[126] 즉 이 법 제12조에 따르면 '탄소중립(neutre en carbone)'을 표기할 수 있는 명확한 기준을 규정함으로써 제품 및 서비스 광고에 '탄소중립'이라고 주장하는 것을 금지하고 있다. 탄소중립을 증명할 수 없음에도 불구하고 광고에서 제품 또는 서비스가 탄소 중립적이라고 주장하거나 동등한 의미 또는 범위의 문구를 명시할 경우 자연인의 경우 2만 유로, 법인의 경우 10만 유로의 벌금에 처한다.[127] 그러나 프랑스 「기후 · 회복력법」을 포함하여 영국, 독일, 일본, 우리나라의 기후변화 관련 법률 어디에서도 화석연료 기업에게 탄소배출 감축을 위한 구체적이고 명확한 의무를 부과하고 이를 고의로 위반하거나, 탄소배출량을 허위로 보고하는 형태의 탄소범죄에 대한 직접적 규제수단을 마련하고 있지 않다.

요컨대 크라머가 제안한 네 가지 유형의 기후범죄는 기후범죄가 무엇인가에 대한 대략적인 개념을 설정하고 기후범죄의 성격과 특성을 파악하는 데는 커다란 의미를 가질 수 있지만, 실제로 지구온난화와 기후변화를 초래하는 행위를 기후범죄로 실정 범죄화하여 형사처벌함으로써 온실가스 배출량을 실질적이고 지속적으로 감축하고자 하는 기후변화 정책을 실현하는 데는 커다란 한계를 가지고 있다고 본다.

(2) 탄소범죄로서 기후범죄를 실정 범죄화함에 있어 유의점

이러한 한계에도 불구하고 기후범죄 유형 가운데 탄소범죄는 그 개념윤곽이

---

125) 탄소시장은 탄소배출량 감축의무 여부에 따라 정부 주도의 '규제적 탄소시장(Compliance Carbon Market)'과 민간 주도의 '자발적 탄소시장(Voluntary Carbon Market)'으로 구분된다.

126) 프랑스 「기후 · 회복력법(Climate & Resilience Act)」 전반에 대한 소개 · 분석으로 김재윤, 앞의 논문, 2024. 12, 439-442면; 정관선, "프랑스 기후 · 회복력법의 시사점", 경희법학 제58권 제3호, 2023, 65-97면 참조.

127) 정관선, 앞의 논문, 77-79면.

다른 유형의 기후범죄 보다 뚜렷하여 기후변화 관련 법률에서 실정 범죄화하기가 용이하며, 화석연료 기업에 의한 탄소배출을 억지할 수 있어 실정 범죄화할 필요성이 크다. 탄소범죄를 실정 범죄화하기 위해서는 우리나라를 포함하여 각국의 기후변화 관련 법률에서 화석연료 기업에게 탄소배출 감축을 위한 구체적이고 명확한 의무를 부과하고, 화석연료 기업이 탄소배출 감축 의무를 고의로 위반하는 행위, 탄소배출 관련 내용의 허위 작성 및 보고, 유해 물질 등 불법 폐기, 탄소시장에서 탄소배출권의 불법거래, 기후변화 관련 정보의 은폐 등을 구성요건화하고 불법의 경중에 따라 형벌의 정도를 달리 규정할 필요가 있다.

한편 탄소범죄를 기후변화 관련 법률에서 실정 범죄화함에 있어 예상되는 어려움은 다음과 같다. 우선 여전히 기후범죄 혹은 탄소범죄의 법적 개념정의가 모호하다는 것이다. 이에 따라 탄소범죄가 성립할 수 있는 구성요건을 명확히 규정하기 어렵다. 예컨대 온실가스를 과도하게 배출하는 행위가 어느 정도부터 범죄로 간주될 것인지에 대한 기준 설정이 애매할 수 있어 이를 전제로 하는 탄소배출 감축 의무 기준점을 설정하기가 곤란할 수 있다. 이는 「물환경보전법」상 수질오염물질의 배출허용기준을 환경부령으로 정하는 문제와 차원을 달리한다. 각국의 탄소배출량은 산업화의 발전 정도와 경제 규모에 따라 현저한 차이를 보이고 있기 때문이다.[128] 둘째, 탄소범죄를 실정 범죄화하는 데 국제적 합의를 도출하기 어렵다. 지구온난화와 기후변화는 전 지구적 문제이지만, 국가마다 기후변화 또는 환경 관련 법규와 규제 체계가 다르기 때문에 국제법상 통일된 법적 기준을 마련하기 어렵다. 특히 개발도상국과 선진국 간에 기후변화에 따른 책임을 두고 의견이 첨예하게 대립하고 있다. 2015년 「파리협정」에 명시된 바와 같이, '공통의 그러나 차별화된 책임(common but differentiated responsibility)'이라는 개념에 따라 온실가스 감축 목표를 제시하고 이를 위해 노력하고 있을 뿐이다. 셋째, 탄소범죄의 실정 범죄화에 대해 화석연료 산업이나 그에 종사하는 기업, 일부 정부 기관의 커다란 반발이 예상된다. 탄소범죄를 엄격하게 규제하여 그 위반자에 대해 형사처벌을 부과하고자 한다면 커다란 경제적 타격과 혼란

128) 국제에너지기구(IEA)에 따르면 2023년 기준 탄소배출량 1위는 중국, 2위는 미국, 3위는 인도가 차지고 있다(국가전략정보포털). https://nsp.nanet.go.kr/plan/subject/detail.do?nationalPlanControlNo=PLAN0000044053 〈최종 검색: 2025. 3. 13.〉

이 발생할 수 있어 법제화 과정에서 화석연료 기업의 로비나 정치적 압력이 작용할 가능성이 높다. 넷째, 설사 탄소범죄가 여러 어려움에도 불구하고 실정 범죄화된 이후에도 탄소범죄자를 기소한 이후 형사재판 단계에서 인과관계 입증의 어려움이 예상된다. 탄소범죄는 기후변화에 장기적이고 간접적인 영향을 미치기 때문에, 특정 화석연료 기업의 탄소배출 감축 의무위반 행위가 기후변화에 미친 영향을 과학적으로 입증하는 것이 쉽지 않다. 또한 실제로 온실가스의 고의적인 과다 배출, 산림 파괴(탄소 흡수원 파괴) 등의 책임이 다국적 화석연료 기업이나 여러 행위자에게 분산되어 있어 형사책임을 특정 주체에게 귀속시키기 어렵다. 마지막으로, 기존 환경 관련 법체계와의 충돌 가능성이 있다. 현재 많은 국가에서는 환경오염이나 온실가스 배출을 일정 수준 허용하고 있으며, 기존 환경 관련 법률과 탄소범죄 개념이 충돌할 가능성이 있다. 탄소범죄의 실정 범죄화는 기존 환경보호 관련 법규나 기후변화 관련 법률의 체계를 전면 개편해야 할 수 있다. 이러한 이유로 탄소범죄를 실정법으로 명확히 규정하고 강력히 형사처벌하는 데에는 상당한 난관이 따를 것으로 예상한다.

결국 기후위기 문제를 해결하기 위한 수단으로 탄소범죄를 기후변화 관련 법률이나 형법전에 실정 범죄화하여 형벌을 투입하는 것을 최우선적으로 고려해야 할 것은 아니라고 할지라도, 기후변화 관련 정책의 충실한 이행, 화석연료 기업에 대한 영업정지나 과태료 부과와 같은 행정처분, 징벌적 손해배상과 같은 민사상 제재 등의 수단을 사용하여 기후위기가 제대로 극복되지 않는다고 판단된다면 보충적이고 최후수단으로 탄소범죄의 실정 범죄화를 충분히 고려할 수 있다고 본다. 다만 이러한 탄소범죄의 실정 범죄화에 있어 앞서 언급한 여러 유의점에 대한 면밀한 검토가 요구된다.

5. 소 결

산업혁명 이후, 기후와 생태계가 극적으로 변화되었으며, 인간의 활동에 의해 대기의 화학적 조성 변화와 생물 대멸종이 진행 중임을 강조하기 위해 이른바 '인류세(人類世, Anthropocene)'[129]라는 용어가 새로운 지질연대의 표시로 사용되

129) 기후학자인 파울 요제프 크뤼천(Paul Jozef Crutzen)과 유진 스토머(Eugene F. Stoemer)는 현재

고 있다. 인류세에서 끔찍한 기후위기의 시나리오가 제시되고 있으며, 지금 우리가 살고 있는 인류세에서는 '인류가 어떤 선택을 하는가?'라는 열린 질문만이 남아 있다. 물론 지구가 온실가스에 적응하는 과정은 장기간에 걸쳐 이루어지기 때문에 어느 정도의 온난화는 이미 예정되어 있음을 부인할 수 없다. 하지만 현재의 인류가 어떤 가능성(2도, 3도, 4도, 5도, 심지어 8도)을 향해 나아갈지는 상당 부분 지금 어떤 행동을 선택하는지에 달려 있다. 2015년 「파리협정」에서 21세기 말까지 지구 평균기온 상승을 산업화 이전 대비 2도보다 상당히 낮은 수준으로 유지하고, 1.5도로 제한하기 위해 노력한다는 전 지구적 장기목표 하에 모든 국가가 2020년부터 기후행동에 참여하며, 5년 주기 이행점검을 통해 점차 노력을 강화하도록 결의했다. 만일 이와 달리 우리가 탄소를 배출하는 생산방식에 대해 아무런 조치를 취하지 않는다면, 즉 인류의 산업 활동이 지난 30년과 마찬가지로 향후 30년 동안 '발전'이라는 이름으로 끊임없이 추구해 온 경제성장이라는 논리에 함몰되어 동일한 상승 곡선을 그린다면 21세기가 끝날 때 즈음에는 오늘날 기준에서 거주할 수 있는 지역이 계속해서 줄어들다가 결국 살 만한 지역이 하나도 남아 있지 않을 것이다.[130)]

이러한 기후위기의 시대에서 형법학자 또는 범죄학자는 지구온난화와 기후변화의 문제를 그저 기후정책의 문제로 치부할 수만은 없다고 본다. 형법학자가 종래 환경범죄를 넘어 기후범죄의 개념을 명확하게 정립하고 기후범죄에는 어떠한 유형이 있는지, 그리고 어떤 성격을 갖는지 검토해야 할 이유는 다음과 같다. 첫째, 기후변화는 인류 생존에 심각한 위협이 되는 전 지구적 문제로, 이에 대응하기 위한 모든 법적 수단을 검토할 필요가 있다. 형법은 사회가 가장 비난할 만한 행위를 규제하는 강력한 법적 도구이므로, 심각한 기후변화 피해를 일으키는 행위에 대한 형사적 대응의 가능성을 탐색하는 것이 중요하다. 둘째, 탄소범죄와 같은 기후범죄 개념은 기존 환경법 내지 환경형법의 한계를 넘어서는 새로운 유형의 범죄이다. 형법학자들은 탄소범죄로 대표되는 이러한 새로운 기후범

의 지질연대인 현세(現世) 또는 충적세(沖積世)를 의미하는 '홀로세(Holocene)'라는 용어를 대신하여 지구의 역사에서 새로운 지질학적 시대인 인류의 시대, 즉 '인류세'라는 개념을 새롭게 제시했다. 이에 대해 자세히는 Paul Jozef Crutzen and Eugene F. Stoemer, "The 'Anthropocene'", *The International Geosphere-Biosphere Programme(IGBP) Newsletter 41*, 2000, pp. 17-18.

130) 데이비드 월러스 웰즈/김재경 옮김, 앞의 책, 34-35면.

죄 유형의 구성요건, 인과관계, 책임귀속 등 형법적 쟁점을 명확히 하는데 기여해야 한다. 셋째, 국제형법과 국내형법 간의 조화를 이루는 방안을 모색하는 데 형법학자의 역할이 중요하다. 지구온난화와 기후변화의 문제는 국경을 초월하는 초국가적 범죄의 성격을 가지고 있으므로, 다양한 법체계에서 일관된 형사적 대응을 마련하기 위한 이론적 기반의 구축이 요구된다. 넷째, 기후범죄는 기존 형법 체계에 도전하는 새로운 법적 쟁점들(누적적 인과관계, 화석연료 기업의 형사책임, 미래세대에 대한 피해 등)을 제기하므로, 형법이론의 발전을 위해서도 형법학자들의 적극적인 연구와 참여가 필수적이다. 마지막으로, 형법의 최후수단성(ultima ratio) 원칙에 비추어 지구온난화와 기후변화 문제에 대한 형사제재의 적절성과 한계를 설정하는 데 형법학적 통찰이 요구된다.

지금까지의 논의는 이러한 기후범죄 연구와 관련하여 기후범죄의 개념정의, 유형, 성격, 그리고 실정 범죄화에 있어 유의점에 국한된 것으로 추후 여러 쟁점사항에 대해 깊이 있는 연구가 필요하다. 다만 크라머의 기후범죄 유형 중 '탄소범죄'가 가장 실정 범죄화에 적합할 수 있다는 점, 다른 유형의 기후범죄(정치적 부작위로서 기후범죄, 기후변화 부인 기후범죄, 제국의 기후범죄)는 기존 법체계나 정치적 책임 방식으로 해결이 가능하다는 점, 탄소범죄는 온실가스 배출 규제위반, 허위 보고, 유해물질 불법 폐기 등을 포함하며, 프랑스처럼 일부 국가에서 이미 법제화가 시작되었다는 점, 탄소범죄의 실정 범죄화에는 개념정의의 모호함, 국제적 합의 부족, 화석연료 산업계의 반발, 인과관계 입증의 어려움, 기존 환경법과의 충돌 가능성 등 여러 난관이 예상된다는 점, 이에 형벌보다 다른 정책수단을 우선 시도하고, 이것이 실패할 경우 최후수단으로 탄소범죄를 실정 범죄화하여 형사처벌을 고려해야 한다는 점을 제시하였다는 데 작은 의의를 두고자 한다. 향후 한국 형법학계에서 기후범죄에 대한 논의가 보다 활성화되길 기대한다.

[§ 2] 법학에서 패러다임의 변화: 인간중심적 근대 법학에서 지구법학으로

Ⅰ. 머리말

기후위기는 과거의 어떠한 위기와도 비교될 수 없을 정도로 심각하고 전면적이기 때문에 인간 실존의 위기일 뿐만 아니라 지구 전체의 위기이다. 이러한 기후위기의 근본적 원인은 그 동안 우리 인간의 잘못된 세계관, 즉 인간은 권리주체로서, 자연은 단지 인간이 이용하고 지배하는 대상 내지 객체로서 파악하는 데카르트-뉴턴의 기계론적 자연관과 그에 기초한 가치, 사고방식, 생활양식, 규범, 학문, 정치 · 경제 · 사회 · 문화 · 법적 제도를 형성한 데서 비롯된다.

법학 이론도 이러한 기계론적 자연관을 바탕으로 하여 인간중심주의 세계관, 즉 인간이 우주의 중심이며, 자연을 비롯한 모든 존재는 이성적 존재인 인간에 의해서만 지배 · 이용되어야 한다는 근대적 세계관을 바탕으로 하고 있다. 이러한 근대 법학의 인간중심주의 세계관은 인간을 다른 모든 존재보다 우월한 존재로서 보고, 인간은 권능력능을 가진 주체로서 권리의 객체인 자연을 마음대로 사용 · 수익 · 처분할 수 있다고 본다. 이에 따라 인간이 자연보다 우월하다는 인식아래 자연을 착취와 조종의 대상으로 여길 뿐 자연의 생명적 질서인 다양성, 순환성, 공생성, 관계성을 존중하지 않는다. 인간중심적 세계관을 바탕으로 한 근대 법학은 인간의 물질적 욕망을 보장하는 수단에 지나지 않기 때문에 기후위기를 해결하기보다는 오히려 앞서 언급한 기후범죄와 관련된 행위를 묵인하거나 조장하는 망패막이로 이용되고 있다. 따라서 인간 자신은 물론이고 지구상의 모든 생명 있는 존재를 절멸시키는 재앙을 일으키는 기후위기를 극복하기 위해서는 종래 인간중심주의에 기초한 근대 법학에서 벗어나 지구중심적 관점의 '지구법학'이라는 새로운 패러다임으로 전환이 요구된다.

따라서 이하에서는 우선 기후위기에 대한 법학적 대응의 출발점은 인간이 자연을 바라보는 인식 내지 가치관의 대전환에서 시작되어야 하기 때문에 생태윤리학 내지 생태철학에서 전개되고 있는 인간중심주의, 생물중심주의, 생태중심주의, 전체론 등으로의 발전과정과 주요 내용을 살펴보고자 한다. 다음으로, 기후위기의 근본 원인인 인간중심주의를 바탕으로 한 근대 법학의 한계가 무엇인지를 검토하고자 한다. 넷째, 기계론적 자연관에서 벗어나 생태중심적 관점에서 인간과 자연의 생태학적 공생을 추구하는 실천지향적인 법학으로서 '녹색법학'의 의미와 특징을 살펴보고자 한다. 다섯째, 최근 녹색법학의 차원을 넘어 지구중심적 관점에 기초한 '지구법학'이라는 새로운 법학의 역사적, 이론적 토대를 검토하고자 한다. 마지막으로, 그 동안의 논의를 요약하고 기후위기를 극복하기 위한 법학적 대응 수단으로 등장한 지구법학의 한계에 대해 언급하고자 한다.

Ⅱ. 생태윤리학적 관점의 변화

생태위기 내지 기후위기와 관련하여 자연 환경을 대하는 인간의 인식에 대한 철학적 반성이 본격화되면서 여러 생태주의적 논의가 대두되고 있다. 일찍이 미국의 도덕 철학자 윌리엄 프랑케나(William Klaas Frankena)는 환경윤리를 도덕적 배려의 범위에 따라 크게 네 가지로 분류했다. 인간중심주의적 관점, 감각(의식)중심주의적 관점, 생물(생명)중심주의적 관점 및 전체론적 관점이다. 이러한 네 가지 관점은 "무엇이 도덕적 행위 주체인가?", "인간은 생태계의 어디까지 도덕적으로 배려해야 하는가?", "도덕적 의무가 없는 존재도 도덕적 권리를 주장할 수 있는가?", "환경이 우선인가 아니면 성장이 우선인가?", "생태위기를 얼마나 심각하게 받아들이는가?", "환경보전과 경제적 평등의 관계를 어떻게 생각하고 있는가?" 등의 질문에 답하는 과정에서 서로 입장을 달리한다.

따라서 이하에서는 이러한 생태윤리학적 논의 전제로써 자연, 환경, 생태계 등 기본 개념을 살펴보고, 인간중심주의, 생물(생명)중심주의, 생태중심주의 및 전체론의 구체적 내용을 검토한다.

1. 자연, 환경, 생태계 및 생태주의의 개념정의

산업 혁명 이후에 지속된 과학기술의 발달과 산업화, 이윤추구를 최고 목적으로 하는 자본주의의 발달, 세계화 등은 현대사회의 환경문제는 물론이고 기후변화의 원인인 지구온난화에 계속 영향을 끼치고 있다. 자연에 대한 무한 개발과 지속적인 경제성장이라는 목표는 환경보호, 기후변화 등과 계속해서 갈등한다. 이러한 갈등은 생태위기나 기후위기의 원인과 대안을 바라보는 입장에 따라 여러 견해 차이를 보이고 있으나, 크게 '기술중심주의'와 '생태중심주의', '인간중심주의'와 '생태중심주의'라는 두 입장으로 구분할 수 있다. 기술중심주의는 자연환경이 무한히 성장할 수 있기 때문에, 환경오염을 막기 위해 인간이 자연을 적절히 관리·조절하는 것이 가능하다고 본다. 이를 생태철학에서는 인간의 자연지배를 형이상학적으로 정당화한다는 관점에서 인간중심주의라고도 한다. 반면에 생태중심주의는 자연이 스스로 고유한 속성과 가치를 가진다는 것을 인정하고, 자연의 존재 의의가 인간이 아닌 자연에게 있다고 본다. 또한 자연과 생태계가 그 자체로 목적과 의미를 가지는 것으로 보는 '생태윤리(ecological ethics)'를 포함한다.

이러한 설명에서 공통적으로 자연, 환경, 생태계 및 생태주의라는 개념이 등장한다. 우선 '자연(nature)'은 가장 폭넓은 개념으로 인간 이외의 자연세계 뿐만 아니라 인간 속의 자연, 즉 인간의 육체와 생명까지도 포괄한다. 심지어 인간이 가진 정신과 이성적인 측면까지도 인간이 자연적으로 타고난 본성이라는 의미에서 자연이라고 불리기도 한다. 흔히 자연히 존재해 언제 어디서나 유효하고 보편적이고 불변적인 법칙을 뜻하는 '자연법(natural law)'이란 용어가 이러한 의미를 반영하고 있다.

'환경(environment)'은 다른 생명체보다 특히 인간에 초점을 맞추어 인간을 둘러싼 둘레의 자연을 가리킨다. 가장 좁은 의미의 환경은 인간의 삶의 조건으로서 물, 공기, 토양, 생물 또는 강, 바다, 숲 등과 같은 자연적인 환경을 가리킨다. 이런 경우 환경문제는 주로 강이나 공기가 오염되고, 숲이 파괴되고, 생물이 멸종되는 상황을 나타낸다. 근대화 이전에는 인간이 주로 자연으로부터 삶에 필요한 거의 모든 것을 얻었다는 점에서 자연 환경이 가장 결정적인 환경이었다고 할 수 있다.

'생태계(ecosystem)'는 인간의 개입 여부와 관계없이 유기체와 유기체의 환경세계 간의 상호작용 체계 또는 생물적·무생물적 구성 부분을 포함한 전체 체계로서 체계 내 에너지와 자양물질들의 사이클에 초점을 둔 개념으로 이해된다. 생태계는 환경과 달리 인간보다 살아있는 모든 유기체를 염두에 둔다.

이들 세 개념의 관계는 자연이 가장 넓은 범주이며, 그 다음으로는 생태계가 환경보다도 더 넓은 범위를 포괄한다고 할 수 있다. 다만 이러한 세 개념이 언제나 단절적이고 분절적으로 구분되는 것이 아니라, 한 영역이 자연인 동시에 인간을 둘러 싼 환경이며 생태계일 수 있어 중첩적 개념이다. 따라서 자연, 환경 및 생태계는 개념적·관점적 구분에 불과하며 실제세계에서는 서로 중첩되고 합치될 수밖에 없다.

마지막으로, '생태주의(ecologism)'는 전통적인 환경주의보다 더 근본적이고 급진적인 방법으로 환경 문제를 바라보는 사상이다.[1] 생태주의는 다시 소박한 자연보존론자, 기술지향적인 환경보호론자, 형이상학적 생명중심주의자 또는 반문명주의를 선언하는 급진적 전체론자까지 망라한다. 그런 의미에서 생태주의는 단일한 이념적 지향이라기보다는 생태학적 가치에 기초한 다양한 이념의 총체로 이해될 수 있다.[2]

---

1) 생태주의 이론들에 대한 상세한 설명으로는 박규환, "생태주의, 생태민주주의, 법치주의", 법제 2015권 제1호, 2015, 60-65면 참조.

2) 조정옥, "서양 철학사에서 생태 중심적 원리의 모색", 철학과 현상학 연구 제22집, 2004.5, 158-159면.

2. 인간중심주의

‘인간중심주의(anthropocentrism)’는 인간이 다른 모든 생명체보다 생물학적, 정신적, 그리고 도덕적 우위에 있음을 기본 전제로 한다. 여기서 자연에 대한 인간의 권리 행사의 기준이 바로 인간 자신이고, 현재 생존하고 있는 인류뿐만 아니라 미래에 계속해서 존재할 미래세대 전체를 포괄한다. 호주 멜버른 대학교의 정치학자 로빈 에커슬리(Robyn Eckersley)는 인간중심주의를 다음과 같이 이해했다.

> “인간과 그 밖의 자연 사이에 명확하고 도덕적으로 중요한 구분선이 있으며, 인간은 세상에서 가치와 의미의 유일한 또는 주요한 원천이며, 인간이 아닌 자연은 인간에게 봉사하는 것 외에 다른 목적이 없다는 신념”[3)]

이러한 인간중심주의에 따르면 단지 인간만이 유일하게 도덕적 지위를 가진 우월한 존재이고, 모든 다른 생명체는 인간의 목적을 위한 도구적 가치만이 있다. 그로 인해 생물학적 자연은 인간의 지배와 소유의 대상으로 직접적으로 인간의 이익을 만족시키는 데 기여해야 한다는 것이 정당화된다.[4)]

인간중심적 관점에서 인간과 자연의 관계는 경제적 수단으로 설명된다. 결국 인간중심주의는 생태위기나 기후위기 문제를 자유로우나, 궁극적으로 통제가 가능한 시장의 힘을 통해 해결할 수 있는 것으로 이해한다. 이에 따르면 환경범죄나 기후범죄에 대해 적절히 대응하기 위해 현재와 같은 화석연료를 바탕으로 하는 생산방식과 제조공정의 변경, 이를 가능케 하는 관련 법률(특히 환경 관계 법령)의 개정, 그리고 보다 근본적인 행동 방식의 변경 등의 필요성에 근본적인 의문을 제기하지 않는다. 인간중심주의가 지배하는 곳에서 법률은 자유주의 및 ‘완벽한 시장의 효율성’을 강조하는 신고전주의 경제 원리와 근본적으로 일치함을 보여준다. 따라서 환경범죄나 기후범죄에 대한 이상적인 (형사)법적 대응은 형사

---

3) Robyn Eckersley, *Environmentalism and Political Theory: Toward an Ecocentric Approach*, New York: State University of New York Press, 1992, p. 51.

4) Mark Halsey and Rob White, “Crime, Ecophilosophy and Environmental Harm”, *Theoretical Criminology 2(3)*, 1998, p. 350.

소추 대신에 행위자와의 협력을 지향하는 방식으로 기술된다.[5] 예컨대 범죄학자인 이몬 카라빈(Eamonn Carrabine)과 그의 동료들은 생태학적으로 의심스러운 행동을 잠재적으로 환경범죄나 기후범죄로 새롭게 범죄화하는 것과 관련하여 '커다란 몽둥이(big sticks)'를 사용하는 것만으로는 성공할 수 없음을 지적하고 있다.[6]

3. 생물중심주의

'생물(생명)중심주의(Biocentrism)'는 인간중심주의와 정반대되는 관점으로 간주될 수 있다. 즉 모든 생명체는 고유한 내재적 가치(intrinsic value)를 가지고 있으며, 이에 생명존재가 도덕적 배려의 대상이 되어야 한다고 주장한다. 생물중심주의의 기본 가정은 다음과 같다.

> "생명을 가진 모든 것은 자신의 삶을 향유하고 꽃을 피우며, 더 큰 자아실현의 범주 내에서 자신의 개별적인 형태로 자아실현을 이룩하며 살아갈 동등한 권리를 가진다. 이러한 기본적 관념에 따르면 생태계의 모든 유기체와 개체는 상호 관련된 전체의 일부로서 내재적 가치가 동일하다."[7]

이러한 관점은 인간은 다른 종과 공존하는 또 다른 종에 불과하다고 설명한다. 따라서 동물은 인간과 마찬가지로 도덕적 가치를 가진다. 생물중심주의의 기본적 관념은 모든 종의 보존과 실현뿐만 아니라 생물권에 있는 모든 생명체의 상호 연결성에 있다. 이는 생태중심주의를 바탕으로 한 '심층생태주의(deep ecology)'[8]에서도 마찬가지이다.

마크 할세이(Mark Halsey)와 롭 화이트(Rob White)는 생물중심주의의 경우 개념적 차원에서 볼 때 생물학적인 사실관계를 사회적 사실관계로 축소하는 데, 이는 여러 문제가 있는 이른바 '적자생존(survival of the fittest)'이라는 찰스 다윈

---

5) Halsey/White, 위의 논문, p. 351.

6) Eamonn Carrabine et al., *Criminology: A Sociological Introduction*, London & New York: Routledge, 2004, p. 320.

7) Bill Devall/George Sessions, *Deep ecology: Living as if Nature Mattered*, Utah: Gibbs Smith Publisher, 1985, p. 352.

8) 이에 대한 상세한 설명으로 빌 드발/조지 세션스(김영준/민정희/박미숙/함엄석 옮김), 『딥 에콜로지(Deep Ecology)』, 원더박스, 2022 참조.

의 개념을 수용하는 결과를 야기한다는 비판을 제기하였다. 이에 따르면 인간을 포함하여 몇몇 종은 그의 '자연적 한계'에 도달할 경우, 자연은 다양한 생물학적인 수단을 통해 개별적인 종의 개체수를 지속가능한 수준으로만 남겨둔 채 감소시킨다. 이러한 관점에서 볼 때 사회적 불평등(예컨대 선진국과 개발도상국 간의 서로 다른 빈부격차, 사망률 차이 등)은 도덕적 문제가 아니라 다른 형태의 삶을 위해 더 건강한 환경을 준비하는 해결책으로 설명된다. 이러한 종류의 급진적 관점은 환경범죄나 기후범죄에 대한 포괄적이고 적극적인 대응을 긍정한다. 즉 할세이와 화이트에 따르면 이상적인 생물중심 세계에서 사회구조와 정치적 의사결정 과정은 인간이 아닌 자연의 모든 생명체에 초점이 맞춰져야 한다고 한다. 이때 법(특히 환경법과 환경형법)은 많은 사람들이 이들 법률위반으로 겪어야 할 형벌의 고통과 무관하게 '자연의 법칙'으로부터 도출되는 핵심 윤리와 동일하게 된다.[9] 할세이는 해롤드 바넷(Harold Barnett)이 쓴 《대지의 윤리와 환경범죄(The Land Ethic and Environmental Crime)》[10]라는 논문에서 주장한 것처럼 심층생태학적으로 지향된 녹색법학 혹은 녹색 범죄학은 이전에 처벌되지 않은 수많은 행위를 범죄로 규정함으로써 생태적 파시즘으로 변질될 경향이 있다고 비판하였다.[11]

4. 생태중심주의

'생태중심주의(Ecocentrism)'는 기본적으로 다음과 같은 입장을 따른다.

> "인류는 지구 생태계의 일부이며, 생태법의 적용을 받는다. 이러한 관념과 생태학적 사고에 기초한 도덕성의 요구는 특히 경제성장과 인구성장에 제한을 둠으로써 인간의 행동을 제한하고자 한다. 그러므로 생태중심주의에서는 인간이 만들어 낸 실용적인 여러 사회 시스템의 합리성뿐만 아니라 자연 그 자체가 갖는 권리에 대한 존중감도 강하게 가지고 있다."[12]

9) Halsey/White, 앞의 논문, p. 355.

10) Harold Barnett, "The Land Ethic and Environmental Crime", *Criminal Justice Policy Review 10(2)*, 1999, pp. 161-191.

11) Mark Halsey, "Against 'Green' Criminology", *British Journal of Criminology 44(6)*, 2004, pp. 839-840.

12) David Pepper, *Eco-Socialism: From Deep Ecology to Social Justice*, London & New York:

인간중심주의 또는 생물중심주의 관점과 달리 생태중심주의에서 인간은 다른 생명체보다 위 혹은 아래에 위치하지 않는다. 하지만 전 지구적으로 중대한 영향을 미칠 수 있는 생산 수단을 만들 수 있는 인간의 능력 때문에 인간은 생태계의 자연적 한계를 넘어서지 않도록 할 책임이 있으며, 경제성장이 생태적 도덕성의 통제를 받아야 한다고 본다.[13] 할세이와 화이트는 생태중심주의의 이념적 토대를 사회-환경적 이익에서 찾았다. 이에 따르면 개인적 차원에서뿐만 아니라 집단적 차원에서 인간의 이익은 생태계의 무결성이 지켜지는 경우에만 충족될 수 있다고 한다. 생태중심적으로 동기화된 행동은 서로 대등하게 위치한 자연 그 자체와 인간 사이의 가상의 상호의존성에 기반을 둔다. 생태중심주의의 기본원리는 다음과 같다(〈표 2-1〉 참조).

표 2-1 생태중심주의의 기본 원리[14]

1. 지구에서 살아가는 인간과 비인간 존재의 행복과 번영은 그 자체로 본질적 혹은 내재적 가치가 있다. 이 가치는 인간의 목적을 위한 비인간 세계의 유용성과는 무관하다.
2. 생명체의 풍부함과 다양성은 앞서 언급한 가치를 실현하는 데 기여하며 그 자체로도 가치가 있다.
3. 인간에게는 생명체의 풍성함과 다양성을 축소시킬 권리가 없다. 다만, 인간 자신의 생명유지와 관련된 필요를 충족하려는 경우는 제외한다.
4. 인구가 상당히 감소하더라도 인간의 삶과 문화는 계속해서 번영할 수 있다. 비인간 생명의 번영에는 그러한 인구감소가 필요하다.
5. 현재 인간은 비인간 세계를 과도하게 간섭하고 있으며, 상황은 급속도로 악화되고 있다.
6. 따라서 정책을 바꾸어야 한다. 정책이 바뀌면 경제와 기술과 이데올로기의 기본 구조에 영향을 미칠 것이고, 그 결과로 상황은 현재와 상당히 달라질 것이다.
7. 이데올로기의 변화는 보다 높은 생활수준을 고수하기 보다는 '삶의 질(내재적 가치가 있는 상황에서 살기)'을 인식하는 변화를 의미한다. 큰 것과 멋진 것 사이의 차이를 깊게 알아차리게 될 것이다.
8. 앞서 언급한 사항들에 동의하는 사람은 직접적으로든 간접적으로든 필요한 변화를 만들어 내려고 노력할 의무가 있다.

Routledge, 1993, p. 33.

13) Halsey/White, 앞의 논문, p. 355.

14) 빌 드발/조지 세션스(김영준/민정희/박미숙/함엄석 옮김), 앞의 책, 132-133면.

생태중심적 관점에 따르면 자연에 대한 인간의 착취 문제도 발생하지만, 이와 더불어 그러한 착취에 따라 발생한 생태학적 문제가 인간의 안녕과 복지에도 커다란 영향을 미친다고 한다. 다만 생태중심주의 내에서 다시 환경침해 혹은 기후변화의 원인을 ① 비대칭적 지배관계에서, 즉 생산수단 소유자에 초점을 맞춘 축적 논리에서(생태사회주의: ecomaxism), ② 정치적·경제적 권력의 불평등한 분배에서(사회생태주의: social ecology) 또는 ③ 가부장적으로 지배된 사회구조에서(생태여성주의: ecofeminism) 찾는 방향에 따라 세부적으로 분화한다(〈표 2-2〉 참조).[15] 마이클 린치(Michael J. Lynch)와 폴 스트리터스키(Paul B. Stretesky)와 같이 생태중심적 관점에 지향된 학자들은 후술하는 녹색범죄학이 그러한 사회적·경제적 불평등의 타파에 적극적인 지지를 보내야 한다고 한다. 또한 생태중심주의적 관점에 지향된 (환경)법은 사회적 복지와 경제적 복지 사이의 변증법에 따라 참여민주주의 원칙을 끌어들인다. 이때 환경 친화적인 행동이 상황에 따라 여러 가지 형태로 달리 나타나기 때문에 생태중심적 윤리의 핵심을 가진 다양한 법적, 그리고 정치적 전략이 있을 수 있다.

생태중심주의 담론에는 심층생태주의, 사회생태주의, 생태여성주의 등이 있다.

표 2-2 생태중심주의 담론의 개요[16]

심층생태주의 (Deep Ecology)	- 심층생태주의는 생태위기를 극복하기 위해서는 정치적·경제적 생활양식의 근본적 변화가 필요하다고 피력한다. 노르웨이의 생태 철학자인 아르네 네스(Arne Naess)는 자연에 대한 담론을 인간중심적 관점에서 생태중심적 관점으로 전환시키는데 큰 공헌을 했다. 환경을 인간의 이익과 목적을 위한 수단으로 파악했던 표층생태주의와는 달리 심층생태주의는 인간중심적 패러다임의 전제를 근원적으로 비판한다. - 심층생태주의는 다양성과 공생의 원리를 추구하며, 그 동안 서양을 지배해왔던 인간과 자연의 이분법적 세계관에 도전하고, 모든 생명체는 고유한 생명의 권리를 지니고 있다는 생물평등주의의 입장에서 인간과 생태계를 상호 의존적인 관계로 파악한다. - 심층생태주의자들은 인간을 자연과 따로 떼어놓고 생각하는 것이 아니라, 확장된 자아로서 생명권 전체를 이해하고 그 속에서 개별 생명체들이 자신의 내재적 가치를 실현하는 것이 규범적으로 옳다고 본다.

15) Halsey, 앞의 논문, p. 835.
16) 환경교육포털, 환경교육용어사전 https://www.keep.go.kr/portal/145?action=read&action-value=fcb735d0496f1c4d54d62eeebf900e51&page=3 〈최종 검색: 2023. 2. 17.〉

	이와 같은 확장된 자아의 자기실현은 심층생태주의자들에게 굉장히 중요한 가치이기 때문에 정치적 기회나 활동보다는 질적인 가치의 회복, 생태 의식의 고양, 생활양식의 전환 등에 치중하는 경향을 보인다. – 심층생태주의에서 지향하는 생활양식은 모든 생명체와 자연 풍경을 존중하고 인간과 자연의 동일성, 친밀성 등을 확인하며, 인간의 자족 능력을 향상시키는 것이다. 이 과정에서 인위적인 기술과 생활 도구를 거부하고, 자연적인 생활양식을 시도해야 한다고 주장한다.
사회생태주의 (Social Ecology)	– 사회생태주의는 생태위기의 근본 원인을 '지배'와 '위계'의 사회구조적 문제에서 찾는다. 사회생태주의자 머레이 북친(Murray Bookchin)은 생태위기는 단순히 자연 환경이 파괴되는 것이 아니라, 자유와 다양성, 창조성을 제공하던 윤리적 토대를 위협하는 것이라고 밝혔다. 그래서 사회생태주의자들은 생태위기 해결을 위해 생태 공동체의 발전을 주장했다. 생태 공동체의 발전으로 사회와 자연을 근본적으로 통합하고 사회의 윤리적 토대를 회복하여 인간과 자연의 모든 위계를 극복할 수 있다고 본다. – 사회생태주의는 인간지배가 자연지배로 확대된다고 주장한다. 북친은 인간이 자기 이외에 다른 모든 것을 지배하려는 속성을 생태위기의 근원으로 파악한다. 결국 성별이나 연령, 인종 등에 근거한 사회 위계 질서가 사회 계급이나 국가제도보다 더 근원적인 문제인 것이다. 사회생태주의는 자연세계와 인간 사회의 깊은 연속성을 회복하려고 노력하며, 생태적 감수성과 의식의 배양을 강조한다. 사회생태주의의 목적인 생태계의 안전성, 다산성, 혁신성을 제공하는 다양성 안의 통일성을 실현하기 위해서 생태적 감수성, 공동체 등을 필요로 한다. – 사회생태주의에서 생각하는 자유로운 공동체를 만들고 생태위기를 극복하기 위해서는 시민이 참여하는 직접 민주주의가 필수적이다. 이러한 직접 민주주의의 실천을 위해서는 소규모의 자치 조직이 공동체를 직접 통제하면서 자유와 다양성이 고양되어야 한다고 주장한다.
생태여성주의 (Ecofeminism)	– 생태여성주의는 여성 해방과 자연 해방을 동시에 추구한다. 생태여성주의는 환경문제와 사회 문제가 서로 연결되어 있다고 생각하고, 자연을 파괴하는 것과 여성을 억압하는 것이 비슷한 원인에서 출발했다고 생각하는 비판담론이다. – 1970년대, 급진적인 여성주의자였던 프랑수아즈 도본느(Francoise d'Eaubonne)는 환경문제의 원인을 남성중심적인 사회에 있다고 주장했다. 남성에 의한 지배와 위계질서, 이분법적 사고방식이 계급 착취, 인종 차별, 여성 억압, 자연 파괴를 야기한다는 것이다. 즉 인간이 자연을 지배하고, 남성이 여성을 지배한다는 것을 혼합한 것이다. – 사회적 생태여성주의자들은 성별 특성이라는 것이 사회적으로 구성되는 것이기 때문에 사회화 과정에 적극적으로 개입하여 바람직한 성별 특성, 성 역할, 그리고 이에 기초한 생태윤리를 만들어내는 것이 중요하다고 생각한다. 즉 남성이든 여성이든 신체적인 특성이 중요한 것이 아니라, '보살핌에 기초한 생태 윤리'가 중요하다고 생각하는 것이다.

	이들은 차이가 차별로 이어지지 않는 사회, 억압이 사라진 사회에서 비로소 생태적인 사회가 가능하다고 주장한다.

생태중심주의 대해서는 인간 없이 자연이 어떻게 독자적인 의미와 가치를 가질 수 있는지에 대해 답변을 할 수 없다는 비판이 제기된다. 인식론적 관점에서 볼 때도 생태중심주의는 인간중심주의의 동어반복에 지나지 않는다. 생물중심주적 혹은 생태중심주의적 관점을 지지하는 학자들에 의해 묘사되는 자연의 내재적 가치는 궁극적으로 인간이 의미를 부여할 때만 가치화될 뿐이다. 이를 범죄학자 피어스 베른(Piers Beirne)은 다음과 같이 설명한다.

"단도직입적으로 말해서 Halsey의 주장은 비인간인 동물과 그들에 대한 인간의 착취를 철저히 인간중심적 관점에서 바라보는 방식이다. 사실, 인간은 Halsey와 같은 환경론자들이 펼치는 담론의 페이지에 서식하는 유일한 동물이다!"[17)]

5. 전체론

'전체론(Holism)'은 언제나 살아 있는 자연에 대해서만 내재적 가치를 인정하는 생물중심주의에서 한 걸음 더 나아가 생명을 가진 존재자들뿐만 아니라 무기물과 자연에서의 아름다움, 질서, 다양성, 목적론적 체계 등 자연 전체가 고유한 가치를 갖는다고 이해한다. 이 관점은 인간과 자연의 관계에 대한 전통적인 인간중심적 관점으로부터 탈피하여 자연적인 모든 것의 내재적 가치를 인간과의 상호연관성과 무관하게 인정하고, 자연의 체계 속에서 생명 있는 구성자와 생명 없는 구성자뿐만 아니라 통일체로서 생태계 그 자체를 가치 있는 것으로 인정한다. 예컨대 미국의 생태학자인 알도 레오폴드(Aldo Leopold)는 전체론적 관점에서 '대지의 윤리(land ethic)'를 주장했다. 즉 그에 따르면 "대지의 윤리는 대지의 동반자에 대한 존경을 내포하고, 아울러 공동체 그 자체에 대한 존경도 포함한다. 어떤 것이 생명 공동체의 순결과 안정성, 아름다움을 보전하는 경향을 지닐

17) Piers Beirne, "Animal Rights, Animal Abuse and Green Criminology", in: Beirne, P./South, N. (Hg.): *Issues in Green Criminology: Confronting Harms Against Environments, Other Animals and Humanity*, Willan, 2007, pp. 55-87.

때 옳지만, 그와 반대되는 경향을 지닌 때 그릇된 것이다."[18]라고 한다. 또한 '가이아 이론(gaia theory)'의 창시자인 제임스 러브록(James Lovelock)은 지구 자체가 하나의 살아있는 거대한 생명체(가이아)이며, 지구상에 존재하는 모든 생물이 서로 연계하여 땅과 바다, 그리고 대기권과 같은 지구환경을 변화시킴으로써 생명을 가진 것들이 계속 생존하도록 만든다고 하여 전체론의 이론적 토대를 제공하였다. 그리고 현대의 양자역학의 영향 아래 우주를 최소 단위로 분해하지 않고 조직체의 구성 원리를 강조하여 환경, 지구, 그리고 지구도 마음을 갖고 있다고 보는 미국 물리학자 프리초프 카프라(Fritjof Capra)도 생물뿐만 아니라 무생물까지도 존중하는 전체론적 관점을 따른 것으로 볼 수 있다.

이러한 전체론적 관점에 대해 일부에서는 지나치게 많은 수정을 요구함으로써 에코파시즘으로 변질될 수 있다는 비판이 제기된다고 한다.[19]

6. 소 결

미국 환경윤리학자인 유진 하그로브(H. C. Hargrove)는 환경문제란 한 사회를 구성하고 있는 사람들의 갖고 있는 근본적인 세계관 내지 가치관의 산물이기 때문에 환경문제는 이러한 세계관 내지 가치관의 변화에 의해서만 해결할 수 있다고 한다. 자연과 인간의 관계를 어떻게 이해할 것인가와 관련하여 생태윤리학 내지 생태철학에서는 종래 자연을 착취의 수단으로 이해하는 인간중심적 관점을 통해서는 생태위기나 기후위기를 극복하기 어렵기 때문에 자연과 인간의 관계뿐만 아니라, 사회 전체의 짜임의 방식, 생산방식과 과정, 기술과 소비양식 등을 기존의 인간중심적 패러다임에서 생물중심주의, 생태중심주의 혹은 전체론적 관점으로 패러다임의 전환이 요구되고 있다. 특히 대표적인 심층생태주의자인 빌 드볼(Bill Devall)과 조지 세션즈(George Sessions)는 오늘날 생태위기는 인간중심주의에서 비롯된 것이므로, 이를 극복하기 위해서는 생태중심주의, 특히 심층생태중심주의로 패러다임의 전환을 촉구하면서 인간이 자연과 조화를 이루며 살기

18) Aldo Leopold, *A Sand County Almanac and Sketches Here and There*, Oxford & New York: Oxford University Press, 1949, pp. 201-226.

19) 강희원, "법의 녹색화와 녹색법학", 경희법학 제29권 제1호, 1994, 220-221면; 조용개, "생태중심주의 환경윤리의 철학적 함의와 교육적 대안", 환경철학 제5권, 2006, 43-44면; 조정옥, 앞의 논문, 160-163면; 한면희, "환경윤리의 눈으로 조망한 환경운동", 환경철학 제4권, 2005, 12-14면.

위해서는 모든 생명을 존중하며, 경제성장을 위한 첨단기술보다는 자연과의 조화를 고려한 적정기술을 대안으로 제시하고 있다.

한편 최근에는 전체론적 관점을 바탕으로 하여 인간은 지구 공동체의 한 부분이고, 그 공동체에 속하는 각 구성원의 안녕은 전체로서의 지구의 안녕에 의지한다는 사고에 토대를 두면서 지구 공동체에서 모든 존재는 자신만의 고유한 역할과 존엄, 그리고 내적 자발성을 가지고 있다는 이른바 '지구중심주의(earthcentrism)'가 제시되고 있다.[20] 이에 따르면 지구 공동체의 모든 구성요소는 존재할 권리, 서식지에 대한 권리, 그리고 지구 공동체가 부단히 새로워지는 과정에서 자신의 역할과 기능을 수행할 수 있는 권리를 갖는다고 보고 있다.[21] 그리고 이러한 권리는 존재가 기원하는 곳으로부터 발생하고, 존재를 결정하는 것이 이 권리를 결정한다고 보았다. 이때 존재가 기원하고 또 존재를 결정하는 것은 궁극적으로 우주이므로 창발하는 우주의 존재 및 법칙이 최고의 법이며, 인간의 법은 거기에 맞춰져야 할 필요가 있다고 한다.[22]

이러한 인간중심주의에서 생태중심주의로, 다시 전체론적 관점의 지구중심주의로의 패러다임 전환의 핵심 내용을 요약하면 다음과 같다(〈표 2-3〉 참조).

표 2-3 인간중심주의에서 지구중심주의로의 패러다임의 전환

인간중심주의	– 자연에 대한 인간의 지배 – 인간을 위한 자원으로서 자연 – 인구성장에 맞춘 물질적·경제적 성장 – 자원이 풍부하게 비축되어 있다는 믿음 – 첨단기술과 기술적 해결책 강조 – 소비주의적 삶 – 국가적/중앙집중화된 공동체
생태중심주의	– 자연과 인간의 조화 – 모든 자연은 내재적 가치와 생명중심적 평등성을 가짐 – 단출한 물질적 필요 – 지구는 제한된 자원만을 공급한다는 믿음

20) 이에 대해 상세한 설명으로는 강금실 외 7인, 『지구를 위한 법학』, 서울대학교출판문화원, 2020; 프리초프 카프라/우고 마테이(박태현/김영준 옮김), 『최후의 전환』, 경희대학교출판문화원, 2019 참조.

21) 강금실 외 7인, 위의 책, 15-26면.

22) 강금실 외 7인, 앞의 책, 37면.

	– 적정기술과 자연에 대한 비지배적 과학 – 충분하고 의미 있는 일과 재순환 – 비주류전통과 생태지역으로 묶인 소공동체
지구중심주의	– 우주와 인간의 조화 – 우주의 모든 구성원은 권리를 가짐 – 행성 지구는 상호 밀접하게 연결된 하나의 공동체임 – 인간의 재산권은 절대적이지 않음 – 공유재(commons)를 바탕으로 하는 분권화된 지속가능한 공동체

Ⅲ. 인간중심주의를 바탕으로 한 근대 법학

1. 데카르트-뉴턴의 기계론적 자연관

과학혁명의 시대라 불리는 16~17세기 중세의 세계관은 유기적이고 살아 있는 영적 우주라는 관념, 즉 유기적 세계관에서 벗어나 세계를 하나의 기계로 보는 기계론적 자연관으로 근본적인 변화를 맞이했다. 유기적 세계관에서 기계론적 자연관으로 대 전환은 데카르트와 뉴턴을 중심으로 이루어졌다.

근대 철학의 시조인 데카르트는 명석한 수학자이자 매우 영향력 있는 과학자이기도 했다. 그의 자연에 대한 관점은 독립되고 분리된, 본질적으로 서로 다른 두 영역, 즉 정신의 영역인 '생각하는 것(res cogitans)'과 물질적인 영역인 '확장된 것(res extensa)' 간의 근본적인 구분에 기초하고 있다. 데카르트에게 물질적 우주는 기계 그 이상이 아니었다. 자연은 기계 법칙에 따라 작동하고, 물질세계의 모든 것, 그것이 살아 있든 아니든 그 부분의 배열과 운동이라는 측면에서 설명된다.

기계론적 과학은 뉴턴에 이르러 절정에 다다랐다. 뉴턴은 1687년 ≪자연철학의 수학적 원리(Philosophiae Naturalis Principia Mathematica)≫란 저서를 통해 자연에 대한 기계론적 관점을 완벽히 수학적으로 표현할 수 있는 정식(定式)을 개발했고, 코페르니쿠스, 케플러, 갈릴레이, 베이컨, 데카르트의 작업을 종합하는 위대한 업적을 남겼다. 17세기 과학에서 최고의 성과인 뉴턴 물리학은 세계에 대한 일관된 수학 이론을 제공했다.

데카르트와 뉴턴에 의한 기계론적 자연관의 정립은 우주를 질서 있고 조화로운, 살아 있는 전체로 바라보던 고대의 관념은 사라지고, 우주가 분리·해체될 수 있고 필요에 따라 연구하고 계량화하며 재질서화할 수 있는 것으로 인식하게 되었다.[23)]

기계론적 자연관은 인간의 자연에 대한 태도에 커다란 영향을 미쳤다. 이에 따르면 세계가 자연법칙 이외에 어떤 존재론적 목적도 가지지 않는다고 봄으로써 세계를 단순화시켰으며, 과학으로 세계를 다 알 수 있을 뿐만 아니라 자연을 하나의 객체로서 지배할 수 있다는 인식을 낳았다. 자연을 기계적으로 이해하여 인간은 주체로서, 자연은 객체로서만 파악된다. 이에 따라 인간은 자연을 마음대로 부리는 주인이며, 자연을 인간의 욕구를 만족시키기 위한 대상 또는 수단으로만 이해하였다. 이로써 인간은 자연과 조화롭게 사는 것이 아니라, 자연을 정복하여 소유하는 것을 그 목적으로 한다. 인간과 자연의 관계는 서로 대응한 수평관계가 아니라, 주종관계로서 늘 대립적이며 약탈적 관계로 변질되었다. 그 결과, 자연은 심오하고 신비한 존재로서가 아니라, 주체성을 완전히 상실한 물질로 전락되었고, 동식물은 정신세계를 갖지 못한 기계에 지나지 않아 착취의 대상이 되었다. 기계론적 자연관에서 인간과 자연의 동감이나 자연에 대한 존중과 배려를 통해 함께 서로 공존해야 한다는 관념은 사라지게 됨으로써 자연의 황폐화를 야기하게 되었다.[24)] 이제 지구는 더 이상 '양육하는 어머니(nurturing mother)'가 아니라, 단지 무제한으로 개발할 수 있는 자원으로 인식되었다.[25)]

2. 인간중심주의를 바탕으로 한 근대 법학의 한계

(1) 인간중심적 근대 법학의 패러다임

현재의 법학이 기초가 되는 세계관과 가치체계 및 이론적 기본개념은 기계론적 자연관을 전제로 하여 형성된 인간중심주의를 바탕으로 하고 있다. 즉 기계론적 자연관은 인간과 자연의 관계를 주체-객체의 관계로 이해하는 이분법적 사고를 기초로 하여 인간이 우주의 중심이며, 자연을 비롯한 모든 존재는 이성

23) 프리초프 카프라/우고 마테이(박태현/김영준 옮김), 앞의 책, 68-74면.
24) 강희원, 앞의 논문, 209-210면; 조정옥, 앞의 논문, 171면.
25) 프리초프 카프라/우고 마테이(박태현/김영준 옮김), 앞의 책, 70면.

적 존재인 인간에 의해 지배되고 이용되어야 한다는 인간중심주의라는 세계관을 형성 · 발전시켰다.

이러한 인간중심주의를 바탕으로 한 근대 법학의 패러다임은 이성적 인간과 인간이 만든 법인(法人)만이 법적 권리의 주체이고, 자연은 단지 인간이 이용하고 지배하는 권리의 객체일 뿐이라는 이분법적 법논리를 탄생시켰다. 이러한 이분법적 법논리에 의해 인간은 권리능력을 가진 주체로서 권리의 객체인 자연을 마음대로 사용 · 수익 · 처분할 수 있게 되었다.[26] 나아가 근대의 '자연법(naturrecht)'은 '자연에 관한 법'이 아니라, '인간의 이성에 관한 법' 그 자체에 머물렀다. 그 결과, 자연, 자연 환경을 구성하고 있는 물, 공기, 토양, 생물 등 그 자체, 그리고 그 속에서 서식하는 동식물은 전혀 법적 권리를 가질 수 없고, 그에 따라 인간에 대한 도덕적 · 윤리적 청구를 주장할 수 없다.

근대 법학에서 인간중심적 관점이 두드러지게 나타난 단적인 예로 「환경정책기본법 시행령」 제2조에서 규정하고 있는 이른바 '환경기준'의 설정을 언급할 수 있다. 현행법의 환경기준은 자연 그 자체의 내재적 가치와 생태학적 맥락에서가 아니라, 인간의 건강 · 경제 등 인간의 이익을 보호하기 결정된다. 즉 환경기준은 생태중심적 관점이 아니라, 환경기준을 설정할 당시의 과학기술적 수준과 경제적 비용을 종합한 정치 · 경제적 관점에 의해 정해진다. 환경기준의 설정에 있어 부차적으로나마 생태중심적 관점을 고려할지라도 이는 다시 인간의 이익보호를 위해 정치 · 경제적 맥락에 의해 재해석되어 적용될 뿐이다.[27]

이처럼 인간중심주의에 바탕을 둔 근대 법학은 법의 영역에서 자연을 객체로 전락시켰을 뿐만 아니라, 다음과 같은 법이념적, 법논리적, 법정책적 한계를 가지고 있어 전 지구적 생태위기와 기후위기의 문제를 해결하는 데 커다란 걸림돌로 작용하고 있다.

(2) 인간중심적 근대 법학의 한계

첫째, 법이념적 한계이다. 법이 추구하는 궁극적 이념은 합목적성, 정의, 그리고 법적 안정성이다.[28] 문제는 이러한 법이념에 근대 법학의 인간중심주의적 관

26) 한상수, "녹색법학의 모색", 법철학연구 제14권 제1호, 2011, 131-132면.
27) 강희원, 앞의 논문, 213-214면.

점이 강하게 투영되어 있어 생태위기나 기후위기의 문제를 해결하는 데 한계가 있다는 점이다. 우선 법적 합목적성은 법이 그 가치관에 구체적으로 합치되는 것을 말한다. 합목적성의 내용은 법에 의하여 추구하여야 할 도덕적 최고의 선을 의미하는데, 이때 개인주의, 초개인주의, 초인격주의가 선택할 수 있는 세계관으로 제시된다. 다만 이 세 가지 모두 인간이 다른 모든 존재를 지배한다는 인간중심주의를 기초하고 있다는 점에서 아무런 차이가 없다. 다음으로, 정의는 '인간과 인간 사이'에 사회적 가치를 적정하게 배분하고 귀속시키는 원리이다. 이처럼 인간만이 가치를 분배받고 향유할 수 있는 주체로 설정되므로, 생태계와 생태계를 구성하는 다양한 구성인자들은 자신의 고유한 내내적 가치를 인정받을 수 없다. 마지막으로, 법적 안정성은 인간이 법에 따라 안심하고 생활 할 수 있는 상태를 의미하는데, 이는 어디까지나 '인간과 인간 사이'에 질서와 평화를 확보하려는 원리이다. 따라서 생태계의 안정성은 그 자체로서는 법적 안정성에 포함될 수 없다. 이처럼 근대 법학의 법이념론에서는 자연이나 생태계가 합목적성, 정의 및 법적 안정성이라는 법이념에 포섭될 수 없다.

둘째, 법논리적 한계이다. 근대 법학에서 권리와 의무의 주체가 될 수 있는 것은 오직 인간과 법인뿐이다. 즉 인간과 법인을 제외한 어떤 존재도 법적으로 권리의 주체가 될 수 없고, 자연은 어디까지나 권리의 객체에 지나지 않는다. 의무 측면에서도 인간은 다른 인간에 대해서 의무를 부담하지만 자연에 대해서는 아무런 의무를 부담하지 않는다. 이처럼 권리와 의무 측면에서 나타나는 인간과 자연 사이의 '주종관계' 혹은 '예속관계'가 인간으로 하여금 생태계를 지배하고 파괴함에 있어 아무런 죄책감을 들지 않게 한다. 또한 근대 법학은 개인의 권리, 특히 재산권에 대한 절대적 존중을 바탕으로 하는데, 이는 자본주의의 이윤극대화와 결합되어 일종의 성장지상주의를 파생시켜 생태계의 파괴를 가속화시키는 부작용을 야기하였다.

마지막으로, 법정책적 한계이다. 근대 법학의 법정책은 기본적으로 개발과 성장을 뒷받침하는 법규범과 법제도를 확립하는 데 주안점을 두고 있다. 비용-편

28) 이에 대해 상세히는 구스타브 라드브루후(최종고 옮김), 『법철학(제3판)』, 삼영사, 2007, 110-116면 참조.

익 분석은 법정책을 수립하고 평가하는 데 중요한 방법으로 채택되고 있는데, 이는 경제적 효율성을 가장 중요한 지표로 사용한다. 이에 따르면 성장지향적 법정책은 경제적 효율성이 높은 것으로 평가되는 반면, 생태중심적 가치를 실현하기 위한 법정책은 경제적 효율성이 낮은 것으로 평가되어 시행되지 아니한다.[29)]

(3) 소결

인간중심주의에 바탕을 둔 근대 법학은 그 기초가 된 데카르트-뉴턴의 기계론적 자연관에 근본적 결함이 있음이 드러나면서 패러다임의 전환을 요청받고 있다. 즉 최근의 원자물리학의 실험에 의하면 우주와 자연은 무수한 물체로 만들어진 정태적 기계가 아니라 분할될 수 없는 역동적인 전체로서 존재하고 있고, 그것의 일부분은 근본적으로 상호 연결되어 있는 과정 속에서 파악되어야 한다고 한다. 이에 따라 자연을 다수의 격리된 객체들의 단순한 집합체로 이해는 종래 기계론적 자연관에서 벗어나, 자연을 통일된 일체로서 파악하고 인간의 상호관계, 자연적 사물의 상호관계 및 인간과 자연의 상호관계를 생태학적 맥락에서 파악하는 생태중심주의로 전환이 요구된다.[30)] 이러한 생태중심주의를 바탕으로 한 법학이 아래에서 살펴 볼 이른바 '녹색법학'이라 할 수 있다.

Ⅳ. 생태중심주의를 바탕으로 한 녹색법학

1. 녹색법학의 의미

인간중심주의에 바탕을 둔 근대 법학의 한계를 극복하기 위한 하나의 대안으로 녹색법학이란 개념이 대두되고 있다. 녹색법학은 인간과 자연의 관계를 주체-객체의 관계라는 이분법적 사고에서 벗어나, 모든 생명체는 고유한 생명의 권리를 지니고 있다는 생물 평등주의의 입장에서 인간과 생태계를 상호 의존적인 관계로 파악하면서 인간중심적 관점을 넘어서 생명의 '생존권', 비생물의 '존재권'에도 관심을 기울여야 하며, 동식물, 생물종, 생태계, 그리고 생명이 없는 자

29) 한상수, 앞의 논문, 132-136면.
30) 강희원, 앞의 논문, 215면.

연 모두를 포괄하는 생태적 관심으로 확장시켜야 한다고 주장하는 생태중심주의, 특히 심층생태주의를 토대로 한다.

따라서 생태중심주의에 바탕을 둔 '녹색법학(green jurisprudence)'이란 "인간이 세상의 절대적 지배자라는 전통적 관념이 인간도 생태계의 일원으로서 다른 생태계의 구성원들을 존중하고 더불어 살아야 하며, 이를 위해 우리에게 요청되는 새로운 환경윤리를 법체계 내에 제도로서 정착시키는 이념과 이론적 틀을 만들어내는 법학"[31]을 의미한다. 이러한 녹색법학은 근대 법학과 달리 "위기에 처한 생태계의 조화와 균형을 회복하여 인간과 자연의 생태학적 공생을 확보할 수 있는 방향으로 전반적으로 법체계의 구성과 운영을 전환을 추구하는 법학의 새로운 패러다임으로서 실천지향적인 법학"이다. 다만 녹색법학은 "생태학적 지식을 충분히 수용하고 활용할 필요성이 있지만, 생태계 자체를 직접적으로 규율하는 것을 목적으로 하는 법학은 아님"에 유의할 필요가 있다.[32]

범죄학 분야에서 생태중심적 관점은 '녹색범죄학(green criminology)'으로 발전하였다.[33] 1990년 마이클 린치(Michael J. Lynch)가 처음으로 사용한 녹색범죄학이란 일반적으로 "인간과 비인간 종의 생명, 생태계 및 생물권에 영향을 미치는 환경범죄 및 피해에 대한 연구"로 정의된다. 보다 구체적으로 녹색범죄학은, ① 환경범죄 및 피해의 원인, 결과 및 확산, ② 법적 시스템(민사법적 측면, 형사법적 측면, 규제법적 측면), 비정부 단체 및 사회운동에 의한 환경범죄 및 피해에 대한 대응 및 예방, 그리고 ③ 환경범죄 및 피해의 의미 및 중재된 표현을 탐구하고 분석한다.[34]

녹색법학은 "생태계에 직접적인 영향을 미치는 인간의 행위를 규율하기 위한 법(예컨대 환경법학)"을 의미하는 '생태법학' 또는 '생태학적 법학(ecology law)'과 구별된다. 또한 정치, 경제, 정의, 사회의 행위규범, 도덕 등에서 독립되거나 한 사회에서 분리된 영역으로 보지 않는 법질서"[35]를 지칭하는 '법의 생태학(ecology

31) 강희원, 앞의 논문, 238면.
32) 한상수, 앞의 논문, 138면.
33) 녹색범죄학에 대한 상세한 설명은 제3장 §7 참조.
34) Avi Brisman and Nigel South, "Green Criminology and Environmental Crimes and Harms", *Sociology Compass 13(2)*, 2018, p. 1.
35) 프리초프 카프라/우고 마테이(박태현/김영준 옮김), 앞의 책, 7면.

of law)'과도 구분된다.

2. 녹색법학의 주요 특징

(1) 녹색법학의 최고 가치규범으로 녹색헌법과 녹색국가

녹색법학은 생태중심주의라는 생태철학적 관점을 헌법의 기본원리로 정립하는 것을 법정책적 목표로 한다. 이러한 생태중심적 관점이 헌법의 기본원리에 포함된 헌법을 '녹색헌법(green constitution)'이라 부를 수 있고, 녹색헌법에 의해 생태민주주의가 정치사회 체제로 작동되는 국가를 '녹색국가(Green State)'로 개념화 할 수 있다.[36]

녹색국가의 개념은 2004년 발간된 로빈 에커슬리(Robyn Eckersley)가 저술한 ≪녹색국가: 민주주의와 주권에 대한 재고(The Green State: Rethinking Democracy and Sovereignty)≫[37]라는 책에서 본격적으로 정립되기 시작하였다. 그녀에 따르면 "녹색국가는 규제의 이념과 민주적 절차가 자유민주주의 보다는 생태민주주의(ecological democracy)에 의해 이루어지는 민주 국가"로 정의한다.[38] 즉 규범적으로 '생태적으로 책임지는 국가성(ecologically responsible statehood)'을 강조한다. 이러한 녹색국가의 배경은 노르웨이 철학자 아르네 네스(Arne Naess)가 1970년 전후를 생태위기의 시대임을 선언하고, 이를 극복하기 위해 기존의 환경관리주의로부터 생태중심주의 패러다임으로의 전환을 주장한데서 비롯되었다.

에커슬리에 따르면 녹색국가는 강하고 좋은 국가라는 두 가지 성격을 가지고 있다고 한다. 즉 한편으로, 녹색국가는 강하고(strong), 효과적인 국가이다. 여러 가지 환경 피해를 낳는 행위들을 규제하거나, 환경 복원을 촉진하는데 강력한 국가가 요구된다. 또한 지속가능한 사회가 시민들 삶의 기회에 있어 사회적으로 퇴보하는 사회가 아님을 담보할 수 있도록 자원을 재분배할 수 있는 역량을 가

36) 우리나라에서 녹색국가에 대한 상세한 분석으로는 김근세/조규진, "녹색국가의 유형과 국가기능에 관한 비교연구", 행정논총 제53권 제1호, 2015. 3, 35-69면; 김수진, "환경국가의 발전과정과 녹색전환", 공간과사회 제30권 1호, 2020, 48-78면 참조.

37) Robyn Eckersley, *The Green State: Rethinking Democracy and Sovereignty*, Cambridge: The MIT Press, 2004.

38) Eckersley, 위의 책, p. 4.

지고 있어야 한다. 다른 한편으로, 녹색국가는 좋은(good) 국가이다. 국가는 종 다양성, 대중교통, 생명지원 서비스와 같은 진정한 공공재를 보장하는 '공적인 생태 신탁인'의 역할을 수행하는 사회적 제도이다. 녹색국가는 환경보호와 환경 정의를 지켜내기 위한 집단적 행위를 적극적으로 증진하고, 국가 영토나 다음 세대를 넘어서는 사회적 생태적 비용의 붕괴를 방지하는 책임성을 갖는다고 한다.[39]

이러한 녹색국가는 녹색법학의 이념이 실현된 최고의 가치규범으로서 녹색헌법에 의해 운영된다. 에커슬리에 따르면 이러한 녹색헌법에는 다음과 같은 환경 권리와 책임에 관한 조항이 포함되어야 한다고 한다. 첫째, 환경 정보에 관한 권한인데, 이는 국가의 의무적인 환경에 대한 보고, 공해 물질과 유해 물질에 대한 지역사회의 알권리 보장 등을 포함한다. 둘째, 새로운 기술이나 R&D가 제안되는 경우 환경영향평가의 대상이 되며, 평가결과에 참여할 권리가 헌법에 포함된다. 셋째, 환경규제를 비롯한 환경 관련 기준 결정과정에 참여할 권리가 포함된다. 넷째, 환경 피해로 고통 받거나 위협받는 경우, 그 구제권 및 NGO와 시민들이 최소한의 환경기준과 환경법을 담보할 수 있도록 제3자 소송권이 포함된다. 다섯째, 제도와 관련하여, 모든 종과 미래세대의 환경 이해를 정치적으로나 법적으로 대표할 수 있는 독립적인 공적 기구의 설치와 공동의 환경문제에 대한 국민투표 혹은 심의기구 등 해결 기구가 헌법에 규정되어야 한다. 그리고 제3자에게 환경 피해를 야기할 수 있는 행위를 피해야 할 책임 등이 헌법에 포함된다.[40]

(2) 녹색법학의 법이념: 녹색정의

법이념과 관련하여 녹색법학은 이른바 '녹색정의(green justice)'를 지향한다.[41] 기존의 인간중심적 관점을 바탕으로 한 법철학에서 정의는 "각자에게 일정한 가치를 배분하는 원리"로 설명된다. 하지만 그에 따라 인간 이외의 동식물이나 생

39) Eckersley, 앞의 책, pp. 11-13.

40) Eckersley, 앞의 책, pp. 242-244.

41) 녹색정의(green justice)에 대한 상세한 분석으로는 Thomas M. Hoban and Richard O. Brooks, *Green Justice: The Environment and the Courts(2nd Ed)*, New York: Routledge, 1996 참조.

태계와 같은 모든 존재는 아무런 가치를 분배받을 수 없다는 한계를 갖는다. 반면에 녹색정의는 "인간과 생태계가 상호 유기적인 관계를 맺고 있다는 것을 전제로, 인간 이외의 다른 모든 존재들에게도 적정한 가치를 분배받을 수 있는 정당한 지위를 인정해야 한다는 원리"를 말한다. "각자에게 그의 몫을 주는 것"이라는 울피아누스의 공식을 원용하면, 녹색정의란 "인간의 것은 인간에게, 생태계의 것은 생태계에게" 주는 것을 말하는 것으로, 생태계를 구성하는 모든 생명체, 심지어 무생물들조차도 자신의 고유한 존재 기반을 제공받을 수 있어야 함을 의미한다.[42]

녹색정의의 구체적 내용은 이미 상당히 많은 연구가 진행된 '환경정의'의 연구 성과를 생태중심적 관점에서 재해석하여 비판적으로 수용하는 과정을 통해 구체화될 수 있을 것이다.[43] '환경정의(environmental justice)'란 일반적으로 "모든 사회구성원이 환경편익과 환경위험을 공평하게 부담하고, 개발과 보전 관련 정책의 시행에서 공정한 대우를 받으며, 그 과정에서 의미 있는 참여의 기회를 보장받는 권리"[44]를 말한다.[45] 환경정의가 주로 사회·경제적, 생물학적, 지역적 차이에 따라 환경위험 및 피해에 불공평하게 노출되지 않게 하는 것을 목적으로 한다. 반면에 녹색정의는 인간과 생태계 사이의 근원적인 불평등 관계를 양자의 공존이 가능한 평등관계로 재정립하고, 양자의 이러한 평등관계 위에서 사회적 평등을 실현하는 것을 목적으로 한다. 따라서 환경정의에서는 인간의 '환경권'의 평등한 실현이 중요한 의미를 갖게 되지만, 녹색정의에서는 생태계 또는 생태계를 구성하는 다양한 존재들의 '존립권'을 보장하는 것이 중요한 과제가 된다. 이러한 맥락에서 녹색국가와 녹색법학에서는 인간에게 인정되는 '환경권'과 아울러 모든 생명체가 생태학적 존재기반을 보장받을 수 있는 '녹색권(green rights)'을 별도로 인정하고 이를 보장해야 할 국가의 의무가 중요하다고 한다.[46]

---

42) 한상수, 앞의 논문, 142-143면.
43) 환경정의, 녹색정의, 그리고 기후정의에 관한 상세한 설명으로는 제3장 § 6 참조.
44) 조명래, "개발국가의 환경정의: 한국적 환경정의론의 모색", 환경법연구 제35권 제3호, 2013, 22-23면.
45) 환경정의의 개념에 대한 상세한 설명으로는 배현주 외 3명, 『환경정의 구현을 위한 건강위해성 평가 및 관리전략 도입 연구』, 한국환경정책·평가연구원, 2020, 5-8면 참조.
46) 한상수, 앞의 논문, 144면.

(3) 생태학적 배려의무

녹색법학은 모든 인간이 자연과 타인에 대한 생태학적 배려의무를 윤리적 의무가 아닌 강제집행보다는 상대적으로 약한 법적 제재와 결부되는 '약한 의무(weak obligation)'로서 성격을 갖는 법적 의무로 인정한다. 이때 '생태학적 배려의무'란 "국가를 비롯한 모든 사회구성원들은 생태계에 위해를 가할 수 있는 행위를 회피해야 할 뿐만 아니라, 생태계의 적정한 보존을 위해 필요한 적극적인 행위를 해야 할 의무"를 의미한다.[47] 생태학적 배려의무는 녹색법학에서 새롭게 만든 개념이 아니라, 현재 환경법에서 널리 인정되고 있는 사전배려원칙을 강화·발전시킨 것이다. '사전배려원칙(Vorsorgeprinzip)'이란 "중대한 또는 회복 불가능한 피해의 위협이 존재하는 경우에 그 위협이 과학적으로 완전히 입증되지 않았다는 이유로 예방조치를 지연시켜서는 안 되며, 국가의 환경에 부정적 영향을 가져올 수 있는 정책이나 행위에 대한 결정은 충분한 고려와 예견 하에 실시함으로써 생태계의 기초를 보호해야 한다."는 원칙을 말한다.[48]

이러한 사전배려원칙은 현행 「환경정책기본법」 제8조가 규정하고 있는 사전예방원칙을 더욱 강화한 것이라고 할 수 있다.[49] 즉 사전예방원칙이 예견가능하고 과학적으로 증명된 위험을 회피할 것을 요구하는 것인데 반해, 사전배려원칙은 환경 리스크의 존재에 대한 충분한 과학적 기초가 없다 할지라도 그 리스크를 회피할 것을 요구하는 원칙이다. 따라서 사전예방원칙보다는 사전배려원칙이 생태위기나 기후위기의 문제를 해결하는 데 더 적극적이고 효율적이라고 할 수

47) 한상수, 앞의 논문, 145면.

48) 류권홍, "국제환경법상의 사전배려원칙", 원광법학 제23집 제3호, 121-122면; 홍준형, 『환경법(제2판)』, 박영사, 2005, 101면.

49) 「환경정책기본법」 제8조(환경오염 등의 사전예방) ① 국가 및 지방자치단체는 환경오염물질 및 환경오염원의 원천적인 감소를 통한 사전예방적 오염관리에 우선적인 노력을 기울여야 하며, 사업자로 하여금 환경오염을 예방하기 위하여 스스로 노력하도록 촉진하기 위한 시책을 마련하여야 한다.
② 사업자는 제품의 제조·판매·유통 및 폐기 등 사업활동의 모든 과정에서 환경오염이 적은 원료를 사용하고 공정(工程)을 개선하며, 자원의 절약과 재활용의 촉진 등을 통하여 오염물질의 배출을 원천적으로 줄이고, 제품의 사용 및 폐기로 환경에 미치는 해로운 영향을 최소화하도록 노력하여야 한다.
③ 국가, 지방자치단체 및 사업자는 행정계획이나 개발 사업에 따른 국토 및 자연 환경의 훼손을 예방하기 위하여 해당 행정계획 또는 개발 사업이 환경에 미치는 해로운 영향을 최소화하도록 노력하여야 한다.

있다. 이처럼 생태학적 배려의무는 법적용의 일반원칙으로서의 사전배려원칙을 개인과 국가의 주관적인 의무의 수준으로까지 강화시킨 것이라고 할 수 있다.[50)]

V. 지구중심주의를 바탕으로 한 지구법학

1. 지구법학의 의미

기존 인간중심주의에 바탕을 둔 법학에서 볼 때 낯설고 이질적인 개념인 '지구법학(earth jurisprudence)'[51)]은 "인간은 더 넓은 존재 공동체의 한 부분이고, 그 공동체에 속하는 각 구성원의 안녕은 전체로서 지구의 안녕에 의지한다는 사고에 토대를 두고 있는 법과 인간 거버넌스에 관한 새로운 철학"으로 정의할 수 있다.[52)] 지구법학은 생명중심적 혹은 지구중심적 관점에서 우주의 모든 것은 동일한 가치와 도덕적 지위가 있어 동등하게 취급되어야 하고, 지구 공동체의 모든 구성원(지구, 인간, 동식물, 생태계 등)에게는 존재할 권리, 서식지에 대한 권리, 지구 공동체가 부단히 새로워지는 과정에서 자신의 역할과 기능을 수행할 수 있는 권리를 가진다고 본다.

지구법학은 근대 법학이 인간의 천부적 존엄성만을 우위에 두고 우주나 지구적으로 작동하는 더 큰 원리는 배제하고 하고 있는데, 인간 공동체가 아닌 지구 공동체를 우위에 두고 기후변화, 자원 고갈이나 환경오염과 같은 전 지구적인 문제를 전 지구적 관점에서 해결하는 새로운 법적 영역의 창설의 필요에 의해 등장하였다. 이러한 관점에서 지구법학은 근대 법학에서 권리 주체로 인정받는 인간과 법인 이외에 지구, 동물, 식물, 산, 강, 호수 등 전 지구적 관점에서 고유의 역할을 하고 있는 존재들에게도 법적 주체성을 부여해야 한다고 한다.[53)] 따라서 지구법학의 관점에서 법과 거버넌스에서 보호받고 권리를 누리는 주체를 인간과 법인뿐만 아니라 지구 전체 생명으로 확대하고, 헌법은 인권헌장이 아니

---

50) 한상수, 앞의 논문, 145-146면.

51) 지구법학이란 용어는 남아프리카공화국 출신 변호사 코막 컬리넌(Cormac Cullinan)의 저서 『Wild Law: A Manifesto for Earth Justic』의 변역서(코막 컬리넌/박태현 옮김, 『야생의 법: 지구법 선언』, 로도스, 2016)를 통해 국내에 처음 소개되었다.

52) 강금실 외 7인, 앞의 책, 15면.

53) 강금실 외 7인, 앞의 책, 216-217면.

라 지구헌장(earth charter)을 기초로 구축되어야 한다고 본다. 인권은 모든 존재(every being)의 권리로, 민주주의(democracy)는 생명민주주의(biocracy)로, 국가연합(United of Nations)은 종의 연합(United of Species)으로 발전적 전환을 해야 한다는 것이다.[54)]

2. 토마스 베리의 지구법학

지구법학은 문화역사학자이자 스스로를 '지구학자(geologian)'라고 부른 가톨릭 신부 토마스 베리(Thomas Berry)의 ≪권리의 기원과 분화 그리고 역할(The Origin, Differentiation and Role of Rights)≫(이하 '권리의 기원'이라 함)에서 제시된 10가지 명제에 토대를 두고 있다(〈표 2-4〉 참조).[55)]

표 2-4 《권리의 기원과 분화 그리고 역할》에서 제시된 지구법학의 10가지 명제[56)]

1. 존재가 기원하는 곳에서 권리가 발생한다. 존재를 결정하는 것이 권리를 결정한다.
2. 현상 질서 속에서 우주를 넘어서는 존재의 맥락은 없으므로, 우주는 자기준거적 존재로 스스로 활동 속에서 규범을 만든다. 이러한 우주는 파생하는 모든 존재 양태의 존재와 활동에 일차적인 준거가 된다.
3. 우주는 객체들의 집합이 아니라 주체들의 친교이다. 주체로서 우주의 모든 구성원은 권리를 가질 수 있다.
4. 행성 지구 안의 자연계는 인간의 권리와 동등한 연원으로부터 권리를 갖는다. 그 권리는 우주로부터 존재에게 주어진 것이다.
5. 지구 공동체의 모든 구성원은 세 가지 권리, 즉 존재할 권리, 서식지에 대한 권리, 지구 공동체가 부단히 새로워지는 과정에서 자신의 역할과 기능을 수행할 수 있는 권리를 가진다.
6. 모든 권리는 특정 종에 국한된 제한적인 것이다. 강은 강의 권리를 갖는다. 새는 새의 권리를 갖는다. 곤충은 곤충의 권리를 갖는다. 인간은 인간의 권리를 갖는다. 권리의 차이는 양적이지 않고 질적이다. 나무나 물고기에게 곤충의 권리는 아무 소용이 없다.
7. 인간의 권리는 다른 존재 양식이 자연 상태로 존재할 권리를 파기할 수 없다. 인간의 재

54) 강금실 외 7인, 앞의 책, 10면.

55) 베리의 지구법학론에 영향을 미친 사상과 이론은 알도 레오폴드(Aldo Leopold)가 정립한 대지윤리(the land ethic), 아르네 네스(Arne Naess), 빌 드볼(Bill Devall)과 조지 세션즈(George Sessions) 등으로 대표되는 심층생태학(the deep ecology), 그리고 크리스토퍼 스톤(Christopher D. Stone)의 자연물(natural objects)의 권리론을 언급할 수 있다고 한다. 이에 대한 상세한 설명으로는 강금실 외 7인, 앞의 책, 25-34면 참조.

56) 강금실 외 7인, 앞의 책, 36면.

산권은 절대적이지 않다. 재산권은 단지 특정한 인간 '소유자'와 특정한 일부 '재산' 간의, 양자 모두의 이익을 위한 특별한 관계일 뿐이다.

8. 종은 개체적 형태 내지 양, 소, 말, 물고기의 떼처럼 집합적 형태로 존재한다. 따라서 권리는 단순히 일반적인 방식의 종이 아니라, 개체나 집단과 관련된다.

9. 여기서 제시된 권리들은 지구 공동체의 다양한 구성원이 다른 구성원과 갖는 관계를 정립한다. 행성 지구는 상호의존적인 관계로 상호 밀접하게 연결된 하나의 공동체다. 지구 공동체의 모든 구성원은 직간접적으로 스스로 생존에 필요한 영양 공급과 조력·지원을 위해 지구 공동체의 다른 구성원에게 의존한다. 포식자와 먹이의 관계를 포함하는 이 상호 영양공급은 지구의 각 요소가 포괄적인 존재 공동체 내에서 가지는 역할에 필수불가결한 것이다.

10. 인간은 특별한 방식으로 자연 세계를 필요로 할 뿐만 아니라 특별한 방식으로 자연 세계에 접근할 권리도 가진다. 이러한 물리적 요구는 인간의 지성이 요구하는 경이로움, 인간의 상상력이 요구하는 아름다움, 그리고 인간의 감정이 요구하는 친밀성을 충족하기 위한 것이다.

베리의 지구법학은 지구권리론으로 귀결되는데, 그는 근대 법학에서 권리를 "특정 공동체 내에서 법으로 보호할 가치가 있다고 여겨지는 이익"으로 이해하는 것과 달리, 권리를 "지구 공동체 내에서 자신들의 진화적 기능과 역할을 실현할 자유를 가질 자격"으로 보았다. 베리는 이러한 자유를 가질 자격으로서 권리는 '인간법학(human jurisprudence)'에 의해 창설되는 것이 아니라, 궁극적으로 '우주'에 기원한다고 한다. 우주는 '객체들의 집합이 아닌 주체들의 친교'이므로, 우주의 모든 구성원은 세 가지 권리, 즉 존재할 권리, 서식지에 대한 권리, 지구 공동체가 부단히 새로워지는 과정에서 자신의 역할과 기능을 수행할 수 있는 권리를 가진다고 한다. 이러한 권리는 존재가 기원하는 곳으로부터 발생하고, 존재를 결정하는 것이 이 권리를 결정한다고 보았다. 베리는 존재가 기원하고 또 존재를 결정하는 것은 궁극적으로 우주이므로 창발하는 우주의 존재 및 법칙이 최고의 법이며, 인간의 법은 거기에 맞춰줘야 할 필요가 주장하였다.[57]

이처럼 베리의 지구법학은 두 가지 기본 사고에 바탕을 두고 있다. 하나는, 인간은 더 큰 존재 공동체의 한 부분이고, 그 공동체 구성원의 안녕은 전체로서 지구의 안녕에 의존한다는 사고이다. 따라서 인간 사회는 지구 공동체의 한 부

57) 강금실 외 7인, 앞의 책, 35-37면.

분으로, 우주의 기능과 작용을 규율하는 근본원리에 부합하는 방식으로 자신을 규율할 때 생존 가능하고 또 번영할 것이라고 한다. 다른 하나는, 인간의 법과 거버넌스는 전체로서의 지구와 지구의 모든 구성원의 안녕을 보호하도록 의도해야 한다는 사고이다. 이에 따라 지구법학은 인간 존재 간, 그리고 지구 공동체의 모든 구성원 간의 관계를 유지・규율함으로써 인간 거버넌스 체계(이는 윤리, 법, 제도, 정책 및 그 실행을 포함한다)를 인간을 넘어 전체 지구 공동체에까지 확장하고 그 발전과 이행을 위한 철학적 기초를 제공하고자 한다.

베리는 인간이 지구 공동체의 참여 구성원으로 지구에 존재하는 시기인 '생태대(ecozoic era)'로 진입하려면 우주가 "객체들의 집합이 아니라 주체들의 친교"임을 깨달아야 한다고 한다. 인간 자신과 지구 공동체의 다른 구성원들을 위하여 행위를 제한하고, 나아가 상호 이익이 증진되는 방향으로 행위 해야 함을 지향하는 지구법학이, 지구 공동체 구성원의 기본적 권리 혹은 지구권(earth rights)을 인정하고 존중해야 함을 지향하는 지구법학이, 생태대로 가는 길을 안내할 것이라고 한다.[58)]

3. 지구법학의 발전

(1) 야생의 법

지구법학의 논의에서 '지구법학'이란 용어와 '야생의 법'이란 용어가 자주 같은 의미로 사용된 것을 발견할 수 있다. '야생의 법(wild law)'이라는 용어는 남아프리카공화국 출신 변호사 코막 컬리넌(Cormac Cullinan)이 출간한 ≪야생의 법: 지구법 선언(Wild Law: A Manifesto for Earth Jurisprudence)≫[59)]에서 처음으로 등장한다. 야생의 법은 지구법학의 철학을 수용한 인간 종의 법체계로 "지구 공동체의 모든 구성원들이 행성 지구와 지속적인 공진화 속에서 자기 역할을 수행할 수 있는 자유를 창출하는 방식으로 인간을 규율하는 법"이다. 따라서 야생의 법은 지구법학과 달리 형식적 의미의 실정법으로서 인간 거버넌스에 대한 접

58) 강금실 외 7인, 앞의 책, 35-37면.

59) Cormac Cullinan, *Wild Law: A Manifesto for Earth Jurisprudence*, South Africa & United Kingdom: Siber Ink & Green Books, 2002; 한국어판은 코막 컬리넌/박태현(옮김), 『야생의 법』, 로도스, 2016 참조.

근으로 이해할 수 있다.[60)] 컬리넌은 데카르트의 이원론과 인간중심적 세계관을 토대로 한 근대 법학은 지구의 심각한 생태위기를 해결할 수 없다고 주장한다. 근대 법학은 더 넓은 맥락인 지구 체계와의 연결성 또는 연속성을 잊은 채 법의 원천이 인간에게만 있다고 보기 때문이다. 법학과 거버넌스 체계에서 보다 근본적인 패러다임의 전환이 이루어지지 않는다면, 우리 사회와 국가, 그리고 국제사회는 직면한 지질학적 변환기에 효율적이고 체계적으로 기능할 적절한 대응책을 내놓을 수 없을 것이라고 한다. 법학에서 패러다임의 전환을 이루기 위해서는 먼저 개인적으로 세계를 이해하는 방식에서 변화가 이뤄져야 하고, 다음으로 인간 사회 내지 지배적인 거버넌스 패러다임의 전환, 그리고 지구법학으로의 발전, 마지막으로 지구법학이 보다 구체화된 야생의 법에 따른 접근법의 채택과 더 야생적인 법의 실행이 있어야 한다고 주장한다.

야생의 법은 지구법학의 원칙에 기초한 형식적 의미의 실정법인 반면, 지구법학은 현대 인간의 법 제정에 있어 자연에 대한 친밀한 이해를 적용하려는 법철학이다. 따라서 야생의 법이라는 용어가 사용될 때 인간이 만들었지만 지구법학 철학의 원리에 따라 구성된 법을 말하는 것이다. 결과적으로 지구법학은 지구 및 지구 안에 포함된 모든 생태계와 인간 사이의 관계를 숙고하는 특별한 접근 방식으로 이해할 수 있다. 그리고 지구법학은 단지 하나의 단일 이론이 아니라, 법철학에 대한 일련의 관점과 접근 방식으로 이해할 수 있다.[61)]

(2) 지구법학의 세 가지 핵심 원칙

베리의 지구법학은 컬리넌의 야생의 법을 거쳐 주디스 쿤스(Judith E. Koons)와 마이크 벨(Mike Bell)이 지구법학에 대한 세 가지 핵심 원칙을 수립하면서 이론적으로 더욱 발전하고 있다. 쿤스는 지구법학에 대한 세 가지 필수 원칙으로, ① 지구의 내재적 가치(주체성), ② 지구에 대한 인간의 관계적 책임(친교), ③ 지구 공동체의 민주적 거버넌스(차별화)를 보다 상세하게 설명하였다.[62)] 이 세

60) 코막 컬리넌/박태현(옮김), 위의 책, 53-54면.
61) 코막 컬리넌/박태현(옮김), 위의 책, 104-105면.
62) Judith E. Koons, "Key Principles to Transform Law for the Health of the Planet", in: Burdon, P.D. (ed) *Exploring Wild Law: The Philosophy of Earth Jurisprudence*, Mile End, Australia: Wakefield Press, 2011, pp. 45-54.

가지 원칙은 베리에 의해 처음 제시되고 벨에 의해 확장되었지만, 쿤스에 의해 더욱 견고한 개념화가 이루어졌다. 이 세 가지 원칙을 보다 자세히 살펴보면 다음과 같다.

첫째, 지구의 내재적 가치(주체성)는 본질적으로 지구가 우주의 기본 법칙(예컨대 중력, 열역학, 상대성 등)의 일부이며 그 법칙의 지배를 받는다는 것을 의미한다. 이것은 지구가 필연적으로 우주의 일부로써 우주의 법칙에 계속해서 반응하는 자기준거적 시스템임을 의미한다. 쿤스에게 이러한 지구의 내재적 가치를 인식하고 이해하는 것은 법적, 철학적, 도덕적으로 중요한 의미를 가지며, 지구법학에 적용될 때 인간과 비인간인 자연 모두에게 동일하게 영향을 미친다. 이는 인간과 비인간 모두 우주를 지배하는 동일한 기본 법칙의 적용을 받기 때문이며, 그에 따라 동등한 '도덕적 고려(moral consideration)'가 보장되어야 한다. 우주, 지구, 인간, 비인간(자연)의 내재적 가치는 모든 것이 동일한 우주의 기본 법칙의 일부이고 적용을 받기 때문에 모두 동일한 도덕적 가치를 갖는다는 것을 의미한다. 이러한 개념에 따르면 인간은 우주 공동체 내에서 일정한 공간을 차지하고 있다는 사실 외에는 특별한 것이 없다.[63)]

쿤스의 지구법학의 두 번째 원칙은 지구에 대한 인간의 관계적 책임(친교)를 말하며, 본질적으로 첫 번째 원칙(내재적 가치)의 발전을 의미한다. 여기서 주장하는 바는 우주의 모든 물질이 존재와 현실의 첫 순간(즉 백뱅)과 관련되어 있다는 것이다. 결과적으로 이 최초의 시작 이후 "각 입자는 우주의 다른 모든 입자와 관련이 있다"는 것이다. 따라서 우주의 모든 것은 상호 관련이 있는 것으로 간주되며, 결과적으로 모든 입자의 도덕적 가치는 인간성, 지각성, 생각, 감정 및 의미 있는 구성에 관계없이 동일하다. 모든 물질의 존재론적 실재는 동일하다. 모든 물질은 빅뱅 이후 생성되는 동일한 기본 법칙을 공유하기 때문이다.[64)]

지구 공동체의 민주적 거버넌스(차별화)는 지구법학을 강조하는 쿤스의 세 번째이자 마지막 원칙이다. 이 원칙은 지구상의 거버넌스 및 법체계의 철학을 나타낸다. 쿤스는 지구 공동체의 민주적 거버넌스가 현재 최소한 서구 민주주의

63) Koons, 위의 논문, pp. 47-48.
64) Koons, 앞의 논문, p. 47.

국가의 대다수에서 민주주의의 핵심 원리로 설명되는 '국민의, 국민에 의한, 그리고 국민을 위한 것(of the people, by the people and for the people)'과 관련하여 어떻게 실현될 수 있는지 설명한다. 지구법학에서 거버넌스와 법체계는 민주적인 방식으로, 그리고 지구 공동체 전체의 안녕에 우선순위를 둔다. 쿤스의 첫 번째, 두 원칙에서 표현된 것처럼 모든 것의 상호 연관성과 동일한 도덕적 가치 때문이다. 결과적으로, 이는 지구 공동체의, 지구 공동체의 인간 구성원들에 의한, 그리고 지구 공동체를 위한 거버넌스와 법체계의 구축을 목표로 한다.[65]

한편 벨은 지구법학은 시간이 지남에 따라 발전하겠지만, 인간법학에서 지구법학으로의 전환은 상당히 느리게 진행될 것으로 예측했다. 왜냐하면 지구법학으로의 전환을 촉구하기 위해서는 행성 지구의 황폐화에 대해 걱정하는 전 세계의 개인들과 그룹이 점점 더 많이 필요하기 때문이다. 지구법학으로의 전환은 당장 내일의 현실은 아닐 것이라고 한다. 이를 벨은 다음과 같이 언급하고 있다.

> "우리의 의식 수준이 높아질 것이다. 일정 기간 동안 두 개의 법학이 함께 존재하고 나란히 실행될 것이다. 그 중 하는 인간법학이고, 다른 하나는 그 대체 시스템인 지구법학이다. 주기적으로 이 둘은 더 멀어질 수 있지만, 때때로 서로 더 가까워질 수도 있다. 일종의 통합이 일어나고 인간의 권리뿐만 아니라 인간 이외의 종의 권리가 인간법학 시스템 내에서 인식되기 시작하는 순간이 다가 올 것이다. 지구상의 상황이 더욱 절박해 짐에 따라 두 법률 시스템이 합쳐지기 시작하거나, 적어도 보다 지속적인 공생관계를 형성할 것이다. 우리는 점점 더 지구법학 시스템의 일부가 될 것이며, 지구법학 또한 점점 더 우리의 일부가 될 것이다."[66]

(3) 국제연합(UN)에서 지구법학의 가치관 수용

지구법학의 개념은 이론적 발전을 거듭하면서 국제사회에서 지구법학의 가치관에 공감하는 사례가 늘고 있으며, 새로운 대안적 세계관으로 채택해야 한다는 목소리가 커져가고 있다. 이에 국제사회의 대표적인 거버넌스 기구인 국제연합(UN)에서 지구법학의 가치관이 받아들여지게 되었다.[67]

---

65) Koons, 앞의 논문, p. 53.

66) Mike Bell, "Thomas Berry and an Earth Jurisprudence", *The Trumpeter: Journal of Ecosophy 19(1)*, 2003, p. 90.

2015년 12월 12일 유엔 총회에서 '지구법학'이라는 용어가 유엔 공식 문서에 처음으로 등장하게 된다. 2016년 국제 어머니 지구의 날에 '지구법학'을 주체로 '하모니 위드 네이처(HwN: Harmony with Nature)'[68] 쌍방향 대화를 하기로 한 결의서에서다. 하모니 위드 네이처는 1992년 리우 선언 이후 계속 전개해 온, 자연과의 조화를 이루는 인류를 지향하는 유엔의 프로그램 또는 지식 플랫폼을 말한다. 이 결의서에 따라 2016년 4월 22일 지구의 날부터 6월 22일까지 두 달간 웹사이트에서 지구법학을 주제로 한 가상 및 쌍방향 대화가 이루어졌다. 세 가지 핵심 주제는 다음과 같다(〈표 2-5〉 참조).

표 2-5 '하모니 위드 네이처'의 지구법학 대화 관련 세 가지 핵심 주제[69]

1. 자연과 조화를 이루며 지속가능한 개발을 추구하기 위하여 시민들과 사회가 자연 세계와 어떻게 상호 작용을 해야 하는지 영감을 주는 지구법학 원리를 적용하는 중요성
2. 자연의 내재적 가치를 인식하고, 우리의 인식, 태도를 인간중심적 관점에서 비인간중심적, 즉 지구중심적으로 전환할 필요성
3. 지구와 지구의 자연 순환에 대한 존경을 포함하여, 법, 윤리학, 제도, 정책과 실천에서 지구법학에 대한 지지

두 달간 열린 가상 및 쌍방향 대화에서는 33개국 120명의 전문가들이 참여해 8개 분야(1. 지구중심적 법, 2. 생태적 경제학, 3. 교육, 4. 총체 과학, 5. 인문학, 6. 철학과 윤리학, 7. 예술, 미디어, 디자인과 건축, 8. 신학과 영성 분야)에 대해 주제별로 의견 교환이 이루어졌다. 유엔은 이를 토대로 지구법학 사무총장 보고서(일명 '전문가 보고서')[70]를 발간했다. 보고서의 내용 중 지구-중심적 법 부분을 일부 인용하면 다음과 같다.

67) 이에 대한 상세한 설명으로는 강금실 외 7인, 앞의 책, 115-143면 참조.
68) 이에 대해서는 홈페이지 http://www.harmonywithnatureun.org/ 참조.
69) 강금실 외 7인, 앞의 책, 131면.
70) A/72/266, Harmony with Nature Note by the Secretary-General.

Ⅲ. 지구법학 적용의 도전과 기회

A. 지구-중심적 법

36. 우리의 거버넌스 시스템에서 자연의 권리를 포함시키는 첫 번째 단계는, 자원을 고갈시키는 자본의 이익을 진전시키는 것이 아니라, 생태계와 종들이 존재하고, 번성하고 재생산할 수 있는 근본적인 법적 권리를 인식하는 것이다. 자연은 기본적인 '지구권(earth rights)'의 원천으로 여겨지고 이러한 권리는 인간법학에 의해 제한되거나 폐지될 수 없다. 우리를 유지시키는 생태계가 존재할 수 있는 법적 권리를 가지지 않는다면, 생명에 대한 인간의 권리는 의미가 없다.

41. 현재는 대부분의 국가의 법에서 인간이 아닌 모든 존재는 소유의 대상으로 여겨진다. 그 개념을 끝내야 할 필요는 없지만, 소유권이 있다고 해서 생태계를 파괴할 수 있는 권리도 있다고 하는 태도는 바뀌어야 한다.

42. 이것은 현재의 환경법과는 거리가 멀다. 그런데 멸종위기에 처한 종의 목록을 포함하는 이러한 법은 현재의 멸종 속도에 따라가지 못한다. 사후적 소송은 개인의 손실에 대한 증명을 할 뿐이지 생태계를 원래대로 회복시킬 의무는 부여하지 않는다. 피해를 입은 환경의 이익을 위해 소송을 할 수도 없다. 이러한 법들은 생태계를 부분으로 분리한다.

43. 현재 규제되고 있는 것은 얼마나 많은 파괴가 일어나고 있는지를 보여줄 뿐이다. 그와 대조적으로, 지구법학 모델은 이렇게 묻는다. "건강한 시스템은 어떤 모습일까?" 이 질문을 함에 있어 우리는 원주민들의 전통적인 생태계를 인식해야 한다. 신뢰할 수 있는 데이터는 없지만, 일부 연구자에 따르면 원주민들과 산림민들이 세계 산림의 8분의 1에 대한 권리를 가지고 있고, 그 생물다양성의 80%를 보호하고 있다고 추정한다. 그들은 수세기에 걸쳐 생태계와 조화롭게 생활하는 지식을 보유하고 있고, 그들이 항상 생태계를 보호해 왔다. 따라서 그들은 지역 생태계를 돌보는 데서도 지도자로 간주될 필요가 있다.

44. 예를 들어 뉴질랜드는 황가누이 강(Whanganui River)과 테우레웨라(TeU-rewera)(현재 '소유자'가 없음)를 영적이고 총체적인 '인격'을 인정함으로써 지구 중심의 법과 정책을 제정하는 데 큰 걸음을 내디뎠다. 마오리 사람들은 강과 숲이 그들의 조상이라고 생각하고, 가족으로서 그것들을 돌볼 책임

과 특권을 가지고 있다.

Ⅴ. 권 고

A. 지구중심적 법

- 자연의 권리를 성공적으로 이식한 세계 사례를 수집하고 널리 알린다.
- 자연의 권리에 대한 새롭고도 통합적인 법적 시각과 정책 틀을 개발하고, 정의를 위한다는 투쟁에 그것을 연결한다. 예컨대 자연의 권리를 인식하는 것(그리고 이러한 권리를 침해하는 거버넌스 시스템을 반대하는 것)이 어떻게 인종정의, 기후정의, 그리고 환경정의에 긍정적으로 영향을 미치고, 커져가는 부의 불균형을 바로잡는 데 기여하는지를 설명한다.
- 인류 공동체가 자연과 조화롭게 살 수 있도록 해 주는, 국제, 국내, 그리고 지방 거버넌스 시스템 틀로서 지구법학의 가능성을 탐구하는 중요성을 인식하는 유엔 결의를 채택한다.[71)]

4. 지구법학에 대한 비판

지구법학 접근 방식의 장점은 입법 과정에서 인간중심적 관점으로부터 야기된 생태위기나 기후위기 문제 해결의 실마리를 찾을 수 있다는 것이다. 지구법학의 핵심 주장 중 하나는 법을 제정하고 시행하는 과정에서 기존 인간중심적 관점의 인간법학과 근본적으로 다른 지구중심적 접근 방식이 환경파괴를 감소시킬 수 있다는 것이다. 지구 공동체 전체가 인간의 물질적, 경제적 필요보다 우선시될 것이다.

이러한 지구중식적 접근 방식은 분명히 사고를 전환하는 데 도움이 되고 광범위한 환경 피해에 대한 잠재적인 해결책이 될 수 있다. 하지만 실제 지구법학이나 야생의 법을 구체적인 실정법으로 제정하여 시행하는 데는 몇 가지 문제가 있다. 지구법학에 대해 제기되는 주요 비판의 내용을 살펴보면 다음과 같다.

첫 번째 비판은 지구법학이 특별히 새로운 것을 제안하지 않는다는 것이다. 입법 과정에 있어 지구중심적 접근 방식을 구현하는 것은 이미 생물중심주의 생태철학 내에서 오랫동안 논의된 잘 알려진 개념이다. 예를 들어 할세이와 화이

71) Mike Bell, "Thomas Berry and an Earth Jurisprudence", *The Trumpeter: Journal of Ecosophy 19(1)*, 2003, p. 90.

트는 베리 이전에 저술한 논문에서 인간의 법체계에 대한 법학적 관점의 변화와 관련하여 법률 제정과 시행에 대한 인간중심적, 생물중심적, 그리고 생태중심적 관점과 접근 방식이 어떻게 인간과 자연 세계 사이의 관계를 변화시키는지를 설명하였다. 이들은 자신들의 설명을 구체화하기 위해 호주의 노숙림(인위적인 교란을 받은 적이 없는 오래된 숲) 벌목 사례를 사용했다. 즉 할세이와 화이트는 인간중심적 관점에서 볼 때 "오래된 숲은 도구적 측면에서 인간의 욕구를 충족시키는 수단으로 간주되므로, 생산자에게 최소 비용이 드는 생산 방법을 사용하여 상업적 잠재력을 위해 개발될 것"이라고 설명한다. 그 결과 입법의 중요한 목적은 자원의 추출 과정을 용이하게 하고 인간의 생산과 소비가 장기적인 생태계의 안녕보다 더 우선시되도록 보장하는 데 있다. 반대로 생물중심적 관점에서 볼 때 노숙림은 인간이 인위적으로 부여한 가치와 무관하게 생태학적 의미를 지닌 '내재적 가치'를 지닌 것으로 간주된다. 이러한 관점에 따르면 규제법은 무엇보다 자연 환경을 보존하는 방향으로 이루어져 한다. 인간은 단지 수많은 종 가운데 하나이며, 자연 서식지와 생태계를 파괴하는 활동에 참여할 윤리적 권리가 없기 때문이다. 그리고 인간중심주의와 생명중심주의 중간 지점에 생태중심주의가 있다. 생태중심적 관점에서 볼 때 노숙림의 벌목과 관련하여 규제적 관심은 인간의 경제적 필요와 생태적 건강 사이에 균형이 이루어지도록 보장하는 데 있다. 이는 인간중심적 관점과 생명중심적 관점 사이의 절충적 지점을 효과적으로 나타내는 것이다.[72] 그렇다면 생물중심적(즉 인간을 단순히 다른 종으로 간주하는) 접근 방식이 입법에 있어 지구법학 혹은 야생의 법과 같은 방식을 채택하고 있음을 알 수 있다.[73]

둘째, 21세기 인간의 법체계가 자연 세계의 필요보다 인간의 경제적, 사회적 필요를 우선시한다는 점은 결코 부인할 수 없다는 것이다. 앞서 언급했듯이 인간의 법은 쿤스가 설명한 것처럼 "전체로서 지구 공동체의, 지구 공동체에 의한 그리고 지구 공동체를 위한 것"이 아니라, 어디까지나 "국민의, 국민에 의한 그리고 국민을 위한 것"이다. 따라서 자연 세계의 완전한 통합을 입법자들의 주요

72) Halsey/White, 앞의 논문, pp. 360-366.

73) Jack Lampkin, *Uniting Green Criminology and Earth Jurisprudence*, London and New York: Routledge, 2020, pp. 35-36.

관심사로 제안함으로써 지구법학을 옹호하는 사람들은 인간이 현재 법을 제정하는 방식에서부터 왜 법을 제정하는지에 이르기까지 전 과정에 대한 완전한, 그리고 매우 급진적인 변화를 제안하고 있다. 비록 벨은 이것이 느린 과정이 될 것이라는 점을 인정하지만, 이러한 전환이 실제로 어떻게 일어날 것인지와 그러한 급진적 법학적 전환을 방해하는 몇 가지 장벽에 대해서는 거의 언급하지 않고 있다. 그 결과 지구법학 이론가들은 (지금까지) 사고의 전환이 왜 중요한지(즉 지구 생태계와 천연자원에 대한 현재의 냉혹한 인간중심적 파괴)에 대한 강력한 지지와 근거를 제공하는 데 몰두한다. 반면에 현재 인간의 법률 체계 하에서 보면 지구법학이 제안하는 법률 제정은 매우 급진적이고 이질적인 접근 방식인데, 그러한 전환이 실제로 어떻게 전개될 것인지를 둘러싼 복잡한 문제는 다루지는 않는다. 니콜 로저스(Nicole Rogers)는 이러한 문제점을 다음과 같이 언급하고 있다.

> 우리는 어떻게 기존의 법률을 인류가 주요 관심의 초점이 되지 않도록 거칠게 해석하거나 심지어 해체할 수 있을까? 우리는 어떻게 기존의 법을 거칠게 다시 개정하는 과정에서 인간 종의 일부로서, 그리고 실제로 인간 종의 특정 하위 집단의 일부로서 지구 및 그에 속한 수많은 공동체와 생명체에 우선권을 부여하거나 최소한 존재 그 자체를 인정하고 존중하기 위해 우리 자신의 이익, 우리의 뿌리 깊은 가정과 전제를 무시할 수 있을까?[74)]

로저스의 지적을 고려할 때, 특히 부와 경제성장을 우선시하는 글로벌 자본주의 경제체제 하에서 법의 내용을 구성하고 제정하는 인간의 방식에 지구법학을 완전히 통합하는 것은 불가능할 수 있다. 녹색범죄학 분야의 학자들은 이러한 상황을 '생산의 디딜방아(ToP: Treadmill of Production)'[75)]로 지칭하는 데, 이에

---

74) Nicole Rogers, "Performance and Pedagogy in the Wild Law Judgment Project", *Legal Education Review 27(1)*, 2017, p. 2.

75) '생산의 디딜방아', '생산의 러닝머신', '생산의 맷돌', 혹은 '생산의 쳇바퀴' 등으로 번역되는 개념은 1980년 미국 환경사회학자 알렌 슈나이버그(Allan Schnaiberg)에 의해 인간과 환경관계의 갈등이론 속에서 발견된 개념이다. 그에 따르면 자본주의는 이익 극대화를 위해, 그리고 경쟁적인 시장에서 생존하기 위해 지속적인 투자를 요구하게 된다. 지속적인 경제성장은 이를 통해 성취되며, 일단 성장이 성취되면 더욱 미래의 경제성장을 가속화하게 된다. 생산에서 이러한 성장 패턴은 물론 소비 증가와 함께 이루어져야 한다. 이러 방식의 자본주의 발전 과정은 중요한 모순을 가지게 되는

따르면 환경 피해 및 환경범죄는 국가, 입법자 및 대기업 사이의 정치-경제적 관계의 결과로 간주된다.[76] 이러한 행위자들은 글로벌 자본주의 경제체제 내에 견고히 자리 잡고 있으며, 효과적으로 기능하기 위해 이러한 관계에 의존한다. 따라서 의심할 여지없이 지구중심적 관점으로의 변화에 저항할 이러한 정치-경제적 관계로 인해 지구법학으로의 완전한 전환이 불가능할 것이라고 주장할 수 있다. 그들의 동기와 본질적 생산방식과 모순되기 때문이다. 따라서 글로벌 정체-경제의 완전한 변혁은 비현실적이거나, 지나치게 야심적이거나, 심지어 불가능할 수 있는 지구법학을 인간이 만든 법체계 포함시킴으로써 달성될 수 있을 뿐이다.[77] 이를 잭 람프킨(Jack Lampkin)과 타냐 와이어트(Tanya Wyatt)는 다음과 같이 강조하였다.

> "물론 사회에 대한 이러한 급진적 변화는 정치적, 현실적 장애로 가득 차 있다. 우리는 특히 국가와 기업이 존재의 여러 측면에서 위협을 받기 때문에 그러한 변화에 반대할 것이라고 의심한다. 첫째, 전체 지구 공동체를 보호하는 법적 인프라를 갖춘 지구중심 사회는 현재 기능하는 시장과 산업을 붕괴시킬 것이다. 기업은 이윤창출에 막대한 부정적 영향을 받을 수 있기 때문에 이러한 일이 일어나는 것을 결코 원하지 않을 것이다."[78]

지구법학에 대한 세 번째 비판은 '지속가능성(sustainability)'의 원칙과 관련하여 제기될 수 있다. 예를 들어 쿤스는 법체계와 거버넌스가 차별화를 존중한다면 현재와 미래세대를 위한 삶의 다양성을 보호하기 위해 지속가능성의 원칙이 우선시될 것이라고 한다.[79] 이처럼 지속가능성은 많은 환경법과 국제협약(예컨대

데, 그것은 경제성장은 사회적으로 바람직하지만, 환경파괴라는 일반 상식적 결과를 가져온다. 이러한 결과는 차례로 장기간에 걸쳐 경제 확장에 방해가 된다는 것이다. 이에 관한 자세한 내용은 아래 참조. https://en.wikipedia.org/wiki/Environmental_sociology#Treadmill_of_Production_Theory 〈최종 검색: 2023. 2. 17.〉

76) Michael J. Lynch et al., "Is It a Crime to Produce Ecological Disorganization? Why Green Criminology and Political Economy Matter in the Analysis of Global Ecological Harms", *British Journal of Criminology 53(6)*, 2013, pp. 997-1016.

77) Lampkin, 앞의 책, pp. 36-37.

78) Jack A. Lampkin and Tanya Wyatt, "Utilising Principles of Earth Jurisprudence to Prevent Environmental Harm: Applying a Case Study of Unconventional Hydraulic Fracturing for Shale Gas in the United Kingdom", *Critical Criminology 28*, 2019, p. 10.

79) Judith E. Koons, "At the Tipping Point: Defining an Earth Jurisprudence for Social and

2015년 파리협정)의 핵심 개념임을 부인할 수 없다. 하지만 지속가능성을 지구법학의 핵심적 특징으로 채택하는 것은 기업이 이 개념을 악용 혹은 오용하기 때문에 본질적으로 문제가 될 수 있다고 주장할 수 있다. 예를 들어 영국 범죄학자 제임스 헤이돈(Heydon)이 지속가능성, 환경적 피해, 그리고 캐나다 앨버타의 원주민인 퍼스트 네이션즈(First Nations)의 교차점을 분석했을 때, '지속가능한 개발(sustainable development)'이라는 용어가 어떻게 앨버타 주 정부에 의해 해당 지역의 천연자원의 신속한 추출을 허용하고 막대한 환경 피해와 문화적 손실을 일으키는 것을 정화하는 데 사용되었는지를 깨달았다고 한다.[80] 그는 이를 다음과 같이 말한다.

> "오일샌드(oil sands) 산업의 급속한 확장이 시작된 1990년대 중반부터 오일샌드의 지속가능한 개발은 지방정부의 전략적 목표였다. 따라서 산업개발이 결코 '지속가능하지 않다'는 매우 명확하고 신뢰할 만한 증거에도 불구하고 캐나다 앨버타에서 어떻게, 그리고 왜 계속 허용되었는지 설명할 필요가 있다."[81]

따라서 지구법학 지지자들은 이러한 용어가 하나의 원칙으로 자리 잡기 전에 적절하고 명확하게 정의하고 논의할 필요가 있다. 이는 미래의 발전을 오염시킬 수 있기 때문이다.[82]

지구법학에 대한 가장 큰 비판 중 하나는 지구법학 이론과 지구법학 시스템의 현실에서의 실행을 서로 명확하게 나눌 수 없다는 데 있다. 그로 인해 지구법학의 지지자들을 계속해서 과학적, 법적, 정치적, 윤리적 긴장 속으로 끌어들인다. 앞서 언급한 것처럼 기업과 법을 제정하는 정치인과 입법자 사이에 나타나는 강력한 정치-경제적 관계 때문에 지구법학의 새로운 철학을 현실의 실정법으로 전환하는 것이 불가능할 수 있다. 지구법학의 근본적 개념은 인간이 지구 공동체의 한 부분일 뿐이라는 것을 인식하면 인간의 법이 지구중심적으로 변화할 수 있다고 한다. 하지만 인간이 어떻게 이를 현실의 실정법으로 입법화할

Ecological Justice", *Loyola Law Review 58*, 2012, p. 369.

80) James Heydon, *Sustainable Development as Environmental Harm: Rights, Regulation, and Injustice in the Canadian Oil Sands*, Abingdon: Routledge, 2019.

81) Heydon, 위의 책, p. 15.

82) Lampkin, 앞의 책, p. 37.

수 있는지는 불분명하다. 벨은 지구법학이 자연법칙에 함축된 자연발생적 메커니즘으로 이미 존재한다고 하다. 그러나 환경 피해를 예방하고 방지하기 위해 고안된 여러 환경 관련 법률과 규제에도 불구하고 어느 곳에서나 발견할 수 있는 환경 피해를 볼 때 지구법학이 현재 인간이 운영하는 법체계에서 이미 작동하고 있다는 볼 수 없다. 그 결과, 인간이 어떻게 지구법학을 이론적 차원에서 머물지 않고 현실의 법으로 '실현'하여 중요한 정책적 수단으로 '실행'에 옮길 수 있는지 보기 어렵다는 비판이 제기될 수 있다.[83)]

지구법학에 대한 다섯 번째 비판은 인간과 비인간 간의 극명한 차이에서 제기된다. 지구법학의 목표는 인간을 지구, 심지어 우주의 더 넓은 생태적 구성의 일부로 인식하는 데 있다. 이는 고유한 내재적 가치와 도덕적 가치 때문에 인간을 비인간 종인 동물이나 생태계와 동일하게 취급해야 함을 의미한다. 쿤스가 제안한 것처럼, 인류는 더 큰 전체의 일부분으로 밀접하게 연결되어 있고, 그로 인해 인류는 자신의 도덕적 지위의 우위를 주장해서는 안 되며, 우리가 속해 있는 나머지 공동체에 대해 이를 부인해야 한다. 그 결과, 지구 공동체의 상호 연결성을 인식하는 것은 도덕 공동체의 확장을 요구한다.[84)] 이러한 주장에 비추어 볼 때 지구법학은 인간에 의해, 그리고 인간을 위해 만들어진 법체계를 지구에 존재하는 모든 실체를 동등하게 인정하는 법체계로 전환하려고 한다는 것은 분명하다. 따라서 이 전제에서 다음과 같은 몇 가지 의문이 제기된다.[85)] 지구중심적 법학이 인간과 동등한 능력으로 비인간적인 자연의 목소리를 대변할 경우, 누가 법정에서 비인간적인 실체(예컨대 강, 바다, 비인간적인 동물, 식물, 생태계 등)를 대변할 것인가? 인간이 비인간적 실체를 그 실체의 진정한 요구를 적절히 충족시키는 방식으로 적절하게 대변할 수 있는가? 인간은 어떻게 인간이라는 특성 때문에 자신이 결코 경험한 적이 없는 비인간적 실체의 진정한 요구를 존중과 대변은 일단 뒤로 내버려두더라도 어떻게 완전히 이해할 수 있을까? 인간중심적

83) Lampkin, 앞의 책, pp. 37-38.
84) Judith E. Koons, "Earth Jurisprudence: The Moral Value of Nature", *Pace Environmental Law Review 25(2)*, 2008, p. 338.
85) 이에 대한 자세한 논의로는 Anne Louise Schillmoller and Alessandro Pelizzon, "Mapping the Terrain of Earth Jurisprudence: Landscape, Thresholds and Horizons", *Environment and Earth Law Journal 3*, 2013, pp. 13-14 참조.

인 법체계 내에서 비인간의 목소리와 대표성에 대한 질문은 여러 분야, 특히 환경윤리, 환경철학, 혹은 생태철학 내에서 많은 학자들에 의해 아직까지도 크게 논란이 되고 있다.[86] 지구법학은 아직 이러한 어려운 질문들에 대한 구체적인 답변을 내놓고 있지 않다. 이러한 질문들은 여전히 철학적 논의의 초기 단계에 머물고 있기 때문이다.[87]

지구법학에 대한 마지막 비판은 '환경권(environmental rights)'이라는 개념과 관련된 것이다. 베리가 지구법학에 대한 개념을 생각해 냈을 때 그는 자연에 대한 '권리'가 지구법학의 핵심 원칙 중 하나임을 분명히 했다. 즉 모든 생명체는 권리를 가져야 한다는 것이다. 환경권으로서 자연에 대한 권리의 개념은 많은 학문적 관심을 불러일으켰지만, 환경 피해로부터 지구를 보호하는 방법으로서 '자연의 권리(the rights of nature)'를 지구법학에 포함시키는 데는 다음과 같은 두 가지 문제가 있다('자연의 권리'에 대해서는 〈표 2-6〉 참조).

표 2-6 '자연의 권리'에 대한 스톤의 주장[88]

'자연의 권리'에 관한 논쟁은 1960년 후대 후반, 미국 캘리포니아 주에 위치한 미네랄 킹(Mieral King) 계곡을 둘러싼 법적 논쟁에서 시작되었다. 미국의 유명한 환경단체인 시에라클럽(Sierra Club)[89]은 캘리포니아 시에라 네바다 산맥의 야생 지역인 세쿼이아(Sequoia) 국유림 내 미네랄 킹 계곡에 거대한 스키장 리조트를 건설하려는 월트 디즈니 사의 개발 계획을 승인한 산림청을 상대로 그 허가 취소를 주장하며 소송을 제기하였다. 이 소송은 미국의 법체계를 혁명적으로 변화시킬 수 있었지만, 결과적으로 그러지 못했다.

법정에서 원고 시에라클럽은 국립공원의 보전과 건전한 유지, 카운티의 수렵금지구역 및 산림에 특별한 이익을 가지고 있다며 이를 근거로 소를 제기할 원고적격(standing)이 충분하다고 주장하였다. 하지만 하급심 법원은 시에라클럽에 대해 이 사건에 대한 원고적격이 없다면서 본안 심리에 들어가지 않고 청구를 기각했다.

---

86) 이에 대한 상세한 논의로는 Alfonso Donoso, "Representing Non-Human Interests", *Environmental Values 26(5)*, 2017, pp. 607-628; Robyn Eckersley, "Representing Nature", in: Alonso, S. Keane, J. Merkel, W. and Fotou, M. (eds), *The Future of Representative Democracy*, New York: Cambridge University Press, 2011 참조.

87) Lampkin, 앞의 책, pp. 38-39.

88) 강금실 외 7인, 앞의 책, 32-34면; 데이비드 보이드/이지원 옮김, 『자연의 권리: 세계의 운영이 걸린 법률 혁명』, 고유서가, 2017, 146-152면.

이에 시에라클럽은 연방 대법원에 상고했는데, 이때 크리스토퍼 스톤(Christopher Stone)은 "나무도 원고적격을 가져야 하는가?(Should Trees Have Standing? – Toward Legal Rights for Natural Objects)"[90]라는 논문을 작성해 자연물의 권리론을 주장했다.

스톤은 논문에서 개발로 파괴되는 나무와 산등성이 같은 자연물들이 원고적격을 가져야 하고 시에라클럽이 나무 등 자연물의 법적 후견인이 될 수 있다고 주장했다. 그는 "인간의 도덕 발전의 역사를 살펴보면 사회적 애착의 대상이 계속 확대되어 온 과정"이라는 다윈의 윤리관에 착안하여 법적 권리를 승인하는 과정도 사회적 애착 대상, 즉 윤리적 고려 대상이 확대되어온 과정과 유사하다고 주장하였다. 즉 한때는 백인인 성년 남자만이 완전한 법적 권리를 가졌으나, 이는 이후 여자와 흑인, 인디언으로 확대되었고, 나아가 법인과 회사, 도시, 국가 등 비인격체도 포함되었다며 지금이야말로 자연물에 법적 권리를 확대해야 할 시점이라고 강조하였다.

스톤은 "권리란 그 권리의 침해에 대한 이의를 다룰 수 있는 권위 있는 공공기구에 의해 승인될 때 비로소 존재한다."라는 기본 입장을 전제로 어떤 것이 그 자체의 존엄성과 가치에 기초하여 자신의 법적 권리를 인정받기 위해서는 다음과 같은 세 가지 조건을 모두를 충족해야 한다고 한다. 즉 첫째, 스스로 법적 행위(소송)를 할 수 있어야 하고(소송능력), 둘째, 법적 구제 여부를 결정할 때 그것에 대한 손실을 법원이 고려할 수 있어야 하며(법원의 손실 고려), 마지막으로, 법적 구제를 통해 그것의 이익이 증진될 수 있어야 한다는 것이다(법적 구제를 통한 이익 증진).

스톤은 논문에서 자연물도 이 세 가지 요건을 모두 충족할 수 있음을 설득력 있게 논증하였다. 우선, 자연물의 소송능력과 관련하여 스톤은 자연물의 이익을 대변하기 위해서 후견인(guardian)이나 보호자(conservator) 혹은 피신탁자(trustee)를 지정할 수 있다고 한다. 스톤은 자연적 실체들은 목소리가 없다는 비판을 예상하고, "강과 숲이 말을 할 수 없기에 원고적격을 가질 수 없다는 논리는 성립되지 않는다. 기업(법인) 역시 말을 하지 못한다. 주(州), 부동산, 영유아, 무능력자, 지방자치단체, 대학도 마찬가지다. 보통 시민들에게 법적 문제가 생겼을 때 흔히 그러하듯이, 변호인들이 그들을 대신해서 말한다."라고 반박했다. 다음으로, 법원의 손실 고려와 관련하여 스톤은 자연물은 우리가 동의할 수 있는 이익을 가지며, 그 이익의 침해를 우리가 인식할 수 있다고 한다. 가령 스모그로 인하여 멸종위기에 처한 소나무의 후견인이자 소송대리인은 소나무가 스모그가 사라지기를 바란다고 자신 있게 말할 수 있다고 한다. 마지막으로, 법적 구제를 통한 이익 증진과 관련하여 스톤은 자연물의 손해를 배상하는 법적 치유책이 유의미하며, 우리는 환경을 온전한 상태로 만드는 것을 법적 표준과 목표로 삼을 수 있으므로 책임당사자에게 자연물이 건강을 회복하는 데, 즉 침해되기 이전의 온전한 상태로 돌아가는데 드는 비용을 청구할 수 있다.

스톤의 주장에도 불구하고 연방 대법원의 다수의견은 자연의 권리를 받아들이지 않았다. 다만 윌리엄 더글라스(William O. Douglas) 대법관은 반대의견에서 스톤의 논문을 인용하면서 스스로 행할 수 없는 자연물(the inanimate environmental objects)도 원고적격을 가질 수 있다며, 이번 소송의 더욱 적절한 명칭은 '시에라 클럽 대 모턴(Sierra Club v. Morton)'이 아니라, '미네랄 킹 대 모턴(Mineral King v. Morton)'으로 명명하는 것이 더 적절하다는 견해를 표시하였다.

첫 번째 문제는 보호객체가 아닌 보호주체로서 자연과 비인간적인 실체가 인간이 만든 법체계 내에서 어떻게 적절하고 정확하게 표현되어야 하는지 언급이 없다는 것이다. 두 번째 문제는 성공적으로 자연의 권리를 창출한다고 해서 환경 피해가 사라지고 환경 파괴가 중단된다는 보장이 없으며, 그러한 권리가 미래세대에 의해 무효화 되지 않으라는 법도 없다는 것이다. 자연에 대한 권리는 환경권을 침해하는 행위를 범죄화하는 데 필요한 틀을 법체계가 제공함으로써 환경 피해를 최소화하는 데 어느 정도 도움이 될 수 있겠다. 하지만 지금까지 확인된 중요한 정치-경제적 관계의 문제를 고려할 때 이론상 환경권과 실제로 자연의 권리를 성공적으로 실정법으로 제정하여 실행하는 것 사이에 상당한 괴리가 있다. 대표적인 예로 제2차 세계대전 중 집단살해와 같은 반인도적 범죄행위를 막기 위해 국제사회는 '인권(human rights)'이라는 개념을 만들었지만, 아직 모든 인간을 인권침해의 위험으로부터 보호하는 결과를 가져오지 못했다. 인권침해는 국내법과 국제(인권)법에서 중요한 인간의 권리로 인정하여 범죄행위로 처벌하고 있음에도 불구하고 모든 국가에서 여전히 발생하고 있다. [91]

---

89) 미국에서 가장 오래되고 영향력 있는 풀뿌리 환경단체인 시에나 클럽에 대해서는 홈페이지 https://www.sierraclub.org 참조.

90) Christopher D. Stone, "Should Trees Have Standing? – Toward Legal Rights for Natural Objects", *Southern California Law Review 45*, 1972, pp. 450-501.

91) Lampkin, 앞의 책, p. 39.

Ⅵ. 맺음말

생태위기를 비롯한 기후위기는 갈수록 심화되고 있다. 이러한 생태위기나 기후위기는 인간과 자연의 관계를 주체-객체의 관계로, 주종관계로 파악하는 인간중심적 관점을 바탕으로 한 근대 법학의 한계에서 비롯된 것이다. 근대 법학은 인간만을 권리주체로 파악하여 인간에 의한 자연의 침해를 견제하거나 규제할 법적이고 권리적인 방법을 갖지 못했다. 이러한 종래 기계론적 자연관에서 벗어나 인간과 자연의 상호관계를 어떻게 파악해야 하고, 인간은 자연계의 어디까지 도덕적으로 배려해야 할 것인지 등과 관련하여 생태윤리 혹은 생태철학은 생물중심주의, 생태중심주의 및 전체론의 관점이 대두하였다.

강희원 교수가 적절히 지적했듯이, 이러한 생태철학의 논의를 바탕으로 법학은 인간중심주의를 바탕으로 인간의 자유를 최고의 이념으로 설정하는 자유주의에 기초한 '자유법학'(제1세대 법학), 자본주의의 발달로 인해 야기된 사회문제를 해결하기 위해 등장한 사회주의의 영향을 받아 실질적 평등을 지향하는 '사회법학'(제2세대 법학), 환경 또는 생태위기와 더불어 대두하는 생태이념을 기초로 하여 새롭게 등장하는 '녹색법학'(제3세대 법학)으로 발전하고 있다.[92] 특히 녹색법학은 모든 생명체는 고유한 생명의 권리를 가지고 있으며, 생물 평등주의 입장에서 인간과 생태계를 상호 의존적 관계로 파악한다. 녹색법학은 인간과 자연의 생태학적 공생의 확보를 목표로 한다.

나아가 최근에는 기존 법학의 이론적 체계가 지구의 심각한 생태위기 혹은 기후위기를 해결할 수 없다는 점에 대한 뼈아픈 자각에서 출발하여 지구중심적 관점에서 법과 거버넌스에서 보호받고 권리를 누리는 주체를 인간과 법인뿐만 아니라 지구 전체 생명으로 확대하여 우주의 모든 것은 동일한 가치와 도덕적 지위가 있어 동등하게 취급하는 '지구법학'(제4세대 법학)의 개념이 새롭게 등장하고 있다. 지구법학의 관점에 따르면 인권은 모든 존재의 권리로, 민주주의는 생명민주주의로, 국가연합은 종의 연합으로 발전적 전환이 필요하다고 한다.

---

92) 강의원, 앞의 논문, 225면 각주 60).

그러나 인간중심적 관점의 근대 법학에서 지구중심적 관점의 지구법학으로의 패러다임의 필요성이 일정 부분 인정된다고 할지라도, 지구법학으로의 전환이 실제로 어떻게 전개될 것인지에 대해서는 여전히 분명하지 않으며, 기업을 운영하고 법을 제정하는 정치인과 입법자 사이에 나타나는 경력한 정치-경제적 관계 때문에 지구법학이라는 새로운 철학을 현실의 실정법으로 전환하는 것이 불가능할 수 있으며, 지구에 존재하는 모든 실체에 대해 동등한 자연의 권리를 인정할 지라도 실제 소송에서 누가 법정에서 비인간적 실체를 대변할 것인지, 마지막으로 성공적으로 자연의 권리를 실정법화한다고 해서 환경 피해가 사라지고 환경 파괴가 중단된다는 보장이 없다는 비판이 제기되고 있다. 하지만 이러한 지구법학에 대한 비판에도 불구하고 지구법학이 기존 인간중심적 관점의 근대 법학의 패러다임을 뒤집고 인간과 자연의 권리를 새롭게 재해석하려는 법학의 새로운 틀을 제안하고 있다는 점에서는 여전히 커다란 의미가 있다고 본다.

제2장

기후변화에 대한 형사법적·범죄학적·국제환경형법적 대응의 내용과 한계

[§ 3] 기후변화에 대한 형사법적 대응의 내용과 한계

[§ 4] 기후변화에 대한 범죄학적 대응의 내용과 한계

[§ 5] 기후변화에 대한 국제협약, 각국의 기후변화법 및 국제환경형법의 대응의 내용과 그 한계

[§ 3] 기후변화에 대한 형사법적 대응의 내용과 그 한계

I. 머리말

'기후변화(climate change)'는 일반적으로 넓은 의미에서 해수면 상승과 해류 변화에서부터 다양한 방식으로 동물과 식물에 영향을 미치는 지역 환경에 대한 온도 변화에 이르기까지 온도 상승이 일으키는 상호 관련 효과(예컨대 바닷물 온도 상승으로 인한 산호의 죽음 또는 새의 이동 패턴의 변화)를 말한다. 그런데 기후변화는 좁은 의미에서 산업화와 글로벌 자본주의 시스템의 생산과 직·간접적으로 관련된 온실가스(GHG: greenhouse gas) 배출 또는 탄소배출 등 인간에 의한 인위적인 조치로 인하여 진행되고 있는 지구온난화라는 범주의 기후변화로 제한된 개념으로도 볼 수 있다.[1)]

지구온난화는 지구의 생태학적, 사회적 지형을 빠르게 변화시키고 있다. 이러한 변화는 급격하고 광범위하여 그 피해를 예측하기 어렵다. 미국 경제학자 조지프 스티글리츠(Joseph Stiglitz)가 "기후위기는 제3차 세계대전과도 같다. 과감한 대응이 필요하다."[2)]라고 말한 것처럼 기후위기는 전시 상황에 비교될 정도이

1) 윤지영 외 4인, 『법과학을 적용한 형사사법의 선진화 방안(Ⅶ): 기후변화 위기 시대의 환경범죄 대응』, 한국형사·법무정책연구원, 2016. 12, 84-87면; 이경재, "기후변화와 친환경범죄학의 탄생", 과학기술과 법 제8권 제1호, 충북대학교 법학연구소, 2017. 6, 36-37면.

2) 영국 가디언 2019. 6. 4.자 기사: "The climate crisis is our third world war. It needs a bold

다. 이에 따라 1992년 5월 브라질 리우데자네이루에서 「기후변화에 관한 국제연합 기본협약(UNFCCC: United Nations Framework Convention on Climate Change)」(이하 '유엔기후변화협약'이라 함)을 체결한 이래로 국제사회를 중심으로 기후변화에 관련하여 어떻게 대응하는 것이 효과적인지에 대한 논의가 활발히 전개되고 있다.[3] 이러한 기후변화 대응 전략은 일반적으로 '완화'와 '적응'이라는 개념을 중심으로 수행되고 있다. 이때 '완화(mitigation)'란 기후변화의 주된 원인이 되는 인간 활동에 의한 지구온난화 현상을 저감시키는 것으로, 지구온난화를 유발시키는 온실가스 발생원을 감소시키거나 온실가스 흡수원을 확충하는 것을 의미한다. '적응(adaptation)'이란 기후변화로 인하여 현재 발생하고 있거나, 앞으로 발생할 것으로 예측되는 다양한 위험요소에 대하여 자연적·인위적 시스템 등을 활용하여 조절함으로써 기후변화 피해를 저감시키고, 우리 삶에 유익하도록 전환시키는 것을 의미다.[4]

무엇보다 '완화'와 '적응'으로 대표되는 기후변화 대응은 2015년 파리협정(Paris Agreement)의 체결을 통해 구체화 되고 있다.[5] 파리협정은 전 세계 국가의 온실가스 감축과 기후변화의 동참을 촉구하기 위해 구축한 신 기후체제로, 산업화 이전 대비 지구 평균온도 상승을 2℃보다 현저히 낮은 수준으로 유지하

---

response" https://www.theguardian.com/commentisfree/2019/jun/04/climate-change-world-war-iii-green-new-deal 〈최종 검색: 2024. 6. 6〉

3) 유엔기후변화협약은 1992년 5월 9일 채택되어, 1994년 3월 21일 발표되었다. 2016년 5월 기준, 협약당사국은 196개 국가와 유럽연합(EU)을 더하여 197개다. 거의 모든 국가가 유엔기후변화협약의 당사국인 셈이다(환경부, 『교토의정서 이후 신 기후체제 – 파리협정 길라잡이』, 2016. 5, 6면).

4) 이처럼 온실가스 배출 감소 등 기후변화 완화(Mitigation)는 이미 진행 중인 기후변화의 악영향을 방지할 수 없어 기후변화 적응(Adaptation)을 위한 역량 확보가 중요하다. 이때 기후변화 적응은, ① 미래 인적·자연적·물적 손실 회피, ② 생산성 증가 등 경제적 이익 창출, ③ 사회·환경·문화적 혜택 등 세 가지 효과(Triple Dividend)를 창출함으로써 기후대응에 기여할 수 있어 탄소중립 이행과정에 필수적이다. 기후변화 완화는 2017~2018년 글로벌 기후금융의 93%(연평균 5,370억 달러)를 차지했으나, 기후변화 적응은 5% 수준으로 저조하다고 한다(김현진, "신 EU 기후적응 전략의 주요 내용", 이슈브리프, KDB산업은행 미래전략연구소, 2021. 10. 25, 1면).

5) 파리협정에 대한 상세한 설명으로는 김상만, "신기후체제 파리협정(Paris Agreement)의 역사적 의의와 한계에 대한 고찰", 아주법학 제9권 제4호, 아주대학교 법학연구소, 2016, 225면 이하; 환경부, 앞의 책, 2016, 참조. 우리나라는 2016년 11월 3일 가입하였다. 파리협정에의 채택 경위와 주요 내용에 대한 상세히는 김상만, 위의 논문, 229-238면; 박지혜, "국가 온실가스 감축목표의 법적 위상과 구속력 – 新기후체제의 요청과 향후 과제를 중심으로 –", 환경법연구 제42권 제2호, 한국환경법학회, 2020, 47면 이하; 송동수, "신기후변화협약 체제에서의 한국 환경법제의 대응", 토지공법연구 제85권 제1호, 한국토지공법학회, 2019, 335면 이하 참조.

고, 1.5℃ 이내로 상승을 제한하는 것을 목표로 삼았다. 우리나라는 2021년 9월 24일 「기후위기 대응을 위한 탄소중립 · 녹색성장 기본법」(이하 '탄소중립기본법'이라 함)을 제정하여 2050 탄소중립 목표와 2030년까지 2018년의 국가 온실가스 배출량 대비 35% 이상 감축하는 내용을 법제화하였다.[6] 이는 탄소중립을 법제화한 전 세계 14번째 사례에 해당한다. 2021년 10월 정부는 2050년까지 국내 순배출량을 제로로 하는 탄소중립 두 개 시나리오를 작성하였는데, 화력발전 대폭 축소 및 재생에너지 · 수소기반 발전 확대를 주된 내용으로 하였다.

이러한 기후변화 대응과 관련하여 전 세계적으로 환경단체(대표적으로 그린피스[7])나 기후활동가들은 정부를 대상으로 온실가스 감축 목표 이행에 대한 국가의 역할과 책임을 강조하고 화석연료 폐지를 주장하거나, 화석연료 기업을 대상으로 석탄이나 석유와 같은 화석연료 채굴 과정에서 야기한 대규모 환경침해에 대한 배 · 보상을 요구하는 기후소송을 제기하거나, 반대로 기후활동가들이 기후위기의 심각성을 대중에게 알리고 국가 차원의 기후대책의 마련을 촉구하면서 재물을 손괴하거나 일정한 장소에 침입하거나 회의를 방해하는 등 불법행위를 함으로써 이들을 형사처벌하기 위한 소송이 제기되는 사례가 빈번히 발생하고 있다.

우리나라에서도 최근 2년간 아동 · 청소년을 청구인으로 한 헌법소원이 제기되는 등 기후소송을 통해 정부에 탄소배출 감축에 대한 적극적 대응을 요구하는 목소리가 커지고 있다. 청소년 환경단체 '청소년기후행동'은 2020년과 2022년 2월 각각 「저탄소녹색성장기본법」 및 이 법의 시행령과 기후위기 대응을 위한 탄소중립기본법에 명시된 온실가스 감축 목표 등 일부 내용이 기후변화로부터 청소년들의 기본권을 보호하기에 부족해 위헌이라며 헌법소원을 냈다. 2022년 6월에는 청구인에 태아가 포함한 '아기 기후소송' 헌법소원이 청구된 바 있다.

따라서 이하에서는 형사사법기관(법원, 검찰, 경찰, 교도소 등)이 기후변화에 어떻게 대응하고 있는지를 전반적으로 살펴보고자 한다. 이와 관련하여 우선, 탄

6) 이 법률에 대한 상세한 분석으로는 채영근, "2050 탄소중립 목표 실현을 위한 입법적 과제", 법학연구 제25집 제4호, 인하대학교 법학연구소, 2022. 12, 63면 이하; 한상훈, "탄소중립기본법의 의미와 향후 법적 과제", 법과 정책연구 제21집 제4호, 한국법정책학회, 2021. 2, 123면 이하 참조.

7) 그린피스 한국 홈페이지: https://www.greenpeace.org/korea/ 〈최종 검색: 2024. 6. 6.〉

소배출 감축과 기후정의를 추구하고자 시도되었던 국내외 기후소송의 경향과 주요 사례를 소개하고자 한다. 다음으로, 형사사법기관의 기후변화 대응을 기관 운영 차원과 기후 활동가의 기후시위에 대한 대응으로 구분하여 전자의 측면에서 형사사법기관이 어떻게 생태위기와 기후위기에 대한 관점이 기관 차원에서 '녹색화(greening)'되는지, 그리고 후자의 측면에서 기후 활동가들의 기후시위를 진압하는 경찰의 치안유지 활동과 관련한 쟁점을 검토하고자 한다. 셋째, 형사사법기관이 지구온난화를 유발하고 지속시키는 데 가장 큰 역할을 하는 기후변화 야기자들에 대해 법적 책임귀속을 하고자 할 때 검토해야 하는 법적 책임의 근거와 의무, 책임귀속과 관련한 핵심 쟁점에 대해 검토하고, 기후변화에 대한 형사법적 대응에 대한 한계를 극복하기 위해 전개할 수 있는 개입과 사회 운동의 의미에 대한 살펴보고자 한다. 마지막으로, 지금까지의 논의를 간략히 요약하고, 사법부는 기후활동가들을 범죄자로 전락시키기보다 기후변화로 인해 야기된 생태적 · 사회적 피해에 대해 국가뿐만 아니라 화석연료 기업들에게 책임귀속을 강화할 필요가 있음을 결론으로 도출하고자 한다.

Ⅱ. 기후변화 관련 국내외 기후소송의 경향과 주요사례

1. 본래적 의미의 기후소송

(1) 본래적 의미의 기후소송의 의의 및 경향

국내외에서 발생하고 있는 기후소송의 유형은 기후소송을 제기하는 목적이 어디에 있는가를 기준으로 하여 기후변화 대응 강화를 촉구하려는 목적에서 제기하는 기후소송을 '본래적 의미의 기후소송'으로, 기후소송의 심각성을 대중들에게 알리려 노력하는 기후활동가들이 일정한 장소에 무단으로 침입하는 등 범죄행위에 대해 제기하는 '부차적 의미의 기후소송'으로 구분할 수 있다고 본다.

보다 구체적으로 '본래적 의미의 기후소송(climate suits)'이란 정부나 화석연료 기업 등을 상대로 기후변화 대응 강화를 촉구하거나 각종 기후재난으로 입은 손실에 대해 배 · 보상 요구, 가해자에 대한 형사처벌을 요구하며 제기하는 소송을 말한다. 기후변화 관련 적극적 대응을 요구한다는 측면을 강조하여 '적극적 의미의 기후소송'이라고도 할 수 있다. 이러한 본래적 의미의 기후소송에는 기후변화 과학, 기후변화 대응으로 완화 및 적응 노력에 관한 법적 혹은 사실 문제와 관련한 다툼을 해결하기 위해 행정기관 또는 사법기관에 제기된 사건들이 포함된다.

런던 정경대(London School of Economics and Political Science) 연구팀이 1986년 이후 전 세계에서 제기된 기후변화 관련 기후소송 2002건을 분석한 '기후소송 글로벌 트렌드 2022' 보고서에 따르면,8) 기후변화에 대한 인식이 높아진 최근 2년간 본래적 의미의 기후소송이 집중적으로 제기된 것으로 나타났다. 1986~2014년까지 800여건의 기후소송이 제기된 데 비해, 2015~2022년 제기된 기후소송은 1,200여 건이었다. 이 중 2020년 1월부터 2022년 5월까지 제기된 기후소송은 475건으로 전체 소송의 25%를 차지했다고 한다([그림 3-1] 참조).

그림 3-1 전 세계 기후소송 추이

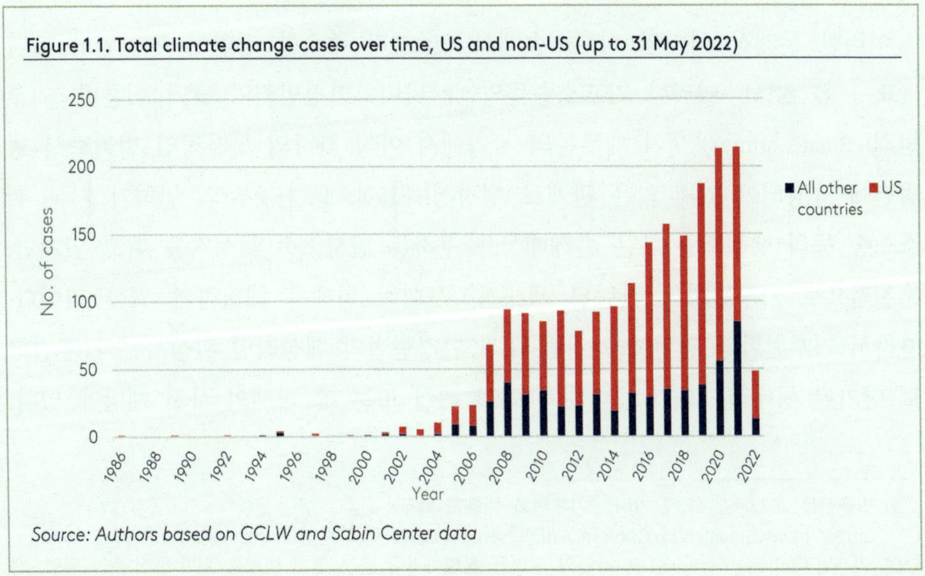

출처: 런던 정경대 '기후소송 글로벌 트렌드 2022' 보고서

위 보고서의 작성자인 조아나 세처(Joana Setzer)와 캐서린 하이암(Catherine

8) 보고서 원문은, https://forourclimate.org/sub/data/%EA%B8%B0%ED%9B%84%EB%B3%80%ED%99%94-%EC%86%8C%EC%86%A1-%EA%B8%80%EB%A1%9C%EB%B2%8C-%EB%8F%99%ED%96%A5-2022 〈최종 검색: 2024. 6. 6.〉

Higham)은 “탄소 과다 배출 주요 기업들을 비롯해 화석연료 채굴이나 화석연료 공급망에 관계된 기업들을 대상으로 한 소송 사례가 증가하고 있다.”라고 진단했다. 이어 “지난해 기업을 대상으로 제기된 소송 38건 중 16건은 화석연료 기업들이 대상이었으며, 나머지는 식품, 농업, 수송, 금융 기업”이라며, “기후소송 대상 기업의 범위도 다양해지는 추세”라고 했다. 전 세계 기후소송의 공통적 특징으로 “기후 목표에 대한 국가의 역할과 책임을 강조하고, 화석연료 폐지를 주장하는 것”을 들었다. 기후소송이 소송 당사자 개인의 이익 추구를 넘어 기후변화 관련 정책의 진전이나 기후변화에 대한 인식 확산, 정부와 기업의 행동변화 등 사회 변화를 목표로 하는 경우가 많다고 분석했다. 이들은 향후 기후변화 리스크를 관리해야 할 기업 임원에게 책임을 묻는 소송이 더 늘어날 것이며, 기후변화로 인한 피해와 손실 배·보상에 대한 국제소송도 증가할 것이라고 전망했다.[9)]

이러한 본래적 의미의 기후소송에서 몇 가지 주요한 경향이 확인되고 있다(〈표 3-1〉 참조). 이러한 기후소송들의 대부분은 환경범죄와 달리 이른바 ‘기후범죄(climate crimes)’[10)]가 대부분의 국가에서 아직 하나의 독자적인 범죄로서 형법전에 규정되어 있지 않은 관계로 행정청(대표적으로 환경부)의 인허가 처분 취소소송 등의 행정소송 혹은 손해배상을 구하는 민사소송의 성격을 띠고 있지만, 본질적으로 기후변화와 관련된 생태적·사회적 피해를 해결하기 위한 것이다. 따라서 기후변화와 관련한 환경법 내지 환경형법의 핵심적인 관심사는 기후변화로 야기된 생태적·사회적 피해의 법적 해결 또는 그 피해의 사전 예방에 있다.

---

9) 법률신문 2022. 7. 11.자 기사: “기후변화 대응책 촉구…기후소송 늘었다” https://m.lawtimes.co.kr/Content/Article?serial=179913 〈최종 검색: 2024. 6. 6.〉

10) ‘기후범죄(climate crimes)’란 자연의 권리를 침해하거나 환경 관계 법령을 위반하여 종의 절멸, 생태계의 훼손 또는 자연 순환의 영구적 변경을 가져오는 지구온난화와 기후변화의 중대한 원인을 제공하는 행위로 정의할 수 있다. 이에는 지구온난화와 기후변화를 유발하는 개인이나 기업 조직의 작위 내지 부작위 또는 국가나 정부 기관의 기후위기와 관련된 정치적 부작위가 포함될 수 있다. 화석연료 기업은 온실가스를 직접 배출함으로써 혹은 온실가스 배출을 일으키는 행동을 간접적으로 장려함으로써 세계 탄소오염의 대부분에 책임이 있다. 특히 2015년 채택된 「파리협정(Paris Agreement)」에 따른 탄소중립이라는 정책목표를 고의적으로 위반하는 행위를 기후범죄의 한 유형인 ‘탄소범죄(carbon crimes)’로 규정할 수 있으며, 화석연료 기업을 ‘탄소범죄자(carbon criminals)’로 지칭할 수 있다. 이에 대한 상세한 설명으로는 Ronald C. Kramer, *Carbon Criminals, Climate Crimes*, Rutgers University Press, 2020, pp. 27-57 참조.

표 3-1 본래적 의미의 기후소송의 경향과 쟁점

기후소송의 경향	실질적 쟁점 사항
정부의 기후변화 관련 입법 및 정책적 약속의 준수 여부	파리협정 등 국제기후협약에 근거한 약속을 포함하여 정부가 기후변화 관련 약속에 대해 책임을 다하고 있는지 여부
천연자원 추출의 영향을 기후변화 및 회복력에 연결시키고 있는지 여부	추출된 화석연료의 연소로 인한 온실가스 배출을 감축시키지 않거나, 복원력 및 적응 능력을 손상시키는 방식으로 천연자원 관리를 강제하는지 여부
특정 온실가스 배출이 특정한 기후변화에 악영향을 미치는 직접적인 원인인지 여부	온실가스 배출물이 지구 기후변화에 미치는 영향을 사전에 충분히 알고 있었음에도 불구하고 이를 배출한 경우 그 법적 책임귀속 여부
기후변화 적응 실패에 대한 법적 책임귀속 여부	기후과학에 대한 기술적 이해가 향상됨에 따라 적응 실패로 인해 예측 가능한 물질적 피해가 발생한 경우 그 법적 책임귀속 여부
기후변화에 대한 공공의 신뢰원칙(즉 특정 천연자원 및 문화자원은 공공의 사용을 위해 보존되어야 하고, 정부는 공공의 사용을 위해 이러한 자원을 소유하고 보호 및 유지해야 한다는 원칙)의 적용 여부	국가는 미래세대를 위해 공적 자원의 무결성을 유지할 책임이 있데, 그에 따라 세대 간 형평성의 원칙이 준수되고 있는지 여부

출처: Rob White, *Climate Change Criminology*, Bristol University Press, 2020, p.118.

이처럼 본래적 의미의 기후소송은 대부분 기후변화 완화 및 적응에 관련된 국가정책과 그 실무에 직·간접적 영향을 미치거나, 석유를 다량 소비하는 항공기 산업, 대표적 화석연료인 석탄을 채굴하는 탄광업 또는 석탄을 발전연료로 사용하는 석탄화력발전소 등의 건설 내지 확장과 같은 특정 프로젝트와 관련된 문제를 해결하기 위해 제기된다. 이때 많은 경우 피고는 정부이다. 즉 환경부 등 정부를 상대로 한 기후소송은 '그린워싱(greenwashing_위장 환경주의)', 과장광고 소송, 기업의 해외 화석연료 사업 프로젝트 참여에 대한 민사소송 등 다양한 형태로 제기되고 있다. 다만 다음의 두 가지 경우에 화석연료 기업이 피고가 되곤 한다. 첫째, 기업 활동으로 인해 피해(예컨대 불법행위나 범죄행위에 따른 피해)가 발생한 경우 기업에게 민·형사 책임을 묻고자 기업을 피고로 하여 기후소송이 제기된다. 둘째, 기업을 안전한 기후 미래를 달성하기 위한 대리인으로 보는 경우이다. 예를 들어 회사법 및 증권법을 사용하여 예측 가능한 기후 리스크와 관련한 공시 요건을 강조하거나, 기후 의무를 이사의 의무 및 책임과 관련된 것으로 간주할 때 기업이 기후소송의 피고로 등장한다.[11] 우리나라를 포함하여 대부분의 저개발국가는 본래적 의미의 기후소송을 거의 또는 전혀 경험하지 않고 있다. 본래적 의미의 기후소송의 주요사례는 다음에서 보듯이 네덜란드, 호주, 영국 및 유럽연합과 같은 선진 자본주의 국가와 관련이 있다.

국제적 차원에서 볼 때 기업에게 자신의 기업 활동에 대해 책임을 묻기 위해서는 정보 접근권, 재무 혹은 법률 관련 실사의무(due diligence)의 이행 및 각종 기업 관련 규제 제도 모두가 기후변화 정의를 추구하는 데 중요하다는 것이 밝혀지고 있다.[12] 그럼에도 불구하고 현실에서 이는 실제로 거의 일어나지 않고 있으며, 기업에게 책임을 부과할 수 있도록 하기 위한 실질적인 변화가 일어나려면 훨씬 더 많은 것이 필요하다. 반면에 정부는 여전히 기후변화 대응과 관련된 여러 법적 조치를 취할 권한을 가지고 있다.

유럽평의회(the Council of Europe)는 현재까지 전 세계적으로 환경보호를 위한 포괄적이고, 법적 구속력이 있는 도구가 존재하지 않음을 확인했다.[13] 환경문제에서 정보접근성, 대중의 의사결정 참여, 사법접근성에 관한 협약(이른바 「오르후스 협약(Aarhus Convention)」, 1998년 6월 25일 덴마크 오르후스에서 채택)조차 건강한 환경에 대한 권리가 아니라 절차상의 권리만을 제공하고 있다. 더욱이 「유럽인권협약(the European Convention on Human Rights)」 및 「유엔사회헌장(the European Social Charter)」이 관여하는 것도 환경 그 자체의 보호가 아니라 개인에 대한 환경의 영향에 머물고 있다.

그럼에도 불구하고 기후소송에 있어 광범위한 환경 내지 기후 관련 규제법, 민법, 그리고 간혹 환경형법이 기후변화 대응을 위한 법적 수단으로 동원되고 있다.

---

11) Fiona Haines and Christine Parker, "Moving towards ecological regulation: The role of criminalisation", in: C. Holley and C. Shearing (ed.), *Criminology and the Anthropocene*, London: Routledge 2017 참조.

12) Sharon Mascher, "Climate change justice and corporate responsibility: Commentary on the International Bar Association recommendations", *Journal of Energy and Natural Resources Law 34(1)*, 2016, p. 69.

13) The Council of Europe, *Manual on Human Rights and the Environment* (2nd ed.), Brussels: Council of Europe Publishing, 2012, p. 12.

예를 들어 1970년에 설립된 미국 환경보호청(EPA: United States Environmental Protection Agency)은 지구온난화에 기여하는 조치를 포함하여 대기오염 방지를 위한 조치 등을 취할 수 있는 여러 명시적 권한을 가지고 있다. 실제로 2007년 미국 연방대법원은 매사추세츠 대 미국 환경보호청(Massachusetts v. EPA) 판결[14]에서 미국 환경보호청은 「1963년 대기청정법(Clean Air Act 1963)」에 따라 이산화탄소 등 온실가스를 '대기오염물질'로 보아 그 배출을 규제할 법적 권한이 있다고 판시했다. 다만 이러한 판결이 온실가스 배출을 규제하는 실무에 있어 얼마만큼 실효적으로 기능할지는 여전히 의문으로 남는다고 한다.[15]

(2) 본래적 의미의 기후소송 주요사례

가. 2015년 우르겐다 재단 대 네덜란드 기후 사건

대표적인 본래적 의미의 기후소송으로 우선 2015년의 우르겐다 재단 대 네덜란드(Urgenda Foundation v. State of the Netherlands) 판결[16]을 언급할 수 있다. 네덜란드의 대표적 환경 단체인 우르겐다 재단과 900명의 네덜란드 시민들은 기후변화를 방지하기 위해 더 많은 조치를 취하도록 요구하기 위해 네덜란드 정부를 상대로 소송을 제기했다. 헤이그 지방법원은 온실가스 배출량을 2020년까지 1990년 수준보다 25% 이하로 제한할 것을 네덜란드 정부에 명령했는데, 이는 네덜란드 정부가 온실가스 배출량을 17% 줄이겠다는 기존 공약이 지구 온도 상승을 산업화 이전 조건의 섭씨 2℃ 이내로 유지하려는 유엔 목표를 이행하는 데는 불충분하다는 것을 의미한다. 법원은 "기후변화 결과의 심각성과 기후변화 발생 위험이 크기 때문에 국가가 기후변화 완화 조치를 취할 의무가 있다."라고 판시했다.

네덜란드 정부는 이 판결에 대해 항소했으나, 2018년 10월 9일 헤이그 항소법원은 헤이그 지방법원의 판결을 확정했다. 이에 네덜란드 정부는 항소법원의 판결과 관련하여 대법원에 상고를 제기했고, 네덜란드 대법원은 2019년 5월 24일 상고를 심리했다. 그리고 같은 해 9월 13일 검찰총장은 대법원이 국가의 상

14) MASSACHUSETTS V. EPA, 549 U.S. 497 (2007).
15) Rob White, *Climate Change Criminology*, Bristol University Press, 2020, pp. 118-120.
16) Urgenda Foundation v. The Netherlands [2015] HAZA C/09/00456689 (24 June 2015).

고를 기각하고 항소법원의 판결을 그대로 인용할 것을 권고했다. 마침내 2019년 12월 20일 네덜란드 대법원은 네덜란드 정부의 상고를 기각하고 원심 판결을 유지했다.[17)18)]

나. 호주에서 제기된 기후소송

2015년 네덜란드 기후 사건과 달리 호주에서는 기후소송이 성공을 거두지 못했다. 예를 들어 호주 연방법원은 최근 퀸즈랜드(Queensland)에 소재한 카마이클 석탄광산(Carmichael Mine)과 관련된 사건을 기각했는데([그림 3-2] 참조),[19)] 이는 석탄 연소와 대기오염이 호주 북동부에 위치한 세계 최대의 산호초 지대인 그레이트 배리어 리프(Great Barrier Reef)를 보호하기 위한 국제적 의무와 충돌될 수 있다는 '원주민 소유권 결정(Native Title determinations)'에 관한 것이다.

그림 3-2 호주 세계 최대 규모의 카마이클 탄광 개발

출처: IMPACT ON(임팩트온)(http://www.impacton.net)

---

17) http://climatecasechart.com/non-us-case/urgenda-foundation-v-kingdom-of-the-netherlands/ 〈최종 검색: 2024. 6. 6.〉

18) 네덜란드 대법원 판결의 원문은, chrome-extension://efaidnbmnnnibpcajpcglclefindmkaj/http://climatecasechart.com/wp-content/uploads/sites/16/non-us-case-documents/2020/20200113_2015-HAZA-C0900456689_judgment.pdf 〈최종 검색: 2024. 6. 6.〉

19) Adani Mining Pty Ltd v Land Services of Coast and Country Inc & Ors (15/12/2015).

이 사건에서 퀸즐랜드 토지법원은 제안된 카마이클 석탄광산과 관련하여 「1989년 광물자원법(MRA: Mineral Resources Act 1989)」에 따른 세 개의 광산 임대와 「1994년 환경보호법(EPA: Environmental Protection Act 1994)」에 따른 두 개의 환경 당국 허가를 승인할 것을 권고했다. 하지만 법원은 이러한 승인에 덧붙여 제안된 광산 부지 주변의 지하수와 생물다양성을 보호하기 위한 특정 조건의 부과를 함께 권고했다. 반면에 환경 보호 단체인 '해안 및 국가 토지서비스(LSCC: Land Services of Coast and Country)'는 다음과 같은 다섯 가지 사유를 근거로 하여 광산 임대 및 당국의 허가에 반대했다: ① 지하수 및 지하수 의존 생태계에 미치는 영향, ② 생물다양성, 특히 멸종위기 조류 및 취약한 식물종에 대한 영향, ③ 석탄 채굴, 운송 및 최종 연소로 인한 기후변화 영향(일반적으로 퀸즐랜드의 환경과 그레이트 배리어 리프에 피해 발생 예상), ④ 광산의 경제적 타산성, 그리고 ⑤ 승인이 공익에 반함. 법원은 이러한 반대 사유 가운데 ① 및 ②의 맥락에서 제기된 우려가 권고된 특정 조건에서 충분히 다투어질 수 있음에도 불구하고 채광 임대를 승인할 것을 권고했다.[20)]

한편 '위험한 지구온난화'에 대한 석탄의 기여를 다투는 또 다른 기후소송이 최근 퀸즈랜드 중부의 알파 탄광(the Alpha coal) 개발 프로젝트에 대해 제기되었다. 이 탄광 개발 프로젝트가 진행된다면 이 광산은 30년 동안 연간 3,000만 톤의 석탄을 생산할 계획이다([그림 3-3] 참조). 퀸즐랜드에서 주 및 연방 법률에 따라 대형 광산 개발에 필요한 주요 요건으로, ① 「1989년 광물자원법(MRA)」에 따른 채광 임대, ② 「1994년 환경보호법(EPA)」에 따른 환경 당국 허가, 그리고 ③ 「1999년 환경보호 및 생물다양성 보전법(EPBC Act: Environment Protection and Biodiversity Conservation Act 1999)」에 따른 승인이 요구된다. 2013년 이 탄광 개발과 관련하여 주변 목축업자와 환경 보호 단체인 위 코스트 앤 컨트리(Coast and Country)는 지하수 영향과 광산이 기후변화에 미치는 영향을 근거로 제안된 광산에 반대하는 소송을 퀸즐랜드 토지법원에 제기했다.[21)]

---

20) https://law.app.unimelb.edu.au/climate-change/case.php?CaseID=546&browseChron=1 〈최종 검색: 2024. 6. 6.〉

21) 알파 탄광 사건에 대한 개요는, http://envlaw.com.au/alpha-coal-mine-case/ 〈최종 검색: 2024. 6. 6.〉

∷ 그림 3-3 호주 퀸즈랜드 알파 탄광 개발

출처: https://www.mining-technology.com/projects/alpha-coal-project-queensland/

퀸즐랜드 토지법원은 원고 측의 광산 개발에 의한 지하수 영향에 대한 우려를 지지하면서 광산에 대한 채광 임대 허가 신청을 거부하거나, 「2000년 수자원법(the Water Act 2000)」에 따라 지하수 영향에 대한 추가 평가에 따라 신청을 허용할 것을 권고했다. 퀸즐랜드 환경 및 유산 보호부 장관은 지하수 영향에 대한 추가 평가에 따라 환경 당국에 대한 신청을 승인했다. 코스트 앤 컨트리는 이러한 환경 당국의 결정에 대해서도 이의를 제기하였다. 이 사건은 퀸즐랜드 대법원(the Supreme Court of Queensland)의 사법심사를 거쳐 퀸즐랜드 최고 법원인 퀸즐랜드 항소법원(the Queensland Court of Appeal)에 의해 심사되었으나, 결과적으로 2016년 9월 27일 청구가 기각되었고 소송을 제기한 환경 보호 단체가 소송비용을 지불하라는 명령을 받았다.[22)]

이 사건에서 법적 책임과 환경 영향에 대한 독특한 해석이 내려졌는데, 예를 들어 법원은 특정 광산이 전 세계 온실가스 배출 수준을 고려할 때 '순 영향(net

22) Coast and Country Association of Queensland Inc v Smith[2016] QCA 242. 판결 원문은, https://www.queenslandjudgments.com.au/caselaw/qca/2016/242/pdf-view 〈최종 검색: 2024. 6. 6.〉

impact)'을 미치지 않을 것이며, 이에 따라 기후변화에 영향을 미치지 않을 것이라는 이른바 '시장 대체(market substitution)' 주장을 받아들였다. 왜냐하면 동일한 양의 석탄이 다른 광산에서 공급될 수 있기 때문이다.[23] 이러한 판결에 대해 궁극적으로 아무런 책임을 질 수 없는 통합된 '시장'에 모든 책임을 전가함으로써 개별 행위자가 기후변화를 완화해야 하는 책임을 모호하게 만든다는 비판이 제기된다.[24]

다. 에콰도르에서 셰브론(Chevron) 관련 기후소송

에콰도르에서 셰브론(Chevron)과 관련한 손해배상 청구 기후소송은 글로벌 석유기업이 저지르는 피해 규모와 기업과 공공재 사이의 기본적인 사회적 이익의 충돌을 보여는 주는 대표적 사례이다. 또한 이 사례는 화석연료 기업이 자신들의 이익을 보호하기 위해 법을 도구로 적절히 활용할 수 있음을 잘 보여 준다.

셰브론 사건(Ecuador v. Chevron)은 셰브론이 인수한 텍사코(Texaco)가 1972년부터 1990년까지 약 30년간 에콰도르 영역 내 아마존 열대우림 지역에서 석유를 채굴하면서 야기한 심각한 환경침해에 관한 분쟁에서 시작되었다([그림 3-4] 참조).[25] 이에 에콰도르 지역 주민들이 1993년 미국에서 집단소송을 제기하였고, 2011년 2월 에콰도르 대법원은 에콰도르 열대우림 지역을 오염시켜서 그곳 원주민들이 병들게 되었다는 이유로 셰브론에 대해서 환경침해의 피해자들에게 공개사과하고, 에콰도르인 원고 측에 95억 달러(86억 4천만 달러 손해배상금에 10%의 벌금 합산액)를 지급하도록 셰브론에게 명령하면서 셰브론이 판결을 이행하지 않을 경우 2배로 증액되도록 판결하였다. 셰브론은 판결 내용에 따르지 않았고, 이로써 쉐브론은 182억 달러의 손해배상금을 지불할 책임을 부담하게 되었다. 이후 2014년 에콰도르 대법원은 2011년 셰브론에 부과하였던 징벌적 손해배상금액을 제외하고, 셰브론이 아마존 지역 원주민에 대해서 86억 4천만

23) Justine Bell-James and Sean Ryan, "Climate change litigation in Queensland: A case study in incrementalism", *Environmental and Planning Law Journal 33*, 2016, pp. 515-537.

24) Kane Bennett, "Australian climate change litigation: Assessing the impact of carbon emissions", *Environmental and Planning Law Journal 33*, 2016, p. 538.

25) 이 사건에 대한 국내 소개로는 강병근, "에콰도르 환경분쟁소송의 국제성에 관한 연구 – 쉐브론 사건을 중심으로 –", 환경법과 정책 제14권, 2015. 2, 145면 이하 참조.

달러의 손해배상금을 지급할 책임이 있다고 확정판결을 내렸다.[26)]

그림 3-4 셰브론의 독성 폐기물에 의한 환경 피해

출처: https://amazonwatch.org/news/2019/0327-chevron-vs-ecuador-international-arbitration- and-corporate-impunity

그런데 2016년 8월 8일 미국 연방대법원은 20년간 지속된 에콰도르 내 원유 개발로 인한 환경오염 관련 소송에서 글로벌 석유기업인 셰브론의 손을 들어 주었다. 이번 결정으로 지난 2014년 에콰도르 대법원이 셰브론에 내린 배상금 86억 4천만 달러(약 10조 8,700억 원) 지급 판결을 이행할 필요가 없어진 것이다. 이 판결은 강력한 글로벌 기업이 법적 및 재정적 자원이 충분히 있는 경우, 전 세계 어디에서나 기후변화를 야기한 기업 활동에 대해 법적 책임을 회피할 수 있음을 나타낸다.[27)]

26) 강병근, 위의 논문, 149-150면.
27) 이 판결의 의미에 대한 분석으로는, https://amazonwatch.org/news/2019/0327-chevron-vs-ecuador-international-arbitration-and-corporate-impunity 〈최종 검색: 2024. 6. 6.〉

(3) 본래적 의미의 기후소송에 대한 평가

앞서 살펴본 본래적 의미의 기후소송 주요 사례와 관련하여 전략적 차원에서 여전히 갈 길이 멀다고 본다. 광범위한 변화가 없다면 기후변화는 계속 가속화하여 가까운 미래에 모두에게 재앙적인 결과를 야기할 것이다. 천연자원의 황폐화, 특히 산림벌채와 지구온난화에 기여하는 것으로 알려진 석탄, 석유, 천연가스 등 화석연료에의 지속적인 의존은 상황을 더욱 악화시키고 있다. 기후변화에 따른 피해가 더욱 가시적으로 나타나고 있기 때문에 가해자가 누구인지 더욱 분명해지고 있다. 그러나 불행히도 기후변화의 야기자인 이른바 '탄소범죄자'로서 화석연료 기업에게 법적 책임을 묻기 위해 여러 형태의 기후소송은 오랜 시간이 걸리는 경향이 있다. 앞서 언급한 에콰도르의 셰브론 관련 기후소송이 대표적이다. 이때 시간 그 자체는 기후활동가와 탄소범죄자 모두의 손에 전략적 도구가 된다. 다만 이들 모두 기후변화에 관한 중요한 정책적 결정을 내리는 것과 관련하여 시간은 양날의 검으로 다가온다. 즉 본질적 의미의 기후소송에서 제1심 판단에 불복하여 항소를 할 경우, 예컨대 석탄광산 개발 프로젝트를 지연시키려는 기후활동가와 법률을 사용하여 기업 활동에 대한 잠재적 제동을 회피하려는 탄소범죄자 모두 법원을 전략적으로 기후소송을 위한 다툼으로 장소로 선택할 여지가 있다. 따라서 기후변화 대응과 관련한 완화와 적응을 강화하기 위해 기후소송을 어떻게 전략적으로 사용하는 것이 최선인지 고민할 필요가 있다.

2. 부차적 의미의 기후소송

(1) 부차적 의미의 기후소송의 의의

본질적 의미의 기후소송과 달리 '부차적 의미의 기후소송'은 기후위기의 심각성을 대중들에게 적극적으로 알리고 국가 차원의 기후대책을 시급히 촉구하는 과정에서 미술품이나 건축물을 훼손하거나 일정한 장소에 무단으로 침입하는 범죄행위가 기후활동가들에 의해 국내외에서 빈번히 발생하고 있는데,[28] 이들을

28) 한국일보 2022. 8. 26.자 기사: "미술품에 본드로 손 붙이는 시위 확산... "기후위기 인질이냐"", https://www.hankookilbo.com/News/Read/A2022082615000004703?did=NA 〈최종 검색: 2024. 6. 6.〉; KBS 뉴스 2023. 9. 18.자 방송: "페인트 뒤덮힌 '독일 상징' … '기후위기' 속 시위 늘어날

형사처벌하기 위한 목적으로 제기된 소송을 말한다. 이러한 기후소송은 기후변화의 주된 책임자인 기업이 피고가 되는 것이 아니라, 기후변화 대응 강화를 촉구하는 기후활동가들이 피고인으로 전락되게 함으로써 기후변화 관련 시민운동을 위축시키게 한다는 측면에서 '소극적 의미의 기후소송'이라고 말할 수 있다.

이러한 부차적 의미의 기후소송은 기후시위 과정에서 기후활동가들에 의해 행해진 범죄행위에 대해 단순히 자신의 이익을 위한 행위가 아니라 미래세대의 이익을 위한 목적으로 행위한 경우이므로 위법성조각사유의 하나로 긴급피난이나 정당행위에 해당하는지 여부가 기후소송에서 쟁점으로 대두되고 있다. 이러한 기후시위 관련 기후활동가들에 대한 국내외 기후소송 사례를 간략히 살펴보면 다음과 같다.

(2) 부차적 의미의 기후소송 주요사례

생태과학과 환경적 가치에 의해 알려지고 있는 기후변화와 관련된 새로운 피해 개념이 관련 법률 개정 과정에서 필연적으로 창안될 수밖에 없는데, 이는 기후정의 실현에도 기여할 수 있다. 6명의 그린피스 활동가들이 연루된 영국 법정의 기후소송에서 이에 대한 적절한 사례를 찾아볼 수 있다. 6명의 기후활동가들은 차세대 석탄화력발전소 개발 장소로 지정된 켄트 주 킹스노스(Kingsnorth)의 한 공장에서 굴뚝을 훼손한 혐의로 기소되었다. 8일간의 재판 끝에 배심원단은 지구온난화의 더 큰 위협을 고려할 때 활동가들이 석탄화력발전소에 피해를 입힌 것은 정당하다고 판단했다. 따라서 배임원단은 「1971년 형사손해배상법(the Criminal Damage Act 1971)」에 따라 기후변화로 인한 더 큰 피해를 막기 위해 발전소의 재산을 훼손할 수 있는 합법적인 항변사유가 있었다는 피고인들의 주장을 받아들였다.[29)]

2) 독일에서 기후활동가들에 대한 기후소송

2020년 10월 1일 기후활동가 약 20명이 플렌스부르크(Flensburg) 시에 있는 J의 커다란 숲으로 이루어진 사유지에 무단으로 침입하여 사유지 내 나무 위에 다수

듯", https://news.kbs.co.kr/news/pc/view/view.do?ncd=7776745 〈최종 검색: 2024. 6. 6.〉

29) White, 앞의 책, pp. 118-122.

의 통나무 집(Baumhaus)을 만들고 일시 체류하였다. 당시 J는 플렌스부르크 시로부터 해당 소유지 내에 호텔 건축허가를 받았는데, 이 호텔을 신축하기 위해서는 숲속 나무의 상당 부분을 벌목해야 했다. 기후활동가들은 슐레스비히(Schleswig) 행정법원에 이 건축허가와 산림 벌목에 반대하는 소송을 제기하였지만 기각되었고, 2021년 2월 19일 오전부터 해당 부지의 상당 부분을 차단하고 벌목이 시작되었다. 피고인은 부지 내 벌목을 막기 위해 2021년 2월 19일 오전부터 2021년 2월 22일 오후 8시 22분까지 부지 내 나무 위에 머무르다 그 후 나무에서 스스로 내려와 부지를 떠났다. J는 피고인을 주거침입죄 혐의로 고소하였다.[30)]

제1심 법원인 플렌스부르크 구법원(AG Flensburg)은 독일 형법 제34조[31)]의 정당화적 긴급피난의 요건을 충족한다는 이유로 피고인에게 무죄를 선고하였으나,[32)] 검찰의 비약상고(Sprungrevision)[33)]에 따라 상고심인 슐레스비히 주고등법원(OLG Schleswig)은,[34)] ① 이산화탄소 배출을 감축하는 데 일정 부분 기여한 행위가 있다면 그 기여의 정량과 상관없이 적절성이 인정될 여지가 있겠지만, 정치적인 영향력을 행사하려는 등 간접적으로 이산화탄소 배출의 감축을 의도하려는 행위만으로는 처음부터 적절성이 부정된다는 점(Rn. 40 이하), ② 기후변화의 불가역성을 고려할 때 기후보호를 위하여 몇 그루의 나무를 살리는 것이 소유주인 J의 재산상 이익보다 훨씬 더 우위에 있음을 인정할 수 있더라도 주거침입이라는 범죄행위는 기후보호를 위한 적절한 수단으로 볼 수 없다는 점(Rn. 40 이하), ③ 기후보호를 위해 현시점에서 이산화탄소를 발생시키는 모든 행위를 긴

30) 신상현, “긴급피난으로서의 기후시위? – 독일 및 스위스 판례의 검토를 겸하여 –”, 형사법연구 제36권 제1호, 한국형사법학회, 2024, 92면.

31) 독일 형법 제34조(정당화적 긴급피난) 생명, 신체, 자유, 명예, 재산 기타의 법익에 대한 달리 피할 수 없는 현재의 위험 속에서 자기 또는 타인에 대한 위험을 피하기 위하여 범행을 실행한 자는 충돌하는 이익, 특히 관련된 법익과 긴박한 위험의 정도를 교량하여 보호된 이익이 침해된 이익보다 본질적으로 우월한 경우에는 위법하게 행위한 것이 아니다. 다만, 피난행위가 위험을 피하기 위하여 적접한 수단인 경우에 한하여 적용된다. 법무부, 『독일형법』, 2008.5, 24-25면.

32) AG Flensburg, Urt. v. 7.11.2022 – 440 Cs 107 Js 7252/22 = AG Flensburg KlimR 2023, 25 이하. 이 판결에 대한 상세한 소개로는 신상현, 앞의 논문, 92-95면 참조.

33) 독일 형사소송법 제335조 제1항에 따르면 “항소의 대상이 되는 판결에 대해서 항소 대신 상고로써 불복할 수 있다.” 그에 따라 검사는 구법원(AG) 사건에 대하여 주법원(LG)에 항소를 제기하지 않고 바로 주고등법원(OLG)에 비약상고를 하여 불복할 수 있다.

34) OLG Schleswig, Urt. v. 9.8.2023 – 1 ORs 4 Ss 7/23 = OLG Schleswig NStZ 2023, 740 이하.

급피난이라는 수단을 사용하여 방지하는 방식으로 미래세대를 보호해야 한다고 해석하는 것은 타당하지 않다는 점(Rn. 67) 등을 논거로 피고인에게 유죄를 선고하였다.[35)]

이 판결과 관련하여 독일 형법학계에서는 기후시위 관련 범죄행위가 긴급피난의 요건으로서 현재의 위험을 방지하기 위한 적절하고 필요한 수단인지에 대해서는 부정적인 견해가 많다고 한다.[36)] 즉 나무에 머무는 행위는 벌목될 수 있는 나무를 구하는 데 적합할 수는 있겠지만, 기후를 구하는 데 적합한 수단이라고 볼 수는 없는 것이라거나,[37)] 적합성을 긍정하더라도 적합한 국가의 위험방지조치를 기대할 수 없는 상황이 아니므로 필요성 요건을 충족할 수 없다고 한다.[38)]

3) 스위스에서 기후활동가들에 대한 기후소송

2018년 11월 22일 20~30명의 기후활동가들이 로잔(Lausanne) 시에 있는 크레딧 스위스(Credit Suisse) 은행의 한 지점에 들어가 "크레딧 스위스는 기후를 파괴합니다!"와 같은 문구가 적힌 현수막을 펼치며 약 1시간 정도 시위를 펼쳤다. 이들의 기후시위는 화석연료에 투자하고 있는 크레딧 은행의 정책에 반대하면서 기후변화의 심각성에 대한 관심을 일깨우려는 목적에서였다. 크레딧 스위스 은행은 2018년 12월 28일 이들을 고소하였고, 검사는 2019년 4월 25일 주거침입, 공무집행방해, 비승인 시위의 혐의로 기소하여 2020년 1월 7일과 8일에 로잔 지방법원에서 심리를 받게 되었다.[39)]

제1심인 로잔 지방법원(BezGer Lausanne)은 스위스 형법 제17조[40)]의 정당화

---

35) 이에 대해 상세한 분석으로는 신상현, 앞의 논문, 95-96면.

36) 이에 대해 상세한 소개로는 신상현, 앞의 논문, 97-99면.

37) Frank Zieschang, "Klimaschutz als rechtfertigender Notstand bei Hausfriedensbruch? – AG Flensburg, Urt. v. 7.11.2022 – 440 Cs 107 Js 7252/22", JR 2023, 136 144.

38) André Bohn, "Aktuelle Protestformen der Klima(schutz)bewegung – Eine strafrechtliche Würdigung", HRRS 2023, 226, 229; Armin Engländer, "Keine Rechtfertigung eigenmächtiger Klimaschutzaktivitäten durch Notstand – OLG Schleswig, Urt. v. 9.8.2023 – 1 ORs 4 Ss 7/2", NStZ 2023, 745, 746; Thomas Rönnau, "Klimaaktivismus und ziviler Ungehorsam", JuS 2023, 112, 114; Zieschang, 앞의 논문, JR 2023, 136 145.

39) 신상현, 앞의 논문, 101면.

40) 스위스 형법 제17조(정당화적 긴급피난) 자기 또는 타인의 법익을 달리 방어할 수 없는 직접적인 위험으로부터 구하기 위하여 형벌로 처벌되는 행위를 한 자는, 그가 이를 통하여 보다 우월적인 가

적 긴급피난에 해당하여 위법성이 조각된다고 판시하였으나,[41] 항소심인 바트란트 주(칸톤)법원(KGer VD)은 피고인들의 행위가 기후보호라는 위험을 방지·해결하기 위한 적합하고 필요한 행위가 아니라는 점을 논거로 하여 유죄로 판시하였다.[42][43] 이에 대해 연방대법원(BGer)은,[44] 스위스 형법 제17조에서 규정하고 있는 정당화적 긴급피난이 성립하기 위해서는 '직접적 위험(unmittelbaren Gefahr)'이 존재해야 하는 데, 구체적으로 누구(피고인이나 제3자)에게, 그리고 어떠한 특정 개인적 법익에 대한 위험이 발생한 것인지 불명확하고, 기후변화로 인한 야기되는 위험은 어느 특정 시점이나 장소에서나 나타나는 특징을 지니고 있기 때문에 지구온난화로 인한 이상기후 현상은 직접적 위험에 포함되는 계속적 위험(Dauergefahr)과 동일하게 볼 수 없다는 점을 주요 논거로 하여 유죄를 선고하였다.[45]

이 판결과 관련하여 스위스 형법학계의 다수견해는 직접적 위험의 존재 여부와 관련하여 '기후변화에 관한 정부 간 협의체(IPCC)'의 보고서에 따르면 현재 세계 곳곳에서 발생하고 있는 이상기후 현상들이 청구인을 포함한 인간의 생명, 신체, 자유와 같은 개인적 법익에 직접적으로 침해를 가져온다는 사실은 이미 과학적 사실로 명확히 입증되었기 때문에 위험 자체는 존재하고,[46] 이러한 개인적 법익에 대한 현재·장래의 위험을 방지하기 위해서는 즉각적인 조치가 필요하기 때문에 직접성이라는 요건도 인정될 수 있다고 한다.[47] 하지만 사용된 수단이 위험의 방지에 적합하지 않을 뿐만 아니라, 사용 가능한 여러 수단들 중에서 가장 법익침해를 적게 일으키는 것도 아니기 때문에 다른 방법으로 회피할

치가 갖는 이익을 보존하기 위한 때에는, 적법하게 행위한 것이다. 한국형사·법무정책연구원, 『스위스 형법전』, 2009, 29면.

41) Urteil des Bezirksgerichts Lausanne vom 13. Februar 2020 (PE19.000742).

42) Urteil des Kantonsgerichts Waadt vom 22. September 2020 (Jug 2020/333/371).

43) 이들 판결에 대한 상세한 소개로는 신상현, 앞의 논문, 101-103면 참조.

44) Urteil des Bundesgerichts 6B_1295/2020 vom 26. Mai 2021 = BGE 147 IV 297.

45) 신상현, 앞의 논문, 103-104면.

46) Andrés Payer, "Klimawandel als strafrechtlicher Notstand – Zugleich Besprechung des Urteils des Bezirksgerichts Lausanne PE19.000742/PCL/llb vom 13. Januar 2020", sui generis 2020, 226, 232.

47) Payer, 위의 논문, 226, 232-233; Marc Thommen/Jascha Mattmann, "Whistleblowing für das Weltklima – Besprechung des Urteils des Bezirksgerichts Lausanne (Tribunal de Police) PE19.000742/PCL/IIb vom 13. Januar 2020", sui generis 2021, 13, 18.

수 없는 경우여야 한다는 요건을 충족할 수 없다고 보는 견해가 대부분이라고 한다.[48]

4) 우리나라에서 기후활동가들에 대한 기후소송

서울중앙지방법원은 2022년 3월 기후활동가 네 명에게 사전에 등록되지 않은 행사장에 들어갔다는 이유(공동주거침입죄), 포스코 행사 진행을 방해했다는 이유(업무방해죄)로 1인당 300만 원씩 총 1,200만 원의 벌금을 내라고 약식명령했다. 기후활동가들은 이에 불복해 정식재판을 청구했고, 서울중앙지방법원은 2023년 1월 11일 피고인들에 대해 유죄를 인정하면서도 두 명에게는 벌금 100만 원씩, 나머지 두 명에게는 각각 200만 원과 150만 원의 벌금형을 선고했다.[49] 애초 1200만 원이던 벌금이 절반 이상 감액된 것이다. 검찰과 피고인측이 항소를 하지 않아 이 판결은 확정되었다.

이 재판에서 피고인들은 기후위기를 가속화하는 포스코 측의 과다한 온실가스 배출행위, 기후위기 대응에 대한 정부 측의 미온적인 태도에 문제를 제기하고, 본인들, 그리고 미래세대의 생명권, 환경권, 자유권 등 기본권을 지키기 위하여 이 사건 각 공소사실 기재 행위를 한 것이므로, 이는 형법 제20조의 정당행위로서 위법성이 조각되어 피고인들에게 무죄가 선고되어야 한다는 취지로 주장했다.

그러나 재판부는 “지구평균 기온 상승을 산업화 이전 대비 1.5도씨 이내로 막기 위하여 산출된 전 지구적인 허용 온실가스 배출량에다가 국가별 인구 비율 등을 적용하면, 기후위기에 실질적으로 대비하자는 취지의 피고인들의 주장이 전혀 타당성이 없다고는 할 수 없”으며, “기후위기가 티핑 포인트(tipping point)를 넘어서게 되면, 매우 회복하기 어려운 상황에 도달하게 된다는 점을 고려하면, 산업계, 그리고 정부 차원에서 현재보다 더욱 높은 수준의 노력을 기울여야 한다는 메시지를 보낸다는 측면에서 목적의 정당성 역시 없다고는 볼 수 없다.”[50]라고 하여 기후위기 심각성과 직접행동의 목적의 정당성을 인정하였다.

---

48) Thommen/Mattmann, 위의 논문, 13, 19.
49) 서울중앙지방법원 2023. 1. 11. 선고 2022고정379 판결.
50) 서울중앙지방법원, 앞의 판결문, 7면.

그러나 피고인들은, ① 지구온난화에 대한 경각 메시지를 정부 부처 관계자들이나 포스코 관계자들에게 충분히 알릴 기회가 있었던 것으로 보이는 점, ② 행사관계자들로부터 당일 등록 및 참석은 불가능함을 통지받았음에도 불구하고, 몰래 위 회의장에 진입하였던 점, ③ 앞서 본 바와 같은 언동으로 1,200명이 참석하여 평온하게 진행되고 있는 회의를 중단시키는 등으로 업무를 방해한 것이 법익균형성 내지 긴급성의 요건을 갖추었다고 보기 어려운 점, ④ 법치주의에서는 그 결과의 실현도 중요하지만 절차 및 과정의 적법성 역시 존중되어야 하며, 어떠한 집단의 의사 개진 및 여론의 형성 역시 법의 테두리 내에서 이루어져야 한다는 점 등을 언급하면서 피고인들의 행위는 그 수단과 방법이 상당하다거나, 긴급성 내지 보충성의 요건을 갖추었다고 보기 어려워 정당행위를 인정하지 아니하였다.[51)]

(3) 부차적 의미의 기후소송에 대한 평가

앞서 살펴본 영국, 독일, 스위스, 우리나라에서 기후활동가들을 피고인으로 하여 전개된 부차적 의미의 기후소송은 기존 글로벌 자본주의 체제 하에서 생산 및 소비 시스템을 개혁하고 환경오염에 따른 피해 혹은 기후변화에 따른 피해를 예방하고 줄이기 위해 전개되는 기후활동가의 활동의 의미를 적절히 파악하지 못한 것은 아닌지 의문이다. 예컨대 기후활동가들의 일부 활동은 비록 타인의 재물을 손괴하거나, 주거에 침입하거나, 업무나 공무를 방해하거나, 집회시위 관련 법률을 위반하는 것으로 실정법을 위반한 범죄행위임이 분명하다. 하지만 이들의 활동은 기후변화에 대한 공중의 관심을 불러일으키려는 부차적 목적과 아울러 정부로 하여금 파리협정에 따라 약속한 온실감스 감축 목표를 충실히 이행하고 석탄화력발전소의 신축을 더 이상 허가하지 않음으로써 지구온난화를 억제하여 개인의 생명, 신체, 건강 등 개인적 법익에 대한 침해를 방지하려는 본질적 목적을 달성하기 위한 과정에서 발생된 불가피한 결과에 지나지 않는다고 본다. 따라서 침해된 타인의 법익이 경미하다면 이익형량의 관점은 물론이고 그 수단이 비록 실정법을 위반한 것일지라도 수단의 적합성과 필요성은 충분히 긍정될

51) 서울중앙지방법원, 앞의 판결문, 7-8면.

수 있다고 본다. 타인의 숲에 무단으로 들어가 나무 위에 통나무 집을 짓고 잠시 머무르거나, 은행의 지점에 들어가 "크레딧 스위스는 기후를 파괴합니다!"와 같은 문구가 적힌 현수막을 펼치며 약 1시간 정도 기후시위를 벌인 행위를 통해 '합법'이라는 이름으로 벌어지는 숲의 수많은 나무의 벌목을 막을 수 있다면, 그리고 기후위기의 심각성을 널리 알릴 수 있다면, 그러한 수단은 적합하고 불가피하지만 최소침해를 야기하여 필요한 것으로 정당화적 긴급피난이 인정되어 위법성이 조각될 수 있다고 본다. 이들의 범죄행위는 기후변화에 따른 피해를 예방하기 위한 것으로 현세대뿐만 아니라 미래세대의 이익을 대변하고 전 지구적 관점에서 인간 이외의 비생물적 존재, 즉 동물, 식물, 강, 산 등의 이익을 대변하기 위한 과정에서 부차적이고 부수적으로 발생한 것이기 때문이다. 이와 달리 "허가를 받은 평화적 집회, 언론 인터뷰, 신문광고, 공청회나 학술회의 개최, 국민청원 등의 합법적인 방식으로도 그러한 목적을 충분히 달성할 수 있다."[52]라는 것은 합법적 행위로서 이미 정당화적 긴급피난의 문제가 발생할 여지조차 없다.

둘째, 부차적 의미의 기후소송에 있어 사법부의 기후활동가들에 대한 유죄판결은 기후위기를 야기한 범죄자는 기후활동가들이 아니라 화석연료 기업들이 진정한 기후범죄자라는 것임을 간과한 것은 아닌가 한다. 이러한 기후소송은 진정한 기후범죄자가 역으로 기후활동가들을 범죄자로 전락시키는 수단으로 악용될 수 있는 문제를 야기한다. 즉 피해자와 가해자가 뒤바뀌는 상황을 야기한다. 실제로 1854년부터 2010년까지 석유, 천연가스, 시멘트를 생산했던 50개 주요 투자자 소유 민간기업, 31개 주(州) 소유, 9개 국가 소유 국영기업의 화석연료 및 시멘트의 생산 기록을 정량적으로 분석한 결과, 이들 기업이 산업계 이산화탄소 및 메탄의 전 세계 누적 배출량의 63%를 생산한 것으로 밝혀졌다.[53] 이는 가장 큰 투자자 소유 기업과 국영기업이 가장 많은 온실가스를 배출하고 있음을 의미한다. 현재에도 이들 주요 기업들은 화석연료 매장량의 상당 부분을 소유하고 있으며, 이들이 소유한 화석연료가 어떠한 규제와 통제 없이 생산 및 배출될 경우 인위적인 기후변화를 더욱 심화시킬 것임은 분명하다. 그런데 부차적 의미의

52) 신상현, 앞의 논문, 113면.

53) Richard Heede, "Tracing anthropogenic carbon dioxide and methane emissions to fossil fuel and cement producers, 1854-2010", *Climate Change 122*, 2014, pp. 229-241.

기후소송은 화석연료 기업이라는 진정한 기후범죄자는 어디론가 사라지게 하고 기후변화의 피해자일 수 있는 기후활동가들을 범죄자로 전락시키게 한다.

마지막으로, 우리나라의 2022고정379 판결은 사법부가 기후위기의 심각성과 기후시위 목적의 정당성을 처음으로 인정한 것으로, 향후 우리나라에서 부차적 의미의 기후소송에 있어 커다란 영향을 미칠 수 있는 최초의 판단이라는 점에서 큰 의미가 있다. '성인지감수성'처럼 '기후인지감수성'을 반영한 첫 번째 판결이라고 본다. 다만 아쉬운 것은 네 명의 기후활동가들에 대한 공동주거침입죄, 업무방해죄 유죄 판단과 관련하여 비록 벌금액 수가 절반 이상으로 감형되었지만 정당행위로 인정되어 무죄가 되기 위한 요건으로 목적의 정당성만을 인정하였다는 것이다. 그 외의 성립요건인 수단과 방법의 상당성, 법익균형성, 긴급성, 보충성을 인정하지 않는 한계를 보였다. 이러한 요건들은 향후 부차적 의미의 기후소송에서 중요한 논거로 활용될 수 있기 때문에 사법부의 적극적인 판단이 요구된다. 예컨대 판결문은 '직접 행동'이라는 방식의 상당성은 인정하지 않으면서 '직접 행동'이 효과적이어야 기후위기를 막을 수 있다고 보았다. 기후활동가들은 포스코처럼 옥외 광고를 대대적으로 이용할 수 있는 경제력도 없을뿐더러 합법적인 방식으로 기후위기 관련 1인 시위, 집회, 정책 제안도 다수 진행하였지만 그 효과가 미미하였음을 고려할 때, 재판부가 '직접 행동'의 대안으로 언급한 것의 효과를 직접 입증할 필요가 있다고 본다.

Ⅲ. 기후변화에 대한 형사사법기관의 활동과 조치

1. 형사사법기관의 녹색화 이니셔티브

최근 몇 년 동안 전 세계 형사사법기관 내에서도 지구 환경의 지속가능성이라는 이니셔티브(initiative; 일상적인 과업을 말하는 것이 아니라 미션 · 비전과 같은 방향성을 가지고 기존과 다른 특별한 과제 또는 프로젝트를 추진하는 것을 의미함)의 출현과 더불어 생태 인식이 함께 성장하고 있다. 이는 부분적으로 비용절감을 목적에 두고 있지만, 형사사법기관과 기관을 운영함에 있어 발생하는 환경에 유해한 영향을 줄이려는 시도에서도 기인한다. 이때 '형사사법기관의 녹색화

(greening criminal justice)'는 인간과 환경 간의 보다 지속가능한 관계를 발전시키려는 형사사법기관 내의 다양한 활동과 조치를 포함한다. 근본적으로 범죄 발생에 따른, 그리고 형사사법기관의 운영에 따른 사회적, 경제적 그리고 생태적 비용을 절감하기 위한 노력에는 형사사법기관 종사자(예컨대 판사, 검사, 변호사, 경찰, 교정직원 등), 범죄자 및 지역 공동체의 여러 활동과 조치가 포함된다(〈표 3-2〉 참조).[54]

표 3-2 형사사법기관의 녹색화

기관	대상	사례	이니셔티브
법원	- 환경에 악영향을 미치는 활동 축소 - 자원절약 및 오염 감소 노력 - 환경에 좋은 영향을 미치는 일을 포함하는 판결 관행 형성	- 관련 형사사법기관에 대한 법원 건물의 접근성 향상 - 공동 위치 지원 서비스를 가능케 하는 다목적 건물 - 환경 프로젝트에 참여	- 미국 뉴욕 주: 1999년부터 전자파일링 시스템을 도입하여 전자소송 구현
검찰/경찰	- 탄소배출 감축 - 에너지 효율 향상 - 폐기물 최소화	- 검찰/경찰 차량 및 자동차 크기 축소, 자전거 및 도보에 의한 순찰 확대 - 태양광, 풍력 및 수력 등 대체에너지 사용 - 종이 재활용	- 홍콩: 의식 고취를 위한 '녹색 경찰 이니셔티브'
교정기관	- 친환경 교도소 - 에너지 및 자원 소비 감축 - 수감자들에 대한 녹색직업(green-collar) 교육 실시 - 직원들에 대한 지속가능성 인식 교육 강화	- 교도소 수용인원 감축 - 종이 재활용 - 교도소 정원 가꾸기 - 외부 자연보존 프로젝트 참여	- 미국 워싱턴 주: '교도소 내 지속가능성 프로젝트'
지역공동체	- 환경 프로젝트 참여	- 산책로 유지 및 나무 심기	- 영국: '범죄자와 환경 설계'

54) 이에 대해 상세한 논의로는 Rob White and Hannah Graham, "GREENING JUSTICE: EXAMINING THE INTERFACES OF CRIMINAL, SOCIAL AND ECOLOGICAL JUSTICE", *The British Journal of Criminology 55(5)*, 2015, pp. 845-865.

	– 환경 관련 일자리로 연결되는 청소년 범죄자 프로그램 운영 – 녹색기술 사용을 통한 사회로의 재통합	– 수로 정리 및 서식지 식생관리 – 온실건물, 태양광 패널 설치, 수경재배 등을 포함한 친환경 활동	

출처: White and Graham, "GREENING JUSTICE: EXAMINING THE INTERFACES OF CRIMINAL, SOCIAL AND ECOLOGICAL JUSTICE", *The British Journal of Criminology 55(5)*, 2015, pp. 848-856.

법원, 검찰, 경찰, 교도소, 범죄자 감독 및 지역 공동체 내에서 친환경적 변화는 형사사법기관의 녹색화라는 현상의 일정 부분을 반영한다. 다만 형사사법기관 내에서 수행되는 모든 활동과 조치가 지구온난화를 완화하거나 적응하기 위한 기후변화 문제에 의해서 주도되는 것만은 아니다.

또한 형사사법기관의 녹색화의 재정적 및 기타 이점은 신중하고 상황에 맞게 해석될 필요가 있다. 형사사법기관의 녹색화 프로젝트의 출현과 확산은 형사사법기관의 전반적 운영과 종사자 및 범죄자의 경험적 측면에서 볼 때 그리 대단하지 않은 일로 간주되는 경향이 있기 때문이다. 바꾸어 말하면 형사사법기관의 녹색화는 특정 장소와 특정 상황에서만 긍정적인 차이를 만들어 낼 수 있을 뿐이다.

그러나 형사사법기관에서 펼쳐지는 대부분의 정책과 마찬가지로 의도치 않게 모순된 정책적 결과가 야기되기도 한다. 예를 들어 친환경 에너지 사용과 현지에서 재배한 식품에 대한 의존도라는 측면에서 이른바 친환경 교도소를 보다 효율적으로 건설하자는 이니셔티브[예컨대 영국 정부가 이산화탄소 순배출량 제로(Net-Zero; 탄소중립)] 목표 달성을 위한 실천계획의 일환으로 자국 내 각급 교도소에 대한 친환경 구축작업을 가속화하고 있다. 즉 2021년 8월 24일 영국 일간지 데일리 텔레그래프는 "녹색을 지향하는 쇼생크: 복역수가 자신들을 위한 친환경 전구 제조"라는 제목의 기사를 통해 수감자들이 감방의 LED 조명 조립 작업에 투입되고 있으며, 잉글랜드와 웨일즈의 각 교도소에 설치될 경우 연간 250만 파운드(약 40억 원)의 세금을 절약할 수 있을 것이라고 보도한 바 있다.[55]

55) 딜라이트 2021.8.24.자 기사: "영국, 각급 교도소도 친환경으로 전환 추진"

이것이 단지 더 많은 친환경 교도소를 지을 수 있는 자금과 동기만을 제공할 뿐이라면, 이는 기후변화에 대한 적절한 대응이라는 큰 그림에서 볼 때 중요하다고 볼 수 없다. 따라서 기후변화 범죄학의 관점에서 롭 화이트(Rob White)와 한나 그레이엄(Hannah Graham)이 언급한 다음의 견해는 전적으로 타당하다고 본다.

> "생태학적, 사회적 정의 측면에서 교도소를 더 건설하지 말아야 할 강력한 이유가 있다. 형사사법의 맥락에서 볼 때, 이는 더 적으로 것으로 더 많은 일을 하는 것이다. 뿐만 아니라 더 적은 일을 하는 것이기도 하다. 실제로 가장 지속가능한 건물은 단 한 번도 건설된 적이 없는 건물이라 것이 분명한 사실로 판명되고 있다. 형사사법기관의 녹색화라는 개념을 가지고 엄벌주의를 정당한 것으로 해석하려는 시도는 지속가능성의 핵심 개념 해석과 완전히 모순된다. 이와 유사하게, 새롭게 등장한 형사사법기관의 녹색화로부터 잠재적으로 나타날 수 있는 역설적인 피해 중 하나로 발전(evolution)이라는 개념을 통해 이른바 '녹색 생태-교도소(green eco-prisons)'를 하나의 이상적 교도소 형태로 구체화하고 이에 의해 엄벌주의 형벌 프로젝트의 폐지가 아니라, 역으로 그 정당성을 확보하려고 한다. 그러나 형사사법기관의 녹색화의 관점에서 볼 때, 진정한 지속가능성은 진정한 최후 수단으로서 교도소에의 감금이라는 형벌 사용을 최대한 제한함으로써 그 규모를 줄이고 해체함을 의미하는 것이지, 확대를 의미하는 것이 아니다."56)

그러나 이러한 형사사법기관의 녹색화와 같은 광범위한 기후변화 관련 정책적 처방은 특히 대량 기후난민이 발생하여 한 국가의 내부 질서에 위협이 된다고 인식될 경우 기후난민의 문제를 해결하기에 충분하지 않을 수 있다. 실제로 기후난민자들의 유입을 억제하기 위한 우선적인 조치로 임시 강제 수용소를 마련하고자 때, 수용소 설계와 감독과 관련하여 형사사법기관의 녹색화에 대한 수사학적 호소가 어느 정도 반영될지 의문이다.

2. 기후 분쟁에 대한 경찰의 치안유지 활동

기후변화 문제를 해결하기 위해 변화를 촉구하기 위한 행동은 기후인권, 생태

---

https://www.delighti.co.kr/news/articleView.html?idxno=30217 〈최종 검색: 2023. 2. 17.〉

56) White and Graham, 앞의 논문, p. 860.

적 시민의식, 글로벌 공동자원(global commens)과 같은 개념의 활용을 통해 지역적 차원의 이익이 아닌 기후정의의 우위를 주장하는 방식으로 전개될 필요가 있다. 이를 위해 시민 사회 내에서 보다 급진적인 사회변화 의제를 발굴하고 실천하기 위한 강력한 조치가 필요하다. 이것의 일환으로 범죄학자들은 시급히 요구되는 기후변화 해결책에 대해 정면으로 반대하는 화석연료 기업들과 기후변화를 부정하는 정치인들에게 대항하기 위해 대중적 투쟁을 적극적으로 펼칠 수 있는 민주주의 공간을 마련하고 이를 보호할 필요가 있다고 주장한다.

그러나 사회적 갈등은 불가피하게 경찰의 개입을 불러일으킨다. 공공질서 확립을 위한 경찰의 치안유지 활동은 작전상 전술과 전략의 선택, 그리고 사건이 발생하는 사회적 환경과 관련하여 정치적 측면에서 경찰에게 뚜렷한 도전 과제를 부과한다. 이러한 경찰의 치안유지 활동은 시민들의 눈에 잘 띄고 사회에 미치는 파장이 크다.

경찰의 무대응으로 폭력 사태를 예방하지 못하거나, 반대로 경찰의 지나친 개입으로 폭력 사태의 확대는 경찰이 특정한 종류의 사건과 상황에 대응할 때마다 직면하는 끊임없는 딜레마이다. 여기에는 식량 폭동, 물 분쟁, 석탄화력발전소의 탄소 배출에 대한 기후 활동가의 항의와 과격 시위 등 기후변화로 인해 발생하는 상황에 대한 경찰의 대응이 포함된다.

경찰력 투입 여부, 경찰 개입의 규모과 형태, 대규모 폭동을 수반한 과격 시위를 진압하는 데 사용되는 경찰력 운영 전략 등은 모두 이러한 사건의 진행 과정과 결과에 지대한 영향을 미친다. 예를 들어 최근 몇 년간 폭력 시위에 대한 경찰의 대응은 호주 멜버른, 미국 시애틀 또는 이탈리아 제노바에서 경찰 폭력과 과잉 진압과 관련하여 경찰의 치안유지 관행에 대한 비판적 조사를 동반하게 했다. 관련 조사에 따르면 폭력 시위 진압을 위해 다음과 같은 세 가지 주요 상호 관련된 전략적 판단이 확인되었다. 즉 ① 강압 전략(예컨대 무기와 물리적 강제력의 사용), ② 설득 전략(예컨대 경찰과 시위대 간의 대화), 그리고 ③ 정보 전략(예컨대 시위 전후에 걸쳐 시위대에 관한 광범위한 정보 수집). 경찰의 수년에 걸친 시위진압 경험은 강압 전략에서 벗어나, 설득 전략과 정보 전략에 기반하여 사전 진압계획의 수립과 적극적 예방 활동으로 통합되었다. 동시에 시위대 역시 비록 시위 활동이 때때로 경찰과 폭력 사태를 불러일으키는 갈등으로 이어지더라도 그들의 정치적 주장을 어떻게 하면 극대화할 수 있을지를 여러 시위 경험을 통해 습득한다.

일반적으로 강압적이고 준군사적인 방식의 치안유지 활동보다 눈에 띠지 않는 치안유지 활동과 예의 바르게 행동하는 것이 더 효과적이라고 한다.[57] 시위대를 향해 커다란 경찰봉을 마구 휘두르는 것은 실제로 시위대들에게 적대감을 불러일으키고 불필요한 폭력 사태를 발생시킨다. 예를 들어 훌리건에 대한 경찰의 고정관념과 강압적 태도는 불필요하게 경찰과 훌리건 간의 갈등을 고조시키는 것을 포함하여 경찰이 갈등에 어떤 식으로 기여하는 지를 잘 보여준다. 기후변화 활동가와 시위자들에 대한 경찰의 고정관념에 대해서도 같은 말을 할 수 있다고 본다.[58]

경찰의 공공질서 치안유지 활동에서의 좋은 관행은 특정한 방식으로 운영하라는 정치적 압력과 서로 분리하기 어렵다. 공공질서 치안유지 활동의 또 다른 쟁점은 특정 사건의 치안유지 활동에 대한 광범위한 정치적 환경의 영향, 준군사적 진압방식과 평화적인 진압방식 간의 긴장, 준군사적 진압방식의 채택으로 인한 폭력 사태의 확산 등과 같은 문제와 관련이 있다. 그것이 훌리건에 대한 단속이든, 반세계화 시위든, 기후 활동가나 폭도들의 시위에 대한 치안유지 활동이든 간에 경찰의 개입방법은 상징적일 뿐만 아니라 실용적이기까지 하다.

예를 들어 반세계화 시위에 대한 경찰의 진압과 관련하여 캐나다와 볼리비아의 공공질서 치안유지 활동을 서로 비교해 보면, 볼리비아의 경우 치안유지 활동이 지나치게 정치화되어 모범적인 치안유지 관행을 해친다는 충격적인 증거를 찾을 수 있다. 경찰의 시위진압 전술은 가장 적절하고 효과적이며 비폭력적인 방법을 사용하는 대신에 당혹감을 피하는 것을 목적으로 반세계화, 탄소중립 등과 같은 초국가적인 정치적 의제에 의해 점점 더 영향을 받고 있다고 한다.[59]

---

57) Clifford Stott et al, “Variability in the collective behaviour of England fans at Euro 2004: ‘Hooliganism’, public order policing and social change”, *European Journal of Social Psychology 37*, 2007, pp. 75-100.

58) Stephen Reicher et al, “An integrated approach to crowd psychology and public order policing”, *Policing: An International Journal of Police Strategies and Management 27(4)*, 2004, pp. 558-572.

다른 많은 공공질서 상황에서 채택되는 '협상 관리(negotiated management)' 치안유지 방식과 달리, 반세계화 시위의 특정 사례에서는 이제 강화된 무력 사용과 광범위한 강제력의 행사에 중점을 두는 경향을 보인다. 이는 결국 다른 영역의 공공질서 치안유지 활동에도 커다란 영향을 미친다.

기후변화와 관련된 경찰의 모든 치안유지 활동이 기후정의 시위와 행동주의에서 비롯된 거리 수준의 무질서만을 다루는 것은 아니다. 경찰과 검찰은 기존 환경범죄자들에 대한 수사와 기소를 다루지만, 기후변화 피해의 가장 큰 가해자인 기업과 정부 책임자에 대한 수사와 기소 여부에 대해서도 커다란 관심을 기울이고 있다.

글로벌 이슈는 글로벌 대응을 요구한다. 이는 법률, 정책 및 전반적인 환경 전략과 마찬가지로 치안유지 활동에도 관련이 있다. 지구온난화에 적극 대처하고 지구온난화를 일으키는 구체적인 요인들(예컨대 합법적이거나 불법적인 탄소배출 및 벌목 관행, 유전자 변형 생물에 대한 광범위한 의존을 통한 체계적인 생물다양성 감소, 종의 멸종 및 멸종 위기 등)을 다루는 것은 궁극적으로 환경 피해를 막기 위해 관련 범죄자를 체포, 구금하는 등 강제적 조치를 취할 것을 요구한다. 이를 위해서는 경찰의 역할과 역량이 무엇보다 중요하다. 한 가지는 분명하다. 기후변화 완화 및 적응 조치의 규제 및 단속과 관련하여 환경법, 환경형법, 그리고 국제환경(형)법의 집행의 효율성을 어떻게 높일 수 있을지에 대한 방안에 대해 더 깊은 고민이 필요하다는 것이다.

궁극적으로 환경 관련 법률의 집행은 서로 다른 국가와 이들 국가의 경찰 상호 간 협력을 필요로 한다. 또한 이는 어떤 형태가 될지는 모르겠지만, 행성 지구 경찰의 설립을 필요로 할 수도 있으며, 이럴 경우 지구적 차원에서 환경범죄 혹은 기후범죄의 재판을 담당할 유엔의 지원을 받는 국제환경재판소 또는 이에 상응하는 법원의 설립도 필요할 것이다. 이는 우리가 해양의 국제적 공간과 관련된 환경오염의 문제들(예컨대 해수오염, 플라스틱 밀집, 불법조업, 해류를 통한 독성물질의 국가 간 이동 등)을 적절하게 처리해야 하는 경우에 그러하다. 환경오염

59) James Sheptycki, "Policing political protest when politics go global: Comparing public order policing in Canada and Bolivia", *Policing and Society 15(3)*, 2005, pp. 327-352.

문제의 복잡성을 이해하는 것은 특정 생물권, 비인간 동물 및 인간의 이익을 보호하려는 초국가적 가치 시스템, 예컨대 지구법학의 개념을 구축하는 데 중요한 첫 단계일 수 있다.[60)]

Ⅳ. 기후변화 야기자에 대한 법적 책임귀속

1. 기후변화 야기자에 대한 법적 책임의 근거와 의무

대기오염, 수질오염, 토양오염, 다이옥신, 살충제, 제초제 등 거의 모든 환경 유해물질이 합법적인 혹은 불법적인 기업 활동을 통해 배출된다. 전 세계 737개 기업이 전 세계 부의 80%를 소유하고 있다. 그런데도 생태위기나 기후위기의 문제를 공식적으로 다룰 때 기업 활동을 부각시키는 경우는 드물다. 2015년 파리협정의 전체 문서에서 기업(corporation), 회사(company), 이윤(profit)이라는 단어를 어디에서도 찾을 수 없다. 2021년 글래스고 유엔기후변화협약 당사국총회(COP26)의 최종 결정문에서도 마찬가지이다. 기업 활동에 대한 통제 없이는 기후위기에 실질적으로 대처할 수 없음에도 현실은 그러하지 않다.[61)]

기후위기의 핵심적인 책임 주체는 일반 시민(특히 기후활동가)이 아닌 탄소배출 기업이다. 따라서 기후위기에 대한 법적 대응의 초점은 탄소배출 기업인 이른바 탄소범죄자들에 대한 강력한 규제를 중심으로 한 기후 대책을 설계할 필요가 있다고 본다. 이와 관련하여 1965년 이후 지금까지 전 세계에서 셰브론, 엑손모빌 등 20개 탄소 메이저 기업들에 대해 환경 관련 규제법상, 그리고 민・형사법적 책임 묻고자 할 때 그 공통된 근거를 어디에서 찾을 수 있을지, 근거를 찾았다고 하더라도 인과관계 등 책임귀속의 문제를 어떻게 해결할 것인지의 문제가 남는다.

우선 탄소배출 기업의 법적(환경 관련 규제법적, 민・형사법적) 책임의 문제를 종합적으로 다룬 최근의 연구는 탄소 메이저 기업들에게 법적 책임을 물을 수 있는 공통된 근거로 인지, 시점, 역량, 부인 및 편취라는 다섯 가지를 제시하고

60) White, 앞의 책, pp. 123-127.
61) 조효제, 『침묵의 범죄 에코사이드』, 창비, 2022, 140면.

있다. 이를 보다 구체적으로 살펴보면 첫째, '인지'이다. 탄소배출 기업은 온실가스 문제를 오래전부터 인지하고 있었음에도 불구하고 주주, 이해관계자, 일반 시민에게 그 사실을 숨기고 알리지 않았다.

둘째, '시점'이다. 그들은 아무리 시점을 늦게 잡더라도 1990년대 초반에는 온실가스의 폐해에 대해 충분하고 신뢰할 만한 정보를 갖고 있었지만, 그것에 대해 아무런 조치를 취하지 않았다. 지구 대기에 존재하는 온실가스 총량의 50.4%가 1988년부터 2017년 사이에 배출된 사실을 상기하면 시점을 계산하는 것이 중요하다.

셋째, '역량'이다. 그들은 자신들의 행위를 시정할 수 있는 충분한 기술적, 재정적 역량을 있었지만 어떤 행동도 취하지 않았다는 것이다.

넷째, '부인'이다. 그들은 온실가스를 줄이기 위한 적극적 행동을 방해하고 지연시키기 위해 부인 전략을 썼고, 부인 활동을 하는 단체들에 대해 막대한 재정적 지원을 했다.

마지막으로, '편취'이다. 그들은 합법적인 기업 활동 이외에도 부도덕하고 불법적인 기업 활동을 통해 막대한 이윤 창출로 자신들의 배를 불렸다는 것이다.

이러한 탄소배출 기업들이 부담해야 할 최소한의 법적 의무로 탄소제거 의무와 배・보상의무가 제시되고 있다. 즉 첫째, '탄소제거 의무'와 관련하여 그들의 기업 활동으로 배출되는 온실가스를 제거하기 위해 지금부터라도 기업의 생산 활동 및 운영에 있어 탄소배출을 제로에 가깝도록 사업 모델을 전면 수정할 필요가 있다. 둘째, '배・보상의무'와 관련하여 그들이 끼친 해악에 대한 배・보상을 해야 하고, 사회적으로 가장 취약한 계층에서부터 그것을 시작해야 한다고 한다.[62)]

2. 본래적 의미의 기후소송에서 법적 책임귀속 관련 핵심 쟁점들

문제는 지구온난화의 책임이 누구에게 있는지 뿐만 아니라 어떻게 법적(환경 관련 규제법적, 민・형사법적) 책임귀속을 할 수 있는지에 있다. 물론 여기에는 상

62) Marco Grasso and Katia Vladimirova, "A Moral Analysis of Carbon Majors' Role in Climate Change", *Environmental Values 29(2)*, 2020, pp. 175-195(조효제, 앞의 책, 116면에서 재인용).

세한 검토가 필요한 여러 쟁점들이 있다. 이러한 쟁점들로는 국가와 정부 기관이 추구하는 정책과 기업이 추구하는 정책이 서로 상호작용을 일으켜 발생하는 범죄를 의미하는 '국가-기업범죄'로서 탄소범죄의 성격으로 인해 국가와 기업 모두를 탄소범죄자로 인정하는 문제, 법적 책임귀속을 위해 사용되는 기준의 평가, 지구온난화에 따른 피해에 대한 사전 인지와 요구되는 예방 조치, 지불능력 및 배・보상책임 등이 있다. 이와 같은 법적 책임귀속과 관련한 핵심 쟁점들과 관련하여 지구온난화 결과에 기여, 사전 인지와 예방 조치 미이행, 지불능력과 배・보상책임을 중심으로 보다 구체적인 내용을 살펴보면 다음과 같다.

(1) 지구온난화 결과에 기여

지구온난화에 대한 법적 책임이 누구에 귀속되어야 하는 문제는 일반적으로 오염자부담원칙(즉 환경오염물질을 배출한 자가 오염에 따른 피해를 복구하고 피해자에게 보상을 해주는 책임을 져야 한다는 원칙)과 산업혁명 이후 온실가스 발생이라는 관점에서 논의의 틀이 짜져 있다. 하지만 이는 시간이 흘러감에 따라 누가 가장 많은 온실가스 배출에 기여했는지를 결정하는 측정의 문제이기도 하다.

역사적 관점에서 볼 때 1750년부터 2005년까지 총 이산화탄소의 약 75%는 선진국(OECD 회원국인 북미 및 유럽 국가, 동유럽 국가, 러시아, 일본, 호주 및 뉴질랜드 등)에서 발생했다. 그리고 현재 이들 선진국은 온실가스 배출량의 최소 60%를 담당하고 있다. 그러나 가까운 미래에는 주로 개발도상국, 특히 중국과 인도에서 상당량의 온실가스가 배출될 것이다. 반면에 기후변화에 따른 극심한 가뭄으로 고통을 받는 것은 유럽과 북아메리카 대륙의 국가들이 아닌 아프리카 대륙의 국가들이다.[63)]

(2) 사전 인지와 예방 조치의 고의적 미이행

사전 인지의 문제는 역사적 차원과 현재 시점의 차원을 모두 가지고 있다. 돌이켜 보면 누가, 언제, 어떤 상황에서 탄소배출과 관련된 결정을 내렸는지에 대

63) 이화선, "기후변화의 사회학: 기후위기와 기후 부정의 타개를 위한 정책방향", 사회적질연구 제5권 제4호, 한국인문사회질학회, 2021.12, 10-11면; 한재각, 『기후정의: 희망과 절망의 갈림길에서』, 한티재, 2021, 77-80면.

해 질문을 할 수 있다. 예를 들어 1990년대 초반이 되어서야 비로소 기후변화와 이산화탄소배출량 간에 밀접한 상관관계가 있다는 일반화된 지식을 얻을 수 있었다. 따라서 일부에서는 1990년 초반 이전의 기업 활동에 대해서는 국가나 기업에게 기후변화 관련 책임을 귀속시켜서는 안 된다고 주장하기도 한다.64) 하지만 특히 기후변화에 따른 피해의 규모와 장래에 다가올 기후위기의 문제가 인류의 실존의 위기를 야기할 정도로 크다면 일정 부분 변명의 여지가 있는 무지가 있다고 해서 그것이 정당화까지 될 수 있는지는 의문이다.

앞서 언급했듯이 탄소범죄는 생태살해(ecocide)로서의 성격을 가지고 있기 때문에 생태살해와 같은 범죄의 경우 범죄성립의 주관적 구성요건으로서 의도나 고의는 생태학살로 야기한 피해의 크기를 고려할 때 무시될 수 있다. 따라서 영국 변호사 폴리 히긴스(Polly Higgins)는 생태살해를 고의나 과실 등 주관적 구성요건을 충족하지 않고도 행위만으로 책임을 지울 수 있는 '엄격책임 범죄(a strict liability offence)'로 간주하고, 생태살해를 야기한 범죄자를 국제범죄의 하나로 처벌하자고 제한하였다.65) 그리고 생태살해는 평화에 반하는 범죄이기 때문에 처벌 수위와 그에 대한 대응은 평화에 반하는 범죄의 수준에 비례해야 하며, 이는 생태살해에 대해서도 무거운 형벌을 부과할 수 있는 것으로 해석된다.66)

그러나 환경정책 혹은 기후정책과 법적 관점에서 볼 때 그럼에도 불구하고 환경 혹은 기후 피해의 결정은 임계점(예컨대 오염이 충분히 유해하다고 판단되는 시점)이 어디까지로 설정되었지, 그리고 법적 책임이 어디까지 지정되었는지(예컨대 회사 내에서 해당 업무와 관련하여 책임자가 누구까지로 지정되었는지)에 따라 결정된다. 탄소를 배출하지 않는 삶은 불가능하다는 사실이 지적되고 있다. 즉 모든 인간은 숨을 쉬어야 하며 난방 및 영양 목적을 위해 일정량의 에너지를 사용해야 한다. 따라서 일정 부분 오염은 불가피하다. 그렇다고 하더라도 어느 정도의 오염이 허용되어야 하는지, 구체적으로 누구에게 오염물질의 누출에 따른 환

---

64) 대표적으로 Edward A. Page, "Distributing the burdens of climate change", *Environmental Politics 17(4)*, 2008, pp. 556-575.

65) Polly Higgins, *Earth is our Business: Changing the Rules of the Game*, London: Shepheard-Walwyn Publishers Ltd., 2012.

66) 이에 대한 국내의 논의로는 김재윤, "국제범죄로서 '생태살해(ecodide)죄' 도입에 대한 검토", 형사정책 제34권 제1호, 한국형사정책학회, 2022. 4, 141-165면 참조.

경 혹은 기후피해에 대한 고의 혹은 과실책임을 물을 수 있는가라는 질문에 대해서는 관련 수사, 책임자 기소 및 처벌을 위해 정확한 답변이 요구된다. 이와 관련한 명확한 가이드라인과 관련 법규정이 없다면 이를 달성하기 어려울 것이다.[67]

피해에 관한 지식(예컨대 피해의 규모, 정도, 원상회복까지 소요되는 시간과 비용 등에 관한 지식 등)은 과거의 행위에 대한 고려뿐만 아니라 미래의 영향까지지도 고려하여 형성된다. 따라서 기존의 규제 메커니즘에 국한하여 피해에 관한 지식을 형성하고 판단하는 것은 부적절하다. '사전예방원칙'의 관점에서만 볼 때 추가적이고 지속적인 탄소배출을 포함하는 화석연료 기업의 기업 활동은 사후에 그 영향을 평가하여 판단하기보다 지금 당장 이를 대폭 축소하거나 금지하는 것이 최선일 수 있다. 하지만 화석연료 기업에 대한 규제 경향은 정반대 방향으로 작동되고 있다는 것이 현실이다. 예를 들어 1985년 세계기상기구(WMO)와 국제연합환경계획(UNEP)이 이산화탄소가 지구온난화의 주범임을 공식적으로 선언한 이후에도 상황이 훨씬 더 악화되고 있다는 사실은 주목할 만하다. 1992년 유엔기후변화협약(UNFCCC)을 채택하여 전 세계적 차원에서 기후변화에 적극적으로 대응하기로 결정한 이래, 30년 동안 대기 중 이산화탄소의 농도는 훨씬 더 빠르게 계속해서 증가해 왔다. 즉 대기 중 이산화탄소 농도는 1800년대에는 280ppm이었으나, 1958년에는 315ppm, 2000년에는 367ppm으로 계속 증가하고 있다. 특히 세계기상기구는 2015년 전 지구 이산화탄소 연평균 농도가 1958년 관측 이래 처음으로 400ppm 대에 진입해 역대 최고치를 경신했다고 발표한 바 있다. 우리나라도 예외는 아니어서 기상청이 안면도 기후변화감시소에서 관측을 시작한 1999년 이래, 2012년에 400.2ppm으로 처음 400ppm을 넘어섰으며, 2015년에는 407.0ppm이 관측됐다고 밝혔다. 대기 중 이산화탄소 농도 400ppm은 산업화 이전보다 45% 더 높은 수치로, 지구온난화에 의한 기후변화의 임계점인 산업화 이전 대비 섭씨 2도 상승에 대한 심리적 저지선을 의미한다.[68]

67) Christian Baatz, "Responsibility for the past? Some thoughts on compensating those vulnerable to climate change in developing countries", *Ethics, Policy and Environment 16(1)*, 2013, p. 95.

이는 기후변화에 대한 사전 인지 여부를 떠나 향후에도 기후변화에 따른 막대한 피해가 계속될 수밖에 없으므로 국제적 합의의 틀에서 문제를 시정하기 위한 강력한 예방 조치가 이행되어야 하고, 개별 국가 차원에서 이러한 기후변화를 저지 혹은 늦추기 위한 국제적 합의의 고의적 미이행은 정치적 부작위로써 기후범죄로 다루어져야 함을 시사한다.

(3) 지불능력과 배상책임

누가 기후변화 완화 및 적응 조치에 대한 비용을 지불해야 하는가의 문제는 부분적으로 "환경 혹은 기후변화 문제를 해결할 능력을 가진 사람들이 이러한 문제 발생에 책임이 있다."라는 가정에 근거하여 그 해결책을 찾을 필요가 있다. 이는 경험상 항상 그런 것은 아니지만(예컨대 핀란드와 같이 현재 일부 국가는 부유하지만 그것이 화석연료 산업, 즉 굴뚝산업을 중심으로 한 경제성장에 기초한 것은 아님), 기후변화가 지구상의 모든 곳에 영향을 미치는 전 세계적인 현상인 한 그러한 지불방식을 선호할 합리적 이유가 있다. 이를 근거로 석탄, 석유, 천연가스 등 다량의 화석연료를 보유한 국가가 모두의 이익을 위해 그러한 연료를 보유하지 않은 국가들보다 비용 지불의 문제에 더 많이 참여해야 한다고 주장할 수 있다.

과거 산업화의 혜택을 가장 많이 받은 나라들(예컨대 영국 등을 포함한 유럽국가, 미국, 캐나다 등의 북미 국가 등)이 기후변화 피해에 따른 배·보상책임도 더 많이 부담해야 한다는 주장이 가능하다. 즉 이른바 선진국은 기후변화에 인과관계가 있으며, 그들은 기후변화를 일으키는 기업 활동의 최대 수혜자이고, 기후변화의 원인과 결과에 대처할 충분한 능력이 있기 때문에 선진국이 더 많은 기후변화 관련 비용을 지불해야 한다는 것이다.[69]

그러나 책임의 크기에 비례하여 지불금액을 산정하는 것은 매우 복잡한 작업으로 다양하고 난해한 공식이 이론화되고 있다.[70] 이러한 산정방식에서는 특정 기간 동안의 탄소배출과 관련된 피해뿐만 아니라 서로 다른 기간이지만 탄소배

68) 에코타임스 2016. 10. 25.자 기사: "전지구 이산화탄소 농도 400ppm 진입" http://www.ecotiger.co.kr/news/articleView.html?idxno=18658 〈최종 검색: 2024. 6. 6.〉
69) Page, 앞의 논문, p. 564.
70) 이에 대해서는 Baatz, 앞의 논문, pp. 94-110.

출을 통해 거둬드린 수익과 같은 요인도 고려한다.[71] 하지만 중요한 것은 그러한 산정방식이 신자유주의로 대표되는 정치·경제체제와 글로벌 자본주의 생산방식(예컨대 '생산의 디딜방아')의 지배를 대체로 무시하는 것처럼 보인다는 점이다. 더욱이 기후변화를 일으키는 화석연료 기업의 기업 활동에 대한 규제와 통제보다는 그 피해에 대한 배·보상을 중심으로 논의가 진행되는 경향마저 있다. 또한 지구의 운명을 결정하는 데 가장 근본적이고 결정적인 환경매체로서 공기, 물, 대지 및 에너지의 이용과 관련한 화석연료 기업의 의사결정의 민주화에 대해서는 거의 언급되지 않고 있다.

기후변화 정책에 대한 최종적인 책임은 한 국가의 정부에게 있지만, 국가-기후범죄로서 기후범죄의 성격을 고려할 때 기업에게도 책임이 있다. 기후변화와 관련한 법적 책임, 의무 및 기소에 대한 논의에 있어 이러한 국가와 기업 상호간의 긴밀한 관계를 면밀히 고려할 필요가 있다. 무엇보다 가장 중요한 것은 법적 책임귀속과 관련한 논의의 주요 초점을 국가에서 기업(화석연료 관련 민간기업과 국영기업 모두 포함)으로 전환할 필요가 있다는 것이다. 기후변화가 야기한 피해의 정도와 피해에 대한 사전 인식 여부를 특정한 시기 동안에 일정한 국가와 기업으로 정확히 특정할 수 있다면 이들 국가와 기업에 대해 그에 따른 법적 책임귀속이 가능하다고 본다.

예를 들어 1854년부터 2010년까지 석유, 천연가스, 시멘트를 생산했던 50개 주요 투자자 소유 민간기업, 31개 주 소유, 9개 국가 소유 국영기업의 화석연료 및 시멘트의 생산 기록을 정량적으로 분석한 결과, 이들 기업이 산업계 이산화탄소 및 메탄의 전 세계 누적 배출량의 63%를 생산한 것으로 밝혀졌다.[72] 이는 가장 큰 투자자 소유 기업과 국영기업이 가장 많은 온실가스를 배출하였음을 의미한다. 또한 전체 산업계 이산화탄소배출량의 절반 이상이 지구온난화의 위험성이 더 잘 알려지기 시작한 1986년 이후에 발생했다. 현재에도 이들 주요 기업들은 화석연료 매장량의 상당 부분을 소유하고 있으며, 이들이 소유한 화석연료가 어떠한 규제와 통제 없이 생산 및 배출될 경우 인위적인 기후변화를 더욱 심

71) Lukas H. Meyer and Dominic Roser, "Climate justice and historical emissions", *Critical Review of International Social and Political Philosophy 13(1)*, 2010, pp. 229-253.

72) Heede, 앞의 논문, pp. 229-241.

화시킬 것임은 분명하다.

온실가스 배출은 다양한 배출처에서 발생하는데, 음식물 쓰레기 부패 등 유기물 분해 과정에서의 배출과 같은 직접 배출, 석탄화석발전과 같은 기업 활동의 결과 발생하는 간접 배출 및 기업이 소유하거나 통제하지 않지만 기업 활동의 간접적 결과로 발생하는 기타 간접 배출을 포함한다. 상위 500개 기업은 매년 생산되는 총 온실가스 배출량의 10% 이상을 차지하며, 매년 전 세계적으로 배출되는 온실가스의 31%는 상위 500개 기업 중 32개 에너지 기업에서 발생한다고 한다.[73] 따라서 우리는 기후변화의 주범이 누구인지 안다. 그것은 바로 셰브론, 엑손모빌 등과 같은 탄소 메이저 기업들이다.

그러나 국제적으로 대부분의 정치적 관심은 여전히 국가 차원의 책임귀속에 머물고 있으며, 2015년 파리협정에 명시된 바와 같이, '공통의 그러나 차별화된 책임(common but differentiated responsibility)'이라는 개념에 따라 온실가스 감축 목표를 제시하고 이를 위해 노력하고 있을 뿐이다(〈표 3-3〉 참조). 마찬가지로 기후 활동가들 역시 기후변화 완화 및 적응 전략 모두에 필요한 지출에 대해 화석연료 기업이 아닌 개별 국가가 지구온난화에 대응하는 재정적 부담의 공평한 몫을 수용하도록 압력을 가하고 있다.

표 3-3 최근 파리협정 가입 국가들이 약속한 온실가스 감축 목표[74]

국가	목표
한국	2030년까지 2017년 대비 온실가스 24.4% 감축 목표 제시
영국	2030년까지 탄소배출량 68% 감축 목표 제시
프랑스	EU의 일원으로서 2030년까지 온실가스 배출량 55% 감축 목표 제시
미국	도널드 트럼프 전 대통령 하에서 파리협정 탈퇴 후 최근 재가입. 새로운 목표 기대
중국	2030년 이전에 온실가스 배출 정점(peak year)을 달성하고, 2060년까지 탄소중립을 달성하겠다고 선언했지만 온실가스 감축 노력 부족
브라질	2030년까지 탄소배출량을 43% 감축한다는 목표 제시했지만, 회계상의 속임, 오류로 실제 배출량 증대 가능

73) Mascher, 앞의 논문, pp. 57-69.

74) 그린피스 홈페이지(www.greenpeace.org) https://www.greenpeace.org/korea/update/17235/blog-ce-paris-climate-agreement-a-to-z/ 〈최종 검색: 2023. 2. 17.〉

하지만 많은 부유한 선진국들은 막대한 예산 적자를 기록하고 있으며, 이에 따라 자국 영역 밖에서 재정지출을 하는 것을 꺼려한다. 동시에 미국 트럼프 행정부하에서 2018년 1월 1일부터 시행한 감세정책(법인세의 대폭 인하로 국가경쟁력 강화를 목표로 함)은 기업 부문과 부유층에게 커다란 혜택을 주었지만 전체적인 예산 부족을 야기했다. 이러한 감세정책을 통해 다국적 기업은 세금을 거의 또는 전혀 내지 않고 있으며, 많은 기업이 세금을 피하기 위해 전 세계적으로 자금을 이동시키고 있다.[75)]

결론적으로, 기후변화 완화 및 적응에 요구되는 비용과 기후변화로 인해 야기된 생태적·사회적 피해에 대해 국가뿐만 아니라 화석연료 기업들에게도 법적 책임귀속을 가능토록 하는 방안을 모색할 필요가 있다고 본다.

V. 기후변화에 대한 개입과 사회운동

기후변화에 대한 개입은 여러 가지 방법이 있을 수 있다. 첫 번째 접근 방식은 기존 환경 관련 법령을 체계적으로 도표화하고, 어떤 특정 법률의 위반이 많은지, 환경 관련 법집행기관(예컨대 환경부, 경찰, 검찰 등)의 구체적 역할은 무엇인지, 환경사범에 대한 형법 적용의 어려움을 어떻게 극복하고 새로운 기회를 만들 수 있을지 등과 관련한 지속적인 법적 분석의 결과를 제공하는 것이다. 두 번째 접근 방식은 일련의 조치를 통해 비정부단체(NGO) 및 지역 사회단체를 규제 프로세스에 참여시킴으로써 기존 생산 및 소비 시스템을 개혁하는 시도를 포함하여 환경오염에 따른 피해 혹은 기후변화에 따른 피해를 예방하고 줄이기 위한 핵심 메커니즘으로 사회적 규제를 강조하는 것이다. 세 번째 접근 방식은 근본적인 사회 변화를 강조하면서 이른바 '초국가적 행동주의(transnational activism)'의 필요성을 강조하는 것이다. 이때 초국가적 행동주의란 정치를 재편하고 한 국가의 규범이나 관심을 글로벌 기준으로 바꾸고 싶어 하는 개인, 기업 및 비영리단체의 움직임을 말한다. 이때 중요한 것은 지배적인 권위적 정치구조를 타파하고, 환경파괴, 자연의 부정적 변형, 종의 감소, 지구온난화의 야기 및 생물다양성에

75) White, 앞의 책, pp. 130-134.

대한 위협 등과 관련된 기업의 생산방식에 도전하는 전략에 참여하는 것이다.

한편 사회운동은 법적, 규제적, 그리고 사회적 행동 영역에서 심각한 환경 혹은 기후변화 피해 사례를 처리하는 데 중요한 역할을 한다. 사회 개혁이나 사회변혁에 대한 강조가 반드시 상호 배타적인 것만은 아니다. 이들은 따로따로 발생할 수도 있고, 경우에 따라서는 동시에 발생할 수도 있다. 이 시대의 가장 커다란 환경 문제로서 기후변화의 전 지구적 특성은 필연적으로 우리의 집단적 생존을 위해 전 지구적 차원의 협력과 행동이 필요로 함을 의미한다. 진정한 '생태안보(eco-security)'는 특정 지역의 사람들이 기후이주를 통해 물리적으로나 생계적인 측면에서 불안정해지지 않으며, 인간중심적 관점에서 파편화된 개인적 이익보다는 전체론적 관점에서 보편적인 이익(예컨대 생태 시민권의 개념)이 무엇이 올바르고 선한 것인지의 척도가 될 때 달성될 수 있다.

사회의 변혁적 변화는 하층계급 세력(예컨대 환경오염 혹은 기후변화에 따른 피해자 등)과 국가권력 및 경제권력을 소유한 지배계급이 직·간접적으로 환경정의 혹은 기후정의의 달성과 관련하여 서로 맞부딪칠 때 가능할 수 있다. 환경 혹은 기후 리스크와 그에 따른 피해를 처리하기 위해서는 환경파괴 및 지구온난화를 유발하는 정부의 각종 행정조치와 기업 활동에 대한 강력한 대응이 필요하다. 시스템적인 문제는 기존 시스템을 뛰어넘는 해결책을 필요로 한다. 지구온난화를 끊임없이 유발하는 현재의 글로벌 자본주의 체제는 분명 바뀌어야 한다. 하지만 문제는 이것이 어떻게 달성될 수 있는가이다.

이에 대한 명쾌한 답은 없다. 대신 중요한 사회적 변화를 향한 진전을 이루기 위해서는 여러 영역에서 다양한 조치를 필요로 한다. 역사는 우리에게 혁명적 변혁을 위한 모멘텀은 강력한 엘리트 정치권력과 경제권력에 맞서 싸울 때뿐만 아니라 기존 국가와 제도적 틀 내에서 투쟁을 전개해 나갈 때, 동맹이나 연합전선을 구축하여 다양한 이익집단의 통합을 통해서만 가능하다고 가르친다. 따라서 기후변화에 대한 행동 계획에는 관련 법령의 제·개정과 법적 견해의 변경, 환경 관련 법집행기관의 활동, 법원 및 판결 과정, 직접적 사회운동 등과 관련된 활동과 대응이 종합적으로 포함되어 한다. 예를 들어 생태학살과 기후변화의 세대 간 형평성을 강조하기 위한 노력은 법체계의 정치화와 법적 조치의 국제화의 필요성을 전제로 한다. 반면에 기후 활동가들은 국가-기업 간 협력의 왜곡된 본질을 다루어야 하고, 편파적 이해관계에 의해 매몰된 일반 시민의 견고한 인식을 깨뜨려야 하며, 기후변화 정치를 포함하여 모든 형태의 현대 정치에 대해 회의적 견해를 가진 사람들로부터 지지를 얻어 내야 한다.

이러한 기후변화 행동 계획에는 수많은 동시대 투쟁과 행동을 포함하고 있으며, 그 중 일부는 점점 더 기후형법적 혹은 기후범죄학적 노력의 중심이 되고 있다. 전통범죄학에서부터 환경 관련 법집행 기관과 비정부단체의 협력에 이르기까지, 생태학살에의 집중에서부터 (환경)법원의 역할에 이르기까지 전략적 개입이 중요하며, 많은 집단의 다양한 참여가 중요하다.[76]

Ⅵ. 맺음말

지금까지 기후변화와 관련하여 형사사법기관(법원, 검찰, 경찰, 교정기관)이 어떻게 내부적으로 혹은 외부적으로 대응하고 있는지를 간략히 살펴보았다. 기후변화와 관련하여 기후소송을 본래적 의미의 기후소송과 부차적 의미의 기후소송으로 구분하여 국내외 주요 사례를 간략히 살펴보고 기후변화를 야기시킨 탄소범죄자에 대한 법적 책임의 근거와 의무, 그리고 법적 책임귀속과 관련된 핵심적인 쟁점을 구체적으로 검토해 보았다. 이를 통해 특히 본래적 의미의 기후소송이 2015년 이후 계속해서 증가하는 추세이며, 그 대상 화석연료 기업의 범위도 확대되고 있고, 향후 피해와 손실 배·보상에 대한 국제기후소송도 증가할 것으로 예상된다. 다만 에콰도르의 셰브론 관련 기후소송에서 보듯이 강력한 글로벌 에너지 기업이 막강한 법적·재정적 자원을 활용하여 법적 책임을 회피함으로써 본래적 의미의 기후소송의 한계를 보이기도 한다.

또한 부차적 의미의 기후소송은 기후변화의 주된 책임자인 화석연료 기업이 피고가 되는 것이 아니라, 기후변화 대응 강화를 촉구하고 기후정의 실현을 위해 노력하는 기후활동가들이 실정법 위반의 혐의로 기소되어 피고인으로 전락되게 함으로써 기후변화 관련 시민운동을 위축시키는 문제를 보이고 있다. 독일,

76) White, 앞의 책, pp. 134-136.

스위스, 우리나라 사법부는 기후활동가들의 재물손괴, 주거침입, 업무방해 또는 공무집행방해의 혐의에 대해 위법성조각사유로서 긴급피난이나 정당행위를 기존의 인간중심적 관점에 따라 협소하게 해석하여 유죄판결을 선고하고 있으나, 이들의 활동은 자신들의 개인적 이익을 위한 것이 아니라 전 지구적 관점 또는 생태중심주의적 관점[77]에서 미래세대뿐만 아니라 인간 이외의 비생물적 존재의 이익을 대변하기 위한 과정에서 불가피하게 발생한 경미한 범죄행위로서 수단의 적합성과 필요성을 적극적으로 인정할 필요가 있다고 본다.

화석연료 기업과 같은 진정한 기후범죄자에게 법적 책임부과의 근거와 의무, 책임귀속을 위해 고려해야 할 사항(지구온난화 결과에 기여, 사전 인지와 예방 조치의 고의적 미이행, 지불능력과 배·보상책임) 등에 대해 더 깊이 있고 세밀한 논의가 필요함을 알 수 있다. 특히 화석연료 기업에 의해 야기된 기후범죄에 대한 법적 책임귀속과 관련하여 사법부는 종래 자연을 착취의 수단으로 이해하는 인간중심적 관점을 통해서는 기후위기를 극복하기 어렵다는 점을 인식하고 자연과 인간의 관계뿐만 아니라 사회 전체의 짜임의 방식, 생산방식과 과정, 기술과 소비양식 등을 기존의 인간중심적 관점에서 벗어나 전 지구적 관점 또는 생태중심주의적 관점을 바탕으로 보다 전향적인 태도를 보일 필요가 있다고 본다. 이를 바탕으로 사법부는 기후활동가들을 범죄자로 전락시키기보다 기후변화로 인해 야기된 생태적·사회적 피해에 대해 국가뿐만 아니라 화석연료 기업들에게 책임귀속을 강화할 필요가 있다고 본다.

앞서 강조한 바와 같이, 기후변화에 대한 행동 계획에는 관련 법령의 제·개정과 법적 견해의 변경, 환경 관련 법집행기관의 활동, 법원 및 판결의 과정, 직접적 사회운동 등과 관련된 활동과 대응이 포함되어야 한다. 하지만 궁극적으로 이러한 행동 계획에는 국가권력과 경제권력을 규제하고 감시하기 위한 행동의 포함이 요구된다. 왜냐하면 탄소범죄자는 종종 직간접적으로 국가로부터 지원을

---

77) '생태중심주의(ecocentrism)'는 기본적으로 다음과 같은 입장을 따른다: "인류는 지구 생태계의 일부이며, 생태법의 적용을 받는다. 이러한 관념과 생태학적 사고에 기초한 도덕성의 요구는 특히 경제성장과 인구성장에 제한을 둠으로써 인간의 행동을 제한하고자 한다. 그러므로 생태중심주의에서는 인간이 만들어 낸 실용적인 여러 사회 시스템의 합리성뿐만 아니라 자연 그 자체가 갖는 권리에 대한 존중감도 강하게 가지고 있다."(David Pepper, *Eco-Socialism: From Deep Ecology to Social Justice*, London & New York: Routledge, 1993, p. 33.)

받은 화석연료 기업이기 때문이다. 시스템의 편향은 그 편향에 반대하는 활동을 통해 수정될 수 있다.

향후 기후형법 혹은 기후범죄학은 이러한 문제와 딜레마에 대한 해답을 찾고자 노력해야 하며, 기후정의 목표를 지지하는 다양한 활동과 사회운동에 참여가 요구된다고 본다.

[§ 4]
기후변화에 대한 범죄학적 대응의 내용과 한계*

I. 머리말

기후변화에 대한 대응은 형법학자들만의 문제가 아니라 이미 오래전부터 범죄학자들의 주된 관심사가 되었다. 특히 '녹색범죄학(green criminology)'[1]을 연구하는 범죄학자들이 주도가 되어 기후변화에 대한 많은 관심과 기후위기를 극복하기 위한 여러 정책적 제언들을 쏟아 냈다.[2] 대표적인 녹색범죄학 분야의 권위자인 연구자인 롭 화이트(Rob White)는 "환경범죄에 대한 관심은 지역 및 전지구적인 것을 고려해야 하고, 그러한 침해가 관할권, 지리적 조건, 사회적 분할의 통상적인 범위를 뛰어넘는 방식을 고려할 필요"가 있으며, 그 분석의 이론적 틀은 "인간과 자연 사이의 관계를 개념화한 생태철학(eco-philosophy)에 바탕을

* 이하의 논의는 김재윤, "기후변화에 대한 범죄학적 대응의 내용과 한계", 형사정책 제36권 제1호, 2024, 7-35면에 이미 게재된 필자의 글을 최근 논의까지 반영한 것임.

1) 1990년 마이클 린치(Michael J. Lynch) 교수가 처음 제시한 녹색범죄학은 대인폭력범죄, 거리범죄, 주거침입죄 등과 같은 전통범죄학의 연구범위를 넘어 지역 및 지구생태계에 인간의 활동이 파괴적 영향을 미치는 곳까지 포괄하여 환경침해, 환경법, 환경규제 등을 연구하는 학문을 말한다.

2) 기후위기의 구체적 내용과 다양한 관점에서의 해결책에 대한 상세한 설명으로는 나오미 클라인/이순희 옮김, 『이것이 모든 것을 바꾼다: 자본주의 대 기후』, 열린책들, 2016; 장호종/마틴 엠슨 외, 『기후 위기, 불평등, 재앙: 마르크스주의적 대안』, 책갈피, 2021; 조너선 닐/김종환 옮김, 『기후위기와 자본주의: 체제를 바꿔야 기후변화를 멈춘다』, 책갈피, 2019 참조.

두어야 한다."라는 견해를 제시한다. 또한 그는 헌법합치적인 녹색범죄학을 "포스트모던주의적인 입장에서 바라보면서 자연세상과 인간의 사회세상을 성별을 반영한 관점(gendered view)에서 바라보고, 인간중심적·생태중심적·경제중심적 관점에서 연구하는 분야"라고 한다.[3] 녹색범죄학자들은 기후변화 주제에 대한 연구, 정책 및 실천과 관련한 우선순위를 정하여 기후위기 문제를 총체적으로 해결하고자 한다. 이들은 이를 위해 궁극적으로 현재 인간중심적 근대 법학에 기초한 편협한 관점과 지역적 또는 국가적 이익의 관점에서 벗어나 전 지구적 관점에서 기후변화에 따른 피해를 바라보아야 한다고 한다.[4]

실제로 기후변화 문제와 관련하여 범죄학 자체의 역할에 대해 많은 의문이 제기되고 있다. 전통적 관점에서 볼 때, 범죄학자들이 협소하게 구상한 국가안보 및 환경안보 의제를 무비판적으로 수용할 경우 범죄학은 억압적인 국가의 반환경적 혹은 기후부인을 이끄는 형사정책적 도구로 변질될 우려까지 있다. 이러한 예로 화석연료 산업에 대한 적극적 지원, 대내·외적으로 자원 민족주의적 관점에서 천연자원의 보호,[5] 기후변화 활동가들에 대한 범죄학자들의 부적절한 결탁 등을 언급할 수 있다.

이와 달리 기후변화 범죄학의 관점은 정반대 방향으로 향하고 있다. 기후변화 혹은 지구온난화가 인간의 작위 혹은 부작위로 인해 인위적으로 발생된 것이라면, 막대한 피해를 일으키는 기후변화 유발행위를 비록 형법상 금지행위가 아니더라도 최소한 법규범의 설정을 기다릴 필요없이 행위 그 자체가 반윤리적이고 반사회적인 범죄를 말하는 자연범으로서 '범죄'로 규정해야 하며, 행위자를 특정

---

3) Nigel South/Avi Brisman/Piers Beirne, "A guide to a green criminology", in: Nigel South and Avi Brisman (ed.), *Routledge International Handbook of Green Criminology*, New York: Routledge, 2014, p. 35.

4) 국내에서 녹색범죄학에 대한 개략적인 소개로는 이경재, "기후변화와 친환경범죄학의 탄생", 과학기술과 법 제8권 제1호, 2017.6, 35면 이하 참조. 국외 문헌으로는 David Rodríguez Goyes/Nigel South, "Green criminology before 'Green Criminology': amnesia and absences", *Critical Criminology 25(2)*, 2017, pp. 1-25; Michael J. Lynch, "The Greening of Criminology: A perspective for the 1990s", Reprinted in P. Beirne & N. South (ed.), *Green Criminology*, Hampshire, UK: Aldershot, 1990/2006; Michael J. Lynch, "Green Criminology and Environmental Crime: Criminology That Matters in the Age of Global Ecological Collapse", *Journal of White Collar and Corporate Crime Vol. 1(1)*, 2020, pp. 50-61 참조.

5) '자원 민족주의(Resource nationalism)'란 천연자원을 가지고 있는 국가가 이를 지렛대 삼아 자국의 이익을 극대화하고, 정치·경제적 영향력을 행사하려는 태도를 뜻한다.

하여 형사책임을 귀속시킬 필요가 있다. 특히 기후위기의 주요 원인으로 지목되는 불법적 혹은 허용 기준치를 초과하는 고의적이고 반복적인 탄소배출 행위는 범죄행위로 간주하여 국가의 강력한 형사제재가 요구된다. 이것이 기후변화 범죄학이 갖는 근본적인 관심사이다.

따라서 이하에서는 기후변화에 대한 범죄학의 대응과 관련하여 우선 녹색범죄학적 관점에서 바라본 기후변화와 관련한 담론의 내용을 간략히 살펴보고, 전통범죄학에서 기후변화 문제를 다루는 관점의 문제점을 지적하고 기후범죄학에서 다루는 핵심 주제의 내용의 내용은 무엇인지, 그리고 기후변화에 대한 범죄학적 대응의 주요 내용과 그 한계를 살펴보고, 이를 바탕으로 기후위기의 시대에 기후범죄학은 인간, 환경, 동물을 착취하기보다는 이들과 공생하고 생명·생태중심적 세계관이 중심이 되는 미래를 위한 토대를 만드는 데 기여해야 함을 결론으로 도출하고자 한다.

Ⅱ. 녹색범죄학적 관점에서 바라본 기후변화 관련 주요 담론

1. '비개혁주의적 개혁'의 문제

지구온난화를 강화하고 뒷받침하는 일련의 체계내재적 모순이 있다. 글로벌 자본주의 체제 하에서 '생산의 디딜방아(ToP: Treadmill of Production)'는 경제와 생태계 사이에 긴장관계를 형성하거나, 신진대사의 균열을 야기한다. 글로벌 자본주의 체제 내에 견고히 자리 잡고 있는 생산의 디딜방아는 생산주의와 소비주의라는 이데올리기와 관행을 낳고, 이는 자연 생태계의 한계를 희생하면서 지속적인 경제성장을 보장한다. 하지만 현재 생태계의 한계는 끝자락에 도달하고 있으며, 지구온난화로 인해 상황이 더욱 악화되고 있다.[6]

생태계에 악영향을 미치는 기존 해악은 사용자가 어떤 작업을 수행한 후 그 결과를 인식하고, 그 정보를 기반으로 다음 단계의 행동을 취할 수 있도록 도와주는 과정을 의미하는 이른바 '피드백 루프(Feedback Loop)'를 통해 가해진다.

---

6) 이에 대한 자세한 분석으로는, Avi Brisman and Nigel South, *Green Cultural Criminology: Constructions of Environmental Harm, Consumerism, and Resistance to Ecocide*, London: Routledge, 2014 참조.

결국 이러한 해악은 정치적·경제적 차원에서 기후변화에 대한 '안전한'(?) 대응에 의해 처음부터 발생할 수밖에 없다. 즉 정부는 지속적 경제성장을, 석유, 석탄, 천연가스 등을 땅에서 캐서 파는 초국적 화석연료 기업은 끊임없는 이윤창출을 꾀하려 한다. 이 지점에서 정부와 초국적 화석연료 기업의 강력한 이해관계가 서로 맞물린다. 이때 양측 모두가 선호하는 '비개혁주의적 개혁'(예컨대 탄소 저장을 위한 심층 지구 저장소의 제안)이 기후변화를 저지하고 생태적 문제를 실제로 해결할 수 있는 '실천적 개혁'(예컨대 석탄을 땅에 묻어 두는 것)보다 우선시된다. 그 결과 지구온난화에 대처하기 위한 충분한 개혁적 조치가 취해지지 않고 있다.

따라서 지구온난화에 효과적으로 대응하기 위해서는 소유권, 천원자원의 통제와 활용, 자연과 인간과의 관계를 핵심으로 하는 생산의 디딜방아 내 뿌리 깊은 불평등의 문제를 다루어야 한다. 기후변화에 대한 적절한 대응은 절대적 소유권으로 대표되는 소유권에 대한 기본 개념과 이를 뒷받침하는 관계의 대전환을 요구한다. 우리 모두의 삶에 커다란 영향을 미치는 천연자원에 대한 단편적 관심과 민간에 의한 통제를 뛰어 넘어 기후변화에 따른 광범위한 피해에 대한 공적 관심과 책임을 더 우선시할 필요가 있다.

그러나 호주를 비롯한 실제로 다른 많은 선진 자본주의 국가에서는 최근 몇 년 전까지만 해도 기후변화가 뜨거운 관심사가 아니었다. 기후변화는 상업 언론 보도에서 기온이 가장 뜨겁게 올라간 여름이나 엄청난 폭설이 내린 겨울철에 정기적으로 등장하지만, 다른 정치, 정계, 문화 등을 다룬 기사, 사건, 동향에 비해 뉴스 가치는 상대적으로 낮은 경향을 보여 왔다.

2. 녹색범죄학적 관점에서 기후변화 관련 주요 담론

녹색범죄학 내에서 기후변화를 둘러싼 담론은, 크게 ① 피해, ② 해결책, ③ 전문성이라는 세 가지 측면을 중심으로 전개되고 있다. 첫째, 기후변화는 더 이상 피할 수 없는 '현실'이며, 결과는 끔찍할 정도로 '비현실적'이라는 인식이 있다. 트럼프 미국 대통령과 같은 소수의 정치 지도자들은 인간 활동에 의한 기후변화를 믿지 않는, 이른바 '기후변화 부인론'을 펼치면서 여전히 이러한 인식에

이의를 제기하고 있다. 하지만 대부분의 시민들은 기후변화를 '믿음'이 아닌 '사실'로 받아들일 만큼 사려 깊고 합리적이다. 그러나 일반 시민들이 체감하는 기후변화 피해는 그들이 현재 살고 있는 장소가 아닌 대개 다른 곳이나 미래로 투영되곤 한다. 그렇다고 하더라도 기후변화 문제나 지구온난화 문제는 가장 시급히 해결해야 할 문제임을 누구도 부인할 수 없다. 이러한 문제를 해결하기 위해 한편으로 정치 지도자의 리더십, 탄소세 등과 관련된 각 정당 간 상이한 정치적 이슈가, 다른 한편으로 탄소중립 정책 추진에 필요한 비용과 관련된 구체적 이슈가, 정치적 의제로 계속해서 기후변화 관련 담론의 장을 지배하고 있다.

둘째, 정책적 관점에서 제안된 기후변화 해결책은 비교적 고통스럽지 않은 방식으로 일반 시민들에게 전달되는 경향을 보인다. 예컨대 전기자동차를 지지하는 법안을 제정하여 탄소배출을 적극적으로 줄이는 것은 현재의 소비 패턴을 근본적으로 동요시키지 않으면서 석유가 아닌 전기(특히, 화석연료가 아닌 태양광, 풍력, 수력, 지열, 바이오매스 등 신재생에너지원으로부터 생산한 전기)라는 새로운 에너지 전환 단계로 진입하게 한다. 더욱이 일반 시민들은 일상생활에서 비닐봉지에 대한 의존도를 줄이고, 동물성 제품을 적게 먹고, 대중교통을 더 많이 이용함으로써 '자신의 역할을 다하라'는 권고를 자주 받는다. 이러한 해결책은 해수면 상승과 기온 상승이라는 가혹한 현실을 이미 경험하고 있는 몰디브, 투발루, 중국 해안마을, 인도네시아 자카르타 등에서 거주하는 사람들(해수면 상승)이나, 캘리포니아 및 미국 서부 지역에서 생활하는 사람들(기온 상승)뿐만 아니라, 잠재적인 피해자인 우리 자신 모두에게 기후변화에 따른 피해 문제를 애써 외면하게 만든다. 그 결과, 지구 기후 시스템이 급격하고 대폭적으로 변화한다고 하여 곧바로 정부의 에너지 정책이나 북반구를 중심으로 한 서구의 주류 생활 방식이 대폭적으로 변화되지는 않는다. 그에 따라 초국적 화석연료 기업은 평소와 다름없이 수익을 창출하고 성장할 수 있는 새로운 기술적 방법을 모색할 뿐이다.

셋째, 가장 선호되는 기후변화에 대한 해결책은 사회적, 정치적, 경제적 해결책이 아닌 기술적 해결책이다. 법과 제도를 바꾸기보다는 기술 혁신과 '마법 같은 해결방안'에 초점을 맞추는 것이 그 출발점이다. 특히 기술 자체가 기후변화에 대처할 수 있는 최선의 또는 유일한 방법으로 홍보된다. 여기에는 예컨대 태양 빛을 차단시키기 위해 대기에 아황산가스(sulphur dioxide)를 살포하는 것과 같은 가장 기발한 종류의 마법이 포함된다(아래 〈신문기사〉 참조). 이와 비슷한 효과를 거두기 위해 해조류를 번식시키기도 한다. 하지만 이러한 해결책은 거짓된 약속일뿐더러 지구온난화의 근본적 원인을 해소하지도 못한다. 중요한 것은 이러한 종류의 기술적 해결책들이 대다수의 선진국이 위치한 북반구에 의해 보편화되고 남반구로 수출된다는 점이다. 이로 인해 남반구의 목소리, 의견, 이해관계는 다시 한 번 소외되고 무시된다. 마찬가지로 열대우림의 삼림 벌채 중단, 다양한 작물 재배와 같이 전 세계 지역 사회의 요구에 공감을 얻는 해결책들도 같은 문제에 직면한다.

하늘에서 분필 가루가 내려와요…사상 첫 지구공학 실험, 반대 부딪혀 잠정 중단[7)]

스웨덴 우주국(SSC)이 운영하는 이스레인지우주센터(Esrange Space Center)는 성층권에 대형 기구를 보내는 발사 서비스를 운용하고 있다. 미 하버드대 연구팀은 6월 이 서비스를 이용해 성층권에 탄산칼슘 입자를 뿌리는 지구공학 실험을 계획했지만 최근 취소됐다. SSC 제공

점점 상승하는 지구의 온도를 낮추기 위해 성층권에 에어로졸을 뿌려 태양

빛을 차단하는 첫 과학 실험이 반대에 부딪혀 잠정 중단됐다. 다양한 공학 기술을 이용해 지구온난화를 늦추는 '지구공학'이 실행 과정에서 자칫 환경에 또 다른 위협으로 작용할 가능성이 크다는 일부 과학자와 환경론자들의 반발에 직면하면서다. 과학계에선 지구온난화 문제 해법을 두고 지구공학적 방식을 적극 활용하자는 입장과 신중론이 팽팽히 맞서고 있다.

프랭크 코이치 미국 하버드대 화학 및 화학공학부 교수가 이끄는 연구진은 이달 1일(현지시간) 성층권에 태양광 차단용 에어로졸을 살포하는 '스코펙스(SCoPEx · 성층권 통제 섭동실험)' 프로젝트의 첫 시험을 돌연 취소했다.

연구팀은 올 6월 스웨덴에서 지상 약 20km 성층권까지 대형 기구를 띄워 탄산칼슘 가루 0.1~2kg을 살포하는 실험을 준비해왔다. 공기 중에 살포된 이들 입자가 햇빛을 얼마나 차단하는지 직접 확인하는 사상 첫 지구공학 실험이다. 탄산칼슘 입자는 분필 가루의 주성분으로 빛을 잘 반사한다. 마이크로소프트(MS) 공동창업자인 빌 게이츠가 2000만 달러(약 224억 원)를 지원하면서 실험에 대한 기대감은 더욱 커졌다.

하지만 기구를 띄우는 장소인 스웨덴의 지역 주민과 환경단체는 이 실험이 새로운 환경문제를 야기할 수 있다며 크게 반발했다. 스웨덴 우주국도 실험 날짜가 다가오면서 국내 여론이 악화하자 결국 실험 중단을 발표했다. 실험이 언제 재개될지는 불투명한 상황이다. 하버드대 교지인 하버드크림슨은 5일 "스코펙스 프로젝트가 2022년까지 연기될 수 있다."라고 전망했다.

성층권에 에어로졸을 분사해 지구 온도를 떨어뜨리겠다는 아이디어는 1991년 필리핀 피나투보 화산 폭발의 경험에서 나왔다. 당시 화산에서 분출한 아황산가스 2000만 톤이 성층권에 올라가 햇빛을 약 2.5% 반사했고 그 영향으로 이후 2~3년간 평균온도가 0.5도 떨어졌다는 조사 결과가 나왔다.

2010년 외교안보 분야 싱크탱크인 미국외교협회(CFR)가 발행하는 학술지에는 성층권에 황 1kg을 뿌리면 이산화탄소 수백 톤을 제거하는 효과가 있다는 연구 결과도 실렸다. 황이 오존층을 파괴한다는 지적이 나오자 탄산칼슘 같은 황의 대체제도 등장했다.

하지만 인위적으로 기후를 조작하는 지구공학이 더 큰 재앙을 부를 수 있다는 우려는 과학계 내에서도 꾸준히 나오고 있다. 최근에는 미국 뉴욕대 연구진이 햇빛을 차단하는 지구공학 기술이 생태계를 망가뜨릴 수 있다고 경고했다.

연구진은 5일 국제학술지 '미국립과학원회보(PNAS)'에 성층권에 뿌린 에어로졸이 대기의 산성화를 촉진해 산성비를 내리게 만들고, 이는 해양의 산성화를 야기해 궁극적으로는 생물다양성에 피해를 줄 수 있다고 우려했다.

미 과학잡지 사이언티픽 아메리컨은 지난달 26일 지구공학이 아시아의 몬순 기후를 교란할 수 있다고 지적했다. 몬순 기후는 여름철에는 비가 많이 내리고 겨울은 건조한 계절풍으로 한국도 몬순 기후대에 속한다.

민승기 포스텍 환경공학부 교수는 "햇빛을 차단하는 인공 화산 실험은 태양 복사에너지를 줄여 대기 중 수증기 양을 감소시키고 이에 따라 강수량도 줄어드는 결과를 야기할 수 있다"며 "몬순 지역에는 가뭄과 물 부족 피해를 키울 수 있다"고 말했다.

미국의 대표적인 과학자 단체인 국립과학기술의학아카데미(NASEM)는 조 바이든 행정부가 향후 5년간 지구공학 연구에 2억 달러(약 2200억 원)를 투입해야 한다는 내용의 보고서를 최근 발표하며 지구공학의 필요성을 주장했다. 보고서 작성에 참여한 마리온 후더퀸 콜로라도대 교수는 "지구공학이 궁극적으로는 온실가스 배출을 줄이고 탈탄소화를 위한 방법을 연구해야 할 것"이라고 말했다.

왜 이러한 일한 일들이 일어나는가? 이는 신자유주의 정치·경제체제 하에서 작동되는 국가-기업의 이익을 빼놓고 설명되지 않는다. 즉 신자유주의 정치·경제체제 하에서 국가-기업의 이익은 기존의 이윤창출에 바탕을 둔 생산양식을 토대로 하여 환경위험과 그에 따른 피해를 정의한다. 이렇게 정의함으로써 특정 집단에 속한 사람, 특정 지역의 자연 환경, 그리고 인간 이외의 다른 종을 대상으로 한 착취는 이윤창출에 대한 압박과 그에 따른 정치·경제 엘리트들에 의한 "자연스러운" 선택의 결과로 받아들이게 한다. 이와 같은 인간과 비인간 존재 모두에 대한 착취는 국가-기업의 이익이라는 지배구조 자체에 이미 내재되어 있다고 볼 수 있다.

이와 관련하여 대표적인 녹색범죄학자인 롭 화이트(Rob White)는 국가권력과 계급권력의 관점에서 이를 설명한다. 즉 그에 따르면 국가권력과 계급권력 사이에는 밀접한 관계가 존재하는데, 이러한 권력 관계 속에서 부, 권력, 영향력은

7) 동아사이언스 2021. 4. 12.자 기사. http://m.dongascience.com/news.php?idx=45485 〈최종 검색: 2024. 2. 15.〉

다원화되지 않고 점점 더 소수의 초국적 화석연료 기업에 집중되고 있다고 한다. 국가는 사회의 일반적인 권력 관계, 특히 경제권력으로부터 독립되어 있지 않기 때문에 국가권력의 행사는 상당한 경제적 자원을 결집할 수 있는 능력을 가진 기업들(예컨대 로열 더치 쉘(Royal Dutch Shell)과 같은 초국적 석유회사, BHP와 같은 대규모 광산 회사, 올람 인터내셔널(Olam International)과 같은 거대 농업기업)의 이익을 반영할 수밖에 없다고 한다.[8)]

그럼에도 불구하고 국가는 정치·경제·문화 등 전체 시스템을 아우르며 통치해야 하므로 국가권력의 행사에 상당한 재량권이 부여되고 있다. 국가는 이러한 재량권을 가지고 주기적으로 특정 기업의 기업 활동에 적극 개입한다. 또한 국가는 상호 밀접한 이해관계를 형성하고 있는 정치권력과 경제권력의 영향력을 더욱 확대하기 위해 공공질서의 안정적 유지에 커다란 관심을 기울인다. 이와 같은 공공질서 유지를 위해서라도 국가는 기업이 이윤추구를 위해 서슴없이 자행하는 환경파괴나 생태계 파괴 관행을 저지하고자 개입한다. 그런데 주지하듯이 중국이나 러시아처럼 공산주의를 표명하는 국가가 아닌 대다수의 자본주의 국가들은 시장경제를 중심으로 경쟁, 이윤추구, 자본의 사유와 투자에 기반한 자본주의 시장경제체제를 따른다. 하지만 대부분의 자본주의 시장경제체제 하의 자유민주주의 국가는 중립성, 공정성, 다수결 원리 등에 대한 환상을 토대로 개인의 인권, 기본적인 사회복지 서비스와 무상교육의 제공, 민주적 선거제도 및 환경보호에 대한 기본적 조치를 이행함으로써 자본주의의 효율성을 유지하고자 한다. 이러한 기반이 무너지면 결과적으로 국가 및 기업 엘리트들의 독재 정치와 노골적인 이윤추구 활동이 전면적으로 전개된다. 본래 자본주의는 본질상 이윤추구 이외에 민주주의, 자유주의 또는 다른 어떤 것에 관심을 두고 있지 않고 이들을 요구하지도 않기 때문이다.

사회적으로 무엇을 '기후정의(climate justice)' 내지 '기후부정의(climate injustice)'[9)]로 정의할 것인지는 일차적으로 산업혁명 이후 전 지구적 기후에 어떤 일이 벌어

---

8) 이에 대해 자세히는 Ronald C. Kramer, "Public criminology and the responsibility to peak in the prophetic voice concerning global warming", in: Elizabeth Stanley and Jude McCulloch (ed.), *State Crime and Resistance*, London: Routledge, 2013, pp. 41-53.

9) 기후정의 내지 기후부정의의 개념정의와 개념요소에 대한 자세한 설명은 본서 제3장 §6 III 부분 참조.

지고 있는지를 면밀하게 조사, 분석 및 해석하는 방법에 대한 합의를 여러 부문의 이해관계자들로부터 도출해 낼 수 있는지에 달려있다. 나아가 기후변화를 일으키는 '유해한' 행동, 경우에 따라 '기후범죄' 행위로까지 간주할 수 있는 행위들에 대해 주로 국가 차원에서 규제조치를 일반화하고 강제력을 확보할 수 있는지에도 달려 있다. 현재까지 정치권력과 경제권력 간 사회적 혹은 생태적 이해관계에 대한 실질적 차이로 인해 국가의 기후변화 관련 규제조치는 강력한 정치권력 혹은 경제권력을 가진 정치인, 경제인 및 초국적 화석연료 기업에게 유리한 방향으로 작동되고 있다. 이는 인간의 활동에 의한 온실가스 배출을 최대한 줄이고, 남은 온실가스는 흡수(산림 등), 제거(CCUS: Carbon Capture, Utilization and Storage, 이산화탄소 포집 · 저장 · 활용 기술[10])해서 실질적인 배출량을 제로로 만드는데 활용되는 탄소중립 기술에 대한 적극적 지원, 초국적 화석연료 기업에게 상대적으로 유리한 정부의 인허가권의 행사 등을 통해 손쉽게 알 수 있다.

따라서 정치 혹은 경제 권력자들이 행하는 대부분의 기후변화 관련 해악이 '기후부정의'로 정의되지 않는다. 또한 사회경제적 취약계층 구성원들에게 기후변화에 따른 참혹한 피해가 현실적이고 구체적으로 표면화되기 전까지 그러한 피해는 이들 권력자들에 의해 외면되거나 은폐되기까지 한다. 이러한 사실들을 통해 많은 사람들의 생물학적 불안, 글로벌 화석연료 기업의 이익을 보호하는 방향으로 국가의 규제완화 조치, 그리고 글로벌 화석연료 기업의 자연 환경에 대한 식민지화는 서로 밀접하게 연결되어 있음을 알 수 있다.

Ⅲ. 기후범죄학에서 다루는 핵심 주제

1. 기후범죄학의 의미

기후변화는 오늘날 인류가 직면한 가장 중요한 문제임을 부인할 수 없다. 이

10) 이산화탄소 포집 · 저장 · 활용기술(CCUS)은 산업시설 등에서 발생하는 이산화탄소를 포집하고 이를 지중 등에 저장(Carbon Capture & Storage, CCS)하는 기술과 더불어 이산화탄소를 활용(Carbon Capture & Utilization, CCU)하여 부가가치가 높은 유용 자원물질로 전환하는 기술까지 포함한다(김한해/배준희/정지연, "이산화탄소 포집 · 저장 · 활용기술", KISTEP 기술동향브리프 2018-6호, 2018, 3면).

러한 기후변화 혹은 지구온난화가 인간의 작위 혹은 부작위로 인해 인위적으로 발생된 것이라면, 막대한 피해를 일으키는 기후변화 유발행위를 비록 형법상 금지행위가 아니더라도 최소한 자연범으로써 '범죄'로 규정해야 하며, 행위자를 특정하여 형사책임을 귀속시킬 필요가 있다. 특히 기후위기의 주요 원인으로 지목되는 불법적 혹은 허용 기준치를 초과하는 고의적이고 반복적인 탄소배출 행위는 범죄행위로 간주하여 국가의 강력한 형사제재가 요구된다. 이것이 기후범죄학이 갖는 근본적인 관심사이다.

반면에 전통범죄학은 여전히 대인폭력범죄, 거리범죄, 가정폭력범죄, 성범죄, 마약범죄, 조직폭력범죄, 테러범죄, 사이버범죄 등에 주된 관심을 기울이고, 기후변화 문제에 대해서는 별다른 관심을 기울이지 않고 있다. 전통범죄학의 이러한 침묵 내지 소극적 대응은 그 자체로서 기후변화라는 주제성과 중요성에 대한 소극적 부인을 포함하는 것으로, 기후변화 부인론의 한 형태에 해당한다고까지 말할 수 있다.[11] 그 결과 전통범죄학은 오늘날 가장 중요한 기후위기라는 생태학적, 사회학적, 범죄학적 문제를 해결하고 적절히 대응하는데 있어 체계적 실패로 귀결될 수밖에 없다.

기후범죄학은 이러한 전통범죄학의 문제점을 인식하고 기후변화로 인해 발생하거나 기후변화와 밀접한 관련이 다양한 종류의 사회적 갈등과 범죄 유형을 파악하고 기후변화를 둘러싼 문제와 관련하여 범죄학이 어떤 독자적인 기여를 할 수 있을지 탐색하고자 한다. 이를 위해 기후범죄학은 기후변화의 원인과 결과에 관련하여, 예컨대 생태살해 범죄(ecocide crime),[12] 국가와 정부 기관이 추구하는 정책과 기업이 추구하는 정책이 서로 상호작용을 일으켜 발생하는 범죄를 의미하는 국가-기업범죄(state-corporate crime)와 같은 새로운 범죄의 개념을 도출하고, 이러한 범죄에 어떻게 적절하게 대응하고 예방할 수 있을지를 법적 관점(민

---

11) 기후변화 부인(denial)은 정부 기관, 기업 및 민간단체를 중심으로 지구온난화와 기후변화의 정도가 심각한 수준에 이르렀다는 경고와 관련된 수많은 객관적이고 과학적인 증거에도 불구하고 이를 거부하거나 부인하는 행위로, 기후범죄의 한 유형으로 설명되고 있다. 기후변화를 부인하는 기후범죄에 대한 상세한 설명으로는 Ronald C. Kramer, *Carbon Criminals, Climate Crimes*, Rutgers University Press, 2020, pp. 93-103 참조.

12) 이에 대한 국내의 논의로는 김재윤, "국제범죄로서 '생태살해(ecocide)죄' 도입에 대한 검토", 형사정책 제34권 제1호, 2022. 4, 141-165면; 김재윤, "'생태살해죄' 심리법원으로서 국제형사재판소의 한계와 대안", 형사법연구 제35권 제2호, 2023. 6, 287-317면 참조.

사법적 측면, 형사법적 측면, 환경 관련 규제법적 측면)과 사회운동적 관점에서 제시하고자 한다. 물론 여기에는 인신매매 및 폭행과 같은 전통범죄뿐만 아니라, 물절도, 탄소배출 사기와 같은 새로운 범죄도 포함된다. 또한 기후변화에 따른 악영향은 종래 환경범죄를 새롭게 재개념화 함을 뜻하기도 한다.

전통범죄학과 달리 기후범죄학에서 기후변화 문제는 전 지구적 문제이고, 기존 정치적·경제적·사회적 권력관계 내의 기득권과 밀접한 관련이 있음을 직시하고, 기후변화의 원인 야기자와 가해자가 누구인지를 밝혀내어 이들에 대해 형사책임을 귀속시키고자 한다. 이를 위해 기후범죄학은, ① 범죄와 피해, ② 전 지구적 연결성과 생태정의, ③ 원인과 결과, 그리고 ④ 권력과 이익이라는 네 가지 핵심 주제를 깊이 있게 다룬다. 이러한 네 가지 핵심 주제는 기후변화에 대한 범죄학적 이해를 돕고, 기후변화에 대한 범죄학적 대응 방안의 마련과 관련 형사정책과 실천 차원에서 불가분의 관계로 얽혀 있다. 네 가지 핵심 주제를 자세히 살펴보면 다음과 같다.[13)]

2. 기후범죄학의 네 가지 핵심 주제

(1) 범죄와 피해

범죄학은 누군가 저지른 일탈행위에 대해 사회적 대응이나 법적 대응이 필요함을 강조하며, 이때 그 대응의 강도는 일탈행위의 심각성에 좌우된다. 즉 어떤 행위를 범죄로 볼 것인지의 여부, 일정한 작위나 부작위를 한 범죄자를 처벌하기 위해 사용되는 형사제재의 종류는 일탈행위의 내용과 정도에 따라 결정된다. 무엇이 잘못된 것인지, 잘못이 발생하게 된 상황, 잘못의 결과, 잘못을 저지른 사람의 고의나 과실 등에 대한 고려는 모두 범죄 구성요건의 심사에서 필수적으로 이루어진다. 특히 기후범죄학은 '범죄'를 지구온난화를 야기하고 기후변화에 대한 적절한 대응을 고의적으로 방해하는 유해한 행위라는 관점에서 바라본다.

제도적 차원에서 범죄는 법률에 명확히 규정되어 있다. 즉 특정한 작위(예컨대 살인, 상해, 폭행, 절도, 강도, 강간, 사기 등) 및 부작위(퇴거불응, 직무유기 등)가 법

13) 이하의 내용은 Rob White, *Climate Change Criminology*, Bristol University Press, 2020, pp. 10-17의 내용을 토대로 하여 국내의 논의 상황까지 반영하여 기술한 것임.

률에서 범죄로 규정되어 있는데, 그 결과 법률에서 행위시 이미 범죄로 규정되지 않은 것에 대해 형사처벌할 수 없다(죄형법정주의). 그리고 형법은 일반적으로 사회적으로 용납되지 않는 범죄행위만을 처벌하기 위해 많은 부분을 허용되는 것으로 유보해 두고 있다. 이에 따라 환경 또는 생태계에 대한 피해는 상당한 경제적 이익을 제공하는 수많은 산업 활동에 의해 수반될 수밖에 없는 불가피한 결과이기 때문에 여러 상황에서 허용 가능한 것으로 간주된다.[14] 예컨대 우리나라 「대기환경보전법」 제16조 제1항에 따르면 일정한 배출허용기준 이내의 대기오염물질 배출은 불가피하게 생태계에 피해를 야기하지만 법적으로 허용된다. 이러한 맥락에서 볼 때 특정한 법률에서 규정된 범죄는 일부 유형의 위해(harm)가 다른 유형의 위해보다 덜 해롭다고 간주함으로써 위해의 가치를 상대적으로 평가절하 한다. 그 결과, 경우에 따라 환경이나 생태계에 훨씬 더 심각하다고 인식될 수 있는 위해에 대해 낮게 평가하는 문제를 보이기도 한다. 이는 살인죄, 강간죄와 같은 자연범이 아닌 법정범, 즉 행위 그 자체가 반윤리적이거나 반사회적인 것으로 해악이 심각하지 않지만, 국가의 행정 목적에 따라 그러한 행위를 금지시키는 구성요건을 법률 규정을 통해 설정함으로써 그 행위의 반사회성이 인정되는 범죄에서 두드러지게 나타난다. 이는 일정한 행위 그 자체는 해악이 심각하지 않지만, 법률 규정을 위반하기 때문에 범죄로 간주됨을 의미한다. 이러한 관점에서 볼 때, 환경보호는 환경범죄에 대해 강력히 형벌로 대응하려하기 보다 경제적 이익과 환경적 이익 사이의 적정한 균형을 맞추는 데에 중점을 두고 추진된다.

법정범과 달리 자연범은 범죄행위를 규제하는 법률 규정(예컨대 살인, 강도, 강간 등)과 관계없이 그 자체가 반윤리적이거나 반사회적인 행위를 의미한다. 이러한 행위는 문명화된 사회공동체의 가치 판단에 의할 때 자연적으로 악한 것으로 간주된다. 이는 특정 작위나 부작위가 그 자체로 사회공동체에 실제적인 해악을 끼친다는 인식을 갖게 한다. 기후범죄학에서는 산업계와 정부의 많은 활동이 기후변화 혹은 지구온난화에 따른 더 큰 피해를 일으키는 데 직·간접적으로 기여

14) Stuart Bell, Donald McGillivray, Ole Pedersen, Emma Lees, and Elen Stokes, *Environmental Law (9th Edition)*, Oxford: Oxford University Press, 2017, p. 271.

하는 한 자연범과 같은 차원의 범죄로 간주한다. 이는 단순한 법적 규제의 문제가 아니라 형사처벌이 가능한 금지규범, 공소제기, 범죄예방의 문제이다.

기후범죄학은 불법적인 기후 관련 환경 피해(즉 현재 불법으로 정의되어 형사처벌이 가능한 탄소배출 사기와 같은 피해)와 합법적인 기후 관련 피해(즉 석탄화력발전소에서 배출허용기준 이내에서 배출하는 이산화탄소와 같이 현재 합법적인 것으로 허용되지만, 그럼에도 불구하고 사회적 · 생태적 차원에서 발생하는 피해)를 비판적 관점에서 모두 이론화하고 비판한다.

(2) 전 지구적 연결성과 생태정의(eco justice)

기후범죄학은 우리가 삶을 영위하는 세계를 상호 연결된 전체로 바라보는 '전 지구적 관점'을 기반으로 한다. 어느 한 특정 지역에서의 작위와 부작위가 지구상의 다른 곳에서 발생하는 사건에 사회적으로나 생태학적으로 서로 영향을 미치기 때문이다. 이러한 전 지구적 관점은 생태학의 개념을 바탕으로 한다. 이때 생태학은 생물적 구성요소(동물, 식물, 균류, 박테리아 등)와 비생물적 구성요소(공기, 물, 토양 등)를 포함하는 자연 세계의 복잡한 상호 작용을 의미한다. 생태학적 관점에서 볼 때, 인간과 환경의 관계는 좋든 나쁘든 시간이 지남에 따라 환경이 어떻게 변해 가는지에 따라 커다란 영향을 받기 때문에 인간은 이러한 상호 작용을 깊이 이해해야 한다. 주지하듯이 기후변화는 전 지구적인 현상이다. 즉 기후변화는 특정 국가의 영토 내에서만이 아니라, 국경을 초월하여 심각한 사회적, 생태적 결과를 야기하기 때문에 지구 전체의 생태계에 커다란 영향을 미친다. 따라서 세계의 어느 특정 지역에서 발생한 기후변화에 따른 이상 현상은 다른 지역에도 중요하고, 그 반대의 경우도 마찬가지이다. 기후변화로 인해 인간과 수많은 비인간 존재들은 변화된 기후에 어떻게든 적응하기 위해 몸부림치며, 각각의 생존 패턴은 계속해서 변화한다.[15)]

생태학의 개념에 바탕을 두고 도출된 '생태정의(eco justice)'는 일반적으로 인간과 나머지 자연 세계와의 관계를 말하며, 생물권, 보다 구체적으로는 생물권에 서식하는 동식물과 동물의 건강에 관한 우려를 포함한다.[16)] 무엇보다 생태정

15) 이에 대해 자세히는 Carolyn Merchant, *Radical Ecology: The Search for a Livable World*, New York: Routledge, 2005 참조.

의는 지구 환경의 질(그 자체로 본질적인 가치를 지닌 것으로 봄)과 다른 종(특히 동물)이 고문, 학대, 서식지 파괴로부터 벗어나 자유롭게 살아갈 권리에 커다란 관심을 가진다. 특정 환경에 어떻게 상호 작용하여 적응할 것인지에 대한 인간의 오랜 관행과 선택은 그 안의 모든 비인간 존재들에게 즉각적이고 잠재적인 위험으로 다가온다. 정의와 권리와 관련해서도 생태정의 개념은 인간 또한 다른 종과 마찬가지로 인간 자신의 생존을 위해 보존해야 하는 복잡한 생태계의 한 구성요소로 이해하여 접근한다. 이러한 이해는 "깨끗한 환경을 누릴 권리"를 의미하는 환경권이라는 개념에 의해 지지된다. 이와 같은 생태정의의 기본 틀에서는 모든 생명체가 하나로 연결되어 묶여 있으며, 환경 문제는 본질적으로 전 지구적이고 초국경적인 성격을 띤다. 생태정의는 인간이 그들이 속한 자연 환경과 어떻게 상호작용해야 하는지를 생물권 전체뿐만 아니라 특정 생물체와 특정 지역에 대한 잠재적 해악과 위험과 관련지어 계속 고민할 것을 요구한다.[17)]

이와 같이 기후범죄학이 채택한 이른바 '전 지구적 관점'이란 인간 이외의 비생물적 존재, 즉 동물, 식물, 강, 산 등도 생태계의 한 구성요소로서 인간과 동등한 보호 가치가 있음을 인정할 뿐만 아니라 인간 조건의 특수성을 인정하는 관점을 의미한다. 특히 사회 공동체의 여러 형태와 계층 구조는 다양한 수준의 불평등과 자원 배분의 왜곡을 발생시킨다. 그럼에도 불구하고 기후범죄학은 특권 계층과 지배적 관점에서만 기후변화와 지구온난화를 이해하고 설명하지 않는다. 오히려 계층, 인종, 민족, 연령, 성별을 구분하여 기후변화와 그에 따른 피해를 고려할 뿐만 아니라, 취약계층, 소외계층 및 무시된 사람들로부터 전달되는 기후변화 완화 및 적응과 관련한 글로벌 지식까지도 고려하고자 한다.

기후범죄학의 기본적인 모토는 '행성 지구를 알아가라(get to know your planet)'라는 것이다. 이는 지리에 대한 감수성과 장소에 대한 올바른 지식을 얻는 것에서 시작한다. 기후변화의 영향은 특정 장소와 지역에서 강하게 체감될

---

16) 이에 대해 자세한 설명으로는 Cormac Cullinan, *Wild Law: A Manifesto for Earth Justice*, London: Green Books, in association with The Gaia Foundation, 2003; Rob White, *Environmental Harm: An Eco-Justice Perspective*, Bristol: Policy Press, 2013 참조.

17) 생태정의에 대해서는 김용환, "생태환경 정의에 관한 연구", 국민윤리연구 제55호, 2004, 101-128면; 최병두, "롤즈의 자유주의적 정의론과 생태적 정의", 한국지역지리학회 제11권 제4호, 2005, 476-496면 참조.

것이다. 이는 새, 물고기, 다른 비인간 동물 및 인간 개체수의 변화로 나타나게 된다. 그리고 시간이 지날수록 지구온난화의 피해는 특정 장소나 지역을 넘어 전 지구에 걸쳐 나타날 것이다. 이는 사회정의와 생태정의를 추구하는 범죄학에도 커다란 영향을 미칠 수밖에 없다.

기후범죄학에 있어 전 지구적 관점은 글로벌 화석연료 기업(예컨대 로열 더치 쉘과 같은 초국적 석유회사, BHP와 같은 대규모 광산 회사 등)의 전 세계에 걸친 기업 활동에서 보듯이 빼놓을 수 없는 요소이다. '세계화'라는 개념은 우리에게 정치, 경제, 사회, 문화, 정보, 과학기술과 관련하여 전 지구적으로 서로 밀접하게 연결되어 있음을 경고한다. 즉 이는 현상으로서의 지구온난화는 어느 누구도 기후변화의 영향으로부터 벗어날 수 없으며, 지구상의 여러 사람들과 연대하여 함께 노력하지 않는 한 기후변화 완화 및 적응 전략이 완전히 성공할 수 없음을 의미한다.

(3) 원인과 결과

기후범죄학은 과학적 증거와 그 영향에 대한 선 지식에도 불구하고 계속해서 작용하는 지구온난화의 원인을 조사하고 기후변화의 다양한 결과를 연구한다. 기후변화 대응 전략은 일반적으로 완화와 적응이라는 개념을 중심으로 수행되고 있다. 이때 '완화(mitigation)'란 기후변화의 주된 원인이 되는 인간 활동에 의한 지구온난화 현상을 저감시키는 것으로, 지구온난화를 유발시키는 온실가스 발생원을 감소시키거나 온실가스 흡수원을 확충하는 것을 의미한다. 즉 온실가스 발생의 주범인 이산화탄소의 배출량을 줄이기 위하여 태양열·지열·풍력·폐열 등 신재생에너지 개발, 하이브리드 차량·액화천연가스(LNG) 차량 등 고효율·친환경 운송수단 도입, 패시브공법(손실에너지를 최소화하는 건축공법) 등을 적용한 녹색 건축환경 조성, 자원재활용·탄소배출저감 산업 창출, 하천·산림녹지공간 보존 및 확충을 통한 온실가스 흡수량 증대 등을 대표적인 완화의 예로 들 수 있다. 완화는 온실가스 배출을 저감시킴으로써 기후변화로 인하여 발생되고 있거나 발생 가능한 다양한 위험요소를 회피, 저감, 지연시키는 데 기여하는 것으로 장기적인 관점에서의 대응 방안이라고 할 수 있다.

한편 '적응(adaptation)'이란 기후변화로 인하여 현재 발생하고 있거나 앞으로 발생할 것으로 예측되는 다양한 위험요소에 대하여 자연적 · 인위적 시스템 등을 활용하여 조절함으로써 피해를 저감시키고, 우리 삶에 유익하도록 전환시키는 것을 의미다. 즉 홍수 · 가뭄 · 열파 등 기후변화에 대한 취약성을 줄이기 위한 대응 활동으로 홍수에 대비한 하천변 완충녹지 조성, 가뭄에 대비한 댐건설 및 저수지조성 등 수자원 관리 방안, 기후변화에 대비한 작물의 다양화, 해수면 상승에 따른 시멘트 방파제 건설, 해안도로에 인접한 거주지 이전, 완충공간으로써의 습지조성 등 해안지역 보호, 기후에 민감한 질병 조사를 통한 보건환경 강화, 재해취약지역 교통환경 재배치 및 피난로 확보 등을 대표적인 적응의 예로 언급할 수 있다.[18)]

유럽연합(EU)은 기후변화에 따른 불가피한 사회경제적 위험에 대비하고 2050년까지 완전한 기후적응 역량을 갖추기 위해 2021년 2월 '신 EU 기후적응 전략'을 발표한 바 있다. 유럽연합은 영리한(Smarter) 적응, 체계적(More Systemic) 적응, 신속한(Faster) 적응 및 국제적 행동 강화를 기후적응의 핵심 전략으로 제시하였다. 우선 영리한 적응, 체계적 적응, 신속한 적응을 위한 세부 전략 및 이행방안을 제공함으로써 기후적응을 위한 구체적인 계획을 제시하고, 이와 더불어 기후적응 전략의 이행과정에서 국가 · 지역 · 노동자 간 기후변화 위험의 불균형을 해소하기 위한 회원국 내 결속과 공정성도 강조한 바 있다.[19)] 신 EU 기후적응의 전략별 주요 내용은 다음과 같다(〈표 4-1〉 참조).

---

18) 이처럼 온실가스 배출 감소 등 기후변화 완화(Mitigation)는 이미 진행 중인 기후변화의 악영향을 방지할 수 없어 기후변화 적응(Adaptation)을 위한 역량 확보가 중요하다. 이때 기후변화 적응은, ① 미래 인적 · 자연적 · 물적 손실 회피, ② 생산성 증가 등 경제적 이익 창출, ③ 사회 · 환경 · 문화적 혜택 등 세 가지 효과(Triple Dividend)를 창출함으로써 기후대응에 기여할 수 있어 탄소중립 이행 과정에 필수적이다. 한편 기후변화 완화는 2017~2018년 글로벌 기후금융의 93%(연평균 5,370억 달러)를 차지했으나, 기후변화 적응은 5% 수준으로 저조하다고 한다(김현진, "신 EU 기후적응 전략의 주요 내용", KDB산업은행 미래전략연구소, 2021. 10. 25., 1면).

19) 김현진, 위의 논문, 1면.

:: 표 4-1 신 EU 기후적응 전략별 주요 내용

구분	세부 전략	EU의 이행방안
영리한 적응	① 최첨단 과학기술을 적용한 기후 의사결정	– Horizon Europe, Digital Europe, Copernicus 등을 활용하여 기후 지식격차 해소 지원 등
	② 정확한 기후 리스크 데이터의 기록·수집·공유	– 데이터 기록·수집·공유의 기준 마련, Risk Data Hub를 통한 중앙 기록 지원 등
	③ Climate–ADAPT를 공식 지식플랫폼으로 활용	– 산발적 정보처리 메커니즘 통합 등
체계적 적응	① 기후적응 측정 기준 마련, 정책 일관성 유지	– 회원국 협력으로 국가 기후적응 전략 지침 마련 등
	② 지역별·개인별 기후적응의 공정성 증진	– 지역 기후적응 전략 및 지원기구 운영 등, ESF+, Eramus+ 등 프로그램을 통한 근로자 지원
	③ 국가 재정 프레임워크에 기후적응 내용 반영	– 공공 재정에 미치는 기후 리스크의 잠재적 영향 – 측정방법 개발, 역내 기금과의 상호보완 강화 등
	④ 자연기반 솔루션(Nature–based Solutions) 촉진	– 자연기반 솔루션의 재무적 영향을 활용한 금융 기법 개발 등
신속한 적응	① 기후적응 지원 시스템에 대한 접근성 제고	– EU Taxonomy**의 지속 개발 등
	② 인프라 구축을 통한 기후적응 리스크 경감	– 중요 인프라 건축·개조시 기후적응 기준 반영 등
	③ 기후보호격차*의 감소	– 유럽보험연기금청(EIOPA)과의 협력을 통한 금융상품 개발, 역내 자연재해 보험 촉진 등
	④ 물의 지속가능성 확보	– 제품의 절수 요건 강화, 지속가능 토지이용계획 촉진 등

* 기후 관련 자연재해 등으로 인해 발생하는 경제적 손실 중 보험으로 보장되지 않는 비중
** 환경적으로 지속가능한 경제활동을 정의, 판별하기 위한 유럽연합의 과학적·기술적 기준
출처: EC, "Forging a climate–resilient Europe: The new EU strategy on adaptation to climate change", 2021.2

범죄학에서 원인과 결과에 초점을 맞추는 것은 일반적인 기후변화 완화 및 적응과는 다소 다른 의미와 방향을 갖는다. 범죄학 연구는 앞서 언급한 범죄와 피해와 관련하여 가해자와 피해자를 중심으로 진행된다. 따라서 범죄학적 관점에서 기후변화를 일으키는 '원인'에 대한 분석은 누가, 어떤 활동을 하여 문제를 일으키고 악화시키는지에 초점을 맞춘다. 그리고 기후변화의 '결과'에 대한 범죄학적 관심은 지구온난화의 생물물리학적 결과로 인해 누가, 어느 정도, 어떻게, 왜 피해를 입었는지를 포괄하는 피해자학의 관점에서 문제를 검토한다.

기후정의(climate justice)를 추구하려면 지구온난화와 관련된 피해를 누가 야기했는지 그 가해자에 대한 조사가 필수적이다.[20] 따라서 관심은 기후변화의 원인과 지구온난화에 기여하는 작위 및 부작위에 연루된 특정 기업, 단체, 기관 및 개인을 특정하는 데 있다. 고의, 과실 및 형사책임의 문제는 그러한 분석과 깊은 관련을 맺고 있다. 지구온난화가 실제로 인간의 인위적인 작위 혹은 부작위에 의한 것이라면, 기후범죄학은 누가 지구온난화를 예방하고 중단하려 하는지, 반대로 누가 이를 확대하고 촉진하고 있는지를 검토하고자 한다. 이와 관련하여 특히 현재의 정치·경제·사회 시스템 전반에 걸친 토대에 어떠한 문제가 있는지와 더불어 전 세계적으로 유통·판매되는 상품의 생산 및 소비와 관련한 의사결정을 내리는 데 관여하는 특정 행위자(인간 및 비인간으로서 법인)가 누구인지에 주목한다.

또한 기후범죄학은 인간, 특정 생물권 또는 환경, 비인간 동물에 대한 관련 법률위반뿐만 아니라, 광범위하게 퍼져 있는 기후변화 피해 및 피해자들을 조사한다. 이러한 조사에는 생태정의를 포함하여 다음과 같은 세 가지 정의의 관점을 고려해서 수행된다. 이러한 세 가지 정의 관점 하에서 기후변화에 따른 피해

20) 기후정의(climate justice) 내지 기후불의(climate injustice)는 기후위기와 관련하여 인류가 반드시 해결해야 하는 '정의(justice)'의 문제임을 전제로 하여 기후변화 현상은 원인 제공자와 그 피해자가 서로 다르고, 기후변화에 대한 적응 능력이 다르기 때문에 기후변화에 취약한 사회경제적 약자 또는 취약계층을 위한 제도를 마련해야 한다는 개념이다. 기후정의 내지 기후불의에 대해 자세히는 기후정의포럼, 『기후정의선언 2021』, 한티재, 2021; 김민정, "기후정의와 마르크스주의", ECO 제24권 1호, 2020, 51-84면; 정록, "기후위기, 불평등의 위기", 황해문화 2022 봄, 2022, 54-72면; 정영신, "기후정의 운동의 운동사적 맥락에 관한 연구", Journal of Global and Area Studies 제7권 제3호, 2023, 239-273면; 한재각, 『기후정의 -희망과 절망의 갈림길에서-』, 한티재, 2021 참조.

와 피해자 문제가 논의된다.

1. 환경정의(environmental justice)의 주요 초점은 인구 집단 내의 격차와 차이에 두고 있으며, 이때 사회정의는 현 시대의 모든 사람과 미래세대를 위해 건강하고 안전한 환경에 대한 접근을 요구한다.
2. 생태정의(ecological justice)의 주요 초점은 환경 그 자체에 있으며, 예컨대 울창한 숲을 생태적으로 보존하고 보호하는 것을 본질적으로 가치 있는 것으로 간주한다.
3. 종의 정의(species justice)의 주요 초점은 남획, 학대, 고문 등으로부터 보호함으로써 고래나 북극곰과 같은 종 전체뿐만 아니라 개별 동물의 복지를 보장하는데 있다.[21)]

(4) 권력과 이익

주지하듯이 어떤 행위를 범죄로 개념 정의하여 법률에 새롭게 규정할지에 대해서는 여러 이익집단의 이해가 충돌되어 상당한 시일이 소요되지만, 논란 끝에 일단 범죄로 규정된 행위에 대해서는 형벌권을 수단으로 하는 국가적 통제가 사회적, 역사적 차원에서 이루어진다. 즉 범죄의 개념정의는 시간, 장소, 문화적 배경에 따라 다양하게 규정된다. 또한 범죄에 대한 국가적 통제는 사형이나 징역과 같은 매우 억압적인 개입 형태에서부터 '회복적 정의(restorative justice)'라는 새로운 갈등 해결 방법에 이르기까지 따라 다양하다. 법과 질서는 기본적으로 정치·경제·사회적으로 가장 큰 권력을 휘두르는 지배집단에 의해 형성되며, 일반적으로 자신들의 이해관계를 적극적으로 반영한다. 또한 법과 질서는 예컨대 계급투쟁의 성격과 정도, 성 불평등, 민족과 인종의 구분에 따라 특정 사회공동체 내에서 정치·경제·사회적 힘의 특별한 균형이라는 맥락에서도 형성된다.

기후정의는 근본적으로 자연 환경이 파괴되고 황폐화되는 교차 시점에서, 그리고 그로 인해 발생하는 사회적 불평등(사회공동체가 쾌적하고 깨끗한 자연 환경을 경험하고 천연자원을 공평하게 이용하는 방식에서 나타나는 불평등)과 깊은 관련이 있

21) White, 앞의 책, 2013 참조.

다. 이러한 사회적 불평등은 다음과 같은 두 가지 차원에서 보다 구체적으로 나타난다. 즉 한편으로, 강력한 이익집단(예컨대 글로벌 화석연료 기업 등)은 자신들의 이익을 위해 지구의 천연자원을 착취하는 동시에 이러한 착취의 최악의 영향으로부터 벗어날 수 있는 고유한 자원을 별도로 확보해 두고 있다. 다른 한편으로, 기후변화, 지구온난화 등으로부터 가장 부정적인 영향을 받고, 그로 인해 가장 큰 피해를 입는 것은 지배집단이나 이익집단이 아닌 전 세계에서 가장 가난한 저개발국가나, 사회경제적 약자(원주민, 유색 인종 공동체, 이민자 공동체, 비 산업화한 지역 공동체, 인구소멸 위기의 농촌 공동체, 빈곤층, 저소득층 노동자, 여성, 노인, 집이 없는 사람들, 장애인, 청소년 등)이다.

최근 기후정의와 관련하여 범죄학자들은 "인간의 행위 또는 기타 원인에 의해 주어진 영토에서 생태계가 광범위하게 손실, 손상 또는 파괴됨으로써 해당 영토에 거주하는 거주자의 평화로운 향유가 심각하게 감소되거나 장차 감소되는 것"을 의미하는 '생태살해(ecocide)'를 제노사이드와 같은 국제범죄의 하나로 제정하자는 운동을 펼치고 있다.[22] 생태살해 범죄는 기후변화의 결과가 지구 전체에 걸쳐 광범위하고 재앙적이라는 점에서 전 지구적 규모로 적용된다. 이러한 생태살해 범죄는 환경오염과 천연자원의 착취로 인해 환경과 생태계의 체계적인 파괴와 감소의 결과를 야기한다.[23]

특히 기후범죄학에서는 기후변화 관련 쟁점의 주요 내용(예컨대 문제의 근본 원인과 그 해결책 등)이 무엇이고, 기후변화를 유발하는 유해한 기업활동을 통해 막대한 이익을 얻는 사람과 그로 인해 고통 받는 사람이 누구인지를 밝힘으로써 이를 뒷받침하는 정치·경제 권력과 이해관계를 규명하는 것이 중요하다. 앞서 언급한 바와 같이, 기후정의는 현대사회가 구조적으로 불평등하며, 착취 관계에 의해 영향을 받는 것은 비단 인간뿐만 아니라 비인간인 동물 모두임을 전제로 한다. 기후범죄학에 따르면, 환경권, 생태정의, 비인간 동물 복지 등에 대한 가장 커다란 위협은 인간, 비인간 동물 및 천연자원에 대한 착취를 바탕으로 하여 사회적 존재의 대부분을 상품화하는 글로벌 자본주의 시장경제 체제의 구조와

---

22) 대표적으로 Polly Higgins, *Earth is our Business: Changing the Rules of the Game*, London: Shepheard-Walwyn Publishers Ltd., 2012 참조.

23) 생태살해 범죄에 대해 상세한 분석은 본서 제4장 제11절, 제12절 참조.

압력에서 비롯된다고 한다. 이러한 시장경제 체제로부터 나오는 지배집단의 특권은 인간과 비인간 동물, 생물과 비생물 등의 희생을 바탕으로 한다. 시장경제 체제로부터 획득되는 강력한 경제적 이익은 그에 부수해서 발생하는 커다란 해악을 영속화할 뿐만 아니라, 해악이 만들어질 수밖에 없는 구조와 본질을 모호하게 하고 은폐한다. 또한 정치·경제 권력자에 의한 범죄는 이를 범죄화 하는 과정에서 이들로부터 커다란 저항에 부딪치곤 한다. 이러한 현실을 감안할 때, 정치·경제 권력자의 범죄에 대한 범죄학적 이해는 일반적으로 특정 활동을 범죄로 간주하고자 할 때 기존의 법적 개념정의 이외에도 그에 따른 피해의 정도를 빈번히 언급한다. 이는 도덕적 비난을 넘어 그들이 일으키는 해악의 성격과 정도가 중대하여 범죄화 되어야 함을 강조하는 것이다. 이러한 방식은 전통범죄학에서 적용되는 것과 마찬가지로 기후범죄학에서도 그대로 적용된다.

따라서 기후범죄학은 기후변화 문제에 대한 실질적인 해결책을 도모하고 그에 따른 피해에 적극적으로 대처하기 위해 정치·경제 권력자의 책임을 강구하는 한편, 지구온난화가 계속해서 진행되고 더욱 악화되는 데 기여하는 글로벌 자본주의 시장경제 체제와 이 체제를 견고히 유지하고자 하는 권력자들의 역할에 초점을 맞춘다. 이러한 기후범죄학의 기본 관점을 토대로 기후변화에 대한 범죄학적 대응의 주요 내용을 살펴보면 다음과 같다.

Ⅳ. 기후변화에 대한 범죄학적 대응의 주요 내용

1. 기후변화 관련 피해 조사

기후변화에 대한 범죄학의 주요 관심사는 기후변화에 의해 야기된 피해에 대한 현황 조사 및 그러한 조사결과를 바탕으로 한 대응으로 모아지고 있다. 기후변화 관련 피해는 시간, 공간 및 규모의 문제와 관련된 다양한 측면을 가지고 있다. 예를 들어 기후변화 관련 피해는 특정 지역(예컨대 호주 북동부에 위치한 세계 최대의 산호초 지대로 알려진 그레이트 배리어 리프(Great Barrier Reef)에서 백화현상[24]에 따른 산호의 소멸과 같은 특정 종에 대한 위협)에만 국한될 수 있지만([그림

24) 백화현상은 수온의 급격한 변화에 견디지 못하고 산호가 죽어갈 때 나타난다고 한다. 산호에 색상

4-1] 참조), 일반적인 전 지구적 패턴(예컨대 모든 지역의 산호초에 영향을 미치는 수온의 급격한 상승)의 일부로도 나타날 수 있다.

그림 4-1 호주 그레이트 배리어 리프(Great Barrier Reef) 산호초 백화현상

출처: 세계일보 2017년 3월 13일자 기사[25)]

이러한 피해는 기후변화가 단초를 제공한 것은 분명하지만 직접적 원인을 다른 곳에서도 찾을 수 있다는 의미에서 '비의도적'이라고 말할 수 있으나, 부정적인 결과가 분명히 예측되는 한 '의도적'인 것일 수 있다. 즉 북극의 지구온난화는 세계 평균보다 2배 빠르게 진행되고 있는데, 지속적인 해빙 감소로 서식지가 점차 상실되고 그로인한 북극곰의 멸종은 전자의 예이다([그림 4-2] 참조). 북극곰의 멸종은 지구온난화에 따른 해빙 감소 이외에도 석유 탐사와 무분별한 개발에 따른 석유 유출, 독성물질(다이옥신, 퓨란, DDT 등의 잔류성 유기오염물질)에 의한 오염, 먹이와 살 곳을 찾아 북극 해안가의 인간 주거지로 접근에 따른 인간

과 에너지를 제공하는 작은 조류(藻類)가 해수면 상승에 의한 열 스트레스로 떠나거나 죽으면서 산호가 하얀 골격을 드러내는 것이다. 수온이 차가워지거나 조류가 돌아오지 않으면 산호는 회복될 수 없으며, 산호가 죽은 지역에서 새 산호들이 성장하려면 10~15년 걸리는 것으로 알려졌다. 첫 백화현상이 나타났던 1998년에는 전 세계 산호초의 약 16%가 절멸했는데, AP통신에 따르면 지난 30년간 전 세계 산호초의 절반 정도가 사라졌으며 2050년에는 10%도 남지 않을 것이라고 해양생명과학자들이 경고했다고 한다(세계일보 2017년 3월 13일자 기사: "'지구의 허파'는 이미 타들어 가고 있다") https://www.segye.com/print/20170313003229 〈최종 검색: 2024. 2. 15.〉

25) https://www.segye.com/print/20170313003229 〈최종 검색: 2024. 2. 15.〉

과의 빈번한 충돌 등에서도 찾을 수 있기 때문이다. 또한 '탄소격리'란 화석연료가 연소할 때 발생하는 이산화탄소를 포집하여 지구 대기 밖으로 내보내거나 지층이나 해저에 매장하는 것을 말한다. 이러한 '탄소격리 계획'에 따라 포집된 이산화탄소를 저장할 적정한 장소로 폐가스전과 폐유전 등이 언급되는데, 이들 부근의 지역 주민들이 자신의 땅에서 이주할 수밖에 없는 것은 후자의 예이다.

그림 4-2 멸종 위기의 북극곰

출처: 한겨레 2023년 9월 1일자 기사[26)]

따라서 기후변화의 원인과 결과에 대한 세밀한 연구를 바탕으로 기후변화에 따라 어떠한 피해가 발생하는지, 그 규모는 얼마 만큼이고, 언제까지 지속될 것인지 등을 가급적 정확히 조사·파악하는 것이 무엇보다 중요하다. 범죄에 대한 적절한 대응은 피해에 대한 조사에서부터 출발하기 때문이다.

범죄학적 관점에서 기후변화에 대한 '범죄' 분석은 자연스럽게 특정 범죄가 발생하는 '원인'이 어디에 있는지를 중심으로 문제를 제기하는 경향이 있다. 예를 들어 기후변화와 관련된 특정 범죄의 연관성은 기후변화의 결과로 발생하는

26) https://www.hani.co.kr/arti/society/environment/1106693.html 〈최종 검색: 2024. 2. 15.〉

범죄뿐만 아니라, 기후변화를 야기하거나 유발하는 범죄라는 측면에서도 설명할 수 있다(〈표 4-2〉 참조). 이러한 접근방식은 범죄 결과와 범죄 발생 원인을 정확히 찾아내는데 유용하지만, 특정 정치적, 경제적, 사회적, 문화적 관계 속에서 기후변화가 발생한다는 사실을 고려할 경우, 기후변화를 둘러싼 문제의 핵심에 도달하는데 실패할 수밖에 없다. 지구온난화는 단순히 범죄학적 용어로만 설명할 수 없는 정치·경제·사회 구조적 현상 속에서 이해될 수 있기 때문이다. 즉 지구온난화는 근본적으로 권력, 이익, 자원과 밀접한 관련을 맺고 있다.

표 4-2 기후변화와 범죄 연관성

기후변화가 범죄에 미치는 영향	범죄의 원인으로서 지구온난화
인간행동과 온도변화 (예: 온도 상승에 따른 공격성 증가)	지구온난화를 유발하는 강력한 활동 (예: 일반적인 기업활동 일부로서 탄소배출)
날씨 패턴에 영향을 받는 장소 기반 활동 (예: 강우량이 많은 곳은 강력범죄 발생률이 낮음)	에코사이드(ecocide)의 한 형태인 국가-기업 범죄 (예: 의도적이고 체계적으로 광범위한 생태계를 파괴하는 행위)
생물물리학적[27] 변화로 인한 사회적 긴장 (예: 사회적 갈등 증가와 관련된 식량 가용성의 감소)	기후변화 피해와 기후범죄에 대한 부정으로서 반대론 (예: 기후변화에 대한 완화 및 적응 전략을 사전에 차단하는 중화기술)

출처: Rob White, "Criminological Perspectives on Climate Change, Violence and Ecocide", *Current Climate Change Reports 4*, 2017, pp. 243-251.

기후변화 및 기후변화에 대한 대응의 구조적 성격과 결정 요인을 고려할 때, 범죄에 초점을 맞추는 것만으로는 기후변화에 따른 피해를 이해하거나 원인과 결과를 파악하여 해결하고자 할 때 충분하지 않다. 바꾸어 말하면 기후변화라는 주제에 초점을 맞춘 논의 전개는 문제를 쟁점화 하고자 할 때 그 자체로서 의미를 갖지만, 일반적으로 기후변화에 대한 법적 책임, 원인과 결과 사이의 인과관계 등을 둘러싼 복잡한 문제에 대한 답변으로는 제한적이다. 비슷한 맥락에서

27) 생물물리학(Biophysics)은 물리학의 이론과 방법들을 이용하여 복잡한 생물학의 문제를 설명하려는 분야이다. 생물물리학은 분자생물학수준부터 복잡한 조직세포 수준의 상호작용, 생태계 등 많은 생물 분야를 포괄적으로 연구한다(위키백과). https://ko.wikipedia.org/wiki/%EC%83%9D%EB%AC%BC%EB%A6%AC%ED%95%99 〈최종 검색: 2024. 2. 15.〉

지구온난화와 관련된 복잡한 문제에 대한 형사법적 해결은 커다란 한계를 가질 수밖에 없다.

따라서 높은 수준의 이론적 연구에서는 특정 주제를 바탕으로 한 실증조사가 함께 이루어져야 한다. 그리고 문제해결을 위한 전략적 대응은 본질적으로 다양한 분야의 여러 기관이 서로 밀접하게 협력하여 전개될 필요가 있다. 범죄학, 특히 녹색범죄학은 기후변화라는 근본적 문제에 일정 부분 기여할 수 있지만, 이를 위해서는 몇몇 비판적 요소를 구체화해야 한다. 이것이 바로 개념적 틀과 행동모델로서 기후범죄학의 의도이다.

2. 기후변화에 대한 범죄학적 대응의 구체적 내용

(1) 기후변화 관련 사회적 활동과 캠페인의 지지와 지원

기후범죄학은 인간과 비인간인 동식물이 거주하는 지구 환경 전체를 위해 기후정의에 논의 초점을 맞춤으로써 기후변화에 대처하는 사회적 활동과 여러 대중적 캠페인을 적극적으로 지지하고 지원한다. 기후정의의 실현은 필연적으로 대규모 정치 및 사회적 활동에 대한 지지와 참여를 통해 이루어지기 때문이다. 이때 기후변화 자체를 부인하거나 기후변화 완화 및 적응을 위한 조치에 부정적 견해를 펼치는 세력(대표적으로 글로벌 화석연료 기업과 이들로부터 후원금을 받은 정치인과 연구자 등)과 이들 기후변화 부인론자들의 목소리에 맞설 필요가 있다. 기후범죄학은 이러한 문제를 전통범죄학의 영역으로 간주한다. 이처럼 기후범죄학은 기후변화와 관련된 주요 쟁점에 대해 목소리를 높일 것을 강조한다.[28)]

지배적인 정치·경제권력 구조는 국제적 차원이나 국가 차원에서 볼 때 어느 한 국가·집단·문화가 다른 국가·집단·문화를 지배하는 패권적 구조를 띠고 있다. 예컨대 국가 차원에서 기후위기 대응 정책의 수립과 그 집행을 둘러싸고 다양한 이해집단의 사회적 투쟁이 끊임없이 전개된다. 이러한 관점에서 볼 때 환경보호나 기후변화 문제에 대한 로비, 규제, 집행에 있어서 비정부기구(NGO)의 역할이 매우 중요하다. 글로벌 자본주의 시장경제 체제에서 국가와 지배계급

---

28) Ronald C. Kramer, "Carbon in the atmosphere and power in America: Climate change as state-corporate crime", *Journal of Crime and Justice 36(2)*, 2013, pp. 153-170.

에 대한 비정부기구의 저항은 사회적·생태학적 역동성을 이끌어 내기 위한 필수적인 부분이기 때문이다. 예컨대 국가와 기업이 암묵적으로 공모를 하여 환경파괴, 생태살해, 온실가스 배출 등의 기업활동을 묵인하거나 심지어 조장할 경우, 이는 환경 피해나 기후변화에 따른 피해를 줄이기 위해 창안해 낸 여러 정책적·기술적 대응전략에 커다란 악영향을 미친다. 결국 기후변화에 대한 효과적인 개입은 국가의 기후변화 정책과 그 집행에 적극적으로 협력하거나 반대하는 비정부기구의 행동을 통해 이루어지는 경우가 많다.

현대 정치·경제권력의 패권적 구조와 기후변화 추세에 대한 절망 속에서도 생태학적 책무, 생태학적 지속가능성, 생태살해 등과 같은 개념은 패권적 구조의 현상 유지에 저항하고자 하는 개념적 도전의 표현이다. 어느 한 특정 지역에서부터 지구 전체에 이르기까지 환경단체(대표적으로 '그린피스'[29])나 기후운동단체(대표적으로 '기후위기 비상행동'[30]) 소속 활동가들은 글로벌 화석연료 기업과 정부의 부도덕과 기후변화 부인에 맞서고 있다. 글로벌 화석연료 기업과 정부를 전쟁터에서의 '적'과 동일시할 수 없겠지만, 기후변화 대응을 둘러싼 갈등과 다툼은 세계 곳곳에서 벌어지고 있다. 세계 곳에서 펼쳐지고 있는 각각의 투쟁은 전 지구적 관점에서 볼 때 중요한 의미를 갖는다. 기후위기의 문제는 보편적이기 때문에 그에 대한 저항 역시 도처에 존재한다.

기후위기의 심각함을 고려할 때, 현재는 난해하고 복잡한 기후변화 정책을 추구할 때가 아니라고 본다. 이 보다는 대담한 발상과 기발한 아이디어가 필요하고, 기후위기의 극복과 기후정의 실현을 위한 기후행동과 사회변혁이 요구된다. 이와 관련하여 가장 근본적으로 기후정의를 위한 기후행동에는 토지, 공기, 물, 산림, 석탄, 석유, 천연가스 등에 대한 민주적 통제권이 포함되어야 한다. 이는 현재 석유, 석탄, 천연가스 등과 같은 에너지원에 대해 글로벌 화석연료 기업이

---

29) '그린피스'는 1971년 출범한 독립적인 국제환경단체로 지구 환경보호와 평화를 위해 비폭력 직접행동의 평화적인 방식으로 캠페인을 진행하고 있다.
한국 홈페이지 https://www.greenpeace.org/korea/ 〈최종 검색: 2024. 3. 25.〉

30) '기후위기 비상행동'은 2019년 9월, 전국에서 진행된 대규모 기후대중행동을 통해 결성되었다. 모든 인류와 지구생태계를 위협하는 기후위기에 대한 한국 사회의 인식을 높이고, 기후위기의 근본적인 해결과 기후정의 실현을 위한 아래로부터의 다양한 행동을 실천하기 위한 단체이다.
홈페이지 http://climate-strike.kr/ 〈최종 검색: 2024. 3. 25.〉

가지고 있는 '독점적 소유권'을 박탈하거나, 적어도 시민공동체가 통제권을 가질 수 있도록 해야 함을 의미한다.

기후변화는 어느 한 사람의, 어느 한 국가의 문제가 아닌 전 지구적 문제이다. 우리 자신과 우리 아이들, 그리고 지구를 인간과 함께 공유하는 비인간 환경존재를 위해 우리 모두가 미래세대의 수호자가 되어야 한다. 이것이 기후변화 관련 활동가의 역할이다. 기후변화와 관련된 미래세대의 피해를 예방하려면 부패한 제도와 제도적 불평등, 권력남용을 폭로하는 것 이상의 것이 필요하다. 이를 위해 기후범죄학은 기후변화에 더 많은 가치를 부여할 수 있도록 관련 전문지식을 구축하여 계속 학문적 목소리를 내야 할 뿐만 아니라 경우에 따라서는 정치적 참여도 필요하다.

(2) 기후변화 관련 학제 간 연구와 협력

또한 기후범죄학은 경험적 관점에서 볼 때 연구 범위가 매우 광범위하고, 개념적 관점에서 볼 때 학제 간 접근이 요구된다. 연구 범위가 광범위하다는 것은 연구자 한 사람이나 어느 한 팀이 연구하기에는 그 범위가 넓어 여러 팀의 공동 프로젝트 형식의 연구가 절실히 요구됨을 의미한다. 그리고 기후범죄학적 관점에서 온실가스 감축 혹은 탄소중립 실현을 위해 관련 전문가의 적극적 참여와 더불어 지속가능한 저탄소 미래를 위한 기후행동을 체계적이고 일관되게 전개해 나가려면 훨씬 더 많은 노력과 지원이 필요하다.

나아가 기후범죄학에서 주요 관심사의 범위가 넓다는 것은 기후범죄학 내에서 '협력'(예컨대 기존 범죄학 내에서는 물론이고 관련 분야 전반에 걸친 협력), '통합'(예컨대 기존 범죄학 관련 연구와 특정 기후변화 관련 연구의 통합) 및 '혁신'(예컨대 새롭게 등장하는 트렌드와 이슈에 따라 새로운 사고와 행동 방식의 수용을 통한 혁신)을 위해 해야 할 일이 많음을 의미한다.

기후범죄학은 석탄, 석유, 천연가스 등 천연자원에 대한 갈등, 기후변화로 인한 이주, 기상 패턴의 급격한 변화가 사회에 미치는 영향과 같은 문제를 조사하고 연구하기 위해 학제 간, 국가 관할권 간, 문화 간에 넓게 퍼져 있는 다양한 자료를 활용하여야 한다. 이때 수집된 정보 및 데이터는 생태학적 고려 사항(예컨대 인간, 생태계 및 동물에 대한 범죄행위)뿐만 아니라, 특히 사회경제적 약자와 관련된 기후변화 피해의 특정 패턴을 고려한 분석과 해석이 이루어져야 한다. 또한 인간에 의한 인위적 원인(예컨대 기후변화 피해에 대한 인간의 책임, 특정 가해자 및 고의·과실의 정도 등)과 관련한 조사·연구 결과를 이론화하기 위한 작업도 요구된다. 이 모든 것들은 기후범죄학이 다루어야 할 중요한 과제이다.

기후범죄학의 연구 방향과 그 활용에 있어 중대한 영향을 미치는 요소는 바로 '시간'이다. 이때 시간이라는 요소는 다음과 같은 두 가지 측면에서 중요하다. 즉 한편으로, 지구온난화를 방지하기 위한 한계 시점이 점점 더 가까워지고 있기 때문에 기후위기의 심각성에 대한 통렬한 인식과 기후행동의 시급성이 더욱 더 커지고 있다는 점이다. 지구온난화는 가속화되고 있으며, 예컨대 빙상이 녹는 것과 같은 생물물리학적 되먹임 장치(feedback loops)는 시간이 지남에 따라 지금보다 훨씬 더 빠르게 일어날 가능성이 있다. 산업화 이전 대비 지구 평균온도 상승을 2℃ 아래로 유지하되 산업화 이전 대비 지구평균기온 상승을 1.5℃를 넘지 않도록 노력하는 것을 요구한 2015년 파리협정(Paris Agreement)[31]의 정책목표는 기후변화 관련 과학적 증거가 명백히 존재해서가 아니라, 사실상 '그 당시'에서조차 기후변화에 대한 대응의 필요성이 인정되었기 때문이다. 지금도 세계는 탄소배출량을 감축하기 위해 계속해서 노력하고 있다. 이런 의미에서 시간이 촉박하다.

다른 한편으로, 지구온난화를 방지하기 위해 추진되고 있는 다양한 활동에는 상당히 시간이 소요됨을 인식해야 한다는 점이다. 기후변화를 가능한 정확히 예측하고, 석탄, 석유, 천연가스와 같은 화석연료가 아닌 태양광, 태양열, 풍력, 수력, 해양, 지열 등 신재생에너지를 선호하도록 국내 에너지정책을 변경하고, 2021년 영국 유니버시티칼리지런던 연구팀은 온난화를 1.5℃ 상승에서 멈추려면 2050년까지 석탄의 90%, 석유, 천연가스의 60%를 땅속에 묻어둬야 한다는

31) 우리나라는 2016년 11월 3일 가입하였다. 파리협정에의 채택 경위와 주요 내용에 대한 상세한 설명으로는 김상만, "신기후체제 파리협정(Paris Agreement)의 역사적 의의와 한계에 대한 고찰", 아주법학 제9권 제4호, 2016, 225면 이하; 박지혜, "국가 온실가스 감축목표의 법적 위상과 구속력 – 新기후체제의 요청과 향후 과제를 중심으로 –", 환경법연구 제42권 제2호, 2020, 47면 이하; 송동수, "신기후변화협약 체제에서의 한국 환경법제의 대응", 토지공법연구 제85권 제1호, 2019, 335면 이하; 환경부, 『파리협정 길라잡이』, 2016. 5. 참조.

보고서를 발표했는데(아래 〈신문기사〉 참조),[32] 이처럼 석탄, 석유, 천연가스를 계속해서 땅에 묻어두기 위한 캠페인을 조직하는 데는 상당한 시간이 소요된다. 기후변화의 위기로부터 세상을 구하기 위한 여러 노력에는 우리가 계속해서 빠르게 잃어버리고 있는 소중한 시간이 필요하다.[33]

온난화 멈추려면 석탄 90%, 석유 · 가스 60% 땅에 묻어둬야 한다[34]

온난화를 1.5도 상승에서 멈추려면 2050년까지 석탄의 90%, 석유 · 가스의 60%를 땅속에 묻어둬야 한다는 분석이 나왔다. 게티이미지뱅크 제공

해마다 석유 · 가스 생산 3%씩 감축해야 2050년까지 1.5도 위기 막을 가능성 50% 지구온난화를 멈추려면 2050년까지 화석연료의 대부분을 땅속에 내버려둬야 한다는 분석이 나왔다.

영국 유니버시티칼리지런던 연구팀은 9일(한국시각) "지구평균기온을 산업화 대비 1.5도 상승에서 멈출 50%의 기회를 얻으려면 2050년까지 현재 석유와 천연메탄가스 매장량의 60%와 석탄 부존량의 90%를 추출하거나 채굴하지 말아야 한다"고 밝혔다. 연구팀 논문은 과학저널 〈네이처〉 8일(현지시각) 치에 실렸다.

파리기후협약 등 국제적으로 합의된 기후 목표는 현재 진행중이거나 계획된 화석연료 채굴 및 추출 사업과 배치된다. 예를 들어 2050년까지 기후 목표를 실현하려면 석유와 가스 생산은 해마다 3%씩 감축해야 한다. 연구팀은 "생산자들이 생산을 재고하도록 독려하기 위해 생산을 제한하고 수요를 억제

32) Dan Welsby, James Price, Steve Pye and Paul Ekins, "Unextractable fossil fuels in a 1.5 °C world", *Nature volume 597*, 2021, pp. 230–234.

33) White, 앞의 책, pp. 142–145.

하기 위한 정책들이 필요하다"고 주장했다.

■ 2050년 1.5도 달성하려면 화석연료를 땅속에 내버려둬야 한다

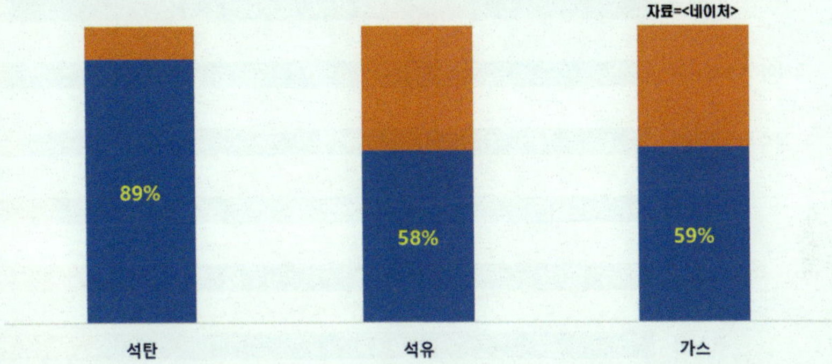

화석연료는 세계 에너지소비의 81%를 담당하고 있다. 하지만 2015년 파리기후협정에서 제시된 산업화 이전 대비 1.5도 상승 억제라는, 국제적으로 합의된 기후 목표를 달성하기 위해서는 화석연료 생산과 소비를 대폭 줄여야 한다. 2015년 〈네이처〉 논문은 2050년까지 지구온난화를 2도 상승으로 억제하려면 석유 매장량의 3분의1과 가스 매장량의 절반, 석탄 부존량의 80% 이상이 2050년까지 추출 및 채굴되지 않아야 한다고 밝힌 바 있다.

유니버시티칼리지런던 연구팀은 이 연구를 바탕으로 지구온난화를 1.5도 상승으로 억제할 수 있는 기회를 얻으려면 얼마나 많은 비율의 화석연료를 땅 속에 남겨 둬야 하는지 평가했다. 연구팀은 비추출 화석연료 부존량이 크게 증가해야 하며, 특히 석유의 경우 2015년 추정했던 것에 추가적으로 25%를 더 추출하지 말아야 한다고 추산했다.

국가별로는 세계 석탄 매장량의 절반을 보유하고 있는 미국, 러시아와 옛 소련 국가들은 97%를 땅속에 둬야 한다. 오스트레일리아는 매장량의 95%, 중국과 인도는 76%를 채굴하지 않아야 한다.

석유의 경우 중동 국가들은 세계 석유 매장량의 절반 이상을 보유하고 있지만 3분의 2를 땅속에 내버려둬야 한다. 캐나다는 타르샌드(역청사)에서 석유를 83% 추출해서는 안된다. 북극의 화석연료도 땅속에 묻어둬야 한다.

■ 1.5도 달성하려면 미국은 석탄 97%를 땅속에 둬야 한다

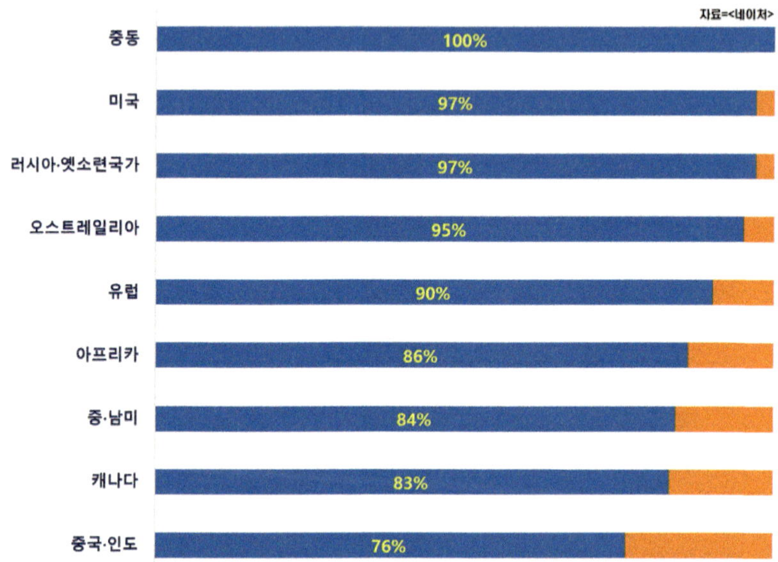

연구팀은 “2050년까지 세계적으로 요구되는 수준으로 석유와 가스 생산을 감축하려면 많은 지역에서 최대 생산량이 이미 도달했거나 적어도 10년 안에 도달해야 한다는 것을 의미한다”고 밝혔다. 연구팀은 이번 연구 모델이 미래의 지구시스템 되먹임(피드백)을 반영하지 않았고, 온실가스 배출에 대응하는 데 필요한 기술의 규모와 전개 속도에 대한 불확실성을 고려할 때 이런 결과조차 과소평가된 것일 수 있다고 설명했다.

논문 저자인 유니버시티칼리지런던의 폴 에킨스 교수는 “상황은 몹시 절박하다. 현재 생산되거나 생산될 계획인 화석연료를 보면 파리기후협정 목표는 멀어 보인다”고 말했다.

(3) 기후과학으로서 ‘지구공학’ 관련 의사결정에의 참여

과학기술로 기후를 조절해 온난화를 늦추는 기술을 ‘지구공학(geoengineering)’이라고 한다. 이러한 지구공학을 기반으로 한 기후변화 해결책과 민주주의가 함

34) 한겨레 2021. 9. 9.자 기사. https://www.hani.co.kr/arti/science/science_general/1011039.html 〈최종 검색: 2024. 2. 15.〉

께 갈 수 있는지에 대해 의문을 제기하는 사람들도 있지만, 지구공학 프로젝트가 성공을 거두기 위해서는 이른바 '옥스퍼드 상쇄 원칙'[35]을 받아들이는 것이 중요하다. 옥스퍼드 상쇄 원칙은 다음의 다섯 가지 내용을 포함하고 있다.

1. 탄소 상쇄 프로젝트는 탄소배출과 가장 직접적으로 연관된 사람들에 의해 주도되어야 한다. 즉 탄소 상쇄 프로젝트 관련 규제와 프로그램을 지역사회공동체가 직접 설계하도록 해야 한다.
2. 치밀한 설계, 관리 및 실행 절차가 필요하다. 천연자원에 대한 어떠한 착취도 발생하지 않도록 허점을 철저하게 막고, 이를 위해 상쇄와 배출권 사이의 계산을 확실하게 할 수 있는 검증 절차를 갖추어야 한다.
3. 현실에 안주하지 말고 제도를 지속해서 개선해야 한다. 기후과학과 탄소 상쇄는 역동적이며 방법론도 계속 개선되고 있으므로, 변화에 민감하게 반응해야 한다.
4. 탄소 상쇄 프로젝트의 목표가 넷제로(net-zero) 탄소중립 목표를 넘어 탄소 절대량 감축으로 나아가야 한다.[36]
5. 탄소 상쇄 프로젝트는 기후변화뿐만 아니라 생물다양성 손실 문제도 포함해야 한다.

기후변화에 대한 기술적 해결책에는 소위 '이산화탄소 포집·저장·활용 기술(CCUS: Carbon Capture, Utilization, and Storage)'과 지구로 들어오는 태양빛을 인위적으로 차단하거나 다시 우주로 보내 지구 기온 상승을 줄이는 '태양복사관리(SRM: Solar Radiation Management)'가 포함된다. 이러한 기술적 해결책이 효과를 거두기 위해서는 국가, 전문가 및 이해관계자가 적극적으로 참여해야 한다. 기술적 해결과 관련한 의사결정은 너무 중요해서 국가와 글로벌 화석연료 기업의 손에만 맡길 수 없다. 대개 편협한 부분적 이익에 함몰되어 자신들의 잇속만 차리는 경우가 많기 때문이다.

(4) 기후변화 부인론에 대한 적극적 대처

기후변화 부인이 무엇을 의미하는지 명확히 할 필요가 있다. 우리가 수십 년

35) 이에 대해 상세히는 https://www.ox.ac.uk/news/2020-09-29-oxford-launches-new-principles-credible-carbon-offsetting 〈최종 검색: 2024. 2. 15.〉
36) http://www.impacton.net/news/articleView.html?idxno=2561 〈최종 검색: 2024. 2. 15.〉

동안 알고 있었던 사실을 고려할 때, 지구온난화에 대한 적극적 대응을 고의적으로 방해하는 것은 지구상의 국가와 문화가 사라지도록 하는 것이다. 또한 이는 특히 지구상에서 가장 가난하고 가장 취약한 사람들의 땅, 집, 생계, 심지어 그들의 삶과 그 후손들의 삶까지 강탈하는 것이다. 돈벌이를 위해, 정치적, 경제적 권력을 유지하기 위해 이러한 행위를 하는 것은 범죄이다. 이것은 지구에 대한 범죄이자 인류 전체에 대한 범죄이다. 따라서 기후범죄학은 기후변화 부인을 '기후변화 부인 기후범죄'라는 기후범죄의 한 유형으로 파악하여 적극적으로 대처할 필요가 있다.

가장 대표적인 기후변화 부인론자인 도널드 트럼프(Donald Trump)는 기후변화가 사기라고 믿으며, 대통령 재임 시절 국무장관, 내무장관, 에너지부장관, 환경보호국 국장을 포함한 내각 내 리더십 위치에 기후변화 부인론자들을 임명하였다. 또한 그는 2017. 6. 1. 파리협정에서 미국이 탈퇴하고 새로운 합의를 도출하기 위한 협상을 시작할 것이라고 발표했다. 나아가 트럼프는 석탄, 천연가스, 석유가 땅에 남아 있어야 하는 시기에 국내 화석연료 생산에 대한 그의 지지는 흔들림이 없었다. 이러한 기후변화 부인은 기후변화 대응에 있어 상당한 악영향을 미치게 하고, 기후변화 부인론자들의 논거를 반박하는데 소중한 시간을 소비하게 한다. 특히 그들의 적극적 개입은 지구온난화와 그에 따른 피해에 대응하기 위해 현재 시급히 필요한 여러 조치를 지연시키고 방해한다. 어쩌면 이러한 기후변화 부인론자들이 지구를 죽이고 있으며, 그로 인해 우리 모두가 기후변화 피해로부터 고통을 받고 있는 것은 아닌가라는 합리적 의심이 들기까지 한다.

(5) 기후변화 관련 형사사법의 적극적 개입과 법 집행 기능 강화

마지막으로 기후범죄학의 관점에서 지구온난화에 효과적으로 대처하려면 일련의 상호 연관된 기후변화 대응 정책을 개발할 필요가 있다. 이러한 기후변화 대응 정책은 단기, 중기, 장기에 걸쳐 이행되어야 하며, 이때 형사사법은 다양한 영역에 걸쳐 적극적으로 개입할 것이 요구된다.[37] 예컨대 기후변화 대응과 관련한 법률의 제・개정과 관련하여 필요한 조치의 종류에는 공익소송과 공공신탁법

37) 이에 대해 상세히는 Rob White and Ronald C. Kramer, "Critical criminology and the struggle against climate change ecocide", *Critical Criminology 23(4)*, 2015, pp. 383-399 참조.

의 혁신적인 활용과 생태살해 범죄를 포함하는 기후정의에 관한 새로운 국제협약의 제정이 포함된다.

특히 '생태살해 범죄'와 관련하여 글로벌 화석연료 기업의 무분별한 탄소배출과 천연자원의 총체적 착취는 생태계의 전반적인 붕괴로 이어지고 있으며, 이에 따라 생태살해 범죄를 「국제형사재판소에 관한 로마규정(Rome Statute of the International Criminal Court)」(이하 '로마규정'이라 함)[38)]상 인류의 평화와 안전에 반하는 다섯 번째 국제범죄로 도입하자는 목소리가 증가하고 있다.[39)] 탄소배출이 지구온난화의 가장 큰 원인이라면 왜 지구를 급격히 변화시키는 위험한 물질인 탄소를 대기 중으로 계속 배출하는가라는 문제에 직면한다. 이러한 문제를 해결하기 위해 생태살해를 인류의 평화와 안전에 반하는 국제범죄로 규정한다는 것은 우월적 지위에 있거나 지휘 책임이 있는 국가의 수반(대통령, 총리, 수상 등)이나 글로벌 화석연료 기업의 대표이사(CEO)가 고의적으로 생태살해 범죄로 규정된 활동을 수행할 경우 형사책임을 지게 됨을 의미한다. 이것이 실현될 경우 석유 및 천연가스 산업, 석탄 채굴, 벌목 등 천연자원 추출에 수반되는 생태파괴는 생태살해 범죄를 규정한 국제형사재판소(ICC)에 기소되어 형사처벌될 수 있다.[40)41)]

또한 기후변화 관련 법 집행과 관련하여 주요 환경법 집행 기관(정부 및 NGO)이 참여하는 협력 네트워크를 강화하고, '국가기후 태스크 포스(NCST: National Climate Task Force)'[42)] 모델과 같은 기후변화 문제를 해결하기 위한 국가 차원

---

38) 로마규정(Rome Statute)은 국제형사재판소(ICC) 창설의 근거가 된 국제조약이다. 로마규정은 1998년 7월 17일에 채택되어 2002년 7월 1일에 발효되었다. 우리나라는 그 이행 법률로 「국제형사재판소관할 범죄의 처벌 등에 관한 법률」을 2007년 12월 21일 법률 제8719호로 제정하여 시행하고 있다.

39) 대표적으로 Deniz Tekayak, "Protecting earth rights and the rights of indigenous peoples: Towards an international crime of ecocide", *Fourth World Journal 14(2)*, 2016, pp. 5-11.

40) Jacqueline Hellman, "The fifth crime under international criminal law: Ecocide?", in: D. Brodowski, M. Espinoza de los Monteros de la Parra, K. Tiedman and J. Vogel (ed.), *Regulating Corporate Criminal Liability*, New York: Springer, 2014, p. 278.

41) 이에 관한 상세한 논의는 김재윤, 앞의 논문, 2023, 287면 이하 참조.

42) 국가기후 테스크 포스(National Climate Task Force)는 바이든 미국 대통령의 취임 이후 출범('21.2.11)하였는데, 기후기술 혁신 및 기후변화대응 정책 방향을 수립한다. 국가기후 테스크 포스는 백안관 국가기후보좌관이 미팅을 주재하며, 21명의 장관급 대표들(각 부처 장관, 백악관 정책보좌관 및 연방기구 대표)로 구성되어 기후변화 대응, 기술개발, 일자리 창출, 환경정의에 대해 논의를 한다(윤영 외 4인, "美 바이든 신임 행정부의 기후변화정책 분석과 기후기술협력에 함의",

의 상설 기구를 설립하는 데 중점을 두어야 한다. 법령의 해석 · 적용 기관인 법원과 관련한 조치에는 국제환경법원(International Environment Court)의 창설 또는 국제형사재판소(ICC) 내 환경 전담 재판부의 설립과 함께 개별 국가 차원에서 환경전문법원 또는 환경 전담 재판부의 확대가 포함될 수 있다.[43]

V. 기후변화에 대한 범죄학적 대응의 한계와 미래

1. 기후변화에 대한 전통범죄학적 대응의 한계

기후위기에 대응하는 방법은 다양하므로, 어느 방법을 우선시할 것인가와 관련하여 본질적으로 도덕, 가치, 관점에 대한 경쟁을 수반한다. 이는 결국 여러 이해관계 집단이 기후위기의 문제를 어떻게 이해하고, 적절한 대응을 위해 무엇을 할지 결정하는 바에 따라 달라질 것이다.

그러나 근본적으로 기후위기와 관련한 정책의 변화와 개혁은 '정치'라는 하나의 본질적인 고려 사항에 의해 단단히 발목이 잡혀 있다. 기후위기를 실질적으로 해결하려면 '정치' 부문에 있어 급진적인 변화가 필요하다. 국가는 기후변화 피해의 원인을 명확히 진단하고, 그에 따라 최악의 피해를 막거나 완화하기 위한 공동 조치를 취할 수 있는 필수적인 플랫폼이라고 할 수 있다. 하지만 기후변화 문제는 전 지구적 특성을 가지고 있어 어느 한 국가의 노력만으로는 부족하고, 인류의 집단적 생존이 필연적으로 푸른 행성 지구 전체의 상호 협력과 전 지구적인 행동을 필요로 한다. 기후범죄학의 경우 기존 정치 · 경제 권력의 특권을 보호하거나 '힘이 곧 정의다(might makes right)'라는 전략을 내세우기보다는 '기후정의' 프레임워크의 지침에 따라 연구를 수행할 필요가 있다. 특히 '힘이 곧 정의다'라는 전략은 인간과 비인간 모두의 권리 침해를 더욱 심화시킬 뿐이며, 상호 파멸의 악순환을 낳을 뿐이다.

지구온난화의 기본적인 실상의 계속적인 부인, 환경 규제 관련 법령의 폐지,

2021 APRIL Vol.2 No.1, 2021, 6면).

43) Polly Higgins and Rob White, "Collaboration at the front Line: INTERPOL and NGOs in the Same NEST", in: G. Pink and R. White (ed.), *Environmental Crime and Collaborative State Intervention*, Basingstoke: Palgrave Macmillan, 2016; 김재윤, 앞의 논문, 2023, 306-307면 참조.

환경이나 기후 관련 법 집행 기관의 해체 등을 우선적인 기후변화 정책으로 생각하는 사람들을 공직자로 선출하고 임명하는 것은 근본적으로 우리 모두를 위험에 빠뜨리는 조치이다. 하지만 앞서 언급한 바와 같이, 2017년 도널드 트럼프 미국 대통령 당선으로 인해 이런 일이 실제로 일어났고, 2024년 트럼프 대통령의 재선으로 계속될 것이다. 이에 비추어 볼 때, 지금은 일반 시민들과 기후변화 관련 비정부기구(NGO)가 합리적인 기후변화 정책의 수립과 집행을 위해 정치적으로 더욱 적극적으로 나서야 할 때라는 점은 의심의 여지가 없다. 기후변화 정책과 관련하여 찬성해야 할 것과 반대해야 할 쟁점이 많다. 하지만 시민들이 그들이 속한 사회공동체 내에서 정치적 현안에 대해 개입하고 상호 작용하는 방식은 진리와 지식에 대한 일반적인 관행이 훼손됨에 따라 더욱 복잡해지고 있다. 예컨대 지구상에서 가장 강력한 인물인 트럼프 전 미국 대통령은 재임 시절 매일 트윗을 올려 자신의 주장을 펼쳤고, 세계는 주의 깊게 그의 말을 들었다. '탈진실(post-fact)'의 시대에 말하는 내용의 진실성은 트럼프 대통령의 발언이 받는 관심보다 덜 중요한 것 같다. 그의 발언이 거짓된 것이라는 다수의 증거와 발언과 발언 간의 모순은 중요하지 않다. 그보다는 무언가를 말하고 있다는 것, 그 자체가 말하고 있는 내용보다 우선하는 것처럼 보인다. 즉 중요한 것은 말하는 내용의 진실성이 아니라, 무언가 말하고 있다는 사실에 언론매체는 포커스를 둔다. 따라서 기후범죄학에서는 미디어 활용 능력과 아울러 허무맹랑한 날조된 이야기, 비방, 지속적 괴롭힘 등에 휘둘리지 않는 진실에 대한 진지한 모색이 요구된다. 이 또한 기후정의를 위한 도전과 투쟁의 일부이다.[44]

2. 기후변화에 대한 범죄학적 대응의 미래

향후 기후변화에 대한 범죄학적 대응은 탄탄한 실천적 기반을 토대로 진행되어야 하며, 이를 위해 다양한 기후변화 관련 활동가들이 참여해야 한다. 또한 근본적으로 기후정의를 위한 투쟁에는 토지, 공기, 물, 에너지에 대한 민주적 통제를 요구하는 주장이 포함되어야 한다. 이는 특히 '사유 재산'을 일정 정도 포기하고 재화를 공유하여 공동으로 생산하고 분배하는 방식의 이른바 '공유경제 체

44) White, 앞의 책, pp. 151-152.

제'의 요청을 고려할 때, 기후정의를 추구한다는 것은 필연적으로 글로벌 자본주의 시장경제 체제의 경계를 허물고 넓히는 것을 포함함을 의미한다. 따라서 토지, 공기, 물, 에너지에 대한 결정이 보다 공정하게 내려지고 이들이 합리적으로 분배되도록 보장하는 것은 오직 '국민의 힘'에 의해서만 가능하다. 기후위기 극복을 위한 투쟁의 본질은 변화와 도전이고, 저항을 통한 민주화이며, 제도를 비판하면서 동시에 변화시키는 것이다. 기후변화에 대한 범죄학적 대응에 반대하여 일시 중지 버튼을 누르는 것은 필연적으로 다양한 형태의 참여적 저항을 불러일으킨다. 그리고 다수의 사회 구성원은 자신들이 현재 누리고 있는 자유와 합법적인 지위를 지배권력으로부터 얻어내기까지 여성운동, 시민운동 등의 전투성이 크게 기여했음을 인식하고 있는데, 이러한 전투성은 기후변화 시계가 빠르게 돌아가는 상황에서도 마찬가지로 긴급하게 요구된다.

따라서 기후정의 목표와 목적을 지지하는 다양한 사회공동체 세력(예컨대 학생, 환경운동가, 기후활동가, 노동자, 농부, 원주민 등)을 결합하는 것이 필수적이며, 기후대응과 친환경정책을 지지는 하는 집회, 시위, 적극적인 소셜 미디어(social media) 사용도 필수적이다. 전술은 다를 수 있지만 중요한 것은 목표를 어떤 방법으로 달성해야 하는가에 대한 의견 차이에 관계없이 기후위기 극복과 기후정의 실현이라는 공통 목표에 동의하는 것이다. 예를 들어 다음과 같은 '기후정의 네트워크(Climate Justice Network)'[45]의 주요 투쟁 목록에서 보듯이 목표가 구체적일수록 특정 계획을 중심으로 실천 공동체를 구축할 수 있는 범위가 넓어진다.

1. 에너지 시스템의 변화를 위해 투쟁한다.
2. 충분하고, 건강하며, 적절한 식량과 지속가능한 식량 체계에 대한 국민의 권리인 식량 주권의 확보를 위해 투쟁한다.
3. 충분하고, 저렴하고, 깨끗하고, 질 좋은 물에 대한 국민의 권리를 위해 투쟁한다.
4. 더럽고 유해한 화석연료 산업에 종사하는 모든 노동자들의 정의로운 전환을 위해 투쟁한다.
5. 기후재난으로부터 사람들의 안전과 가정과 생계의 안전을 위해 투쟁한다.

45) 홈페이지 https://www.climatejustice.network/ 〈최종 검색: 2024. 3. 25.〉

6. 모든 국민과 지역공동체의 정치적, 경제적, 사회적, 문화적 재생산권과 관련한 권한 강화를 위해 투쟁한다.
7. 모든 국가의 기후재정 확보와 조달을 위해 투쟁한다.
8. 기후변화에 가장 책임이 있는 사람들이 부담해야 하는 기후부채에 대한 배상을 위해 투쟁한다.
9. 기후변화 대응으로서 완화 및 적응에 대한 기만과 잘못된 해결책을 종식시키기 위해 투쟁한다.
10. 기후변화의 영향에 대한 인간과 지구의 취약성을 증가시키는 정부, 엘리트, 기관 및 기업(국내, 지역 및 글로벌)의 정책, 결정 및 조치를 종식시키기 위해 투쟁한다.
11. 자연과 자연의 기능을 상품화하고 금융화하는 것을 막기 위해 투쟁한다.
12. 과학, 형평성, 정의에 기반한 국제기후협약의 제정을 위해 투쟁한다.[46]

기후정의네트워크의 주요 투쟁 목록과 관련하여, 첫 번째 목표는 실제로 중앙집중식 에너지 시스템에서 지역사회의 전체 이익을 위해 지역공동체가 운영하는 분산 시스템으로의 움직임을 통해 훌륭하게 변환된 바 있다. 지역 차원의 태양광 발전은 그러한 계획의 대표적인 예이다. 일반적으로 각각의 요구 사항에는 상황을 개선할 수 있는 잠재력도 포함된다. 이와 관련하여 깨끗한 공기는 우리를 기분 좋게 만드는 것처럼 행동주의는 변화의 긍정적인 측면을 강조한다.

비슷한 맥락에서 '350.org' 캠페인[47]은, ① 땅에 탄소를 유지하라, ② 새롭고 더욱 공평한 탄소중립 경제체제의 구축을 도와라, 그리고 ③ 정부에 탄소배출량을 제한하도록 압력을 가하라라는 세 가지 사항을 요구한다. 이 캠페인은 이러한 세 가지 요구 사항을 관철시키기 위해 다음과 같은 세 가지 기본원칙을 마련하고 있다.

원칙 1. 우리는 기후정의를 믿는다.
원칙 2. 우리는 협력할 때 더 강해진다.
원칙 3. 일반 시민들의 적극적 참여는 변화를 가져온다.

46) Global Campaign to Demand Climate Justice, 2018.
47) https://350.org/2018-annual-report/ 〈최종 검색: 2024. 3. 25.〉

일반 시민들은 이러한 세 가지 기본원칙을 통해 자신이 누구의 편에 속하는지, 누구와 함께 일할 수 있는지, 그리고 캠페인의 구체적인 목표가 무엇인지 결정할 수 있다. 기후범죄학자들은 이러한 의사결정 과정에서 그리고 기후변화 문제에 관한 활동가, 학계 및 지지자들의 캠페인에 참여하는 데 있어 중요한 역할을 해야 한다.[48]

Ⅵ. 맺음말

이상으로 기후범죄학 내에서 기후변화 관련 주요 담론으로 피해, 해결책 및 전문성의 내용을 살펴보았고, 이를 통해 기후범죄학에서 다루는 네 가지 핵심 주제로, ① 범죄와 피해, ② 전 지구적 연결성과 생태정의, ③ 원인과 결과, 그리고 ④ 권력과 이익의 내용을 검토하였다. 또한 기후변화에 대한 범죄학적 대응으로 기후변화 관련 사회적 활동과 캠페인의 지지와 지원, 기후변화 관련 학제 간 연구와 협력, 기후과학으로서 '지구공학' 관련 의사결정에의 참여, 기후변화 부인론에 대한 적극적 대처, 기후변화 관련 형사사법의 적극적 개입과 법 집행 기능 강화를 제시하였다. 하지만 이러한 기후변화에 대한 범죄학적 대응은 기존 정치·경제 권력에 의해 커다란 저항에 부딪치고 있는 것이 현실이다. 실제로 기후범죄학이 기후위기를 극복하기 위한 범죄학적 대응 방안을 제시하는 현시점에서도 글로벌 자본주의 시장경제 체제와 자본가 계급은 믿을 수 없을 정도로 수완을 발휘하고 석탄, 석유, 천연가스 등의 천연자원을 총체적으로 이용하면서 기후변화에 대한 대응 전략에 반대 목소리를 높이고 있다. 또한 현재 기후변화 피해로 발생한 막대한 비용 부담은 일반 시민과 사회경제적 약자에게 전가되고 있다.

지구는 우리가 무엇을 생각하고 행동하든, 인간이 있든 없든, 일정 정도 회복력을 가지고 있으며, 계속해서 변화할 것이다. 앞으로의 과제는 행성 지구에 존재하는 인간과 비인간 모두가 미래의 일부가 되도록 하는 것이다. 이는 우리의 생존 여부에 관계없이 미래를 위해서이다.

48) White, 앞의 책, pp. 152-154.

푸른 행성 지구는 지속될 것이다. 기후범죄학은 범죄학적 관점에서 미래가 지속되기 위해 요구되는 이론적 토대를 제공해야 할 임무를 부여받고 있다. 기후변화에 대한 대응은 근본적으로 우리 자신의 생존에 관한 것이며, 인간과 비인간 존재 모두의 생존을 위협하면서까지 자신들의 정치·경제적 이익을 추구하는 지배권력에 대한 저항을 뜻한다.

기후범죄학은 인간, 환경, 동물을 착취하기보다는 이들과 공생하고 생명·생태중심적 세계관이 중심이 되는 미래를 위한 토대를 만드는 데 기여해야 한다. 기후범죄학자의 역할과 책임은 분명하다. 기후범죄학자는 지식인으로서 기후변화 관련 정치적 행동에 참여하고, 미래세대의 수호자 역할을 맡고, 기후변화 관련 주제에 관한 연구, 정책 및 실천에 우선순위를 두어야 한다. 기후위기를 극복하는 건 현재 인류가 직면한 가장 큰 도전이기 때문이다.

[§ 5]
기후변화에 대한 국제협약, 각국의 기후변화법 및 국제환경형법의 대응의 내용과 그 한계

Ⅰ. 머리말

미국 경제학자 조지프 스티글리츠(Joseph Stiglitz)가 "기후위기는 제3차 세계대전과도 같다. 과감한 대응이 필요하다."[1]라고, 말한 것처럼 기후위기는 전시 상황에 비교될 정도이다. 국제사회는 기후위기를 극복하기 위해 1992년 6월 브라질 리우데자네이루에서 「기후변화에 관한 국제연합 기본협약(UNFCCC: United Nations Framework Convention on Climate Change)」(이하 '유엔기후변화협약'이라 함)을 체결한 이래로 현재까지 지속적인 노력을 기울이고 있다. 보다 구체적으로 유엔기후변화협약에서는 미래세대를 위한 지속가능한 지구를 지향하고, 인간이 기후 체계에 위험한 영향을 미치지 않을 수준으로 대기 중의 온실가스(GHG: greenhouse gas) 농도를 안정시키는 것을 목표로 삼았다. 그 후속 조치로 1997년 교토의정서(Kyoto Protocol)를 채택하여 〈부속서 Ⅰ〉 당사국을 중심으로 온실가

1) 영국 가디언, 2019년 6월 4일자 기사: "The climate crisis is our third world war. It needs a bold response", https://www.theguardian.com/commentisfree/2019/jun/04/climate-change-world-war-iii-green-new-deal 〈최종 검색: 2024. 11. 9.〉

스 배출을 2008~2012년 제1차 공약 기간에 1990년 수준의 5% 이상 감축하고, 2013~2020년 제2차 공약 기간에 자발적으로 20% 이상 감축하기로 합의하였다.[2] 교토의정서 체제 이후 국제사회는 전 세계 국가의 온실가스 감축과 기후변화 대응에 동참을 촉구하기 위해 새롭게 2015년 파리협정(Paris Agreement)을 체결하였다.[3] 파리협정은 산업화 이전 대비 지구 평균온도 상승을 2℃ 아래로 유지하되 산업화 이전 대비 지구평균기온 상승을 1.5℃ 이내로 제한하는 것을 목표로 삼았다. 참여국들은 5년마다 '국가별 기여 방안(NDC: Nationally Determined Contributions)'을 자발적으로 제출해야 한다. 당사국들은 국가 온실가스 배출 인벤토리, 감축목표 달성 경과 등을 정기적으로 보고해야 한다. 국가 인벤토리 보고서에는 온실가스 배출 흡수량 통계, 국가별 기여 방안 이행 및 달성의 진전 추적정보, 기후변화 영향 및 적응 정보, 선진국의 개발도상국 지원정보, 개발도상국의 재정, 기술이전, 역량배양 지원 수요와 수혜 관련 정보 등을 제공해야 한다.[4] 이러한 파리협정에 실효적 이행을 위해 우리나라를 포함한 개별 국가들은 2050년 탄소중립(Net-Zero, 탄소 순배출량이 0이 되는 상태)을 실현하기 위해 기후변화 대응 관련 법률을 제정하고 있다.

이러한 기후변화 대응과 관련하여 유럽연합(EU)은 전 지구적인 기후변화의 문제를 인식하기 이전부터 국경과 국경을 넘나들며 발생하는 초국가적 환경범죄(야생동식물, 폐기물, 목재나 광물 등의 유럽연합 국가 간 불법적 거래 등)[5]에 대해 1998년 체결된 「형법을 통한 환경보호 협약(Convention on the Protection of the Environment through Criminal Law)」으로 대응을 시도하였고, 최근에는 대표적인

2) Doha amendment to the Kyoto Protocol, *United Nations Framework Convention on Climate Change*, 2012.

3) 파리협정에 대한 상세한 설명으로는 김상만, "신기후체제 파리협정(Paris Agreement)의 역사적 의의와 한계에 대한 고찰", 아주법학 제9권 제4호, 아주대학교 법학연구소, 2016, 225면 이하; 환경부, 『파리협정 길라잡이』, 2016, 13-14면 참조.

4) 손인성/김동구, 『파리협정 이행규칙과 국내 감축정책 이행에의 시사점』, 에너지경제연구원 수시연구보고서 19-06, 에너지경제연구원, 2020, 54-65면 참조.

5) transboundary or transfrontier or transnational pollution의 용어 번역과 관련하여 오염물질의 경우 우리나라 말로 가장 자연스러운 번역은 '국경을 넘는'이지만 오염물질이 아니라 인간의 행위를 전제로 하는 범죄, 그리고 범죄와 형벌을 핵심 내용으로 하는 형법의 경우 국가를 기반으로 하므로 '초국가적'으로 번역함이 적합하다는 지적으로는 김재윤, "초국가적 환경범죄에 대한 우리나라 환경형법 적용과 관련된 쟁점", 형사정책 제31권 제4호, 2020. 1, 9면 각주 6).

국제환경범죄이자 기후범죄로 간주되는 생태살해 범죄(ecocide crime)에 대해 국제형사재판소(ICC: International Criminal Court)에서 재판할 수 있도록 로마규정(Rome Statute)을 개정하자는 논의에 적극적 지지를 표명하고 있다.

기후변화에 대한 국제사회, 국제협약 및 개별 국가의 국내법적 대응 노력에도 불구하고 '초국가적 환경범죄(transboundary pollution)'[6]와 달리, 하나의 독자적인 범죄로서 기후범죄(예컨대 기후변화를 일으키는 기후범죄, 기후변화에 대한 정책반응에서 기인하는 기후범죄, 기후변화의 결과에 따른 기후범죄 등)[7]에 대한 제재로서 형벌을 부과하여 기후위기를 극복하려는 시도, 즉 이른바 '국제기후형법'을 통한 기후위기의 극복 시도는 지금까지 찾아볼 수 없으며 용어 자체도 낯설기까지 하다.

한편 국제환경형법은 초국가적 환경범죄를 대상으로 하는 반면, 국제기후형법은 기후변화에 따라 발생하는 국경을 초월한 초국가적 환경범죄뿐만 아니라, 온실가스의 과잉 배출에 따른 기후변화로 인해 생태계의 광범위한 파괴 또는 손상과 아울러 지구 주민들의 평화로운 공존을 위협하는 기후범죄를 대상으로 한다는 점에서 보다 포괄적이다. 특히 국제기후형법에서 관심을 갖는 범죄는 대표적으로 국제환경범죄이자 기후범죄로 분류될 수 있는 생태살해 범죄이다. 국제기후형법의 관점에서 생태살해 범죄가 다섯 번째 국제범죄로 로마규정에 도입할 것인지에 논의의 초점이 맞추어지고 있다. 이와 관련하여 생태살해 범죄가 국제범죄로서 형사처벌의 필요성이 있는지, 로마규정에 도입될 경우 생태살해 범죄 심리법원으로서 국제형사재판소가 제 기능할 수 있는 것인지, 일정한 한계가 있다면 그 대안은 무엇인지에 관한 논의가 활발히 전개되고 있다.

따라서 이하에서는 기후변화에 대한 국제협력체제의 구축(유엔기후변화협약, 교토의정서, 파리협정), 기후변화에 대한 유럽연합(EU)의 대응과 탄소범죄의 관점에서 영국, 독일, 프랑스, 일본 및 우리나라의 기후변화 대응 관련 법률의 주요 내용은 무엇이고 어떤 의미와 한계가 있는지를 살펴보고자 한다. 그리고 국제기후형법이 출현하기 이전부터 초국가적 환경범죄의 국제적 대응 차원에서 대두된 국제환경형법 관련 논의 내용을 검토하고자 한다. 마지막으로, 이러한 논의를

6) 초국가적 환경범죄에 대한 상세한 분석으로 김재윤, "초국가적 환경범죄에 대한 우리나라 환경형법 적용과 관련된 쟁점", 형사정책 제31권 제4호, 한국형사정책학회, 2020, 7면 이하 참조.
7) 기후범죄의 개념에 대한 상세한 설명으로는 본서 제1장, 제1절 Ⅳ. 부분 참조.

바탕으로 우리나라를 포함하여 각국의 기후변화 대응 관련 법률에서 화석연료 기업에게 탄소배출 감축을 위한 구체적이고 명확한 의무를 부과하고, 화석연료 기업이 탄소배출량을 고의로 증가시키거나, 탄소배출 감축 의무를 고의로 위반하는 행위 등을 탄소범죄로 범죄화하여 형사제재를 부과할 수 있도록 함으로써 이행력을 확보할 필요가 있음을 제언하는 것으로 결론을 대신하고자 한다.

Ⅱ. 기후변화에 대한 국제협약 및 각국의 기후변화법상 탄소배출 감축 대응의 내용과 한계

1. 기후변화에 대한 국제협력체제 구축

(1) 유엔기후변화협약(UNFCCC)

1992년 6월 브라질 리우데자네이루에서 개최된 유엔환경개발회의에서 채택된 유엔기후변화협약은 선진국과 개발도상국이 '형평성(equity)', '공통의 그러나 차별화된 책임원칙(CBDR: Common But Differentiated Responsibilities)'에 따라 '개별 국가의 능력(respective capabilities)'에 맞게 온실가스를 감축할 것을 약속하였다. 협약 최고의 의사결정기구는 당사국총회(COP)인데, 당사국총회는 협약 및 당사국총회가 채택하는 법적 문서의 이행 현황을 정기적으로 검토하고, 권한 범위 안에서 협약의 효과적 이행 촉진에 필요한 결정을 한다.[8)]

유엔기후변화협약은 차별화된 책임 원칙에 따라 협약 〈부속서 I〉에 포함된 42개국(Annex I)에 대해 2000년까지 온실가스 배출 규모를 1990년 수준으로 안정화시킬 것을 권고하였다. 〈부속서 I〉에 포함되지 않은 개발도상국에 대해서는 온실가스 감축과 기후변화 적응에 관한 보고, 계획 수립, 이행과 같은 일반적인 의무를 부여하였다. 한편 협약 〈부속서 II〉(Annex II)에 포함된 24개 선진국에 대해서는 개발도상국의 기후변화 적응과 온실가스 감축을 위해 재정과 기술을 지원하는 의무를 규정하였다.

〈부속서 I〉 국가는 협약 채택 당시 OECD, 동유럽(시장경제전환국가) 및 유럽경제공동체(EEC) 국가들이며, 〈부속서 II〉는 그중 OECD와 EEC 국가들만을 포

8) 유엔기후변화협약 제7조.

함한다. 우리나라를 포함한 〈비(非)부속서 I〉(non-Annex I) 국가들은 감축의무를 부담하지 않는 개발도상국으로 분류된다.

- **부속서 I 국가**: 벨라루스, 불가리아, 체코, 에스토니아, 헝가리, 라트비아, 리투아니아, 모나코, 폴란드, 루마니아, 러시아, 슬로바키아, 슬로베니아, 우크라이나, 크로아티아, 리히텐슈타인, 몰타 + 부속서 2 국가 + EEC
- **부속서 Ⅱ 국가**: 호주, 오스트리아, 벨기에, 캐나다, 덴마크, 핀란드, 프랑스, 독일, 그리스, 아이슬란드, 아일랜드, 이탈리아, 일본, 룩셈부르크, 네덜란드, 뉴질랜드, 노르웨이, 포르투갈, 스페인, 스웨덴, 스위스, 터키, 영국, 미국 + EEC

(2) 교토의정서(Kyoto Protocal)

1997년 12월 일본 교토에서 개최된 유엔기후변화협약 제3차 당사국총회(COP3)에서는 선진국들의 수량적인 온실가스 감축의무를 규정한 교토의정서(Kyoto Protocol)[9]가 채택되었다. 교토의정서는 유엔기후변화협약의 시행령으로 볼 수 있는데, 교토의정서에 의해 유엔기후변화협약이 대중에 알려지게 되었다. 교토의정서는 기후변화의 주범인 여섯 가지 온실가스, 즉 이산화탄소(CO_2), 메탄(CH_4), 아산화질소(N_2O), 수소불화탄소(HFCs), 과불화탄소(PFCs), 육불화황(SF_6)를 정의하였을 뿐만 아니라([그림 5-1] 참조), 〈부속서 I〉 국가들에게 제1차 공약기간(2008~2012년) 동안 온실가스 배출량을 1990년 수준 대비 평균 5.2% 감축하는 의무를 부과하였다. 〈비부속서 I〉 국가에 대해서는 유엔기후변화협약에서와 마찬가지로 온실가스 감축과 기후변화 적응에 관한 보고, 계획 수립, 이행 등 일반적인 조치를 요구하였다. 나아가 교토의정서는 이른바 '신축성 메커니즘(Flexibility Mechanism)'으로 불리는 청정개발체제(CDM: Clean Development Mechanism), 배출권거래제(ETS: Emission Trading Scheme) 및 공동이행제(JI: Joint Implementation)를 도입하여, 온실가스를 비용 효과적으로 감축하고 개발도상국의 지속가능한 발전을 지원할 수 있는 계기를 마련하였다.

9) 정식 영문 명칭은 「Kyoto Protocol to the United Nations Framework Convention on Climate Change」이다. 교토의정서에 대한 상세한 설명으로 소병천, "기후변화 대응 국제논의의 쟁점 및 국제법적 함의", 서울국제법연구 제16권 제2호, 2009, 10-13면 참조.

:: 그림 5-1 감축 대상 온실가스

출처: 환경부, 『파리협정 길라잡이』, 2016. 5, 8면.

2007년 발리에서 개최된 제13차 당사국총회(COP13, 발리)에서는 교토의정서 제1차 공약기간의 종료에 대비하여, 교토의정서에 불참한 선진국과 개발도상국까지 참여하는 Post-2012 체제를 2009년 제15차 당사국총회(COP15, 코펜하겐)에서 출범시키기로 합의하였다. 그러나 감축목표나 개발도상국에 대한 재정지원과 같은 핵심 쟁점을 둘러싸고 선진국과 개발도상국이 간극을 좁히지 못함에 따라, 코펜하겐에서 Post-2012 체제의 출범은 좌초되고 말았다. 과도기적 조치로서 국제사회는 선진국과 개발도상국들이 2020년까지 자발적으로 온실가스 감축약속을 이행하기로 하는 '칸쿤 합의(Cancun Agreement)'를 2010년 제16차 당사국총회(COP16, 칸쿤)에서 이끌어 냈다. 한편 2012년 제18차 당사국총회(COP18, 도하)에서 당사국들은 교토의정서의 제2차 공약기간을 2013년부터 2020년으로 설정하는 개정안(Doha Amendment)을 채택하였다. 하지만 기존의 교토의정서 불참국인 미국 외에도 일본, 러시아, 캐나다, 뉴질랜드 등이 제2차 공약기간에 불참을 선언하면서 참여국 전체의 배출량이 전 세계 배출량의 15%에 불과하게 되었다.

2011년 12월 남아프리카공화국 더반에서 개최된 제17차 당사국총회(COP17, 더반)에서는 2020년 이후 모든 당사국이 참여하는 새로운 기후변화체제 수립을 위한 '더반 플랫폼(Durban Platform)' 협상을 출범시키기로 합의하였다. 이에 따라 2012년 초부터 Post-2020 체제를 위한 협상이 2015년 타결을 목표로 시작되었다. 2013년 바르샤바 제19차 당사국총회(COP19, 바르샤바)에서 당사국들은 지구 기온 상승을 산업화 이전 대비 2℃ 이내로 억제하기 위해 필요한 2020년 이후의 국가별 기여 방안을 자체적으로 결정하여, 2015년 제21차 당사국총회(COP21, 파리) 이전에 사무국에 제출하기로 하였다.

협상 타결 시한을 1년여 앞두고 2014년 12월 페루 리마에서 개최된 제20차 당사국총회(COP20, 리마)에서는 국가별 기여 방안 제출 절차 및 일정을 규정하고, 기여공약에 반드시 포함되어야 할 정보 등에 관한 '리마 선언(Lima Call for Climate Action)'이 채택되고, 2015년 합의문(2015 Agreement)의 주요 요소가 제시되었다. 이로써 2015년말 파리에서 개최되는 제21차 당사국총회(COP21, 파리)에서 신기후협상이 타결되기 위한 기반이 마련되었다.

2015년 제21차 당사국총회(COP21, 파리) 개최시까지 신기후체제 협상 타결을 위한 정치적 의지를 결집하기 위해 전 세계 지도자들의 노력이 이어졌다. 2014년 9월에는 반기문 사무총장의 제안으로 '유엔기후정상회의(UN Climate Summit)'가 뉴욕에서 개최되어 100여 개국의 정상이 참석하여 기후행동 계획을 발표하고, 녹색기후기금(GCF: Green Climate Fund)[10]에 대한 23억 달러 기여를 약속하였다. 2015년에는 주요 경제국 포럼(MEF: Major Economies Forum), 기후변화 카르타헤나 대화, 피터스버그 기후대화,[11] 유엔총회 계기 주요국 정상들의 기후변화 오찬 등 기후변화 관련 회의뿐만 아니라 G20 정상회의, APEC 정상회의 등 각

---

10) 2010년 멕시코 칸쿤에서 선진국들은 연간 1,000억 달러의 재원을 조성하는 녹색기후기금(GCF)을 설립하기로 합의하였고, 제18차 당사국총회(카타르 도하)에서 최종 인준을 마치고 2013년 12월 4일부터 활동을 시작하였다. 녹색기후기금은 개발도상국이 기후변화 때문에 발생하는 피해를 줄이고 기후변화에 적응할 수 있도록 지원하는 것을 목적으로 선진국이 조성한 기금을 관리한다. 지구환경기금(GEF: Green Environment Facility)과 같은 기존 기금과 다른 점은 환경 전반이 아니라 기후변화 문제에 집중적으로 재원을 투입한다는 점이다(환경부, 앞의 책, 45면).

11) '피터스버그 기후대화(Petersberg Climate Dialogue)'는 2010년 앙겔라 메르켈 당시 독일 총리의 주도로 시작된 비공식 고위급 회의체이다. 당사국총회(COP)의 협상 진전을 위한 정치적 동력을 확보하는 목적으로 매년 개최된다.

종 다자회의 등을 계기로 신(新) 기후체제 도출을 위한 정치적 토대를 강화해 나갔다.

(3) 파리협정(Paris Agreement)

2015년 12월 12일 파리에서 개최된 제21차 당사국총회(COP21, 파리)에서는 2020년부터 모든 국가들에게 적용되는 신(新) 기후체제의 근간이 될 파리협정(Paris Agreement)이 채택되어 2016년 11월 4일 발효되었다.[12] 이로써 선진국에만 온실가스 감축 의무를 부과하던 기존의 교토의정서 체제를 넘어 모든 국가가 자국의 상황을 반영하여 참여하는 보편적인 체제가 마련되었다.

신 기후체제(new climate regime)의 의미[13]

기후체제에서 '체제'는 '국제레짐(international regime)'을 의미한다. 국제레짐은 '국제관계의 특정 영역에서 행위자들의 기대가 모여 만들어진 원칙(principles), 규범(norms), 규칙(rules)과 의사결정 과정(decision-making procedures)의 집합'이다. 보다 넓게 해석하면 행위자들도 포함된다.

그렇다면 기후체제는 '기후변화에 대응하기 위하여 국제사회가 필요하다고 생각하는 규범적 규칙(normative rules)과 이를 결정하여 이행·강제하고 발전시키는 기관(institutions), 그리고 그 과정에서 사용되는 절차상의 수단(procedural tools)'이라고 볼 수 있을 것이다.

교토의정서에 기반한 기후체제를 '교토(의정서)체제'라고 하였다. 파리협정이 발효되면서부터 그에 기반한 기후체제가 시작되었는데, 이를 교토의정서 체제와는 다른 새로운 기후체제라는 의미로 '신 기후체제'라고 부른다.

2015년 파리협정은 지구 평균기온 상승을 산업화 이전 대비 2℃ 보다 상당히 낮은 수준으로 유지하고, 1.5℃로 제한하기 위해 노력하고, 기후변화의 역효과의

12) 우리나라는 2016년 11월 3일 가입하였다. 파리협정에의 채택 경위와 주요 내용에 대한 상세히는 김상만, 앞의 논문, 229-238면; 박지혜, "국가 온실가스 감축목표의 법적 위상과 구속력 – 新기후체제의 요청과 향후 과제를 중심으로 –", 환경법연구 제42권 제2호, 2020, 47면 이하; 송동수, "신기후변화협약 체제에서의 한국 환경법제의 대응", 토지공법연구 제85권 제1호, 2019, 335면 이하 참조.

13) 환경부, 앞의 책, 14면.

적응능력을 제고하며, 온실가스 배출감축을 위한 재원조성 등을 규정하고 있다. 이는 지구 평균온도가 산업화 이전 수준에 비해 1℃ 상승할 때마다 물, 음식, 건강, 토지, 환경 등에 나타나는 결과를 고려한 것이다([그림 5-2] 참조). 그리고 이러한 기온상승 억제의 장기목표를 달성하기 위하여, 당사국들은 가능한 조속

그림 5-2 지구 평균온도 산업화 이전 수준 1℃ 상승에 따른 결과

온도 상승	물	음식	건강	토지	환경	급격한 변화
1℃	5천만 명의 물 공급 위협	온대 지역에서 곡물 생산이 약간 상승	최소 30만 명이 기후와 관련된 질병으로 사망 (설사, 말라리아, 영양실조 등)	영구동토가 녹아 캐나다와 러시아 등의 지역에서 건물과 도로 파괴	적어도 10%의 육상생물이 멸종 위기 80%의 산호가 표백	대서양의 열 염분 순환이 약해지기 시작
2℃	몇몇 지역에서는 물 사용 가능성이 20~30% 감소 가능성	열대 지역에서 곡물 생산이 급격하게 감소	아프리카에서 4~6천만 이상의 사람들이 말라리아에 노출	매해 천만 명에 이르는 사람들이 해안침수 겪음	15~40%의 생물 멸종 위기 북극곰 등 북극 생물 멸종 위기	그린란드 빙상이 녹기 시작하여 해수면 상승, 최종적으로 7m까지 상승
3℃	남유럽에서는 10년마다 극심한 가뭄 발생 10~40억 이상의 사람들이 물 부족으로 고통	1억 5천~5억5천만 이상의 사람들이 굶주릴 위험 고위도 지역에서 농산물 생산량 정점 도달	1~3백만 이상의 사람들이 영양실조로 사망	매해 최대 1억 7천만 명 까지 해안침수 겪음	20~50%의 생물 멸종 위기 아마존 열대우림 파괴	몬순 등 대기 순환에 급격한 변화가 발생할 위험 상승 서남극 빙상의 붕괴 위험 상승
4℃	남아프리카와 지중해 지역에서 물 사용 가능성 30~50% 감소 가능성	아프리카에서 농산물 생산량 15~35% 감소	아프리카에서 8천만 명에 이르는 사람들이 말라리아에 노출	매해 최대 3억 명까지 해안침수 겪음	북극 툰드라 절반 정도 상실 절반 이상의 자연보호구역 이제 기능 상실	대서양의 열 염분 순환이 완전히 붕괴될 위험 상승
5℃	히말라야 빙하가 사라져서 중국과 인도의 수많은 사람에게 영향을 미칠 가능성	해양 산성화가 계속되어 해양 생태계가 심각하게 파괴		해수면 상승이 군소도서국과 저지대(플로리다), 그리고 뉴욕, 런던, 도쿄 등 세계의 주요 도시들을 위협		
5℃ 이상	최근 연구에 따르면, 온실가스 배출이 계속되면 지구 평균 온도가 5℃보다 더 상승할 수 있다. 이런 수준의 온도 상승은 지난 시기(age)와 오늘날의 온도 상승과 동등한 수준이며 엄청난 혼란과 대규모 인구 이동을 초래할 것이다. 그러한 변화의 결과는 재앙적일 것이지만 지금 모델로는 인간의 경험을 벗어난 수준의 온도 상승에 따른 결과를 파악하기는 매우 어렵다.					

출처: Nicholas Stern, Stern Review: The Economics of Climate Change, 2006

한 시기에 온실가스 배출량의 정점(더 이상 증가하지 않는 한계점)에 도달할 것을 목표로 하여 그 이후에는 이용 가능한 최대한의 과학적 수단에 의한 급격한 감축을 통해 이번 세기 하반기에는 온실가스의 인위적 배출량과 흡수량의 균형을 유지할 수 있어야 한다.[14] 다만 개발도상국의 경우 온실가스 배출 정점에 도달하는 시간이 선진국에 비해 오래 걸릴 수 있다는 점을 인정하고, 목표를 달성함에 있어 각국의 여건을 감안하여 '형평성 및 공통의 그러나 차별화된 책임의 원칙(equity and the principle of common but differentiated responsibilities)'과 각국의 능력을 반영하여 이 협정을 실행함을 밝히고 있다.[15] 이는 선진국만 하향식(top-down)의 의무적인 감축 공약을 부여했던 교토의정서와 달리 파리협정은 상향식(bottom-up)의 자발적 방식을 채택한 것이다.

한편 파리협정은 모든 국가가 스스로 결정한 온실가스 감축목표를 5년 단위로 제출하고 국내적으로 이행토록 하고 있으며, 재원 조성과 관련하여 선진국이 선도적 역할을 수행하고 여타 국가는 자발적으로 참여하도록 하고 있다. 파리협정은 기후행동 및 지원에 대한 투명성 체제를 강화하면서도 각국의 능력을 감안하여 유연성을 인정하고 있으며, 2023년부터 5년마다 파리협정의 이행 및 장기목표 달성 가능성을 평가하는 글로벌 이행점검(global stocktaking)을 실시한다는 규정을 포함하고 있다. 국가들은 글로벌 이행점검의 과정을 통하여 기후변화를 막기 위하여 지금보다 더 노력해야 하는지, 만약 그렇다면 어느 정도 노력해야 하는지 알 수 있다. 글로벌 이행점검의 결과는 당사국들에게 통지되고, 추후에 제출되는 기후실행을 위한 국제협력과 지원을 포함하는 국가별 기여 방안을 갱신하는데 사용된다.[16] 그리고 이행점검을 위하여 각 당사국은 국가 온실가스 배출 인벤토리, 감축목표 달성 경과 등을 정기적으로 보고해야 한다.[17] 보고내용은 전문가 검토와 다자협의를 거치며, 이를 통하여 각국의 이행을 투명하게 관리할 수 있도록 하였다. 당사국은 글로벌 이행점검 결과를 고려하여 5년마다 새로운 국가별 기여 방안을 제출하여야 한다. 새로운 목표는 이전보다 더 높은 수

14) 파리협정 제4조.
15) 파리협정 제2조 제2항.
16) 파리협정 제14조 제3항.
17) 파리협정 제13조 제7항.

준이어야 하는데 이를 '진전원칙(principle of progression)'이라고 한다. 이처럼 파리협정은 주기적으로 이행현황을 점검하고 당사국이 그 결과를 고려하여 새로운 목표를 제출하도록 하였다. 종료 시점 없이 기후변화에 계속 대응할 수 있는 체제를 구축한 것이다([그림 5-3] 참조).

그림 5-3 지속가능한 대응 체제

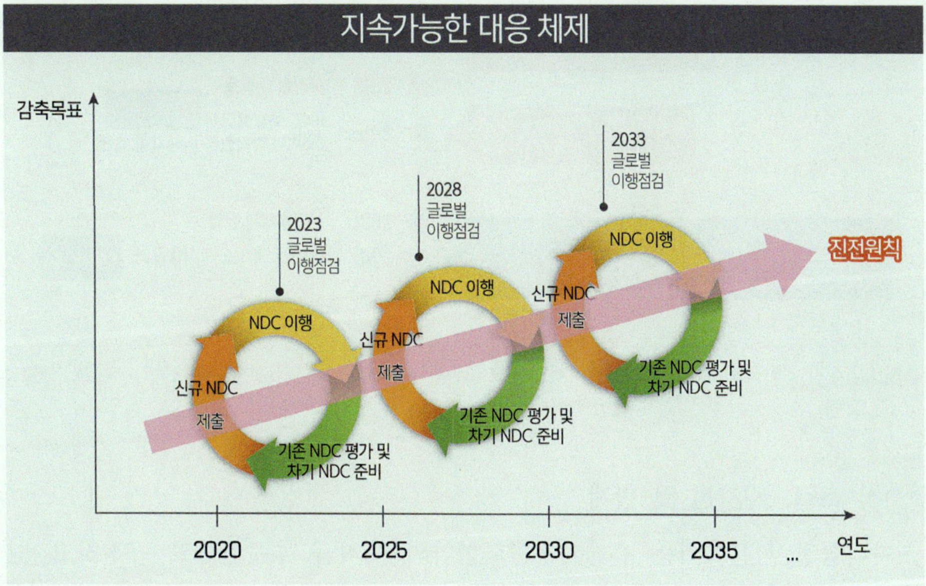

출처: 환경부, 『파리협정 길라잡이』, 2016. 5, 26면.

파리협정 발효 이후 처음으로 개최된 2016년 제22차 당사국총회(COP22, 마라케시)에서는 2018년까지 파리협정 이행에 필요한 세부지침을 마련하자는 데 합의하였다. 이와 관련하여 2018년 제24차 당사국총회(COP24, 카토비체)에서는 파리협정 제6조(국제 탄소시장) 지침을 제외한 감축, 적응, 투명성, 재원, 기술이전 등 8개 분야 16개 지침을 채택하였다. 그리고 마침내 2021년 제26차 당사국총회(COP26, 글래스고)에서 6년간 치열한 협상을 진행해 온 국제탄소시장 지침을 타결함으로써 파리협정의 세부이행규칙(Paris Rulebook)을 완성하였다(주요 국제 기후변화 협상의 전개에 대해서는 [그림 5-4] 참조).

:: 그림 5-4 주요 국제 기후변화 협상의 전개

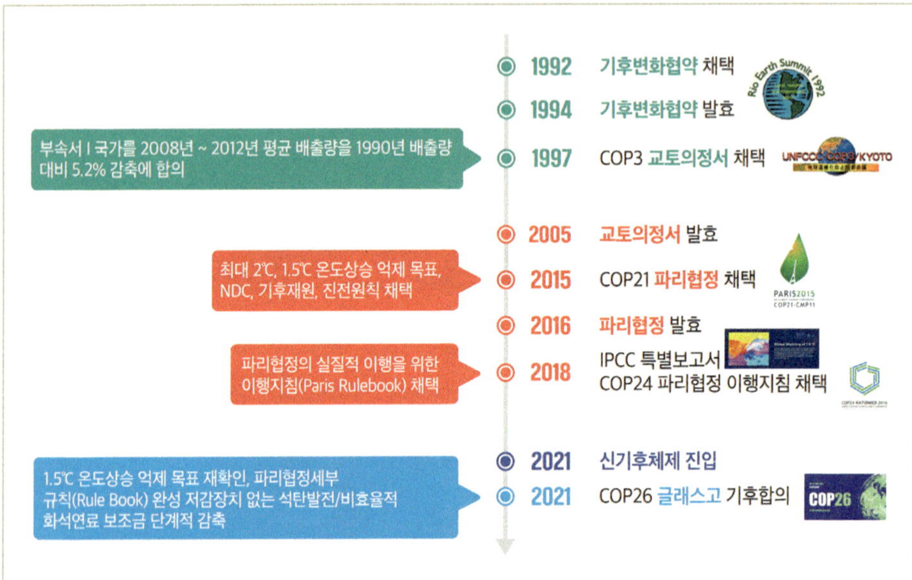

출처: 윤순진, "한국의 2050 탄소중립 시나리오: 내용과 과제", 에너지포커스 2021년 겨울호, 2021, 22면.

(4) 소결: 시사점 및 한계

파리협정 서문에서는 유엔기후변화협약의 목적을 추구한다고 규정하고 있고, 제2조 에서도 유엔기후변화협약의 목적을 포함한 실행의 향상을 목적으로 한다고 규정하고 있다. 하지만 파리협정은 '의정서(protocol)'라는 명칭 대신 '협정(agreement)'이라는 명칭을 사용하고 있어 유엔기후변화협약의 의정서 내지 부속서 성격이 아니고 별개의 독립된 협정이다. 파리협정은 유엔기후변화협약의 목적 및 기본원칙을 존중하고 계승한 것으로 기후위기 대응을 위해 선진국과 개발도상국이 함께 참여하는 신(新) 기후체제를 구축했다는 점에서 커다란 의미를 갖는다.

이와 같이 파리협정이 갖는 커다란 의의에도 불구하고 파리협정은 강제력의 부족과 선진국과 개발도상국 구분의 모호라는 두 가지 측면에서 한계를 보이고 있다. 전자와 관련하여, 파리협정은 유엔기후변화협약이나 교토의정서에 비해 보다 높은 감축목표와 감축목표 제출 의무 등을 규정하고, 각국이 자발적 감축

목표를 정하여 이행하도록 규정하고 있다. 하지만 제출 의무를 이행하지 않거나, 각국이 자발적으로 설정한 감축목표를 이행하지 않았을 경우에 강제조항이나 벌칙조항이 없기 때문에 이를 강제할 방법이 없다.

후자와 관련하여, 파리협정은 선진국과 개발도상국을 모두 당사자로 하면서도 구체적인 의무내용 및 의무의 성격에 있어서는 선진국과 개발도상국을 구분하여 차등하여 전 지구적 차원에서 지구온난화에 대응하고 있다. 그러나 파리협정에서는 선진국과 개발도상국을 명확히 구분하지 않고 있기 때문에 향후 그 이행과정에서 선진국과 개발도상국 간 다툼이 발생할 수 있다. 다만 유엔기후변화협약에서는 〈부속서 Ⅰ, Ⅱ〉에 선진국을 명시하고 있어 유엔기후변화협약의 시행령 성격을 갖는 파리협정은 〈부속서 Ⅰ, Ⅱ〉를 반영하여 이러한 문제를 해결할 수 있다.[18]

교토의정서와 파리협정의 비교[19]

파리협정은 교토의정서의 한계를 극복하기 위하여 나온 것이니만큼 이 장(章) 에서 설명하였던 차이점 외에도 여러 면에서 다르다.

교토의정서는 당사국이 감축 의무를 이행하지 못하는 경우에는 달성하지 못한 감축량의 1.3배를 다음 공약기간에 추가적으로 감축하도록 규정하였다 이러한 벌칙 규정은 국가들이 교토의정서 체제에 참여하기 꺼린 이유 중 하나였다.

파리협정은 NDC의 내용에 법적 구속력을 부여하지 않았으며 투명성 체계도 비징벌적(non-punitive) 방식으로 이루어져야 한다고 규정하고 있다.

교토의정서	구분	파리협정
온실가스 배출량 감축 (1차: 5.2%, 2차: 18%)	목표	2℃ 목표 1.5℃목표 달성 노력
주로 온실가스 감축에 초점	범위	온실가스 감축만이 아니라 적응, 재원, 기술이전. 역량배양, 투명성 등을 포괄

18) 김상만, 앞의 논문, 243-244면.

주로 선진국	감축 의무국가	모든 당사국
하향식	목표 설정방식	상향식
징벌적 (미달성량의 1.3배를 다음 공약기간에 추가)	목표 불이행시 징벌 여부	비징벌적
특별한 언급 없음	목표 설정기준	진전원칙
공약기간에 종료 시점이 있어 지속가능한지 의문	지속가능성	종료 시점을 규정하지 않아 지속가능한 대응 기능
국가 중심	행위자	다양한 행위자의 참여 독려

2. 기후변화에 대한 유럽연합(EU)의 대응

(1) 「유럽기후법(European Climate Law)」

2020년 3월 4일 유럽 집행위원회는 유럽기후법 입법안을 채택하였으며, 2021년 6월 24일 유럽의회는 「유럽기후법(European climate law)」[20]을 승인하였다. 「유럽기후법」은 유럽연합 국가의 기후기본법으로서 활용될 예정이며, 실제로 유럽연합 회원국 중 9개 국가가 장기적 목표를 포함한 기후법을 채택하였으며, 그 외 유럽 국가에서도 기후법을 채택하거나 준비 중에 있다고 한다.[21]

「유럽기후법」은 2030년까지 온실가스 배출량을 1990년 대비 최소 55% 이상 감축하고,[22] 2050년까지 유럽연합 내에서 탄소중립을 달성하여 배출량을 제로로 만들며, 50년 이후 마이너스 탄소배출을 추구하는 것을 목표로 한다.[23] 주요 내용으로는 「기후변화에 관한 유럽 과학 자문위원회(European Scientific Advisory

19) 환경부, 앞의 책, 30면.

20) Regulation (EU) 2021/1119 of the European Parliament and of the Council of 30 June 2021 establishing the framework for achieving climate neutrality and amending Regulations (EC) No 401/2009 and (EU) 2018/1999 ('European Climate Law')
법률 전문은 https://eur-lex.europa.eu/legal-content/EN/TXT/?uri=CELEX:32021R1119에서 확인할 수 있음 〈최종 검색: 2024. 2. 15.〉.

21) 김종우/김상겸, "기후위기 대응을 위한 기후법제의 비교법적 연구", 비교법연구 제21권 제3호, 2021. 12, 113면.

22) 유럽기후법 제4조 중간 연합기후목표.

23) 유럽기후법 제2조 기후중립목표 제1항.

Board on Climate Change)」를 통해 전문적이고 독립적으로 정책수행 과정을 감시하며 자문을 수행한다.[24] 또한 유럽연합은 「유럽기후법」의 목표를 달성하기 위하여 유럽연합 법률을 검토하고 필요한 조치를 취할 의무를 가진다. 구체적으로, 입법안을 채택한 후 입법절차를 감독해야 하며, 해당 법안이 결과에 부합하지 않다고 판단된다면 다른 조치를 취할 수 있다.[25] 그리고 2023년 9월 30일까지, 이후 5년 마다 유럽연합과 회원국들의 정책 진전 사항에 대해 평가해야 하며, 정책에 진전이 없는 경우 필요한 조치를 취할 것을 규정하고 있다.[26] 또한 경제적 측면을 고려하여 각 경제 분야별 사항에 대해 로드맵을 개발하고 공유할 것을 규정하였으며,[27] 각 회원국이 지역당국, 시민단체, 관련 이해관계자 및 대중들의 의견을 수렴해야 하는 의무를 규정[28]함으로써 기후 조치를 통해 침해받을 수 있는 사회적 부작용을 최소화 하고자 했다.[29]

(2) 「핏포 55(Fit for 55)」

「유럽기후법」의 시행과 타 국가들의 입법을 위하여 유럽연합은 2021년 7월 14일 세부가이드라인인 「핏포 55(Fit for 55)」를 발표하였다. 「핏포 55」는 유럽연합에서 2050년까지 탄소중립을 달성하고, 2030년까지 감축의무를 달성하기 위하여 만든 기후목표 이행 입법 및 정책 가이드라인이다. 2030년까지 효율적인 녹색전환을 위한 정책 제안으로, 8개의 법 개정안과 5개의 신규 법안으로 구성되어 있다. 해당 규정들은 기후뿐만 아니라 에너지, 운송, 건물, 토지 및 산림 등 다양하고 폭넓은 정책·경제 분야를 포괄하고 있다. 「핏포 55」의 주요 내용은 크게 가격결정, 목표설정, 규정강화, 지원대책으로 분류할 수 있다(〈표 5-1〉 참조).

---

24) 유럽기후법 제3조 기후변화에 대한 과학적 조언.
25) 유럽기후법 제4조 중간 연합기후목표 제3항.
26) 유럽기후법 제6조 연합진행상황 및 조치평가, 제7조 국가조치평가.
27) 유럽기후법 제10조 부문별 로드맵.
28) 유럽기후법 제11조 단계적 기후 및 에너지 회의.
29) 김종우/김상겸, 앞의 논문, 114면.

표 5-1 「핏포 55」의 주요 내용[30)]

가격결정	목표설정	규정강화	지원대책
1. 항공 분야 배출권 거래제 강화 2. 해운, 육상운송 및 건축물 분야 배출권 거래제 신설 3. 에너지조세지침 개정 4. 탄소국경조정 제도 도입	5. 노력분담규정 개정 6. 토지이용, 토지이용 변화 및 임업 규정 개정 7. 재생에너지지침 개정 8. 에너지효율지침 개정	9. 승용차 및 승합차 탄소배출규제기준 10. 대체연료 인프라 규정 개정 11. 항공운송 연료 기준 마련 12. 해상운송 연료 기준 마련	13. 사회적 기후기금 신설 강화

각 부문별 주요내용을 살펴보면, 우선 가격결정 부문은 유럽연합 배출권거래제(Emission Trading System) 강화 및 확대, 탄소 국경조정메커니즘(Carbon Board Adjustment Mechanism) 도입이 핵심 내용이다. 배출권거래제는 기존의 배출권거래 대상인 전력, 철강, 화학분야를 강화하고 해운, 육상운송, 건축물 분야를 추가한다. 또한 항공분야의 배출 할당량을 단계적으로 축소할 것을 규정하고 있다. 또한 탄소 국경조정메커니즘을 도입하여 시멘트, 철강, 알루미늄 등의 사업에 관세를 부가한다.

두 번째 부문인 목표설정은 배출감축 노력분담 규정(Effort Sharing Regulation)과 토지이용, 토지이용변화 및 임업(Land Use, Land Use Change and Forestry) 규정 개정, 재생에너지 관련 지침 개정 등이 있다. 배출감축 노력분담 규정은 2018년에 이미 도입되었던 규정으로 이번 「핏포 55」에도 포함되게 되었는데, 기존 규정에서 규정하고 있지 않은 부분에 대해서도 탄소감축 목표를 설정하는 제도이다. 또한 재생에너지 규정은 탄소감축 목표를 기존보다 더 상향하고 친환경 에너지로 전환하는데 인센티브를 부여하며, 토지이용변화 및 임업은 천연 탄소흡수원 확대를 목표로 개정되었다.

세 번째 부문인 규정강화는 내연기관 규제 및 대체연료 인프라를 확충하는 부분이 대표적이다. 2030년까지 승용차와 승합차에 대해 기존보다 높은 기준을

30) 정영욱/오태현, “EU 탄소감축 입법안(‘Fit for 55’)의 주요 내용과 시사점”, KI EP 세계경제 포커스 vol.4 NO.44, 대외경제정책연구원, 2021. 7. 22., 3면.

제시하였으며, 2035년까지 내연기관을 더 이상 출시하지 않고 친환경 차량을 개발하며, 대체연료와 관련한 시설을 확충할 목표를 제시했다.

네 번째 부문은 지원대책으로, 사회적으로 공정한 전환 측면에서 친환경 전환 시에 불이익을 볼 수 있는 산업이나 노동자 등을 배려하기 위하여 사회적 기후기금(Social Climate Fund)을 신설하고, 기존의 현대화기금 및 혁신기금(Modernisation and Innovation Funds)을 강화하였다.[31)]

(3) 기후범죄로서 '생태살해죄' 제정 노력

한편 유럽연합 내·외부에서는 빠르게 진행되고 있는 전 지구적 기후위기 내지 생태위기에 대응하기 위하여 환경형법을 더욱 급진적으로 개혁하고자 하는 시도가 진행되고 있다. 대표적으로 영국의 환경 변호사인 폴리 히긴스(Polly Higgins)가 주도한 "생태살해를 멈추라!(Stop Ecocide!)"라는 국제 캠페인을 통해 수년 동안 '생태살해(ecocide)'를 「국제형사재판소에 관한 로마규정(Rome Statute of the International Criminal Court)」(이하 '로마규정'이라 함)[32)]의 국제범죄로 도입하려는 시도를 언급할 수 있다.[33)] 생태살해는 1972년에 스웨덴 스톡홀름에서 개최된 유엔인간환경대회에서 국제발전과 환경보호에 관심이 많았던 당시 올로프 팔메(Olof Palme) 스웨덴 총리가 미군의 고엽제 살포로 인한 베트남 환경 파괴를 비판하기 위해 사용한 말로 유명하다. 팔메 총리는 "무차별적인 폭탄 공습과 … 광범위한 제초제 살포는 생태학살이라고 부를 수 있는 불법행위"라고 미국을 비난하였다. 다음 해인 1973년에는 유엔에 「생태살해 관련 협약 초안(a draft Ecocide Convention)」이 제출되었다. 초안을 작성한 프린스턴대학의 국제법학자인 리처드 포크(Richard A. Falk)는 "환경전쟁(environmental warfare)이란 환경 그 자체의 파괴 또는 장기간에 걸쳐 인간과 자연 사이의 정상적인 관계를 훼손할 목적으로 무기 혹은 전술을 사용하는 것"이라고 정의하면서 "지구상 생명

31) 김종우/김상겸, 앞의 논문, 115-116면.

32) 로마규정(Rome Statute)은 국제형사재판소(ICC) 창설의 근거가 된 국제조약이다. 로마규정은 1998년 7월 17일에 채택되어 2002년 7월 1일에 발효되었다. 우리나라는 그 이행 법률로 「국제형사재판소 관할 범죄의 처벌 등에 관한 법률」을 2007년 12월 21일 법률 제8719호로 제정하여 시행하고 있다.

33) 국제범죄로서 '생태살해 죄'의 도입에 대해 상세한 설명으로는 본서 제4장 제11절 참조.

을 지키고, 선진국들이 저지르고 있는 야만적인 행동에 맞서야 하는 이유를 상기시킨다."라고 언급했다.[34] 초안에는 환경전쟁의 구체적인 내용으로, 핵무기와 화생방무기 사용, 고엽제 살포, 토양을 오염시키거나 인간과 곡식과 동물에 대한 질병 야기, 산림과 경작지 파괴, 인공구름으로 비를 만들어 공격용으로 쓰는 강수량 조절 기술, 인간이나 동물을 거주지로부터 추방하는 행위 등을 금지시킨다는 것을 포함하고 있다.[35] 하지만 베트남 전쟁으로 인한 심각한 환경파괴에 책임이 있는 미국 등 강대국들의 반대에 부딪혀 국제사회에서 생태살해를 전쟁범죄와 같은 국제범죄로 법제화하려는 시도는 무산되었다.

그러나 최근 기후위기에 직면하여 국제사회에서는 로마규정에 따라 2002년 네덜란드 헤이그에 설치된 국제형사재판소(ICC: International Criminal Court)에서 생태살해를 재판할 수 있도록 로마규정을 개정하고자 하는 국제 캠페인이 성장하고 있다. 현재 로마규정 제5조는 국제형사재판소의 관할범죄로, ① 제노사이드(집단살해죄), ② 인도에 반한 죄, ③ 전쟁범죄, ④ 침략범죄라는 네 가지 범죄만을 규정하고 있다. "생태살해를 멈추라!(Stop Ecocide!)"라는 국제 캠페인은 환경에 중대하고, 광범위하거나 장기적인 피해를 끼칠 수 있다는 가능성을 실질적으로 인식한 상태에서 저지른 불법행위 또는 무분별한 행위[36]를 국제평화에 반하는 '에코사이드(생태살해)' 범죄로 규정할 것을 제안하고 있다. 그 동안 국제형사재판소는 국가, 전쟁지도자 등 전쟁범죄자들을 단죄하는 역할을 해왔는데, 생태살해 처벌 국제 캠페인은 전쟁으로 인한 심각한 환경파괴뿐만 아니라 중대한 환경오염 원인 제공자인 기업도 처벌해야 한다고 주장하고 있다.[37] 따라서 생태살해 범죄에 대한 제재를 위해서는 형사법적 대응뿐만 아니라 기업, 특히 초국적 화석연료 기업에 대한 전반적인 환경규제가 더욱 강화되어야 한다는 논리로

---

34) Richard A. Falk, "Environmental Warfare and Ecocide－Facts, Appraisal, and Proposals", *Bulletin of Peace Proposals 4(1)*, 1973, p. 80.

35) 조효제, 『침묵의 범죄: 에코사이드』, 창비, 2022, 102-103면.

36) Unlawful or wanton acts committed with knowledge that there is a substantial likelihood of severe and either widespread or long-term damage to the environment being caused by those acts. Stop Ecocide Foundation, Independent Expert Panel for the Legal Definition of Ecocide: Commentary and Core Text(Amsterdam: Stop Ecocide Foundation, 2021) 참조.

37) David Whyte, *Ecocide: Kill the Corporation before It Kills Us*, Manchester University Press, 2020, pp. 3-5.

발전한다.[38)]

생태살해에 대한 유럽연합 차원 대응은 아직 존재하지 않는다. 다만 유럽 집행위원회가 내·외부에서 압력을 받고 있는 만큼 빠른 시일 내에 입장을 정리할 것으로 예측된다. 유럽연합에서 중추적인 역할을 맡고 있는 프랑스에서는 에마뉘엘 마크롱(Emmanuel Macron) 대통령이 주도하여 2021년에 생태살해 법안을 제정하였다. 또한 「기후·회복력법(Climate & Resilience Act)」[39)]은 "인체의 건강과 동식물, 대기, 토양, 수질에 심각하고 지속적인 피해를 끼치는" 범죄를 최대 10년의 징역형으로 처벌하도록 규정하였다. 또한 프랑스 정부는 국제형사재판소가 생태살해를 재판할 수 있다는 입장을 지지하였다. 이와 비슷하게 2022년 2월 16일 유럽의회는 유럽연합 회원국들이 국제형사재판소의 로마규정에 생태살해 범죄를 국제평화에 반하는 범죄로 추가하는 방안을 지지하는 한편, 자체적인 '생태살해 법(ecocide law)'을 제정하여 중대하고 광범위한 환경파괴를 방지해야 한다는 결의안을 통과시켰다.[40)] 유럽 환경단체들도 이 운동에 적극적으로 참여하고 있다.[41)]

3. 각국의 기후변화법상 탄소배출 감축 대응의 내용과 한계[42)]

(1) 영국의 「기후변화법(Climate Change Act 2008)」

가. 제정 배경

18세기 후반 산업혁명으로 탄소시대를 열었던 영국은 탈탄소시대도 선도해가고 있다. 그 중심에는 영국 의회의 입법적 노력이 있었다. 즉 영국의 「기후변화법」은 2005년 4월 7일 '지구의 벗(Friends of the Earth)'을 통해 처음으로 법안이 작성된 후 의회에 소개되었다. 2005년 총선 이후 '조기 발의 촉구문서(early

38) 조효제, 앞의 책, 138-145면 참조.

39) Loi no 2021-1104 du 22 août 2021 portant lutte contre le dérèglement climatique et renforcement de la résilience face à ses effets (1).

40) European Parliament, Human rights and democracy in the world – annual report 2021 (Strasbourg, France: European Parliament, 2022), https://www.europarl.europa.eu/doceo/document/TA-9-2022-0041_EN.pdf 〈최종 검색: 2024. 2. 15.〉

41) 황준서, 앞의 논문, 91-92면.

42) 이하의 논의는 김재윤, "탄소범죄의 관점에서 본 각국의 기후변화법상 탄소배출 감축 대응의 내용과 한계", 일감법학 제59호, 2024. 12, 430-450면 참조.

day motion)'[43]에 국회의원 총 646명 중 412명이 서명하면서 연간 3%의 탄소배출 감축을 내용으로 하는 기후변화법안의 필요성이 공식적으로 인정되었다. 이를 계기로 지구의 벗은 빅 애스크(Big Ask) 캠페인을 출범시킨 후 각계각층과의 세미나와 토론회를 통해 법안에 포함되는 온실가스 감축목표와 탄소예산 설정에 대해 본격적으로 논의하면서 법안의 필요성을 주창하였다.

2006년 11월 15일 영국 노동당 정부가 기후변화법안을 채택할 예정임을 공표하였고, 2007년 3월 13일 환경식품농촌부(DEFRA: Department for Environment, Food and Rural Affairs)가 기후변화법안 초안을 공개한 뒤 공청회와 사전입법조사를 실시하였다. 공청회를 통해 16,919명의 응답자들에게 의견을 수렴하고,[44] 사전입법조사 기간 중 3개의 위원회(하원 환경감사위원회, 상하원 공동조사위원회, 하원 DEFRA 위원회)에서 법안 검토 과정을 거친 뒤 2007년 11월 14일 영국 의회에 상정되었다.

법안 마련에 있어서 가장 큰 쟁점은 감축목표였다. 상원에서는 1990년 대비 2050년까지 60% 감축을 목표로 해서 2008년 3월 31일 법안이 통과되었으나, 감축목표 상향조정을 요구하는 기후변화위원회(CCC: Committee of Climate Change)의 권고로 하원에서는 2050년까지 1990년 대비 80%를 감축목표로 수정한 법안이 10월 28일에 통과되었다. 그로부터 한 달 후인 2008년 11월 26일 국회의원 646명 중 5명만 반대표를 행사하여 절대 다수 의결과 여왕의 재가(Royal Consent)를 통해 법안이 「기후변화법(Climate Change Act 2008)」으로 제정되었다.[45]

영국의 2008년 「기후변화법」은 2020년까지 1990년 대비 26% 이산화탄소배출을 감축하고, 2050년까지 1990년 대비 최소 80% 감축 목표를 제시하고 있는데, 실정법에 온실가스 감축목표를 명문화한 세계 최초의 '기본' 법령으로 평가받고 있다.[46] 또한 2019년 6월 영국 의회는 2050년 탄소 감축목표를 1990년

---

43) '조기 발의 촉구문서'란 의회에서 특정 법안에 대한 논의가 필요함을 요구하는 공식 절차를 말한다.
44) 정부에서 발간한 설문조사 보고서에서는 응답자들을 무역부문, 공공부문, 비정부부문, 산업계, 개인, 에너지 공급자 부문, 학계로 나누고 있다.
45) 강정훈/윤순진, "영국 기후변화법 제정의 네트워크", 한국사회와 행정연구 제27권 제3호, 2016.11, 117-118면.
46) 윤경준/김정해/조성한/이혜영, "기후변화정책조정체계의 대안모색: 정책조정체계의 국가간 비교를

대비 최소 100%로 강화하는 내용으로 「기후변화법」을 개정하였는데, 탄소중립 목표를 법정화한 것도 주요 선진국 중 최초인 것으로 알려졌다.[47)]

「기후변화법」의 기본 취지는 기후변화 적응 '방법'에 대해서 정치적 대립이 있을 수 있지만, 적응 '당위성'에 대해서는 당파를 초월한 합의가 있어야 한다는 것이다. 효과적인 기후변화 대응을 위해 정부, 산업계 및 국민에게 명확한 방향성을 제시해야 한다는 장기적 접근 방식이 「기후변화법」에 반영되어 있다.[48)]

나. 주요 내용

영국의 2008년 「기후변화법」은 총 6개의 부[49)]와 101개의 조항으로 구성되어 있으며, 영국의 기후변화 감축 및 적응 조치에 대한 기본 틀을 제공한다. 이러한 기본 틀은 다음과 같은 네 가지 핵심 요소들로 이뤄져 있다. 우선 장기 목표로, 「기후변화법」에는 법적 구속력이 있는 영국의 2050년 온실가스 배출량 감축목표를 1990년 대비 '최소 80%'로 설정하였다(제1조 제1항). 「기후변화법」은 기후변화 대응을 위한 하나의 장기 목표를 정의하지 않는 대신에 5년 단위로 현재와 미래의 기후변화 리스크에 대한 평가를 실시할 것을 의무화하고 있다.

둘째, 장기 목표를 달성하기 위한 계획으로, '탄소예산(Carbon Budget)'이라는 개념을 마련하고 있다. 영국의 탄소예산은 통상적인 의미의 예산이 아니라 온실가스 감축목표 달성을 위한 탄소배출총량[50)]을 예산개념으로 관리하는 것을 의미한다. 탄소예산은 장기 배출량 목표를 달성하기 위한 계획의 일환으로 5년 단위로 영국 온실가스 배출량 허용치를 법적으로 규정한다([그림 5-5] 참조). 유연성

중심으로", 한국행정학보, 제44권 제2호(여름), 2010, 173-174면.

47) The UK Government's Press Release, "UK becomes first major economy to pass net zero emissions law", 27 June 2019, https://www.gov.uk/government/news/uk-becomes-first-major-economy-to-pass-net-zero-emissions-law 〈최종 검색: 2024. 11. 9.〉

48) Climate Change Committee, CCC Insight Briefing 1: The UK Climate Change Act, October 2020, p. 3.

49) 제1부 탄소가스 배출량 감축목표 및 탄소할당(제1조~제31조), 제2부 기후변화위원회(CCC)(제32조~제43조), 제3부 거래제도(제44조~제55조), 제4부 기후변화의 영향과 기후변화에의 적응(제56조~제70조), 제5부 기타 규정(제71조~제88조), 제6부 일반적인 보충규정(제89조~제101조)으로 구성되어 있다. 법률 전문은 https://www.legislation.gov.uk/ukpga/2008/27/contents에서 확인할 수 있음 〈최종 검색: 2024. 2. 15.〉.

50) 탄소배출량 단위는 $MtCO_2eq.$(Million metric tons of carbon dioxide equivalent)이며, $CO_2eq.$는 온실가스 종류별 지구온난화기여도를 수치로 표현한 온난화지수에 따라 주요 직접 온실가스 배출량을 이산화탄소로 환산한 단위이다.

향상을 위해 1개년 목표가 아닌 5개년 목표가 선택되었다. 이를 통해 특정 연도에 유난히 겨울이 추워 난방으로 인한 온실가스 배출량이 비정상적으로 높아진 것을 반영할 수 있도록 하였다. 이에 따라 1차 탄소예산 주기인 2008~2012년을 시작으로 해서 제5차 탄소예산주기인 2028~2032년까지의 탄소예산이 설정되어 있다. 탄소예산은 2050년 목표에 맞게 책정되어야 하며, 책정 시에 기후과학, 국제정세, 기후변화 관련 기술, 경제, 재정 상태, 경쟁력, 조세, 지출, 연료 빈곤, 에너지 공급량, 정권 간 정책 차이 등을 고려해야 한다. 무엇보다 탄소예산은 계획 실행 12년 전에 미리 결정된다는 특징이 있다. 탄소예산을 12년 전에 정하여 정부・기업 등에게 충분히 대응할 시간을 주고, 관련 투자가 장기적인 관점에서 이루어질 수 있도록 하며, 탄소예산 수립에 있어 정치적 중립성을 유지할 수 있도록 하고 있다. 소관 중앙행정기관의 장은 탄소예산 수립 후 관련 보고서와 매년 탄소예산 이행 보고서를 의회에 제출해야 한다.[51)]

셋째, 계획실행을 위한 정책 요건으로, 「기후변화법」은 영국 정부가 기후변화 적응 프로그램을 통해 법정 온실가스 배출량 감축목표를 설정하고 최신 기후변화 리스크 평가를 통해 도출된 리스크들을 관리할 것을 의무화하고 있다. 특히 기후변화 적응 프로그램은, ① 기후변화에의 적응과 관련된 영국 여왕폐하 정부의 목표, ② 목표를 달성하기 위한 정부의 제안 및 정책, ③ 당해의 제안 및 정책이 실시되는 계획이 포함되어야 하며, 목표, 제안 및 정책은 지속가능한 발전에 기여하는 것이어야 한다(제58조 제1항, 제2항). 이 기후변화 적응 프로그램은 국가 보고서에 수록되는데, 내무장관은 국가보고서에 수록될 내용에 기후변화 영향 평가, 기후변화 적응 목표, 제안 및 정책 외에 이와 관련된 시간계획 및 이행경과 평가내용도 수록되도록 보고기관들에게 지침을 내리며, 필요한 경우 둘 이상의 보고기관들이 공동보고서(합동보고서)를 작성하도록 지시할 수 있고, 특정 지리적 영역을 포함시키도록 지시할 수 있다(제62조).

한편 「기후변화법」 제59조는 제36조에 의거한 기후변화위원회의 각 보고서가 제58조(기후변화에 대한 적응)에 따라 의회에 제출된 프로그램에 명시된 목표, 제

51) Sam Fankhauser et al., *10 years of the UK Climate Change Act*, LSE Policy Publication, 30 March 2018, pp. 8-13.

안 및 정책을 이행하기 위한 '진전(경과)에 대한 평가'를 포함하도록 하고 있다. 매 2년 마다 실시되는 이러한 이행점검은 영국이 기후변화 대응과 관련하여 형식적 차원에서 뿐만 아니라, 실질적 차원에서 그 내용을 계획하고 평가하여 향후 개선하고 기후변화의 영향에 충분히 대응하고자 노력하고 있음을 알 수 있다.

:: 그림 5-5 탄소예산에 대한 온실가스 배출 계획 및 탄소제로 목표

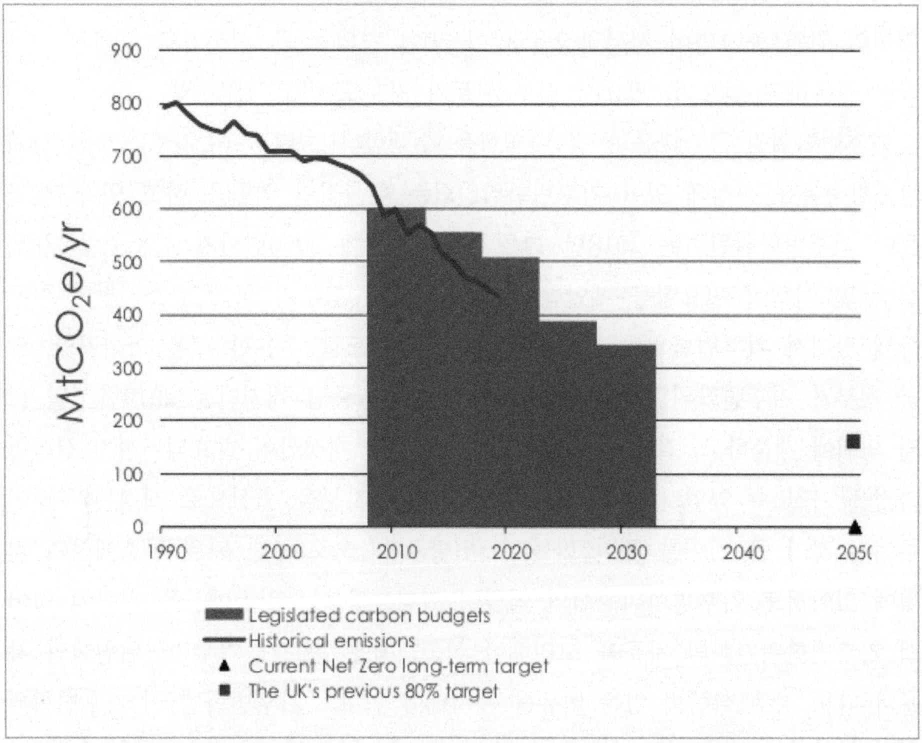

출처: CCC (2020) Reducing UK emissions: 2020 Progress Report to Parliament

넷째, 「기후변화법」 제32조 제1항에 따라 독립적 자문기관인 기후변화위원회(CCC)가 창설되었다. 기후변화위원회는 이사회 역할을 하는 적응위원회(Adaptation Committee)와 사무국 등과 함께 운영되고 있다. 기후변회위원회와 적응위원회는 각각 5~8명 내외의 위원으로 구성되며, 위원은 4~5년 임기(1회 연임 가능)로 일한다. 또한 기후변화위원회와 적응위원회 모두에 참여하는 위원을 두어 양 위원회 간 협력을 도모하고 있다.

기후변화위원회의 위원들은 정치적 중립성을 지키는 전문가들로 구성되며 업무상 독립성을 가지지만, 선임과 예산의 집행에 있어 정부 및 국회와 긴밀한 관계를 맺는다. 예를 들어 최근 기후변화위원회 의장은 에너지·기후변화부 장관의 추천으로[52] 하원의 에너지·기후변화위원회의 청문회를 거쳐 임명된 바 있다.[53] 또한 기후변화위원회의 예산은 연간 370만 파운드(약 57억 원) 정도로 충분히 지원되며, 내부 감사위원회를 두고 자체 운영되고 있다. 또한 기후변화위원회의 위원 중 1명이 사무국장을 맡아 30여 명의 상근 전문가로 구성된 사무국을 활용하고 있으며, 필요시 외부 전문가 자문도 받고 있다.[54]

기후변화위원회는 다음과 같은 역할을 수행한다([그림 5-6] 참조). 우선 장기 탄소감축목표 설정에 있어 기후변화위원회는 핵심적인 역할을 하고 있다. 예를 들어 기후변화위원회는 2018년 11월 영국 정부에 2050년까지 탄소중립목표의 설정 및 이행이 필요함을 제안한 바 있다. 영국 정부가 국제 탄소시장의 활용 등에 있어서 기후변화위원회의 권고사항을 전적으로 수용한 것은 아니지만, 영국 정부가 기후변화위원회의 권고를 반영한 탄소중립 개정안을 2019년 6월 12일 의회에 제출하고, 같은 해 6월 27일 탄소중립 개정안이 발효되기까지 신속한 과정을 거칠 수 있었던 것은 기후변화위원회의 자문을 중심으로 개정논의가 이루어진 것이 큰 기여를 했다고 볼 수 있다. 다음으로, 5년 단위 탄소예산의 결정에 있어서도 기후변화위원회의 역할이 크다. 정부는 탄소예산을 정함에 있어서 기후변화위원회의 자문을 고려해야 하고, 최종 목표가 기후변화위원회의 자문과 다를 경우 설득력 있는 이유를 제시해야 한다. 「기후변화법」이 기후변화위원회의 탄소예산 자문을 정부가 수용하도록 하고 있지는 않지만, 역대 정권에서 기후변화위원회의 탄소예산 자문은 사실상 대부분 수용되었다.[55] 마지막으로,

52) The UK Government's Press Release, "Lord Deben put forward as Chair of Committee on Climate Change", 5 July 2012, https://www.gov.uk/government/news/lord-deben-put-forward-as-chair-of-committee-on-climate-change 〈최종 검색: 2024. 11. 9.〉

53) The UK Government's Press Release, "Lord Deben appointed Chair of Committee on Climate Change", 12 September 2012, https://www.gov.uk/government/news/lord-deben-appointed-chair-of-committee-on-climate-change 〈최종 검색: 2024. 11. 9.〉

54) Climate Change Committee, "Lord Deben welcomes appointment of new Chief Executive, Chris Stark", 27 February 2018, https://www.theccc.org.uk/2018/02/27/lord-deben-welcomes-appointment-new-chief-executive-chris-stark/ 〈최종 검색: 2024. 11. 9.〉

55) Fiona Harvey, "Which country has made the biggest climate commitment?", The Guardian,

정부의 감축이행 모니터링에 있어서도 기후변화위원회는 핵심적인 역할을 하고 있다. 기후변화위원회가 개최한 회의 결과가 투명하게 공개되도록 하고, 기후변화위원회가 감축 진행 상황에 대해 의회에 보고하면 정부가 관련 입장을 의회에 제출하도록 하는 등 기후변화위원회의 자문이 기후변화 정책과 입법에 적극적으로 반영될 수 있는 다양한 방안이 마련되어 있다. 그 결과 기후변화위원회는 정책결정 및 입법 권한이 없는 자문기구이지만, 정부와 국회를 향해 사실상 강력한 영향력을 행사하고 있다.[56)]

:: 그림 5-6 영국 기후변화위원회의 주요 역할

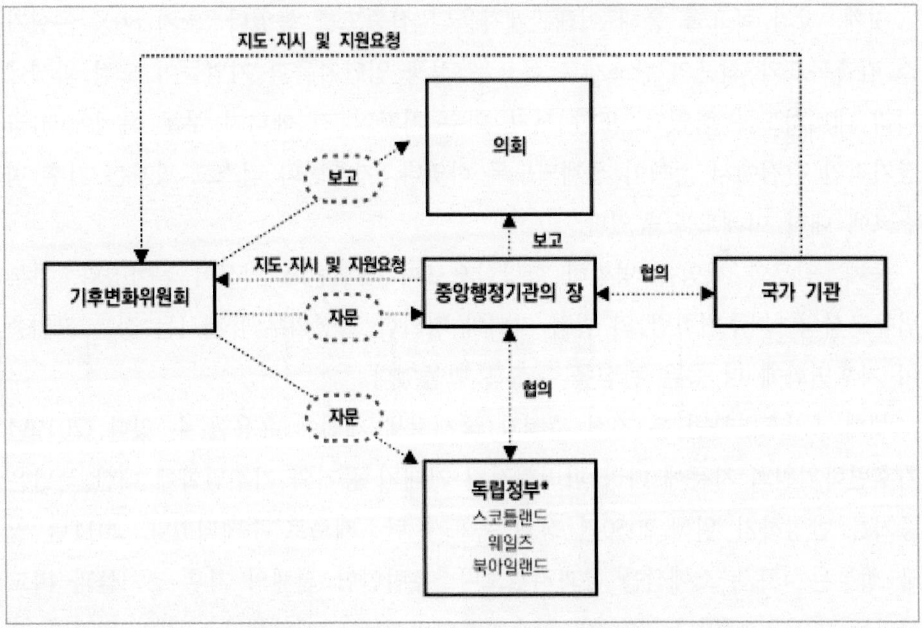

주: 3개 독립정부의 탄소배출량 목표는 연연방정부의 탄소배출량 목표에 포함되어 「기후변화법」에 반영되어 있지만, 각 독립정부는 상당 부분 자체적 법령에 근거한 정책을 이행하고 있으며, 기후변화위원회는 각 독립정부 및 의회에 필요한 자문의견을 제시하고 있음

출처: 이수재 외, 기후변화 적응전략 종합연구, 환경부 · 한국환경정책평가연구원 · 국가기후변화적응센터, 2013.

---

23 Feburary 2021.

56) 이혜경, "영국 「기후변화법」의 이행현황 및 국내적 시사점", 외국 입법 · 정책 분석 제1호, 국회입법조사처, 2021, 5-6면.

다. 의미와 한계

영국의 「기후변화법」은 2008년에 제정되었고 2050년까지의 감축목표를 설정하고 있기에 「기후변화법」의 장기 감축목표 달성 여부는 지켜보아야 한다. 하지만 영국의 온실가스 배출량은 꾸준히 감소하고 있으며, 2014년에는 1990년 대비 35%의 감축을 달성하였다. 또한 2차 탄소예산 기간인 2014년의 온실가스 배출량은 연간 탄소할당량보다 낮은 수치를 보이고 있다.[57)]

영국이 「기후변화법」이 시행된 이후 거두고 있는 효과로 다음과 같은 네 가지를 언급할 수 있다.

첫째, 장기 목표를 통해 이해관계자들의 집중도를 높였다. 초기 80% 온실가스 감축목표와 최근의 탄소제로 목표는 정책 입안자들과 기업들이 도전 과제에 미리 대비하도록 하였다. 또한 투자 회수 기간이 긴 에너지 부문 특성에 따라 장기적인 관점에서 정책이 설계되도록 하였다. 기후변화 리스크 평가는 기후 리스크에 대한 이해도를 높였다.

둘째, 임무와 책임을 명확히 할당함으로써 기후변화 의식이 높아졌다. 기본법규로서의 「기후변화법」의 법적 지위와 명확한 법정의무의 제시는 정부 고위층이 기후변화에 더 높은 관심을 두도록 만들었다.

셋째, 「기후변화법」은 지식 축적과 국제정세 개선에 유용할 수 있다. 2019년 기후변화위원회 자문에 따라 파리협정의 기대치 증가와 기후변화에 대한 폭넓은 증거를 반영하기 위해 2050년 장기 목표가 탄소제로로 수정되었다. 2011년 영국 정부는 4차 탄소예산을 통과시켰으나, 유럽연합 전체의 기후 조치들과 비교한다는 조건을 달았다. 2013년 기후변화위원회는 국제정세가 급격히 변하지 않았으므로, 영국 정부가 4차 탄소예산을 그대로 수용해야 한다고 결론을 내린 바 있다. 마지막으로, 「기후변화법」은 국제적으로 커다란 영향을 미쳐 「기후변화법」과 유사한 법률이 다른 국가에서도 제정·시행되도록 하는 계기를 마련했다.[58)]

---

57) 강정훈/윤순진, 앞의 논문, 117면.

58) Climate Change Committee, *CCC Insight Briefing 1: The UK Climate Change Act*, October 2020, p. 2-3, chrome-extension://efaidnbmnnnibpcajpcglclefindmkaj/https://www.theccc.org.uk/wp-content/uploads/2020/10/CCC-Insights-Briefing-1-The-UK-Climate-Change-Act.pdf 〈최종 검색: 2024. 11. 9.〉

반면에 「기후변화법」은 다음과 같은 사항에 대해 한계를 보이고 있다.

첫째, 기후변화에 대한 적응 속도가 느리다는 것이다. 「기후변화법」은 기후변화 적응 조치를 5년 단위로 수정해 왔다. 하지만 우선순위가 감축 정책에 밀리며 관심이 낮아지면서 적응 정책의 실질적인 시행은 기대보다 더딘 편이다. 비교적 단순한 영국 전체의 온실가스 배출량에 비해 적응 조치 목표는 정량화가 어렵기 때문에, 정부 입장에서 적극적인 시행이 쉽지 않다.

둘째, 정부 정책 개발에 대한 명확한 일정이 수립되어 있지 않다는 것이다. 「기후변화법」은 법정 탄소예산을 충족시키고 기후 리스크 이슈를 다루기 위해 정책안 개발을 의무화하고 있지만, 정확한 정책 개발 일정은 제시하지 않고 있다. 이에 따라 정책 도입과 관련 조치 시행이 연기될 수 있다. 예를 들어 영국의 5차 탄소예산(2028~2032년) 제정 후 그러한 예산을 충족시키기 위한 영국 정부의 녹색성장 전략이 발표되기까지 16개월이나 소요되었다.

셋째, 탄소예산 회계법이 복잡하다는 것이다. 2050년 목표는 영국의 1990년 배출량 대비 감축 비율로 명문화되어 있지만, 중간 탄소예산은 절대 배출량을 기준으로 한다. 따라서 탄소예산을 달성하고자 하는 의욕이 기술 향상으로 인한 배출량 추정치의 변동에 좀 더 민감해진다. 이러한 변동성은 상황에 따라 탄소예산 달성을 의도적으로 어렵거나 쉽게 만들 수 있다. 또한 유럽연합 배출량 거래제도의 회계법도 혼란을 일으키는 경우가 종종 있었다. 이는 잦은 목표 변동으로 인해 정책결정에 어려움을 줄 수 있다.

넷째, 영국이 기후변화에 영향을 미치고 있는 기타 분야들은 다뤄지지 않고 있다는 것이다. 탄소예산은 국제 배출량 회계 규칙에 따라 영국 내수 경제의 배출량에만 초점이 맞춰져 있다. 정부 자문 시 기후변화위원회에 의해 고려되고 있음에도 불구하고, 해외 탄소 배출시설, 국제 기후금융에 미치는 영향 등 영국이 글로벌 기후변화에 영향을 미치고 있는 다른 분야들은 「기후변화법」에서 다루지 않는 한계를 가지고 있다.[59] 마지막으로, 탄소범죄의 관점에서 볼 때 「기후변화법」의 핵심은 '탄소예산'이라는 개념을 창안해 낸 것인데, 탄소예산의 실행 주체는 화석연료 기업이 중심이 될 수밖에 없다. 그런데도 화석연료 기업에

59) Climate Change Committee, 앞의 보고서, p. 8.

게 구체적인 탄소예산 집행의무와 그 의무위반에 따른 제재의 부과가 제시되고 있지 않다. 그로 인해 정부의 탄소예산 이행에 있어 화석연료 기업에게 실질적 강제력을 행사할 수 없다는 근본적인 한계를 노출하고 있다고 본다.

(2) 독일의 「연방기후보호법(KSG: Bundes-Klimaschutzgesetz)」

가. 제정 배경

독일에서 기후보호정책 내지 기후보호법은 매우 역동적인 법 영역으로 발전하였다. 독일 연방정부는 2007년 「통합 에너지 및 기후프로그램(Intergrierten Energie- und Klimaprogramm)」을 위한 메세베르그(Meseberg) 결의를 통해 기후와 에너지에 관한 유럽연합의 지침 및 결정들을 독일 국내의 구체적 조치들로 전환했다. 이어 2010년 9월 온실가스 감축목표를 담고 있는 「에너지 구상 보고서(Energy Concept)」[60]를 통해 장래의 에너지 공급을 위한 장기 전략을 마련했다. 그리고 연방정부는 2016년 「기후보호계획 2050(Klimaschutzplan 2050)」[61]을 발표하였다. 여기에서는 연방 차원에서의 기후보호정책에 대한 최근의 목표 및 다양한 논의를 담고 있다. 이에 따르면 2050년까지 1990년 대비 온실가스를 80~95% 감축하고자 하는 목표를 설정했다. 그 뿐만 아니라 이 기후보호계획은 재생가능한 에너지와 에너지 효율성이 미래에 투자를 위한 기본 스탠다드를 형성한다는 패러다임을 가지고 목표달성에 관련된 경제적 전환프로세스를 설계하고 있다.[62]

특히 독일에서는 2008년부터 2050년까지 1990년 대비 온실가스 배출량 80% 감축을 목표로 하는 영국의 「기후변화법」에 영향을 받아 앞서 언급한 2010년 9월 「에너지 구상 보고서」가 승인되면서 국내법적 차원에서 기후보호법이 제정될 수 있는 토대가 마련되었고, 2015년 파리협정의 당사자국으로 독일이 참여하게 되면서 기후보호법을 제정하기 위한 본격적인 논의가 시작되었다.

독일 연방정부와 기독민주당(CDU), 기독사회당(CSU), 사회민주당(SPD) 등 각

---

60) Beschluss des Bundeskabinetts v.28.9.2010.; 2010년의 에너지컨셉은 1990년과 대비하여 2020년까지 약 40%가량 온실가스를 감축하고 궁극적으로 2050년까지 80-95%까지 감축하는 것을 목표로 한다. 그리고 이러한 목표를 달성하기 위해 핵에너지의 사용을 재생가능한 에너지로의 에너지 공급의 전환을 위한 일정 기간 내에서만 사용하도록 하였다.

61) Klimaschutzplan 2050-Klimaschutzpolitische Grundsatze und Ziele der Bundesregierung.

62) 김영수, “독일 연방 기후보호법의 분석 및 2021년 3월24일자 연방헌법재판소의 동 법률 일부 위헌 결정과 그 후속 논의”, 법학논문집 제45집 제2호(중앙대학교 법학연구원), 2021, 171면.

정당들은 파리협정의 내용을 포함할 내용에 대해 논의를 지속하였는데, 구체적인 기준이 제시되지 못하였다. 2019년 연방환경부가 그 동안의 논의를 정리하여 마련한 입법초안[63]을 제시하였고, 이후 연방정부와 내각이 동일한 입법안을 제시하면서 2019년 12월 17일 「연방기후보호법(KSG: Bundes-Klimaschutzgesetz)」[64]이 공포되고 12월 18일부터 효력을 발휘하고 있다. 이후 2021년 3월 24일 독일 연방헌법재판소의 「연방기후보호법」의 일부 위헌결정[65]에 따라 2030년 유럽기후 목표에 더 부합하는 관점에서 2021년 5월 12일에 수정된 법안을 제출하였고, 2021년 6월 25일 연방의회를 통과하였다.[66]

2021년 3월 24일 독일 연방헌법재판소의 「연방기후보호법」 일부 위헌결정의 주요 내용[67]

■ 사실관계

「연방기후보호법」에 대해 헌법소원을 제기한 청구인은 독일과 방글라데시, 그리고 네팔에 거주하는 미성년자들과 성인 및 -유럽연합 기본권헌장(GRch: Charta der Grundrechte der Europäischen Union) 제47조에 자연의 대변인이라는 측면에서 기본법 제19조 제3항과 제20조의a와 관련된 기본법 제2조 제1항에 따라 등장한- 환경단체이다. 그들은 파리협정에 따라 지구온도를 2℃, 그리고 가능한 1.5℃ 정도로 제한하기 위해 국가가 온실가스 배출을 감축하기 위한 충분한 조치를 취하지 않았음을 주장하며 헌법소원을 제기하였다. 특히 「연방기후보호법」 제3조 제1항 제2문, 제4조 제1항 제3문에서 부칙 2와 관련되어 확인된 온실가스 감축목표, 즉 2030년까지 1990년 대비 55% 감축 목표와 그에 부합하는 연간배출량 관련 규율이 불충분하다고 주장하였

63) Referentenentwurf des Bundesministeriums für Umwelt, Naturschutz und nukleare Sicherheit für ein Bundes-Klimaschutzgesetz v. Feb. 2019. 독일 연방환경부의 기후보호법에 관한 제1차 부처입법 초안은 (Klimareporter, “Referentenentwurf des Bundesministeriums für Umwelt, Naturschutz und nukleare Sicherheit Artikel 1 Bundes-Klimaschutzgesetz (KSG)”, www.klimareporter.de/images/dokumente/2019/02/ksg.pdf 〈최종 검색: 2024. 11. 9.〉)에서 확인할 수 있다.

64) 법률 전문은 (Gesetze-im-internet, “Bundes-Klimaschutzgesetz (KSG)”, https://www.gesetze-im-internet.de/ksg/BJNR251310019.html 〈최종 검색: 2024. 11. 9.〉)에서 확인할 수 있다.

65) BverfG, Beschl.v.24.3.2021, 1 BvR 2656/18, 1 BvR 78/20, 1 BvR 96/20, 1 BvR 288/20. 이 결정에 대한 상세한 분석으로는 김영수, 앞의 논문, 181면 이하 참조.

66) 김영수, 앞의 논문, 173면.

다. 또한 그들은 국가의 부작위를 통해 침해된, 그리고 독일 기본법 제2조 제2항 제1문, 제12조 제1항 및 제14조 제1항에서 도출되는 인간의 존엄성, 신체불가침의 권리, 그리고 재산권에 대해 보호의무에 대해 주장하였다. 뿐만 아니라 인간적으로 존엄한 미래에 대한 권리(Recht auf eine menschenwürdige Zukunft)와 생태적 생존의 최소 수준에 대한 권리(Grundrecht auf ein ökologisches Existenzminimum, 기본법 제2조 제1항과 관련된 기본법 제20조의a)에 대한 것을 주장하였다. 나아가 2030년 이후 시점에 있어 반드시 다가오게 되는 활동정지사태(Vollbremsung)와 관련하여 청구인들은 미래세대에게 온실가스배출 감축의무를 이행하도록 전가하기 때문에 미래세대의 자유권이 침해됨을 주장하였다.

■ 판결요지

독일 연방헌법재판소는 「연방기후보호법」에서 규정하고 있는 2030년까지의 감축목표와 배출량에 관한 규율의 어떠한 위헌성도 확인하지 않았고, 기본권 보호의무의 이행도 헌법에 반하지 않는다고 판시하였다. 2030년까지 이행되어야 하는 의무들을 담고 있는 「연방기후보호법」상의 규정들은 여전히 지구온도를 명확히 2℃ 이하로, 가능하다면 1.5℃로 국한하고자 하는 목표달성을 가능하게 한다. 따라서 입법자에게 부여된 형성여지를 고려하면 기본법 제20조의a에 따른 헌법상의 기후보호명령에 부합한다. 다만 「연방기후보호법」이 기본법 제20조의a를 통해 요구되는 온실가스 감축의 현저한 양을 2030년 이후로 미루었기 때문에 헌법소원청구인들의 자유권적 기본권이 침해될 수 있음을 언급하였다. 2030년 이후에 발생하는 시대를 뛰어넘는 미래세대를 위한 자유권보장(intertemporale Freiheitssicherung)은 청구인들이 주장하는 것처럼 2030년까지 허용된 이산화탄소배출량이 「연방기후보호법」에 매우 크게 설정되어 있다는 사실을 통해 침해될 가능성이 있다. 다시 말해 독일 연방헌법재판소는 입법자가 지금까지 2030년 이후 기후중립(Klimaneutralität)에 이르기까지 어떠한 구체적이고 세부적인 배출감축 경로를 개진하지 않았음을 들면서 자유권적 기본권으로부터, 특히 기본법 제2조 제1항과 관련된 제20조의a에서 도출 가능한 시대를 뛰어넘는 미래세대를 위한 자유보장에 대한 청구권의 위반을 구체화했다. 하지만 헌법소원청구인들이 주장한 생태적 생존의 최소 수준에 대한 기본권, 그리고 이와 유사한 인간적으로 존엄한 미래에 대한 기본권을 인정하지 않았다.

■ 평 가

독일 연방헌법재판소의 「연방기후보호법」 일부 위헌결정은 인간사회에, 특별 삶의 방식 또는 경제방식에 있어 근본적이고 심도 있는 변화를 요구하고 있다는 점에 의미가 있다. 법적 측면에서도 「연방기후호법」의 제정을 통해 전국가적 차원에서 기후보호를 위한 통일적이고 구속력 있는 토대들이 확립되었으며, 특히 환경보호에 관한 기본권 논의가 심도 있게 논의되었다는 점에서 이번 연방헌법재판소의 결정은 큰 의미를 가진다. 또한 기존의 환경보호라는 국가목표와 관련지어 자유권적 기본권의 '시대를 뛰어넘는 경향(Intertemporalität)'이라는 새로운 개념의 형성을 통해 독일 연방헌법재판소는 지금껏 시간상, 그리고 공간상으로 완고하게 굳어진 기본권법상 보호의무라는 도그마틱적 한계를 극복하려는 시도를 하지 않고 새로운 착안점을 선택했다는 점에서 주목할 만하다.

나. 주요 내용

「연방기후보호법」은 제1절 일반규정, 제2절 기후보호목표 및 연간배출량, 제3절 기후보호계획, 제4절 기후문제 전문가위원회, 제5절 공공부분의 역할모델 기능으로 모두 5개의 절과 15개의 조항으로 구성되어 있다. 법률은 전 지구적인 기후변화의 영향으로부터의 보호를 위해 독일 국내 기후목표와 유럽의 목표를 충족해야 하며, 파리협정을 준수하고 지구 평균상승기온을 1.5°C~2°C 이하로 유지하는 것을 목표로 한다.[68]

이러한 목표를 유지하기 위해 국가 기후보호 목표를 설정하고 1990년에 비해 2030년까지 최소 65%, 2040년까지 최소 88%까지 온실가스 배출량을 감축하여야 하고, 2045년까지 탄소중립, 즉 온실가스 순배출량을 제로로 만들 수 있을 정도로 감축하며, 2050년 이후에는 마이너스 감축량을 달성하여야 한다.[69] 그리고 토지이용과 토지이용변화, 산림 부문에서 발생하는 이산화탄소배출량에 대하여도 연간 배출 목표를 규정하고 있고,[70] 에너지 산업, 산업, 교통, 건물, 농업,

67) 김영수, 앞의 논문, 181면 이하.
68) KSG 제1조.
69) KSG 제3조 제1항, 제2항.
70) KSG 제3조의a.

폐기물 관리 및 기타 부분에 대해 허용된 연간 감소목표가 연간배출량의 형태로 구체적으로 규정하여 놓았다.[71] 또한 독일 연방환경청은 2020년을 시작으로 매년 3월 15일까지 보고 연도의 배출량 데이터를 통계로 작성하여 제10조에서 규정하고 있는 기후문제 전문가위원회에 보고해야 한다.[72]

한편 기후보호 목표를 달성하기 위한 수단으로 기후보호 계획이 규정되어 있는데, 구체적으로 연방정부는 기후보호 계획이 업데이트 될 때마다 구체적인 기후보호 프로그램을 결정하고, 목표를 달성하지 못한 경우 기존 기후보호 프로그램이 업데이트 되어 제8조 제2항에 따른 적절한 조치를 포함하게 된다. 제안된 조치에는 예상되는 온실가스 감축효과에 대한 과학적 추정치 이외에, 가능한 경제적·사회적 및 기타 생태학적 결과에 대한 과학적 추정치가 포함된다. 가능한 한 이러한 평가에는 고용개발, 경제구조, 농촌지역의 생활 등 다양한 분야의 상황이 포함된다.[73] 또한 연방정부는 다양한 부문의 온실가스 배출 추이, 제9조에 따른 기후보호 프로그램 이행현황, 제8조에 따른 즉시프로그램 이행현황, 그리고 기대되는 온실가스 감축효과에 대한 예측을 담은 연간 보고서를 작성하여 2년마다 보고해야 할 의무가 있다.[74]

이러한 전반적인 기후정책을 올바르게 진행하기 위하여 기후문제에 관한 전문가위원회를 설치해야 할 것도 의무화하였다. 이 위원회는 다양한 분야의 전문가 5인으로 구성하며, 전문가위원회는 기후 관련 보고서에 대한 검토, 기후보호 계획의 변경, 연방정부의 입법초안 등을 검토할 의무를 가진다.[75][76]

다. 의미와 한계

독일에서 「연방기후보호법」의 제정은 국제법상, 유럽법상 의무들의 국내법으로의 전환과 이행이라는 배경하에 독일에서 기후보호의 법적 구속력과 보장의 증대에 이바지할 것으로 예상된다. 그 뿐만 아니라 기후보호와 관련하여 다소

71) KSG 제4조 제1항.
72) KSG 제5조 제1항.
73) KSG 제9조 제1항, 제2항.
74) KSG 제10조 제1항.
75) KSG 제11조, 제12조.
76) 김영수, 앞의 논문, 174-180면.

보호하고 추상적인 내용을 구체화하고, 국제적, 그리고 유럽 기후보호와 관련된 규정들의 전환을 촉구하는 다양한 규정들을 포함한 것은 큰 의미가 있다. 특히 「연방기후보호법」은 변혁의 측면을 확고히 하고 있는데, 2030년까지 배출감축 절차를 위한 중간목표(1990년 대비 65% 감축) 및 2050년까지 탄소중립 목표를 법으로 명시함으로써 경제, 사회, 모든 국가 조직에 장기적인 지속가능한 발전을 위한 명확한 방향성을 제시하고, 관련 정책 추진의 법적 근거를 마련했다는 데 그 의미가 있다.

다만 「연방기후보호법」의 제정을 통해 독일 기후 보호정책이 완전히 새로운 영역을 만들어 낸 것이 아니라, 이미 정치적 혹은 정책적으로 존재하였던 기후보호를 위한 다양한 수단들(예컨대 부문별 감축량의 할당 또는 기후보호계획 등)을 법률적 근거를 통해 구속력을 갖게 한다는 데 진정한 의미가 있다. 따라서 「연방기후보호법」의 제정은 법적 측면에서 새로운 시작으로 여겨진다.77)

그러나 독일 「연방기후보호법」의 한계로, 에너지 산업, 산업, 교통, 건물, 농업, 폐기물 관리 및 기타 부분에 대해 허용된 연간 감소 목표를 연간 배출량의 형태로 구체적으로 규정하고 목표 달성을 위한 수단으로 구체적인 기후보호 프로그램을 마련하고 있으나, 에너지 산업의 핵심 주체인 화석연료 기업에 적용되는 연간 감축목표와 이를 이행하기 위한 구체적인 기후보호 프로그램은 무엇이고 그러한 프로그램을 고의로 이행하지 않았을 경우 어떠한 제재를 부과할 수 있는지 아무런 규정이 없다는 점을 지적할 수 있다. 이는 화석연료 기업이 기후보호 목표를 고의로 불이행하는 탄소범죄를 저질렀을 경우 이를 규제할 수단이 없음을 의미한다.

(3) 프랑스의 「기후 · 회복력법(Climate & Resilience Act)」

가. 제정 배경

최근 프랑스는 국가의 환경보호 의무를 헌법에 명시하고, 관련 법률로 이 의무를 구체화하는 방안에 대한 논의를 진행하였다. "프랑스는 환경 및 생물다양성의 보존을 보장하고, 기후변화에 맞서 싸운다."78)라는 원칙을 헌법 제1조에

77) 김영수, 앞의 논문, 180-181면.

78) Elle garantit la préservation de l'environnement et de la diversité biologique et lutte contre

추가하는 개정안을 정부가 제출하였고, 이 개헌안은 2021년 3월 16일 하원에서 가결되었다. 그런데 2021년 7월 6일 상원에서 '보장한다(garnatit)'와 '싸운다(lutte)'를 '대응한다(agit)'로 대체한 수정안[79]이 가결되었다. 이에 따라 이 개헌안은 국민투표에 부쳐지지 못하고 자동 폐기되었다.[80]

한편 기후변화에 대한 대응과 환경보호를 위한 구체적인 내용을 담은 법률인 「기후이변에 맞서는 투쟁과 그 영향으로부터의 회복력 강화에 관한 법률(LOI n° 2021-1104 du 22 août 2021 portant lutte contre le dérèglement climatique et renforcement de la résilience face à ses effets)」(이하 '기후 · 회복력법'이라 함)[81]이 2021년 8월에 공포되었다.

「기후 · 회복력법」은 '기후시민협의회(CCC: convention citoyenne pour le climat)'의 제안을 바탕으로 마련되었는데, 기후시민협의회는 2018년 11월 17일 프랑스에서 유류세 인상에 대한 반발로 진행된 '노란조끼 운동(mouvement des gilets jaunes)'[82]으로 인해 구성되었다. 2018년 9월, 에마뉘엘 마크롱(Emmanuel Macron) 프랑스 대통령이 발표한 유류세 인상 등에 대한 반발로 시작된 노란조끼 운동은 계급갈등과 경제 불평등 등 다양한 사회경제적 의제를 포괄하는 사회운동으로 발전하였다. 이에 대한 대응으로 마크롱 정부는 2019년 1월 15일부터 3월 15일까지 '국민 대토론회(grand débat national)'를 진행하였고, 그 성과 중의 하나로 기후시민협의회가 구성되었다. 기후시민협의회는 무작위 추첨으로 선발된 150명의 시민으로 구성되었는데, 2019년 10월부터 약 9개월 동안 온실가스 배출량을 2030년까지 1990년 대비 40% 이상 감축하는 방안을 논의하였다.

---

le dérèglement climatique.

79) Elle agit pour la préservation de l'environnement et de la diversité biologique et contre le dérèglement climatique.

80) 프랑스 헌법 개정은 국민투표로 결정되는데, 국민투표에 부쳐지기 위해서는 같은 문구의 개정안이 상원과 하원을 통과되어야 한다.

81) 법률 전문은 (Légifrance, "LOI n° 2021-1104 du 22 août 2021 portant lutte contre le dérèglement climatiq ...", https://www.legifrance.gouv.fr/jorf/id/JORFTEXT000043956924 〈최종 검색: 2024. 11. 9.〉)에서 확인할 수 있다.

82) '노란 조끼'는 차량에 의무적으로 비치한 노란색 형광 조끼를 시위대가 입고 나오면서 붙여진 이름이다. 프랑스 정부가 환경오염 방지 대책의 일환으로 경유 유류세를 23%, 휘발유 유류세를 15% 인상했는데, 이에 대한 항의가 SNS를 통해 퍼지기 시작하여 첫 시위에 30만 명에 달하는 사람들이 참여하였다고 한다(정관선, "프랑스 기후 · 회복력법의 시사점", 경희법학 제58권 제3호, 2023, 69면).

기후시민협의회는 2019년 10월부터 9개월 동안 일곱 차례의 모임을 통해 150개의 제안을 추려서 하나하나 투표를 통해 149개 제안을 담은 보고서를 채택하였다. 기후시민협의회 참가자 과반수는 생태살해 범죄 인정 및 두 가지 헌법 개정에 관한 제안을 국민투표에 붙이기를 바란다는 의견을 표명하였고, 2020년 6월 다섯 가지 주제로 분류된 149개의 제안을 정부에 제출하였다. 제출된 149개 제안 가운데, ① 고속도로 운행 최고속도를 시속 110킬로미터로 제한, ② 생태전환 자금조달을 위해 10만 유로 이상의 배당금에 대해서 4%의 세금부과(투자 위축 위험을 이유로 배제), ③ 다른 가치들 보다 환경을 우선하는 내용의 헌법전문 개정이라는 세 가지 제안을 제외하고 146개의 제안이 수용되었다.[83] 이후 마크롱 정부는 의회, 지방정부, 기업, 노동조합, 비정부기구 등과 함께 이 제안의 구체적인 사항을 논의하였다. 2020년 12월에는 각 제안의 소관부처가 마련한 회의에 의회와 함께 참여하여 법률 제정안을 구체화 하는 작업을 수행하였다. 그 결과 2021년 2월 「기후 · 회복력법」 제정안이 발의되었고, 이 제정 안은 수개월의 논의를 거쳐 2021년 7월 20일 의회를 통과하여 8월 24일에 공포 및 시행되었다.[84]

나. 주요 내용

「기후 · 회복력법」은 유럽연합이 2021년 4월에 정한, 온실가스 배출량을 2030년까지 1990년 수준 대비 최소 55% 감축해야 한다는 목표를 달성하는 데 필요한 정책을 소비(consommer), 생산과 노동(produire et travailler), 이동(se déplacer), 거주(se loger), 취식(se nourrir) 등 5장으로 구성되었으며,[85] 추가로 환경에 대한 사법보호 강화와 기후와 환경 평가를 규정하여 총 8장, 305개 조문으로 구성되었다.

「기후 · 회복력법」에서 주목할 점은 다른 국가의 기후 관련 법률과 달리 한편으로, 일정한 위반행위에 대해 과태료 또는 형벌을 부과할 수 있도록 하여 강제

83) 정관선, 위의 논문, 71-72면.

84) 구세주/박충렬, "교통부문 온실가스 감축을 위한 프랑스의 입법 동향과 시사점 -「기후 이변에 맞서 는 투쟁과 그 영향으로부터의 회복력 강화에 한 법률」을 중심으로 -", 외국 입법정책 분석 제24호, 2022. 10. 5., 2-3면.

85) 이에 대한 상세한 소개로는 정관선, 앞의 논문, 76-87면 참조.

력을 확보하고 있으며, 다른 한편으로, 환경파괴 범죄에 대한 형법적 보호를 강화하고 있다는 데 있다. 전자와 관련하여 대표적인 예로 「기후 · 회복력법」 제2장 '소비하다(consommer)'라는 표제 하에 환경교육, 광고, 환경표시, 순환경제에 관한 조치 내용 중 광고 부분을 언급할 수 있다. 이를 보다 구체적으로 살펴보면, 「기후 · 회복력법」은 환경에 과도한 영향을 미치는 제품 및 서비스에 대한 광고를 규제한다. 구체적으로는 온실가스 배출과 직접 관련이 있는 화석연료에 대한 광고를 금지하고, 이산화탄소배출량이 95g/Km 이상인 자동차에 대한 광고 역시 2028년부터 금지된다(제7조). 이 기준(95gCO_2/km)에 해당되는 자동차 판매가 끝나기 전에 재고 소진을 위한 대대적인 캠페인도 금지된다. 해당 제품의 광고 금지를 준수하지 않은 자연인에게 2천 유로, 법인에게 10만 유로의 벌금(amende)을 부과할 수 있다. 둘째, 동법은 광고에 제품이 기후에 미치는 영향을 나타내는 '에코 스코어(éco score)'의 의무적 게시를 규정하고, 실제로 환경을 위한 것이 아니면서 겉으로만 친환경 이미지를 표방하는 이른바 '그린워싱(green washing)'에 대한 제재를 강화하여 소비자에게 보다 투명한 정보를 제공하고자 하였다(제10조).[86] 동 규정이 제정되기 전에는 프랑스 법제에 그린워싱 관행이 규정되지 않았으나, 기만적인 마케팅 관행(pratique commerciale trompeuse)에 대해 규제하고 있는 「소비법전」 제L121-2조 및 제L132-2조에 '환경영향'을 추가함으로써 환경영향에 혼동을 일으키는 행위를 금지하고, 이를 위반할 경우 2년의 금고 및 30만 유로의 벌금에 처할 수 있게 되었다(제11조). 셋째, '탄소중립(neutre en carbone)'을 표시할 수 있는 기준을 정함으로써 제품 및 서비스 광고에 '탄소중립'이라고 주장하는 것이 금지된다(제12조). 탄소중립을 증명할 수 없음에도 불구하고 광고에서 탄소중립을 명시할 경우 자연인 2만 유로, 법인의 경우 10만 유로의 벌금에 처해진다. 마지막으로, 3년 동안 열다섯 개의 지방자치단체에서 실험적으로 전단지 배포를 금지한다(제21조). 우편함에 광고 우편물 수신 승인이 눈에 띄게 명시되어 있지 않은 경우에 상업적 목적의 주소가 지정되지 않은 플라스틱 및 종이류의 인쇄물 배포를 금지하는 것이다.[87]

86) 우리나라에서는 「표시 · 광고의 공정화에 관한 법률」과 「환경기술 및 환경산업 지원법」에서 그린워싱을 규제하고 있다.

87) 정관선, 앞의 논문, 77-79면.

한편 후자와 관련하여 「기후 · 회복력법」 제7장은 환경시스템 보호를 위해 기존의 규칙이나 제재를 강화함으로써 환경파괴 범죄를 강력하게 형사처벌하는 내용을 규정하고 있다. 「환경법전」 제L173-1조 및 제L173-2조는 공중보건 및 안전에 위험을 야기하고 수생 환경의 품질 또는 생물다양성에 심각한 영향을 미칠 가능성이 있는 공장, 작업장, 창고, 설비 및 행위에 대하여 허가를 받도록 하고 있고, 이를 위반할 경우 1~2년의 금고 및 15,000~100,000 유로의 벌금형에 처하고 있다. 그런데 「기후 · 회복력법」은 위와 같은 환경문제를 일으킬 수 있는 시설 · 설비 및 활동을 통해 동식물 또는 수질이 심각하고 지속적인 피해를 야기할 위험에 직접 노출되는 경우 3년의 금고와 250,000 유로의 벌금에 처한다(제279조)고 규정함으로써 형사제재를 강화하였다. 이때 지속적이라는 것은 최소 7년 이상을 의미하며, 벌금액은 범죄행위에서 파생된 이익의 3배까지 늘어날 수 있다. 예컨대 폐수처리를 제대로 하지 않고 하천에 방류함으로써 얻게 되는 이익의 3배에 해당하는 액수를 벌금으로 부과할 수 있다. 마찬가지로 「운송법전」 제L1252-5조에서 운송이 승인되지 않은 위험물을 항공, 철도, 도로 또는 강으로 운송하는 행위에 대하여 1년의 금고 및 30,000유로의 벌금형에 처하도록 규정하고 있는데, 「기후 · 회복력법」은 이와 같은 행위가 동 · 식물군 또는 수질이 지속적이고 심각한 피해를 야기할 위험에 직접 노출시키는 경우 3년의 금고형 및 250,000유로의 벌금에 처하고, 위 행위를 통해 얻게 되는 이익의 3배까지 벌금을 늘릴 수 있도록 하였다(제279조).

무엇보다 주목할 것은 「기후 · 회복력법」이 영국 출신의 변호사이자 환경운동가였던 폴리 히긴스(Polly Higgins)가 제언한 '생태살해(écocide)'를 환경오염에 대한 일반적인 범죄로 신설했다는 것이다. 즉 「기후 · 회복력법」 제280조는 "법에 규정된 특별한 주의의무 또는 안전의무를 명백히 위반하여, 직 · 간접적으로 건강 및 동 · 식물에 심각하고 지속적인 유해한 영향을 미치거나, 정상적인 물 공급 체제에 심각한 변화를 일으키는 단일한 또는 다양한 물질을 공기 중에 배출하거나, 바다 표면, 지하 또는 해수로 흘러 들어가도록 하는 것"에 대하여 5년의 금고 및 100만 유로의 벌금에 처하도록 하고, 범죄행위를 통해 얻게 되는 이익의 4배까지 벌금을 상향할 수 있도록 하였다(「환경법전」 제231-1조 신설). 또한 위와 같은 행위를 고의로 저지르는 것을 '생태살해'로 정의하고 생태살해에 대해서는 10년의 금고 및 450만 유로의 벌금에 처하고, 범죄행위를 통해 얻는 이익의 10배까지 벌금을 상향할 수 있다고 규정하였다(「환경법전」 제231-3조 신설).[88)]

다. 의미와 한계

「기후・회복력법」은 처음으로 프랑스 시민의 다양성을 대표하는 패널들이 법률 작업에 직접 참여하였다는 점에서 "전례 없는 민주주의의 실험(expérience démocratique inédite)"이 성공한 것으로 볼 수 있다. 이처럼 민주주의를 실험하고 집단지성의 미덕을 보여준 기후시민협의회의 작업에 대해서는 기후에 관한 토론을 널리 알리는 데 이바지한 것으로 이는 커다란 성과가 아닐 수 없다.[89)] 또한 온실가스 배출과 직접 관련이 있는 화석연료에 대한 광고 금지, 2028년부터 이산화탄소배출량이 95g/Km 이상인 자동차에 대한 광고 금지 그리고 위반 시 형사제재, 그린워싱에 대한 형사제재 강화 등은 영국, 독일과 달리 탄소범죄에 대한 규제수단을 마련한 것으로 긍정적으로 평가할 수 있다.

그러나 프랑스 기후고등위원회(Haut Conseil pour le climat)는 "「기후・회복력법」의 전략적 비전이 부족하고 온실가스 배출을 감축시키기 위한 많은 조치는 너무 긴 이행 기간을 규정하고 있으며, 이 기간은 기후변화에 대처하기 위해 예상되는 조치의 속도와 양립하기 어렵고, 또한 온실가스 배출 활동을 다루는 조치가 제한적이다."라고 한계를 적절히 지적하였다.[90)] 또한 프랑스 「기후・회복력법」이 온실가스 배출과 직접 관련이 있는 화석연료에 대한 광고 금지 등과 그 위반에 따른 형사제재는 탄소배출과 직접 관련 있는 행위가 아닌 간접적 행위에 대한 규제수단을 마련한 것이지만, 화석연료 기업에게 탄소배출 감축을 위한 구체적이고 명확한 의무를 부과하고 이를 고의로 위반한 탄소범죄에 대한 규제수단을 마련하고 있지 않은 것은 여전히 한계점을 가지고 있는 것이라고 본다.

---

88) 정관선, 앞의 논문, 87-88면.

89) Convention citoyenne pour le climat, *Avis sur les réponses apportées par le gouvernement à leurs propositions*, 2021, p. 192: 정관선, 앞의 논문, 75면에서 재인용.

90) Haut Conseil pour le Climat, *Avis portant sur le Projet de Loi Climat et Résilience*, 2021, pp. 7-9: 정관선, 앞의 논문, 75면에서 재인용.

(4) 일본의 기후 관련 법률

가. 「지구온난화 완화 대책 추진에 관한 법률(地球温暖化対策の推進に関する法律)」

앞서 살펴본 것처럼 전 세계 국가는 기후위기에 대응하기 위하여 1997년 12월 교토의정서로 불리는 협약을 체결하였다. 여기에는 일본을 포함한 38개국이 의무이행 대상국으로 지정되었다. 일본은 교토의정서의 이행을 위하여 1998년 「지구온난화 완화대책 추진에 관한 법률(地球温暖化対策の推進に関する法律)」,[91] 소위 「온대법(温対法)」으로 불리는 법률을 제정하여 대응에 나섰다.[92]

「온대법」은 사람의 활동에 따라 발생하는 온실효과를 일으키는 온실가스 농도가 점차 증가하면서, 지표 대기 및 해수, 나아가 지구 전체의 평균온도가 상승하는 현상을 '지구온난화'로 규정한다. 이러한 지구온난화는 지구 전체의 환경에 심각한 영향을 미치기 때문에 「온대법」을 통해 기후체계에 인위적으로 간섭함으로써 위험한 수준에 이르지 않도록 일정 수준만큼 대기 중의 온실가스 농도를 안정화시켜 인류 공통의 과제인 지구온난화의 방지에 기여하고, 그에 대한 대책과 계획을 수립하여 인간 활동으로 인한 온실가스 배출량의 감축을 촉진시켜 종국적으로 전 국민의 건강하고 문화적인 생활의 확보에 기여함으로써 인류의 복지에 공헌하는 것을 목적으로 한다.[93]

1997년 일본 교토에서는 제3차 당사국총회(COP3, 교토)가 개최되었다. 여기에서 교토의정서가 채택되었는데, 이것을 계기로 1998년에 「온대법」이 제정되었다. 「온대법」은 국가, 지방의 공공단체, 사업자, 국민이 하나 되어 지구온난화에 대처하기 위해 제정된 이래 현재까지 여덟 번의 개정을 거쳤다.[94] 주요 개정 내

---

91) 법률 전문은 E-GOV, "地球溫暖化對策の推進に關する法律", https://elaws.e-gov.go.jp/document?lawid=410AC0000000117 〈최종 검색: 2024. 11. 9.〉에서 확인할 수 있다.

92) 기후변화 대응 방법은 온실가스 감축 조치를 통해 기후변화를 늦추는 '완화'와 이미 변화된 상황에 맞게 체제를 바꾸는 '적응'의 두 측면으로 나눌 수 있다. 기후위기에 대한 일본의 기본적 태도는 완화였는데, 「온대법」이 여기에 속한다. 하지만 점차 기후위기가 현실화되고 있고, 이에 따른 유럽의 적극적인 기후변화 대응의 흐름에 따라 완화 개념을 통한 대응으로는 한계가 있기에 '적응' 측면에서 대응을 모색하기 시작하게 되었다. 2018년 12월 1일부터 시행되고 있는 「기후변동적응법」이 대표적인 법률이다. 이 법률에 대한 상세한 소개로 김잔디, "일본 '기후변동 적응법'의 주요내용 및 시사점", 최신외국법제정보 제1권, 한국법제연구원, 2019, 5-13면; 최우용, "일본의 지구온난화 대책관련법제의 내용 및 과제", 동아법학 제45호, 동아대학교 법학연구소, 2020, 97-133면 참조.

93) 地球溫暖化對策の推進に關する法律 제1조.

용을 간략히 살펴보면 다음과 같다.

첫 개정은 2002년으로 교토의정서 체결에 따른 구체적 목표 계획을 수립하고 교토의정서 이행을 위한 지구온난화 대책 추진 본부를 설치하였다. 2006년 세 번째 개정에서는 교토의정서의 제1차 공약기간(2008~2012년)[95]을 앞두고 목표 달성이 어려워 보이자 온실가스 감축을 국내에서만 달성하기에는 어렵다는 것을 인정하고 교토매커니즘을 시행하였다. 교토매커니즘이란 배출권을 거래하거나 공동사업을 통하여 감축된 분량을 이전하는 등 감축의무 이행에 신축성을 부여하는 것이다. 대표적으로 청정개발체제(CDM), 배출권거래제(ETS), 공동이행제(JI)를 언급할 수 있다. 일곱 번째 개정인 2021년 개정에서는 2050 탄소중립을 기본이념으로 하여 법의 내용을 재정비하고 그 일환으로 재생에너지발전, 기업의 배출량 정보의 디지털화를 통한 공개 등을 규정하였다. 이로써 「온대법」은 일본의 탄소중립에 관한 법률로 재탄생하게 되었다.[96] 가장 최근의 개정인 2022년 개정에서는 온실가스 배출량 감축 등을 실시하는 사업활동에 대해 자금공급 및 기타 지원을 실시함으로써 지구온난화 방지와 일본 경제사회 발전의 통합적인 추진을 도모하면서 탈탄소사회의 실현에 기여하는 것을 목적으로 주식회사 형태의 '탈탄소화 지원기구(이하 '탈탄소화 기구'라 함)'의 설립을 규정의 설립 규정을 마련하였다. 이 탈탄소화 기구와 관련하여 그 설립, 기관, 업무의 범위 등을 정함과 동시에, 지방공공단체가 실시하는 지역의 탈탄소화에 관한 시책을 위한 비용에 대하여 국가가 필요한 재정상 조치에 노력하는 취지를 규정했다.[97]

특히 「온대법」에서 주목할 내용은 제66조부터 제76조까지 벌칙 규정을 별도로 마련하고 있다는 점이다. 즉 「온대법」 제36조의2조에 따르면 온실가스의 배출량의 감축 등을 실시하는 사업활동 및 해당 사업활동을 지원하는 사업활동에 대하여 자금공급, 기타 지원을 실시함으로써 지구온난화 방지와 일본의 경제사

94) 개정의 경위에 대한 설명은 일본 환경성 홈페이지, "「지구온난화 대책 추진법」의 성립 · 개정의 경위", https://www.env.go.jp/earth/ondanka/keii.html 〈최종 검색: 2024. 11. 9.〉; 최우용, 앞의 논문, 106-109면 참조.

95) 제1차 공약기간(2008~2012년) 동안의 목표는 〈부속서 Ⅰ〉 국가 전체의 온실가스 배출량을 1990년도 地球溫暖化對策の推進に關する法律에 비하여 평균 5.2% 감축하는 것이었다.

96) 김종우/김상겸, 앞의 논문, 121-122면.

97) 2022년 2월 8일 일본 환경성 보도자료. https://www.env.go.jp/press/110538.html 〈최종 검색: 2024. 11. 9.〉

회 발전의 통합적인 추진을 도모하여 탈탄소 사회의 실현에 기여하는 것을 목적으로 하는 탈탄소화 기구의 설립을 규정하고 있는데, 이 탈탄소화 기구의 이사, 회계참여자(회계참여가 법인일 경우 그 직무를 실시해야 하는 사원), 감사역 또는 직원이 그 직무에 관하여 뇌물을 수수, 요구 또는 약속을 한 때에는 3년 이하의 징역에 처하며, 수뢰 후 부정한 행위를 하거나 상당한 행위를 하지 아니한 때에는 5년 이하의 징역에 처하도록 규정하고 있다(제66조 제1항). 또한 제66조 제1항의 뇌물을 공여하거나, 공여의 의사표시 또는 약속을 한 자는 3년 이하의 징역 또는 100만엔 이하의 벌금에 처한다(제67조 제1항). 나아가 제36조의15의 규정을 위반하여 그 직무상 알 수 있는 비밀을 누설하거나 도용한 자는 1년 이하의 징역 또는 50만엔 이하의 벌금에 처하며(제69조), 제36조의35 제1항의 규정에 의한 보고를 하지 아니하거나, 허위의 보고를 하거나, 같은 항의 규정에 의한 검사를 거부, 방해 또는 기피한 경우에 그 위반행위를 한 탈탄소화 기구의 이사, 회계참여자, 감사역 또는 직원은 50만엔 이하의 벌금에 처한다(제70조). 제73조에서는 양벌규정을 두고 있다. 한편 제74조부터 제76조까지는 일정한 위반행위에 대해 100만엔 이하, 20만엔 이하, 10만엔 이하의 과태료를 부과할 수 있도록 규정하고 있다.

나. 「기후변동적응법(気候変動適応法)」

(가) 제정 배경

기후변화 대응 방법은 온실가스 감축조치를 통해 기후변화를 늦추는 '완화'와 이미 변화된 상황에 맞게 체제를 바꾸는 '적응'의 두 측면으로 나눌 수 있다. 기후위기에 대한 일본의 기본적 태도는 완화였다. 대표적으로 앞서 살펴본 「온대법」이 여기에 속한다. 하지만 점차 기후위기가 현실화되고 있고, 이에 따른 유럽의 적극적인 기후변화 대응의 흐름에 따라 완화 개념을 통한 대응으로는 한계가 있기에 '적응'의 측면에서 대응을 모색하기 시작하게 되었다.

일본은 2015년 '기후변동 영향에의 적응계획'을 시작으로 기후위기에 대한 적응 측면에의 대응을 시작하였으며, 이러한 계획을 기존의 법률인 「온대법」을 중심으로 추진하려고 하였으나, 완화의 측면이 강조되어있는 「온대법」은 일정한 한계가 있을 수밖에 없기 때문에 2018년 「기후변동적응법」[98]에 대한 입법안이

제출되었고 같은 해 6월 6일에 법안이 통과되어 12월 1일부터 시행되고 있다.[99]

(나) 주요 내용

이 법의 목적은 「온대법」에서 규정하는 지구온난화, 그 외의 기후변동이 생활, 사회, 경제 및 자연 환경에 영향을 끼치고 있으며, 이것이 장기간에 걸쳐서 확대될 우려가 있으므로 기후변화 적응에 관한 계획의 수립, 기후변화 영향 및 기후변화 적응에 관한 정보의 제공, 기타 필요한 조치를 강구하고 기후변화 적응을 추진하여 현재 및 장래의 국민의 건강, 문화적인 생활의 확보에 기여하는 것을 목적으로 한다.[100]

「기후변동적응법」은 크게 총칙(제1조~제6조), 기후변동 적응 계획(제7조~제10조), 기후변동 적응의 추진(제11조~제15조), 보칙(제16조~제20조) 항목으로 구분할 수 있다. 우선 제1조부터 제6조까지는 총칙규정으로 법률의 목적, 기후변동 영향과 기후변동 적응의 개념정의, 국가의 책무, 지방공공단체의 책무, 사업자의 노력, 국민의 노력이 규정되어 있다.

제7조~제10조는 기후변동 적응계획에 관한 조항으로 정부의 기후변화 적응 계획의 수립의무와 그 구체적 내용으로 계획기간, 기본방향 등을 규정 하고 있으며, 적응계획에 대한 검토사항에 대한 의무를 규정하고 있다.

제11조~제14조는 기후변화 적응 추진에 관한 내용으로 적응계획에 대한 더 구체적인 사항에 대해 규정하고 있다. 먼저 국립환경연구소는 기후변동 및 기후변동 적응에 관한 정보수집・제공, 지방공공단체에 의한 적응 계획의 책정・추진에 관한 기술적 조언 및 기타 기술적 원조, 지역 기후변동 적응 센터에 대한 기술적 원조를 해야 한다. 국립환경 연구소는 국민이 일상생활을 영위함에 있어 얻는 기후변동 영향에 관한 정보의 유용성에 대해 유의해야 하며, 관련 조사연구 등을 행하는 정부 연구기관과의 연계를 위해 노력해야 한다(제11조). 그리고 도도부현 및 시정촌(이하 '지방공공단체'라 함)은 단독 또는 공동으로 지역 기후변

98) 법률 전문은 www.env.go.jp/content/900449823.pdf 〈최종 검색: 2024. 11. 9.〉에서 확인할 수 있다.

99) 김잔디, "일본 '기후변동 적응법'의 주요내용 및 시사점", 최신외국법제정보 제1권, 2019, 6면.

100) 氣候変動適応法 제1조.

동 적응 계획을 책정하도록 노력해야 하며, 이 경우 국가는 정보 제공 등의 원조를 하도록 힘써야 한다. 지방공공단체는 해당 지역에 있어서 기후변동 적응을 추진하기 위해 기후변동 영향 및 기후변동 적응에 관한 정보의 수집, 정리, 분석, 제공 및 기술적 조언을 하는 거점(지역 기후변동 적응 센터)으로서의 기능을 담당하는 체제를 확보하도록 노력해야 한다. 지역 기후변동 적응 센터는 수집한 정보 및 정리 분석결과를 국립환경연구소와 공유하도록 노력해야 한다(제12조~제14조).[101)]

특히 환경성은 지방공공단체의 적응 계획 책정을 추진하기 위하여 2015년부터 모델이 되는 자치회를 선정하고, 기후변동에 관한 평가 및 적응 계획 책정을 지원하였다. 동 사업으로 축적된 지식을 토대로 하여 「지방공공단체에 있어서 기후변동 적응 계획 책정 가이드라인(2016년 9월)」을 책정하는 등 지방공공단체에 의한 적응 대책의 실시를 적극적으로 추진해 왔다. 그 결과 최근 지방공공단체의 적응 대책에 관한 계획의 책정·개정 수가 증가하고 있다(〈표 5-2〉 참조).[102)]

표 5-2 일본 지방공공단체의 적응에 관한 계획 책정 수[103)]

	2011	2012	2013	2014	2015	2016	2017
누계	5	5	8	9	14	35	58
책정 수/년	5	0	3	1	5	21	23

다. 의미와 한계

일본 「온대법」은 지구온난화 방지 대책의 기본법률로 온실가스 배출량을 감축하기 위하여 중앙정부, 지방자치단체, 기업의 책임과 시책을 상세하게 규정하고 있다. 특히 일본은 정부와 지방자치단체가 상호 협력을 토대로 지구온난화 대응 방안을 수립하여 기후변화에 적극적으로 대처해 나가고 있다. 이는 지구온난화 대책위원회의 최종 보고서에 기술된 바와 같이 지구온난화 방지를 위한 부

101) 김잔디, 앞의 논문, 6-8면.
102) 김잔디, 앞의 논문, 10면.
103) 김잔디, 앞의 논문, 10면.

문별 세부적인 지침을 수립하고 이에 상응하는 대응 논리를 적극적으로 개발하고 있다는 점을 높이 평가할 수 있다. 또한 정부정책과 연계한 지방자치단체의 자율적인 정책 수립도 주목할 만하다. 지방자치단체는 중앙정부와 협력을 통해 「온대법」의 이념과 내용을 중심으로 자체적인 정책을 수립하고 자율적인 운영을 강구해 나가고 있다.

그러나 일본 「온대법」의 한계로, ① 화석연료 에너지 수요를 동반하는 국가 시책이 계속되고 있다는 점, ② 온실가스 배출예측 시스템에 상당한 결함을 가지고 있다는 점, ③ 온실가스 배출량의 통계 데이터를 둘러싼 문제가 계속 제기되고 있다는 점, ④ 중앙정부와 지방정부 간의 정책 통합의 필요성이 대두되고 있다는 점, ⑤ 사업주의 사업 정책 수립과 집행에서 온난화 영향평가의 의무 부과, 집행관리 시스템의 정비, 관련 의무의 고의적인 미이행시 과태료나 형벌 등의 부과를 통한 이행력의 강제 등의 과제가 여전히 남아 있다는 점이 지적되고 있다고 한다.[104)]

(5) 우리나라 「기후위기 대응을 위한 탄소중립 녹색성장 기본법」

가. 제정 배경

우리나라의 온실가스 배출량은 2019년 기준 전 세계 8위에 해당하는 규모이며, 그 비중은 전 세계 배출량의 약 1.71%를 차지한다. 온실가스 배출량은 1977년 약 1천만 톤에 불과했으나, 1990년 2억 9천 2백만 톤, 2018년 7억 2천 7백만 톤으로 급격히 증가했다. 2018년 배출량은 1990년 대비 149% 증가한 수치이다.[105)] 온실가스 배출 주요 분야는 에너지 분야로 전기 및 열 생산과 철강업 등 산업분야와 교통 분야 등이 국내 탄소배출의 87%를 차지한다.

우리나라는 1993년 유엔기후변화협약에 가입(1994. 3. 21. 발효)한 이래, 1998년 교토의정서에 서명(2002. 11. 8. 국회 비준, 2005. 2. 16. 발효)하였고, 2016년 파리협정에 가입하였다. 우리나라는 2009년 처음으로 '2020 온실가스 배출전망(BAU)대비 30% 감축' 목표를 설정하였고, 그 목표의 이행을 위해 2010년 「저탄소 녹색성장 기본법」[106)]을 제정하여 20년을 계획기간으로 하는 기후변화 대응

104) 최우용, 앞의 논문, 126-127면.
105) 2050 탄소중립위원회, 2050 탄소중립 시나리오, 2021, 11면.

기본계획을 5년마다 수립・시행하였다. 또한 이 법률을 근거로 2015년에 탄소 배출권거래제를 도입하였다. 2015년 파리협정 체제하에서 '2030 온실가스 배출 전망 대비 37% 감축'을 내용으로 하는 국가별 기여 방안을 제출하였고, 2020년 2월 2050 탄소중립을 선언하였다.

이후 2021년 9월 24일 「기후위기 대응을 위한 탄소중립・녹색성장 기본법」(이하 '탄소중립기본법'이라 함)을 제정하여 2050 탄소중립 목표와 2030년까지 2018년의 국가 온실가스 배출량 대비 35% 이상 감축하는 내용을 법제화하였다. 이는 탄소중립을 법제화한 전 세계 14번째 사례에 해당한다. 2021년 10월 정부는 2050년까지 국내 순배출량을 제로로 하는 탄소중립 2개 시나리오를 작성 하였는데, 화력발전 대폭 축소 및 재생에너지・수소기반 발전 확대를 주된 내용으로 하였다. 2022년 3월 「탄소중립기본법 시행령」을 제정하여 2030년 중장기 국가 온실가스 감축목표를 2018년 국가 온실가스 배출량 대비 40% 감축(감축 후 배출량 4억 37백만 톤)으로 정하였다.[107)]

나. 주요 내용

탄소중립기본법의 구체적인 내용은 다음과 같다. 제1조 목적에는 온실가스 감축 및 기후위기 적응대책을 강화하고 탄소중립 사회로의 이행 과정에서 발생할 수 있는 경제적・환경적・사회적 불평등을 해소하며 녹색기술과 녹색산업의 육성・촉진・활성화를 통해 경제와 환경의 조화로운 발전을 도모할 것을 명시하여 기후위기 대응, 탄소중립 사회로의 이행, 경제-환경-사회 분야의 형평성 도모를 제시하였다. 제7조에서는 2050년 탄소중립을 목표로 하여 탄소중립 사회로 이행하고 환경과 경제의 조화로운 발전을 도모하는 것을 국가비전으로 하며, 이

---

106) 특히 동 법률 제42조 및 시행령 제25조와 제26조가 기후보호와 관련한 핵심규정으로 작동하였는데, 이러한 법적 근거 하에 온실가스감축목표를 설정하고 구체적인 감축정책을 시행하였고, 각 대상별 온실가스 감축목표가 부과되었다.

107) 최근 국회에서는 기후보호를 위한 '기후위기 대응을 위한 '탈탄소사회 이행 기본법안', '기후위기대응법안', '지속가능한 사회를 위한 녹색전환 기본법안', '기후위기대응 기본법안' 등에 대한 논의가 진행되었다. 이들 입법안에 대한 상세한 분석으로 박시원, "기후위기 적응 정책과 기후정의의 문제 – 최근 발의된 기후위기대응법안들을 중심으로 –", 환경법연구 제43권 제1호, 2021.4, 50면 이하 참조. 그리고 우리나라에서의 기후변화 대응 상황을 시간적으로 자세히 설명하고 있는 문헌으로는 이재희, "기후변화에 대한 사법적 대응의 가능성: 기후변화 헌법소송을 중심으로", 저스티스 제182-2호, 2021. 2, 349면 이하 참조.

를 위한 국가전략을 수립할 것을 제시하고 있다. 제8조와 제9조에서는 중장기 감축목표를 설정하고, 그 이행현황을 매년 점검하며 부진·개선사항을 해당 기관의 정책 등에 의무적으로 반영하도록 명시하고 있다. 제10조부터 제12조까지는 국가 탄소중립 녹색성장 기본계획을 5년마다 수립·시행하도록 하고, 시·도 탄소중립 녹색성장 기본계획 및 시·군·구 탄소중립 녹색성장 기본계획을 5년마다 수립·시행할 것을 제시하고 있다. 더불어 주요 정책·계획과 그 시행에 관한 사항을 심의·의결하기 위한 대통령 직속의 2050 탄소중립녹색성장위원회 및 지방위원회에 관한 사항을 두고 있다(제15조, 제22조).

온실가스 감축을 위한 제도·시책으로 기후변화영향평가, 온실가스감축인지 예산제도, 배출권거래제, 목표관리제, 탄소중립 도시, 지역 에너지 전환 지원, 녹색건축물, 녹색교통, 탄소흡수원 확충, 탄소포집·이용·저장기술, 국제 감축사업, 온실가스 종합정보관리체계 구축 등을 시행하도록 하고 있다(제23조~제36조). 여기서 기후변화영향평가는 「환경영향평가법」에 따른 환경영향평가 대상사업의 사업계획을 수립하거나 시행하는 사업자가 전략환경영향평가 또는 환경영향평가를 실시할 때, 소관 정책 또는 개발사업이 기후변화에 미치는 영향이나 기후변화로 인하여 받게 되는 영향에 대한 분석·평가를 포함하여 실시하도록 하는 제도를 말한다. 그리고 온실가스감축인지 예산제도는 국가와 지방자치단체가 예산과 기금이 기후변화에 미치는 영향을 분석하고 이를 국가와 지방자치단체의 재정 운용에 반영하도록 하는 제도이다.

기후위기 적응을 위한 제도·시책으로는 기후위기 적응대책을 5년마다 수립·시행하도록 하고, 이외에도 기후위기 감시·예측, 지역 기후위기 대응사업, 기후위기 대응을 위한 물관리, 녹색국토의 관리, 농림수산 전환 촉진, 국가 기후위기 적응센터 지정 등을 제시하고 있다(제37조~제46조). 특히 농작물의 생산 및 가축생산 등의 과정에서 발생하는 온실가스 배출을 줄이고 기후위기에 대응하여 식량안보를 확보함으로써 탄소중립 사회로의 이행에 기여하기 위하여 농림수산의 전환 시책을 수립·시행하여야 한다. 환경부장관은 기후위기 적응대책의 수립·시행을 지원하기 위하여 국가 기후위기 적응센터를 지정하여 기후위기 적응대책 추진을 위한 조사·연구 등 기후위기 적응 관련 사업을 수행하도록 하였다.

기존의 현행법과 달리 적극적으로 논의되었던 정의로운 전환 관련 제도·시책으로는 기후위기 사회안전망을 마련하고, 정의로운 전환 특별지구를 지정하며, 사업 전환 지원, 자산손실 위험 최소화, 국민 참여 보장, 협동조합 활성화, 정의로운 전환 지원센터 설립 등을 새롭게 확인할 수 있게 되었다(제47조~제53조). 보다 구체적으로 이를 통해 기후위기에 취약한 계층 등의 현황과 일자리 감소, 지역경제의 영향 등 사회적·경제적 불평등이 심화되는 지역 및 산업의 현황을 파악하고 이에 대한 지원 대책과 재난대비 역량을 강화할 수 있도록 하였다. 정부는 탄소중립 사회로의 이행에 있어 사업전환 및 구조적 실업에 따른 피해를 최소화하기 위하여 실업의 발생 등 고용 상태의 영향을 정기적으로 조사하고, 재교육, 재취업 및 전직(轉職) 등을 지원하거나 생활지원을 하기 위한 방안을 마련하도록 하였다. 정의로운 전환 특별지구를 지정하여 각종 지원조치를 할 수 있도록 하였다. 기후위기 대응 및 탄소중립 사회로의 이행 과정에서 영향을 받을 수 있는 업종에 종사하는 기업 중 중소기업자가 녹색산업 분야에 해당하는 업종으로의 사업전환을 요청하는 경우 이를 지원하도록 하였다. 온실가스 배출량이 기준 이상에 해당하는 기업에 대하여 탄소중립 사회로의 이행이 기존 자산가치의 하락 등 기업 운영에 미치는 영향을 평가하고, 사업의 조기 전환 등 손실을 최소화할 수 있는 지원 시책을 마련하도록 하였다. 신·재생에너지의 보급·확산 등 에너지 전환과 탄소중립 사회로의 이행 과정에서 발생하는 이익을 공정하고 공평하게 공유하기 위하여 「협동조합 기본법」 제2조 제1호 및 제3호에 따른 협동조합 및 사회적 협동조합의 활동을 행정적·재정적·기술적으로 지원하도록 하였다. 또한 정의로운 전환 지원센터를 설립·운영할 수 있도록 하였다.

제54조부터 제64조까지는 기존 「녹색성장법」에 명시되어 있던 녹색경제·녹색산업 육성·지원, 녹색경영, 녹색기술 연구개발·사업화, 기후위기 대응을 위한 조세·금융, 녹색기술·녹색산업에 대한 지원·특례, 표준화·인증, 집적지·단지조성, 일자리창출, 정보통신 기술·서비스 시책, 순환경제 활성화 등의 조항으로 녹색성장을 위한 제도·시책을 현행법으로부터 그대로 유지했다고 볼 수 있다.

탄소중립 사회 이행과 녹색성장이 사회 전반에 확산되도록 하기 위한 방안으로는 탄소중립 지방정부 실천연대의 구성·운영, 녹색제품 등 생산·소비문화의 확산, 녹색생활 운동 지원 및 교육·홍보, 탄소중립 지원센터 설립 등이 새롭게 명시되었다(제65조~제68조).

마지막으로 기후위기에 효과적으로 대응하고 탄소중립 사회로의 이행과 녹색성장을 촉진하기 위해 기후대응기금을 설치하고 기획재정부장관이 이를 운용·관리하도록 하여 필요한 재원확보를 위한 법적 근거를 마련하였다(제69조~제74조).[108)]

표 5-3 탄소중립기본법 주요 내용[109)]

구분	조문	주요 내용
목적	제1조	– 기후위기의 심각한 영향을 예방하기 위하여 온실가스 감축 및 기후위기 적응대책을 강화 – 탄소중립 사회로의 이행 과정에서 발생할 수 있는 경제적·환경적·사회적 불평등을 해소 – 녹색기술과 녹색산업의 육성·촉진·활성화를 통해 경제와 환경의 조화로운 발전을 도모함으로써 현세대와 미래세대의 삶의 질을 높이고 생태계와 기후체계를 보호하며 국제 사회의 지속가능한 발전에 이바지
국가비전	제7조	– 2050년까지 탄소중립을 목표로 하여 탄소중립 사회로 이행하고 환경과 경제의 조화로운 발전을 도모하는 것을 국가비전으로 하며, 이를 실현하기 위한 국가전략을 수립
중장기 감축목표 및 이행점검	제8조, 제9조	– 중장기 감축목표를 설정, 그 이행현황을 매년 점검, 부진·개선 사항을 해당 기관의 정책 등에 의무적으로 반영
기본계획	제10조~제12조	– 20년을 계획기간으로 하는 국가 탄소중립 녹색성장 기본계획을 5년마다 수립·시행, 국가기본 계획과 관할 구역의 지역적 특성 등을 고려하여 10년을 계획기간으로 하는 시·도 탄소중립 녹색성장 기본계획 및 시·군·구 탄소중립 녹색성장 기본계획을 5년마다 수립·시행

108) 채영근, "2050 탄소중립 목표 실현을 위한 입법적 과제", 인하대학교 법학연구 제25집 제4호, 2022. 12, 77-80면; 한상훈, "탄소중립기본법의 의미와 향후 법적 과제", 법과 정책연구 제21집 제4호, 2021. 2, 128-130면.

109) 한상훈, 앞의 논문, 127-128면.

위원회	제15조, 제22조	– 대통령 직속으로 2050 탄소중립녹색성장위원회를 설치, 지방자치단체별로는 2050 지방탄소중립녹색성장위원회를 설치
온실가스 감축 제도 · 시책	제23조~제36조	– 기후변화영향평가, 온실가스감축인지 예산제도, 배출권거래제, 목표관리제, 탄소중립 도시, 지역 에너지 전환 지원, 녹색건축물, 녹색교통, 탄소흡수원 확충, 탄소포집 · 이용 · 저장기술, 국제 감축사업, 온실가스 종합정보관리체계 구축 등 시행
기후위기 적응 제도 · 시책	제37조~제46조	– 기후위기 적응대책을 5년마다 수립 · 시행하도록 하고, 이외에도 기후위기 감시 · 예측, 지역 기후위기 대응사업, 기후위기 대응을 위한 물 관리, 녹색국토 관리, 농림수산 전환 촉진, 국가 기후위기 적응센터 지정 등 시행
정의로운 전환 제도 · 시책	제47조~제53조	– 기후위기 사회안전망을 마련, 정의로운 전환 특별지구를 지정, 사업전환 지원, 자산손실 위험 최소화, 국민 참여 보장, 협동조합 활성화, 정의로운 전환 지원센터 설립 등 시행
녹색성장 제도 · 시책	제54조~제64조	– 녹색경제 · 녹색산업을 육성 · 지원, 녹색경영, 녹색기술 연구개발 · 사업화, 기후위기 대응을 위한 조세 · 금융, 녹색기술 · 녹색산업에 대한 지원 · 특례, 표준화 · 인증, 집적지 · 단지조성, 일자리창출, 정보통신 기술 · 서비스 시책, 순환경제 활성화 등 시행
탄소중립 및 녹색성장의 확산	제65조~제68조	– 지방자치단체의 탄소중립 사회 이행과 녹색성장 추진을 위한 탄소중립 지방정부 실천연대의 구성 · 운영, 녹색제품 등 생산 · 소비문화의 확산, 녹색생활 운동 지원 및 교육 · 홍보, 탄소중립 지원센터 설립 등 시행
기후대응기금	제69조~제74조	– 필요한 재원 확보를 위해 기후대응기금을 설치, 이를 기획재정부장관이 운용 · 관리
국제협력	제75조, 제76조	– 외국정부 및 국제기구 등과 기후위기 대응에 관한 정보교환, 기술협력 및 표준화, 공동조사 · 연구 등을 강화하기 위한 각종 시책 마련

다. 의미와 한계

「탄소중립기본법」의 제정은 본격적인 탄소중립 사회로 나아가기 위한 첫걸음이라는 점에서 역사적으로 의미가 크며, 법 내용상 중요한 내용을 포함하고 있어 한층 진일보한 것으로 평가할 수 있다. 첫째, 기존의 유명무실했던 「녹색성장기본법」의 폐지와 더불어 기후위기 대응 및 탄소중립 이행을 위한 법적 근거의 신설한 것은 커다란 의미가 있다. 「탄소중립기본법」 제정에 따라 기존의 법제보다 기후위기 대응과 탄소중립 이행을 위한 목적이 분명해졌고, 다양한 법적 절차와 정책 수단을 마련하여 정부, 지방자치단체, 기업 등 사회 전반의 참여를 유도하고, 탄소중립 목표 달성을 위한 체계적인 이행 시스템을 구축했다.

둘째, 기후위기 대응 및 탄소중립 이행을 모두 포괄하는 「탄소중립기본법」 제정에 따라 우리 사회가 가야 할 목표가 법률상 구체적으로 제시되었다는 점은 높이 평가할 수 있으며, 온실가스 감축, 기후위기 적응, 정의로운 전환, 녹색성장의 분야별 시책으로 구분하여 기존 「녹색성장기본법」에서 소극적으로 다루었던 기후위기 적응 및 정의로운 전환 분야를 보다 더 강화했다는 측면에서 커다란 의의가 있다. 마지막으로, 2050 탄소중립을 장기적 목표로 「탄소중립기본법」상 명시한 것은 미래 한국 사회를 위하여 매우 획기적이고 바람직한 입법으로 평가할 수 있다.

그러나 「탄소중립기본법」은 여전히 일정한 한계를 가지고 있다. 이를 구체적으로 살펴보면, 첫째, 폐지한 「녹색성장기본법」의 일부 조항을 그대로 수용한 조항들이 있는데, 이는 지속적인 경제성장과 발전을 최우선으로 두었던 기존의 시스템을 그대로 유지하겠다는 것으로 모순된 법이라는 비판을 제기할 수 있다.

둘째, 「탄소중립기본법」 제정 과정에서 여전히 석탄, 석유, 천연가스 등 화석연료에 기초한 기존의 자본주의 경제성장 중심 체제의 사회적 불평등구조에 관해서는 논의가 충분히 이루어지지 못한 한계도 가지고 있다.

셋째, 전반적인 「탄소중립기본법」의 방향성이 탄소배출 감축, 녹색성장을 위한 제도·시책에 초점을 맞추다 보니, 기후위기 대응 과정에서 발생할 수 있는 사회적 불평등과 정의로운 전환에 대한 논의가 충분하지 못하여 향후 사회적 갈등이 발생했을 때 이를 해결하거나 완화할 수 있는 수단이 부족하다는 한계를 드러내고 있다. 마지막으로, 「탄소중립기본법」의 제정만으로는 탄소중립 이행과 실행을 담보할 수 있는 구체적 실행방법의 분화, 프랑스나 일본과 같은 이행력 확보 방안의 부재 등 제도적 장치가 미흡하다는 점을 지적하지 않을 수 없다.[110)]

---

110) 한상훈, 위의 논문, 130-132면.

Ⅲ. 국제환경형법을 통한 기후변화 대응의 가능성과 한계

1. 서 설

기후변화 문제가 대두되기 이전에 국제사회는 개별 국가들의 국경을 넘는 환경오염이 증대하고 있을 뿐만 아니라 한 지역에 국한된 개별적인 환경오염도 지구환경에 커다란 영향을 미친다는 점을 인식하고 이른바 '초국가적 환경범죄'라는 개념을 마련하여 국제적 차원에서 형벌을 통하여 규제하고자 하는 노력을 펼쳐왔다. 그런데 강제집행력이 약한 국제환경법의 영역을 넘어 형법의 수단을 통해 국제적 환경보호가 가능할 수 있을지 의문이 제기되고 있다.

주지하듯이 국제적 환경보호의 문제는 일차적으로 국제환경법에서 다루어 왔다. 이러한 국제환경법에서 환경보호를 위해 형법의 역할은 다음과 같은 세 가지 측면으로 설명되어 왔다. 즉 첫째, 국제환경법, 특히 국제환경협약에 도입된 벌칙조항이 환경보호를 위해 적정하게 기능하고 있는가이다. 둘째, 환경보호 관련 국제협약을 국내법으로 입법할 경우 각국의 국내환경형법을 표준화하여 환경범죄의 처벌범위를 일정하게 유지하고자 하는 시도이다. 셋째, 초국가적인 환경범죄를 전문적으로 다룰 수 있는 '국제환경법원(International Court for the Environment)'의 창설과 그 역할이다. 이 가운데서 첫 번째 측면이 가장 부각을 드러내고 있다. 즉 국제환경협약이 비준을 거쳐 국내법으로 효력을 갖게 됨으로써 국제환경협약상의 환경범죄가 국내범으로 국내법원을 통해 처벌되는 측면이다. 이때 국제환경협약에는 대개 추상적인 행위 유형만이 규정되는 것이 일반적이므로 협약의 국내적 입법과정에서는 각국의 형사사법제도에 따라 처벌의 범위와 처벌의 강도는 어느 정도 차이를 보일 수밖에 없다. 그러므로 가벌적 환경오염행위의 '표준화(standardization)' 작업이 매우 중요하다. 또한 각국은 자국의 국경을 넘는 환경오염에 대하여 그에 대한 국제환경협약이 미쳐 비준되지 않거나 비준이 되더라도 해당 협약의 전부 또는 일부 내용이 자국에서 수용하기 어렵다고 판단되는 경우, 반대로 국내 환경형법의 영토적 적용범위를 확장하여 대응하기도 한다. 이러한 국내 환경형법의 '국제화(internationalization)'의 경향은 국제환경협약, 그 협약의 국내적 입법, 그 협약과는 별개의 국내환경법의 입법 등에도 커다란 영향을 미친다. 그러한 영향은 개별국가를 넘는 '초국가화(transnationalization)'의 형태로 나타나기도 한다.

국제환경형법은 국제환경법의 한 분야로서 국제법, 환경법, 형법이 교차하는 분야이다. 때문에 국제환경형법은 국내법과 비교할 때 상당히 연성법의 성격이 강한 국제법, 법과 환경정책의 특성이 강한 환경법, 구성요건해당성, 위법성 및 책임이라는 범죄성립 요소의 증명이 엄격한 환경형법의 특성이 혼재되어 있다.

따라서 이하에서는 국제기후형법의 탄생 이전에 먼저 그 모습을 보이고 있는 국제환경형법과 관련하여 우선 유럽연합(EU) 차원에서 논의되었던 형법을 통환 환경보호의 노력을 살펴보고, 초국가적 환경범죄 문제를 해결하는 수단으로 왜 다른 규제수단 대신에 형법의 투입이 필요한 것인지와 국제환경협약상 벌칙의 유형과 특징을 살펴보고자 한다. 나아가 국제환경협약의 국내입법화 과정에서의 표준화 문제와 국내 형사입법의 초국가화의 문제를 검토하고자 한다. 마지막으로 초국가적 환경범죄를 국제법적으로 승인과 법전화하려는 구체적인 노력을 살펴보고자 한다.[111)]

2. 유럽연합(EU) 차원에서 형법을 통한 환경보호의 시도

1957년에 서유럽 6개 국가[112)]가 참여한 '유럽경제공동체(EEC: European Economic Community)' 등 전후 범유럽 협력기구를 토대로 하여 출범한 유럽연합(EU)은 1992년 마스트리흐트 조약(Maastricht Treaty)[113)] 체결과 함께 독자적인 정치공동체로까지 발전하였다. 이후 1997년 암스테르담 조약과 2009년 리스본 조약 등 추가적인 법적 정비를 거치며 자체적인 입법, 행정, 사법 기능을 갖추어 현재에 이르고 있다.

---

111) 이하의 논의는 조병선, 『환경형법』, 청주대학교출판부, 1998, 341면 이하; 조병선, "형법을 통한 국제적 환경보호의 가능성: 국제환경형법의 출현?", 환경법연구 제22권, 2000.12, 359면 이하의 내용을 토대로 한 것임.

112) 프랑스, 네덜란드, 독일(당시 서독), 이탈리아, 벨기에, 룩셈부르크이다.

113) 공식 명칭은 「유럽연합에 관한 조약」으로 유럽연합 출범의 발판을 마련한 조약이며, 1993년 11월 1일에 발효하였다. 주요 내용으로는 유럽공동체(EC: European Community)의 역할, 공동 외교·안보 정책(Common Foreign and Security Policy), 범죄 대응을 위한 치안 및 사법 협력(Police and Judicial Co-operation in Criminal Matters)을 다루고 있다.

유럽연합은 국제사회에서 환경정책을 주도하는 정치행위자로 간주되고 있지만, 유럽연합 국가의 국경을 넘나들며 행해지고 있는 야생동물 불법거래, 목재나 광물 등의 불법거래, 불법 폐기물의 수출입과 그에 따른 불법 매립 등 초국가적 환경범죄의 성장과 더불어 최근 지구온난화에 따른 기후변화 문제에 직면하여 그 결속과 지속가능성을 위협하고 있다. 특히 유럽 집행위원회(EC: European Commission)에 따르면, 초국적 환경범죄는 마약거래, 인신매매, 사기에 이어 네 번째로 규모가 큰 조직범죄이며, 유럽연합 권역 내에서 높은 폐기물 처리비용을 피하려고 저질러진 불법 폐기물 매립 등 폐기물 관련 환경범죄만 보아도 매년 40억 유로에서 150억 유로(한화 약 5조에서 20조)에 달하는 경제적 손실을 유발하고 있다고 한다.[114)]

유럽연합은 최근에 대두되고 있는 전 지구적인 기후변화 문제를 인식하기 이전부터 초국가적 환경범죄에 대해 1998년 체결된 「형법을 통한 환경보호 협약(Convention on the Protection of the Environment through Criminal Law)」으로 대응을 시도하였다. 이 협약은 실제로 발효되지 않았다. 하지만 초국가적 환경범죄에 공동으로 대응하기 위하여 유럽연합 회원국의 환경형법을 개정하고자 시도한 첫 번째 국제협약이라는 점에서 커다란 의의가 있다. 이 협약의 핵심 내용인 유럽연합 회원국들 간 환경형법의 표준화는 2008년 11월 19일 채택된 유럽연합 「형법을 통한 환경보호 지침」(이하 '환경보호 지침')에 담겨있다.[115)] 환경보호 지침은 27개 회원국 전부에 대해 법적 구속력을 갖는다는 데 의미가 있으며, 모든 회원국이 환경보호에 관한 국내 형사처벌 조치를 2010년 12월 26일까지 마련하도록 요구하고 있다. 환경보호 지침의 구성요건과 처벌의 내용을 살펴보면 다음과 같다.

환경보호 지침 제3조에서 환경범죄의 구성요건을 각 항으로 구체화하여 제시하고 있다. 즉 회원국은 다음 (a)항부터 (h)항까지의 행위를 형사범죄를 구성하

114) European Commission, *European Green Deal: Strengthening EU law to combat environmental crime*, Brussels: European Commission, 2021, p. 1.

115) Directive 2008/99/EC on the protection of the environment through criminal law. 2021년에 회원국들이 환경범죄 현황을 유럽연합이 구축한 새로운 데이터베이스에 보고하도록 개정되었다. 위 지침 전문은 https://eur-lex.europa.eu/legal-content/EN/TXT/?uri=CELEX%3A32008L0099에서 확인할 수 있다. 〈최종 검색: 2024. 2. 15.〉

는 행위로 규정하여야 하며, 이는 불법성과 고의 또는 중과실을 요건으로 한다.

(a) 대기, 토양, 수중에 다량의 물질 또는 이온화 방사선을 배출, 방출, 유입하여 사람의 사망 또는 신체에 심각한 상해를 일으키는 경우, 또는 대기의 질, 토양의 질, 수질, 동식물에게 상당한 피해를 입히거나 야기할 할 가능성이 있는 경우
(b) 폐기물의 수집, 운반, 재생, 처리의 운영에 대한 감독과 처리장의 사후관리(매매인 또는 중개인 폐기물처리업자에 의한 행위 포함)로써 사람의 사망 또는 신체에 심각한 상해를 일으키는 경우, 또는 대기의 질, 토양의 질, 수질, 동식물에게 상당한 피해를 입히거나 야기할 가능성이 있는 경우
(c) 폐기물의 선적은 2006년 6월 14일 유럽의회와 이사회 규칙 1013/2006 제2조(35)의 범죄 이내의 장소에서 투척하는 행위로 폐기물의 선적이 무시할 수 없는 정도의 수량이되, 일회의 선적인지 아니면 연계되어 수회에 걸쳐서 실행되었는지는 불문한다.
(d) 공장의 운영이 위험한 물질로 수행되고 위험한 물질을 야외의 공장에 준비, 저장, 사용하여 사람의 사망 또는 신체에 심각한 상해를 일으키는 경우, 또는 대기의 질, 토양의 질, 수질, 동식물에게 상당한 피해를 입히거나 야기할 가능성이 있는 경우
(e) 핵물질 또는 다른 위험한 방사능 물질을 생산, 가공, 취급, 사용, 보관, 저장, 운반, 수입, 수출, 처분하여 사람의 사망 또는 신체에 심각한 상해를 일으키는 경우, 또는 대기의 질, 토양의 질, 수질, 동식물에게 상당한 피해를 입히거나 야기할 가능성이 있는 경우
(f) 보호야생동식물군을 포획, 파괴, 소유 또는 희귀종을 획득하는 경우, 그러나 그러한 희귀종이 무시할 수 있는 수량의 경우와 종의 보존의 상황에서 무시할 만한 경우에는 제외한다.
(g) 보호야생동식물군 또는 희귀종의 거래, 그러나 희귀종이 무시할 수 있는 수량의 경우와 종의 보존의 상황에서 무시할 만한 경우에는 제외한다.
(h) 오존감소물질의 생산, 수입, 수출, 상점에 진열, 사용하는 행위

위와 같은 환경보호 지침 제3조에 따른 환경범죄의 구성요건에 관한 구체적 내용을 살펴보면, 우선 각 항의 행위가 '고의' 또는 '중과실'에 해당할 경우에 해당할 경우에 범죄를 구성한다고 명시하고 있다. 그리고 사람이 사망하거나 심각한 상해를 유발하는 경우, 대기, 토양, 수질, 동식물에게 지속적인 피해를 유발

하는 경우, 이러한 환경오염 행위의 감독, 사후관리, 거래자로서 행한 행위의 경우 등을 범죄를 구성한다고 규정하고 있다. 이처럼 환경범죄의 구성요건에 관한 제3조는 지침 전문(5)의 환경보호를 효과적으로 달성하기 위해 환경유해 활동을 '특정'할 필요성이 있다는 판단 하에서 규정된 것이다.

환경보호 지침 제4조에 따르면, 제3조의 행위를 한 정범과 아울러 교사 또는 방조한 경우 및 이를 조장한 경우에도 처벌한다.

환경보호 지침은 제3조와 제4조의 죄를 범한 경우, 회원국은 해당 범죄에 대해 '효과적'이고, '비례적'이며, '억제력 있는' 형벌을 부과해야 한다고 규정하고 있다. 하지만 그 구체적 처벌의 내용은 명확하게 규정하지 않고 회원국에게 위임하고 있다(제5조). 이는 유럽연합이 환경보호를 위해 유럽연합 차원에서 회원국의 형벌의 '종류'와 '범위'까지 규정하여 강제할 수 없기 때문이다.[116)]

요컨대 환경보호 지침은 향후 유럽연합 회원국들이 자국 국내법에 반영해야 하는 환경형법 위반행위를 구체화하여 "사람이 사망하거나 심각한 상해를 유발하는 경우뿐만 아니라, 대기, 토양, 수질, 동식물에게 지속적인 피해를 유발하는 경우"까지도 환경범죄로 규정하였다. 뿐만 아니라 이러한 환경범죄에 대해 부과되는 형사제재를 보다 강화하는 방향을 제시하였다. 특히 환경범죄 유형들에 의도 내지 고의적인 위법행위뿐만 아니라 중과실로 인한 위법행위까지 포함하고 있다는 점에서 환경범죄의 정의를 확대했다는 점에서 커다란 의의가 있다.[117)]

현재 유럽연합은 기후변화 문제에 대해 「유럽기후법(European Climate Law)」을 통해 공동대응하고 있지만, 강제력이 담보되지 않아 실효성이 없다는 비판이 제기되고 있다. 이러한 문제점을 극복하기 위해 초국가적 환경범죄와 유사하게 기후변화를 일으키는 불법행위, 즉 기후범죄를 법률상으로 불법으로 여겨지는 행위에 해당하는 '금지적 범죄(mala prohibita)'[118)]로 규정하여 대응하고자 할 때

116) 김두수, "EU의 '형법을 통한 환경보호'에 과한 지치 – Directive 2008/99를 중심으로 –", 외국법제동향 제4권, 2012, 43–46면.

117) 황준서, "생태정의 관점에서 고찰하는 유럽연합의 환경범죄 대응 정책: 포용성, 비례성, 책무성을 중심으로", EU연구 제63호, 2022, 88면.

118) 범죄는 이러한 '금지적 범죄' 이외에 타인의 고유한 가치와 이익을 침해할 수 있는 행위인 '본래적 범죄(mala in se)'로 나눌 수 있다. 이에 대해 상세히는 Michael Watson, "The Enforcement of Environmental Law: Civil or Criminal Penalties?", *Environmental Law and Management 17(1)*, 2005, pp. 3–6 참조.

커다란 시사점을 얻을 수 있다. 왜냐하면 기후범죄는 다음과 같은 측면에서 초국가적 환경범죄와 유사한 성격을 가지고 있기 때문이다.

첫째, 기후범죄에 따른 피해는 초국가적 환경범죄와 마찬가지로 한 지역이나 특정 국가에만 미치는 것이 아니라 지구온난화, 폭염, 가뭄, 수해, 생태계의 파괴, 생물다양성의 상실 등에서 보듯이 전 지구적 차원에서 발생한다. 예컨대 엘리자베스 한나(Elizabeth Hanna) 박사가 적절히 지적한 바와 같이, 2003년 유럽 폭염으로 서유럽에서 70,000명이 사망했고, 2010년 폭염으로 러시아와 동유럽에서 55,000명이 추가로 사망했다고 한다. 2001~2010년 10년 동안 열사병으로 인한 사망이 이전 10년보다 2,300% 증가했다고 한다.[119] 이처럼 기후범죄에 따른 피해는 세계 각국이 개별적으로 받은 피해의 집합체라기보다 원래 국경의 개념과 무관한 전 지구적 차원의 것임을 알 수 있다. 따라서 피침해 법익은 본질적으로 어느 한 국가만이 아닌 국제사회에 속한다.

둘째, 기후범죄는 초국가적 환경범죄와 동일하게 이산화탄소, 메탄 등 온실가스의 지속적 배출을 통해 지구 평균기온이 서서히 상승하고 그에 따른 피해의 결과는 오랜 시간이 지나서 발견될 가능성이 높기 때문에 해당 행위로 인하여 기후변화가 얼마나 유발되었는지 인과성을 입증하기 어렵다. 예를 들어 특정 석탄발전회사에서 불법적인 이산화탄소 배출은 배출 당시가 아닌 상당한 시간이 경과한 시점에서 발견될 가능성이 높고, 해당 지역의 기후나 주변 생태계의 변화에 얼마나 원인을 제공하였는지 조사하는 과정에 많이 시간이 소요된다. 따라서 살인, 절도, 강도 등 전통적인 거리범죄와 달리 기후범죄나 환경범죄는 명확한 가해자와 피해자 구별이 어려운 이른바 '피해자 없는 범죄(victimless crime)'에 속한다.

마지막으로, 초국가적 환경범죄에 해당하는 환경오염의 주요 원인제공자들은 일반시민 개개인이라기보다 권력을 가진 강자들이기 대부분이다. 로더와 카우즐라리히(Rothe and Kauzlarich)가 2016년에 발간한 ≪강자들의 범죄(Crimes of the

---

119) Graham Readfearn, "Tony Abbot dares us to reject evidence on climate, but reveals a coward", Guardian, 10 October 2017. https://www.theguardian.com/environment/planet-oz/2017/oct/11/tony-abbott-dares-us-to-reject-evidence-on-climate-but-reveals-a-coward 〈최종 검색: 2024. 2. 15.〉

Powerful)≫라는 저서에서 환경범죄를 주로 국가와 기업이 저지르는 화이트칼라 범죄(white-collar crime), 금융범죄, 조직범죄와 동일선상에서 파악하고 있다.[120] 기후범죄도 이러한 환경범죄와 유사하게 정치권력이나 경제권력을 가진 강자들에 의해 대부분 저질러진다. 기후위기, 대기오염, 수질오염, 다이옥신, 살충제, 제초제 등 거의 모든 기후변화나 환경오염이 주로 기업활동을 통해 야기된다. 그럼에도 불구하고 기후, 환경, 생태 문제를 다룸에 있어 기업활동을 부각시키는 경우는 드물다. 앞서 언급한 2015년 파리협정의 전체 문서 어디에도 기업, 회사, 수익이라는 단어는 찾아볼 수 없다. 기업활동에 대한 통제 없이는 기후위기에 대처하는 것이 불가능함에도 이러한 현상이 발생하는 것은 그 만큼 거대기업, 글로벌 화석연료 기업들이 누리는 경제권력이 강력함을 반증하는 것이다. 환경범죄와 마찬가지로 정치권력의 이해관계와 기업의 이해관계가 상호 결합하여 정경유착이 이루어질 경우, ① 국가가 주도하고 화석연료 기업이 동조하는 기후범죄, ② 화석연료 기업이 저지르고 국가가 방조하는 기후범죄, ③ 기업이 경제권력을 이용해 국가로 하여금 생태계를 파괴하도록 유도하는 기후범죄 등이 일어나기 쉽다.[121] 따라서 기후범죄는 초국가적 환경범죄와 그 성격이 유사하기 때문에 기업활동에 대한 (국제)환경형법상 적절한 제재 방안을 모색할 필요가 있다.

3. 초국가적 환경위해행위의 범죄화 근거와 국제환경협약상 형벌 관련 조항

(1) 초국가적 환경위해 행위의 범죄화 근거

국제환경협약에 벌칙 규정을 별도로 마련하여 특정한 한 지역을 넘어 전 지구적 차원에서 커다란 피해를 일으키는 초국가적 환경위해 행위를 형사제재가 가능한 범죄로 규정해야 하는 이유는 국내적 차원뿐만 아니라 국제적 차원에서 반드시 보호해야 할 필요가 있는 환경에 대한 위해행위를 사전에 예방하고 사후에라도 그에 따른 법적 책임은 분명히 묻고자 함에 있다. 특히 국제적으로 공유하는 환경의 경우 영토고권(領土高權)이라는 한계를 갖는 국제법 질서 때문에 누

---

120) Dawn L. Rothe and David Kauzlarich, *Crimes of the Powerful: An Introduction*, Routledge, 2016.

121) 조효제, 앞의 책, 139-140면.

구의 것도 아닌 것으로 되어 오히려 국내법보다도 더 보호를 받지 못하는 문제가 발생할 수 있다. '지구 전체를 위한 생태계'나 '동식물계'가 이러한 공유 효과 때문에 오히려 사라질 위기에 처하게 된다. 특히 ① 국내법의 효력이 미치지 못하고, ② 어떠한 국제기구의 보호도 받지 못하는 경우의 환경이 문제가 된다. 또한 국제환경법은 근본적으로 국제협력 체제 내에서만 기능을 수행하는데 반하여, 아직 범죄행위로서 초국가적 환경위해 행위는 이러한 국제협력 체제에 편입되지 않은 채 '국가 대 국가'라는 개별적 형태로 그 영향과 효과를 미치게 된다. 이 때문에 초국가적 환경위해 행위에 대한 규제를 국제협력 관계에 근거한 국제환경법을 통해 이루려고 할 경우 그 실효성을 기대하기 어렵다. 바로 이 지점에서 국제환경형법의 필요성이 제기된다.

그리고 초국가적 환경범죄 문제를 국제적 차원에서 해결하는 수단으로 인허가취소, 영업정지, 과태료 등과 같은 규제수단 대신에 형법의 투입이 필요한 것인지 검토가 요구된다. 특정 사회문제를 해결하기 위한 최후수단으로서 형법의 투입은 다음과 같은 세 가지 기준을 고려하여 이루어진다. 첫 번째 기준은 민법이나 행정법의 규제와 비교하여 형법의 투입이 꼭 필요한가이다. 두 번째 기준은 사회가 형법을 통해 특정 행위를 조건없이 금지시키고 그 규범적 의미를 명확히 하기 위해 형법을 투입하게 된다는 것이다. 세 번째 기준은 범죄와 형벌의 경제학적 분석을 통하여 효율적일 경우 형법이 투입된다는 것으로, 대표적인 예로 게리 베커(Gary S. Becker)의 '최적 형벌모델(optional penalty model)'을 언급할 수 있다.[122] 이러한 세 가지 기준 가운데 어느 것을 선택하던 간에 특정 행위에 대한 형벌이 효과적으로 집행되기만 하면 일반적으로 그 행위의 비용은 증대될 것이고, 다른 수단이 집행될 경우 무시될 수도 있는 법규가 형법을 통해 잘 준수될 수 있다. 입법정책적으로 사실상 이러한 법경제학적 관점에서 다수의 국가들이 환경보호에 형법이라는 수단을 투입하고 있으며, 환경형법의 적용범위

---

122) Gary S. Becker, "Crime and Punishment: An Economic Approach", *Journal of Political Economy 76(2)*, 1968, pp. 169-217. 그는 범죄자는 경제적으로 타산적이라는 사실을 전제로 하여 범죄로 얻는 이익과 체포될 가능성과의 비교형량을 시도한다고 한다. 그 후 다수의 학자들이 그의 이러한 기본적 가설을 형법의 경제적 분석에 활용하였다고 한다(조병선, 앞의 논문, 363면 각주 5)에서 재인용).

를 자국의 영토 외까지 확장시키는 경향도 확대되고 있다.

이와 같이 초국가적 환경범죄 문제를 해결하기 위한 수단으로 형법의 투입에 적극이고 긍정적인 태도를 보이는 최근의 경향은 국제환경형법의 개념 형성에 커다란 도움이 되고 있다. 왜냐하면 국제환경형법은 결국 그 존재 근거가 대기, 물, 토양 등에 대한 '공유의 가치(shared values)'에 있기 때문이다. 즉 다수의 국가들이 입법을 통해 보여준 초국가적 환경위해행위를 범죄행위로 간주한다는 가치의 대전환은 국제적 차원에서 특정 국가의 국내법 적용 밖에 놓여 있는 '공유환경'을 그대로 방치해서는 안 된다는 공감대를 형성시켰기 때문이다. 이러한 가치의 대전환은 국제환경법의 차원을 넘어 국제법에서의 생태적 접근(Ecological Approach to International Law) 내지 인권으로서의 환경권(Ecological Human Rights)이라는 차원에서 활발히 논의되는 계기가 되었다.[123)]

(2) 주요 국제환경협약상 형벌 관련 조항

가. 1946년「국제포경규제협약」

「국제포경규제협약」[124)] 은 고래자원의 적절한 보전과 포경산업의 질서 있는 발전을 그 목적으로 하고 있는데, 국제포경위원회(IWC: International Whaling Commission)를 설치하고 이로 하여금 보호대상이 되는 고래의 종류, 포경이 허용되는 기간과 수역, 포획이 허용되는 고래의 크기 제한, 포경시기, 방법 및 정도, 포경 어구·장비 및 기구의 형식과 특징, 측정 방법 등을 정하는 이행계획을 계속 심사·개정하는 등 구속력 있는 결정을 내릴 수 있는 권한을 부여하고 있다.[125)]

동 협약 위반에 대한 처벌에 관한 권한은 위원회가 아니라 관할 당사국이 갖는다. 다만 이 경우 해당 당사국은 위반행위 및 그에 대한 형벌 부과 등의 처리 조치의 내용 등을 위원회에 구체적으로 보고하여야 한다.[126)]

123) 조명선, 앞의 논문, 363-364면.
124) International Convention on the Regulation of Whaling(ICRW), 161 U.N.T.S. 72.
125) Id., Art. 5(1).
126) Id., Art. 9(3)-(4).

나. 1954년 「해양유류오염방지협약」

「해양유류오염방지협약」[127]은 1954년 런던에서 채택된 이후 3차례(1962년, 1969년, 1971년) 개정된 바 있다. 이 협약은 150톤 미만의 유조선과 500톤 미만의 기타 선박을 제외한 모든 선박에 적용된다.

동 협약에 따르면 당사국의 유조선과 기타 선박은 육지로부터 일정 거리 이내에서 배출허용량을 초과하는 양의 유류 및 유류혼합물을 배출하여 서는 아니 되며,[128] 모든 선박은 유류기록장부(oil record book)를 비치하여야 하는 데, 이를 게을리한 경우에는 처벌의 대상이 된다.[129]

다. 1973년 CITES

1973년 「멸종위기에 처한 야생 동식물 국제거래에 관한 협약(CITES)」[130]은 멸종될 위기에 처한 동식물의 상업적인 국제거래를 규제함으로써 이들을 보호하는 것을 목적으로, 1,000여 종의 규제대상 동식물을 그 멸종위기의 정도에 따라 부속서 Ⅰ, Ⅱ, Ⅲ으로 구분하여 열거하고 각기 상이한 규제를 하고 있다.

동 협약은 당사국으로 하여금 협약 이행을 위하여 처벌・몰수・반송 등을 포함하는 적절한 국내적 조치를 취할 것을 의무화하고 있다.[131]

라. 1982년 「유엔해양법협약」

「유엔해양법협약」[132]은 해양오염을 광범위하게 정의하면서 당사국에게 해양환경을 보호・보전할 의무를 부과하고 있다. 특히 기국은 해양오염을 방지・저감・규제하기 위한 국제규칙과 기준 및 동 협약 규정에 따라 제정된 자국의 법

127) International Convention for the Prevention of Pollution of the Sea by Oil, 327 U.N.T.S. 3, 9 I.L.M. 1 (1970).

128) Id., Art. 3.

129) 이 협약은 선박으로부터의 기름유출로 인한 해양오염을 규제하기 위한 대표적인 국제협약으 로서, 해양 및 연안환경의 보전에 공헌하는 등 부분적인 성공에도 불구하고 유류 이외의 유해 오염물질이 제외되는 규제범위의 제한이라는 큰 한계를 가지고 있었고, 결국 1970년대 선박 으로부터의 오염방지를 위한 국제협약 및 의정서(MARPOL 73/73)로 대체되었다. 김홍균, 『국제환경법』, 홍문사, 2015, 237면.

130) Convention on International Trade in Endangered Species of Wild Fauna and Flora (CITES), 12 I.L.M. 1085, 1973.

131) Id., Art. 8.

132) United Nations Convention on the Law of the Sea(UNCLOS), 21 I.L.M. 1261, 1982.

령을 시행할 의무를 진다.

동 협약은 기국으로 하여금 자국을 기국으로 하거나 자국에 등록된 선박이 국제규칙과 기준을 준수할 때까지 항행을 하지 못하도록 적절한 조치를 취하도록 하고 있다. 한편 자국을 기국으로 하는 선박을 대상으로 하는 형벌의 정도가 위반 장소를 불문하고 그 위반을 억제하기에 충분히 엄격한 것이어야 한다.[133]

마. 1989년 「바젤 협약」

1989년 「유해폐기물의 국가 간 이동 및 그 처리의 통제에 관한 바젤 협약」[134]은 폐기물의 배출 저감과 환경적으로 건전한 관리를 그 목적으로 하고 있다.

동 협약에 따르면 협약상의 규정을 위반하는 유해폐기물의 국가 간 이동은 "범죄"에 해당하는 불법거래로 간주되어 금지되며,[135] 각 당사국은 불법거래를 방지하고 이를 처벌하기 위한 국가적·국내적 조치를 취하여야 한다.[136]

바. 1991년 「바마코 협약」

「아프리카 내 유해 폐기물의 국경이동 규제에 관한 바마코 협약」[137]은 유해폐기물을 아프리카로 반입하는 것을 그 사유와 무관하게 전면 금지하는 한편, 아프리카로 유해폐기물을 반입하는 행위가 "범죄행위"를 구성한다고 명시하고 있다.[138]

사전통보승인절차 위반, 폐기물의 고의적인 처리 등에 의한 폐기물 이동은 불법거래로 간주되며,[139] 각 당사국은 불법 수입을 계획하거나 실행한 자 또는 방조한 자에게 벌칙을 부과하기 위한 적절한 법령을 제정하여야 한다.[140]

---

133) Id., Art. 217.

134) Basel Convention on the Control of Transboundary Movements of Hazardous Wastes and their Disposal, 28 I.L.M. 649, 1989.

135) Id., Art. 4(3)-(4).

136) Id., Art. 4(5).

137) Bamako Convention on the Ban of Import Into Africa and the Control of Transboundary Movement and Management of Hazardous Wastes and Within Africa. 30 I.L.M. 775 (1991).

138) Id., Art. 4(1).

139) Id., Art. 9(1).

140) Id., Art. 9(2).

사. 2000년 「카르타헤나 의정서」

「카르타헤나 의정서」[141]는 생물다양성의 보전과 지속가능한 이용에 악영향을 미칠 수 있는 유전자변형생물체의 국가 간 이동에 있어서 적절한 보호수준을 보장하는 것을 목적으로 한다.[142] 동 의정서는 당사국으로 하여금 의정서상의 의무 이행에 필요한 입법적 조치, 행정적 조치, 그 밖의 조치를 적절하게 취할 것을 요구하고 있다.[143]

특히 동 의정서는 당사국으로 하여금 의정서 이행을 위한 국내의 입법적·행정적 조치 등을 위반하는 유전자변형생물체의 국가 간 이동을 방지하고, 필요한 경우 그 처벌을 위하여 필요한 적절한 국내 조치를 취할 것을 요구하고 있다.[144][145]

(3) 국제환경협약상 형벌 관련 조항의 유형과 특징

역사적으로 볼 때, 국제환경협약에 체약국의 형사입법 의무가 도입된 것은 공해에 대한 오염의 규제에서부터 시작되었지만, 초국가적 환경오염을 포함하여 오존층 파괴, 산성비, 생물다양성의 상실 등이라는 전 지구적 차원의 환경문제로 확대되었고 1992년 6월 유엔기후변화협약(UNFCCC)의 체결 시점 이후로는 지구온난화라는 기후변화의 문제로까지 형사입법의 영역이 확대될 수 있는지 논의가 전개되고 있다. 국제환경협약의 국내 비준에 따른 체약국의 형사입법을 통한 전 지구차원의 환경문제에 대한 대처는 국제법에서 중요한 문제해결 방법의 하나로 인정되었다. 앞서 살펴본 다수의 국제환경협약은 체약국의 형사입법 의무를 다양하게 제시하고 있는데, 협약에 도입된 형벌 관련 조항의 유형을 분류하면 다음과 같다.

첫 번째 형벌 관련 조항 유형은 "이 협약의 집행을 확보하기 위한 적절한 수단을 취하고, 협약에 대한 위반행위에 대해 처벌해야 한다(appropriate measures

141) Protocol on Biosafety to the Convention on Biological Diversity, 39 I.L.M. 1027, 2000.
142) Id., Art. 1.
143) Id., Art. 2(1).
144) Id., Art. 25(1).
145) 윤지영, 『법과학을 적용한 형사사법의 선진화 방안(Ⅶ)』, 한국형사법무·정책연구원, 2016, 315-318면.

to ensure the application of the [agreement in question] and the punishment of infractions against [those] provisions).”라는 조문을 삽입하는 것이다. 대표적인 사례는 유해폐기물의 불법적인 거래를 범죄라고 선언한 「유해폐기물의 국가간 이동 및 그 처리의 통제 관한 바젤 협약(Basel Convention on the Control of Transboundary Movements of Hazardous Wastes and their Disposal. Basel, 22 March 1989)」[146]이다. 바젤 협약은 “모든 체약국은 불법적 거래를 예방하고 처벌할 적절한 국내입법을 해야 한다(Each party shall introduce appropriate national domestic legislation to prevent and punish illegal traffic).”라고 선언하고 있다. 이러한 형태와 매우 유사하게 규정된 형태의 협약도 첫 번째 유형으로 분류할 수 있다. 이 유형은 형사입법에 관하여 체약국에게 넓은 포괄적 재량권을 부여하고 있다. 다시 말해서 체약국이 재량에 의해 협약의 위반행위를 특정하고, 그에 대한 예방이 가능한 정도의 적절한 형벌을 부과할 의무를 제시하여 형벌의 범위나 종류에 대하여도 광범위한 재량을 부여하고 있다.

두 번째 유형은 “특정 조문에 대한 적절한 형벌을 부과하여 그 법률을 확실하게 집행하는데 필수적인 입법을 해야 한다(enact and enforce such legislation as may be necessary to make effective the provisions [of the agreement] with appropriate penalties for violation thereof).”라는 유형이다. 이 유형은 첫 번째 유형과 유사하다. 하지만 ‘처벌해야 한다’가 아닌 ‘적절한 형벌’만을 언급하고 있다. 그리고 법 집행에 필수적인 입법을 해야 하며, 법 집행에 필요한 여러 가지의 제재수단을 확실히 투입할 것을 강조한다. 따라서 체약국은 법 집행을 확실하게 담보할 수 있는 여러 제재수단을 마련하고, 그 수단 가운데 하나로 형벌을 사용해야 한다는 것으로 이해할 수 있다. ‘형벌’을 어떻게 이해하는가에 따라 투입되는 형사적 제재수단이 자유형, 벌금 등과 같은 순수형사벌이 아닌 과태료와 같은 질서벌이 투입될 수 있는 것으로 해석할 수 있다. 또한 첫 번째 유형과 달리 범죄로 구성요건화 할 조문을 ‘특정’해야 하므로, 체약국의 입법 재량권을 제한하는 특징이 있다.

---

146) 바젤 협약의 원문은 https://world.moleg.go.kr/web/wli/lgslInfoReadPage.do?A=A&searchType=all&searchPageRowCnt=10&CTS_SEQ=12307&AST_SEQ=309&ETC=7에서 확인 가능하다. 〈최종 검색: 2024. 2. 15.〉

세 번째 유형은 "선적국(船籍國)에서 적용되는 법률에 범죄로 규정되어야 한다(shall be an offence punishable under the law of the territory in which the ship is registered)." 또는 "체약국의 국내법에 범죄로 규정되어야 한다(shall be made a punishable offense by each State Party under its national law)."라는 형태의 형벌 관련 조항이다. 첫 번째 유형과 유사하게 어떤 위반행위의 내용과 투입할 형벌의 종류를 모두 체약국의 재량에 맡기는 유형이다. 그러나 이 유형은 그 문언상 형벌의 측면 내지 처벌되는 측면보다 '범죄' 이외의 측면을 강조하고 있으므로, 첫 번째 유형과 달리 법률상 명확하게 '범죄행위'가 무엇인지를 제시할 것이 요구된다. 즉 법률이나 법령의 어느 조문에 대한 위반행위가 형사적 제제수단에 처해지는 것이 아니라, 법률에 명확히 구성요건으로서 범죄행 위가 무엇인지 규정하고 그에 따른 법정형을 규정하여 처벌함으로써 형법의 예방효과를 강조하는 유형이다.

네 번째 유형은 "협약을 확실하게 집행하기 위한 입법 및 기타 조치를 도입해야 한다(shall enact and enforce such legislation and other measures as may be necessary for the purpose of giving effect to [the] agreement)."라는 형태의 의무 조항이다. 이 유형에는 앞서 살펴본 본 유형들과 달리 범죄나 형벌이 명시적으로 적시되지 않았지만, 이러한 형태의 형벌 관련 조항은 형벌을 포함한 모든 제재수단의 도입을 효율적으로 집행하도록 하는 의무를 두는 것으로 이해되므로, 형벌도 포함되는 것으로 해석할 수 있다. 다만 체약국이 형벌을 투입할지의 여부에 대한 입법 재량을 갖는다. 국제환경협약상 형벌 관련 조항 유형 가운데 가장 광범위한 입법 재량을 체약국에 부여하는 유형이다. 이러한 폭넓은 재량권 때문에 국제환경협약에서 가장 선호되는 형벌 관련 조항 유형이다.

다섯 번째 유형은 형벌 관련 조항의 억지효과(deterrent function)를 특별히 강조하여 "이 협약에서 규정한 형벌은 이 협약을 위반하지 못하도록 그 강도에 있어 충분히 강력해야 한다(the penalties specified under the law of a party shall be adequate in severity to discourage violations of the present Convention)."라고 명시하기도 한다. 대표적인 사례로 「해양법에 관한 국제연합 협약(United Nations Convention on the Law of the Sea. Montego Bay, 10 December 1982)」[147]을 들

수 있다. 이 협약은 "선적국의 법령에 규정된 형벌은 그 위반행위가 어느 곳에서나 발생하지 않도록 그 강도가 충분해야 한다(Penalties provided for by the laws and regulations of States for vessels flying their flag shall be adequate in severity to discourage violations whoever they occur)."라고 규정하고 있다. 이 유형은 체약국의 입법 재량으로 인하여 경미한 형벌이 도입되어 협약의 실효성이 저하되는 것을 우려하여 처벌 강도에 대한 특별한 언급을 조문에 삽입한 것이다.

이상과 같은 다섯 유형의 형벌 관련 조항 이외에도 국제환경협약에는 특별한 형태의 형벌 관련 조항을 발견할 수 있다. 이 유형은 이른바 '단속조항(policing provision)'이라고 지칭되는데, 협약의 실효적 집행을 위해 즉각적인 조치를 취할 수 있는 권한을 부여하는 조항을 의미한다. 이 유형은 일찍이 「해달 및 물개류 보호 국제협약(North Pacific Fur Seal Convention of 1911)」 제1조에서 위반행위자는 그 위반행위가 일어난 국가의 담당기관에 의해 체포될 수 있다고 규정한 것이 그 효시이다. 같은 협약 제7조는 체약국에게 해달과 물개의 무리가 왕래하는 지역을 순찰할 수 있는 권리를 부여하고 있다. 유사한 형태로는 1946년 12월 2일 채택된 「국제포경규제협약(International Agreement for the Regulation Whaling)」은 제1조에서 체약국은 그 영해나 영토에서는 모든 선박을 적어도 검사할 권한을 갖는다고 규정하고 있다. 「1957년 바다표범협약(Interim Convention on Conservation of North Pacific Fur Seals of 1957)」은 한 걸음 더 나아가 위반행위가 있다고 합리적인 의심을 할 수 있을 경우에 권한이 있는 체약국의 공무원은 체약국의 영해에 있는 어떠한 선박에 대해서도 승선하여 수색할 권한이 있으며, 그 위반행위에 관여했다는 합리적인 의심을 받을 만한 승무원은 모두 체포할 수 있다고 규정하고 있다. 또 다른 형태의 단속조항도 발견되는데, 이른바 '자발적 단속조항(self-policing provision)'이다. 이 조항은 예컨대 1978년의 「미국과 캐나다 정부 간의 5대호 수질 협정(Agreement between Canada and the United States on Great Lake Water Quality)」에서 발견할 수 있다. 즉 먼저 스스로 신고하는 의

147) 이 협약의 원문은 https://world.moleg.go.kr/web/wli/lgslInfoReadPage.do;jsessionid=iQlt36qc56CalYhlvVaIJXNWaL1B2ZYXpIfiSLRu4RaVK0750alS6xdTum67fixr.eduweb_servlet_engine7?CTS_SEQ=12167&AST_SEQ=309&nationReadYn=Y&ETC=5&searchNtnl=UN에서 확인 가능하다. 〈최종 검색: 2024. 2. 15.〉

무를 두고, 이를 위반할 경우를 기다려 처벌하는 것이다.

이상과 같이 다섯 가지 유형의 처벌의무 조항과 두 가지 유형의 단속조항이 다수의 국제환경형법에 도입되어 있다. 그러나 이러한 처벌조항이 바로 형사소추의 법원(法源)이 되는 것이 아니라, 형사소추를 해야 할 법적 의무의 근거(source of obligation)에 지나지 않는다는 한계가 있다. 어떤 유형의 형벌 관련 조항이든지 체약국에게 구체적 수단이나 형량, 더욱이 구체적인 위반행위의 내용을 명확히 규정하지 않은 채 광범위한 입법 재량을 부여하고 있을 뿐이다. 그 이유는 체약국의 비준가능성을 고려하여 보다 유연한 형사입법 의무를 규정해야 할 필요가 있기 때문이다. 한편 국가별로 형사입법의 형태나 정도에 있어서 큰 차이가 있기 때문에 구체적인 위반행위의 내용을 명확히 적시하는 것을 회피할 수밖에 없다는 현실적 이유도 있다.[148)]

4. 국제환경협약의 국내입법화 과정에서 표준화(standardization) 문제

앞서 살펴본 바와 같이 국제환경협약은 체약국에게 그 집행력을 강제하기 위한 형사입법과 관련하여 비교적 광범위한 입법 재량권을 부여하고 있어 체약국 사이에 형사입법의 구체적 내용을 서로 다르다. 하지만 이러한 상이한 형사입법을 극복하기 위해 국제환경협약 그 자체에 구체적인 형사입법의 기준을 제시하기란 쉽지 않다. 국제환경협약의 특성상 각국의 상이한 법체계에 따른 입법의 특성을 고려해야 할 뿐만 아니라, 각국에 재량의 여지를 부여함으로써 어느 정도 비준 가능성을 높일 필요가 있기 때문이다. 따라서 이러한 차이를 고려하면서도 국제환경규범의 통일성을 달성하기 위한 여러 가지의 방편을 고려해야 할 필요성이 제기된다. 다시 말해서 국내입법에 있어서 형사입법의 '조화(harmonization)'가 요청된다. 일반적으로 국제환경협약에서 '위반행위(infractions; violations)', '금지된 행위(activities prohibited)' 또는 '처벌 가능한 범죄행위(punishable offense)'라고 포괄적으로 기술된 행위가 각국의 형사입법의 대상이 되는데, 대개 국제환경협약 그 자체에는 구체적인 지침도 없고, 더욱이 '형벌(penal)'이라는 용어조차 그 개념정의가 되어 있지 않은 경우가 일반적이다. 따라

148) 조병선, 앞의 논문, 364-370면.

서 체약국은 한편으로 범죄형벌, 행정형벌 또는 기타 형벌(criminal, administrative, or other penalties) 가운데 어느 것을 적용할지, 다른 한편으로 어떤 형태의 행위를 가벌적 행위로 할지를 정해야 한다. 따라서 국제환경협약을 국내형사입법화 과정에서 이 두 가지의 측면을 모두 표준화 하는 작업이 필요하다.

한편으로 형벌에 대한 정의는 형벌을 제재수단으로 사용하는 법의 정의가 되므로, 특히 '광의의 형법'을 출발점으로 할 경우 과태료와 같은 질서벌적 제재까지도 포함되는 것으로 본다. 유럽연합은 이러한 입장을 취하고 있다.

다른 한편으로 가벌적 행위의 태양은 환경법에서는 특히 증거법과 연계하여 유형화하는 것이 일반적이다. 환경에 대한 침해의 단계를 증거법의 관점에서 단계별로 고찰하는 것이다. 보다 구체적으로 환경침해는 보통 위해한 행위의 누적(accumulation), 첨가(addition) 또는 상호작용(synergetic effects)을 통해 일어나기 때문에 환경침해는 바로 인과관계 입증(proof of causality)의 문제와 연결된다. 이를 고려하여 환경침해와 관련된 가벌적 행위의 태양이 입법되는 모델은 대략 '추상적 위험 모델(A 모델)', '구체적 위험 모델(B 모델)', '중대한 환경침해 모델(C 모델)'이라는 세 가지 모델로 나누어 볼 수 있다. 보통 환경침해에 대한 입증의 문제는 환경법규의 형태에 따라 상이하므로, 위 세 가지의 모델도 엄밀하게 구별되는 것은 아니다. 대략 그 정도의 모델이라는 정도에 불과하다. 세 가지 모델의 특징을 살펴보면 다음과 같다.

첫째, 환경침해에 대한 입증의 단계를 고려할 때 초기 단계가 환경에 대한 추상적 위험의 단계이다. 대기, 물, 토양 등 환경매체에 대해 침해가 발생하기 이전에 보호하는 것이 무엇보다 중요하므로 가급적 초기 단계부터 형벌을 투입하여 범죄로 간주하는 것이다. 보통 행정기준이나 법규의 행정적 의무를 위반한 행위가 이에 해당한다. 이때 형벌이라는 제재수단에 상응하는 가벌적 행위라는 형법의 관점에서 보면, 추상화 된 위험이 가벌적 행위의 기준이 된다. 하지만 추상적 위험과 관련하여 보다 정확히 어떤 단계를 추상적 위험이라고 할 수 있는지, 그 위험평가(risk evaluation) 위험관리(risk management)가 정확하게 수행될 수 있는지, 그러한 평가와 관리에 대한 합의가 있더라도 입법상 명확하게 기술될 수 있는지, 그리고 이러한 단계는 대개 가벌성의 정도에서 살인죄나 강도죄와 같은 전통적인 범죄행위와 비교할 때 경미한 경우에 해당하므로 가벼운 형벌을 부과해야 하는 것인지 등의 여러 의문이 제기된다. 더욱이 이 단계보다도 더 무거운 형벌을 부과해야 할 행위가 행정당국의 인허가로 인해 합법적 행위로 평가되는 경우가 있다면, 이러한 규범의 타당성은 더욱 큰 의문을 불러일으킨다. 결국 이러한 모든 문제를 해결하기 위해서는 행정당국의 규제프로그램을 통해 정밀한 입법을 할 수밖에 없기 때문에 주로 '행정기준(administrative standards)'이나, 이와는 독립한 행정상 재량행위에 따라 가벌성의 범위가 확정될 수 있을 뿐이다. 이러한 입법은 결국 형법의 '행정종속적 지위(administrative accessory position)'을 야기해서 불가피하게 형법과 행정법상의 원칙들 간의 충돌을 가져오게 된다. 예컨대 행정당국이 내린 판단을 다시 형법의 기준을 갖고 가벌성의 관점에서 그 판단과는 별개의 판단을 통해 가벌적인 추상적 위험의 행위라고 판단할 수 있을지, 형법이 행정기준이나 행정적 판단과는 무관하게 독립적인 기준을 바탕으로 추상적 위험을 판단할 것인지, 형사법원 법관에게 행정판단의 적법성을 판단할 권한을 주는 것으로 해석을 하여 일종의 행정에 대한 감독관의 역할을 하는 위상을 부여할 것인지 등이 핵심적인 논의가 된다. 각국의 그간 환경형법의 입법적 발전을 보면, 대개 A 모델에서 B나 C 모델로 점차 이동하는 경향을 보이고 있다.

환경에 대한 위해행위에 대해 형벌 부과가 가능한 가벌적 행위로 입법화 하는 초기 단계에서는 형벌이 환경 관련 법률에서 규정하고 있는 각종 행정상 의무위반행위에 연계되는 형태로 입법되었다. 이때 행정상 의무위반으로 처벌되는 행위는 비교적 명확하게 기술된다. 예컨대 검사는 「물환경보전법」상 허용되는 페놀류 등 수질오염물질 pH5.8-8.6의 수치를 초과한다는 것만 입증하기만 충분하다. 그러나 죄형법정주의(특히 법률주의) 관점에서 볼 때 추상적 위험의 모델은 입법자가 추상적 위험에 대한 상세한 조건을 법률에서 규정하지 않은 채 위임입법의 형식을 통해 시행규칙의 별표에 규정하는 것은 행정당국에게 지나치게 폭넓은 재량권을 부여한 것은 아닌지 하는 문제가 제기된다. 이때 재량의 범위가 넓다고 하여도 그것만으로 문제가 되는 것은 아니므로, 만일 재량이 법률에 정확히 정의되어 있다면 문제가 되지 않는다. 하지만 입법을 통해 행정당국에게 전적인 재량권을 부여할 경우 입법기관의 권한을 실질적으로는 행정기관에 포괄적으로 위임하는 것이 되므로, 헌법 제72조 및 제95조가 정하는 포괄위임입법금지 위반이라는 헌법적 문제가 발생할 수 있다.

한편 효율성의 측면에서 볼 때 행정기준에 위반하는지가 명확하므로 그 집행에 있어 효율성을 확보할 수 있지만, 실제로 환경침해가 일어나도 환경행정당국의 허가를 받았다는 이유로 형사처벌되지 않으므로 "비효율적"이기도 하다. 전반적으로 추상적 위험의 모델에서는 형법을 통해 보호하고자 하는 환경의 정도는 미약하다. 즉 이 모델이 행정집행의 원활성 그 자체를 추구하는 것인지, 아니면 환경 그 자체를 보호하고자 하는 것인지 불분명하게 되자 대륙법계에서는 이른바 법익논쟁이 벌어지게 된다. '추상적 위험'이라는 기준 자체가 행정상 의무위반이므로 법집행 그 자체에도 '집행의 문제(implementation)'가 발생한다. 즉 위반행위가 형사소추 기관에 의하여 적발되기보다는 행정당국의 선별적 고발에 의해 소추되는 한계가 있고, 행정상 의무위반에 지나지 않음에 비교적 낮은 형벌이 부과되므로, 추상적 위험 모델은 생태적 가치를 충실하게 보호할 수 없다는 비판을 받게 되었다. 따라서 1980년대 환경형법의 입법이 세계적으로 확대될 때, 이러한 추상적 위험 모델은 적당하지 못하다는 판단 아래 생태적 가치에 대한 '구제적 위험의 모델(B 모델)'로 전환되었다.

구체적 위험은 대기, 물, 토양 등 그 환경매체 자체의 오염을 생태적 관점에서 정의를 하지만, 이러한 환경수준을 관리하는 환경행정법적 규제프로그램과 조화를 이루어야 하므로 환경행정법상 허용되지 않는 불법적인 환경오염에 한정될 수밖에 없게 되었다. 이에 따라 불법적 환경오염에서 말하는 '불법(illegality)'의 개념은 보통 법규위반, 행정상 의무위반 또는 허가조건의 위반을 의미한다. 이러한 한도에서 행정당국은 형사책임의 확정에 다시 지대한 영향력을 행사한다. 독일형법 제330조의d 제5항[149]은 불법에 대한 법적 정의를 내려 협박, 뇌물수수, 결탁 등을 통해 부당하게 취득한 허가 등도 '불법(unbefugt)'의 개념에 포함시키고 있다. 이러한 구체적 위험 모델의 효율성은 이 불법의 개념에 달려있

149) 독일형법 제33조의d ⑤ 인가, 계획 확정 또는 기타 허가 없이 행한 행위란 협박, 뇌물수수 또는 결탁에 근거하거나 허위의 또는 불충분한 진술에 의하여 기망된 인가, 계획 확정 또는 허가에 의하여 행하여진 행위를 말한다.

기 때문에 효율성을 증대시킬 수 있는 유일한 방편은 허가 등에 대한 법원의 사법심사를 강화하는 것 밖에 없다.

그러나 구체적 위험 모델 역시 환경행정규칙들과의 연계에서 파생되는 행정종속성의 결점을 완전히 극복하기는 어렵다. 이러한 이유에서 환경행정당국의 허가 등과는 전혀 무관한 독립된 행위에 대해 가벌성을 인정하는 중대한 환경침해의 모델(C 모델)이 등장하였다. 그러나 '중대한 환경침해'라는 기준이 인간의 생명이나 건강과 연계되므로, 이러한 모델의 행위유형을 명확하게 정의하기 곤란할 뿐만 아니라 입증의 어려움도 동반하게 된다. 이 문제를 극복하기 위하여 일본과 한국의 환경형법에서 유해물질과 중대한 환경침해 사이의 인과관계의 추정 규정을 도입하였지만,[150] 이러한 문제의 완전한 극복은 여전히 환경형법이 해결해야 할 난제로 남아있다.[151]

5. 국내 형사입법의 초국가화(transnationaliztion) 문제

체약국이 국가의 영토고권을 넘어서 형법의 적용범위를 확장할 필요가 있는지의 문제가 이른바 '초국가화'의 문제이다. 여기서는 국내법과 국제법의 양면이 서로 밀접한 관련 을 갖는다. 국제적으로는 국제정치적·사법적 분쟁해결의 문제 또는 법의 충돌의 이론의 문제가 되지만, 국내법적으로는 형법의 적용범위의 확장에 해당된다. 환경 문제가 광역화되면서 국내적 형법의 확장은 피할 수 없는 문제로 대두되고 있다. 하지만 국제법의 여러 원칙에 저촉되지 않아야 정당성을 가질 수 있다. 국제환경협약에 이에 대한 명확한 규정이 있다면 문제가 없지만, 그러한 규정이 없는데도 불구하고 국내 환경 관련 법률의 초국가화를 추구할 경우에 국내법적으로나 국제법적으로 면밀한 검토가 필요하다. 국제환경협약의 국내법적 이행과 관련하여 전통적으로 체약국은 별 다른 규정이 없는 한

---

150) 「환경범죄 등의 단속 및 가중처벌에 관한 법률」 제11조(추정) 사람의 생명·신체, 상수원 또는 자연생태계 등(이하 "생명·신체등"이라 한다)에 위해(제3조 제3항 각 호의 어느 하나에 해당하는 경우를 포함한다. 이하 이 조에서 같다)를 끼칠 정도로 오염물질을 불법배출한 사업자가 있는 경우 그 오염물질의 불법배출에 의하여 위해가 발생할 수 있는 지역에서 같은 종류의 오염물질로 인하여 생명·신체등에 위해가 발생하고 그 불법배출과 발생한 위해 사이에 상당한 개연성이 있는 때에는 그 위해는 그 사업자가 불법배출한 물질로 인하여 발생한 것으로 추정한다.

151) 조병선, 앞의 논문, 373-379면.

'속지주의(territoriality theory of jurisdiction)'를 따르는 것이 보통이다. 이 경우 범죄행위가 행해진 장소나 결과가 발생된 장소 중 하나만 자국의 영토에 해당해도 형법이 적용된다는 이른바 '편재주의(ubiquity theory)'는 환경형법에서 점차 승인되어 가고 있는 중요한 이론이다. 속지주의와 결합된 편재주의는 결국 국경을 초월한 광역 환경오염에 대해 자국의 형 사관할권을 주장할 수 있는 근거가 되므로, 환경형법의 초국가화의 하나로 이해된다.[152)]

환경오염으로 인접국에게도 피해를 입힌 경우에 그것이 범죄를 구성하는 한 편재주의에 의해 형사관할권이 인접국에도 인정된다. 하지만 환경 피해가 비교적 경미하지만 계속 적이면서 환경오염의 발생지에서는 허가조건 등 행정규제의 위반에 해당하는 형태의 추상적 위험범인 경우, 피해국은 그 피해가 행정기준의 위반에 해당하는 추상적 위험일 뿐이므로 편재주의에 의해서도 형사관할권을 주장할 수 없다. 이러한 점을 고려한다면 환경에 대한 구체적 위험의 산정이 가능한 형태, 적어도 예컨대 앞서 언급한 구체적 위험 모델에 해당하는 조항을 입법하는 것이 필요하다.[153)]

6. 초국가적 환경범죄를 국제법적으로 승인하고 법전화하려는 노력

(1) 국제법위원회의 국가책임조항에 대한 초안

인류의 공유재에 속하는 환경에 대한 국제환경협약의 발전 경향은 초국가적 환경범죄에 대한 국제법적 차원에서 형사소추의 필요성이나 가능성에 대한 논의로까지 발전하고 있다. 이와 관련하여 특히1980년 '국제법위원회(International Law Commission)'가 작성한 「국가책임조항에 대한 초안(Draft Articles on State Responsibility)」에서 잘 드러난다. 즉 초안 제19조 제3항은 형사책임을 야기시키는 국제불법행위(international delict)와 국제범죄행위(international crime)의 유형을 설정하면서 '인간환경의 보호를 위하여 본질적으로 중요한 국제의무를 중대하게 위반한 행위(a serious breach of an international obligation of essential importance for the safeguarding and preservation of the human environment)'를

152) 속지주의와 편재주의의 결합에 대한 상세한 설명으로는 김재윤, "초국가적 환경범죄에 대한 우리나라 환경형법 적용과 관련된 쟁점", 형사정책 제31권 제4호, 2020. 1, 13-15면.

153) 조병선, 앞의 논문, 383-384면.

제시하고 있다. 특히 국제범죄의 개념은 가해국가가 국제공동체의 다른 모든 국가에 대하여 형사책임을 지도록 하기 위하여 고안된 개념이다. 즉 이는 종전 가해국과 피해국 간의 '1 대 1'의 관점에서 벗어나 가해국과 다른 모든 국가 간의 '1 대 다수'의 관점으로 방향을 전환을 모색하는 개념으로 볼 수 있다.[154] 나아가 1996년 1차 조문안에서는 공동체 전체가 국제사회의 근본적인 이익 보호를 위하여 필수적이라는 이유에 의해 범죄로 인정하는 국제의무 위반에 기인하는 국제위법행위는 '국제범죄(international crime)'를 구성한다고 규정하는 한편, 대규모의 대기오염 또는 해양오염 금지 등을 환경보전을 위하여 본질적으로 중요한 국제의무의 심각한 위반으로 예시하고 있다.[155] 이 조항은 환경파괴에 대한 법적 대책으로서 환경형법의 범위 및 적용에 대한 그간의 공감대를 제시한 것이라고 평가된다.

그러나 이 조항의 규범적 의미는 다소 불명확하다. 우선 국제불법행위 또는 국제범죄행위을 어떤 기준에 의해 구별할 수 있을지 그 기준이 분명하지 못하고, 이에 따른 국가책 임의 차별성도 모호하다. 즉 초안이 제시하고 있는 기준은 국제적 불법행위 중에서, ① 특별히 중대하고, ② 인류의 이익에 중대한 핵심적 의무를 위반한 행위를 제19조의 국제범죄로 하고 있을 뿐, 그에 대한 명확한 기준을 찾기는 어렵다. 또한 행위국가, 피해국가, 제3국가의 구별도 어려울 뿐만 아니라, 국가가 국가의 지도자(대통령, 수상, 총리 등)의 의사에 반하여 범죄를 범할 수 있는지, 반대로 국가의 지도자가 범죄행위에 주도적인 경우, 모든 국민이 범죄자로 취급되는 것인지의 문제에 대해서도 명확한 기준이 없다는 비판이 제기된다. 이러한 논란으로 인해 국제법위원회는 2001년 국가책임 초안에서 국제범죄 관련 규정을 삭제하기에 이르렀다.[156]

그러나 이러한 결함에도 불구하고 국제법위원회의 국가책임조항에 관한 초안은 결코 과소평가해서는 안 된다. 논의의 핵심인 제19조의 국제범죄는 특히 국제환경형법과 관련하여 볼 때 그 의미는 인류의 생존과 관련하여 논의된 배경을

154) 김대순, 『국제법론』, 삼영사, 2014, 142면.

155) State Responsibility, Report of the Commission to the General Assembly on the Work of Its Forty-eight Session, 2 Y.B. Int'l L. Comm'n, pt. 2, 57, 1996; Id., Art. 19(2), 19(3)(d).

156) 김홍균, 앞의 책, 570면.

갖고 있다. 인류의 과학적 진보가 거꾸로 인류의 생존문제를 위협하는 결과를 가져왔다는 문제의식이 이 초안의 환경범죄 조항을 탄생시킨 것으로 보인다. 과학적 진보가 인류 생존에 직접적인 영향을 미치는 영역은 비단 초국가적 환경범죄의 문제만이 아니라, 현재 지구온난화에 따른 기상이변을 심각하게 고려할 때 이 조항의 범위는 기후변화의 영역으로 확대할 필요가 있다고 본다.[157)]

(2) 국제법위원회의 「인류평화와 안전에 대한 범죄의 법전 초안」

국제법위원회의 1996년 「인류평화와 안전에 대한 범죄의 법전 초안(Draft Code of Crimes against the Peace and Security of Mankind)」[158)]은 그 동안의 국제형법전을 마련하고자 한 노력의 산물이다. 국제법위원회는 국제범죄를 소추할 수 있는 제도를 확립하는 한편, 국제형법전의 제정, 상설국제형사재판소의 설립을 추진하여 왔다. 국제형사재판소(ICC)는 1998년 7월 17일 로마회의를 통해 조약이 채택되어 마침내 2003년 3월 11일 「국제형사재판소에 관한 로마규정」에 근거해 네덜란드의 헤이그에 설치되었다.

국제형법전 초안은 인류의 평화와 안전에 대한 중대한 위협행위를 법전화하려는 시도이다. 오랜 동안 환경론자들에게 가장 아쉬운 점 중의 하나는 환경범죄에 대한 국제적인 규범이 없다는 점이었는데, 국제형법전 초안 제26조는 “자연 환경에 대한 광범위하고, 장기적이며, 중대한 손상을 가하는 고의적인 행위(willfully causing or odering the causing of widespread, longterm and severe damage to the natural environment)”를 국제범죄로 상정함으로써 국제범죄의 목록에 환경범죄를 열거하고 있다. 그러나 국제적 차원의 환경범죄를 규범적으로 정의하기는 쉽지 않기 때문에 초안은 비교적 막연하게 추상적인 개념 요소만을 제시하고 있을 뿐이다. 그러므로 ‘고의의 환경파괴(willful environmental destruction)’의 구체적 내용으로 다음과 같은 구체적 기준을 마련하여 국제환경범죄의 범위를 확정할 필요가 있다는 견해가 제시되고 있다.[159)]

---

157) 조병선, 앞의 논문, 394-396면.

158) 이 초안의 원문은 chrome-extension://efaidnbmnnnibpcajpcglclefindmkaj/https://legal.un.org/ilc/texts/instruments/english/draft_articles/7_4_1996.pdf에서 확인 가능하다. 〈최종 검색: 2024. 2. 15.〉

159) 조병선, 앞의 논문, 396-398면.

– 간접적이지만 세계의 평화와 안전을 위협하는 중대한 행위
– 한 국가 이상의 국가들에게 영향을 미치는 중대한 행위
– 수단이나 방법이 국경을 초월하여 일어나는 행위
– 집행하기 위해서는 국가 간의 협력이 필수적인 행위
– 한 국가 이상의 국민들에게 잠재적으로 영향을 미치는 행위

이와 같은 국제법위원회의 환경범죄에 대한 국제범죄화의 시도와 이를 통한 국제법적 차원에서 형사소추의 가능성의 모색은 대표적으로 국제환경범죄이자 기후범죄로서의 성격을 갖는 생태살해 범죄를 다섯 번째 국제범죄로 로마규정에 도입하여 국제형사재판소에 의해 형사소추를 시도하고자 하는 단계로까지 발전하고 있다.

7. 소 결

초국가적 환경오염 행위가 국제범죄를 구성하는 것으로 이해하고 피해국이 아닌 국가들도 가해국의 형사책임을 추궁할 수 있고 범죄의 중단을 요구할 수 있게 된다면, 국제적 차원에서 환경오염을 사전적으로 방지하는 데 커다란 역할을 할 수 있을 것이다. 그러나 개인이 아닌 국가에 대한 형사책임의 부과 가능성에 대한 의문, 국제범죄 해당 여부에 관한 주관적 판단 개입 우려 등은 초국가적 환경오염 행위를 국제범죄로 인정하는 데 장애로 작용하고 있다.

그리고 국제환경협약에서 당사국으로 하여금 자국민의 일정한 행위를 형사처벌하도록 규정하는 사례는 많지 않은데, 이들 국제환경협약은 주로 당사국으로 하여금 일정한 형사처벌을 포함하는 국내법적 조치를 취할 것을 의무화하면서도, 구체적인 기준을 정하고 있지는 않다. 다만 국제환경협약상 형벌 관련 조항의 유형을 크게 구별하면 형사처벌을 강제하는 유형 등 다섯 가지 유형과 (자발적) 단속조항을 두고 있음을 알 수 있다. 하지만 예컨대 유엔해양법협약에서 볼 수 있듯이 동 협약규정 위반을 억제하기에 충분히 엄격한 수준의 형벌을 부과하도록 규정하고 있을 뿐이고, 그 이외의 협약에서는 형벌 수준에 관한 아무런 기준도 제시하고 있지 않아 집행력을 기대하기 어려운 것도 현실이다. 결국

당사국이 국제환경협약에 따른 의무를 국내법적으로 이행하기 위하여 자국민에게 형벌을 부과할 것인지, 아니면 행정상의 과태료 등과 같은 제재만 부과할 것인지, 형벌을 부과한다면 어느 정도의 형벌을 부과할 것인지 등에 관해서는 광범위한 입법 재량권이 인정되고 있다.[160)]

국제환경협약상의 형벌 관련 조항의 집행력과 관련한 의문에도 불구하고, 그리고 그러한 형벌 관련 조항을 통해 이른바 국제환경형법이라는 명시적인 국제법적 법전을 존재하지 않는다고 할지라도 국제환경형법 그 자체의 실체는 존재하는 것으로 볼 수 있다. 이때 국제환경형법이 단지 국제환경협약의 형벌 관련 조항을 통해 국내법적으로 이행되는 것이 아니라, 인류의 공공재로서 "환경"에 대한 중대하고 심각한 환경파괴는 단순한 행정법상 의무위반이 아니라 형사제재의 부과가 가능한 "범죄"라는 공감대를 형성할 수 있으며, 이를 바탕으로 환경형법의 표준화, 초국가화 등의 경향을 파악할 수 있다. 뿐만 아니라 초국가적 환경범죄에 대응하기 위해 지역적 환경 협력의 테두리 속에서의 형사소추나 형사공조가 이루어지고 있으며, 유럽연합의 「형법을 통한 환경보호 협약(1998)」이나 「형법을 통한 환경보호 지침(2008)」이 그 대표적인 예라고 할 수 있다.[161)]

Ⅳ. 맺음말: 문제는 화석연료 기업이야, 바보야!

기후변화에 대응하기 위해 국제사회는 2015년 파리협정을 마련하고 그 실효적 이행을 위해 개별 국가 차원에서 「기후변화법」(영국), 「연방기후보호법」(독일), 「기후・회복력법」(프랑스), 「온대법」 및 「기후변동적응법」(일본), 「탄소중립기본법」(한국) 등을 제정하여 파리협정에서 제시한 '산업화 이전 대비 지구 평균기온 상승을 2℃보다 상당히 낮은 수준으로 유지, 1.5℃ 이하로 제한하기 위한 노력'이라는 목표를 달성하기 위해 노력하고 있다. 그런데 파리협정을 포함하여 일부 개별 국가에서 제정한 기후변화 대응 관련 법률은 감축목표 달성 경과 등의 정기적 제출 의무를 고의로 이행하지 않거나, 각국이 자발적으로 설정한 감축목표를 이행하지 않았을 때 이를 강제할 수 있는 강제조항이나 과태료 또는 형벌을

160) 윤지영, 앞의 보고서, 323-234면.
161) 조병선, 앞의 논문, 398면.

부과할 수 있는 별도의 벌칙조항이 없으므로 이를 강제할 방법이 없다는 근본적인 한계를 보이고 있다.

이러한 각국의 기후변화 대응 관련 법률의 이행력 확보를 위한 강제조항과 관련하여 프랑스의 「기후·회복력법」은 다른 나라들과 달리 기후변화 대응과 관련한 일정한 위반행위에 대해 과태료 또는 형벌을 부과(예컨대 온실가스 배출과 직접 관련이 있는 화석연료에 대한 광고를 금지하고 위반시 벌금 부과 등)할 수 있도록 하여 이행력을 확보하고 있으며, 환경 시스템 보호를 위해 「환경법」과 연동을 하여 기존의 형사제재를 강화함으로써 환경파괴 범죄를 강력하게 처벌(예컨대 환경문제를 일으킬 수 있는 시설·설비 및 활동을 통해 동식물 또는 수질이 심각하고 지속적인 피해를 야기할 위험에 직접 노출되는 경우 3년의 금고와 250,000유로의 벌금 부과, 생태살해 범죄의 신설 등)하는 방법을 선택하고 있다는 점에서 차별성을 보인다. 또한 일본은 「온대법」 제36조의2에 의해 설립된 '탈탄소화 지원기구'의 이사, 회계참여자, 감사역 또는 직원의 수뢰, 수뢰후부정처사, 뇌물공여, 직무상 비밀누설, 보고 불이행, 허위보고, 검사거부·방해·기피 등 개인적 행위를 대상으로 형사처벌하고 있다. 우리나라 「탄소중립기본법」은 프랑스나 일본과 달리 형사처벌이 아닌 과태료 처분으로 이행력 확보를 꾀하고 있다.

프랑스와 일본의 입법 태도와 비교할 때 우리나라 「탄소중립기본법」은 제27조 제2항을 위반하여 온실가스 배출량 산정을 위한 자료를 제출하지 아니하거나 거짓으로 제출한 자, 제27조 제3항을 위반하여 명세서를 제출하지 아니하거나 거짓으로 제출한 자, 제27조 제6항을 위반하여 개선명령을 이행하지 아니한 자에 대해서 과태료만을 부과할 수 있는데(제83조 제1항), 이는 이행력 담보에 커다란 한계를 가질 수밖에 없다. 향후 「탄소중립기본법」은 물론이고 다른 나라의 기후변화 대응 관련 법률에서 탄소배출 감축과 관련된 중요 의무 사항을 고의로 위반하는 행위에 대해 형사제재를 부과할 수 있도록 함으로써 그 이행력을 강화할 필요가 있다고 본다.[162]

---

162) 과태료와 형사제재의 이행력과 관련하여 과태료는 이를 납부하지 않을 경우 행정청이 강제징수(예컨대 압류, 경매 등)를 통해 징수할 수 있고, 신체의 자유를 제한하지 않으며, 재판 없이도 행정절차로 부과가 가능하고 다툼이 있을 경우에만 법원의 판단을 받을 수 있다. 반면에 범죄행위에 대해 국가가 부과하는 형사제재는 징역형의 경우 신체의 자유에 대한 박탈을 전제로 하고 벌금의 경우에도 이를 납부하지 않을 때 노역장 유치와 같은 신체적 제재가 부과될 수 있으며, 형사제재

그리고 보다 근본적으로 각국의 기후변화 대응 관련 법률은 기후범죄의 대표적인 유형인 탄소범죄의 핵심적 책임 주체는 일반 시민이 아닌 화석연료 기업임에도 불구하고 이에 대한 형사법적 대응에 관한 내용은 전무하다는 한계를 보이고 있다. 예컨대 2015년 파리협정의 전체 문서에서 기업(corporation), 회사(company), 이윤(profit)이라는 단어를 어디에서도 찾을 수 없다. 2021년 글래스고 유엔기후변화협약 당사국총회(COP26)의 최종 결정문에서도 마찬가지이다. 화석연료 기업 활동에 대한 통제 없이는 생태-기후위기에 실질적으로 대처할 수 없음에도 현실은 그러하지 않다.[163] 1751년부터 2010년 사이에 누적된 전 세계 이산화탄소 및 메탄 배출량의 63%가 단지 90개의 화석연료 기업(예컨대 셰브론, 엑손모빌, 사우디 아람코 등)에 기인하고 있음을 고려할 때 탄소배출 감축은 화석연료 기업의 협력 없이는 불가능하다. 현재까지 화석연료 기업은 자신들이 보유한 막강한 권한을 이용하여 온실가스 배출에 따른 피해를 정당화하고 변명하며, 책임을 은폐하고, 국가로부터 민·형사상 제재를 손쉽게 회피하고 있다.[164] 따라서 각국의 기후변화 대응 관련 법률은 화석연료 기업에게 저탄소 에너지 기술에 실질적으로 투자, 기후변화 정책 설계의 참여와 실행, 제품의 악영향을 줄이기 위한 기타 조치 등 탄소배출 감축을 위한 구체적이고 명확한 의무를 부과할 필요가 있다. 이러한 의무를 고의로 이행하지 않는 행위를 탄소범죄로 규정하고 형사제재를 부과함으로써 저탄소 에너지 체제로의 전환이 가능토록 해야 한다.[165]

요컨대 우리나라를 포함하여 각국의 기후변화 대응 관련 법률에서 화석연료 기업에게 탄소배출 감축을 위한 구체적이고 명확한 의무를 부과하고, 화석연료 기업이 탄소배출량을 고의로 증가시키거나, 탄소배출 감축 의무를 고의로 위반하는 행위 등을 탄소범죄로 범죄화하여 형사제재를 부과할 수 있도록 함으로써 이행력을 확보할 필요가 있다. 장기적 관점에서 볼 때 이른바 '더러운 산업(dirty

---

는 반드시 형사 절차를 통해 법원의 판결에 의해 부과되며 이에 따라 강제력이 발생한다는 측면에서 과태료 보다 이행력을 훨씬 더 크게 담보할 수 있다.

163) 조효제, 『침묵의 범죄 에코사이드』, 창비, 2022, 140쪽.

164) Robert Agnew, *Toward a Unified Criminology: Integrating Assumptions about Crime, People, and Society*, New York: New York University Press, 2011, p. 38.

165) 탄소범죄자에 대한 구체적인 형사책임의 책임귀속 문제는 다음 후속 연구 과제로 남겨두고자 한다.

industry)'이라고 불리는 화석연료 산업의 단계적 축소가 이루어지지 않는다면 기후위기를 극복하기 어렵다고 본다. 결국, 문제는 화석연료 기업이야, 바보야!

한편 초국가적 환경범죄에 대응하기 위한 국제환경협약과 그 국내이행법률, 그리고 국제환경형법에 관한 논의는 환경문제를 넘어 기후위기 문제를 해결하는 수단으로 왜 다른 규제 수단 대신에 형법의 투입이 필요한 것인지, 기후범죄(예컨대 생태살해 범죄)를 국제법적 차원에서 국제범죄화 하고 이를 통해 형사소추의 가능성을 판단해 볼 수 있는 기초가 될 수 있다는 데 커다란 시사점을 얻을 수 있다고 본다.

제3장

기후형법의 범죄학적 토대로서 녹색범죄학과 지구법학의 결합

[§ 6]
환경정의, 녹색정의, 그리고 기후정의

I. 머리말

환경위기의 시대를 넘어 기후위기의 시대가 도래했다. 급격한 산업화에 따른 환경파괴의 문제는 1960~1970년대부터 인식되기 시작하였는데, 수세기에 걸쳐 진행되어온 무분별한 남용의 결과인 천연자원 고갈과 생태계 파괴, 건강을 심각하게 위협하는 수준의 대기오염과 수질오염, 건잡을 수 없는 수준으로 쌓여가는 플라스틱 쓰레기 문제 등이 대표적이다. 이러한 환경위기의 문제는 1988년부터 과학자들에 의한 지구온난화와 기후변화에 대한 과학적 발견과 경고가 이어지기 시작하여 자연재해 증가, 기상이변, 극지 만년설의 소실, 해수면 상승, 홍수와 범람, 폭염과 한파, 가뭄 등이 화석연료의 지속적 사용에 따른 지구온난화의 결과로서 기후위기의 문제임을 정확히 인식하기에 이르렀다.[1] 이러한 기후위기의 문제는 환경위기의 문제이면서 동시에 전 지구적 문제이기도 하다.

2024년 오늘을 살아가는 현대인은 기후위기를 이야기하지 않고 시대를 논하지 못할 수 없다. 각국의 기후위기 비상선언은 이른바 '인류세(Anthropocene)'의

1) 1991년부터 2011년까지 지구온난화를 다룬 과학적 문헌들 중에서 지구온난화에 대한 입장을 표명한 문헌의 97.2%가 지구온난화에 대한 과학적 합의를 지지했으며, 97.1%가 인간이 지구온난화를 유발하고 있다는데 합의된 입장을 지지했다고 한다(정영신, "기후정의 운동의 운동사적 맥락에 관한 연구", Journal of Global and Area Studies 제7권 제3호, 2023, 255면.

도래를 알리는 신호탄과 같다. 2019년 5월 영국 의회가 세계 최초로 기후위기 비상상황을 선포한 이후 아일랜드, 캐나다 등 여러 국가가 뒤를 따르고 있으며, 2020년 9월 우리나라 국회도 기후위기 비상선언 결의안을 채택하기에 이르렀다. 전 세계가 이와 같은 기후위기 비상선언을 선포하는 것은 2019년과 2020년에 발생한 10가지 극한의 기후 사건을 고려할 때 늦은 감마저 있다(아래 [신문기사] 내용 참조).

10가지 극한의 기후 사건[2)]

1. 호주, 5천만 에이커가 불길에 휩싸이다

2019년부터 2020년까지 호주의 산불 시즌은 극단적인 예시였습니다. 약 5천만 에이커가 불탔고, 최소 34명이 사망했으며, 거의 6천 채의 건물이 파괴되었습니다. 과학자들은 광범위한 화재를 야기한 매우 위험한 조건들이 기후변화가 없는 세계와는 반대로 기후변화가 있는 세계에서 최소한 30%의 가능성이 더 높다는 것을 발견했습니다.

2. 북반구, 역사상 가장 더운 여름

매년 이 이야기를 해 온 것 같은데, 2020년에도 예외가 아니었습니다. 올해 8월은 육상과 해양 표면을 합한 온도가 평균보다 0.94℃ 높게 나타나, 1880년 기상관측이 시작된 이래 전 세계적으로 두 번째로 뜨거운 달이 되었습니다. 현재 기록상 2016년이 현재까지는 가장 무더운 8월로 기록되었습니다.

3. 캘리포니아의 기록적인 산불

올해 지금까지 캘리포니아의 400만 에이커 이상이 산불에 의해 피해를 받아 왔습니다. 이는 미국에서 1년 동안 가장 많은 토지가 불에 탄 이전 기록의 두 배가 넘는 수치인데, 문제는 아직 산불 발생 시기가 끝나지 않았다는 겁니다. 과연 기후변화가 원인일까요? 네, 맞습니다. 과학자들은 다음과 같은 점에 동의하고 있습니다.

4. 북극이 "죽음의 소용돌이"에 빠졌다고 말하는 과학자들

최근까지 과학자들은 우리가 여름 시즌에 북극의 빙하를 더 이상 볼 수 없

2) https://www.benjerry.co.kr/whats-new/extreme-weather-events 〈최종 검색: 2024. 2. 15.〉

게 되는 가장 이른 시기가 2050년일 것이라고 생각해 왔습니다. 이제 그들은 그 시기가 2035년이 될 것이라고 말하고 있습니다. 지난 10년 동안, 북극 온도는 거의 1℃ 증가해 왔습니다. 만약 온실가스 배출이 지금 우리가 하고 있는 수준에서 변화가 없다면, 우리는 이번 세기 중반까지 북반구가 1년 내내 4℃ 정도 따뜻해질 것이라고 예상할 수 있습니다.

5. 허리케인에 대한 이름이 바닥난 미국

미국의 허리케인 시즌은 아직 끝나지 않았지만, 그들은 이미 전체 알파벳 순의 허리케인 이름 리스트를 소진했고, 그리스 문자로 넘어가기 시작했습니다. 더욱 우려되는 것은 올해 허리케인이 평상시보다 더 급속도로 심해져 기후온난화의 직접적인 결과로 인해 주민, 긴급 구조원, 기상학자들 사이에 공황 상태를 야기하고 있다는 점입니다.

6. 중국의 기록적인 여름 홍수

과학자들은 올 여름 중국 중남부의 많은 사람들이 경험했던 기록적인 홍수는 향후 몇 년 안에 야기될 예고편에 불과하다고 말하고 있습니다. 양쯔 강 유역의 강수량은 1961년 이래 최고로 기록되어 380만 명의 이재민을 포함해 5,500만 명이 넘는 이재민이 발생을 야기 했습니다.

7. 판타날 습지의 22% 이상이 불에 탔다.

브라질, 파라과이, 볼리비아의 일부를 덮고 있는 판타날 습지는 세계에서 생물다양성의 정도가 가장 높은 습지 중 하나입니다. 그런데 올해는 기후변화에 의해 촉발된 가뭄의 영향으로 그것의 22% 이상이 불에 탔습니다. 매년 자연적으로 발생하거나 목장주들에 의해 설정 및 통제되는 일부 화재는 평소의 수준에서 크게 벗어나지 않는 반면, 2020년 화재의 정도는 표준 범위를 훨씬 벗어나 있어 많은 과학자들이 향후 닥쳐올 미래에 대해 염려하고 있습니다.

8. 40년 만에 최악의 가뭄을 겪은 태국

올해 태국의 가뭄은 사람들의 생계뿐만 아니라 농업에 대해서도 걱정하게 되는 계기가 되었습니다. 설탕, 쌀, 고무, 그리고 기타 농작물은 전체 공급되는 물의 70%를 소비하는데, 만약 물이 부족하다면 이는 사람들에게도 심각한 영향을 끼칠 것이기 때문입니다. 전문가들은 올해 설탕 수확량이 예년에 비해

30%까지 떨어질 수 있다고 예상하고 있습니다.

9. 무더위가 시베리아를 녹이고 있다

시베리아는 보통 꽤 춥지만, 올해는 기록적인 기온, 산불, 영구 동토층 손실, 그리고 해충의 창궐을 가져왔습니다. 어떤 마을은 지난 6월 38℃의 높은 기온을 보여 종전의 기록을 갈아치웠습니다. 과연 기후변화가 영향을 끼쳤을까요? "물론입니다!"라고 감히 장담할 수 있습니다.

10. 사이클론 암판, 인도 타격

올 봄, 우리는 벵골만에서 역대급 가장 강력한 폭풍을 보았습니다. 사이클론 암판. 열대성 사이클론은 기후변화의 결과로 더욱 더 강력한 바람을 품은 채 이전보다 급속도로 발전하고 있습니다. 130억 달러의 사회 기반시설 피해와 118명의 사망자를 낸 암판은 이러한 추세가 곧 사라질 수 있는 궤도에 올라 있지 않다는 것을 증명했습니다.

이러한 기후위기 비상선언을 이끌어낸 실질적인 힘은 기후정의를 바탕으로 한 기후변화 운동에 있다. 미래를 위한 금요일(Friday For Future),[3] 멸종저항(Extinction Rebellion),[4] 선라이즈 운동(Sunrise movement)[5] 등 널리 알려진 기후정의 운동과 이와 유사한 기후정의 운동이 세계 곳곳으로 확산되고 있다. 종전 환경위기를 극복하기 위해 펼쳐진 환경정의 운동을 넘어 기후정의 운동의 급격한 부상은 기후위기의 극복을 넘어서 '기후부정의(氣候不正義) 또는 기후불의(氣候不義, climate injustice)', '기후불평등(climate inequality)'에 대한 관심을 촉발하고 있다. 기후위기를 야기한 선진국이나 글로벌 화석연료 기업들이 온실가스 배출량에 비례해서 기후위기의 피해를 입거나 온실가스 배출량 감축의 책임을 지고 있는 것은 아니다. 오히려 기후위기의 책임이 가장 작은 가난한 나라의 사회경제적 약자들이 기후위기의 피해를 가장 크게 입고 있으며, 향후에도 그러한 상황은 쉽게 변하지 않을 것이다. 이처럼 기후위기의 피해가 사회경제적으로 더 취약한 국가(특히 남반부 국가, 건조한 산악지대 국가, 저지대 연안 국가, 작은 섬나라

3) https://fridaysforfuture.org/ 〈최종 검색: 2024. 2. 15.〉
4) https://rebellion.global/ 〈최종 검색: 2024. 2. 15.〉
5) https://www.sunrisemovement.org/ 〈최종 검색: 2024. 2. 15.〉

등), 집단(경제적 빈곤층 등) 및 개인(어린이, 노인, 여성, 장애인 등)에게 집중되고 장기적으로 기후위기의 피해를 줄이기 위한 온실가스 감축의 책임이 공정하게 배분되지 않으면서 기후위기는 다양한 형태의 기후부정의를 야기하고 있다. 기후정의는 기후위기의 원인을 제공한 대상과 기후위기로 인한 피해자가 일치하지 않음을 강조하면서, 이러한 불일치에서 발생하는 불평등에 주목하며, 이를 기후부정의로 설명한다.

따라서 이하에서는 기후형법은 기후변화로 야기되는 기후범죄에 대해 형법을 대응 수단으로 하여 무너진 기후정의를 시정하기 위한 이론적 시도이기 때문에 기후정의의 논의 전제가 되는 환경정의가 무엇인지, 이러한 환경정의는 녹색정의를 넘어 기후정의로 어떻게 발전되었는지, 기후정의 내지 기후부정의의 개념은 무엇이고 기후정의 담론은 어떤 방향으로 분화되고 있으며, 기후부정의에 대한 대응 수단으로서 기후유죄 조항에 대한 포스너의 견해는 어떻게 반박될 수 있는지를 살펴보고자 한다. 마지막으로 이러한 논의를 바탕으로 기후형법은 국제사회에서 기후변화로 발생한 기후부정의에 대한 명확한 진실규명과 그에 대한 형사처벌을 통해 기후불평등의 완화 요구에 기여할 수 있는지를 검토하고자 한다.

Ⅱ. 환경정의에서 기후정의로의 발전

1. 환경정의(Environmental Justice)

(1) 정의(justice)에 대한 개념정의(definition)

2010년 이후, 우리나라에서 마이클 샌델(Michael J. Sandel)의 ≪정의란 무엇인가(Justice)≫[6]라는 책이 대중적 인기를 얻으면서 정의(justice)의 본질이 무엇인가를 탐구하고자 하는 열풍이 불었다. 하지만 정의란 무엇인가를 개념정의(definition) 내리는 일은 매우 어려운 문제이다. 즉 무엇이 정의로운 것인가에 대한 보편적인 정의를 내리고, 그 정의론에 따라 모두에게 불편부당하지 않고 공평하게 적용될 수 있어야 진정한 정의가 되기 때문이다.

6) 마이클 샌델/김명철(번역), 『정의란 무엇인가』, 와이즈베리, 2014.

과도한 단순화의 위험이 있지만 흔히 정의를 "각자에게 그의 몫을 주는 것"이라고 규정하기도 한다. 울피아누스(Domitius Ulpianus)의 공식이라고 표현되는 공식이다. 하지만 이 공식에서 '그의 몫'을 결정하는 일은 그리 단순하지 않다. 각자에게 그의 몫을 주기 위해서는 우선적으로 '각자의 몫'이 무엇인지를 밝히는 작업이 선행되어야 하고, 누가, 어떻게 '각자의 몫'을 분배할 것인지도 결정되어야 하기 때문이다. 달리 표현하면 '각자의 몫을 판단하는 기준은 무엇이어야 하는가'라는 문제에 먼저 답해야 한다. 이 물음은 정의론의 핵심 질문이다. 오늘날 정의에 관한 다양한 이론과 그에 따른 개념정의는 '각자의 몫'을 무엇이고, 누가, 어떻게 정당화할 것인가에 대한 견해 차이에서 비롯된 것이다.

고대로부터 최근에 이르기까지 정의에 관해 많은 철학적, 법학적 연구가 축적되어 왔다. 정의란 무엇인가를 이해하는 관점을 크게 세 가지로 분류하면 공리주의적 관점, 계약주의적 혹은 자유주의적 관점, 공동체주의적 관점으로 볼 수 있다. 우선 벤담(Jeremy Bentham)과 밀(John Stuart Mill)에 의한 '공리주의적 정의론(utilitarian theory of justice)'은 사회구성원에게 최대 다수의 최대 행복을 가져오는 행위나 결정이 정의로운 일이라고 주장한다. 즉 사회전체를 위해 재화의 최대화를 추구한다. 총재화를 누가, 어떻게 분배하느냐에 대해서는 관심을 두지 않고 총재화에 의한 행복을 극대화하고자 한다. 그래서 경제적 풍요와 경제성장을 가져오는 성장주의 정책을 지지한다.

둘째, 홉스와 루소의 사회계약론으로부터 존 롤스(John Rawls)에 의해 발전된 '계약주의적 정의론(contractarian theory of justice)'은 개인들이 자기의 사회경제적 위치를 모른 채 무지의 장막 뒤에서(behind a veil of ignorance) 의사결정을 내리는 분배적 정의에 주목한다. 공리주의는 '행복의 최대화(maximize happiness)'를 추구하는 반면, 계약주의는 '고통의 최소화(minimize pain)'를 추구한다. 평등주의(egalitarianism)도 불평등(inequalities)에 초점을 맞추는 점에서는 계약주의(contractarianism)와 유사하다. 자유주의(libertarianism)는 국가의 역할을 줄여 개인의 자유를 중시하며 '자유의 최대화(maximize liberty)'를 강조한다.[7] 특히 자유

---

7) Ruchi Anand, *International Environmental Justice: A North-South Dimension*, ASHGATE, 2004, pp. 122-123. 이은기, "기후변화와 환경정의", 환경법연구 제34권 3호, 2012, 328면에서 재인용.

주의자들은 개인의 권리를 지켜주는 결정이 정의로운 결정이라고 한다.

이러한 자유주의를 바탕으로 하는 환경정의는 기본적으로 개인이 자연을 자유롭게 이용하는 것을 허용하되 그로 인하여 타인의 생명, 자유, 권리가 침해되는 경우에 한하여 국가가 개입하여 시정해야 한다고 한다. 즉 자유주의적 환경정의는 사회경제적 약자가 환경상의 불이익을 부당하게 부담하는 것을 바로잡고자 한다. 하지만 자유주의적 환경정의는 다음과 같은 한계가 있다고 한다. 첫째, 환경 피해의 원인과 결과, 즉 가해와 피해 간의 인과관계가 명확하게 드러나지 않는 한 국가로서는 어떤 조치를 취하기 어렵다. 둘째, 국가의 역할은 최소한에 그치기 때문에 환경 피해의 인과관계가 밝혀지는 경우에도 오염자에게 배상책임을 묻거나 법적 처벌을 할 수 있을 뿐 국가가

적극적으로 개입하여 피해자를 구제하는 정책으로까지 연결되지 않는다.[8)]

마지막으로, '공동체주의적 정의론(communitarian theory of justice)'은 정의를 행복의 합계나 자유보장으로 단순히 설명할 수 없으며, 오히려 다양한 도덕적, 종교적 가치에 대한 논의로부터 공동체 구성원의 좋은 삶과 공동선에 대한 답을 천천히 찾아보자고 한다. 특히 마이클 샌델은 "미덕(virtue), 그리고 좋은 삶"에 기여할 수 있는 결정이 정의라고 하여 "미덕 추구"의 입장에 서 있다. 샌델에 따르면 정의에 대한 답을 찾기 위해, 가장 구체적인 사례를 통해, 가장 근본적인 철학적 논의가 필요하며, 그러한 과정을 통해서만 다양한 도덕적, 종교적 가치들을 반영할 수 있는 공정한 정의(justice)가 무엇인지 정의(definition)를 내릴 수 있다고 한다.[9)]

(2) 환경정의의 개념정의와 네 가지 개념요소

환경정의가 무엇을 의미하는지에 대해서는 앞서 간략히 언급한 정의의 개념정의와 마찬가지로 대단히 사변적이고 철학적인 개념으로 일의적으로 정의내리기 어렵다. 그럼에도 불구하고 지금까지 제시된 환경정의의 개념정의를 대략적으로 살펴보면, ① 환경정의를 환경법에 의한 평등한 보호라는 견해,[10)] ② 모든

---

8) 한면희, 『미래세대와 생태윤리』, 철학과 현실사, 2007, 309-310면.

9) 마이클 샌델/김명철(번역), 앞의 책, 361면 이하.

10) Bunyan Bryant, "Issues and Potential and Solutions for Environmental Justice: An

인간이 인종이나, 지역, 또는 경제적 상황과 상관없이 깨끗한 환경에서 살 권리가 있으며, 환경으로 인한 혜택과 부담 또한 공정하게 분배되어야 한다는 견해,[11] ③ 환경자원 향유라는 편익과 환경파괴로 인한 피해에 있어서 시간적·공간적으로 평등원칙을 적용하는 것이라는 견해,[12] ④ 종족·피부색·국적 또는 소득 수준의 차이에도 불구하고 개발사업, 환경법 관련 규정, 그리고 환경정책의 집행이 모든 사람에게 공평하게 취급되고 모든 이해관계자가 의미 있는 참여를 하도록 하는 것으로 보는 견해,[13] 그리고 ⑤ 절차적 측면에서 환경정의라고 하여 환경파괴의 분배적 측면뿐만 아니라 그러한 영향이 배분되는 의사결정 과정에 있어서 민주적 참여와 깨끗한 환경에 대한 정보, 공청회, 보상 및 환경오염 피해자의 권리회복이 실현되는 것이라는 견해[14] 등이 있다. 미국 환경보호청(EPA: Environmental Protection Agency)은 환경정의를 "인종과 문화와 경제적 수준과 관계없이 모든 사람이 환경과 건강의 위험으로부터 같은 정도의 보호를 받고, 그들이 살고, 배우고, 일하는 곳이 건강한 환경이 되도록 하기 위한 의사결정 과정에 동등하게 접근하는 것"으로 정의하고 있다.[15]

이러한 환경정의에 관한 다양한 견해 속에서도 그 최소한의 공통분모는 '계층간의 형평성'임을 알 수 있다. 특히 사회정의는 산업자본주의의 성장에 따른 경제적·정치적 불평등 문제를 분배를 통해 해결하려는 복지국가의 윤리적 토대를 제공하면서 상대적으로 환경자원 사용에 따른 편익의 공정한 분배에 초점을 맞추었다. 반면에 환경정의는 산업화에 따른 환경 피해와 혜택이 인종, 계급, 젠더, 권력 등에 따라 불평등하게 분배되어 있음에 데 더 초점을 두고 있다는 점에 주목할 필요가 있다. 따라서 환경을 보호하는데 규제가 필수적인 경우, 합리

Overview", in: Bunyan Bryant (ed.), *Environmental Justice*, Washington D. C. Covelo, California: Island Press. 1996, p. 5.

11) 김태현/박현주/김태현, "환경오염과 환경약자, 환경 피해와의 관계 분석: 대기 및 수질을 중심으로", 환경정책 제26권 제2호, 2018, 4면.

12) 토다 키요시/김원석(번역), 『환경정의를 위하여』, 창작과 비평사, 1995, 304-305면.

13) 이는 미국 환경보호청(EPA)의 입장이다. Peter S. Wenz, *Environmental Justice*, Staste University of New York, Albqny, 1988; David M. Smith, *Geography and Social Justice*, Blackwell. London, 1994.

14) Susan L. Cutter, "Race, Class and Environmental Justice", *Progress in Human Geography 19(1)*, 1995, pp. 111-122.

15) 김태현/박현주/김태현, 앞의 논문, 3면.

적인 정의 원칙에 따라 모든 사람이 공정한 몫을 받고 공정한 정도로 규제를 받아야 한다는 것이 환경정의라고 할 수 있다.[16] 환경정의는 거시적으로는 지구 전체에 존재하는, 그리고 미시적으로는 소생태계 내에 존재하는, 모든 생명체들이 환경과 다른 생명에 대하여 어떤 태도를 취하여야 할 것인가에 관한 가치표상이라고 할 수 있다. 즉 각자에게 그의 권리와 의무를 적절히 분배하는 환경정의는 현세대와 미래세대 간의 형평, 생물종 상호 간의 평등, 비용편익의 남북·지역·계층 간 형평분배 등의 과제를 안고 있다. 따라서 환경정의는 발생하는 환경위해와 그에 대한 규제들을 한 사회 내의 개인 및 집단 사이에 어떻게 분배하고 나눌 것인지를 주된 관심사로 한다. 그러한 점에서 환경자원의 이용 및 환경으로부터 입은 편익과 그 환경오염 및 파괴에 대한 비용부담에 있어 각자의 고유한 몫을 초과하는 경우를 '환경부정의 또는 환경불의(environmental injustice)'라 할 수 있다. 이러한 환경부정의는, ① 한 국가 내에서 발생할 뿐만 아니라 전 지구적 차원에서 선진국과 개발도상국 간에 발생할 수 있고, ② 미래세대가 누릴 환경편익을 고려하지 않은 채 현세대만의 환경이익을 공유하고 환경파괴를 할 경우 세간 간의 환경부정의가 발생할 수 있다. 또한 ③ 생명의 주체를 인간에게만 한정하지 않고 생태주의 혹은 심층생태주의 관점 하에서 그 주체를 생물종까지 확장하여 인간의 편익을 위해 천원자원을 이용하고 환경이익을 향유할 경우에 다른 생물종 및 생태계의 생존에 심각한 위협을 야기하게 되어 인간과 생명종 간의 환경부정의가 발생한다. 이처럼 환경정의는 사회정의를 포함하여 문화다양성과 생물다양성을 함께 존중하고 분배적 정의가 두루 확산되는 공동체를 지향하기 때문에 선진국과 개발도상국 간, 현세대와 미래세대 간, 인간과 생물종 간의 차이에 따른 환경부정의를 시정하는 데 중요한 지침이 된다. 궁극적으로 환경정의는 자원분배의 기준으로 작용하고 생태계와 공존질서를 도모하게 함은 물론 인간 사회의 제반 문제와 복잡하게 얽힌 환경 문제를 합리적으로 해결할 수 있는 중요한 지침이 될 수 있다.[17]

환경문제 해결에 중요한 지침으로 활용될 수 있는 환경정의를 로버트 쿤

16) 피터 벤츠(Peter S. Wenz)/최병두 외(번역), 『환경정의』, 한울, 2007, 32면.
17) 김성수 외 9인 공저, 『기후변화와 법학의 과제』, 신조사, 2014, 238-239면.

(Robert R. Kuehn) 교수는 분배적 정의, 절차적 정의, 교정적 정의, 그리고 사회적 정의라는 네 가지 개념요소로 설명하고 있다.[18] 첫째, '분배적 정의(distributive justice)'는 환경오염이나 위해를 재분배하는 것이 아니라, 모든 사람에게 동일한 보호 및 환경적 위해의 제거를 의미한다고 한다. 즉 분배적 정의는 현존하는 환경위험이나 위해를 전가시키거나 균등화하는 것이 아니라, 환경위험이나 위해를 감소시키는 것을 궁극적 목표로 한다.[19] 이와 같은 분배적 정의는 세대 내(국가 간, 지역 간, 계급·계층 간, 성, 연령, 인종 간), 세대 간(현세대와 미래세대), 그리고 인간과 자연 간 환경적 편익과 피해 및 위험배분의 공평성을 강조한다. 이는 예컨대 과거와 현재의 폐기물과 환경위해 물질의 생산자들이 통상적으로 타인의 행위의 결과로 불균형적 건강피해에 직면해야 하는 저소득층과 소수인종들과 같은 피해자들에게 법적 책임을 져야 한다는 원칙에 근거를 둔다. 이러한 관점에서 보면 분배적 정의는 자기의 생명, 신체, 재산 등에 피해를 야기한 행위자로부터 그 피해에 대한 충분한 배상과 보상을 받아야 한다는 피해자의 권리를 인정한다.[20]

둘째, '절차적 정의(procedural justice)'는 재화나 기회의 분배에 대한 평등한 권리가 아니라, 재화나 기회가 어떻게 분배되어지느냐에 대한 정치적 의사결정 과정에서의 동등한 존중 및 평등한 참여의 기회를 의미한다. 환경정의는 분배적 문제 이외에 환경문제 해결과 관련된 결정을 함에 있어 절차 문제에 중요한 관심을 가지고 있기 때문에 모든 이해관계자가 정책결정 과정에 이해하고 평가할 수 있는 자료에 대한 접근권이 충분히 보장될 필요가 있다. 따라서 절차적 정의는 분배의 결과보다는 정치적 의사결정 과정의 공정성과 평등한 참여에 초점을 맞추며, 절차에 참여하는 것뿐만 아니라 절차가 공정한 결과를 도출할 수 있도록 설계되었는지에 관심을 갖는다. 절차적 정의는 분배적, 교정적 환경정의 실현을 위한 수단적 가치이기도 하다.[21]

18) 이에 대해 자세히는 Robert R. Kuehn, "A Taxonomy of Environmental Justice", *Environmental Law Reporter 30*, 2000, pp. 10681-10703 참조.
19) 김성수 외 9인 공저, 앞의 책, 239면; 박병도, "기후변화 취약성과 기후정의", 환경법연구 제35집 제2호, 2013, 65-66면.
20) Anand, 앞의 책, p. 124.
21) 김성수 외 9인 공저, 앞의 책, 239-240면.

셋째, '교정적 정의(corrective justice)'는 위법한 침해행위를 한 자에 대한 처벌이 공정하게 이루어지고, 개인 또는 지역사회에 가한 손해를 보상함에 있어 공정해야 함에 주목한다. 즉 교정적 정의는 환경 관련 법령의 위반행위에 대한 처벌의 엄격한 집행뿐만 아니라, 손실에 대한 배상의무를 포함한다.[22] 교정적 정의는 환경오염 원인자의 책임부담 등 가해자에 대한 처벌의 형평성, 환경비용 분담의 형평성, 그리고 환경 피해자의 실효적 권리 구제 및 배상을 강조하며, 사전 예방적 접근의 관점을 지닌다. 이는 비교적 최근에 강조되고 있는 환경정의의 개념요소이며, 종전에는 모든 사람이 깨끗한 환경에서 살 권리가 있다는 '실질적 정의'가 이를 대신하였다.[23]

마지막으로, 환경정의는 사회정의를 위한 운동과 환경운동의 결합으로 설명될 만큼 환경문제를 인종적·사회적·경제적 정의를 강조하는 정치적 의제로 통합한다. 환경정의의 맥락에서 보면, '사회적 정의(social justice)'는 사회의 더 공정한 질서를 가져오도록 사람들을 동기화하는 정의의 미덕 가운데 하나라고 할 수 있다. 환경정의 담론이 초점을 맞춰 왔던 분배적 정의 담론은 환경문제를 일으키는 사회경제적 구조 및 환경 관련 법령의 위반행위에 대한 탐색을 소홀히 하는 경향이 있다. 따라서 사회적 정의 관점은 환경정의를 인종적·사회적·경제적 정의라는 더 큰 문제의 일부로 제시하고, 특정 지역의 삶의 질에 대한 인종, 정치, 계급의 영향력을 설명하는데 도움을 준다. 사회적 정의는 모든 계층의 구성원이 인간으로서 누려야 할 충분한 자원과 권한을 가져야 하고, 특권층은 그들의 소유한 자원과 권한을 이용하는 방식에 있어 사회에 대해 폭넓게 책임져야 함을 강조한다.[24] 환경정의의 네 가지 개념요소의 핵심 사항을 정리하면 다음과 같다(〈표 6-1〉 참조).

22) 김성수 외 9인 공저, 앞의 책, 240면.
23) 배현주 외 3인, 『환경정의 구현을 위한 건강위해성 평가 및 관리전략 도입 연구』, 한국환경정책·평가연구원, 2020, 10면.
24) 김성수 외 9인 공저, 앞의 책, 240면.

표 6-1 환경정의 네 가지 개념요소 핵심 내용[25]

환경정의 개념요소	핵심 내용
분배적 정의	– 세대 내(국가 간, 지역 간, 계급 · 계층 간, 성, 연령, 인종 간), 세대 간(현세대와 미래세대), 인간과 자연 간의 환경적 편익과 피해 및 위험배분의 공평성
절차적 정의	– 이해관계자의 정책 참여, 이해관계자 간 정보공개 및 공유, 이해관계자의 동의를 기반으로 숙의의 과정을 포함한 의사결정 – 분배적 · 교정적 정의실현을 위한 수단적 가치
교정적 정의	– 환경오염 원인자의 책임부담, 환경 피해자의 권리 구제 등 환경적 제재의 공정성 – 사전 예방적 접근
사회적 정의	– 모든 계층의 구성원이 인간으로서 누려야 할 충분한 환경자원과 권한을 가져야 함 – 특권층은 그들의 소유한 환경자원과 권한을 이용하는 방식에 있어 사회에 대해 폭넓게 책임져야 함

우리나라는 2019년 「환경정책기본법」 제2조 제2항에 이러한 환경정의의 네 가지 개념요소를 고려하여 환경정의의 개념을 추가하였다. 「환경정책기본법」에서 정의하는 환경정의는 "환경 관련 법령이나 조례 · 규칙을 제정 · 개정하거나 정책을 수립 · 시행할 때 모든 사람들에게 실질적인 참여를 보장하고, 환경에 관한 정보에 접근하도록 보장하며, 환경적 혜택과 부담을 공평하게 나누고, 환경오염 또는 환경훼손으로 인한 피해에 대하여 공정한 구제를 보장"하는 것으로 규정하였다. 「환경정책기본법」 제2조에 명시된 '환경정의' 개념에 따르면 환경정의는, ① 환경오염을 사전적으로 예방하고 회피할 수 있도록 환경편익과 피해에 영향을 받는 지역 구성원들에게 환경위험에 대한 정보가 정확하고 적절하게 공개, 공유되고, 이를 바탕으로 지역 구성원들이 의사결정 과정에 참여할 수 있도록 하는 '절차적 정의', ② 부자와 빈자, 현세대와 미래세대 간, 선진국과 개발도상국 간의 환경비용부담 및 환경편익의 공평한 분배를 추구하는 '분배적 정의', ③ 오염자에게 환경오염에 대한 책임을 물을 수 있는 '교정적 정의'를 포함하는 개념이라고 할 수 있다.[26]

25) 배현주 외 3인, 앞의 보고서, 11면 재구성.

(3) 환경정의와 구별개념

앞서 개략적으로 살펴본 것처럼, 환경정의와 관련되어 사용되는 용어는 다양하며 이것은 우리나라에서도 마찬가지이다. 즉 환경정의 이외에도 환경부정의, 환경형평, 환경비형평, 환경차별, 환경인종주의 등의 개념이 사용되고 있다. 이들 용어들의 개념상 의미는 약간씩 차이가 있으며, 이를 이해하는 것은 환경정의 의미를 명확히 하는데 도움이 되리라고 본다.[27)]

우선 '환경부정의 내지 환경불의(environmental injustice)'는 환경자원의 이용과 오염비용의 부담에 있어서 '각자의 고유한 몫'이 침해되는 상태를 말한다. 즉 환경에 대한 접근의 기회와 향유의 정도가 사회에서 차지하는 계층별 지위에 따라 불균등하게 이루어지는 것을 의미한다. 가치재로 환경이 균등하게 배분되지 않는 것을 의미한다는 점에서 '환경불평등'을 환경부정의라 부르기도 한다. 실제로 사회경제적 약자들은 경제적으로 부유한 자들보다 환경위험에 불균형적으로 훨씬 더 많이 노출되어 있다. 폐기물매립장, 소각장, 폐기물처리시설, 핵폐기물처분장 등이 경제력이 약한 지역에 편중되는 현상이 이를 잘 말해주고 있다. 환경부정의는 이러한 환경위험의 불평등을 해소하고자 한다.

둘째, '환경형평(environmental equity)'은 환경보호와 규제정책의 관점에서 인종, 민족, 사회경제적 지위에 관계없이 개인, 단체, 지역사회를 환경위험으로부터의 동등한 보호를 강조한다.[28)] 즉 환경형평은 "소수민족 지역공동체가 불공평한 공공정책, 환경위험으로부터 불평등한 보호, 환경규제와 법의 느슨한 집행, 정화작업의 지연, 유해폐기물 처리시설을 위한 차별적인 입지결정 등으로 인해 고통을 받는 것"으로 정의된다.[29)] 이러한 환경형평 개념은 일반적인 경제적 형평 개념보다는 훨씬 더 좁은 개념으로 환경의 쾌적성과 불이익의 분포라는 결과를 강조하면서 특정의 결과나 원인을 전제로 하지 않고, 상대적으로 기술적이며

---

26) 박시원, "기후위기 적응 정책과 기후정의의 문제", 환경법연구 제43권 제1호, 2021, 57면.

27) 이인희, "환경불평등에 관한 이론적 고찰: 환경정의 연구의 연구쟁점과 연구경향", 공간과 사회 제29호, 2008, 33-38면.

28) Edwardo Lao Rhodes, *Environmental Justice in America: A New Paradigm*, Indiana University Press, 2003, p. 16.

29) Robert D. Bullard, "Overcoming Racism in Environmental Decisionmaking", *Environment: Science and Policy for Sustainable Development 36(4)*, 1994, pp. 10-44.

중립적인 성격을 갖는다. 환경형평은 환경위험에 보다 예방적이고 환경편익의 분배에 적극적으로 대처하는 방향으로 확대될 수 있다.[30)]

셋째, '환경비형평(environmental inequity)'의 개념은 환경정의나 환경인종주의와 마찬가지로 최근에 대두된 개념으로서 환경정의 운동 단체들이 투쟁 방향으로 삼는 이상이나 목적을 나타낼 때 사용하는 용어이다. 일반적으로 사회과학에서는 '비형평'(inequity)을 소득, 인종, 교육, 지역, 직업 등 특별한 요소에 따라 집단에 대한 차별을 의미하는데, 개인 또는 집단에게 불이익이나 이익을 주려고 의도하여 나타난 결과로 본다. 예를 들면 미시경제학에서는 형평(equity)을 자원의 효율적 이용에 대한 선택(alternative)으로 표현한다.[31)] 따라서 형평의 관점은 어떤 가변적 형평원리에 기할 때 소득을 포함한 가용자원의 효율적 사용(efficient use of available resources)과 보다 높은 형평수준(a higher level of equity)의 달성 간의 의사결정의 문제에 초점을 맞춘다. 이러한 미시경제학의 형평의 개념을 환경 조건, 정책이나 결과에 적용하면 매우 복잡하지만, 환경자원의 이용비율, 물질적 · 비물질적 재산권, 조세부과 방법 및 환경재정 등의 다양한 분야에 적용할 수 있다.[32)]

마지막으로, '환경차별(environmental discrimination)'은 광범위하게 사용되지만, 종종 '환경인종주의(environmental racism)'와 마찬가지로 인종에 관련되어 부정적인 의미로 널리 사용된다. 환경인종주의는 "유독성이 있고 유해한 쓰레기에 노출되는 것으로부터 불공평하게 보호받는 것과 유색인종이 자신들의 지역사회에 영향을 미치는 환경정책 관련 의사결정 과정으로부터 조직적으로 소외되는 것"[33)]을 말한다. 특히 환경인종주의의 의미는 협의와 광의로 구별될 수 있다. 협의는 인종주의자의 '의도'에 근거하여 차별을 정의하지만, 광의는 의도적인 경우는 물론 비의도적인 경우에도 차별과 인종주의에 해당될 수 있다고 본다.[34)]

---

30) 한상운, "환경정의의 규범적 의미 – 환경, 정의, 법의 3면 관계를 바탕으로 –", 환경법연구 제31권 제1호, 2009, 346면.

31) Rhodes, 앞의 책, p. 16.

32) 이은기, 앞의 논문, 328-329면.

33) Bunyan Bryant, *Environmental Justice: Issues, Policies, and Solutions*, Island Press, 1995.

34) Liam Downy, "Environmental Injustice: Is Race or Income a Better Predictor?", *Social Science Quarterly* 79, December 1998, pp. 766-778.

그러나 환경정의는 특정의 부정적인 인식을 전제로 하지 않고, 모든 사회내 공동체에 적용되는 개념으로, 환경과 관련된 공공정책 및 집행이 사회경제적 약자와 소수인종들에게 불공평하게 환경부담을 부과하고 있는지 여부 등을 주된 고려대상으로 인식한다는 점에서 환경차별 혹은 환경인종주의와 구분된다.[35)]

(4) 환경정의론의 연혁

'환경정의론(theory of environmental justice)'은 "인간과 자연(non-human nature) 사이의 정의란 무엇을 의미하는가", "자연이 인간에게 제공하는 특정한 재화나 부담이 불공평하게 배분된 것을 시정해줄 수 있는 정의로운 분배란 무엇을 의미하는가", 그리고 "자신의 이익을 대변할 수 없는 미래세대, 그리고 동물이나 식물의 권리는 어떻게 보장될 수 있는가" 등의 문제를 다룬다. 환경정의 문제는 사변적이고 철학적 관념에서 탄생한 것이 아니라, 환경문제와 인종차별 문제와의 밀접한 관계를 맺으면서 시민운동의 일환으로 주목을 받기 시작하였다. 즉 환경정의 문제가 확산되고 환경정의론으로까지 발전하는 데는 1970년대 말부터 1980년대 초 미국에서 발생한 여러 사건과 시민운동이 중요한 역할을 담당했고, 1990년대 초에는 미국 연방 환경정책의 아젠다로 등장하였다.

파버와 매카시(Faber & McCarthy)는 미국 환경정의 운동이 세 단계에 걸쳐서 진화했다고 본다.[36)] 첫 번째 단계는 1982년 미국 노스캐롤라이나 주의 흑인 거주 지역인 워렌 카운티(Warren County)에서 일어난 화학폐기물 매립 반대운동을 계기로, 환경문제가 인종이나 계급계층 문제와 연결되어 있다는 인식이 형성되고, 지역사회에 기반한 환경정의 운동 단체들이 결성되는 단계였다. 웨렌 카운티 사건은 환경부정의가 나타난 대표적인 사례라 할 수 있다. 이 사건을 보다 자세히 살펴보면, 한 기업이 비용을 줄이고자 유독성이 몹시 강한 폴리염화비페닐 3만 1천 갤런 분량을 노스캐롤라이나 주 14개 카운티 곳곳에 불법으로 매립한 것이 주정부에 의해 포착되었다. 이를 한 곳에 모아 집중 처리하기 위한 장

35) 한상운, 앞의 논문, 346-347면.

36) Daniel Faber and Deborah McCarthy, "The Evolving Structure of the Environmental Justice Movement in the United States: New Models for Democratic Decision-Making", *Social Justice Research 14(4)*, 2001, pp. 405-421.

소로 워렌 카운티의 시골 쇼코 타운십(Shocco Township)이 결정되었다. 그런데 이 상황을 주민들은 도저히 납득할 수 없었다. 왜냐하면 이 지역이 화학폐기물 매립장으로 선정된 이유는 노스 캐롤라이나 주에서 워렌 카운티의 흑인 비율은 64%였고, 쇼코 타운십의 비율은 75%로 환경적인 이유가 아니라 저항할 힘이 없다고 여겨졌기 때문이다. 즉 인종 차별주의 이외에 달리 설명할 길이 없었던 것이다. 정의와 인권 신장을 위해 애쓰던 채비스 목사(Chavis Rev BF Jr.)를 필두로 마을 주민 대다수는 전면적으로 반대투쟁에 동참했다. 채비스 목사를 비롯하여 523명이 투옥되었고, 목표였던 지정 매립지 철회도 성공을 거두지 못했다. 하지만 이 사건을 계기로 미국 전역에서 환경정의 운동이 들불처럼 번지는 기폭제가 조성되었다. 이런 일련의 사건을 계기로 1991년 워싱턴에서 '제1차 전국 유색인종 환경지도자 정상회의'가 개최되었고, 그 결과 뉴욕시에 본부를 둔 NYCEJA(New York City Environmental Justice Alliance)와 뉴욕 할렘 가에 거점을 둔 WEACT(We Act for Environmental Justice) 등이 출범하여 활동을 전개하고 있는데, 이들 단체의 활동에 이론적 정당화를 제공하는 것은 환경정의론이라 할 수 있다.[37)]

두 번째 단계는 1991년 워싱턴에서 개최된 '제1차 전국 유색인종 환경지도자 정상회의'에서 미국의 50개 주 대표와 해외 활동가들이 모여 유색인종에 영향을 미치는 환경문제에 대처하기 위한 공동의 전략에 대해 논의한 것이 계기가 되었다. 이 회의에서 대표자들은 17개 항으로 구성된 '환경정의 원칙'을 채택했고, 1992년 브라질 리우에서 열린 유엔환경개발회의에서 이를 배포했다.[38)]

세 번째 단계는 1990년대 이후 풀뿌리 조직들이 긴밀한 국내·국제적 연대조직을 결성하고(예컨대 환동운동연합, 녹색연합, 그린피스, 지구의 벗, 월드와치 등), 운동의 방식도 교육, 정책, 캠페인 등으로 확장하는 등 양적·질적으로 도약하는 시기이다. 이 단계에서 환경정의 운동은 유해 화학물질이나 독성물질 폐기의 불공정성을 넘어서 독성물질의 생산 자체에 대한 비판으로, 즉 분배적 정의뿐만 아니라 생산적 정의 프레임을 강조했다. 또한 독성물질의 생산을 담당해 온 초

37) 한면희, "환경윤리의 눈으로 조망한 환경운동", 환경철학 제4권, 2005, 18면.
38) 박재묵, "사회적 불평등과 환경", 『환경사회학: 자연과 사회의 만남』, 한울, 2015, 306-307면.

국적 기업과 자본주의적 생산시스템에 대한 관심이 늘어나면서, 환경정의 운동은 환경정의 프레임을 통해 지역과 초국적 수준 모두에서 환경문제를 해결하려는 동시에 신자유주의적 세계화에도 적극적으로 대응하는 모습을 보이게 된다.[39] 이 시기의 환경정의 개념은 학술적 담론의 차원을 넘어 미국 연방정부와 주정부의 정책적 의제로까지 다루어졌다. 예를 들어 클린턴 행정부는 1994년 대통령령(Executive Order 12898)을 공포하여 소수자 및 저소득층에 대한 환경정의 확보를 미국 환경정책의 핵심 사안으로 삼았다. 이때를 기점으로, 미국 정부는 환경보호청(EPA) 아래 환경정의국(OEJ: Office of Environmental Justice)을 설립하여 환경정의를 모든 정책과 프로그램 및 활동에 반영하고 그 가치를 실현하려는 환경보호청의 노력을 지원토록 하고 있다.[40]

(5) 환경정의와 범죄학

환경정의 문제는 다음과 같은 두 가지 이유로 형사법과 범죄학의 영역에서 핵심 연구 주제로 다루어진다. 즉 하나는, 일부 독성물질에 대한 노출은 범죄행위, 특히 폭력범죄나 환경범죄와 깊은 관련을 맺고 있다. 그로 인해 일차적으로 환경위해뿐만 아니라, 저소득층과 소수민족 지역사회의 건강에 불균형적으로 해를 끼치지만 일부 형태의 범죄행위를 조장하는 화학물질에 노출되면 이러한 지역사회의 범죄율이 높아질 수도 있다. 다른 하나는, 모든 법률과 마찬가지로 환경법 또는 환경형법도 불평등하게 집행될 수 있다. 그럼에도 불구하고 불평등한 환경법 또는 환경형법의 집행으로 인한 환경부정의 내지 환경불의의 정도를 조사한 연구는 소수에 불과하다. 따라서 환경법 또는 환경형법의 집행에 관심이 있는 범죄학자들은 환경정의 연구를 발전시키기 위해 훨씬 더 많은 기여를 할 수 있다.[41]

---

39) 정영신, 앞의 논문, 244-245면.

40) EPA는 웹사이트를 통해 매년 연례보고서를 제공한다. https://www.epa.gov/environmentaljustice/annual-environmental-justice-progress-reports <최종 검색: 2024. 2. 15.>

41) Michael J. Lynch/Michael A. Long/Paul B. Stretesky/Kimberly L. Barrett, *Green Criminology: Crime, Justice, and the Environment*, University of California Press, 2017, pp. 219-220.

2. 녹색정의(Green Justice)

(1) 녹색정의의 개념정의

'녹색정의(green justice)' 또는 '생태정의(eco justice)'는 녹색범죄학을 중심으로 환경문제에 정의의 관점을 접목한 환경정의에서 발전한 개념이다.42) 앞서 살펴본바와 같이 환경정의는 인간 사이에서 환경자원과 위험의 불평등한 분배 문제에 집중해온 반면, 녹색정의는 환경정의에서 다루는 문제들뿐만 아니라 인간과 자연 사이에 발생하는 불평등 문제에 대해서도 정의의 문제로 고려한다. 즉 기존의 환경정의는 울피아누스 공식에 따라 "각자에게 일정한 가치를 배분하는 원리"를 기본 토대로 하여 "모든 사회구성원이 환경편익과 환경위험을 공평하게 부담하고, 개발과 보전 관련 정책의 시행에서 공정한 대우를 받으며, 그 과정에서 의미 있는 참여의 기회를 보장받는 권리"43)를 말한다. 그러나 이러한 환경정의는 인간 이외의 동식물이나 생태계와 같은 모든 존재는 아무런 가치를 분배받을 수 없다는 한계를 갖는다. 반면에 녹색정의는 "인간과 생태계가 상호 유기적인 관계를 맺고 있다는 것을 전제로 인간 이외의 다른 모든 존재들에게도 적정한 가치를 분배받을 수 있는 정당한 지위를 인정해야 한다는 원리"를 말한다. "각자에게 그의 몫을 주는 것"이라는 울피아누스의 공식을 원용하면 녹색정의란 "인간의 것은 인간에게, 생태계의 것은 생태계에게" 주는 것을 말하는 것으로, 생태계를 구성하는 모든 생명체, 심지어 무생물들조차도 자신의 고유한 존재기반을 제공받을 수 있어야 함을 의미한다.44)

녹색정의의 구체적 내용은 이미 상당히 많은 연구가 진행된 '환경정의'의 연구 성과를 생태중심적 관점에서 재해석하여 비판적으로 수용하는 과정을 통해 구체화될 수 있을 것이다. 환경정의가 주로 사회경제적, 생물학적, 지역적 차이에 따라 환경위험 및 피해에 불공평하게 노출되지 않게 하는 것을 목적으로 한

---

42) 녹색정의(green justice)에 대한 상세한 분석으로는 Thomas M. Hoban and Richard O. Brooks, *Green Justice: The Environment and the Courts(2nd Ed)*, New York: Routledge, 1996 참조.

43) 조명래, "개발국가의 환경정의: 한국적 환경정의론의 모색", 환경법연구 제35권 제3호, 2013, 22-23면.

44) 한상수, "녹색법학의 모색", 법철학연구 제14권 제1호, 2011, 142-143면.

다. 반면에 녹색정의는 인간과 생태계 사이의 근원적인 불평등 관계를 양자의 공존이 가능한 평등관계로 재정립하고, 양자의 이러한 평등관계 위에서 사회적 평등을 실현하는 것을 목적으로 한다. 따라서 환경정의에서는 인간의 '환경권'의 평등한 실현이 중요한 의미를 갖게 되지만, 녹색정의에서는 생태계 또는 생태계를 구성하는 다양한 존재들의 '존립권'을 보장하는 것이 중요한 과제가 된다. 이러한 맥락에서 녹색국가와 녹색법학에서는 인간에게 인정되는 '환경권'과 아울러 모든 생명체가 생태학적 존재기반을 보장받을 수 있는 '녹색권(green rights)'을 별도로 인정하고 이를 보장해야 할 국가의 의무가 중요하다고 한다.45)

(2) 녹색정의의 개념요소로서 인정적 정의

녹색정의의 개념요소는 앞서 환경정의의 개념요소로 언급한 분배적 정의, 절차적 정의, 교정적 정의, 그리고 사회적 정의보다는 인정적 정의라는 개념으로 설명하는 것이 보다 더 적합하다고 한다.46) '인정적 정의(recognition justice)'란 의사결정시 사회적, 문화적, 민족적, 인종적, 성별에 따른 차이에 뿌리를 둔 다양한 관점을 인식하고 반영해야 함을 의미한다.47) 앞의 개념들이 인간과 인간 사이의 정의 문제라면 인정적 정의는 사회와 생태계 또는 인간과 비인간 존재뿐만 아니라, 타자(소수자, 사회경제적 약자 등)의 문화에 대한 상호 인정의 관계까지를 포함한다.48)

인정적 정의는 자연에 대한 도구적 가치가 아닌 내재적 가치를 강조하며, 생태계에 기반을 두고 살아가는 타자의 문화를 인정 혹은 승인할 것을 요청한다. 따라서 인정적 정의에 따르면 환경오염이나 기후변화로 인한 피해는 인간만이 아니라 비인간생물도 피해자다. 따라서 생태계를 구성하는 다양한 존재들인 비인간생물들도 피해자로서 녹색정의의 보호대상 안에 위치할 수 있다. 광범위하고 지속적인 환경오염이나 거대한 기후재난으로 인해 대량 멸종되는 생물들에

---

45) 한상수, 위의 논문, 144면.

46) 한상운은 인정적 정의를 기후정의와 관련하여 설명하고 있으나, 인간과 비인간생명 모두를 대상으로 하고 있어 녹색정의의 개념요소로 설명하는 것이 보다 적합하다고 본다(한상운 외, 『기후정의의 실현을 위한 정책 개선방안 연구(Ⅰ)』, 한국환경정책·평가연구원, 2019, 19-21면).

47) Darren McCauley et al., "Advancing energy justice: the triumvirate of tenets", *International Energy Law Review 32(3)*, 2013. pp. 107-110.

48) 최병두, 『비판적 생태학과 환경정의』, 한울, 2010, 331면.

대한 보전과 보호가 이른바 '녹색권'이라는 독자적인 권리로서 환경정책이나 기후정책에 포용되어야 한다. 뿐만 아니라 인정적 정의는 환경오염이나 기후변화로 인해 파괴 또는 변형되어가는 생태계에 기반을 두고 살아가는 소수자 문화에 대한 승인까지를 포함한다.

만약 공리주의와 같이 최대 다수의 최대 행복의 원리에 따라 인간만의 생존을 위해 생명의 희생과 배제를 정당화한다면, 결국 인간 내부에서의 빼셈의 방식에 따라 소수자와 사회경제적 약자, 이주민, 난민에 대한 배제와 분리도 정당화될 것이다. 이에 따라 인정적 정의를 바탕으로 하는 녹색정의는 생명공생주의의 입장에서 '생명권'에 토대를 두어야 한다. 최대한 생태계에 존재하는 다양한 생명을 보존하고 지속하고 유지하려고 하면서, 생물 종 다양성을 지켜내려는 노력은 결국 소수자와 사회경제적 약자를 지켜내려는 행위의 토대이기 때문이기 때문이다. 또한 그것은 전체 생태계를 지켜내려는 노력이기도 하다.[49]

(3) 녹색정의 관점에서 환경범죄 대응 방향

환경정의가 분배적 정의에 초점을 맞추는 것과 달리 녹색정의는 정의의 원칙을 사회적 지위의 인정 문제와 정치적 대표 및 참여로 확장한다.[50] 녹색정의 관점에서 보면 국가, 기업 또는 범죄조직 등 경제적인 권력을 가진 행위자들이 환경오염과 파괴로 얻는 이득을 취하는 반면, 그 피해는 사회경제적 약자에게 집중되는 문제뿐만 아니라 자연의 지위를 인정하지 않는 문제, 사회적으로 배제된 소수 집단이 정치적 의사결정 과정과 법 집행 과정에 참여하지 못하는 문제 역시 환경범죄의 하나로 분류할 수 있다고 본다. 이러한 녹색정의 관점에서 따르면 법률상으로 불법으로 여겨지는 행위에 해당하는 '금지적 범죄(mala prohibita)' 및 인권 등 타인의 고유한 가치와 이익을 침해할 수 있는 행위인 '본래적 범죄(mala in se)'에 해당하지만, 환경정책적 차원에서 아직 실정법상 금지되지 않는 위해행위(harmful acts)에 대해서도 적극적인 대응이 요청된다. 따라서 녹색정의 관점에서 환경범죄의 억지는 형사제재 및 법 집행이라는 형사법과 환경정책이라

49) 한상운 외, 앞의 보고서, 19-20면.

50) David Schlosberg, "Theorising Environmental Justice: the Expanding Sphere of a Discourse", *Environmental Politics 22(1)*, 2013, pp. 37-38.

는 두 가지 대응책이 서로 효과적으로 맞물려서 진행되어야 달성될 수 있다. 생태적으로 정의로운 상태를 유지하기 위한 환경범죄 대응 방향은 사회-생태적 포용성(socio-ecological inclusiveness), 분배적 비례성(distributional proportionality), 정치적 책무성(political accountability)의 기준에 부합해야 한다(〈표 6-2〉 참조).

:: 표 6-2 녹색정의 관점에서 환경범죄 대응 방향[51)]

가치	정의의 영역	환경범죄 대응 방향
포용성	사회적 지위	– 환경범죄 범위의 확대 – 환경범죄 피해 및 자연과 비인간 존재의 권리 인정 확대
비례성	경제적 재분배	– 규제, 처벌 강화 등을 통한 환경범죄에 대한 책임성 강화 – 피해자(자연 및 비인간 존재 포함)에 대한 지원 강화
책무성	정치적 참여	– 형사사법 절차에서 피해자의 대표성 강화 – 환경정책 수립 과정에서 민주적 참여 강화와 자연 및 비인간 존재들의 대표성 보장

녹색정의 관점에서 환경범죄 대응을 통해 사회-생태적 포용성을 증진하기 위해서는 현재 협소하게 정의되어 있는 환경범죄 범위를 확대할 필요가 있다. 즉 기존 형법으로 금지되지는 않았으나 심각한 환경오염을 유발하고 있는 화석연료 기업의 탄소범죄 행위를 규제할 필요가 있다. 환경범죄 범위의 확대는 환경범죄로 인해 직접 피해를 입증하기 어려운 사회경제적 약자 집단들이 피해배상과 권리보호를 요구할 수 있는 제도적 방안(예컨대 입증책임의 전환, 인과관계의 추정, 징벌적 손해해상 등)의 마련도 요구된다. 그리고 환경규제와 형사처벌 강화를 통해 환경범죄 수준에 비례한 책임을 부과하는 동시에 환경오염으로 인한 부담 또는 위험을 과도하게 떠안고 있는 피해자들에 대한 지원을 확대할 필요가 있다. 경제논리에 입각하여 환경오염을 유발한 오염원인자가 환경오염 방지 또는 이의 해결을 위해 소용되는 비용을 부담하도록 하는 이른바 '오염자부담원칙(polluter pays principle)' 등 환경법의 원칙을 강화할 뿐만 아니라, 기업활동에 대한 규제

51) 황준서, "생태정의 관점에서 고찰하는 유럽연합의 환경범죄 대응 정책: 포용성, 비례성, 책무성을 중심으로", EU연구 제63호, 2022, 86면.

와 성장우선주의적 경제 패러다임에 대한 재검토가 수반되어야 한다. 또한 사회적으로 배제된 집단들의 정치적 참여를 보장하여 환경정책의 수립 및 집행 등 환경문제와 관련한 의사결정 과정의 대표성과 책무성을 증진하는 방향으로 환경범죄 대응 방안을 마련해야 한다. 이와 관련하여 사회와 자연 환경에 광범위하고 계속 피해를 야기는 위해행위를 예방하고, 억제하기 위한 모든 환경정책 결정 과정에서 이해관계자들의 폭넓은 참여가 적극적으로 보장되어야 한다. 예를 들어 자연 환경을 파괴하는 광산 개발이나 석유 채굴사업 등을 반대하는 환경보호 행동가들의 생명이 위협받는 경우가 점점 증가하고 있는데, 이러한 상황은 인간의 존엄성을 침해하고, 참여를 억압한다는 점에서 생태적으로 부정의하다고 볼 수 있다.[52]

3. 환경정의 운동에서 기후정의 운동으로 발전

환경정의 연구자들은 기후정의 운동이 환경정의 운동에서 직접적으로 발전한 것이라고 주장한다.[53] 한발 더 나아가 '기후정의' 개념을 도입하고 발전시킨 것이 환경정의 운동조직들이었다고 주장하기도 한다.[54] 그 선후에 관한 논쟁을 뒤로하고 기후정의는 환경정의 운동과 지구 기후변화에 대한 문제의식이 결합한 '기후변화 행동주의(climate change activism)'로부터 처음 진화했다는 것이 일반적 인식이다.[55] 기후정의 개념의 도입과 보급에 영향력 있는 역할을 한 것은 1991년 발간된 아그라왈(Anil Agrwal)과 나라인(Sunita Narain)의 저서, ≪불평등한 세계의 지구온난화(Global Warming in an Unequal World)≫[56]였다. 저자들은

52) 황준서, 앞의 논문, 84-85면.

53) 대표적으로 David Schlosberg and Lisette B. Collins, "From environmental to climate justice: climate change and the discourse of environmental justice", *WIREs Climate Change 5(3)*, 2014, pp. 1-16; Philip Coventry and Chukwumerije Okereke, "Climate Change and Environmental Justice", in: Ryan Holifield (ed.), *The Routledge Handbook of Environmental Justice*. London and New York: Routledge, 2018.

54) Joan Martinez-Alier et al., "Is there a Global Eivironmental Justice Movement?", presented at Global governance/politics, climate justice & agrarian/social justice: linkages and challenges, An international colloquium 4-5 February 2016, Colloquium Paper No.16., 2016, p. 11.

55) Kirsten Jenkins, "Setting energy justice apart from the crowd: Lessons from environmental and climate justice", *Energy Research & Social Science 39*, 2018, pp. 117-121.

56) Anil Agrwal and Sunita Narain, *Global Warming In an Unequal World: a case of*

여기에서 생계형 이산화탄소 배출과 사치형 이산화탄소 배출을 구분하고, 북반구의 산업화된 이산화탄소 배출을 비판했다. 사회운동의 영역에서 1996년부터 2000년까지 진행된 '주빌리 2000(Jubilee 2000)' 캠페인은 북반구가 남반구에 대해 지고 있는 '생태 부채(ecological debt)'를 남반구가 북반구에 대해 지고 있는 금융 부채와 비교하면서, 남반구에 대한 북반구의 일방적인 금융적 압박과 지배를 비판했다.

2007년 12월 인도네시아 발리에서 열린 제13차 기후변화협약 당사국총회에 맞춰 북남미, 아프리카, 아시아, 유럽 등 각국 시민단체 관계자들은 기후변화에 대한 민중적 대안을 만들기 위해 '국제기후정의네트워크(International Climate Justice Network)'라는 국제적 연대 조직을 결성하여 민중회의를 열고 '기후정의에 관한 발리 원칙(Bail Principles of Climate Justice; 이하 '발리 원칙'이라 함)'[57]을 선언했다. 발리 원칙은 인권과 환경정의의 관점에서 기후변화를 재정의했다. 발리 원칙은 "기후변화가 주로 산업화된 국가와 다국적 기업에 의해 발생되고 있다."라고 진단하고, 기후변화의 가해행위가 세계인권선언과 대량학살에 관한 유엔협약을 위반하는 것이라고 비판했다. 또한 "지역사회, 피해자들, 원주민들이 기후변화를 다루는 전 지구적 과정에서 소외"되어 있음을 비판하고, "지속불가능한 생산 및 소비 관행"이 지구 환경문제의 근본 원인이라고 지적했다. 발리 원칙에서 밝힌 27개의 원칙은 1991년 워싱턴에서 열린 '제1차 전국 유색인종 환경지도자 정상회의'에서 발표된 '환경정의 원칙'을 바탕으로 채택된 것이다.[58] 즉 발리 원칙은 미국의 환경정의 운동에서 표현된 기본적인 원칙을 채택함으로써, 환경정의 운동과 기후정의 운동이 연속선상에 있음을 보여준다.

미국의 언론과 대중들 사이에서 환경정의와 기후정의 문제가 연결된 결정적 계기로는 2005년 9월 미국 남부 뉴올리언스 주를 강타한 허리케인 '카트리나'의 피해가 중요했다. 카트리나는 1,500명의 사상자를 내고 78만 명 이상이 거주지를 잃었다. 뉴올리언스 전체인구의 28%와 아프리카계 미국인의 35%가 빈곤 속

---

environmental colonialism, Center for Science and Environment New Delhi, 1991.

57) 원문은 chrome-extension://efaidnbmnnnibpcajpcglclefindmkaj/https://www.ejnet.org/ej/bali.pdf에서 확인할 수 있음 〈최종 검색: 2024. 2. 15.〉

58) 발리 원칙의 구체적인 내용에 대해서는 ORPWATCH의 홈페이지 (https://www.corpwatch.org/article/bali-principles-climate-justice 〈최종 검색: 2024. 2. 15.〉) 참조.

에 살고 있었는데, 미국 전체의 경우 그 비중이 각각 12%와 25%인 것과 비교된다. 빈곤한 동네가 가장 큰 타격을 받았는데, 수몰 지역 거주민의 75%가 아프리카계 미국인이었다.[59] 미국 주요 언론은 카트리나로 인한 피해를 집중 보도하면서 물이 차오르는 동안 옥상에 고립된 지역 주민들에 대한 방송과 사진을 반복적으로 보여주었다. 허리케인이 지나간 지 일주일 후에 실시된 전미 여론조사에서 아프리카계 미국인의 3분의 2가 허리케인 카트리나에 대한 연방정부의 대응이 "피해자의 대부분이 백인이었다면 더 빨랐을 것"이라고 생각하는 것으로 나타났다. 이 지역 주민들은 카트리나가 지나간 이후 더 적은 정보, 더 적은 정부 구호, 더 적은 대출 등으로 지속적인 차별을 받았다고 느꼈기 때문이다. 이 사건은 지구온난화로 인한 피해가 빈곤한 지역사회에 더 큰 영향을 미친다는 점을 보여주었고, 연방정부의 느린 대응과 2006년 환경 다큐멘터리 '불편한 진실(An Inconvenient Truth)'이 뒤따르면서 기후위기와 기후부정의에 대한 인식이 미국의 대중들에게 각인되는 효과를 가져왔다. 카트리나는 한 국가, 심지어 선진국 내에서도 가장 빈곤한 계층이 기후변화에 더 취약하다는 사실을 단적으로 보여주었다. 카트리나를 통해 담론 수준에서 제기되던 기후정의 이념이 환경정의 운동으로부터 직·간접적으로 도출되어 기후정의 운동을 형성하는 계기가 되었다고 평가되고 있다.[60]

카트리나 이후 환경정의 학자와 그 옹호자들은 기후변화에 대해 빈곤층과 소수 민족 공동체의 광범위한 사회적 부정의를 보여주는 또 다른 환경적 조건으로 보기 시작했다. 그리고 기후변화에 따른 피해 결과의 불평등뿐만 아니라, 정치적 의사결정에 대한 인식 부족, 포용성 부족 등과 같은 다른 형태의 부정의는 사회적 부정의의 또 다른 예임을 깨달았다. 이러한 인식을 통해 환경정의 운동 차원에서 '자연'이나 '환경' 문제의 인식에서 주로 오염물질 배출을 중심으로 이해하던 경향은 지구온난화에 따라 점차 인간 공동체와 비인간 환경 모두에 더 큰 취약성을 일으키는 생태적 피해에 대한 관심으로 확장되었다. 또한 환경정의에 관심을 가진 많은 사람들은 '환경'과 '정의'의 관계를 다른 방식으로 바라보기

59) 박병도, 앞의 논문, 76면.
60) 정영신, 앞의 논문, 256-257면.

시작했다. 즉 환경과 기후 시스템이 단순히 기존의 부정의의 증상이 아니라 사회정의를 달성하기 위한 필수 조건임을 깨달았다. 카트리나가 야기한 환경 피해와 공동체의 지속적인 취약성 사이의 연관성은 기후변화 문제의 중요성에 더 많은 관심을 갖는 계기로 작용하였다.61)

환경정의와 기후정의의 가장 명백한 차이점은 두 담론에서 집중하는 이슈의 시·공간적 차원이다. 즉 주류 환경정의 담론은 세대 내 및 지역적 차원의 환경문제에 대해 주된 관심이 놓여있다. 반면, 기후정의의 초점은 세대 간 및 국가 차원, 더 나아가 전 지구적 차원으로 확장된 양상을 보인다. 환경정의 운동이 미국 내 유색인종과 저소득층 등 지역사회의 사회적 취약계층에 대한 불균형적 환경 영향에 대한 반향으로서 형성된 움직임이라면, 기후정의 움직임은 기후변화 유발에 책임이 가장 작은 남반구의 개발도상국들과 군소도서국들이 – 국제사회에서 사회경제적으로 가장 취약한 계층 – 기후변화의 가장 큰 피해자가 되는 기후불의에 대한 인식에 기반하는 것이다. 따라서 기후정의는 환경정의의 풀뿌리 운동과는 다른 양상을 보이며, 기후정의 운동의 주요 사상은 화석연료의 생산·분배에서 기후재난에 따른 피해까지의 모든 단계에 걸친 불공평의 해소와 탄소배출 저감을 통한 기후변화 원인의 제거에 초점이 맞춰져 있다. 초기 기후정의 담론은 기후변화의 '완화(mitigation)'와 '예방(prevention)'에 집중하였으나, 점차 지리적, 경제적, 사회구조적으로 기후위기의 영향에 가장 취약한 위치에 있는 지역, 사회, 계층의 기후변화 '적응(adaptation)'의 개념을 포괄하는 형태로 진화하였다.62)

요컨대 미국에서 발전한 환경정의 운동은 1990년대 중반부터 국지적인 환경오염과 계층·인종적 차별에 대한 저항을 넘어 전 지구적인 위기인 기후변화 문제까지 포괄하면서 기후정의 담론을 만들어 냈다. 환경정의 운동은 인종이나 사회경제적 지위 또는 지역적 차이에 의해 환경위험에 노출되는 정도가 차별적으로 다르고, 환경으로부터의 혜택과 서비스를 공평하게 누리지 못하는 정의롭지 못한 상황에 주목하였다.63) 반면에 기후정의 운동은 탄소배출 정도가 미비함에

61) D. Schlosberg and L.B. Collins, 앞의 논문, pp. 4–5.
62) D. Schlosberg and L.B. Collins, 앞의 논문, pp. 359–374.
63) 김태현/박현주/김태현, 앞의 논문, 4면.

도 불구하고 지구온난화로 인한 가장 큰 피해를 받는 모든 사람들의 사회적, 생태적, 경제적 정의를 보장하는 환경정의 운동으로 볼 수 있다.[64] 따라서 기후정의 운동의 원천에 대한 주장이 환경정의 운동에 대한 양자택일의 문제로 이해되어서는 안 되고, 연속성을 띤 발전적 차원에서 이해되어야 한다. 환경정의 운동은 환경문제의 전 지구적 성격을 강조하는 방향으로 발전해 왔으며, 기후정의 운동 역시 지구온난화로 인한 피해가 환경오염에 따른 피해와 마찬가지로 계층·인종적으로 불균형하게 발생(예컨대 아프리카계 미국인은 폭염으로 인한 사망과 대기오염으로 인한 사망이 타 인종보다 높은 비율을 보임)하고 있고 그에 대한 시정의 문제를 중요한 의제 가운데 하나로 설정해 왔기 때문이다. 사회정의, 환경정의 그리고 기후정의의 핵심 내용을 간략히 정리하면 다음과 같다(〈표 6-3〉 참조).

표 6-3 사회정의, 환경정의, 기후정의 비교[65]

	사회정의	환경정의	기후정의
시대적 배경	20c 초, 부의 불평등	20c 중반, 산업발전 및 환경오염 증대	20c 말~, 전 지구적 기후위기
원인제공/피해	자본가 vs. 노동자	자본가 vs. 노동자+ 사회경제적 약자 (인종, 계급, 젠더 등)	– 자본가+사치성(온실가스) 배출계급 vs. 노동자+사회경제적 약자 – 선진산업국가 vs. 개발도상국
문제의 범주	인간+국내의 경제적, 정치적 불평등	인간+국내의 경제적, 정치적, 환경적 불평등	인간+국내의 경제적, 정치적, 환경적, 기후 불평등
국가형태	복지국가 (welfare state)	환경국가 (environmental state)	녹색국가 (green state)
목표	노동조건 개선, 사회안정망 구축	환경오염 피해의 최소화, 환경보전	지속가능한 저탄소사회로의 전환

64) Chitresh Saraswat and Pankaj Kumar, "Climate justice in lieu of climate change: a sustainable approach to respond to the climate change justice and an awakening of the environmental movement", *Energ. Ecol. Environ 1(2)*, 2016, p. 67.

65) 한상운 외, 앞의 보고서, 9-10면 〈표 2-1〉를 수정·보완한 것임.

해결 주체	개별 국가정책	개별 국가정책	통합적 국가협력을 통한 국제행동
정의의 시·공간적 범주	세대 내 정의 국가 내 정의	세대 내/세대 간 정의 국가 내 정의	세대 내/세대 간 정의 국가 간 정의 국가 내 정의
정의론	책임×, 분배○ 국가의 책임은 없지만 분배의 의무는 있음	책임○, 분배○ 국가의 책임(산업정책)과 분배의 의무가 모두 있음	책임○, 분배○ 국제적 책임과 분배에 따른 국내적 책임과 분배의 문제

Ⅲ. 기후정의, 기후부정의, 그리고 기후정의 운동

1. 기후정의 논의의 배경과 필요성

(1) 기후정의 논의의 배경

초기 기후정의에 관한 논의는 기후변화와 관련된 다양한 불평등 문제, 특히 지구의 북반구와 남반구로 구분된 지역 간 기후불평등 문제로부터 촉발되었으나, 점차 기후위기가 가속화되면서 기후위기의 원인과 결과에 있어 사회적 불평등이 심화되는 양상으로까지 나타나고 있다. 특히 기후위기는 세대 내·세대 간 불평등 문제는 물론이고, 정책결정 과정에서의 사회경제적 약자 배제와 기후재난 정도의 불평등과 같은 절차적 부정의까지 내포하고 있어 진보적 비정부기구(NGO)와 제3세계 국가들을 중심으로 기후위기의 사회적 원인과 결과에 관심이 커졌다. 이처럼 기후정의는 기후위기와 관련하여 인류가 반드시 해결해야 하는 '정의(justice)'의 문제임을 전제로 하여 기후변화 현상은 원인 제공자와 그 피해자가 서로 다르고, 기후변화에 대한 적응 능력이 다르기 때문에 기후변화에 취약한 사회경제적 약자 또는 취약계층을 위한 제도를 마련해야 한다는 개념이다. 기후변화의 원인인 지구온난화에 대한 대부분의 책임은 부의 축적과 편리한 삶을 향유하기 위해 일정 정도 환경을 훼손하더라도 산업발전과 경제성장에 집중하고 그로 인한 경제적 이익을 독점하고 있는 정치적·경제적 강대국인 선진국들, 글로벌 화석연료 기업, 그리고 부유층들에게 있다. 그럼에도 불구하고 기후변화에 따른 기후재난은 모든 사람에게 동등하게 발생하지 않고, 탄소배출에 대한 책임이 미비한 개발도상국과 사회경제적 약자 또는 취약계층에게 상대적으로 더 가혹한 피해를 야기한다. 예를 들어 취약계층은 주택가격이 상대적으로 낮은 저지대에 거주함으로써 홍수 등의 기후재난에 더욱 빈번하고 심각하게 노출된다. 취약계층은 기후재난에 더 많이 노출되고 피해를 받음에도 불구하고 기후변화에 대한 적응력 또한 낮다. 취약계층은 기후재난에 대비하는 보험 등에 가입하기 어려운 경우가 많기 때문에 기후재난으로 인한 피해를 복구할 수 있는 회복력이 낮아질 수밖에 없다.[66] 미래세대는 현세대가 소진한 탄소예산으로 인해 탄소배출이 제한되는 동시에 기후재난으로부터 회피할 수 없는 상황에 직면하고 있다. 기후정의 담론은 기후위기가 내재하는 기후불평등 또는 기후부정의 관련 요인들을 드러내고 기후변화에 대한 책임을 누가 어떻게 얼마만큼 져야 하는지를 논의하는 데 있어 정의로운 방향을 제시하고자 한다.

기후정의, 특히 기후부정의는 시간적·역사적으로 누적적인 측면과 공간적·지구적 확산성의 측면을 동시에 지닌다는 특징을 가진다. 즉 전자의 기후부정의의 시간적 차원은, ① 과거로부터 온실가스를 배출해온 국가와 계급의 역사적 책임의 문제, ② 역사적으로 배출되어 온 온실가스의 누적적 효과에 따른 시급성의 문제, ③ 미래세대에게 누적되는 피해 등을 지칭한다. 그리고 후자의 기후부정의의 공간적 차원은, ① 온실가스의 지구적 확산과 전 지구적 기후 시스템의 붕괴 문제, ② 북반구와 남반구의 불평등과 결합된 피해와 가해(책임)의 문제, ③ 지구적 규모에서 생태지리적으로 분배되는 피해 등을 의미한다고 할 수 있다. 따라서 기후부정의를 해소하기 위해서는 기후부정의의 시간적·공간적 차원을 고려하는 정의개념의 재구성이 필요하다고 한다.[67]

기후정의는 크게 세 가지 차원에서 설명될 수 있다. 첫째는, 관계성에서의 정의와 관련된 차원으로, 서로 다른 행위자들 간의 관계에서 정의가 성립되어야 한다는 것을 인지하는 것이다. 예를 들어 누가 탄소배출을 했고, 누가 책임을 져야 하는지, 그리고 이러한 책임에 대해 누가 손해배상을 청구할 수 있는지 등에

66) 조효제, 『탄소사회의 종말』, 21세기북스, 2020, 246면.
67) 정영신, 앞의 논문, 261면.

주목한다. 둘째는, 기후변화가 기존의 사회경제적 불평등을 더욱 악화시킨다는 것이다. 세 번째는, 기후변화에 대한 책임이 가장 적은 사람이 기후변화에 가장 취약하며 기후변화에 적응할 자원이 적은 상황에서 부정의가 발생한다는 것이다.[68] 또한 제임스 굿맨(James Elyston Goodman) 교수는 기후정의 개념이 기후변화 완화(mitigation), 책임(responsibility), 취약성(vulnerability)이라는 '삼중의 불평등(triple inequality)'의 해소를 위한 중요한 이론적 틀을 제공한다고 설명한다. 즉 그에 따르면, 기후정의 개념은 구체적으로 기후위기의 원인을 정치화하여 이산화탄소 배출로 혜택을 보는 자가 누구이며, 감축에 대해 책임을 누가, 얼마나 져야 하는지에 대해 고민하고, 고소득층과 저소득층 간, 사회 엘리트와 하위 계층 간의 기후변화 대응 역량에 있어 광범위한 격차에 대해 인식하며, 세계 빈곤층에 불공평한 부담이 지워지는 기후변화 적응의 문제를 다루는데 이론적 프레임을 제공한다고 한다.[69]

이처럼 기후정의 개념은 환경문제의 원인과 그 피해 결과가 분리되어 있다는 점을 강조한다는 점에서 앞서 살펴본 1980년대 환경정의 운동에서 영향을 받았다. 하지만 당시 환경운동의 의제는 환경오염의 발생 원인을 대량생산·대량소비 문제로 한정하고 있어 사회시스템 자체의 불평등 내지 부정의성을 강조하는 기후정의 담론과는 구별된다. 따라서 사회경제적 약자의 환경오염에 따른 피해 강도와 사회구조적 불평등 문제에 집중했던 1980년대 환경정의 개념이 오늘날의 기후정의 개념의 모태가 됐다고 보는 것이 적절하다.[70]

환경정의는 환경문제를 단순히 원인과 결과의 관계로 규정하는 것이 아니라, 환경정책 관련 의사결정 과정에서의 공정성, 절차적 정의, 결과적 형평성 문제로 인식했다. 이는 현재 기후위기 대응을 넘어 사회경제적 평등, 구조적 체제 전환을 요구하고 있는 기후정의 담론과 유사하다. 이러한 움직임은 1992년 체결된 유엔기후변화협약(UNFCCC)에서 부분적이나마 결실을 맺었다. 즉 유엔기후변화

68) 이화선, "기후변화의 사회학: 기후위기와 기후 부정의 타개를 위한 정책방향", 사회적질연구 제5권 제4호, 2021. 12, 8면.

69) James Goodman, "From global justice to climate justice? Justice ecologism in an era of global warming", *New Political Science 31(4)*, 2009, pp. 508-509.

70) 이은기, "기후변화와 환경정의 - 지속가능한 지구의 미래를 위한 선순환구조의 모색 -", 환경법연구 제34권 제3호, 2012, 333-334면.

협약은 제3조에서 '공통의 그러나 차별화된 책임(CBDR: Common But Differentiated Responsibilities)', 개발도상국의 특수사정 배려의 원칙, 기후변화의 예측과 방지를 위한 예방적 조치, 모든 국가의 지속가능한 성장의 보장원칙을 명시하여 기후변화를 기후정의 개념으로 확장했다.[71)]

기후정의는 기후부정의 또는 기후불의를 비판하며 대안적인 전환의 방향을 모색하는 담론이자 사회운동의 성격을 갖는다. 기후정의 개념과 관련 담론이 언제 등장했는지를 정확히 말하기 어려우나, 대체로 1999년 기업감시(Corporate Watch)가 발간한 《기후악당 대 기후정의(Greenhouse Gangsters vs. Climate Justice)》[72)]가 중요한 계기가 된 것은 분명하다. 그리고 폴 루틀리지(Paul Routledge) 교수는 남반구에 초점을 맞추어 기후정의 운동의 기원을 찾는다.[73)] 그는 화석연료와 자본주의라는 엔진으로 경제적 발전을 이룩한 선진국이 만들어 낸 불평등을 해결하려는 남반구의 노력 속에서 기후정의 운동이 발전했다고 주장한다. 또한 환경정의 운동은 인종과 계급을 중심으로 한 장소기반 투쟁에 기반을 두어 왔지만, 오늘날 세계화된 지형 속에서 전개되는 기후정의 운동은 더 이상 특정 지역에 기반을 두지 않는다고 주장한다. 반세계화, 반신자유주의 운동이 기후위기를 본격적으로 다루면서 기후위기와 기후정의 담론이 급부상했다.[74)] 이처럼 기후정의 운동은 환경정의 운동, 반세계화 운동, 반신자유주의 운동 등과 활발하게 교류하며 전 지구적 운동으로 확산되었다. 특히 2009년 제15차 당사국총회(COP15, 코펜하겐)가 실패로 끝난 뒤 기후운동이 점차 급진화 되면서 지역 차원에서 글로벌 화석연료 기업에 대항하는 풀뿌리 행동이 한층 강화되었다. 이와 같은 흐름 속에서 담론으로서의 기후정의 또한 기후위기와 더불어 사회경제적 불평등을 해소할 수 있는 대안 사회모델을 탐색하는 방향으로 확장되었다. 이를 통해 기후정의는 누가, 무엇을 위해, 어떤 방식으로 기후위기를 이야기하고 에너지전환을 추진하는지를 묻는 비판적 담론이자 사회운동으로 자리 잡게 되었다.[75)]

---

71) 이진우, "기후부정의(不正義)의 구조와 개선방안", 공익과 인권 통권 제22호, 2022, 99면.

72) Kenny Bruno, *Greenhouse Gangsters vs. Climate Justice*, TRAC/Tides Centre, 1999.

73) Paul Routledge, "Translocal climate justice solidarities", in: Dryzek, J.S., Norgaard, R.B. and Schlosberg, D. (ed.), *The Oxford handbook of Climate Change and Society*, Oxford Handbooks Online, 2011.

74) 정영신, 앞의 논문, 258면.

(2) 기후정의 논의의 필요성

앞서 살펴보았듯이 기후변화와 관련하여 기후정의라는 개념이 부상하는 데는 환경정의 운동을 모태로 한 기후정의 운동이 큰 영향을 미쳤다. 그렇다면 왜 기후정의운동은 유사한 내용을 담고 있으면서도 이미 대중적으로 널리 알려진 '환경정의'라는 용어를 뒤로 제쳐두고 낯선 '기후정의'라는 용어를 전면에 내세운 것인가라는 의문이 제기된다. 이는 "왜 기후변화 대응에 환경정의가 아닌 기후정의가 필요한가?"라는 질문이기도 하다. 그간 제시된 여러 논의를 종합해 보면, 기후변화 문제 해결에 있어 기후정의의 필요성은 국제법적 측면, 정책 수용성 측면, 지속가능한 전환 또는 체제 전환의 측면으로 요약할 수 있다.[76]

그림 6-1 기후정의의 세 가지 필요성

- 국제법적 측면
- 정책 수용성의 측면
- 지속가능한 전환 또는 체제 전환의 측면

첫째, 기후변화 문제를 유엔기후변화협약의 국제법적 측면에서 보면 핵심은 '정의'(공통의 그러나 차별화된 책임)의 문제다. 이는 기후변화를 일으키는 이산화탄소 배출에 대한 책임과 그에 따른 피해가 불일치한다는 데서 기인한다. 탄소 배출의 책임과 피해의 불일치는 이산화탄소 누적 배출량과 생태발자국 지표를 통해 두드러지게 나타난다. 우선 이산화탄소 누적 배출량으로 확인할 수 있는 기후변화의 역사적 책임은 북반구의 선진 산업국가에 있지만 피해는 남반구의

---

75) 홍덕화, "기후불평등에서 체제 전환으로: 기후정의 담론의 확장과 전환 담론의 급진화", ECO 제24권 제1호, 2020, 9면.

76) 이하의 논의는 한상운 외, 앞의 보고서, 10-11면.

개발도상국가에 집중된다. 즉 2020년 세계에서 이산화탄소를 가장 많이 배출한 나라는 중국이다. 배출량은 106억6,788만 톤으로 전 세계 배출량(348억725만 톤)의 30.6%를 차지했다. 미국이 47억1,277만 톤으로 2위(13.5%)에 올랐고, 유럽연합(7.5%), 인도(7%), 러시아(4.5%), 일본(3%)이 뒤를 이었다. 탄소배출량을 기준으로 보면, 기후변화에 대한 책임의 정도는 나라마다 다르고, 그 책임을 물을 순서는 중국, 미국, 유럽연합, 인도 등이 될 것으로 보인다. 미국이 중국을 상대로 '기후변화에 미온적인 태도를 보이지 말고 적극적으로 나서야 한다'라고 비판하는 이유다. 그러나 중국 입장은 전혀 다르다. 기후변화 대응에 가장 중요한 것은 선진국이 개발도상국에 기후변화 대응 재원을 지원하는 일이라고 반박한다. 산업화 이후 최근까지의 이산화탄소 누적배출량(1750~2020년)이 그 근거다. 누적배출량을 기준으로 보면, 미국의 누적배출량은 4,167억2,308만 톤으로 전 세계 누적배출량(1조6,965억2,417만 톤)의 24.6%를 차지해 1위다. 유럽연합은 2위(17.1%), 중국은 3위(13.9%)다([그림 6-2] 참조). 대륙별로는 선진국이 모여 있는 유럽(31.3%)과 북아메리카(28.2%)의 누적배출량 비중을 합하면 전 세계 누적배출량의 59.5%에 이른다. 반면에 기후변화에 따른 극심한 가뭄으로 고통을 받는 아프리카는 2.8%에 불과하다.[77)]

이러한 책임과 피해의 불일치는 선진국과 개발도상국 간의 관계에서뿐만 아니라, 부유한 계층과 빈곤한 계층 사이도 나타난다. 2019년 전 세계 소득·재산 상위 1%(약 7천만 명)는 연간 1인당 평균 110톤의 이산화탄소를 배출하면서 세계 탄소배출량의 17%를 차지했다. 상위 10%(7억 7,100만 명)는 1인당 연평균 31톤의 탄소를 배출했고, 이는 전 세계 탄소배출량의 48%를 차지했다. 부유한 소수 일부가 세계 탄소배출량의 절반가량을 배출한 것이다. 반면, 하위 50%(38억 명)는 연간 1인당 평균 1.6톤의 탄소만 배출했다. 이들이 배출한 양은 세계 탄소배출량의 12%에 불과하였다.[78)] 이처럼 선진국과 부유한 소유의 사람들이 이산

77) 이화선, 앞의 논문, 10-11면; 한재각, 『기후정의: 희망과 절망의 갈림길에서』, 한티재, 2021, 77-80면.

78) 이화선, 앞의 논문, 11-12면; 한재각, 앞의 책, 80-81면; 한겨레신문 2022. 11. 6.자 기사: "기후위기 책임 가장 큰 나라는? 미국-중국 '네 탓', 한국 18위"
https://www.hani.co.kr/arti/society/environment/1065998.html 〈최종 검색: 2024. 2. 15.〉

그림 6-2 1750-2020년 주요국 이산화탄소 누적배출량

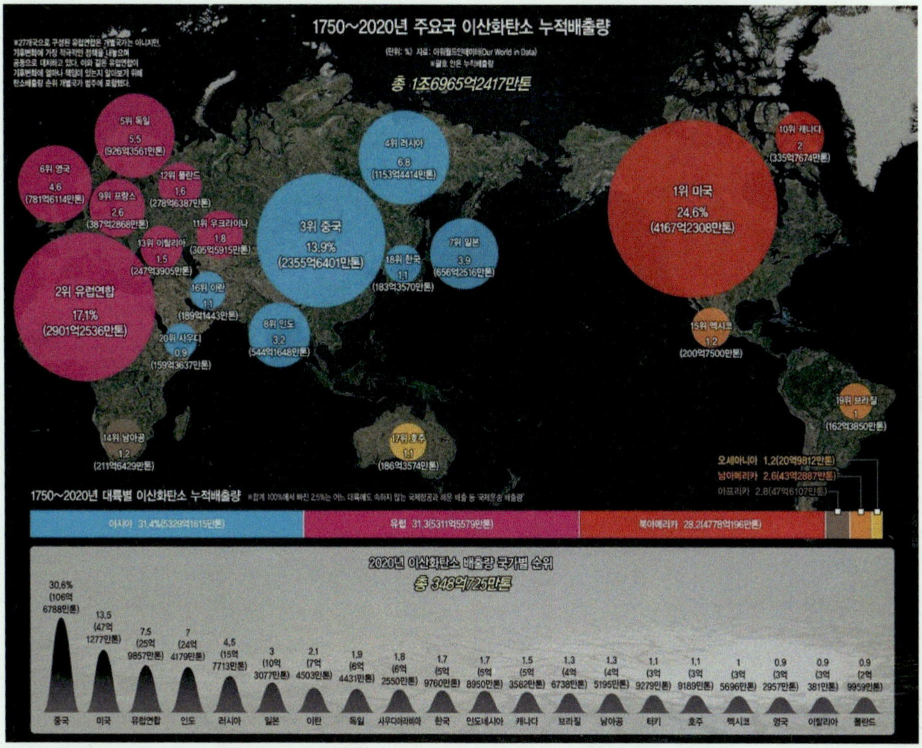

출처: 한겨레신문, 2022.11.6.자 기사[79)]

화탄소 배출에 훨씬 더 많은 책임을 지고 있지만, 기후재난에 따른 피해는 그 반대로 개발도상국과 빈자들에게 부과된다. 따라서 기후위기를 일으킨 책임과 피해의 불일치 문제를 해소하기 위해 '기후정의'가 요구된다.

다음으로, 1인당 생태발자국 지표에서도 국가 간 이산화탄소 배출의 책임과 피해의 불평등 문제가 크게 나타난다. '생태발자국(EF: ecological footprint)'은 1996년 캐나다 브리티시컬럼비아 대학교의 경제학 교수 윌리엄 리스(William Rees)와 박사 연구생 마티스 웨커네이걸(Mathis Wackernagel)이 창안한 개념으로, 인간이 지구에서 삶을 영위하는 데 필요한 의·식·주 등을 제공하기 위한 자원의 생산과 폐기에 드는 비용을 토지로 환산한 지수를 말한다([그림 6-3] 참

79) 한겨레신문 2022. 11. 6.자 기사: "기후위기 책임 가장 큰 나라는? 미국-중국 '네 탓', 한국 18위" https://www.hani.co.kr/arti/society/environment/1065998.html 〈최종 검색: 2024. 2. 15.〉

조).[80] 생태발자국을 따라가면 한 사람이 지구에 얼마나 많은 흔적을 남겼는지, 또 얼마나 자연에 영향을 끼쳤는지 알 수 있다. 생태발자국 지수를 통해 전 세계 사람들이 현재의 소비 생활을 유지하기 위해 지구가 몇 개 정도 필요한지 계산이 가능하고, 특히 1인당 생태발자국은 각국의 생태기여도(biocapacity reserve)와 생태훼손도(biocapacity deficit)가 제시되어 국가 간 불평등 문제를 나타내는 데에 효과적이다.

그림 6-3 생태발자국과 생태용량

출처: WWF–Korea(세계자연기금 한국본부) 홈페이지[81]

80) 생태발자국 관련 데이터는 생태발자국네트워크 https://www.footprintnetwork.org/ 〈최종 검색: 2024. 2. 15.〉에서 확인할 수 있다.

81) https://www.wwfkorea.or.kr/bbs/board.php?bo_table=news&wr_id=216&ht= 〈최종 검색: 2024. 2. 15.〉

보다 구체적으로 지구가 감당할 수 있는 생태용량은 1인당 1.78ha다. 하지만 현재 66억 인구의 생태발자국 지수는 2.7ha다. 인류가 지금처럼 산다면 지구가 1.5개가 더 필요한 것이다. 1인당 생태발자국이 가장 높은 국가는 카타르로 14.3gha에 이르고, 룩셈부르크(13.0), 쿡 아일랜드(8.3), 바레인(8.2), 미국, UAE, 캐나다(이상 8.1), 에스토니아(8.0), 쿠웨이트(7.9), 벨리즈(7.9)에서 1인당 생태발자국 지표가 높게 나타났다. 미국과 캐나다를 제외하면 대부분 산유국이거나 인구가 적어도 기본적 인프라가 필요해 소비수준이 높은 소국들로 구성되어 있다. 반면 예멘(0.5), 동티모르(0.6), 아이티(0.6) 아프가니스탄(0.7), 르완다, 파키스탄, 콩고민주공화국, 모잠비크, 에리트리아, 부룬디(이상 0.8) 등은 매우 낮은 수준을 보이고 있다.[82)]

2019년 국제환경단체 지구생태발자국네트워크(GFN: Global Footprint Network) 조사 결과, 한국인에게 주어진 생태용량은 1인당 0.7gha인 반면, 한국인이 남기는 생태발자국은 1인당 5.7gha에 이르는 것으로 나타났다. 이는 한국의 생태자원을 지속가능한 상태로 유지하기 위해서는 지금보다 8.4배나 큰 땅이 필요하다는 걸 뜻한다.[83)] 우리나라 역시 다른 선진국들과 마찬가지로 생태채무국임을 있음을 알 수 있다.

둘째, 기후정의는 기후변화 정책의 사회적 수용성을 높이려는 정책 수용성의 측면에서도 필요하다. 왜냐하면 기후변화 완화와 적응을 위한 정부의 정책이 정의의 원칙에 기반하고 있을 때 사람들로부터 높은 수용성을 확보할 수 있기 때문이다. 기후변화 문제는 개릿 하딘(Garrett Hardin)이 말한 '공유지의 비극(tragedy of the commons)'이 극명하게 나타날 수 있는 사례다. 공유지의 비극의 관점에서 기후문제의 원인을 보면 생산과 소비활동에서 발생하는 온실가스를 누구나 이용 가능한 대기(공유지)에 배출하는 것이 본인이 처리비용을 부담하는 것보다 더 합리적인 경제행위다. 하딘은 공유지의 비극을 막기 위해 '상호합의된 상호강제'의 필요성을 주장했다. 상호합의는 관련 행위자들의 참여와 책임의 공평한 분배라는 정의의 토대에서 가능할 뿐만 아니라, 합의된 규칙(정책)에 대한 높은

82) 이진우, 앞의 논문, 103-104면.

83) 한겨레신문 2019. 10. 19.자 기사: "한국인처럼 살려면 지구 3.3개 필요하다" https://www.hani.co.kr/arti/society/environment/755585.html 〈최종 검색: 2024. 2. 15.〉

수용성을 확보할 수 있다. 정의의 원칙에 기반을 둔 기후변화 정책은 국가 및 시민들의 기회주의적 행동을 억제하며 집합행동에서 개인의 일탈을 방지한다.

셋째, 기후정의라는 용어에는 여타의 환경문제와 구분되는 기후변화 문제의 독특한 특성을 부각시킴과 동시에 해결 방법으로 '지속가능한 전환(sustainability transition)'이나 '체제 전환(system change)'이라는 보다 근본적 해결책을 강조하기 위한 혁신적 의미를 담고 있다. 기후변화 문제가 여타의 환경문제와 구별되는 가장 큰 특징은 인류문명을 위협할 정도로 광범위하고 심층적이라는 것이다. 1986년 4월 26일 발생한 체르노빌 사건을 '인류학적 쇼크'라고 표현했던 독일 사회학자 울리히 벡(Ulrich Beck)의 표현을 빌리자면, 기후변화는 '문명사적 쇼크'다. 바꿔 말하면 기후변화의 영향력을 놓고 볼 때 여러 환경문제 중 하나로 기후변화 문제를 취급할 수 없다는 것이다. 또한 기후변화 문제 해결은 단순한 개선을 넘어 '체제 전환'을 강조한다. 기후변화 대응은 저탄소사회로의 전환을 분명히 하고, 그 과정에서 과학기술, 사회경제, 생물리적인 것 등에 대한 통합적 접근을 지향한다.[84)]

이러한 기후정의 논의의 필요성에도 불구하고 기후정의 논의에 잠재된 딜레마가 있음에 유의해야 한다. 이와 관련하여 파볼라와 에드거(Paavola & Adger)는 기후정의 담론에 잠재된 몇 가지 딜레마를 지적한다. 첫째, 기후변화 영향에 대하여 선진국은 자신들이 산업화 과정에서 배출한 이산화탄소 누적배출량을 고려할 때 어떠한 책임을 져야 하는가이다. 둘째, 선진국들이 개발도상국들의 기후변화 적응을 위한 비용을 얼마나 부담해야 하는지, 그리고 선진국들 간에 그 부담을 어떻게 분배하는지에 관한 것이다. 셋째, 선진국이 개발도상국에 행하는 개발원조 가운데 환경을 고려한 개발협력, 개도상국의 기후변화 대응을 위한 완화와 적응을 지원하는 개발협력을 의미하는 녹색 공적개발원조(ODA: Official development assistance)를 어떻게 분배하고 기후변화 적응력을 평가해야 하는지에 대한 것이다. 넷째, 어떠한 방법으로 기후변화 적응을 계획하고 결정하는 것이 공정한 것인가와 관련한 딜레마이다. 이러한 딜레마를 해결하는 원칙으로 파

84) 김민재 외, "지속가능성 전환의 관점에서 본 서울시 정책 평가: '공유도시'와 에너지 전환정책을 중심으로", 환경사회학연구 제22권 제2호, 2018, 7-40면.

볼라와 에드거는 '위험한 기후변화 예방하기', '미래지향적인 책임', '가장 취약한 것에 대한 우선 대응', 그리고 '동등한 참여'를 제시하였다.[85)]

2. 기후정의의 개념요소

기후정의는 모두가 가해자이자 피해자라는 인식을 거부한다. 기후변화의 원인으로 지목되는 온실가실 배출과 관련하여 모두가 동일한 수준의 가해자가 아닌 만큼 동일한 수준의 피해자도 아니다. 이러한 관점에서 기후정의 운동이 계급 및 인종에 따른 환경오염의 차별적 피해를 강조한 미국의 환경정의 운동에서 직접적 영향을 받은 것처럼, 기후정의론은 환경정의론의 주요 개념과 문제의식을 공유하고 있다. 환경정의론의 맥락 속에서 기후정의를 보면, 기후정의론 역시 분배적 정의, 절차적 정의, 교정적 정의, 그리고 생산적 정의로 구성해 볼 수 있다.

(1) 분배적 정의: 사회구조와 기후 불평등

기후정의가 커다란 관심을 받게 된 이유는 기후변화를 불러일으킨 원인 제공자와 피해자 사이의 불일치라는 분배적 정의 때문이다. 즉 분배적 정의는 기후정의의 핵심 개념요소로 볼 수 있다. 앞서 환경정의에서 살펴본 것처럼, 분배적 정의는 자유주의 정치철학자인 존 롤즈(John Rawls)의 정의론 핵심 개념으로 재화 및 편익의 분배와 관련된다. 이를 기후정의의 관점에서 보면, 기후위기의 위험과 피해가 지리적·계층적·인종적으로 불균등하게 영향을 미친다는 점을 강조하면서 기후위기에 대한 책임을 어떻게 분배할 것인가, 회복에 필요한 자원을 어떻게 배분할 것인가에 관한 문제로 수렴된다.

전 지구적 차원의 분배적 기후정의와 관련하게 자주 언급되는 원칙이 '역사적 책임의 원칙(historical responsibility principle)'과 '지불능력의 원칙(principle of ability to pay)'이다.[86)] 즉 한편으로, 역사적 책임의 원칙이란 현재의 지불능력이 아닌 산업혁명 이후 누적된 탄소배출량을 기준으로 책임을 배분하는 것을 말한다. 다시 말해, 오염자부담 원칙을 토대로 각국이 지금까지 탄소배출 행위로부

---

85) Jouni Paavola and W. Neil Adger, "Fair adaptation to climate change", *Ecological Economics 56(4)*, 2005, p. 607.

86) Idil Boran, "On Inquiry into Climate Justice", T. Jafry (ed), *Routledge Handbook of Climate Justice*, 2019, p. 30.

터 얻은 이익을 고려해서 부과하는 방식을 선호한다. 또한 과거의 탄소배출 책임을 묻기 때문에 역사적 책임은 교정적 정의 또는 회복적 정의의 성격을 갖는다. 이와 같은 맥락에서 역사적 책임의 원칙에 입각한 기후정의는 흔히 '기후 부채(climate debt)'[87]에 대한 보상의 차원에서 제3세계 국가들이나 개발도상국들에 대한 지원이 이루어져야 한다고 주장한다. 예를 들어 화석연료 채굴 반대운동이 역사적 책임을 거론하며 화석연료 채굴을 중단하는 대신 전 지구적 차원의 보상·지원을 요구하는 것도 비슷한 논리에 따른 것이다. 역사적 책임의 시각에서 보면, 선진국의 제3세계 국가나 개발도상국에 대한 지원은 온정적 지원이 아닌 기후부채에 대한 합당한 보상이 된다. 하지만 온실가스 누적 배출량에 따른 손실과 피해를 구체적으로 추정하여 국제법에 기초한 배상을 이끌어 내는 것은 쉬운 문제가 아니다. 이 때문에 역사적 책임은 흔히 재정·기술 지원을 약속하는 형태로 구체화되고 있는데, 구속력이 없는 만큼 지금까지의 지원 수준은 제3세계 국가나 개발도상국의 요구에 현저히 미치지 못하고 있다.[88]

기후정의는 역사적 책임을 중요시하지만 여러 난점이 있다. 무엇보다 역사적 책임의 원칙은 개인이 아닌 국가에 책임을 부과한다. 그리고 그 책임은 1차적으로 현 세대가 아니라 산업혁명 이후 과거 세대가 배출한 온실가스를 토대로 한다. 이로 인해 탄소배출의 효과를 인식하지 못한 상황에서 과거 세대가 한 행위에 윤리적 책임을 부과하는 것이 타당한지에 대한 의문이 제기된다. 주로 선진국이 역사적 책임을 회피하거나 줄이기 위해 내세운 논리지만 논란의 여지가 있는 게 사실이다. 이로 인해 역사적 책임의 시점은 멀게는 산업화가 시작된 시점까지 거슬러 올라가고 가깝게는 기후변화 논쟁이 일정정도 해소된 20세기 후반까지 내려온다. 또한 국가에 온실가스 감축 책임을 부과하지만, 결과적으로 현 세대의 구성원들에게 비용이 배분된다는 점에서 구성원들 간에 책임을 어떻게 배분할 것인지의 문제가 남는다. 한 국가 안에서도 개인 또는 기업마다 탄소배출에 대한 책임이 다를 뿐더러 비용지불 능력 또한 다르기 때문이다.

87) 기후 부채는 선진국들이 야기한 기후위기에 대한 책임을 명확히 하고, 이를 법률과 정치, 재정의 측면에서 다룰 것을 요구한 것이다. 선진산업국들은 그들이 대기 중에 배출한 온실가스량에 비례하여 개발도상국에 갚아야 할 부채를 지게 되는 것이다(한재각, 앞의 책, 39면).

88) 홍덕화, 앞의 논문, 16면.

다른 한편으로, 지불능력의 원칙이란 현 시점을 기준으로, 감축 및 보상 능력에 비례해서 책임을 분배하는 방식을 의미한다. 간단히 말해, 현재 더 부유하고 앞선 기후기술을 가지고 있는 선진국들이 더 적극적으로 탄소배출에 대한 책임을 지는 것이 분배적 기후정의에 부합하다고 본다. 지불능력의 원칙은 탄소배출의 역사적 책임 문제를 애써 외면한 채 실현가능성에 더 주목한다. 역사적 책임의 원칙과 마찬가지로 지불능력의 원칙 역시 책임 배분의 1차적 대상은 개인이나 기업이 아니라 국가이다. 따라서 국가를 1차적인 책임 대상으로 상정할 때 제기되는 문제인 국가 구성원들 간의 불균등한 탄소배출 책임의 문제가 반복된다. 이와 같은 문제는 지불능력의 원칙과 역사적 책임의 원칙 모두 1차적으로 선진국과 개발도상국 간의 탄소배출 책임의 문제를 겨냥했기 때문에 발생하는 것이라 할 수 있다.[89)]

분배적 기후정의는 주로 전 지구적 차원에서 국가 간 책임과 피해의 불일치 문제에 초점을 맞추었다. 그러나 점차 시간이 흐르면서 국내적 차원에서 분배적 기후부정의가 쟁점으로 대두되기 시작했다. 기후정의가 환경정의의 영향을 크게 받은 만큼 가난한 지역과 취약계층, 원주민 공동체 등 사회경제적 약자에 기후변화의 피해가 더 심각하고 집중되는 문제를 간과했던 것은 아니다. 다만 기후정의 운동이 국제적 차원에서 기후변화 협상을 중심으로 전개되면서 국내적 차원의 분배적 기후부정의는 상대적으로 덜 조명되었을 따름이다. 그러나 지역 차원에서의 기후정의 운동이 확산되고 2000년대 들어 온실가스 감축 계획을 구체적으로 수립해야하는 상황이 되자 한 국가 내에서 누가, 얼마만큼 탄소배출량을 감축할 것인지의 문제를 더 이상 외면할 수 없게 되었다. 온실가스 배출 및 감축 책임 문제가 불거지면서 에너지를 더 많이 쓰고 온실가스를 대량으로 배출하는 산업과 기업, 나아가 부유층이 우선적으로 책임을 져야한다는 주장이 제기되었다. 아울러 홍수, 폭염, 가뭄, 한파 등 기후위기의 피해가 연령, 계층, 인종, 젠더, 지역 등에 따라 차등화 되는 것에 대한 관심이 높아졌다. 그 결과 사회적 격차를 고려하지 않고 온실가스 감축이나 기후재난의 피해를 이야기하기 어려워졌다.[90)]

89) Boran, 앞의 논문, pp. 30-31.

(2) 절차적 정의: 시민 참여의 확대와 기후변화

절차적 기후정의 역시 기후정의의 중요한 개념 요소이다. 절차적 기후정의는 분배적 기후부정의를 해소하기 위해 누가 결정권을 가져야 하는지 물으며, 남반구의 주민이나 빈곤층 등 기후 약자들에게 동등한 참여를 보장할 것을 요구한다. 절차적 기후정의가 중요한 이유는 지리적, 인구통계학적, 사회적 특성에 따라 기후위기 위험에 대한 잠재적인 피해가 다르며, 적응 기술과 대안 방안을 선택함에 따라 위험관리 수준과 비용에 대한 사회적 수용성이 영향을 미치기 때문이다. 특히 기후변화의 피해가 불평등하게 미치는 집단, 사회경제적 취약계층에 대한 특별한 고려를 해야 하고, 정책 과정에서 이들을 포함한 이해관계자들의 실질적 참여와 의사 반영 등이 중요한 고려 사항이 된다.[91]

절차적 기후정의가 제기하는 기후변화 정책 관련 의사결정 과정에서의 차별과 결정권의 격차는 다양한 형태로 나타난다. 우선 국제적인 차원에서 기후변화 당사국총회에 공식적으로 참여할 수 있는 자격은 주권국가에 한정된다. 토착민 공동체, 환경단체, 기후단체 등 비정부기구(NGO)는 협상장 밖에서 시위를 하거나 협상의 주인공인 아닌 관객으로 참여할 수 있을 뿐이다. 단적인 예로 2019년 마드리드에서 개최된 제25차 당사국총회에서 기후활동가들은 단상 점거 시위를 한 뒤 행사장에 입장할 수 없었다. 반면, 글로벌 화석연료 기업과 각종 산업협회는 비정부기구처럼 소란을 일으키지 않더라도 비공식적인 통로를 통해 자신들의 의견을 적극적으로 개진하고 전달할 수 있다. 나아가 당사국총회에 참석한 선진국과 개발도상국 간 발언권의 격차를 무시할 수 없다. 가난한 나라는 당사국총회에 대표단을 파견할 수 없어 자신들의 목소리조차 제대로 내지 못한다.[92]

그리고 국내 차원에서 온실가스 감축 계획이나 기후변화 적응 계획 등 정책 결정 과정의 참여도 기후정의에서 중요하게 다뤄진다. 더불어 알권리의 보장, 정보격차 해소와 같은 실질적 참여를 위한 조건이 절차적 기후정의의 일부로 제

---

90) 한상운 외, 앞의 보고서, 13-14면; 홍덕화, 앞의 논문, 16-17면.

91) 박시원, 앞의 논문, 67면.

92) Dunja Krause, "Transformative Approaches to Address Climate Change and Achieve Climate Justice", T. Jafry (ed), *Routledge Handbook of Climate Justice*, 2019, p. 516.

시된다. 기후정의는 취약성 평가에서 지식의 생산에 이르기까지, 형식적 참여의 확대에서 실질적 참여의 보장까지 다방면에서 시민 참여의 확대를 요구한다.[93)]

기후정의의 절차적 측면은 기후변화 정책을 만들어가는 과정에서 이해관계자들의 의미 있는 참여를 어떻게 이끌어 내고, 보장하고, 되먹임(피드백) 과정을 구축할 것인가와 밀접하게 연결된다. 절차적 측면의 기후정의는 생태민주주의에 기반을 둔 기후변화 적응 정책을 제안하는 것이기도 하다. 생태민주주의는 "사회경제적 약자와 미래세대는 물론 비인간존재의 내재적 가치를 인정하고, 이들이나 이들의 대변인 혹은 후견인들이 이들의 권리와 복지를 실현하기 위해 소통하고 숙의하고 행동하는 정치"[94)]라고 할 수 있다. 이는 의사결정 과정의 참여주체로 구분해 보면, 다양한 사회계층의 현세대, 미래세대와 같은 인간 존재뿐만 아니라 비인간 존재까지를 포함한다. 절차적 기후정의는 현세대의 참여를 넘어 미래세대와 비인간 존재의 이해관계까지를 의사결정 과정에 반영해야 한다는 것이다. 특히 유럽을 중심으로 청소년 기후운동이 큰 호응을 얻으면서 기후문제와 관련해 미래세대의 이해관계가 주목받고 있다. 미래세대의 권리, 참여를 옹호하는 이들은 '숙의'와 같은 방식을 통해 미래세대의 이해관계를 반영하고 일정 수준의 참여를 이끌어낼 수 있다고 본다.

그러나 존재하지 않는 미래세대가 현재 시점에서 어떻게 권리 주체가 될 수 있는지는 여전히 논란이 되고 있다. 특히 기존의 정의 개념이 대부분 가시적인 권리 주체나 주장자를 전제하는 데 반해, 미래세대는 부존재하기 때문에 현재의 권리 주체 법리로는 해결하기 어려운 문제가 있다.[95)] 이미 1987년 이후 지속가능한 발전 개념을 통해 '미래세대의 가능성을 손상시키지 않아야 한다'는 규범이 환경정책의 윤리적 규범으로 널리 수용되고 있다. 그럼에도 불구하고 환경정책과 관련한 실제 의사결정 과정에 미래세대의 참여는 보장되고 있지 않다. 이러한 상황을 고려할 때 절차적 기후정의에 있어 빼놓을 수 없는 것이 미래세대의 이해와 참여를 어떻게 보장할 것인가라 하겠다.[96)]

---

93) J. Fritze and J. Wiseman, "Climate Justice: Key Debates, Goals and Strategies", in: J. Moss (ed.), *Climate Change and Social Justice*, Melbourne University Press, 2009. pp. 187-211.

94) 구도완, "생태민주주의의 꿈", 2017 한국사회학회 심포지움 논문집, 2017, 280면.

95) Boran, 앞의 논문, pp. 34-35.

96) 한상운 외, 앞의 보고서, 16-17면; 홍덕화, 앞의 논문, 17-18면.

(3) 교정적 정의: 규제 수단과 기후변화

로버트 쿤(Robert R. Kuehn) 교수가 적절히 언급한 것처럼, 교정적 정의는 법을 어긴 사람들에 대한 형벌의 적정한 부과뿐만 아니라, 책임이 있는 손실을 복구할 의무도 포함한다.[97] 따라서 교정적 정의는 기후변화 문제에 대부분의 책임이 있는 선진국이나 글로벌 화석연료 기업 등이 온실가스 감축 비용을 전액 또는 대부분을 부담하는 방식 – 즉 부유한 선진국들에게만 탄소배출 제한이 강제되거나 상대적으로 온실가스 배출권을 적게 가져야 하고 그들은 계속해서 오염시키기 위해 그들의 배출권을 위해 가난한 나라들에게 지불하는 방식 – 으로 책임을 져야 하며, 행정이나 사법이 기후위기에 취약한 집단의 요구에 민감하게 반응할 것을 요구한다.[98] 기후위기의 책임 비용과 회복에 필요한 비용을 배분하는 과정에서 오류가 있을 경우, 이를 사법심사 등의 별도의 절차를 통해서 추후 교정할 수 있다는 의미에서 교정적 정의는 넓은 의미에서 분배적 정의에 포섭할 수 있다. 하지만 절차적 정의가 침해되었을 경우에도 이를 교정하는 것을 교정적 정의로 볼 수도 있다는 측면에서 반드시 교정적 정의가 분배적 정의의 부분집합이라고 볼 수는 없다.[99]

현재 기후변화에 대해 정부는, ① 직접 개입과 직접적 규제, ② 경제적 유인책, ③ 홍보, 그리고 ④ 환경과 기후 관련 교육이라는 네 가지 정책적 수단을 사용할 수 있다. 정부가 기후변화로 발생한 기후부정의를 개선할 목적으로 기후부정의에 대한 기준과 규정을 만들어 온실가스를 기준치 이상으로 고의적이고 반복적으로 다량 배출하는 오염자에 대해 행정적 제재(과태료 부과, 과징금 부과, 영업정지 등) 및 형사적 제제의 부과를 통해 직접적으로 규제할 수 있다. 이러한 직접적 규제는 규제 효과를 신속하게 얻을 수 있고 규제의 결과를 예측할 수 있다는 장점을 가진다. '재산권 보호'와 '환경 보호'가 서로 충돌할 가능성이 높은 글로벌 자본주의 체제 하에서 재산권을 제한할 수 있는 효과적인 방안이 직접적 규제의 강점이다. 다시 말하면 글로벌 자본주의 체제 하에서 자본과 노동 사이

97) Kuehn, 앞의 논문, 2000, p. 10693.
98) 정영신, 앞의 논문, 261면.
99) 박시원, 앞의 논문, 58면.

에 기울어진 힘의 권력 관계가 존재하는 현실에서 기울기의 축을 변경하는 효과적인 규제 수단은 기후변화 야기에 중대한 책임이 있는 글로벌 화석연료 기업의 권한을 제한하거나 실질적으로 기업의 책임을 강화하는 방법이다.[100]

(4) 생산적 정의: 정의로운 전환(jusices transition)과 기후변화

생산적 정의는 자유주의적 환경정의에서 강조하는 분배적 정의 및 절차적 정의에 대한 비판으로 등장했다. 생산적 정의는 환경위험을 균등하게 배분하는 데 관심을 갖기보다 위험이 생산되지 않도록 통제하고 예방하는 데 더 많은 관심을 기울인다. 위험이 생산되는 과정을 통제할 수 있는 절차의 강화, 즉 자본 투자 결정에 대한 민주적 참여의 강화를 요구한다. 따라서 생산적 정의는 분배적 정의를 보완하고 절차적 정의를 실질화 하는 측면이 있다.[101] 생산적 정의는 인간에 의한 자연 환경의 변형을 부정하는 것이 아니라, 자연 환경 변형의 목적이 어디에 있느냐를 문제 삼는다. 현재 자연 환경 변형의 내용과 규모, 방법 등은 인간의 필요에 의해서가 아니라, 기업의 이윤추구에 의해 결정된다는 점을 강조한다. 따라서 생산적 기후정의의 맥락에서 기후변화의 직접적인 원인인 대량의 이산화탄소를 배출하는 자본주의가 문제의 핵심임을 지적하면서, 재생에너지에 기반을 둔 저탄소사회로의 전환을 강조한다. 즉 '문제는 탄소가 아니라 자본주의다'라는 것이다.[102] 기후위기는 끊임없이 이윤을 추구하는 자본주의 성장 시스템에 의해서 채굴주의 방식으로 자연을 착취휘하며 온실가스와 같은 폐기물을 자연에 쏟아 낸 결과이기 때문이다. 따라서 자본주의 경제성장 중심체제를 변혁하지 않고서는 기후위기를 해결할 수 없다는 것이다.

주류적 입장은 재생에너지에 기반을 둔 저탄소・탈탄소 녹색사회로의 전환을 강조하지만, 그 실현을 위해서는 화석연료에 바탕을 둔 막강한 산업계의 장벽을 뛰어넘어야 한다. 그래야 증가하는 온실가스 배출량을 정체시키거나 줄일 수 있기 때문이다. 자본주의 생산과 소비 체제 하에서 화석연료가 필요한 생산방식을

100) 김민정, "기후정의와 마르크스주의", ECO 제24권 1호, 2020, 74면.

101) 박재묵, "환경정의 개념의 한계와 대안적 개념화", 환경사회학연구 ECO 제10권 제2호, 2006, 75-114면.

102) 나오미 클라인(Naomi Klein)/이순희(번역), 『이것이 모든 것을 바꾼다: 자본주의 대 기후』, 열린책들, 2014.

계속 유지하면서 에너지원을 기존 석탄, 석유, 천연가스 등과 같은 화석에너지원이 아닌 태양광, 풍력, 수력 등 재생에너지원으로의 전환'만'을 요구하는 에너지전환은 기후변화를 멈추기에는 미흡하다. 따라서 주류적 관점과 달리 마르크스적 관점에서 생산적 정의는 직접 생산자가 자연을 합리적으로 통제하면서 소외되지 않은 노동을 통한 인간 욕구가 실현한 상태를 의미함을 강조한다. 이는 인간과 자연보다 이윤과 성장을 우선하는 착취적·추출적 정치경제 체제로부터 평등하고 민주적이며 생태적으로 지속가능한 정치경제 체제로의 전환을 의미한다. 이러한 상태는 생산 공정을 친환경적으로 변경하거나, 노동자 및 노동조합의 경영 참여, 저탄소·탈탄소 경제와 녹색 일자리의 상생 방안 등을 의미하는 것이 아니다. 마르크스적 관점에서 생산적 정의를 실현하기 위한 녹색 산업구조 전환 및 노동자의 경영 참여 등은 전술적 차원에서 고려할 수 있는 것인지, 이러한 방안이 전략이나 목표가 아니라는 점에 유의할 필요가 있다고 한다.[103] 이러한 관점에서 생산적 정의를 실현하기 위한 목표는 단지 생산수단(기계/토지/자원)의 사적소유 관계만이 아니라, 생산수단과 생산조건 전반에 대한 민주적 통제를 확립하고, 생산의 내용, 성격과 조직 자체를 탈자본주의화하고 녹색화하는 대안적 정치경제 체제를 구축하는 데 있다.[104]

주류적 관점이든 마르크스적 관점이든 생산방식에 있어서 화석연료에 대한 의존도를 현저히 낮추고 재생에너지 확대, 녹색기술 및 녹색산업을 새로운 경제성장의 동력으로 하는 저탄소·탈탄소 녹색사회로의 전환의 중요성을 부인할 수 없다. 이러한 저탄소·탈탄소 녹색사회로의 전환은 기후위기의 주요한 해결방법이지만, 동시에 에너지·자원 집약형 산업 부분의 대대적 구조조정과 결합되어 있기 때문에 고용 부분에서 커다란 갈등과 변화를 불러온다. 따라서 생산적 기후정의에서는 생산 부문에 있어 '노동(계급)'에 대한 고려를 특별히 강조한다. 노동조합 및 국가의 노동정책은 기후변화 문제와 일자리 문제의 연결점을 적극적으로 고민해야 하는데, 이른바 '정의로운 전환(justices transition)'이 바로 이러한 고민의 결과이다. 정의로운 전환은 "유해하거나 지속가능하지 않은 산업과 공정

103) 김민정, 앞의 논문, 62-63면.

104) 기후정의포럼, 『기후정의선언 2021』, 한티재, 2021, 56-57면; 정록, "기후위기, 불평등의 위기", 황해문화 2022 봄, 2022, 70-71면.

을 친환경적인 것으로 전환하도록 하면서, 이 과정에서 노동자들의 경제적, 사회적 희생이나 지역 공동체에 피해가 발생하지 않도록 교육훈련과 재정적 지원을 보장한다는 원칙, 그리고 이를 뒷받침할 일련의 정책 프로그램"이라고 정의할 수 있다.[105] 이 개념은 1970년대 미국에서 석유와 화학, 핵발전소 부문의 일자리 감소에 대한 노동자 보상 및 교육, 재훈련의 기회를 지원하는 '노동자를 위한 슈퍼펀드' 제안으로 표면화되었다. 정의로운 전환은 노동자의 알권리, 위험노동 거부 권리를 넘어서 유해산업의 전환이 노동운동의 요구로 자리 잡는 데 큰 역할을 했다. 이러한 정의로운 전환은 캐나다 노동조합총연맹에 의해 세부 내용이 보다 구체화되었다. 1999년 캐나다 노동조합총연맹이 제안한 정의로운 전환 프로그램의 주요 내용은 아래와 같다.[106]

- 공정함: 정의로운 전환이란 어떠한 이유에서든지 고용주가 공장(산업) 문을 닫을 때 노동자와 그 산업에 의존하고 있던 공동체를 정당(공정)하게 처우하는 것을 말한다. 이것은 도덕적으로, 정치적으로 필수적인 것이다.
- 재고용 또는 대체 고용: 정의로운 전환의 주요 목표는 임금, 혜택, 노동기간의 손실 없이 고용이 지속되는 것을 의미한다. 일자리가 최소한 보전할 가치가 있는 일이어야 한다.
- 보상: 고용의 지속성이 불가능한 상황에서 정당한 보상은 다음 대체 수단이다.
- 지속가능한 생산: 정의로운 전환의 핵심은 더 지속가능한 생산수단과 그것을 지지할 수 있는 서비스 부문으로의 이동이 전제되어야 한다는 것이다.
- 프로그램: 정의로운 전환은 사안에 따라 다양한 방법으로 표현될 수 있다. 그러나 반드시 발생하는 환경 변화에 대처하기 적합한 프로그램이 포함되어야 한다.
  1. 일자리를 잃은 노동자들을 위한 대안적인 고용 제공
  2. 실업보험과 공공임대 주택 등을 통한 수입의 보전
  3. 공공부문/서비스 부문의 일자리 창출과 새로운 산업 육성을 통한 공동체 지원
  4. 일자리를 잃은 노동자를 우선적으로 고용
  5. 일자리를 잃은 노동자에게 교육 및 재훈련 기회 제공

105) 김현우, 『정의로운 전환』, 나름북스, 2014, 28면.
106) 안준관 외, 『기후변화와 노동계의 대응 과제 – 정의로운 전환을 위하여 –』, 발전노조, 2008.

6. 지속가능한 생산방식을 위한 연구 개발
7. 지속가능한 산업과 서비스를 위한 공공투자 자금 제공

이러한 정의로운 전환 개념과 내용은 2010년 국제 노동조합(ITUC: International Trade Union Confederation) 제2차 총회에서 기후변화에 대한 노동 진영의 적응 방식으로 공식 채택되었다. 기후변화 적응과 관련된 노동 진영의 정의로운 전환의 핵심은 기후변화 및 관련 정책이 일자리 상실의 위험과 그에 대한 대비, 노동을 배제한 비민주적 의사결정 과정의 위험성, 지역경제의 황폐화 문제 등을 고려해야 한다는 것이다.[107]

유엔 「기후변화협약」 체제에서 기후변화 문제와 노동 문제에 통합적으로 접근해야 한다는 '정의로운 전환'이 공식적으로 논의되기 시작한 것은 비교적 최근의 일이다. 2010년의 「칸쿤협정」은 정의로운 전환에 대해 다음과 같이 선언했다.[108]

> 기후변화에 대처하기 위해서는 사람들에게 실질적인 기회를 제공하고, 지속적인 고도성장과 지속가능한 발전을 보장하는 저탄소사회를 구축하기 위한 패러다임 변화가 필요하다. 새로운 패러다임은 혁신 기술, 지속가능한 생산·소비·삶의 양식에 기반하고 있으며, 양호한 노동과 양질의 일자리를 창출하도록 해주는 노동력의 정의로운 전환을 보장한다.

또한 2015년 채택된 「파리협정」에서 정의로운 전환의 개념은 "국가별로 정의된 발전의 우선순위에 따라 노동력의 정의로운 전환과 괜찮은 노동과 양질의 일자리 창출에 관한 긴요함을 고려해야 한다."라는 문구로 반영되었다. 이는 기후변화 대응을 위한 사회 및 정책전환에 있어 특정 집단, 특히 노동계급에게 일방적으로 비용과 고통을 전가해서는 안 된다는 점을 강조한다. 나아가 정의로운 전환은 개별 노동자의 일자리 전환 및 재배치를 넘어서 지역 공동체의 재활성화

107) 아나벨라 로젬버그/김현우(번역), "국제노동조합연맹과 지구적 환경 노조 정책의 발전", 노라 래첼, 데이비드 우젤(편), 녹색 노동조합은 가능하다, 이매진, 2019, 53면.

108) UNFCCC(2011: Decision 1/CP.16: para. 10). chrome-extension://efaidnbmnnnibpcajpcglclefindmkaj/https://unfccc.int/resource/docs/2010/cop16/eng/07a01.pdf 〈최종 검색: 2024. 2. 15.〉

를 모색한다. 전환으로 인해 지역경제가 위축되고 지역 공동체가 쇠락하는 것을 막기 위해 지역경제의 다원화 계획을 수립하여 새로운 산업으로 투자를 유도한다. 이처럼 정의로운 전환은 고용문제, 지역경제 활성화 그리고 기후변화에 대한 적응이 서로 대립적인 관계가 아니라 상생할 수 있다는 가능성을 제시한다.[109)]

3. 기후정의 운동의 분화

2007년 결성된 대표적인 국제적 기후정의 운동 단체인 '기후정의네트워크'는 선진국들의 온실가스 배출에 대한 역사적 책임과 지속불가능한 생산과 소비 방식을 지적하면서, 저탄소 경제로의 전환을 시급히 추진하고, 동시에 개발도상국들이 탄소 집약적 산업화 모델에서 벗어나도록 자원과 기술을 지원할 것을 요구하였다. 그러나 이들의 요구는 큰 결실을 보지 못하였고, 기후변화 국제 협상장에서 선진산업국들과 글로벌 화석연료 기업들은 탄소배출 감축과 개발도상국에 대한 재정과 기술이전 의무를 회피해가 위해 직·간접적으로 애를 썼으며, 개발도상국들은 경제성장을 추구하기 위해 민중과 자원에 관한 권리를 파는데 바빴다.[110)] 특히 2009년 12월 덴마크 코펜하겐에서 개최된 제15차 기후변화협약 당사국총회는 기후정의 운동이 확산되는 데 있어 중요한 분기점이 되었다. 무엇보다 코펜하겐 당사국총회가 구속력 있는 합의를 이끌어 내지 못하면서 '기후변화에서 기후정의로' 기후정의 운동의 프레임이 바뀌었다고 평가할 만큼 기후정의 운동이 확산되었다. 기후변화협약 당사국총회와 같은 국제무대를 중심으로 주류 환경단체가 주도 해온 실용적, 협력적 대응이 별다른 성과를 거두지 못하면서 기후정의 운동 내에서 급진적 기후정의 운동이 영향력을 확대해 나갔다. 북미 지역의 송유관건설반대운동에서 볼 수 있듯이, 상당수의 기후정의 운동 단체가 지역에서 글로벌 화석연료 기업들과 적극적으로 싸우는 것으로 방향을 틀었다. 이처럼 기후정의 운동의 급진화가 일어나면서 녹색 자본주의에 대한 기대는 줄고 자본주의 체제 비판이 화두로 떠올랐다.[111)]

109) 한상운 외, 앞의 연구보고서, 18-19면; 홍덕화, 앞의 논문, 25-26면.
110) 한재각, 앞의 책, 44-45면.
111) 홍덕화, 앞의 논문, 19면.

이처럼 기후정의 운동은 '개혁주의'의 흐름과 '변혁주의' 흐름으로 크게 구분되어 계속 발전해 가고 있다. 전자는 기후 가해자와 피해자의 형평성을 강조하면서 불평등의 시정을 요구하는 '사회통념상 기후정의' 이념에 근거하여 의회주의, 전문가주의, 실용론을 통해 문제 해결을 시도한다. 반면에 후자는 기후위기를 불평등한 사회구조와 직접적으로 연결시키는 '급진적 기후정의' 이념에 근거하여 아래로부터의 정의로운 전환을 추구한다. 그리고 개혁주의와 변혁주의 사이에는 원론적으로 변혁주의 입장을 따르지만, 정책 제시와 개혁적 수단의 급진화를 추구하는 '좌파 개혁주의' 흐름 또한 존재한다.

이러한 기후정의 운동의 양립과 분화는 전 지구적 규모의 기후정의 운동 흐름과 유사하다. 즉 기후정의 운동이 지구의 벗(Friends of the Earth)이나 그린피스(Greenpeace)처럼 기존의 글로벌 비정부기구(NGO)를 중심으로 '기후변화' 프레임을 내세우는 운동과 라이징 타이드(Rising Tide)나 기후캠프(the Climate Camps)처럼 급진적이고 직접적 행동에 의한 대중 조직화에 방점을 두는 '기후정의' 프레임의 운동으로 분화되어 가고 있다.[112)]

기후정의 운동은 내부의 분화로 인해 단일한 전략적 방침을 가지고 있지는 않으나, ① 매년 열리는 기후변화협약 당사국총회에 대한 개입, ② 화석연료 추출 산업에 대한 저항, 그리고 ③ 글로벌 화석연료 기업들이 주도하는 '잘못된 해결책'에 대한 비판이라는 세 개의 공통된 활동 방향을 가지고 있다. 특히 기후정의 네트워크는 기후협상 장에서 힘을 얻고 있는 '녹색 케인주의(green keynesianism)'에 기초한 그린 뉴딜 정책과 기업들이 내놓은 '잘못된 해결책'을 비판하면서 자신들의 '진정한 해결책'을 제시하는 데 주력하고 있다.

'그린 뉴딜(Green New Deal)'은 '그린'과 '뉴딜'의 조합으로, '그린'은 환경문제를 발생시키지 않고, 파괴적 인프라를 지원하지 않으며, 빈곤층과 노동자를 희생시켜 부와 이득을 소수에게 몰아주는 불공평한 방식에서 벗어나 경제를 현대화하는 것을 의미하고, '뉴딜'은 세계 제2차 대전 시기에 인력과 자원을 동원한 것처럼 대규모 정부 사업으로 생산적이고 높은 임금의 일자리 수백만 개를 만들어 경제 번영을 이루는 것으로 정의할 수 있다.[113)] 특히, 2009년 유엔환경계획

112) 정영신, 앞의 논문, 242면.

(UNEP)은 기후변화, 환경 악화, 빈곤을 해결할 경제와 고용 대안으로 세계 그린 뉴딜 정책 보고서를 발간하였는데, 여기서 주요 투자 분야로 ① 건물 에너지효율 개선, ② 풍력, 태양광, 지열, 바이오매스 포함한 재생가능에너지, ③ 하이브리드 자동차, 고속철도, BRT(Bus Rapid Transit) 지속가능한 교통, ④ 깨끗한 물, 숲, 토양, 산호초 보전을 담은 생태 인프라 보전과 지속가능한 농업을 제시하였다.[114] 2012년 미국 녹색당 대선후보 질 스타인(Jill Stein)은 낡은 회색 경제를 지속가능한 경제로 전환할 대안으로 그린 뉴딜 공약을 발표하였다. 2030년까지 온실가스 배출 넷 제로(net zero)와 재생가능에너지를 통한 100% 전력 생산으로 기후위기에 맞서며, 경제권리 장전으로 건강보험, 모두에게 안정적인 주거, 생계 임금을 보장받는 일자리, 대학 무상교육 정책을 제시하였다.[115] 그리고 2019년 2월 7일 미국 민주당 소속 최연소 하원의원 알렉산드리아 오카시오-코르테즈(Alexandria Ocasio-Cortez)를 민주당 하원의원 64명과 상원 의원 9명은「그린 뉴딜 결의안(Alexandria Ocasio-Cortez 2019)」을 제출하였다. 미국 사회가 직면한 '기후변화'와 '경제적 불평등'을 해결할 대안으로 그린 뉴딜 정책을 제시한 것이다. 결의안은 총 14쪽이며, 1.5°C IPCC 특별보고서로 시작해 미국 사회에 뿌리 깊은 경제적 불평등과 차별문제에 대해 강조하고 있다. IPCC 보고서에 따르면, 2030년까지 온실가스를 2010년 대비 40~60% 감축하고, 2050년에 넷 제로를 달성해야 한다. 결의안은 2014년 기준 전 세계 온실가스 배출량의 20%를 차지하는 미국이 경제전환을 통해 온실가스를 줄이고 배출량 제로를 달성해야 한다는 것을 강조하고 있다. 연방정부가 그린 뉴딜 정책을 펼쳐야 할 의무로, ① 지역 공동체와 노동자를 위한 공정하고 정의로운 전환을 통해 온실가스 배출 제로 달성, ② 미국 시민 모두를 위한 수백만 개의 좋은 일자리 창출과 경제적 번영·안정 보장, ③ 21세기 위기에 대응해 지속가능성을 위한 인프라와 산업 투

---

113) Robert C. Hocket and Rhiana Gun-Wright, "The Green New Deal: Mobilizing for a Just, Prosperous, and Sustainable Economy", *Cornell Legal Studies Research Paper No. 19-09*, 2019, pp. 1-15.

114) UNEP 2009. Global Green New Deal: Policy Brief, March. htps:/www.minambiente.it/sites/default/files/archivio/alegati/rio_20/unep_global_gren_new_deal_eng.pdf 〈최종 검색: 2024. 2. 15.〉

115) https://www.gp.org/green_new_deal 〈최종 검색: 2024. 2. 15.〉

자, ④ 모든 시민과 이후 세대를 위한 깨끗한 공기와 물, 기후변화 피해로부터 지역 공동체 회복력 향상, 건강한 식품, 자연과 지속가능한 환경에 대한 접근권 보장, ⑤ 모든 사회경제적 약자(원주민, 유색 인종 공동체, 이민자 공동체, 비 산업화한 지역 공동체, 인구소멸 위기의 농촌 공동체, 빈곤층, 저소득층 노동자, 여성, 노인, 집이 없는 사람들, 장애인, 청소년 등)에 대한 억압을 멈추고 정의와 형평성 증진을 명시하고 있다. 그린 뉴딜 결의안에서 10년 내에 추진해야 할 14개 주요 프로젝트의 내용과 3대 지향 목표는 다음과 같다(〈표 6-4〉 참조).

표 6-4 그린 뉴딜 결의안에서 10년 내에 추진해야 할 14개 주요 프로젝트

■ 국가적으로 14개의 인프라와 산업 프로젝트에 투자. 전 분야에 걸쳐 온실가스와 오염을 줄이기 위한 것으로 10년 이내에 실현해서 성과를 만들어야 할 프로젝트
1. 기후변화 재해로부터 복원력을 높이기 위한 인프라 구축 2. 미국의 모든 인프라를 기후변화 재난 대응과 깨끗한 물, 온실가스 감축 차원에서 개선 3. 청정에너지, 재생가능에너지, 탄소 배출제로 에너지를 통한 100% 전력 생산 4. 합리적인 가격으로 전기를 사용할 수 있도록 에너지 효율적이고 분산된 스마트 그리드 구축 5. 에너지효율 향상을 위해 모든 건물 개선 6. 산업 부문에서 청정 공정 방식 확산(태양광 패널 산업, 풍력터빈 공장, 배터리 및 저장 산업, 에너지효율), 산업공정에서 오염과 온실가스 배출 방지 7. 농민·목장주와 협력하여 지속가능하고 오염과 온실가스 배출이 없으며 건강한 먹거리를 생산할 수 있는 식량 시스템 구축, 독립적인 가족농 확대 8. 오염과 온실가스 배출이 없는 교통체계 수립, 초고속 열차망 건설, 대중교통 확충으로 내연기관 차량대체 9. 기후변화와 오염으로 인한 장기적인 건강 악화 완화 10. 숲 가꾸기, 보전, 자연복원을 통해 대기 중 온실가스를 줄이고, 오염 해결 11. 훼손되고 위협받는 모든 생태계 복원 12. 기존 유해폐기물로 버려진 땅을 정화하고 경제적으로 활용하여 지속가능성 증진 13. 새로운 탄소 배출원을 확인하고 온실가스 제거 해결책 마련 14. 미국이 기후변화 대응 선두주자로서 지도력을 발휘하면서 세계 그린 뉴딜 정책에 대한 정보, 기술, 전문성, 성과 공유

출처: https://www.congress.gov/116/bills/hres109/BILLS-116hres109ih.pdf

:: 그림 6-4 그린 뉴딜의 3대 지향 목표

출처: 이유진, 『그린 뉴딜(Green New Deal), 시사점과 한국사회 적용』, 국토연구원, 2019, 8면.

그러나 이러한 그린 뉴딜정책에 관해 그린 뉴딜은 자본주의 위기관리를 위한 또 다른 형태의 성장 전략에 불과하다는 비판이 제기되고 있다. 이러한 문제점을 극복하기 위해 기후정의 운동과 연결된 급진적 그린 뉴딜은 사회경제적 약자들의 연대, 새로운 정치적 동맹을 강조한다. 예를 들어 그린 뉴딜의 실현을 위해 정치적 동맹을 재구축할 필요성을 제기하며, 자본 분파의 균열을 확대하고 노동계급의 역할을 강화해야 한다는 견해가 제시되고 있다. 즉 그린 뉴딜을 매개로 노동계급의 연대를 강화하고 탄소집약적 산업과 저탄소 산업 간의 균열을 확대시켜 계급적 동맹 관계를 재편하는 것을 그린 뉴딜의 실천 전략으로 제시한다.[116] 그린 뉴딜의 주요 쟁점 중 하나는 공적 투자를 위한 재원 조달 방안이다. 부유세, 누진세 강화가 재원 확보 방안으로 자주 언급되는데, 이는 그린 뉴딜의 곳곳에 계급적 쟁점이 내포되어 있음을 시사한다.[117] 이러한 계급적 쟁점을 강조하여 계급적 동맹 관계를 재편하자는 것이다. 다만 이와 같은 급진적 그린 뉴딜을 실현하기 위한 정치사회적 전략이 아직 뚜렷하게 확립된 것은 아니다. 온

116) Keith Brown et. al., "A Real Green New Deal Means Class Struggle", 2019. https://jacobinmag.com/2019/03/green-new-deal-class-struggle-organizing 〈최종 검색: 2024. 2. 15.〉

117) Ray Galvin and Noel Healy, "The Green New Deal in the United States: What it is and how to pay for it", *Eenrgy Research & Social Science 67*, 2020, pp. 1-9. https://doi.org/10.1016/j.erss.2020.101529 〈최종 검색: 2024. 2. 15.〉

실가스 감축 목표가 선명해지고 목표 시점이 단축되는 것에 비해 정작 이를 실현할 수 있는 구체적 실천 방안은 모호하다는 비판이 제기될 수 있다. 따라서 급진적 그린 뉴딜은 기후정의에 함축된 반자본주의적 탈성장을 실현하기 위한 전략을 놓고 격렬한 논쟁이 불가피한 상황이다. 기후정의에 입각한 급진적 그린 뉴딜을 추구하는 이들은 투자자, 소비자 간의 상호 연대가 아닌 사회경제적 약자들의 연대 구축, 새로운 정치적 동맹의 형성을 이끌어 내야 하는 커다란 과제가 앞에 놓여있다.[118)]

한편 기후정의네트워크가 꼽는 잘못된 해결책들은 탄소 상쇄, 삼림에 대한 탄소거래, 바이오연료, 대형 다목적 댐, 유전자 조작, 플랜테이션, 무역 자유화와 사유화 정책들로, 이런 시장경제에 기반을 둔 제도들은 기후변화협약의 '공통의 그러나 차별화된 책임', '세대 간 형평성', 그리고 '오염자부담원칙' 등을 훼손하며, 원주민, 농어촌 공동체, 특히 여성들에게 피해를 가중시킨다고 주장하고 있다. 예컨대 탄소거래제는 북반구 선진국들이 "자국 내에서 배출 감축을 피하도록 정교하게 설계된 제도"이며, 그 일환으로 추진되는 대형 댐이나 플랜테이션 등은 탄소배출을 줄이는 데 실패할 뿐만 아니라, 지역 공동체와 원주민을 희생시키고 자연 세계의 사유화와 기업화를 가속시킨다고 한다. 이에 맞서 기후정의네트워크는 '진정한 해결책'을 다음과 같이 제시하고 있다.[119)]

- ○ 지구적 북반구와 남반구 엘리트의 과도한 소비 축소
- ○ 역사적 책임과 '생태부채'에 기초해 군비 축소, 조세 혁신, 부채탕감을 수단으로 북반구에서 남반구로 대규모 재정 이정
- ○ 화석연료 채굴의 중단, 그리고 숲 개간 및 개간의 근본 원인 종식
- ○ 에너지 효율, 지역 공동체 주도의 재생가능에너지, 대중교통에 대한 투자 확대와 에너지 전환의 이행
- ○ 원주민의 토지권(land rights)을 강화하고, 에너지, 삼림, 토지와 물 등의 천연자원에 관한 민중의 주권을 고취하는 권리 기반의 자원 보존
- ○ 지속가능한 가족농업과 식량주권의 이행
- ○ 생산과 소비를 재지역화하고 지역 시장을 우선할 것

118) 홍덕화, 앞의 논문, 36-37면.
119) 기후정의네트워크의 발리 성명서(2007)과 포츠난 성명서(2008)에서 제시한 주장을 종합한 것이다.

○ 핵에너지와 청정 석탄과 같은 잘못된 해결책의 추가를 포기하고 산업 전환으로 피해를 보는 노동자와 다른 사람들의 권리 보호
○ 현재의 젠더 부정의를 인식하고, 여성을 정책결정 과정에 참여시켜 젠더 정의 보장

4. 기후부정의에 대한 대응 수단으로서 '기후유죄 조항' 비판에 대한 반론

미국 시카고 대학교 로스쿨 국제법 교수인 에릭 포스너(Eric A. Posner)는 2010년 데이비드 바이스바흐(David Weisbach)와 공동 저술한 ≪기후변화 정의(Climate Change Justice)≫[120]에서 기후정의의 개념 요소 가운데 교정적 정의가 기후변화 문제를 설명하는 데 적합하지 않다는 논리를 전개하였다. 교정적 정의에 따르면, 한 개인이 다른 사람에게 손해를 입힌 경우 가해자는 그 피해자에게 금전과 같은 구제를 제공해야 한다. 기후변화 문제에 교정적 정의 개념을 적용하여 개발도상국과 그 지지자들은 기후변화 문제가 미국을 포함한 부유한 선진국들에 의해 야기되었거나 대부분 야기되었기 때문에, 그들은 온실가스 감축 비용의 대부분을 북반부 선진국들이 부담해야 한다고 주장한다. 이러한 주장에 대해 포스너는 온실가스 감출 비용부담, 더 나아가 기후변화를 야기한 불법행위자를 형사처벌하기 위해 '기후유죄 조항(a climate guilt clause)' 신설을 통해 직접적으로 규제하는 것은 지금까지 잘못된 행동을 하지 않는 사람들(구체적으로 미국과 미국인들)로 하여금 지금까지 피해를 받지 않았던 사람들(구체적으로 남반부의 사람들과 개발도상국 사람들)에게 구제를 강제하도록 하거나, 형사처벌의 가능성을 열어두는 것이기 때문에 지지할 수 없다고 한다.[121] 그러나 이러한 포스너 교수의 견해에 대해서는 다음과 같은 관점에서 재반박할 수 있다.

(1) 불법행위자 문제(The Wrongdoer Problem)

교정적 정의는 일반적으로 가해자로 하여금 자기의 행위로 인하여 야기한 피

120) Eric A. Posner and David Weisbach, *Climate Change Justice*, Princeton University Press, 2010.
121) Posner & Weisbach/이은기(번역), 『기후변화 정의』, 서강대학교출판부, 2014, 152-158면.

해에 대해 배상할 것을 요구한다. 이를 위해서는 일차적으로 도덕적으로 비난받을 만한 행동을 한 가해자를 확인할 수 있어야만 한다. 이와 관련하여 포스너는 기후변화 문제에 대해 "단순히 모든 미국인이나 다른 선진국에 사는 모든 개인들에게 도덕적으로 비난받을 수 있는 가해자라고 낙인찍을 수는 없다."라고 한다. 그 근거로 미국 통계청에 의하면 미국 국민의 54.5%가 1975년 이후에 태어난 사람들이고, 이들은 미국의 탄소배출량의 절반 이상에 해당하는 1975년 이전의 배출에 대해서는 책임이 없다는 점, 현대의 많은 미국인들은 미국의 현재 에너지 정책을 지지하지 않으며, 자신들의 행동으로부터 발생한 온실가스 배출을 줄이기 위해 희생하고 있는데 이런 사람들에게 과거에 살았던 사람들의 잘못된 행위에 대해 책임을 지는 것은 잘못된 것이라는 점, 많은 미국인이 과거의 온실가스 배출로 이익을 본 것은 사실이지만 얼마나 많은 사람이, 얼마만큼의 이익을 얻었는지 불명확하고 오늘날의 많은 미국인들은 이민자들 또는 이민자들의 자녀들이고 과거의 온실가스를 배출한 미국인의 후손이 아니라는 점 등을 고려할 때 교정적 정의 개념은 불법행위의 유추에 기인한 것으로 기후변화 상황에 들어맞지 않는다고 한다.[122)]

그러나 포스너가 제시한 불법행위자와 관련 논거는 역사적 책임의 주체와 법적 책임, 특히 형사제재의 부과가 가능한 형사책임의 주체를 혼동하고 있다고 본다. 기후변화의 역사적 책임은 북반구의 선진 산업국가에 있지만 피해는 남반구의 저개발국가에 집중되어 있어 이러한 기후불평등을 해소하기 위해 분배적 정의나 교정적 정의 관점에서 '기후부채' 또는 '생태부채'에 대한 보상 차원에서 제3세계 국가들이나 개발도상국들에 대한 개발원조가 이루어져야 한다는 것이다. 이러한 역사적 책임에 따른 개발원조의 책임은 국제법적 차원의 책임 문제로 북반구 선진국을 책임 주체로 하는 것으로 그 가해자를 미국인 개개인으로 특정할 필요가 없으며, 현재의 미국인이 과거의 미국인이 배출한 온실가스로부터 얼마만큼의 이익을 얻었는지를 확정할 필요조차 없다. 반면에 기후유죄 조항의 신설에 따른 형사책임의 주체는 불법행위자가 개인이든, 기업(법인)이든 간에 누구인지가 명확히 특정되어야 하며, 이들의 책임은 '범죄의 성립과 처벌은 행위

122) Posner & Weisbach/이은기(번역), 위의 책, 159-162면.

시의 법률에 의한다'라는 행위시법주의에 따라 기후유죄 조항의 신설 이전의 행위에 대해서는 처벌할 수 없다. 요컨대 기후범죄에 대한 형사책임이 언제, 어떤 내용의 구성요건으로 법제화될지 모르지만, 개별 국가의 기후 관련 국내법에서 또는 국제협약에서 기후유죄 조항이 신설된 이후 해당 국가의 대통령, 총리, 수상 등 기후 관련 정책결정의 최고책임자, 글로벌 화석연료 기업의 대표이사(CEO)나 기업(법인) 등이 기후변화의 문제를 충분히 사전에 인식하였음에도 불구하고 이후 계속해서 온실가스를 고의적으로 혹은 주의위무를 위반하여 배출한 행위에 대한 형사책임의 주체는 국가를 책임주체로 하는 역사적 책임과 달리 개인이나 기업(법인)으로 특정되어야 하는 것으로 차원을 달리한다.

(2) 피해자/청구권자 문제(The Victim/Claimant Problem)

교정적 정의는 피해자와 청구인이 같은 사람일 것을 요한다. 예컨대 불법행위자(가해자, 범죄인)에 의해 상해를 입은 사람(피해자)은 그 불법행위자에 대한 청구권을 가진 사람(청구권자)과 같아야 한다. 즉 상해죄의 피해자는 형사상 고소인이며, 민사상 손해배상청구권자로서 동일 인물이다. 그런데 기후변화의 피해자는 누구인지가 문제되는데, 포스너는 기후변화의 피해자는 대부분 미래에 사는 사람들로, 그들의 요구, 즉 피해에 대한 청구권의 행사는 아직 성숙되지 않았다고 한다. 이러한 관점에서 그는 미래의 인도인들이 오늘날 또는 과거의 미국인들에게 유효한 청구권을 행사할 수 있다고 말하는 것은 오늘날 미국인이 현재 인도인들을 도울 의무가 있다는 것을 말하는 것과는 같지 않다고 한다.[123)]

그러나 포스너와 같이 피해자를 미래에 사는 사람들로 이해하고 기후변화 피해에 대한 청구권을 설명하는 것은, 교정적 정의는 과거의 행위에 대해 피해를 입은 현재의 사람을 대상으로 한다는 일반적 인식에 배치되는 것으로 수용할 수 없다. 포스너 역시 "확실히 일부 사람들은 현재 기후변화에 의한 피해를 입고 있다."[124)]라는 점을 인정하고 있다. 물론 기후변화의 피해와 관련하여 현세대와 미래세대 간에 그 피해의 정도가 달라 기후부정의가 발생함을 부인할 수 없다. 그럼에도 불구하고 에콰도르의 셰브론 기후소송[125)]에서 보듯이 에콰도르 지역

123) Posner & Weisbach/이은기(번역), 앞의 책, 166-168면.
124) Posner & Weisbach/이은기(번역), 앞의 책, 166면.

주민들이 셰브론의 독성 폐기물에 의한 환경 피해의 직접적 피해자로서 청구권을 행사하여 셰브론으로부터 86억 4천만 달러의 손해배상금 지급 확정판결을 받아낸 것을 볼 때, 기후변화의 피해자는 미래에 사는 사람들이 아닌 현재를 살고 있는 에콰도르 열대우림 지역 주민들임을 알 수 있다.

(3) 인과관계 문제(The Causation Problem)

교정적 정의는 불법행위가 손해를 발생시킬 것을 필요로 하고, 불법행위와 손해라는 결과 사이에 인과관계가 있어야 하는데, 포스너는 기후변화의 맥락에서 인과관계는 중대한 도전을 받는다고 한다. 그는 미국의 온실가스 배출이 빙하가 녹고 침식이 증가한 '원인'이었음을 보여 주는 것은 불가능할지도 모르고 그들이 그런 것에 기여했다는 것을 보여 주기는 어려울 것이므로, 인과관계 문제는 교정적 정의의 청구인들에 대하여 치명적인 것은 아니지만, 그것들을 상당히 약화시킬 수 있다고 한다.[126]

이러한 포스너의 인과관계 문제에 대한 지적은 기후변화 소송에 있어 인과관계 입증의 어려움이 있다는 측면에서는 타당한 지적이나, 그로 인해 기후범죄에 대해 형사책임을 부과할 수 없다는 것까지 나간 것이라면 이는 동의할 수 없다. 우선 "미국의 온실가스 배출이 빙하가 녹고 침식이 증가한 '원인'이었다는 것을 보여 주는 것은 불가능할지도 모르다."라는 포스너의 인식에는 커다란 문제가 있다. 이러한 인식은 1990년대 이후 기후과학을 통해 미국을 포함한 북반부 선진국들이 산업화 이후 다량의 온실가스 배출로 인해 기후변화가 야기되고 있다는 과학적 사실을 전면 부인하는 것으로 마치 기후부인론자들의 인식과 동일하기 때문이다. 둘째, 기후범죄, 특히 탄소범죄로서 기후범죄는 그 특성상 원인이 온실가스 배출이 복합적·동시다발적으로 발생하고, 다양한 역할로 분업화된 글로벌 화석연료 기업에서 책임자들의 탄소배출 기준 관련 준수 의무의 고의적 불이행이나 업무상과실·중과실 등이 서로 결부되어 있을 가능성이 커 인과관계를 형사재판에서 엄격한 증명을 통해 입증하기 어려울 것으로 예상된다. 하지만 인과관계 입증의 어려움은 비단 기후소송에서만 발생하는 것이 아니라, 이미 제조

125) 이에 대해서는 본서 제2장 제3절 Ⅱ, 2. (3) 참조.
126) Posner & Weisbach/이은기(번역), 앞의 책, 168-169면.

물책임 소송이나, 환경범죄 소송에서도 빈번히 문제가 되고 있다. 이러한 인과관계 입증의 어려움을 해결하기 위해 제조물책임 소송에서는 입증책임 전환을 인정하거나, 환경범죄 소송에서는 인과관계 추정 규정을 두어 해결하고 있다.[127)] 따라서 기후소송에 있어 인과관계 입증의 어려움은 입증책임 전환이나 인과관계 추정 규정을 통해 충분히 해소할 수 있다고 본다.

(4) 비난가능성 문제(The Culpability Problem)

교정적 정의는 불법행위에 대해 고의적이고 부주의하거나, 또는 과실에 의해 행위를 요구하여, 이는 어떤 사람이 결백하게 행동할 때보다 고의나 과실 또는 부주의하게 행동할 때 더 비난가능성이 크다는 판단척도로 사용되고 있다. 비난가능성과 관련하여 포스너는 미국이나 미국인들이 기후변화에 기여한 것으로 비난받아야 하는지를 따져 보는 것은 의미가 있는데, 미국인들이 기후변화에 심각하게 기여함으로써 비난받아 마땅할 태도로 행동 했는지에 대한 부분은 많은 논쟁에서 중요하다고 한다.[128)]

비난가능성과 관련하여 미국 형법뿐만 우리나라 형법에서도 책임의 본질은 비난가능성이라고 할 수 있다. 미국 보통법(Common Law)상 범죄가 형성되고 그 범죄이론이 전개되던 초기에는 비난할만한 심리적 상태를 전혀 포함하지 않은 행위들까지도 범죄 결과가 발생하기만 하면 그 결과에 대해서 무조건 형사책임을 귀속시키는 결과책임주의 시대가 있었다. 하지만 보통법 후기 시대 이후 그 결과가 행위자의 비난가능한 심리적 상태, 즉 범죄의사(mens rea)에서 비롯된 경우에만 형사책임을 부과할 수 있다는 책임원칙이 확립되어 왔다. 따라서 미국 형법에서도 범죄의사(mens rea)는 책임비난의 본질적 요소가 된다.[129)]

127) 환경범죄 등의 단속 및 가중처벌에 관한 법률 제1조(추정) 사람의 생명·신체, 상수원 또는 자연생태계 등(이하 "생명·신체등"이라 한다)에 위해(제3조제3항 각 호의 어느 하나에 해당하는 경우를 포함한다. 이하 이 조에서 같다)를 끼칠 정도로 오염물질을 불법배출한 사업자가 있는 경우 그 오염물질의 불법배출에 의하여 위해가 발생할 수 있는 지역에서 같은 종류의 오염물질로 인하여 생명·신체등에 위해가 발생하고 그 불법배출과 발생한 위해 사이에 상당한 개연성이 있는 때에는 그 위해는 그 사업자가 불법배출한 물질로 인하여 발생한 것으로 추정한다.

128) Posner & Weisbach/이은기(번역), 앞의 책, 169-170면.

129) 이상수, "책임원칙에 근거한 미국 형법상 Felony Murder 이론의 검토", 안암법학 제51권, 2016, 103면.

포스너는 몇몇 사람들이 교정적 정의를 근거로 해서 '엄격책임(Strict Liability)'을 지지하지만, 비난가능성의 수준 또는 정도에 관하여는 분석이 용이해야 할 필요가 있다는 입장을 취하고 있다. 이러한 포스너의 입장이 기후범죄에 있어 엄격책임을 수용할 수 있다는 것인지 여부는 불분명하다. 다만 엄격책임 범죄는 우리나라 형법에서는 인정되지 않는 것으로, 의도적 고의로(purposely), 알면서(knowingly), 무모하게(recklessly), 혹은 과실(negligently)이라는 범죄의사의 입증이 필요하지 않은 범죄를 말하는데, 커먼로 범죄가 아닌 경우, 대체적으로 벌금의 부과만이 가능한 경미범죄인 경우, 환경범죄나 무자격자의 의약품 제조 및 판매와 같이 일반 공중에 대한 법익 침해의 위험성이 존재하는 경우, 미성년자나 아동의 특별한 보호를 위해 필요한 경우(예컨대 의제강간), 범의의 입증이 사실상 곤란한 경우 등에 인정되는 반면, 예상되는 기소 건수가 많다는 특징이 있다. 이에 대하여 적정절차 위반이라는 합헌성의 문제와 억제 효과 결여라는 합리성의 문제가 계속해서 제기되고 있으나, 여전히 다수의 미국 법률과 판례는 엄격책임의 존재 자체를 인정하고 있다.[130]

그런데 생태살해 범죄와 같은 기후범죄에 있어 '의도나 고의' 요건을 범죄성립의 필요불가결한 주관적 요소로 요구할 경우 가해자는 생태살해에 의한 막대한 피해를 전혀 의도한 바 없다고 손쉽게 주장할 수 있어 처벌의 공백을 발생시킬 수 있다. 이에 히긴스는 생태살해 범죄의 도입을 주장하면서 엄격책임 범죄로 파악하고 있다.[131]

실제로 2010년 멕시코 만에서 영국의 국제 석유 메이저 업체인 British Petroleum(이하 BP) 관할의 딥워터 호라이즌(Deepwater Horizon)호 폭발에 따른 기름 유출 사고의 경우에 BP는 대규모 기름유출 사고를 일으키려는 의도나 고의가 전혀 없었다. 그렇지만 이러한 비정상적인 환경 재난이 "정상적인 과정에서 발생한 사고"라고 주장하기도 어렵다. [132] 따라서 생태살해 범죄와 같은 기후범죄에 있어서는 책임원칙에 있어 문제가 되는 엄격책임 범죄로 규정하기 보다는 대

130) 김종구, 『미국 형법의 비교법적 연구』, 정독, 2023, 42-43면.

131) Polly Higgins, *Eradicating Ecocide: Exposing the Corporate and Political Practices Destroying the Planet and Proposing the Laws Needed to Eradicate Ecocide* (2010), p. 68.

132) 김재윤, "국제범죄로서 '생태살해(ecocide)죄'의 도입에 대한 검토", 형사정책 제34권 제1호, 2022. 4, 152-154면.

부분의 경우가 고의(미필적 고의 포함)나 업무상과실·중과실 내지 무모한 행위를 통해 발생함을 고려하여 고의, 과실이라는 주관적 요건을 요구함이 타당하다고 본다. 이러한 관점에서 히긴스의 견해와 달리 2021년 6월 22일에 발표된 '생태살해 법적 개념정의를 위한 독립 전문가 패널(Independent Expert Panel for the Legal Definition of Ecocide)'에서도 생태살해 범죄에 고의(with knowledge)와 무모함(wanton)이라는 주관적 요건을 요구하고 있다.[133] 이에 따르면 허용된 위험의 범위에 포함될 수 있는 난방, 자동차 운전, 냉장고 사용, 비행기 이용 등과 같은 일반적 부주의(negligence in general)에 의한 행위에 대해서는 기후범죄로서 책임을 물을 수 없다고 한다.[134]

(5) 기업책임(The Corporate Liability)

일반적으로 기업책임은 다름 아닌 교정적 정의를 바탕으로 더 쉽게 정당화되는데, 주주 책임(shareholder liability)은 동의의 근거에서 또는 기업책임은 회사를 위해서 피고용인(즉 사원, 직원, 종업원 등)이 나쁜 일에 가담하는 것을 그만두게 한다는 복지주의적 근거에서 옹호될 수 있다고 한다. 특히 기업책임과 주주책임은 구별되는데, 주식을 구입하는 것은 자발적인 투자 활동이며, 만약 과거의 법 위반이 드러나면 주가는 내려간다는 것과 이것은 구입 시기에 주가에 반영된다는 것이다. 하지만 포스너는 기업 그 자체는 가상적인 것이고 오늘날의 주주는 어제의 불법행위자(wrongdoer)와 전혀 다른 사람이기 때문에, 기업책임은 교정적 정의 내에서 근거를 찾을 수 없다는 견해를 제시하고 있다.

포스너의 견해는 오늘날 교정적 정의 관점에서 형사책임의 주체가 자연인뿐만 아니라 기업(법인) 역시 독자적인 주체로 인정되고 있으며, 기업(법인)의 형사책임과 주주에 대한 형사책임은 전혀 다른 차원에서 논의되어야 할 사항임을 간과하고 있다. 즉 한편으로, 기업(법인)은 환경범죄는 물론이고 기후범죄, 특히 탄소범죄로서 기후범죄는 그 행위주체가 개인이 아닌 화석연료 기업이다. 앞서 언급한 바와 같이 화석연료 기업은 기후변화를 야기시키는 온실가스 총 배출량의

133) STOP ECOCIDE FOUNDATION, Independent Expert Panel for the Legal Definition of Ecocide, 2021, p. 5.
134) Posner & Weisbach/이은기(번역), 앞의 책, 170-172면.

가장 큰 비율을 차지하고 있으며, 행위 시에 기후과학자들의 연구 결과를 인식하고 이해할 수 있는 높은 수준의 내부 과학 전문지식을 보유하고 있고, 화석연료 산업에서 벗어나 재생가능한 에너지원으로 전환이라는 대안을 사용할 수 있다는 점을 비추어 볼 때 탄소범죄자로서 비난가능성이 높다.

다른 한편으로, 기업에 대한 형사제재는 불가피하게 기업과 관련된 모든 이해관계자(대표적으로 종업원, 고객, 주주, 관련 업체 등)에게 간접적 피해를 야기한다. 이 때문에 기업에 대한 형사제재의 부과에 의해 기업의 이해관계자들이 겪는 간접적인 공동의 어려움이 '책임 없으면 형벌 없다(nulla poena sine culpa)'라는 책임원칙에 반한다는 비판이 제기된다. 하지만 이러한 비판에 대해서는 처벌을 받는 자와 그의 주변 환경 사이에서 밀접한 사회적 공동관계를 맺고 있는 자에게 형벌의 부과로 발생하는 간접적인 부작용을 완전히 억제하는 것은 거의 불가능에 가깝다는 반론이 가능하다. 예컨대 자연인, 특히 한 가정의 경제를 책임지고 있는 가장에 대한 형벌은 빈번히 범죄인으로부터 독립된 제3자(예를 들어 범죄인의 부인 및 자녀, 심지어 그 친인척 등)에게까지 간접적인 영향을 미치는 것을 완전히 막을 수 없다. 이러한 간접적인 악영향은 이들에 대한 형사책임으로서가 아닌 간접적 피해에 불과하다.

또한 기업에 대한 형사제재는 경제적으로 참여하고 있는 기업 구성원, 특히 주주와 관련하여 불공정한 제재라는 비판이 제기될 수 있다. 왜냐하면 기업에 대해 부과되어 체감할 수 있는 벌금형은 주주의 투자에 의한 수익을 실질적으로 침해하기 때문이다. 하지만 이러한 비판은 설득력이 떨어진다. 왜냐하면 기업 구성원 내지 주주는 자기 자신의 고유한 재산으로 책임을 지는 것이 아니기 때문이다. 더욱이 이들에게 발생하는 손실은 기업의 처벌에 의해 야기되는 간접적 결과에 국한된 것이며, 이들이 겪는 경제적 어려움 역시 단지 일반적으로 '경영상의 위험' 내지 '투자 위험'이 실현된 것뿐이다. 기업 구성원 내지 주주는 기업의 활동으로 인해 발생한 '이익'을 획득할 수도 있지만, 반대로 '손실' 역시 감수해야 한다. 이는 경제활동의 결과로서 일반적으로 받아들여지고 있는 사실이다. 따라서 기업에 대한 형사제재가 그 구성원 내지 주주에게 간접적인 영향을 미치기 때문에 불공평하다는 주장은 설득력이 없을 뿐만 아니라 '책임 없으면 형벌 없다'라는 책임원칙에도 반하는 않는다.[135] 따라서 포스너의 견해와 달리 탄소범죄로서 기후범죄에 대한 기업의 형사기책임은 교정적 정의를 바탕으로 충분히 정당화될 수 있으며, 기업의 형사책임과 주주의 형사책임은 전혀 차원을 달리하는 것으로 구별할 필요가 있다.

(6) 태만한 정부(Negligent Government)

포스너는 미국의 이익에는 상반되지만 나머지 모든 국가에 이익을 가져왔을 기후변화 관련 '완화' 또는 '적응' 조치를 충분히 이행하지 않음으로써 미국의 기후변화 정책이 비난받을 정도로 태만하였다고 주장하는데, 이에 대해 ① 미국의 일방적인 온실가스 배출 감축은 전체 기후변화에 미미한 영향만을 미쳤을 것이고, 설령 미국이 교토의정서를 비준하였다 하더라도 그 효과는 미미하였을 것이라는 점, ② 경제학적으로 이해했을 때 비용이 이득을 초과할 때 태만하다고 하는데, 미국만을 특정하여 비난받을 국가로 볼 수 없다는 점 등의 논거를 제시하면서 반론을 제기하고 있다.[136]

그러나 이러한 포스너의 반론에 대해서는, ① 미국 정부는 기후변화 위험을 심각하게 받아들이지 않고, 심지어 헤리티지 재단 등과 같은 보수적 싱크탱크나 트럼프 행정부에 의해 기후변화 부인이 대대적으로 자행되었다는 점, ② 미국 정부 고위관리들이 고의적으로 기후변화 위험을 경시했다는 점, 그리고 ③ 미국 정부가 기후협약 협상이 진행될 수 있도록 그들의 외교력을 사용했어야 할 만큼 노력하지 않았다는 점 등 고려할 때 이를 "그와 같은 흔한 국가의 행위를 부주의하다고 말하는 것은 억지"[137]라고 말할 것이 아니라, 정부 고위관리의 이와 같은 행위는 '기후변화 부인 기후범죄'나 온실가스 배출을 줄이고 기후교란을 효과적으로 해결하기 위한 다양한 정책적 수단이 있음에도 불구하고 아무런 의사결정도 하지 않거나 국제협약상 요구되는 의무이행을 위해 충분한 노력을 하지 않은 것은 '정치적 부작위로서 기후범죄'로 충분히 형사책임을 물을 수 있다고 본다.

135) 김재윤, 『기업의 형사책임』, 마인드탭, 2015, 103-104면.
136) Posner & Weisbach/이은기(번역), 앞의 책, 174-175면.
137) Posner & Weisbach/이은기(번역), 앞의 책, 176면.

Ⅳ. 맺음말

지금까지 기후변화와 관련하여 환경정의, 녹색정의, 그리고 기후정의의 개념 정의와 분배적 정의, 절차적 정의, 교정적 정의, 사회적 정의 및 생산적 정의라는 개념요소를 살펴보고, 기후정의 운동은 환정정의 운동에서 태동되어 '개혁주의' 흐름과 '변혁주의' 흐름으로 크게 구분되어 분화하면서 발전하고 있음을 검토하였다. 특히 기후정의 운동은 환경정의 운동과 마찬가지로 인종, 계급, 젠더 등 사회경제적 불평등과 환경(기후)의 질의 관계를 문제화 한다는 점에서 공통점이 있지만, 환경정의 운동의 경우처럼 가해자나 수혜자가 특정 기업의 차원으로 한정되지 않고 '북반구', '탄소경제', '자본주의' 등 거시적이거나 모호한 대상을 지칭하는 경우가 많다는 점에서 차이점이 있음을 알 수 있다. 한편 포스너는 기후부정의에 대한 대응 수단으로서 '기후유죄 조항'이 불법행위자, 피해자/청구권자, 인과관계, 비난가능성, 기업책임, 태만한 정부라는 키워드를 중심으로 교정적 정의로 설명할 수 없다는 비판을 가하고 있다. 하지만 이에 대해서는, ① 역사적 책임과 형사책임의 주체는 구별된다는 점, ② 기후변화의 피해자는 미래세대도 포함될 수 있으나 어디까지나 현재를 사고 있는 현세대라는 점, ③ 인과관계 입증곤란의 문제는 입증책임 전환이나 인과관계 추정 규정을 통해 해결 가능하다는 점, ④ 기후범죄는 엄격책임이 아닌 여전히 고의, 과실이라는 주관적 요건을 요구한다는 점, ⑤ 기업의 형사책임과 주주의 형사책임은 그 차원을 전혀 달리한다는 점, ⑥ 미국 정부가 기후변화가 일으키는 위험의 심각성을 알면서도 이를 무시하거나 부인하고 적절한 온실가스 감축 대응의 노력을 게을리 한 것은 '기후변화 부인 기후범죄'나 '정치적 부작위로서 기후범죄'로 충분히 형사책임을 물을 수 있다는 점 등의 논거로 재반박이 가능하다고 본다.

일반적으로 '정의'는 옳고, 공정하고, 적절하고, 정당한 것을 의미하며, 부정의 또는 불의가 제거됨으로써 성취할 수 있는 것으로 이해된다. 기후정의 담론은 기후위기가 내재하는 불평등과 부정의한 요인들을 드러내고 기후변화에 대한 책임을 누가, 어떻게, 언제까지 져야 하는지를 논의하고 정의로운 방향을 제시하는데 커다란 역할을 하고 있다.[138] 특히 정의로운 전환, 탄소예산과 배출제로가 기후정의 담론과 결합하면서 민주적 계획과 반자본주의·탈성장이 기후정의 운동의 주요 쟁점을 형성하게 되었다. 이제 기후정의는 가시적인 기후불평등 완화를 넘어서 기후재난 취약성과 정의로운 전환에서 예고된 포괄적 사회정책, 사회구조적 변화를 기후위기 대응책으로 요구하게 되었다. 한발 더 나아가 기후정의는 세계 각국에서 제안되고 있는 '그린 뉴딜'을 녹색 경기부양과 경제위기 관리의 수단이 아닌 반자본주의·탈성장의 출발점으로 인식시키고 있다. '기후변화가 아닌 체제 전환(System Change, Not Climate Change)'이라는 슬로건은 이를 단적으로 보여준다. 기후위기는 더 이상 '환경문제'나 '생태문제'가 아니라 성장을 최우선으로 하는 자본주의 체제, 생산과 소비의 문제라는 인식이 확산되고 있다. 자본주의 경제성장 중심체제가 작동하는 구조인 자본주의 권력관계, 즉 생산수단의 사적소유에 따른 배타적이고 독점적 전유 권리에 맞서지 못한 채 이루지는 기후정의 운동 차원에서의 '대안' 모색은 글로벌 자본주의 체제 하에서는 한계가 있을 수밖에 없다.[139] 이와 같은 급진적 기후정의 운동에서 분출되고 있는 자본주의 체제 변화 요구에 어떻게 대응하느냐에 따라 향후 지구의 모습이 달라질 것이다. 세계 각국에서 다양한 형태의 그린 뉴딜이 제안되고 있지만 구체적인 방안에 대한 합의는 없는 상황이다. 기후위기 시대, 우리는 수많은 갈림길 위에 서 있다.[140]

지금까지의 기후정의 담론이나 기후정의 운동은 기후부정의 문제를 시정하기 위한 올바른 방향이 무엇인지를 제시하고 있을 뿐 구체적이고 실천적인 해결책을 제시하고 못하는 한계를 보이고 있다. 특히 기후범죄에 대한 형사처벌의 가능성, 즉 기후범죄가 무엇인지, 기후범죄자로 누구를 특정할 수 있는지, 이들에 대해 어떠한 형사제재를 부과할 수 있는지, 형사처벌을 할 경우 형벌목적을 달성할 수 있는지 등에 대해 아무런 해답을 제시하고 못하고 있다. 다만 이와 관련하여 기후정의 관점, 특히 교정적 정의 측면에서 볼 때 기후변화와 관련하여 역사적 책임도 중요하지만 각국이 자발적으로 설정한 탄소배출 감축목표를 고의적으로 이행하지 않거나, 감축목표 달성 경과 등의 정기제 제출 의무를 고의적으로 이행하

138) 이화선, 앞의 논문, 9면.
139) 정록, 앞의 논문, 70-71면.
140) 홍덕화, 앞의 논문, 39-40면.

지 않거나, 파리협정상 또는 국내 기후 관련 법률상 허용 기준치 이상의 탄소배출을 고의적이고 반복적으로 행하는 탄소범죄로서 기후범죄에 대해 다수의 국제환경협약에서 규정하고 있는 형벌 관련 조항과 마찬가지로 기후유죄 처벌 조항을 신설하여 적극적으로 대응할 필요가 있다고 본다. 이미 프랑스의 「기후 · 회복력법」은 일정한 기후 관련 위반행위에 대해 과태료 또는 형벌을 부과할 수 있도록 하여 강제력을 확보하고 있다는 데 커다란 시사점을 찾을 수 있다.

[§ 7]
녹색범죄학과 녹색범죄의 기초이해*

I. 머리말

2007년 유엔환경계획(UNEP)은 지난 20년간 관찰 및 통계 등을 토대로 작성한 제4차 지구환경 전망보고서(GEO-4)를 발표하였다. 이 보고서는 기후변화, 생물종 감소 등의 문제가 인류의 생존을 위협하고 있으며, 이를 막기 위해서는 환경을 정책 결정의 핵심에 두는 정책 이행이 절실함을 강조하였다. 특히 GEO 4차 보고서는 다음과 같이 미래에 대한 암울한 전망을 내놓았다: 개발도상국가에서 깨끗한 물에 대한 수요가 증가할 것이고 동시에 수질이 악화될 경우 깨끗한 물에 대한 경쟁이 치열하게 될 것이다. 1961년부터 2001년까지 어류 소비는 세 배 이상 증가했고, 그 결과 어선들이 세계 해양 자원이 감당할 수 있는 것보다 몇 배나 더 많은 어업 활동을 하고 있다. 생물 종 다양성의 변화는 인류 역사상 유래를 찾아 볼 수 없을 정도로 빠르게 진행되고 있으며, 이에 양서류의 30%, 포유류의 23%, 조류의 12%가 멸종 위기에 처해 있다.

이러한 종류의 문제가 제기되었을 경우, “법률제정, 법률위반, 그리고 법률위반에 대응에 대한 연구”로 이해되는 범죄학이 지금까지 환경범죄를 제한적으로만 다루었다는 것은 놀라운 일이다. 그런데 기존 전통범죄학의 환경범죄에 대한 입장을 비판적 시각에서 바라보면서 환경 피해를 일으키는 인간의 행위는 형법에서 정의된 범죄행위(즉 구성요건에 해당하고 위법하고 유책한 행위)에 해당할 뿐만 아니라, 아직 공식적으로 실정법에 의해 승인되지 않았음에도 불구하고 자연환경과 생태계에 막대한 피해를 주는 행위에 대해서도 실질적 의미에서 범죄행위에 포함될 수 있다는 관점이 등장하기 시작했다.[1] 바로 1990년 마이클 린치(Michael J. Lynch) 교수가 처음 사용하기 시작한 '녹색범죄학(green criminology)'이 그것이다. 린치는 '급진범죄학(radical criminology)'[2]의 확장으로서 녹색범죄학을 정치·경제 이론 및 분석에 중점을 두고 제안하면서, 예컨대 인종차별, 성차별, 범죄, 환경주의 등과 같은 많은 문제들이 정치적, 경제적, 그리고 계급적 이해관계와 관련될 수 있으며, 더 구체적으로는 권력집단이 자신의 권력 기반을 유지하기 위해 인종, 계급, 성별 및 환경을 조작하고 사용할 수 있는 능력과 관련될 수 있다고 주장했다.[3]

녹색범죄학은 지난 30년 동안 영미법계 국가를 중심으로 사회학적, 범죄학적, 생태철학적 토대에서 활발한 연구가 진행되었다. 하지만 30년이 지난 현 시점에서 볼 때 녹색범죄학이 무엇을 뜻하는지에 대해서는 학자마다 다양한 개념정의가 내려지고 있다. 다만 일반적으로 녹색범죄학이란 "환경 및 인간 이외의 종과 관련된 범죄, 피해 및 부정의(injustice)를 범죄학적 관점에서 연구하는 학문"[4]이

---

* 이하의 논의는 김재윤, "인권, 형법 그리고 국제형법 차원에서 녹색범죄에 관한 시론적 연구", 형사정책 제37권 제1호, 2025. 4, 145-176면에 이미 게재된 필자의 글을 최근 논의까지 반영한 것임.

1) 이러한 관점에 대한 상세한 설명으로는 Halsey, M., "Environmental Crime: Towards an Eco-Human Rights Approach", *Current Issues in Criminal Justice 8(3)*, 1996, pp. 217-242; Lynch, M. J./Stretesky, P. B., "The Meaning of Green: Contrasting Criminological Perspectives", *Theoretical Criminology 7(2)*, 2003, pp. 217-238; South, N./Beirne, P., "Editors' Introduction", *Theoretical Criminology 2(2)*, 1998, pp. 147-148; Walters, R., "Crime, Bio-Agriculture and the Exploitation of Hunger", *British Journal of Criminology 46(1)*, 2006, pp. 26-45; White, R., "Environmental Issues and the Criminological Imagination", *Theoretical Criminology 7(4)*, 2003, pp. 483-506.

2) '급진범죄학(Radical Criminology)'은 사회의 구조적 불평등과 억압이 범죄와 사회 통제를 형성하는 근본적인 요인이라고 주장하는 범죄학의 한 학파이다. 이 접근법은 주로 마르크스주의와 비판적 사회이론에 뿌리를 두고 있으며, 자본주의 체제에서 발생하는 사회적, 경제적 불평등이 범죄의 주요 원인이라고 본다(https://chatgpt.com/c/6758145c-f9f8-800b-a045-ae50087424de 〈최종검색: 2024. 12. 22.).

3) Lynch, M. J., "The Greening of Criminology: A Perspective for the 1990s", *The Critical Criminologist 2(3)*, 1990, p. 1.

4) South, N., "Green Criminology: Reflections, Connections, Horizons", *International Journal*

라고 할 수 있다. 하지만 녹색범죄학은 단순히 생태적 피해(예컨대 환경오염)에 관한 것이거나, 그러한 피해의 과학적 원인을 규명하고 설명하는 학문을 의미하는 것은 아니다. 이제 녹색범죄학은 환경(형)법의 구축, 실행 및 집행, 환경정의나 기후정의 문제, 그리고 모든 생명체(인간, 비인간종 및 살아있는 지구 시스템)가 생태적 피해에 의해 희생되는 방식에도 주의를 기울인다. 또한 녹색범죄학은 범죄학 연구의 다른 영역과 마찬가지로 주요 초점인 '녹색범죄(green crime)'의 개념정의와 녹색범죄가 인권, 형법 그리고 국제형법의 차원에서 갖는 함의를 다루고 있다. 녹색범죄가 무엇인지는 단순한 문제가 아니며 여전히 논란이 되기 때문이다.

따라서 이하에서는 우선 아직까지 우리나라에서는 선행연구를 거의 찾아볼 수 없는 녹색범죄학이 등장하게 된 배경에 대한 검토부터 시작하여 녹색범죄학의 기원과 실질적 초점, 그리고 여러 이론적 관점에 대해 살펴보고 녹색범죄학의 한계가 무엇인지 간략히 언급하고자 한다. 다음으로, 녹색범죄가 무엇을 뜻하는지 그 개념정의와 녹색범죄의 발생 현황을 어떻게 파악하는지, 녹색범죄의 범위를 어떤 지표를 통해 측정하는지를 검토하고자 한다. 셋째, 녹색범죄의 논의가 인권, 형법 그리고 국제형법의 차원에서 어떤 의미가 있는지를 분석하고자 한다. 마지막으로, 녹색범죄학이 고유한 이론적 토대를 형성하고 있지 못하다는 한계에도 불구하고 녹색범죄학의 주요 연구대상인 녹색범죄가 국제형사사법 체계에서 수행해야 할 본질적인 역할을 명확히 하고 부각시켜 하나의 독자적인 국제범죄로 인정할 필요성이 있음을 결론으로 도출하고자 한다.

Ⅱ. 녹색범죄학의 기원, 개념정의의 다양성, 이론적 토대 및 한계

1. 녹색범죄학의 기원

녹색범죄학의 단순한 어원적 분석은 이 분야에 입문하는 데 매우 효과적일 수 있다. 예를 들어 '범죄학(criminology)'이라는 용어는 (a) 'crimino'와 (b) 'logy'

---

for Crime, Justice and Social Democracy 3(2), 2014, p. 1.

라는 두 단어의 합성어로 구성된다. 즉 이는 라틴어 'crimen(고발, 판단)'과 고대 그리스어 'logos(말, 이성, 언어)'에서 유래한 것이다. 어원적으로, 범죄학은 범죄와 그 이면의 동기를 연구하는 학문이라고 말할 수 있다. 따라서 녹색범죄학은 환경과 관련된 범죄 및 범죄 의도를 연구하는 범죄학의 한 분야이다. 녹색범죄학이 채택할 수 있는 연구 범위와 체계적 방법론은 범죄학자들이 사용하는 특정 학문 분야와 전문성에 따라 달라질 수 있다. 따라서 녹색범죄학은 다학제적 방식으로, 또는 새로운 과학적 연구 분야를 개척하거나 새로운 연구 스타일을 창출하기 위한 특정 연구 질문에 따라 다양한 학문에서 활용될 수 있다.

녹색범죄학은 전통범죄학이 연구대상을 폭력범죄, 거리범죄(절도 및 강도, 약물 관련 범죄, 공공질서 위반 등), 청소년범죄, 성범죄 등으로 한정하여 연구하는 것에 대해 의문을 제기한다. 녹색범죄학이 본격적으로 태동하기 시작한 1990년 이전에 공중보건학, 독성학 및 사회학에서 유사하게 환경 피해에 관한 문제가 연구되었다. 즉 환경 피해를 다루는 첫 번째 법률은 수세기에 걸쳐 녹색범죄학보다 앞선 공중보건 연구에서 나왔다. 야생 동물에 대한 피해를 다루는 법률도 마찬가지이며, 역사적으로 대규모 지주의 재산으로서 야생 동물을 보호하기 위한 법률이 만들어졌다.[5] 동물 피해와 동물권이 처음으로 다루어진 것은 녹색범죄학 분야에서가 아니다.[6] 이러한 문제를 연구하기 위해 사용된 주요 경험적·실증적 데이터와 이론적 접근 방식도 녹색범죄학보다 훨씬 앞서 있다.

어떤 사람들은 녹색범죄학을 범죄학적 문제인 것처럼 논의하는 것이 별로 의미가 없다고 주장한다.[7] 이러한 주장에 일정 부분 동의할 수 있지만 녹색범죄학에 대한 관심을 "외부" 영향으로부터 분리할 수 없다. 녹색범죄학은 DDT를 비롯한 살충제의 무분별한 남용과 그것이 생태계에 미치는 영향에 대한 광범위한 대중적 관심을 불러일으킨 ≪침묵의 봄(Silent spring)≫으로 널리 알려진 레이철

---

5) Eliason, S., "From the King's deer to a capitalist commodity: A social historical analysis of the poaching law", *International Journal of Comparative and Applied Criminal Justice 36*, 2012, pp. 133–148.

6) Youatt, W., *The obligation and extent of humanity to brutes, principally considered with reference to the domesticated animals*, London, England: Compton and Ritchie, 1839.

7) Goyes, D. R.,/South, N., "Green criminology before "green criminology": Amnesia and absences", *Critical Criminology 25*, 2017, pp. 165–181.

카슨(Rachel Carson)[8]으로부터 1960년대 생태독성학의 기초를 세운 르네 트뤼오(René ReTruhaut)와 같이 덜 알려진 인물에 이르기까지 많은 중요한 연구자의 연구 산물에 기초한다. 트뤼오는 19세기 화학산업은 엄청난 경제적 · 사회적 이익을 가져왔지만, 동시에 현대 생활에서 점점 증가하는 화학제품에 대한 노출로 인한 위험도 증가하고 있음을 적절하게 지적했다.[9] 이와 유사한 관찰은 거의 2,000년 전 근대약리학의 아버지라 불리우는 페다니우스 디오스코리데스(Pedanius Dioscorides)[10]에 의한 최초 독성학 연구(약 서기 약 50년)까지 거슬러 올라간다. 그 밖에 이름을 열거하기에는 너무 많은 연구자들이 있지만 20세기 초 산업독성학과 산업보건 · 역학 연구의 선구자인 앨리스 해밀턴(Alice Hamilton)[11]을 빼놓을 수 없다. 그리고 생태계를 연구하고 보존하는 과학자, 생태학자, 철학자들을 잊을 수 없다.

녹색범죄학은 수많은 분야의 연구 결과를 반영하며, 마르크스주의 분석, 과학적 위험성 평가, 환경사회학, 동물권리 연구, 환경정의 연구, 생태철학 등에서 영향을 받았음을 부인할 수 없다. 이처럼 다양하고 광범위하게 이루어진 다학제적인 연구 배경을 여기에서 상세히 설명하기에는 한계가 있다. 중요한 것은 전통적 범죄개념에 바탕을 둔 환경범죄에서 녹색범죄로까지 범죄 개념을 확장하고 기업범죄, 화이트 칼라범죄, 기업-국가범죄를 의미 있는 방식으로 범죄학에 도입한 선대의 범죄학자가 없었다면 녹색범죄학의 탄생이 불가능하다는 점을 인정해야 한다.[12]

---

8) Carson, R., *Silent spring*, Boston, MA: Houghlin Mifflin, 1962.

9) Truhaut, R., "Ecotoxicology: Objectives, principles and perspectives", *Ecotoxicology and Environmental Safety, 1*, 1977, pp. 151-173.

10) 페다니우스 디오스코리데스(Pedanius Dioscorides)는 고대 그리스 사람으로 서기 50년~70년경 약물학을 집대성시킨 약물학자다. 이동석 · 김신근 박사는 1997년 서울대학교 출판부에서 발간한 공동 저서 『藥의 歷史』에서 "아프리카 프랑스 아르메니아 이집트 등지를 여행하며 자료를 모았던 디오스코리데스는 이 무렵 600여종 이상의 식물, 35종의 동물성 약물, 90종의 광물성 약물 등을 수록한 '약물학 전집'을 집대성한 근대약학의 아버지"라고 평가했다. https://www.kpanews.co.kr/article/show.asp?page=346&category=E&idx=56876 〈최종 검색: 2024. 12. 22.〉

11) 앨리스 해밀턴 (Alice Hamilton, 1869.2.27.~1970.9.22.)은 미국의 의사, 연구 과학자, 작가였다. 그녀는 산업보건 분야의 선도적인 전문가였으며, 건강 및 안전 보호의 기초를 마련했으며 산업독성학 분야의 선구자로 알려지고 있다. https://en.wikipedia.org/wiki/Alice_Hamilton 〈최종 검색: 2024. 12. 22.〉

12) Lynch, M. J., "Green Criminology and Environmental Crime: Criminology That Matters in the

2. 녹색범죄학에 대한 용어와 개념정의 다양성

(1) '녹색범죄학'이란 용어의 다양성

지금까지 사회과학적 담론에서 '녹색범죄학'이라는 일반적인 용어 이외에도 생태학적 관점에 지향된 범죄학자들의 노력을 포착하기 위해 '환경범죄학', '보존범죄학' 또는 '생태비판범죄학'과 같은 용어가 사용되고 있다.

'녹색범죄학'이라는 용어는 앞서 언급한 것처럼 1990년 린치 교수에 의해 처음 사용되었고, 이후 그 모호성과 개념정의상 약점에도 불구하고 다양한 연구 영역에 대한 개념 우산으로서의 지위를 얻게 되었다. 롭 화이트(Rob White)는 '녹색범죄학'을 "범죄학자에 의한 환경 피해, 환경법 및 환경 규제에 대한 연구"로 정의했다.[13] 하지만 이때 그는 현재까지 진정한, 그리고 독자적인 녹색범죄학 이론이 존재하지 않았음을 강조하였다.[14] 이에 동의하여 니이젤 사우스(Nigel South) 교수는 녹색범죄학이라는 용어가 지금까지 독립적인 이론과 연구 방법을 갖춘 확립된 연구 분야라기보다는 비판범죄학 내의 관점을 의미한다고 한다.[15]

반면에 화이트(White)는 녹색범죄학이란 용어보다는 '생태지구범죄학(ecoglobal criminology)'이나 '환경범죄학(environmental criminology)'이라는 용어를 선호하는데, 그 이유는 이것이 더 포괄적이고 정치적으로 중립적이기 때문이다. 하지만 '환경범죄학'이라는 용어에서는 미국 시카고 학파의 전통에 따라 주로 범죄의 공간적 차원을 조사하는 범죄학 연구 분야가 이미 존재한다는 점에 유의할 필요가 있다. 이와 관련하여 헤어비히(Herbig)와 유베르(Joubert)는 이러한 종류의 용어 자체에 내포된 의미의 '함축성'은 본래 연구 맥락에서 이러한 용어들을 계속해서 사용하고 이를 통해 얻게 되는 '고유성'에 의해 강화됨을 지적하였다.[16] 이러한 용어의 모호성과 혼동 가능성을 막기 위해 '환경범죄학'이라는 용

Age of Global Ecological Collapse", *Journal of White Collar and Corporate Crime 1(1)*, 2020, pp. 51-52.

13) White, R., *Crimes Against Nature: Environmental Criminology and Ecological Justice*, Portland, 2008, p. 8.

14) Id., p. 14.

15) South, N., "Corporate and State Crimes against the Environment: Foundations for a Green Perspective in European Criminology", in: Ruggiero, V./South, N./Taylor, I. R.(Hg.), *The New European Criminology: Crime and Social Order in Europe*, London; New York, p. 445.

어는 폐기되어야 한다고 한다.[17] 또한 이들은 범죄의 분류는 행위자(예컨대 화이트칼라 범죄, 공무원 범죄 등)에 기초하기보다 폭력범죄, 거리범죄, 성범죄, 조직범죄와 같이 그 범죄에 내포된 고유한 특성인 행위와 그에 따른 부정적인 결과에 기초해서 분류하는 것이 타당함을 주장했다. 이들의 견해에 따르면 녹색범죄학의 연구 대상은 생태학적 보존의 관점에 '천연자원 범죄(natural resource crimes)'와 그러한 자원의 보호와 관리에 있으므로, 그들은 녹색범죄학보다 '보존범죄학(conservation criminology)'이라는 용어를 선호한다. 깁스(Gibbs)와 그의 동료들도 보존범죄학이라는 용어를 사용하였다.[18] 낸시 코저 윌슨(Nanci Koser Wilson)은 '생태비판범죄학(eco-critical criminology)'이라는 용어를 사용하여 이와 유사한 견해를 발전시켰다.[19] 이러한 견해는 기존 전통적 범죄인 형식적 범죄 개념과 글로벌 자본주의 체제에 대해서 보다 더 비판적인 시각이 반영되어 있다.

화이트(White)[20] 및 깁스(Gibbs)와 그의 동료들은 녹색범죄학이 녹색 정치조직과 관련이 없다고 주장하지만, 이미 의미론적인 차원에서 볼 때 '특정 정치적 성향'을 띠고 있음을 알 수 있다. 행위에 내재된 의미를 중심으로 범죄를 분류해야 한다는 헤어비히(Herbig)와 유베르(Joubert)의 언급에도 불구하고, 녹색범죄학이라는 용어는 기술적-분석적이라기보다 정치적 동기와 규범적-규정적인 성격을 갖는다. 이와 같은 함축성은 윌슨(Wilson)의 '생태 비판범죄학'이라는 용어에서도 분명히 드러난다. 녹색범죄학의 이러한 정치적 하위 문맥은 녹색범죄학이 출현하게 된 전체적인 맥락을 볼 때 전혀 놀라운 일이 아니다. 린치(Lynch)는 이미 1990년에 녹색범죄학을 비판적이고 인도주의적인 형태의 범죄학으로 이해했기 때문이다. 이 시기에 새롭게 형성된 비판적 마르크스주의 범죄학의 한 분파인 녹색범죄학은 전통범죄학이 거둔 성과와 일정한 거리를 두면서 범죄의 원

---

16) Herbig, F. J. W. and Joubert, S. J., "Criminological Semantics: Conservation Criminology - Vision or Vagary?", *Acta Criminologica 19(3)*, 2006, p. 94.

17) Id., p. 94.

18) Gibbs, C. et al., "Introducing Conservation Criminology. Towards Interdisciplinary Scholarship on Environmental Crimes and Risks", *British Journal of Criminology 50(1)*, 2009, pp. 124-144.

19) Wilson, N. K., "Eco-Critical Criminology – An Introduction", *Criminal Justice Policy Review 10(2)*, 1999, pp. 155-160.

20) White, R., *Crimes against nature: Environmental criminology and ecological justice*, Cullompton, England: Willan, 2008, p. 7.

인과 인식의 원천으로서 권력과 물질적 자원의 불평등한 분배를 강조하는 전제를 함께 공유했다.[21)]

그러나 녹색범죄학의 최대 약점은 현실에서 아직 존재하지 않고 그러기에 실현되지 않는 범죄정책과 불분명하게 개념정의된 자기이해에 있다. 또한 프리드리히(Friedrichs)와 슈워츠(Schwartz)는 '사회적 피해(social harm)' 접근법이 객관성과 중립성의 척도를 포기하고 사회적으로 피해를 입은 것으로 확인된 사람들을 대신하여 직접적인 옹호를 선호하는 한, 그러한 접근법을 따랐을 때 소요되는 비용과 편익도 따져봐야 함을 지적했다.[22)] 막스 베버적인 몰가치성 요구에 대한 입장은 용어 그 자체에서 자연보호와 같이 분명하게 정치적 목적으로 귀결되는 학문의 경우 의문시될 수밖에 없다. 그리고 녹색범죄학을 지지하는 모든 옹호자들은 자연의 보존에 커다란 관심을 가지고 있다. 이들은 비록 녹색범죄학의 기원과 이론적 근거에 대한 상호 연관의 불일치를 부인하고 있지만, 이러한 현대범죄학으로서 녹색범죄학이 사회적 관련성을 보다 더 갖고자 한다면 환경오염 문제나 기후변화 문제를 계속해서 녹색범죄학의 학문적 연구 대상으로 남겨두어야 한다고 한다. 향후 범죄학적 의제가 생태학적 문제나 기후변화 문제를 포함하도록 확장될 경우 깁스(Gibbs)와 그 동료들은 이 문제가 현재보다 더 중립적인 방식으로 다루어져야 함을 강조한다. 즉 미래의 녹색범죄학은 자신이 묻고자 하는 질문에 대해 특정 정치적 성향이나 동기에 따라 그 해답을 미리 알고 있다고 가정해서는 안 된다고 한다.[23)]

(2) '녹색범죄학이 무엇인가'에 대한 개념정의의 다양성

이미 1989년 허버트 예거(Herbert Jäger)는 비록 생태학적으로 지향된 것은 아니지만 거시범죄 현상(Phänomene der Makrokriminalität)으로 범죄학적 관심을

21) Schneider, H. J., "Ein Jahrzehnt US-amerikanischer Kriminologie. Überblick über die ersten zehn Jahrestagungen der „American Society of Criminology (ASC)" im 21. Jahrhundert", *Mschrkrim 94(2)*, 2011, S. 130.

22) Friedrichs, D. O. and Schwartz, M. D., "Editors' Introduction: On Social Harm and a Twenty-first Century Criminology", in: *Crime, Law and Social Change 48(1)*, 2007, p. 5.

23) Gibbs, C. et al., "Introducing Conservation Criminology. Towards Interdisciplinary Scholarship on Environmental Crimes and Risks", *British Journal of Criminology 50(1)*, pp. 124-144.

확장할 것으로 요구했고, 형사실무에서 손쉽게 접근 가능한 절도죄, 사기죄 등과 같은 일상범죄 현상에 대해서만 관심을 기울이는 전통범죄학의 편향적인 태도를 비판했다.[24] 학문적 관심의 대상이 무엇인지에 대해 명료한 정의를 내려야 할 경우에 비슷한 요구가 녹색범죄학에서도 제기된다. 지금까지 녹색범죄학이 무엇인지에 대한 개념정의 노력을 살펴보면, 다음과 같은 두 가지 입장으로 나누어 진다. 즉 하나는, 국제환경조약이나 국제환경협약에서 볼 수 있듯이 환경범죄에 대한 법률적 개념정의에 기초를 둔 실정법적 입장이다. 다른 하나는, 환경범죄를 법사회학적 관점에서 다루는 비판범죄학적 입장이다. 그런데 문제는 이러한 두 입장 어디에도 최종적이고 공식적으로 정의된 '범죄' 개념을 사용하지 않는다는 것이다. 예컨대 베른(Beirne)과 사우스(South)는 "권력기관(예컨대, 정부, 글로벌 기업, 군대 등)뿐만 아니라 일반인에 의해 행해지는 인간, 비인간 종, 환경(생태계, 우주공간 포함)에 대한 피해"와 같은 주제를 녹색범죄학의 연구 대상으로 간주한다.[25]

이러한 인용문에서 피해(harm)은 녹색범죄학 분석의 핵심 개념임이 분명하다. 결과적으로 녹색범죄학자들은 범죄와 형벌과 같은 분석적 개념에 우선적으로 초점을 두는 전통범죄학의 '범죄적 집착(criminal obsession)'에 대해 일정 정도 불편함을 느낀다. 전통범죄학은 여전히 실정법의 하나인 형법의 경계에 묶여 있기 때문에 현재의 정치적, 경제적, 사회적, 생태학적 변화 과정에서 발생하는 이른바 '거대 담론'의 문제를 다룰 기회를 놓치고 있다고 한다.[26] 이에 녹색범죄학의 대다수 학자들은 '사회적 피해'와 같은 개념에 대한 인식을 높이려고 노력한다. 이러한 의미에서 베른과 사우스(Beirne/South)는 가장 추상적인 수준에서 녹색범죄학의 연구대상인 "녹색범죄(green crime)를 권력기관(예컨대, 정부, 글로벌 기업, 군대)과 일반인에 의해 행해지는 인간, 비인간 종, 환경(생태계, 우주공간 포함)에

---

24) Jäger, H., *Makrokriminalität: Studien zur Kriminologie kollektiver Gewalt*, Frankfurt am Main, 1989, S. 11.

25) Beirne, P. and South, N., "Introduction: Approaching Green Criminology", in: Beirne, P. and South, N. (Hg.): *Issues in Green Criminology: Confronting Harms Against Environments, Other Animals and Humanity*, Uffculme, S. Xii.

26) Hil, R./Robertson, R., "What Sort of Future for Critical Criminology?", *Crime, Law and Social Change 39(1)*, 2003, p. 110.

대해 피해를 일으키는 행위”로 정의한다. 또한 발터스(Walters)는 녹색범죄가 아닌 ‘생태범죄(eco crime)’라는 용어를 사용하여 “생태범죄란 환경에 피해를 야기하고 생태적 파괴행위, 자연 환경을 위협하거나 손상시키거나 파괴하는 등의 불법적 또는 유해한 행위”로 정의한다.[27] 그리고 시투(Situ)와 에몬스(Emmons)는 “생태범죄란 환경 관련 법령을 위반하는 작위 또는 부작위로 형사소추 및 형사제재의 대상이 되는 행위”로 정의한다.[28] 이러한 생태범죄에 대한 개념정의에 따라 유엔범죄학연구소(UNCRI)는 생태범죄를 ① 야생동물 불법거래, ② 불법벌목 및 산림 파괴, ③ 불법 어법, ④ 위험 폐기물의 불법처리 및 투기, ⑤ 기타 환경 관련 범죄라는 다섯 가지 그룹으로 분류한다(아래 글 참조).[29]

유엔범죄학연구소(UNCRI)에 따른 생태범죄의 다섯 가지 그룹

유엔범죄학연구소(UNCRI)는 생태범죄(ecological crime 또는 environmental crime)를 다섯 가지 주요 그룹으로 분류하여 환경 파괴와 관련된 다양한 불법활동을 체계적으로 이해하려고 한다. 이 분류는 생태계와 인간의 안전을 위협하는 불법행위들을 포괄한다. 다음은 유엔범죄학연구소의 생태범죄 분류와 간단한 설명이다:

1. 야생동물 불법거래
   - 야생동물의 불법 포획, 밀렵, 거래 및 관련 활동
   - 멸종 위기종 보호를 위반하거나 생물다양성을 위협하는 행위
   - 예: 코뿔소 뿔, 상아, 희귀 동식물 등의 불법매매

2. 불법 벌목 및 산림 파괴
   - 규제를 어기고 숲을 훼손하거나 파괴하는 활동
   - 목재 불법거래, 산림 보호구역에서의 무단 벌목 등이 포함
   - 결과적으로 탄소 흡수원 감소와 생물다양성 감소 야기

27) Walters, R., “Eco-Crime”, in: McLaughlin, E. and Muncie, J. (Hg.): *The Sage dictionary of criminology*, London; Thousand Oaks, 2006, p. 146.
28) Situ, Y. and Emmons, D., *Criminal Law and the Environment*, Thousand Oaks, 2000, p. 3.
29) Walters, R., “Eco-Crime”, in: McLaughlin, E. and Muncie, J. (Hg.): *The Sage dictionary of criminology*, London; Thousand Oaks, 2006, p. 146.

3. 불법 어업

- 어업 규정을 위반하거나 보호종을 남획하는 활동
- 해양 생태계 파괴 및 어족 자원의 지속가능성에 심각한 위협을 가함
- 예: 보호 해역에서의 어획, 금지된 어망 사용

4. 위험 폐기물의 불법처리 및 투기

- 화학물질, 전자폐기물, 방사성 폐기물 등의 불법 폐기
- 환경오염과 인간 건강에 심각한 피해를 야기
- 예: 쓰레기 불법수출, 강이나 바다에 유독물질 방출

5. 기타 환경 관련 범죄

- 기타 환경 관련 법령 위반 행위
- 예: 광산 불법개발, 오염물질 방출, 환경 관련 인허가 없이 행해지는 활동

이러한 생태범죄는 단순히 지역 환경에 대한 위협을 넘어, 국제적 조직범죄와 연계될 가능성이 높으며, 전 세계의 생태계와 사회안정에 광범위한 영향을 미친다. 유엔범죄학연구소는 이러한 생태범죄를 감시하고, 예방 및 대응 방안을 마련하는 데 주력하고 있다.[30)]

생태범죄는 종종 '녹색범죄'나 '환경범죄'와 동의어로 사용된다. 이러한 개념정의에 따라 린치(Lynch)와 스트리터스키(Stretesky)는 환경범죄가 다른 범죄와 마찬가지로 다양한 요인에 의해 형성되는 사회적 구성물이라고 본다. 즉 이들의 견해에 따르면 환경범죄의 사회적 구성 과정은 이와 관련된 행위자들의 사회적 지위와 그들 사이의 비대칭적인 권력관계뿐만 아니라 경제적 이해관계와 미디어 담론에 의해서도 영향을 받는다고 한다. 이 때문에 린치(Lynch)와 스트리터스키(Stretesky)는 녹색범죄 개념을 다음과 같이 환경정의 관점과 기업적 관점을 서로 구분하여 설명한다. 즉 환경정의 관점에서 녹색범죄는, "① 환경 관련 법령을 작위나 부작위로 위반하는 행위, ② 자연 환경과 생태계에 피해의 결과를 일으키는 행위, 그리고 ③ 인간 활동에 의해 야기된 행위"로 개념정의를 한다.[31)] 이

30) https://chatgpt.com/c/6757d9aa-db78-800b-a9d0-11cbd705a359 〈최종 검색: 2024. 12. 11.〉
31) Lynch, M. J. and Stretesky, P. B., "The Meaning of Green: Contrasting Criminological Perspectives", *Theoretical Criminology 7(2)*, 2003, p. 227.

러한 환경정의 관점은 인종, 계급, 성별과 같은 요소들을 분석에 포함시킨다. 소외된 소수자들은 환경 관련 법 제·개정이나 그 시행 과정에서 종종 무시되기 때문이다. 또한 이러한 관점은 환경침해적 행위의 결과에 인해 가장 커다란 영향을 받고 피해를 거의 막아낼 수 없는 그러한 집단을 대표하기 때문이다.[32)]

린치(Lynch)와 스트리터스키(Stretesky)는 녹색범죄와 관련하여 실정법적 입장에 따라 형사법적으로 포괄할 수 있는 구성요건 형태로 개념정의하는 것은 명료하고 어쩌면 몰가치한 연구 대상을 제공할 수 있겠지만, 자연 환경과 생태계에 초래한 피해로 인해 야기된 엄청난 사회적 비용은 간과되고 개인주의적이고 경제적으로 지향된 녹색 행동양식만이 장려될 수 있음을 적절히 지적했다. 이러한 실정법적 입장 하에서 녹색범죄학이나 녹색범죄가 무엇인가에 대한 여러 개념정의 노력을 통합하고 범죄학에서 기본적인 질문인 "누가, 어디서, 무엇을, 왜, 그리고 어떻게"에 대해 답변하고자 할 경우, 불충분한 답변 결과가 예상되지만 자연 환경과 생태계에 초래한 피해의 가해자에는 일반 국민은 물론 정치·경제권력 엘리트도 포함된다고 부분적으로 답변할 수 있을 뿐이라고 한다.[33)] 반면에 가해자가 아닌 피해자의 범주는 인간뿐만 아니라 생물적·비생물적 자연도 녹색범죄의 결과에 의해 영향을 받을 수 있기 때문에 훨씬 더 광범위하다. 앞서 언급한 녹색범죄학의 연구 대상인 녹색범죄나 생태범죄에 대한 개념정의에 따르면, 녹색범죄가 발생하는 장소, 이유, 방법에 대한 설명이 전혀 없거나 여전히 불충분하다. 이처럼 한편으로 지나치게 제한적이지 않고 실정법상 명확하나, 다른 한편으로 다른 개념과의 차별적인 성격을 잃어버릴 정도로 너무 형식적이지 않은 개념정의를 발견한다는 것은 매우 어려운 일이다.[34)]

---

32) Hall, M., "Environmental Victims: Challenges for Criminology and Victimology in the 21st Century", *Journal of Criminal Justice and Security 19(4)*, 2012, pp. 371-391; Lynch/Stretesky, 앞의 논문, 2003, p. 228.

33) Beirne, P. and South, N., "Introduction: Approaching Green Criminology", in: Beirne, P. and South, N. (Hg.): *Issues in Green Criminology: Confronting Harms Against Environments, Other Animals and Humanity*, Uffculme, 2007, p. Xii.

34) Herbig, F. J. W. and Joubert, S. J., "Criminological Semantics: Conservation Criminology - Vision or Vagary?", *Acta Criminologica 19(3)*, 2006, p. 96.

(3) 녹색범죄학의 개념정의와 관련된 핵심 구성요소

앞서 살펴보았듯이, 녹색범죄학이 무엇인가에 대한 공식적이고 통일된 개념정의를 내리려는 시도는 실패하였다고 할 수 있다. 그럼에도 불구하고 오늘날 광범위한 일반 용어로서 녹색범죄학은 "환경 피해(엄격한 법적 정의에 따라 규정된 것보다 더 광범위한 범죄 개념 포함), 환경법이나 환경형법(환경법이나 환경형법의 집행, 기소 및 양형 관행 포함), 환경 규제(특정 환경과 비인간 종을 보호 및 보존하고 특정 산업공정의 부정적인 결과를 관리하기 위해 고안된 민사법, 형사법, 환경 관련 규제법 포함)에 대한 범죄학자들의 연구"를 의미한다.[35] 또한 브리스먼(Brisman)과 사우스(South)의 견해에 따르면 녹색범죄학은 "인간과 인간 이외의 생명, 생태계, 생물권에 영향을 미치는 환경범죄와 피해를 연구하는 학문"을 말한다. 보다 구체적으로 녹색범죄학은, ① 환경범죄 및 피해 원인, 결과 및 확산, ② 법률 체계(민사법, 형사법, 환경 관련 규제법)과 비정부기구 및 사회운동에 의한 환경범죄 및 피해에 대한 대응과 예방, 그리고 ③ 환경범죄 및 피해의 의미와 매개된 표현을 연구하고 분석한다.[36]

복잡해 보일 수 있지만 녹색범죄학이 무엇인지를 더 잘 이해하기 위해 개념정의를, ① 환경, 동물 및 인간에 대한 초점, ② 환경범죄(또는 녹색범죄)에 대한 초점, ③ 피해에 대한 초점, 그리고 ④ 부정의(injustice)에 대한 초점이라는 네 가지 핵심 구성요소로 나눌 수 있다. 이를 보다 구체적으로 살펴보면 다음과 같다.[37]

가. 환경, 동물 및 인간에 대한 초점

대부분의 전통범죄학은 인간중심적 관점을 바탕으로 한다. 전통범죄학의 이론과 연구가 범죄행위의 가해자이자 범죄 피해자로서 인간에 초점을 맞추고 있기

---

35) White, R., *Theorising Green Criminology: Selected Essays*, Routledge, 2021, p. 17.

36) Brisman, A. and South, N., "Green Criminology and Environmental Crimes and Harms", *Sociology Compass 13(1)*, 2019, p. 1.

37) 이하 Simmons, G., Vardy, M. and Stevenson, R., "What is Green Criminology?", in: *Introduction to Criminology*, 2023 참조.
https://kpu.pressbooks.pub/introcrim/chapter/13-1-what-is-green-criminology/ 〈최종 검색: 2024. 12. 11.〉

때문이다. 이와 반대로 녹색범죄학은 환경(물, 땅, 공기, 식물)뿐만 아니라 야생동물, 농장동물, 가축을 포함한 비인간 동물을 포함함으로써 인간중심적 관점을 확장한다. 녹색범죄학은 엄격한 인간중심적 관점에서 벗어나 누구나 범죄나 해악의 피해자가 될 수 있는지에 대한 보다 포괄적인 관점으로 이동한다.

나. 범죄에 대한 초점

녹색범죄학은 범죄에 대한 관점으로, 형법에서 규정하고 있는 금지행위나 개별 환경법에서 금지된 행위와 같이 불법으로 간주되는 행위를 의미한다. 녹색범죄학은 법률 위반뿐만 아니라 누가 법률을 위반하는지, 형사사법 시스템이 그러한 위반에 어떻게 대응하는지 살펴본다. 녹색범죄학은 비판적인 관점을 견지하며, 정치권력이나 경제권력이 법을 제·개정하는 데 어떤 역할을 하는지, 그리고 해당 법률을 위반한 것으로 간주되는 사람이 누구인지 주의를 환기시킨다.

다. 피해에 대한 초점

피해에 대한 초점과 관련하여 녹색범죄학자들은 다음과 같은 중요한 질문을 제기한다: 무엇이 해로운 것인지를 누가 결정하는가? 범죄란 무엇인지를 정의하는 사람은 누구인가? 이러한 질문들은 누가 환경범죄가 무엇인지 정의 내릴 권한을 갖고 있는지, 누가 정의 내려진 피해에 저항할 권한을 갖고 있는지, 그리고 중요하게는 이러한 행동으로 인해 피해를 입은 사람과 대상이 누구인지와 같이 권력 문제를 중심으로 한다.

실제로 합법적인 많은 관행들은 전통범죄학에서 다루는 거리범죄보다 사회에 해롭고 더 광범위한 영향을 미친다. 예컨대 노천 채굴로 인한 환경 파괴, 석탄 가공에 사용되는 화학물질 등과 같이 석탄산업 내에서 합법적 관행으로 인해 환경 피해가 발생한다. 이러한 합법적 관행은 대기와 물뿐만 아니라 탄광 인근 지역에 사는 식물, 동물, 인간에게도 부정적인 영향을 끼친다. 더욱이 축산업의 많은 일반적인 관행은 업계 내 동물과 근로자는 물론 더 넓은 환경에 피해를 끼치는 것으로 알려지고 있다.

힐야드(Hillyard)와 톰즈(Tombs)는 "범죄가 사회적으로 구성된다."라는 점을 지적했는데, 이는 특정 행위가 규범수범자인 국민들에 의해 범죄로 인식될 경우에 실정법상 범죄로 정의되어야 하며, 그런 다음 그 정의가 사회에서 받아들여져야 함을 의미한다. 하지만 이들은 범죄가 권력관계를 유지하는 데 일정한 역할을 하며, 비록 형법이 국가의 여러 장소에서 계속해서 발생하는 환경범죄를 일부를 포착할 가능성이 있지만 이러한 범죄행위를 대부분 무시하고 거리에서 벌어지는 개인의 불법행위에 초점을 맞추고 있음을 지적했다.38)

기업은 어떤 행위를 새롭게 범죄로 정의하거나, 범죄로 새롭게 규정하는 데 있어 종종 저항감을 표출한다. 그런데 녹색범죄학자들은 합법적인 것과 불법적인 것이는 이분법에 상당한 주의를 기울이고, 기업의 불법적이 활동이 겉으로는 확인되지 않는 것처럼 계속되도록 법적으로 허용하는 권력관계를 비판한다. 이처럼 피해에 대해 초점을 맞추면 녹색범죄학은 범죄학이라는 개념 우산 아래에서 무엇을 연구하고 검토해야 하는지에 대한 아이디어를 확장할 수 있을 뿐만 아니라 그러한 피해의 피해자로 간주될 수 있는 사람과 대상에 대한 개념도 확장할 수 있다.

(4) 부정의(injustice)에 대한 초점

녹색범죄학은 앞서 언급한 바와 같이 피해에 대해 초점과 이와 관련된 권력관계에 많은 관심을 기울이는데, 이는 자연스럽게 부정의(injustice)에 대한 초점으로 이어진다. 예컨대 식민지화와 제도적 억압의 극심한 악영향이 여전히 남아있는 캐나다 전역의 많은 원주민 가정에서 눈에 띄는 부정의 사례가 지속되고 있다. 지난 수십 년 동안 여러 캐나다 원주민 공동체는 물을 마시거나 목욕하려면 물을 끓여야 하는 물 주의경보 발령 하에 생활해 왔다. 이는 원주민 공동체만의 문제가 아니라 도시 공동체의 문제이기도 하다. 예를 들어 세미아무 원주민(Semiahmoo First Nation)은 주민들이 항상 깨끗한 식수를 마실 수 있는 BC주 화이트 록(White Rock) 시(밴쿠버에서 남쪽으로 약 50km에 위치한 도시)에서 불과 5km 거리에 있음에도 불구하고 최근에야 16년 간의 물 끓이기 주의경보 발령을 종료했다고 한다. 캐나다 연방정부는 원주민 공동체의 물 문제를 해결하겠다고 수년 동안 원주민들에게 약속해 왔지만 상황은 호전되지 않고 계속되고 있

38) Hillyard, P. and Tombs, S., "From 'crime' to social harm?", *Crime Law and Social Change 48(1)*, 2007, p. 15.

다. 실제로 캐나다 원주민 공동체의 수인성 질병 수는 캐나다 전국 평균보다 26배 더 높으며, 보호구역에 사는 사람들은 캐나다의 비원주민들에 비해 흐르는 물에 접근할 수 없는 가능성이 90배 더 높다고 한다.

녹색범죄학자들은 2010년 유엔 총회(United Nations General Assembly) 결의안(Resolution 64/292)을 통해 공식적으로 인정된 "모든 사람이 안전하고 지속가능한 방식으로 물과 위생 시설에 접근할 권리를 보장해야 한다."라는 사실에 주의를 환기시키고,[39] 그러한 상황을 일으키는 구조적 불평등, 체계적 인종차별, 지속적인 식민지 억압을 비판적으로 분석한다. 전 세계의 원주민들은 아마존 에콰도르의 유독성 기름 오염으로부터 브라질의 댐 건설, 미국의 유독성 폐기물 상황에 이르기까지 환경적 부정의 내지 불의로 인해 가장 큰 피해를 입고 있다.[40]

표 7-1 전통범죄학과 녹색범죄학의 비교[41]

	전통범죄학	녹색범죄학
범위	인간중심주의: 가해자이자 피해자인 인간에 초점을 둠	비종차별주의: 인간과 인간이 아닌 환경과 동물을 모두 포함함
범죄의 관점	법률위반을 핵심 문제로 검토	형법과 규제법을 넘어 권력의 역할, 그리고 누가 법을 위반하고 형사사법 제도가 어떻게 대응하는지 의문을 제기함
피해	피해에 대한 좁은 개념정의: 불법으로 간주되는 행위로 인해 발생하는 피해에 초점을 둠	– 사회적 피해: 불법적 행위 이외에도 합법적 행위로 인해 발생하는 피해를 포함한 사회적 피해에 대한 연구 – 유해한 것과 범죄적인 것을 누가 결정하는지 의문을 제기함
정의/부정의(불의)	범죄는 국가의 법질서에 대항하는 행위로 간주하며, 범죄의 가해와 피해 과정에서 사회적 소외를 고려함	– 기업, 정부, 개인의 작위나 부작위로 인해 발생하는 부정의(불의)에 초점을 맞춤 – 소외된 집단이 불균형적으로 경험하고 있는 부정의(불의)에 주의를 환기시킴

39) UN의 '물과 위생에 대한 인권(Human Rights to Water and Sanitation)' 참조

40) Vickery, J. and Hunter, L., "Native Americans: Where in Environmental Justice Research?", *Soc Nat Resour 29(1)*, 2016, pp. 36–52.

41) Simmons, G., Vardy, M. and Stevenson, R., "What is Green Criminology?", in: *Introduction to Criminology*, 2023.

3. 녹색범죄학의 개념적 토대와 이론적 관점

(1) 녹색범죄학의 개념적 토대

녹색범죄학은 형사사법 제도가 환경 피해를 심각하게 받아들여야 한다는 생각을 전제로 한다. 이는 범죄에 대한 기존 전통범죄학 하에서의 이해를 넘어 피해에 대한 새로운 개념화가 필요함을 의미하기도 한다. 우선, 녹색범죄학자들은 자연 환경과 생태계에 피해를 끼치는 파괴적이고 유해한 인간 활동에 대해 지금까지 전통범죄학이 그랬던 것보다 더 큰 관심을 기울여야 한다는 데 동의한다. 물론 이미 환경범죄와 환경 피해를 다루는 수많은 관련 법률과 국제환경협약이 있다. 하지만 최근까지 관련 법률과 국제환경협약이 실제로 어떻게 작동하는지, 자연 환경과 생태계에 피해를 예방하기 위해 효과가 있는지 등에 대해 범죄학적인 관심은 거의 없었다. 특히 범죄예방과 같은 분야의 전통범죄학의 오랜 통찰력이 동물 및 천연자연과 관련된 범죄에 엄격하게 적용되지 않았다.

둘째, 인간의 복지와 생태계의 건강을 상호 연결된 상태로 인식하며, 환경 보전과 사회적 복지를 동시에 추구함을 의미하는 '생태 복지(ecological welfare)'와 '사회적·경제적 복지'가 최대화된다면, 실제로 환경범죄를 구성하는 요소들이 무엇인지에 대한 개념을 더 넓게 확장할 필요가 있다. 예컨대 노숙림 벌목 등 생태적으로 가장 파괴적인 활동 가운데 일부는 전통범죄학에서 합법적인 반면, 대마초 재배와 같은 보다 온건한 행위는 마약범죄로 간주된다. 이 때문에 급진적 녹색범죄학자들이 생각하는 '피해'의 개념은 환경범죄의 구성요건 중 '피해'와 관련하여 주류 법률과 전통범죄학에서 제공하는 것보다 더 포괄적일 것을 요구한다.

녹색범죄학은 불법적인 환경 피해(즉 현재 실정법에 따라 불법으로 정의되어 형사처벌이 가능한 환경 피해)와 합법적인 환경 피해(즉 현재 실정법에 따라 합법적인 것으로 용인되지만, 그럼에도 불구하고 생태적으로 유해한 환경 피해)를 모두 개념화하여 녹색범죄로 포섭하는 커다란 개념 우산을 제공한다. 따라서 환경 피해가 어떻게 개념화되는지는 특정 연구 및 분석 틀 내에서 합법과 불법의 구분이 어떻게 해석되는지에 따라 달라진다. 다만 녹색범죄학 전체를 아우르는 독자적인 이론은 현재까지 정립되어 있지 않다. 오히려 사우스(South)가 적절히 지적한 것처럼, 이론이기보다는 느슨하게 '녹색 관점'이라고 설명할 수 있다.[42] 이러한 녹색 관점의 요소에는 일반적으로 특히 환경 문제에 대한 우려, 환경정의, 생태의식, 글로벌 자본주의의 파괴적 성격, 국가(지역 및 글로벌 규제 기관)의 역할, 계급·성별·인종·비인간 동물과 관련된 불평등과 차별 등이 포함된다. 기업이 일반적으로 환경 피해 문제를 기업 활동에 있어 필수적으로 발생할 수밖에 없는 것으로 간주하는 한 녹색 의제는 거부되곤 한다. 따라서 녹색범죄학의 관점은 권력자 혹은 엘리트의 범죄에 대한 강한 민감성에서 시작하여 권력, 정의, 불평등, 민주주의와 관련된 문제를 다루는 경향이 있다.

녹색범죄학과 관련된 연구 활동의 스펙트럼에는 여러 종류의 분석 틀이 있다. 이들 가운데 일부는 인간과 자연 간의 관계를 철학적으로 탐구하며, 인간 중심적 사고를 넘어 생태계와 자연을 포함한 모든 생명체의 가치를 강조하는 '생태철학(eco philosophy)'과 깊은 관련이 있다. 따라서 대부분의 녹색범죄학은 환경정의, 생태정의, 그리고 종의 정의라는 세 가지 접근법 중 적어도 하나에 개념적 토대를 두고 있다(아래 참조). 특히 생태정의 관점에서 볼 때, 환경 피해는 정의라는 측면에서 가장 잘 파악할 수 있으며, 이때 정의는 인간, 생태, 종의 권리와 광범위한 평등주의 원칙에 기초한다. 환경 피해는 인간, 특정 생물권이나 환경, 비인간 동물, 그리고 점차적으로 식물에 대한 위반행위의 관점에서 고려된다.

- ○ 환경정의(environmental justice)는 인간 집단 내에서 인종, 성별, 신분, 계층 등의 차이에 중점을 두며, 사회정의(social justice)는 현세대와 미래세대를 위한 건강하고 안전한 환경에 대한 접근권을 요구한다.
- ○ 생태정의(ecological justice)는 생태 자체에 중점을 두며, 예를 들어 숲과 같은 생태 복지를 보존하고 보호하는 것을 본질적으로 가치 있는 것으로 간주한다.
- ○ 종의 정의(species justice)는 고래나 북극곰 등 종 전체에 대한 학대, 고문, 남획 및 밀렵 등으로부터 보호되어야 하는 개별 멸종위기 동물 복지를 보장하는 데 중점을 둔다.

---

42) South, N., "A green field for criminology?: A proposal for a perspective", *Theoretical Criminology 2(2)*, 1998, pp. 211-233.

(2) 녹색범죄학의 이론적 관점

녹색범죄학은 녹색 이슈에 집중된 학문 및 연구 분야로 계속 성장해 감에 따라 녹색 이슈를 바라보는 관점과 이에 효과적으로 대응하는 방법에 있어 매우 다른 개념화가 이루어졌고, 이를 바탕으로 서로 다른 연구 영역이나 독자적인 이론적 관점이 제시되고 있다. 이를 간략히 요약하면 다음과 같다(〈표 7-2〉 참조). 이러한 녹색범죄학의 세부 분류는 상호 배타적이지 않다.

표 7-2 녹색범죄학의 여러 이론적 관점[43)]

1. 급진적 녹색범죄학	– 환경 피해 및 자연에 반하는 범죄와 관련된 문제에 대해 광범위하고 급진적인 방향을 설명하는 일반적인 용어이다. – 주요 개념 및 관심사: 환경정의, 생태정의, 종의 정의, 반자본주의, 반인간중심주의, 환경운동가, 동물권, 기후변화와 범죄 – 대표적 학자인 린치와 스트리터스키(Lynch/Stretesky)는 자본가, 글로벌 화석연료 기업에 대해 신랄한 비판을 하며, 녹색범죄학은 전통 범죄학에 대한 급진적 비판을 통해 보다 정확하게 정의되어야 한다고 주장한다.[44)]
2. 생태지구범죄학	– 주요 관심사는 환경 피해의 초국가적 성격과 인간, 생태계, 동물에 대한 위반행위가 전 지구적 차원에서 발생하는 방식에 있다. – 주요 개념 및 관심사: 기후변화, 초국가적 환경범죄, 생태정의 – 대표적 학자인 화이트(White)는 생태학적 기준이 분석을 뒷받침해야 하며, 그러한 분석은 지역, 지방, 국가 및 국제적 교차점을 통합하는 규모의 중요성을 잘 인식해야 한다고 주장한다.[45)]
3. 보존범죄학	– 범죄학적 우려를 불러일으키는 천연자원 보존 및 관리, 법적으로 정의된 환경범죄 및 환경법 집행과 관련된 특정 우려 사항을 연구한다. – 주요 개념 및 관심사: 보존리, 천연자원 보존 및 관리, 위험성 평가 및 분석 – 대표적 학자인 Gibbs, Gore, McGarrell 및 Rivers Ⅲ은 천연자원 분야, 위험 및 의사결정 과학을 통해 환경범죄 및 환경위험에 대한 연구에 다학제간 학문을 더 잘 통합해야 함을 주장한다.[46)]

43) Simmons, G./Vardy, M./Stevenson, R., "What is Green Criminology?", in: *Introduction to Criminology*, 2023.

44) Lynch, M./Stretesky, P., "The Meaning of Green: Contrasting Criminological Perspectives", *Theoretical Criminology 7(2)*, 2003, pp. 217-238.

45) White, R., *Transnational Environmental Crime: Toward an Eco-Global Criminology*, London: Routledge, 2011.

46) Gibbs, C., Gore, M., McGarrell, E. and Rivers Ⅲ, L., "Introducing conservation criminology: Towards interdisciplinary scholarship on environmental crimes and risks", *British Journal of*

4. 환경범죄학	– 법적으로 정의된 환경범죄를 다루는 전통범죄학의 접근 방식으로, 상황별 범죄예방에 중점을 두는 장소 기반 범죄학 또는 환경범죄학이라고도 한다. – 주요 개념 및 관심사: 상황별 범죄예방, 시장 축소 접근법, 야생동물 불법거래 – 대표적 학자인 웰스미스(Wellsmith)는 장소기반 범죄학 및 상황별 범죄예방이 특히 야생동물 범죄 및 멸종위기 종 보존과 같은 분야에서 환경 피해를 줄이는 데 많은 도움이 된다고 주장한다.[47]
5. 구성주의 녹색범죄학	– 사회, 환경, 경제적 불평등과 관련하여 사회적·정치적으로 구성되는 방식을 강조하는 구성주의 또는 구성주의적 범죄학의 관점에서 환경범죄와 환경 피해에 대해 연구하는 분야이다. – 주요 개념 및 관심사: 범죄학 분석 언어, 범죄 구성의 주관적 요소, 미디어 연구 – 대표적 학자인 브리스먼(Brisman)은 환경 피해 분석에서 '범죄', '범죄자', '피해자'와 같은 범주를 해체하여 권력의 근본적인 관계가 외부로 드러날 수 있도록 해야 한다고 주장한다.[48]
6. 종차별 범죄학	– 종과 종의 개별 구성원이 본질적인 가치와 권리를 갖는 것으로 간주되는 한, 범죄학 연구의 주요 목표로서 종차별주의(speciesism)에 초점을 맞추고 환경문제를 구성하는 데 있어 인간중심주의에 대해 비판을 가한다. – 주요 개념 및 관심사: 차별의 한 형태로서의 종차별주의, 공장식 농장을 포함한 동물학대, 야생동물 불법거래 – 대표적 학자인 베른(Beirne)은 동물학대를 역사적, 사회적 맥락에서 분석해야 하며, 동물학대가 어떻게, 왜, 어디서, 언제 발생하는지에 대한 주요 질문에 답해야 한다고 주장한다.[49]

일반적으로 전통범죄학자들은 환경 피해, 환경법, 환경규제에 대한 연구를 다른 분야의 연구자들에게 맡기는 경우가 많다. 이로 인해 지구를 오염시켜 인간 이외의 다른 생명체를 죽이거나, 다치게 하고, 공격하는 개인이나 단체의 활동에 대해 비판적 검토의 여지를 거의 허용하지 않는다. 때문에 주요 환경 피해의 규모와 유형, 환경 관련 범죄행위와 일탈을 개념정의하려는 전통범죄학자들의

Criminology 50, 2010, pp. 124-144.

47) Wellsmith, M., "The applicability of crime prevention to problems of environmental harm: a consideration of illicit trade in endangered species", in: White, R. (ed.), *Global Environmental Harm: Criminological Perspectives*, Uffculme: Willan Publishing, 2010.

48) Brisman, A., "The cultural silences of climate change contrarianism", in: White, R. (ed), *Climate Change from a Criminological Perspective*, New York: Springer, 2012.

49) Beime, P., *Confronting Animal Abuse: Law, Criminology, and Human-Animal Relationships*, New York: Rowman & Litdefield Publishers, 2009.

시도로 인해 발생하는 여러 갈등을 해결하고, 이미 시행 중인 광범위한 환경규제의 문제점을 해소하기 위한 여러 해결책을 놓고 벌어지는 격렬한 논쟁 등을 불식시키기 위해 녹색범죄학이 필요하다.

앞서 설명한 녹색범죄학의 여러 이론적 관점 내에서 '범죄'와 '피해'의 구별과 관련된 문제에 있어 상당한 차이를 보이고 있음을 알 수 있다. 이러한 차이는 단순히 합법/불법이라는 구분을 둘러싼 논쟁에서만 발생하는 것은 아니다. 피해(harm)와 정의(justice)에 대한 다양한 개념에 관해서도 심각한 의견 차이가 있다. 예컨대 종의 정의에 대한 연구에 있어 동물권과 동물복지에 대한 논쟁과 같이 특정 녹색범죄학의 연구 영역 내에서조차 차이를 보인다. 또한 녹색범죄학의 특정 연구 영역 간에 우선 보호의 순위, 가치 및 의사결정 측면에서 견해 차이가 있다.[50)]

예를 들어 이러한 견해 차이는 다양한 토지이용 지역에 대한 논쟁에서도 분명하게 나타난다. 이러한 종류의 논쟁에는 특정한 지리적 위치에서 일부 동물을 죽이거나 제거해야 하는 경우일지라도 환경정의의 관점에서 인간의 이익이 최우선이어야 하거나, 생태정의 관점에서 특정 생태적 이익(생태계가 제공하는 물질적이나 자연 환경이 주는 아름다움과 안정감 등)이 보호되어야 한다고 주장하는 사람들이 포함될 수 있다. 그러나 종의 정의 관점에서 동물의 본질적인 권리와 인간이 비인간 종에 대한 보살핌과 보호를 제공할 의무에 대해 커다란 질문이 제기될 수 있다.

환경 문제에 초점을 두고자 하는 녹색범죄학자들 사이의 공통된 연결 고리에도 불구하고 중요한 이론적, 정치적 견해의 차이는 시간이 지남에 따라 더욱 선명해지고 있다. 예컨대 어떤 녹색범죄학자는 녹색범죄학이 필연적으로 반자본주의적이어야 하며, 광범위하게 급진적 성향을 보여야 한다고 주장하다.[51)] 반면에 다른 녹색범죄학자는 기존 법률의 개념적 정의 한계 내에서 녹색범죄학 연구를 보존 및 천연자원 관리 중 하나로 해석해야 한다는 입장을 유지한다.[52)] 또 다른

50) White, R., *Environmental Harm: An Eco-Justice Perspective*, Bristol: Policy Press, 2013 참조.
51) 대표적으로 Lynch, M. J. and Stretesky, P. B., "The Meaning of Green: Contrasting Criminological Perspectives", *Theoretical Criminology 7(2)*, 2003, pp. 217-238.
52) 대표적으로 Herbig, F. J. W. and Joubert, S. J., "Criminological Semantics: Conservation Criminology – Vision or Vagary?", *Acta Criminologica 19(3)*, 2006, pp. 88-103.

녹색범죄학자는 녹색범죄학의 연구 방향이 지구적이고 생태학적 관점에서 이루어져야 하며, 21세기 환경 피해의 성격과 역할을 더 잘 포착할 수 있는 새로운 개념이 개발되어야 한다는 견해를 지지한다.[53)]

녹색범죄학들 사이의 이론적 관점의 다양성에 관계없이 녹색범죄학의 특징은 지지자들이 환경 문제나 생태 문제에 더 많은 관심을 기울여야 한다고 주장한다는 데 있다. 이러한 점에서 현재 많은 저명한 범죄학자들이 범죄학의 주류 분야(예컨대 상황적 범죄예방, 일반긴장이론, 합리적 선택이론 등)의 전문지식을 활용하여 코끼리 상아의 불법거래, 산업활동에 따른 환경오염 및 기후변화로 인해 발생하는 기후위기 문제 등을 구체적으로 연구하고 있다는 점이 흥미롭다. 녹색범죄학의 연구 영역은 그 자체로 확장되고 있을 뿐만 아니라, 동시에 전통범죄학이 점점 더 녹색화되고 있다.[54)]

녹색범죄학 내의 차이점은 이론적 초점과 방향의 차원에서만 나타나는 것이 아니다. 이러한 차이는 환경범죄나 피해에 대해 어떻게 대응할 것인지와 관련해서도 명백하게 나타난다. 많은 녹색범죄학자들은 환경권, 생태정의, 비인간 동물 복지에 대한 가장 큰 위협을 인간, 비인간 동물 및 자연의 착취에 기초하여 사회적 존재의 모든 측면을 상품화하는 글로벌 자본주의 체제의 구조와 압력에서 찾는다. 하지만 이러한 급진적 녹색범죄학 관점은 녹색범죄학자들 사이에서 동등하게 공유되지 않는다. 결국 이러한 질문에 대한 답변 내용은 환경 피해에 대한 대응을 어떻게 구성해야 하는지에 따라 달라진다.

글로벌 자본주의 체제, 불평등, 소비주의가 환경 파괴와 환경범죄를 일으키는 근본 원인임을 강조하는 급진적 녹색범죄학 관점에 볼 때, 환경 피해는 생산수단을 통제하는 사람들, 즉 자본가들이 자연 환경과 인간 모두를 착취하는 것과 관련

---

53) 대표적으로 White, R., *Transnational Environmental Crime: Toward an Eco-Global Criminology*, London: Routledge, 2011.

54) 대표적으로 Agnew, R., "It's the end of the world as we know it: the advance of climate change from a criminological perspective", in: White, R. (ed.), *Climate Change from a Criminological Perspective*, New York: Springer, 2012; Mesko, G./Dimitrijevic, D./Fields, C. (eds), *Understanding and Managing Threats to the Environment in South Eastern Europe*, Dordrecht: Springer, 2010; Lemieux, A. and Clarke, R., "The international ban on ivory sales and its effects on elephant poaching in Africa", *The British Journal of Criminology 49(4)*, 2009, pp. 451-471.

이 있다고 한다. 글로벌 자본주의에 대한 분석은 왜 인간 사회가 특정 생명체, 특히 개와 고양이와 같은 반려동물을 존중하고 보호하면서도, 이와 정반대로 계란을 대량 생산하기 위해 암탉을 공장식으로 사육하는 것처럼 다른 동물에 대한 끔찍한 처우를 허용하고 심지어 묵인하는 것인지와 같은 질문에 대한 답을 제공한다고 한다. 또한 우리가 국립공원 조성을 통해 일부 자연 환경을 보존하려고 엄청난 노력을 기울이면서도 동시에 가구 제작에 필요한 목재를 조달하기 위해 노숙림을 벌채하는 등 특정 생태계를 파괴하는 이유를 더 잘 이해할 수 있다고 한다.[55)]

환경 피해는 뚜렷한 글로벌 정치·경제의 전반적인 맥락에서 발생한다. 녹색범죄학의 관점을 따르는 대부분의 연구자는 환경 피해를 일으키는 특정 유형의 범죄행위 또는 유해한 작위 또는 부작위를 폭로하는 데 집중한다. 이를 통해 동물의 불법거래, 불법 벌목, 독성폐기물 불법투기, 대기오염, 생물다양성 위협 등의 현상에 대한 자세한 설명과 과학적 증거의 제시를 통해 분석을 시도한다. 많은 경우에 녹색범죄학 분야에서 확인된 연구 자료는 사회적 불평등, 종 차별, 환경부정의 내지 생태부정의, 엘리트 범죄와 관련된 문제를 강조한다. 하지만 이와 달리 전통범죄학 분야에서 국가나 정치·경제의 권력관계에 대한 이론적 이해를 바탕으로 범죄, 피해, 정의 및 부패 관행을 찾는 연구는 흔하지 않다. 즉 환경에 커다란 피해를 일으키는 지속적인 정치·경제 시스템을 언급하는 예는 찾아보기 힘들다.

글로벌 정치·경제의 본질에 대한 견해 차이뿐만 아니라, 원하는 사회적·생태적 변화를 가능케 하는 가장 효과적인 전술과 전략이 무엇인지에 대한 견해 차이는 환경 피해에 대한 대응을 어떻게 마련할 것인지에 있어 다양한 접근법으로 나타난다. 이에 따라 환경규제 및 환경 피해 예방과 관련된 문제는 여러 가지 접근법으로 구성될 수 있다. 예컨대 이와 관련된 첫 번째 접근법은 기존 환경 관련 법령을 체계적으로 정비하는 한편, 구체적인 법률위반에 대한 지속적인 사회적·법적 분석, 환경법 집행기관의 역할, 형법을 통한 환경범죄 대응의 어려움을 극복하고 새로운 기회를 모색하고자 한다. 두 번째 접근법은 일련의 조

55) Beime, P., "From animal abuse to interhuman violence? A critical review of the progression thesis", *Society & Animals 12(1)*, 2004, pp. 39-65; Torres, B., *Making a Killing: The Political Economy of Animal Rights*, Oakland, CA: AK Press, 2007.

치를 통해 기존 글로벌 자본주의 생산・소비 시스템을 개혁하고 비정부단체(NGO)나 지역 사회단체를 환경 관련 규제법의 제・개정 과정에 직접 참여시키는 시도를 포함하여 환경 피해를 사전에 예방하고 줄이는 핵심 메커니즘으로서 사회적 규제에 중점을 둔다. 세 번째 접근법은 근본적인 사회 변화에 중점을 두며, 인권, 자연 환경 보호, 평화, 또는 글로벌 정의와 같은 문제를 해결하기 위해 국제적인 연대를 구축하는 것을 목표로 하는 이른바 '초국가적 행동주의'의 필요성을 강조한다. 이때 중요한 것은 환경 파괴 및 훼손, 자연의 부정적 변화, 종의 감소, 생물다양성에 대한 위협에 직접적으로 연결된 글로벌 자본주의 생산방식에 도전하는 전략에 참여하는 것이다. 환경정의 운동이나 기후정의 운동과 같은 사회운동은 심각한 환경 피해 사례를 적극적으로 해결하는 데 있어 필수적인 것으로 간주한다.

전통범죄학과 구별되는 독자적인 범죄학의 한 분야로서 녹색범죄학은 향후 지속적인 연구를 통해 다양한 접근법과 전략적 강조점이 어느 한 지점에서 통합될 수 있을 것이다. 어떤 녹색범죄학자에게 학문적 관심과 자신의 이론을 실제 사례에 적용함에 있어 핵심은 현재 글로벌 자본주의 체제를 개혁하는 것이다. 이러한 맥락에서 비판적 분석은 기존의 환경 규제 방법을 개선하고, 환경범죄 개념을 새롭게 정의하고, 법적으로 강화하는 더 나은 방법을 모색하는 것으로 모아진다. 또 다른 녹색범죄학자는 앞서 제기한 문제들이 사회 변혁 프로젝트와 불가분의 관계가 있다고 생각한다. 이러한 관점 하에서는 세계적으로 패권 국가의 지원을 받는 글로벌 자본의 전략적 위치와 전방위적 활동, 그리고 체계적인 계층적 불평등에 대응하는 방법에 초점을 맞춘다. 이러한 분석은 사회정의, 생태정의, 동물권을 위해 싸우는 사람들에게 저항과 투쟁, 그리고 논쟁을 펼치기 위한 전략적 거점을 제공한다.[56]

4. 녹색범죄학의 한계

앞서 설명한 바와 같이, 녹색범죄학의 개념과 구체적 연구 대상을 정의하기

56) 이에 대한 상세한 분석은 White, R., *Crimes Against Nature: Environmental Criminology and Ecological Justice*, Uffculme: Willan Publishing, 2008 참조.

위한 노력이 여러 차례 있어 왔다. 이와 관련하여 환경정의적 관점과 기업적 관점 간의 차이는 상당히 중요하다. 하지만 정의(justice) 또는 부정의(injustice)와 같은 개념은 언제나 논쟁을 야기하고 재생산되며, 그에 따라 단지 기술하고자 하는 전체 문맥과 관련하여 주요한 요점만을 설명할 수 있을 뿐임을 유념해야 한다. 그럼에도 불구하고 녹색범죄학의 몇몇 대표 주장자는 녹색범죄학이나 녹색범죄가 무엇인가에 대한 개념정의 노력에 있어 모호한 태도를 보이고 있다. 즉 한편으로, 그들은 녹색범죄나 생태범죄의 건설적인 성격을 강조하지만, 다른 한편으로 그들은 가장 큰 환경 피해를 일으키는 것은 정확하게 범죄화되지 않은 행위일 수 있다는 점을 강조하지 않는다. 이와 관련하여 일찍이 리즈(Reese)는 1970년대에 있었던 '권력범죄(Crimes of the Powerful)'에 대한 담론을 설명하면서 "단순히 권력을 행사하는 것 그 자체가 범죄와 동일시될 수 없다."라는 점을 분명히 밝히고 있다.[57)]

화이트(White)는 범죄학 분야에서 개별 연구자들이 추가적인 분석을 하도록 자극하는 모든 생태학적 문제가 범죄학 이론과 실제의 모든 요건을 충족할 수 있는 것은 아니라는 점을 고려할 필요가 있다고 한다. 그럼에도 불구하고 녹색범죄학은 비판적인 입장만이 제시될 뿐 환경에 유해한 행위의 가벌성 형성 내지 가벌성의 경계 설정에 대한 최소한의 요구와 관련된 경험적·실증적 검증에 있어 잠정적이나마 완전히 실패했다고 한다.[58)] 홀지와 화이트(Halsey/White)는 의심할 여지 없이 심층생태학적 관점인 "자유주의적 생태학, 생태맑시즘, 생태여성주의, 심층생태학, 그리고 사회생태학"에서 녹색범죄학을 확립하려는 이전의 시도들의 단점을 상세히 지적했다.[59)] 이러한 경향의 고착은 자연, 사회, 주체성과 같은 개념의 의심스러운 프레임으로 이어지며, 결국에는 환경 피해를 일으키는 원인에 대한 의심스러운 기술과 환경 피해의 예방 가능성으로까지 이어진다. 이와 관련하여 비판범죄학적 관점에서 마르크스주적인 녹색범죄학의 관점은 이미

---

57) Reese, C. *Großverbrechen und kriminologische Konzepte: Versuch einer theoretischen Integration*, Münster, 2004, S. 85.

58) White, R., "Environmental Issues and the Criminological Imagination", *Theoretical Criminology 7(4)*, 2003, pp. 483-506.

59) Halsey, M., "Against 'Green' Criminology", *British Journal of Criminology 44(6)*, 2004, p. 834.

시대에 뒤떨어진 것이 아닌가 하는 의문이 제기된다.

처음에 녹색범죄학은 확실히 개혁적인 의제로 출발했다. 린치(Lynch)는 30여 년 전에 비판적으로 사고하는 범죄학자의 궁극적인 목표는 무엇보다 인본주의적인 사회를 만들기 위해 정치·경제권력 엘리트의 관행에 대한 비판이 뒷받침되어야 함을 강조했다. 하지만 녹색범죄학 연구가 이러한 엄청난 요구를 충족시킬 수 있는지는 여전히 커다란 의문으로 남아 있다. 어쨌든 형사정책적 차원에서 볼 때 녹색범죄학의 개혁적 힘은 거의 없다고 보여진다. 그리고 범죄학적 차원에서 볼 때도 "이론의 일관성이 부족"할 뿐만 아니라,[60] 녹색범죄학 연구에서 "독자적 이론 구축에 대한 관심이 거의 없음"이 확인된다고 한다.[61] 결과적으로, 독자들은 때때로 녹색범죄학이 그저 그런 종류의 범죄학이라는 인상을 받을 수 있다. 이러한 입장은 30년 이상 지난 지금까지도 녹색범죄학의 상당 부분의 노력이 여전히 녹색범죄에 포함될 수 있는 가능한 형태의 범죄 종류와 환경에 유해한 행위에 대한 설명적 개요와 분류로 이어지고 있다는 사실에 의해서도 뒷받침된다.[62]

헤어비히와 유베르(Herbig/Joubert)에 따르면 범죄학 이외의 학문에서도 연구대상이 정확히 무엇인지에 대한 분류가 중요한 경험적 기능을 수행한다는 것에 동의하지만, 분석 작업이 그러한 구조화된 목록으로 제한되어서는 안 된다는 점에 유의해야 함을 강조한다.[63] 그럼에도 불구하고 녹색범죄학의 다양한 개념 분류는 서로 연결되지 않은 채로 남아 있다. 더 큰 범죄학적-이론적 맥락과 연결시키려는 녹색범죄학의 시도는 거의 이루어지지 않고 있다. 녹색범죄학이 등장한지 30년이 지난 현재까지도 녹색범죄학과 녹색범죄 내지 생태범죄에 대한 일반적으로 승인된 개념정의가 없다는 사실은 이론적 작업을 더욱 어렵게 만든다. 그러나 흔하지 않지만 진정한 범죄학적 이론 또는 그와 연결된 시도를 간혹 찾

---

60) Pfeiffer, D. K. and Scheerer, S., *Kriminalsoziologie: eine Einführung in Theorien und Themen*, Stuttgart, 1979, S. 90.

61) Reese, C., *Großverbrechen und kriminologische Konzepte: Versuch einer theoretischen Integration*, Münster, 2004, S. 66.

62) Matthews, R., "Beyond 'so what?' Criminology: Rediscovering Realism", *Theoretical Criminology 13(3)*, 2009, pp. 341-362.

63) Herbig, F. J. W. and Joubert, S. J., "Criminological Semantics: Conservation Criminology – Vision or Vagary?", *Acta Criminologica 19(3)*, 2006, p. 90 ff.

아 볼 수 있다. 다만 이러한 시도는 환경학이나 환경사회학과 같은 인접 학문 분야와의 경계를 모호해지게 만들며, 어디에 정확한 범죄학적 성과가 있는지가 항상 명확한 것도 아니다.[64] 더욱이 범죄학적 개혁에 대한 녹색범죄학의 관점은 이론적 아이디어 차원을 넘어 경험적·실증적 검증 과정을 거칠 필요성이 있다. 이와 관련하여 에만(Eman)과 그의 동료들의 견해에 따르면 범죄학은 경험과학이며, 경험적 사회연구 방법을 적용해야만 더 신뢰할 수 있는 지식기반을 얻을 수 있음을 지적한다.[65] 수많은 녹색범죄학 관련 정책 에세이들이 존재하지만, 정작 경험적·실증적 검증 과정을 거친 질적 또는 양적으로 뛰어난 녹색범죄학 관련 연구 성과물은 드물다.

그러나 이러한 상황은 최근 변화하고 있는 것으로 보인다. 유엔범죄학연구소(UNCRI)에서 정한 환경범죄 범주를 살펴보면 몇 가지 경험적·실증적 연구를 발견할 수 있기 때문이다. 또한 몇몇 녹색범죄학자의 실증연구 사례도 계속 발표되고 있다. 즉 우선, 복할트 반 솔링에(Boekhout van Solinge)는 브라질 아마존 열대우림의 삼림 벌채에 대해 경험적·실증적 연구를 진행했다. 즉 그는 문헌자료와 정성적 데이터 분석, 다양한 이해당사자와의 인터뷰 및 소수 인종이 거주하는 해당 지역 현장 방문을 통한 관찰이라는 이른바 '삼각검증(triangulation)법'을 적용하여 불법 벌채를 통한 열대우림 목재 거래, 열대우림의 농경지로의 전환의 유해한 영향을 지적하고, 무엇보다 서구적 소비패턴과 이러한 현상의 연관성에 대해 실증적 연구를 진행했다.[66] 다음으로, 녹색범죄학의 또 다른 실증연구는 와이엇(Wyatt)이 인터뷰 기반 연구를 통해 모피와 매의 불법거래 사례를 조사한 것처럼 야생동물의 불법거래에 관한 것이다. 이 실증연구를 통해 비효율적인 입법, 경제적 박탈(밀렵꾼) 및 상징적 차별주의(특권적 구매자)의 상호작용이 불법행위를 부추긴다는 것을 연구 결과로 도출했다.[67] 마지막으로, 미국 몬태나

64) O'Brien, M. and Yar, M., "Green Criminology", *Criminology: The Key Concepts*, 2008, p. 89.

65) Eman, K., Meško, G. and Fields, C. B., "Crimes against the Environment: Green Criminology and Research Challenges in Slovenia", *Journal of Criminal Justice and Security 11(4)*, 2009, p. 588.

66) Boekhout van Solinge, T., "Eco-Crime: The Tropical Timber Trade", in: Siegel, D. and Nelen, H. (Hg.), *Organized Crime: Culture, Markets and Policies*, Springer, 2008, pp. 97-111.

67) Wyatt, T., "Exploring the Organization of Russia Far East's illegal Wildlife Trade: Two Case

주의 전리품 밀렵에 대한 얼라이어슨(Eliason)의 실증연구에서도 다양한 범죄 유발 요인의 상호작용이 중요한 역할을 함을 지적하였다. 그는 인간의 행동과 인지가 단순히 개인의 독립적인 활동이 아니라, 사회적 · 문화적 · 역사적 맥락 속에서 다양한 요소들이 상호작용하며 이루어지는 복합적 체계라는 관점을 제시하는 이른바 '일상활동이론(daily activities theory)'을 사용하여 범죄 동기가 부여된 가해자들의 결합, 적절한 목표, 그리고 보호자의 광범위한 부재가 밀렵에 유리한 기회 구조를 제공한다는 결론에 도달했다.[68)]

간략하게 요점만을 언급한 이러한 녹색범죄학자들의 연구는 녹색범죄학의 대표적인 경험적 · 실증적 연구 사례에 해당하는데, 이는 어떻게 녹색범죄학에서 녹색범죄 내지 생태범죄가 이념적 색채를 빼고 학문적 호기심으로 가득 채워 경험적 · 실증적으로 설명될 수 있는지를 잘 보여준다.[69)]

한편 우리나라에서는 아직 녹색범죄학과 녹색범죄이 무엇을 뜻하는지 그 개념정의 시도에 대한 연구조차 찾아보기 힘든 것이 현실이다. 여전히 전통범죄학 관점에서 환경범죄에 관한 문헌연구에 머물고 있다. 앞의 논의를 계기로 우리나라에서 녹색범죄학과 녹색범죄에 관한 활발한 연구의 단초가 마련되기 바란다. 시작이 반이다.

Ⅲ. 녹색범죄의 개념정의, 발생현황 집계와 범위 측정

1. 녹색범죄의 개념정의

(1) 녹색범죄에 대한 개념정의 시도

녹색범죄학은 전통범죄학 연구의 다른 영역과 마찬가지로 '녹색범죄(green crime)'가 무엇을 뜻하는지 정확히 제시할 필요가 있다. 과학 철학자인 햄펠(Hempel)에 따르면 기본적이고 합의된 개념정의가 부족할 경우 연구자들은 연

Studies of the illegal Fur and illegal Falcon Trades", *Global Crime 10(1-2)*, 2009, pp. 144-154.

68) Eliason, S. L., "Trophy Poaching: A Routine Activities Perspective", *Deviant Behavior 33(1)*, 2011, pp. 72-87.

69) Schmidt, H., "Ein grüner Zweig der Kriminologie?", *Krim. Journal 45*. Jg. 2013, H. 4, S. 272-274.

구 분야의 경계를 효과적으로 설정하거나, 이론, 가정 및 관련 가설을 논리적으로 추정하거나, 지적 연구 활동에 참여할 수 없다고 주장했다. 한마디로 연구 활동에 있어 무엇보다 개념정의가 중요하다는 것이다.[70)]

앞서 설명한 바와 같이 녹색범죄학은 1990년 린치(Lynch)에 의해 처음으로 제안되었으나,[71)] 영미법계 국가에서 30년이 지난 지금도 '녹색범죄'라는 용어의 개념정의에 대한 통일된 합의가 이루어지고 있지 않다. 이 용어는 녹색범죄학의 세부 분류, 즉 급진적 녹색범죄학, 생태지구범죄학, 보존범죄학, 환경범죄학, 구성주의 녹색범죄학, 종차별 범죄학 등에 따라 서로 다르게 개념정의를 하고 있기 때문이다. 러한 녹색범죄학의 세부 분류에서 저마다 주장하는 녹색범죄에 대한 수많은 개념정의의 공존은 다음 중 하나를 의미한다. 즉 우선, 녹색범죄와 관련된 개념정의는 너무나 다양하여 이를 서로 구별하기 위해 녹색범죄 이외에 예컨대 '생태범죄(eco crime)'와 같은 또 다른 용어가 필요하다. 둘째, 이러한 다양한 개념정의를 갖는 것이 이론적으로 유용할 수 있다. 셋째, 다양한 개념정의는 개념을 명명하고, 녹색범죄학의 경계를 설정하고, 의미론, 형이상학 및 인식론적 관심사를 다루려는 녹색범죄학자의 노력을 반영한다.[72)]

일부 녹색범죄학자는 특정 현상이나 개념을 다양한 기준에 따라 체계적으로 분류하고, 각 유형의 특성과 관계를 분석하는 방식을 의미하는 이른바 '유형학적 접근방식'을 사용하여 녹색범죄의 개념정의를 시도하였다. 대표적으로 화이트(White)는 색상을 가지고 환경범죄를 다음과 같이 세 가지로 분류할 것을 제안했다. 즉 그는 ① 도시 환경에서 발생하는 환경 피해를 의미하는 갈색범죄(brown crime), ② 새로운 기술과 관련된 흰색범죄(white crime), ③ 야생동물 보호와 야생동물 피해와 관련된 환경 피해로 제한되는 녹색범죄(green crime)로 환경범죄를 분류했다.[73)] 하지만 이러한 개념정의가 반드시 다른 개념정의와 일치하는 것

70) Hempel, C. G., *Aspects of scientific explanation and other essays in the philosophy of science*, New York, NY: The Free Press, 1965.

71) Lynch, M. J., "The greening of criminology: A perspective for the 1990s", *The Critical Criminologist 2*, 1990, pp. 3-4, pp. 11-12.

72) Kripke, S. A., "Naming and necessity", in: D. Davidson & G. Harman (Eds.), *Semantics of Natural Language*, Boston, MA: D. Reidel, 1972, pp. 253-355.

73) 이에 대해 자세히는 White, R., *Crimes against nature: Environmental criminology and ecological justice*, Cullompton, England: Willan, 2008 참조.

은 아니다. 새로운 개념정의가 제안되면 그 정당성을 검토하고 기존 개념정의와 새로운 개념정의의 공통점과 차이점을 상호 비교해야 한다.

녹색범죄학에서 녹색범죄에 대한 다양한 개념정의 시도에도 불구하고 일반적으로 녹색범죄는 "자연 환경이나 생태계에 해를 끼치는 불법적 행위(작위 또는 부작위)로 법령에 의해 범죄로 규정된 행위"로 정의된다.[74] 이 때문에 녹색범죄는 흔히 "환경에 대한 범죄"로 논의된다.[75] 이러한 일반적인 녹색범죄에 대한 개념정의와 달리 몇몇 독자적인 녹색범죄 개념정의에 주목할 필요가 있다. 우선, 린치의 견해에 따르면 녹색범죄는, ① 환경에 대한 위험 창출 또는 증가를 통해 특정 지역뿐만 아니라 전 지구적 차원에서 자연환경, 야생동물, 생물 다양성, 천연자원 등을 파괴하고 훼손되거나, 지구 생태계를 위협하는 행위로, ② '국가-기업범죄(state-corporate crime)'[76]로서의 성질을 가지며, ③ 급진범죄학과 글로벌 정치·경제의 본질에 관한 관심으로 정의된다.[77] 하지만 녹색범죄에 대한 이러한 개념정의는 지나치게 광범위한 정의이며, 따라서 새로운 개념정의는 그 견해가 어떻게 본래의 개념정의보다 증가시키거나 개선하였는지 설명해야 한다. 예컨대 린치(Lynch)의 위와 같은 녹색범죄에 대한 개념정의에 대해 학문의 중립성이나 비이념성을 언급하며 정치·경제적 토대를 제거해야 한다고 주장함으로써 린치(Lynch)의 개념정의에 반대할 수 있다. 다만 이때 녹색범죄에 대한 또 다른 개념정의가 필요한 이유를 충분히 설명하는 것이 중요하다.

이처럼 녹색범죄학에서 녹색범죄에 대한 다양한 개념정의 시도에도 불구하고,

---

74) Merriam-Webster Legal Dictionary, environmental crime, https://www.memam-Webster.com/legal/environmental%20crime, 〈최종 검색: 2024. 12. 22.〉

75) Hawke, N., "Crimes against the Environment", *Anglo-American Law Review 16(1)*, 1987, 90-96면.

76) 일반적으로 '국가-기업범죄'란 국가와 정부기관이 추구하는 정책과 기업이 추구하는 정책이 서로 상호작용을 일으켜 발생하는 범죄를 말한다. 국가-기업범죄는, ① 국가 주도 범죄(예컨대 정부기관이 주도적 역할을 하고 기업의 도움을 받는 경우), ② 국가가 방조하는 범죄(예컨대 규제 불이행 또는 기업의 불법행위에 대한 고의적인 방조), ③ 기업이 주도하는 범죄(예컨대 기업이 경제권력을 행사하여 국가로 하여금 불법행위를 하도록 강요하는 경우), ④ 기업이 방조하는 범죄(예컨대 기업이 국가에게 불법행위에 필요한 범죄수단을 제공하는 경우)라는 네 가지 유형으로 분류할 수 있다고 한다. 이에 대한 상세한 설명으로는 White, R., *Climate Change Criminology*, Bristol University Press, 2020, 25-26면 참조.

77) Lynch, M. J., "The greening of criminology: A perspective for the 1990s", *The Critical Criminologist 2*, 1990, p. 11.

녹색범죄에 대한 가장 이론적으로 사려 깊고 학제적인 개념정의 중 하나로 피어스 베른(Piers Beirne)의 연구를 언급할 수 있다.[78] 널리 알려진 그의 1999년 연구 논문에서 베른(Beirne)은 녹색범죄학의 한 유형으로 동물학대에 관심을 집중시킬 수 있는 '비종차별적 범죄학(nonspeciesist criminology)'을 정의했다. 비종차별적 범죄학이 무엇인가와 관련된 개념정의를 내리기 위해 일차적으로 동물학대가 무엇을 뜻하는지 정의해야 했는데, 베른은 "동물학대는 동물에게 직접 고통을 가하거나, 고통 또는 죽음에 기여하거나, 동물복지를 위협하는 행위를 말한다. 동물학대는 신체적, 심리적 또는 정서적 학대를 포함한다. 적극적인 학대 또는 소극적인 방임 또는 부작위가 포함될 수 있다. 직접적이거나 간접적이거나 고의적이거나 비의도적 일 수 있다."[79]라고 정의했다. 여기서 녹색범죄에 대한 수많은 개념정의와 마찬가지로 문제가 되는 동물에 대한 해악이 법률위반에 한정되는 것인지에 대한 직접적인 언급은 없으며, 녹색범죄에 대한 많은 개념정의는 법률에서 규정하는 있는 법적 개념정의라기보다 전통범죄학상의 위해나 일탈에 의존하고 있다.

인간의 수많은 활동은 동물에게 해를 끼친다. 동물은 인간과 마찬가지로 심리적 고통을 경험하기 때문에 인간으로서 우리가 동물들의 경험을 개념화할 수 있는지, 또는 그들의 경험을 피해로 정의할 수 있는지 알지 못하더라도, 인간이 만든 녹색범죄의 피해자로 이해할 수 있다. 동물의 피해는 광범위하고 다양하다. 때로는 동물의 종류, 위해의 종류 및 이러한 위해에 대한 설명이 서로 연결되어 있기 때문에 피해를 입은 동물의 종류를 구별하는 것이 유용할 수 있다. 그러나 노르웨이 오슬로 대학의 범죄학자인 랑힐 솔룬드(Ragnhild Sollund)가 주장했듯이, 인간과 동물의 상호작용은 인간의 욕구와 소비 선호도를 중심으로 구성되며, 동물에 대한 범죄가 인간의 육류에 대한 소비와도 연결되어 있다고 한다. 특히 솔룬드는 반려동물에 대한 녹색범죄를 조사할 필요성이 있음을 주장했다. 이러한 녹색범죄에는 가정 내에서, 사육장 내에서, 시장에서 반려동물의 학대와 같

78) Beirne, P., "The use and abuse of animals in criminology", *Social Justice, 22*, 1995, pp. 5-31; Beirne, P., *Murdering animals: Writings on theriocide, homicide and nonspeciesist criminology*. London, England: PalgraveMacmillan, 2018.

79) Beirne, P., "For a nonspeciesist criminology: Animal abuse as an object of study", *Criminology 37*, 1999, p. 121.

은 일련의 범죄와 반려동물 시장에서 불법적 판매를 위한 야생동물의 불법적 포획이 포함된다고 한다.[80)]

그리고 베른은 인간이 동물을 죽이는 것을 정의하기 위해 제노사이드(genocide)와 유사하게 '동물학살(theriocide)'이라는 용어를 제안했다. 베른(Beirne)이 적절히 지적했듯이, 범죄학자들은 살인에 대해 다양한 정의를 제시하지만 모두 사람이 다른 사람을 죽이는 한 가지 특징만을 공유한다.[81)] 이러한 정의는 인간에 의한 동물 살해를 생략한다. 그는 인간은 다양한 방법으로 동물을 죽인다는 점을 지적한다. 즉 동물들은 "삶아지고, 요리되고, 으깨지고, 감전사를 당하고, 멸종에 처해지고, 작살에 찔리고, 그물이나 갈고리에 걸리고, 사냥감이 되고, 화학물질이 주입되고, 그물에 걸리고, 밀렵을 당하고, 총에 맞고, 쪼개지고, 창에 맞고, 목이 졸려지고, 꼼짝 못하게 올무에 걸리고, 질식당하고, 살아 있는 상태로 해부된다."[82)]고 한다. 전통범죄학은 이러한 행위를 '살인(homicide)'과 유사한 것으로 정의하지 않는다. 전통범죄학은 동물을 "인간에 의해 언제든 살해될 수 있는 존재"로 간주하지 않고, "인간의 단순한 부속물 또는 재산"으로 간주할 뿐이다. 동물을 단순히 '물건'으로 취급하고 인간과 같은 '자유의지'가 없기 때문이다.[83)]

그러나 베른은 '동물학살'이라는 용어를 '살인'이라는 용어와 동일하게 취급한다. 둘 다 인간이 사람을 죽이거나 동물을 죽이는 행위를 설명하는 일반적인 용어이기 때문이다. 그는 '살인'과 마찬가지로 '동물학살'과 관련하여 "사회적으로 허용되거나 허용되지 않거나, 합법적이거나 불법적이거나, 고의적이거나 비의도적일 수 있다. 여기에는 적극적인 학대 또는 소극적 방치가 포함될 수 있다. 동물학살은 일 대 일, 소그룹 또는 대규모 사회 기관에서 발생할 수 있다. 동물학살이 자행되는 수많은 장소에는 집단화된 사육장, 사냥과 낚시, 밀매, 생체 해

80) Sollund, R., "Expressions of speciesism: The effects of keeping companion animals on animal abuse, animal trafficking and species decline", *Crime, Law and Social Change 55,* 2011. pp. 437-451.

81) Beirne, P., "Theriocide: Naming animal killing. International Journal for Crime", *Justice and Social Democracy 3*, 2014, pp. 50-67.

82) Id., p. 53.

83) Id., p. 54.

부, 군국주의, 오염, 그리고 인간에 의한 기후변화가 포함된다."라고 한다.[84)]

한편 녹색범죄의 개념정의와 관련하여 녹색범죄학에 대해 '정치 · 경제 녹색범죄학(PEG-C: Political Economy of Green Criminology)' 접근방식을 사용한 스트리터스키(Stretesky)/롱(Long)/린치(Lynch)의 녹색범죄에 대한 개념정의에 주목할 필요가 있다. 이때 정치 · 경제 녹색범죄학은 환경 문제와 관련된 범죄, 피해, 그리고 정의를 정치 · 경제적 관점에서 분석하는 학문 분야로, 이 접근방식은 환경 파괴와 환경범죄의 근본적인 구조적 원인을 탐구하며, 특히 자본주의와 같은 시장경제 체제와 권력 구조가 환경에 미치는 영향을 강조한다. 이들의 견해에 따르면 녹색범죄는 "생산을 증가시키거나 확대할 목적으로 생태계에 심각한 피해를 주거나 피해를 야기할 가능성이 있는 행위"라고 한다.[85)] 이러한 개념정의는 환경사회학의 정치 · 경제 이론과 자본주의의 생태파괴적 경향에 관한 주장을 기반으로 한다.[86)] 이와 같은 PEG-C 접근방식에 따른 녹색범죄에 대한 개념정의는 법률에서 규정하고 있는 환경 피해뿐만 아니라 법률에서 규정하고 있지 않은 환경 피해를 모두 포괄한다. 이 견해는 생태계 파괴행위의 평가와 관련된 과학적 · 실증적 증거를 참고하여 실질적으로 녹색범죄에 해당하지만, 아직 법률에서는 규정하고 있지 아니하는 행위까지를 향후 실정법에 객관적 구성요건으로 규정하고자 한다.

이처럼 PEG-C 접근방식에 기초한 녹색범죄는 "생태계의 혼란이나 붕괴"를 강조하면서 인간이 생태계 또는 그 일부를 악화시키고 붕괴시키는 조건이 무엇인지를 연구해야 한다고 한다.[87)] 이와 같은 조건과 관련된 설명과 증거는 환경사회학, 생태학 및 엔트로피에 대한 연구, 에너지 분석, 생태경제학에 대한 다양한 견해에서 찾을 수 있다. 생태계의 혼란이나 붕괴는 생태계에 오염이 추가되거나 글로벌 자본주의 시장경제 체제에서 생산을 위해 천연자원이 자연에서 무

84) Id., p. 54.

85) Stretesky, P. B., Long, M. A. and Lynch, M. J., *The treadmill of crime: Political economy and green criminology,* New York, NY: Routledge, 2013, p. 2.

86) Foster, J. B., *Marx's ecology: Materialism and nature.* New York: New York University Press, 2000 참조.

87) Schnaiberg, A., *The environment: From surplus to scarcity,* New York, NY: Oxford University Press, 1980.

분별하게 추출될 때 발생한다. 세계 곳곳에서 발생하는 이러한 녹색범죄는 인간과 자연 사이의 물질과 에너지의 순환이 산업화와 자본주의로 인해 단절되고 왜곡되는 현상을 의미하는, 이른바 '물질대사 균열(Metabolic Rift)'에 의해 발생하는 생태계의 혼란이나 붕괴와 관련이 있다. 이는 화석연료와 같은 에너지 관련 물질을 채취, 사용, 재분배, 오염시키는 과정을 포함한다고 한다.[88] 또한 천연자원과 오염에 대한 전 지구적인 '생태적 불평등 교환이론(EUE)'[89]에 의해 발생하는 생태적 혼란의 형태와도 깊은 관련이 있다.

생태적 불평등 교환이론(EUE)

생태적 불평등 교환이론(the theory of ecologically unequal exchange)은 불평등 교환이라는 개념을 기반으로 하는 생태경제학의 개념으로, 경제, 기술 또는 군사력이 풍부한 국가가 경제성장을 달성하고 기술 인프라를 구축하는 데 필요한 천연자원(물질, 에너지, 토지 및 노동)에 접근할 가능성이 더 높다고 주장하는 이론을 말한다. 이는 임금, 노동량 측면뿐만 아니라 자원, 에너지 및 환경과 생태계 파괴 측면에서도 무역 흐름의 금전적 가치에 숨겨진 불평등을 고려한다. 특히 천원자원의 고르지 못한 분배뿐만 아니라 환경 부담의 전가로 인해 전 지구적 차원에서 환경이 고르지 않게 활용되고 있음을 강조한다.[90]

한편, 녹색범죄에 대한 다양한 개념정의에도 불구하고 녹색범죄에는 환경오염, 생태계 파괴, 밀렵과 같은 지역적·전 지구적 피해와 인위적 기후변화, 종의 감소와 같은 광범위한 피해가 포함된다는 데에 의견의 일치를 보인다. 이때 녹색범죄의 피해자는 인간과 비인간 동물을 포함한 모든 종뿐만 아니라, '전체 환경'이라는 점을 이해하는 것이 중요하다. 앞서 언급한 것처럼 녹색범죄는 '환경'

88) Clark, B. and Foster, J. B., "Ecological Imperialism and the Global Metabolic Rift Unequal Exchange and the Guano/Nitrates Trade", *International Journal of Comparative Sociology 50*, 2009, pp. 311-334.

89) Jorgenson, A. K., "The sociology of ecologically unequal exchange and carbon dioxide emissions, 1960-2009", *Social Science Research 41,* 2012, pp. 242-252.

90) https://en.wikipedia.org/wiki/Ecologically_unequal_exchange 〈최종 검색: 2024. 12. 12.〉

과 '생태계'을 대상으로 한 범죄로 정의되지만, 이를 더 잘 이해하기 위해서는 대기오염, 수질오염, 산림파괴, 종의 감소, 유해 폐기물 불법 거래 등과 같은 구체적인 녹색범죄 사례를 고려해야 한다. 가장 흔한 녹색범죄의 유형으로는 동물 학대, 야생동물 밀매, 전자 폐기물 관리 부실, 하천, 강, 바다 등에 산업 폐기물의 불법 투기, 유해 폐기물의 불법 거래, 불법 어업, 불법 벌목 및 불법 목재 거래 등을 언급할 수 있다.[91]

(2) 녹색범죄 연구에 있어 녹색범죄학의 역할

국가의 환경보호를 위한 적극적 행동, 환경위기 또는 기후위기에 대한 준비, 환경정책과 기후정책의 충실한 이행, 그리고 녹색범죄의 기소를 통한 환경보호 의무는 모두 인권 프로젝트와 궁극적으로 기후정의와 밀접하게 연결되어 있다. 기후정의가 기후변화에 기여하는 인간의 피해에 관한 것이라면 녹색범죄는 인간의 불법적 행위에 의해 자연 환경과 생태계에 가해지는 피해를 의미한다. 이에 녹색범죄는 기후정의의 중요한 구성 요소이며, 법치주의 아래 인권을 주요 고려 사항으로 삼아 인간 사회와 생태계 간의 접촉을 평가하고 규제해야 한다. 실제로 국제형사경찰기구(인터폴)에 따르면 "환경범죄는 기후변화에 직접적인 영향을 미치고, 수백만 명의 생계에 해를 끼치며, 강제 이주를 초래하고, 동물에서 인간으로 전염되는 바이러스(인수공통전염병)의 확산을 촉진할 수 있다."라고 한다.[92] 녹색범죄의 일반적 개념정의에서 자연 환경 피해를 의미한다는 점을 강조한다면 환경범죄는 녹색범죄의 대표적 유형의 하나로 이해될 수 있다. 결국 환경범죄 혹은 녹색범죄의 기소는 기후정의를 보장하기 위한 필수 조건이 되므로 녹색범죄와 기후정의는 서로 연결되어 있음을 알 수 있다.

같은 맥락에서, 기후정의에 대한 논의는 인권, 동물권, 자연의 권리, 법의 지

91) 대륙법계 시각에서 녹색범죄가 형법상 '범죄'의 실질을 갖기 위해서는 '보호법익'이 무엇인지가 특정될 필요가 있다는 견해가 제시될 있다. 그런데 앞서 언급한 바와 같이 녹색범죄의 개념정의가 녹색범죄학의 세부 분류에 따라 다양하게 제시되고 있어 통일된 '보호법익'을 제시하기 어렵다는 난점이 있다. 다만 앞서 제시한 일반적인 녹색범죄의 개념정의에 따르면 녹색범죄의 보호법익은 자연 환경과 생태계를 보호객체로 하여 "환경권과 생태계의 지속가능성"이라 말할 수 있겠다.

92) Interpol, Interpol marks a decade of tackling serious organized environmental crime, https://www.interpol.int/News-and-Events/News/2020/INTERPOL-marks-a-decade-of-tackling-serious-organized-environmental-crime 〈최종 검색: 2025. 4. 7.〉

배 및 정의 등이 공평하고 효율적으로 실현될 수 있도록 보장하는 강력한 법률이 필요하다는 사실을 인식하게 한다. 여전히 수십만 건의 녹색범죄가 신고되지 않고 있으며, 인간에 의해 가해진 수많은 환경 피해는 책임을 묻거나 형사처벌을 받지 못한 채 남아 있다. 더욱이 현재까지 전통범죄학의 시각에서 녹색범죄는 실정법에 의해 금지된 불법행위만을 의미한다. 즉 불법행위가 법으로 성문화되어 형사제재를 부과할 수 있을 때만 녹색범죄로 분류할 수 있을 뿐이다.

따라서 향후 녹색범죄학의 역할은 그 주요 연구 대상으로서 녹색범죄에 적극적으로 대처하기 위한 새로운 법률의 제정이나 기존 법률에 관련 조문을 만들 것을 요구하고 녹색범죄 목록을 확대하는 데 필요한 법적 연구를 수행하는 데 있다고 한다.[93]

(3) 녹색범죄 연구의 주요 경향으로 '인간중심적 관점'과 '생태중심적 관점'

녹색범죄에 관한 주요 연구 경향은 다음과 같은 두 가지 범주로 분류하여 살펴볼 수 있다. 즉 하나는, '인간중심적 관점(anthropocentric)'으로, 이 용어가 시사하는 바와 같이 인간에게 해를 끼치는 녹색범죄를 다루며, 인간이 이 범주의 중심에 서 있다. 예컨대 환경오염은 인간에게 해를 끼치고 여러 권리를 침해하기 때문에 환경범죄로 간주하며, 온실가스의 무분별한 배출에 따른 기후변화는 사람들과 그들의 권리, 그리고 미래세대의 권리에 미치는 부정적 영향 때문에 기후범죄로 고려된다.

다른 하나는, '생태중심적 관점(ecocentric)'으로, 이는 환경윤리, 생태철학, 기후정의에 의해 주도되는 생태중심적인 가치체계에 기반을 둔다. 이 범주는 인간, 비인간 동물, 그리고 나머지 생태계를 구분하지 않으며, 환경의 어떤 부분에 대한 피해도 전체 환경에 대한 피해로 간주하는 틀을 제공한다. 따라서 동물학대나 삼림 벌채와 같은 유형의 녹색범죄는 특정 인간에 대한 직접적인 피해 발생 여부와 관계없이 녹색범죄로 간주한다. 이러한 관점에서는 후술하는 바와 같이 국제형사사법 체계에서 녹색범죄를 인정할 경우에 이른바 '생태살해 범죄(ecocide crime)'도 녹색범죄의 한 유형으로 포함될 수 있을 것이다.[94]

---

93) Aliozi, Z., "Green Criminology: A rights-based approach", *Green Crimes and International Criminal Law*, Vernon Press, 2021, p. 15.

인간중심적 관점과 달리 생태중심저 관점에서 인간은 다른 생명체보다 위 혹은 아래에 위치하지 않는다. 하지만 전 지구적으로 중대한 영향을 미칠 수 있는 생산 수단을 만들 수 있는 인간의 능력 때문에 인간은 생태계의 자연적 한계를 넘어서지 않도록 할 책임이 있으며, 경제성장이 생태적 도덕성의 통제를 받아야 한다고 본다. 마크 할세이(Mark Halsey)와 롭 화이트(Rob White)는 생태중심주의의 이념적 토대를 사회-환경적 이익에서 찾았다. 이에 따르면 개인적 차원에서뿐만 아니라 집단적 차원에서 인간의 이익은 생태계의 무결성이 지켜지는 경우에만 충족될 수 있다고 한다. 생태중심적으로 동기화된 행동은 서로 대등하게 위치한 자연 그 자체와 인간 사이의 가상의 상호의존성에 기반을 둔다.[95)]

생각건대 자연과 인간의 관계를 어떻게 이해할 것인가와 관련하여 생태윤리학 내지 생태철학에서는 종래 자연을 착취의 수단으로 이해하는 인간중심적 관점을 통해서는 환경문제나 생태위기를 극복하기 어렵기 때문에 자연과 인간의 관계뿐만 아니라, 사회 전체의 짜임의 방식, 생산방식과 과정, 기술과 소비양식 등을 기존의 인간중심적 관점에서 생태중심적 관점으로 패러다임의 전환이 요구된다고 본다. 무엇보다 인간이 자연과 조화를 이루며 살기 위해서는 모든 생명을 존중하며, 경제성장을 위한 첨단기술보다는 자연과의 조화를 고려한 적정기술을 대안으로 제시할 수 있다.

2. 녹색범죄의 발생 현황 집계

어느 한 지역이나 국가 또는 국제적 차원에서 녹색범죄가 얼만만큼 발생하고 있는지 그 현황을 집계하는 방법은 다양하다. 이와 관련된 데이터 소스는 전통 범죄학 관련 문헌에서 다루지 않으며, 녹색범죄의 일부 내용들은 자연과학 관련 문헌에 접근했을 때만 획득할 수 있다. 이처럼 녹색범죄의 발생 현황을 파악하는 것은 거리범죄의 발생 현황 파악과 달리 그리 간단하지 않다. 아직 녹색범죄를 공식적 범죄통계로 집계하는 국가나 연구소는 없기 때문에 이와 관련된 데이

94) Daan R van Uhm, D. R. v., "A green criminological perspective on environmental crime: the anthropocentric, ecocentric and biocentric impact of defaunation", *Revue Internationale de Droit Pénal 87(1)*, 2017, pp. 323-340.

95) Mark Halsey and Rob White, "Crime, Ecophilosophy and Environmental Harm", *Theoretical Criminology 2(3)*, 1998, p. 355.

터는 다양한 차원에서 수집되고 있다. 따라서 녹색범죄로 분류되어 통계로 수집되어야 하는 구체적 데이터 항목과 수집 이유를 정의하는 것이 필요하다. 이러한 상황에서 현재 녹색범죄의 발생 현황 통계는 일차적으로 환경범죄 발생, 검거 및 기소되어 확정된 유죄판결 등 관련 범죄통계 자료를 통해 수집할 수 있기 때문에 녹색범죄의 암수가 다수 존재함을 부인할 수 없다. 그리고 녹색범죄는 그 유형이 다양하기 때문에 이를 적절하게 산출하기 위한 도구도 다양화할 필요가 있다. 이는 매우 어려운 과제이며, 예를 들어 대기, 수질 및 토양 오염 관련 위반 횟수, 핵폐기물이나 기타 유해 폐기물의 무단 폐기, 화석연료 채굴 장소의 오염과 관련된 매우 구체적인 법률위반 횟수, 다양한 동물 피해에 대한 통계(예컨대 반려동물, 야생동물, 불법매매 동물, 반려동물 산업, 불법 낚시 등), 삼림 벌채 또는 물 추출 범죄를 포함한 환경범죄 등에 대한 통계자료에 대한 집계가 요구된다. 또한 일부 녹색범죄는 그 통계를 집계할 수 없기 때문에 그러한 피해를 분명하게 하고 의미 있게 만들기 위해서는 피해에 관한 양적 설명이 아닌 질적 설명이 필요하다.[96]

3. 녹색범죄의 범위 측정

가장 광범위한 수준에서 녹색범죄의 범위를 측정하기 위해서는 기후변화(Climate Change), 지구행성 경계(Planetary Boudaries), 생태발자국(Ecological Footprint), 인위적 생물종 감소(Anthropogenic Species Loss) 등과 관련된 결과치의 과학적 증거가 수집되어야 한다. 이러한 과학적, 양적 및 이론적 개념은 녹색범죄학에서 최소한으로 수용되고 있으나, 전통범죄학 문헌에는 찾아보기 어렵다. 이러한 개념들은 국가와 화석연료 기업이 녹색범죄에 어떻게 기여하는지를 설명함에 있어 유용하다.

(1) 기후변화(Climate Change)

기후변화에 대한 광범위한 과학적 합의를 고려할 때 기후변화가 실제로 발생

---

96) Lynch, M. J., "Green Criminology and Environmental Crime: Criminology That Matters in the Age of Global Ecological Collapse", *Journal of White Collar and Corporate Crime 1(1)*, 2020, p. 55.

하고 있는지에 대한 구체적인 설명이 거의 필요하지 않으므로, 이를 증명하는 광범위한 과학적 증거에 대해 논의하지 않는다.97) 더욱이 그 합의를 거부하는 기후변화 부인론자들에게는 아무리 많은 과학적 증거가 제시되어도 설득력이 없다.

녹색범죄학에서 기후변화는 다양한 방식으로 다루어지고 있다. 이 중 가장 중요한 것은 인간과 비인간 종 모두에 대한 사회적, 경제적, 환경적 불평등 결과와 글로벌 자본주의 정치·경제 체제 내에서 작동하는 국가-기업범죄로서의 기후변화를 연구한다.98) 이러한 관점이 등장하기 이전에도 계절 변화에 따른 기온과 범죄의 상관관계에 대한 설명을 바탕으로 하여 일부에서는 기후변화가 범죄를 증가시킬 수 있다는 견해가 제시되었다.99) 하지만 이러한 견해가 타당하다는 결론에 도달하기 위해서는 기후변화 문헌에서 설명된 측정 문제에 더 많은 주의를 기울여야 한다는 실증적 연구가 있다.100)

녹색범죄학자는 생태계와 지구환경에 미치는 인간의 영향을 조사하기 위해 인구(Population), 경제적 부(Affluence), 기술(Technology)이라 세 가지 요소로 구성된 IPAT모형, IPAT 모형의 변형, 그리고 이 두 모형에서 확률적 영향의 사용을 간과한 점을 극복한 STIRPAT 모형(Stochastic Impacts by Regression on Population, Affluence and Technology)을 활용한다. 이러한 모형들은 기후변화와 인간 생태발자국의 관계를 설명하고자 한다.

---

97) 이에 대한 상세한 설명으로는 Cook, J. et al., "Consensus on consensus: A synthesis of consensus estimates on human-caused global warming", *Environmental Research Letters 11*, 2016, 048002 참조.

98) 대표적으로 Kramer, R. C., "Carbon in the atmosphere and power in America: Climate change as state-corporate crime", *Journal of Crime and Justice 36*, 2013, pp. 153-170; White, R. and Kramer, R. C., "Critical criminology and the struggle against climate change ecocide", *Critical Criminology 23*, 2015, pp. 383-399.

99) 대표적으로 Agnew, R., "Dire forecast: A theoretical model of the impact of climate change on crime", *Theoretical Criminology 16*, 2012, pp. 21-42.

100) 예컨대 Lynch, M. J., Long, M. A., Stretesky, P. B. and Barrett, K. L., "Measuring the ecological impact of the wealthy: Excessive consumption, ecological disorganization and green crime and justice", *Social Currents 6(4)*, 2019. https://doi.org/10.1177/23294965198474 〈최종 검색: 2024. 12. 13.〉

IPAT 모형

IPAT 모형은 인간이 생태계와 지구환경에 미치는 영향(Impacts)을 인구(Population), 경제적 부(Affluence), 기술(Technology)로 구성되는 단순 방정식으로 설명한다. 즉 환경에 영향을 미치는 주요 원인이 인간의 개발행위에 있다고 보고 인구, 경제적 부, 기술을 주요 변수로 파악하는 이 모형은 다음의 식을 기본으로 가정한다.

$$\text{Impact(I)} = \text{Population(P)} \times \text{Affluence(A)} \times \text{Technology(T)}$$

통상적으로 IPAT 모형은 에너지 분야에서 온실가스 배출요인을 규명할 때 주로 사용되어 왔으며, 이때 환경오염(I)은 이산화탄소배출량을 나타낸다. 이 모형은 환경오염의 주범이 인구나 경제적 부의 증가가 아닌 기술(T)에 있다고 파악하면서, 산업구조 변화나 에너지 효율 개선 효과와 같은 기술 개선이 이루어지게 될 경우 오히려 환경오염을 저감시킬 수 있음에 주목한다.[101)]

특히 STIRPAT 모형은 인간 활동이 환경에 미치는 영향을 분석하기 위한 통계적 접근법으로, 환경과 사회적 요인을 수량화하고 연구하는 데 자주 사용된다. 이 모형은 앞서 설명한 IPAT 모형을 확장하여 만들어진 것이다. IPAT 모형은 단순하고 직관적이지만, 각 요인의 상호작용을 정량화하거나 통계적 검증을 하기에는 한계가 있다. STIRPAT 모형은 IPAT 모형을 확률적이고 회귀 분석이 가능한 형태로 변형한 모형이다. STIRPAT 모형은 인간 활동이 환경에 미치는 영향의 주요 요인들(인구, 경제적 부, 기술, 도시화율, 에너지 소비 패턴 등)을 체계적으로 분석하며, 인간 활동과 환경 변화 간의 상관관계를 평가하기 위해 사용한다. STIRPAT 모형은 환경 연구에서 탄소배출량 분석, 에너지 소비와 경제성장 간 관계, 도시화가 환경에 미치는 영향, 인구와 기술 변화가 자연 자원에 미치는 영향 등과 같은 주제를 다루는 데 사용된다. 특히 이 모형은 생산의 디딜방아, 물질대사 균열 접근법과 관련된 정치·경제 가설을 잘 설명한다. 즉 STIRPAT 모형에 따르면 정치경제 체제 내에서 글로벌 자본주의의 역사적 성장은 생산, 오

---

101) http://kpaj.or.kr/_common/do.php?a=full&b=12&bidx=270&aidx=3276 〈최종 검색: 2024. 12. 22.〉

염 및 천연자원 추출을 확대하여 기업의 이익을 극대화한다고 한다. 생산・소비 가속화는 화석연료 추출과 사용에 의해 주도되었는데, 전 지구적 시스템 내에서 국가 간의 불평등한 경제적 교환 관계를 고려할 때, 생산과 관련된 화석연료 추출과 소비 발자국이 불평등하게 분포되어 있어 소비 및 화석연료 추출 비용을 외부화와 같은 다양한 차원의 물질대사 균열(예컨대 남반부-북반부 균열, 선진국-저개발국 균열, 도시-농촌 균열 등)을 일으킨다. 즉 전 지구적인 생산 활동의 끊임없는 증가는 생태계 파괴를 가속화하며, 이는 지속 가능성을 위협하는 심각한 생태위기를 야기한다.

한편 STIRPAT 모형 CO2 변동의 85~87%와 에너지 발자국 변동의 91~93%를 예측했다. 녹색범죄학의 경우 이러한 결과치를 가지고 소비, 화석연료 추출, 자본주의 및 생태계 파괴가 어떻게 교차하는지에 대한 관심을 갖는다.[102)]

(2) 지구행성 경계(PB)

자본주의 비판을 바탕으로 인간의 노동과 자연에 대한 결합된 착취를 다루는 마르크스의 생태학적 입장은 물질대사 균열(Metabolic Rift), 천연자원과 오염에 대한 전 지구적인 '생태적 불평등 교환이론(EUE: Ecologically Unequal Exchange_국제적인 경제적, 생태적 관계에서 선진국과 개발도상국 간의 불균형적인 자원, 에너지, 환경 비용의 분배를 설명하는 개념)', 그리고 생산의 디딜방아 논쟁을 서로 연결시킨다.[103)] 비록 이러한 이론들이 생태계 파괴에 대한 과학적 연구에 포함되어 있는지 않지만(과학적 이론들은 자본주의의 역할을 구체적으로 논의하지 않으나, 자본주의 역사에서 핵심적인 사항인 산업혁명의 역할을 언급함), 이러한 이론들은 인간 활동이 지구 시스템에 미치는 영향의 한계를 설명하는 틀인 '지구행성 경계(PB: Planetary Boundaries)'와 같은 과학적 개념을 반영한다.

---

102) Lynch, M. J., Long, M. A., Barrett, K. L. and Stretesky, P. B., "Is it a crime to produce ecological disorganization? Why green criminology and political economy matter in the analysis of global ecological harms", *British Journal of Criminology 53*, 2013, pp. 997-1016.
103) Foster, J. B., Clark, B. and York, R., *The ecological rift: Capitalism's war on the Earth*, New York, NY: Monthly Review Press, 2010.

:: 그림 7-2 9개 지구행성 경계에 대한 제어 변수의 현재 상태[104)]

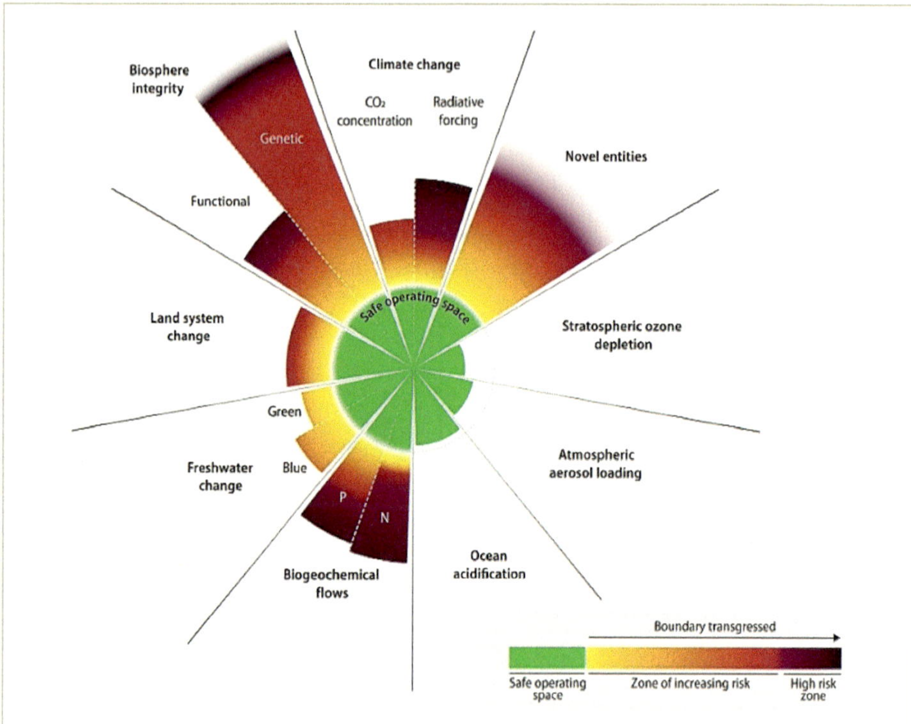

지구행성 경계는 지구 시스템이 안정적으로 작동할 수 있는 한계치를 정의하여, 인간 활동이 야기할 수 있는 생태적 위험을 예방하기 위한 개념이다. 이 개념은 2009년 스톡홀름 복원력 센터(Stockholm Resilience Centre)에서 요한 록스트룀(Johan Rockström)과 동료들에 의해 처음 제안되었으며, 이후 2015년 윌 스테펜(Will Steffen) 등이 이를 업데이트했다. 지구행성 경계는 인간 사회가 지구 생태계와 공존하며 지속가능성을 유지하려면, 특정한 경계를 넘어서는 환경적 변화를 피해야 한다는 점을 강조한다. 즉 지구행성 경계에 따르면 지구행성 경계를 넘어서면 환경은 더 이상 자체 조절이 불가능하다고 한다. 이는 지구 시스템이 인간 사회가 발전했던 홀로세(Holocene)의 안정기를 벗어나게 된다는 것을 의미한다. 이 논의 틀은 인간의 행동, 특히 산업혁명 이후 산업화된 사회에서 인

104) 출처: https://www.vegannews.co.kr/mobile/article.html?no=15994 〈최종 검색: 2024. 12. 22.〉

간 활동이 지구 환경 변화의 주요 동인이 되었다는 과학적 증거를 기반으로 한다. 이에 따르면, "하나 이상의 행성 경계를 초과하면 대륙 또는 지구행성 규모의 시스템에서 갑작스럽고 비선형적인 환경 변화를 유발하는 임계점을 초과할 위험이 있으며, 이는 심각하거나 재앙적인 결과를 야기할 수 있다."라고 한다.[105)]

지구 생태계의 건강을 측정하는 지구행성 경계는, ① 기후변화(Climate Change_핵심지표: 대기 중 CO_2 농도), ② 해양 산성화(Ocean Acidification_핵심지표: 해양 표면의 pH 수준), ③ 성층권 오존 고갈(Stratospheric Ozone Depletion_핵심지표: 성층권 오존 농도), ④ 생물지구화학적 흐름(Biogeochemical Flows_핵심지표: 인과 질소의 순환 속도와 배출량), ⑤ 전 세계 담수 사용(Freshwater Use_핵심지표: 강, 호수, 지하수의 사용량), ⑥ 토지 시스템 변화(Land-System Change_숲 면적 비율, 토지 이용 변화율), ⑦ 생물다양성 손실(Biosphere Integrity_핵심지표: 종 멸종률, 생물 군집의 기능적 무결성), ⑧ 화학 오염(Novel Entities_핵심지표: 화학물질의 농도 및 독성), ⑨ 대기 오염(Atmospheric Aerosol Loading_핵심지표: 대기 중 미세먼지 농도)라는 총 9개의 지표로 구성된다. 이러한 9개 지표의 측정은 일부 녹색범죄학 설명을 경험적으로 검토할 수 있도록 한다. 예를 들어 기후변화, 해양 산성화 및 생물지구화학적 흐름 지표는 환경사회학 연구에서 물질대사 균열을 측정하는 지표로 사용되며,[106)] 녹색범죄학에서 생태적 해체 및 녹색범죄의 객관적인 지표로 활용된다.[107)] 그리고 지구행성 경계에는 생태적 균열 및 EUE 지표도 포함되어 있기 때문에 환경 부정의와 녹색범죄 간의 연관성과 녹색범죄의 사회적 통제를 논의하는 데 사용할 수 있다. 지구행성 경계의 객관적인 차원은 생태적 피해 관리를 용이하게 하는 정책적·법적 한계를 검토하고 제안하는 데 사용될 수 있으므로(예컨대 야생동물 불법거래, 생물다양성 손실, 해양 산성화, 이산화탄소 배출, 인·질소 오염·생산·소비 등과 관련된 규정), 전통적인 범죄학적 효과성 분석 방법을 활용할 수 있다는 장점이 있다. 하지만 자본주의, 기업의 사업 확장, 생태계 파

105) https://en.wikipedia.org/wiki/Planetary_boundaries 〈최종 검색: 2024. 12. 22.〉
106) Jorgenson, A. K., "The sociology of ecologically unequal exchange and carbon dioxide emissions, 1960-2009", *Social Science Research 41*, 2012, pp. 242-252.
107) Lynch, M. J., Long, M. A., Stretesky, P. B. and Barrett, K. L., *Green criminology*, Oakland: University of California Press, 2017.

괴 간의 연관성을 고려할 때, 법과 환경정책이나 기후정책이 기껏해야 일부를 제한할 수 있겠지만, 자본주의의 고유한 확장 성향과 관련된 과잉생산, 과잉소비 및 급속한 경제성장에 따른 생태계 파괴를 근본적으로 해결할 수 없다는 한계를 가진다고 한다.[108] 녹색범죄학은 칼 마르크스가 지적했듯이, 자본주의에 맞서는 투쟁은 단순히 인간의 자유에 관한 것이 아니라 인간의 생존에 관한 것임을 수용한다. 이미 생태 시대 초기인 1970년대 중반에 마르크스주의 사회학자 찰스 H. 앤더슨(Charles H. Anderson)은 ≪생존사회학: 성장의 사회적 문제(The Sociology of Survival: Social Problems of Growth)≫라는 책에서 기후변화, 생태제국주의, 환경 문제의 심각성을 다루면서 인류가 생존하려면 생태 혁명이 필요하다고 주장한 바 있다.[109] 이러한 결론은 이미 포스터가 "자본주의 하에서 환경 파괴의 절대 일반법칙(Absolute General Law of Environmental Degradation under Capitalism)"에 대한 설명과 일치한다. 이는 자본주의 체제의 본질적 특성과 작동 원리에 의해 필연적으로 환경 파괴가 발생한다는 개념이다. 이 법칙은 자본주의가 이윤 극대화와 무한한 축적을 목표로 삼는 구조적 특성 때문에, 환경의 한계를 고려하지 않고 천연자원을 착취하고 파괴한다고 주장한다.[110]

이러한 지구행성 경계의 관점에 따르면 우리는 이제 지구행성 경계의 교차와 관련된 재앙적인 발전(즉 기후변화, 생물다양성의 감소, 해양 산성화, 질소와 인의 붕괴)이라고 부를 수 있는 위치에 있다. 사이클론, 지표면 상실, 담수 손실, 화학 오염 등은 불가피하다. 특히 기후변화는 발전 속도와 되돌릴 수 없는 성격 때문에 현재 인류에게 가장 심각한 문제로 인식되고 있다. 하지만 충분한 사회적·정책적·법적 조치가 취해진다면 인류에게 치명적일 수 있는 이러한 끔찍하고 돌이킬 수 없는 기후변화의 결과를 피할 수 있다. 이를 통해 과학자들이 기후변화의 전환점으로 지정한 지점(즉, 지구온도를 산업화 이전 시기 대비 1.5도 이상 증

---

108) Lynch, M. J., Stretesky, P. B. and Long, M. A., "Situational crime prevention and ecological regulation: A review and discussion", *Annals of the American Academy of Political and Social Science 679*, 2018, pp. 178–196.

109) Charles H. Anderson, *The sociology of survival: social problems of growth,* Dorsey Press, 1976.

110) Foster, J. B., "The absolute general law of environmental degradation under capitalism", *Capitalism, Nature, Socialism 3*, 1992, pp. 77–82.

가하지 않도록 유지해야 한다고 생각되는 지점)에 도달하지 못하게 될 것이다.

(3) 생태발자국(EF)

녹색범죄학은 생태발자국을 사용하여 생태 무질서 또는 환경 파괴를 녹색범죄의 척도로 설명한다.[111] 이때 생태발자국(EF: Ecological Footprint)이란 인간이 지구에서 삶을 영위하는 데 필요한 의·식·주 등을 제공하기 위한 자원의 생산과 폐기에 드는 비용을 토지로 환산한 지수를 말한다. 인간이 자연에 남긴 영향을 발자국으로 표현한다. 생태발자국은 개인, 정부, 기업의 자원 수요와 지구의 생물학적 재생 능력을 비교하는 유일한 지표이다.

생태발자국이 1.0 이하인 경우 인간 활동은 생태적으로 지속가능하고 자연의 재생산 노동으로 대체할 수 있다. Global Footprint Network에 따르면 현재 글로벌 생태발자국은 1.71ha이며, 이를 초과한다는 것은 매년 인간이 자연이 대체할 수 있는 것보다 더 많은 지구 면적(1인당 1.71ha)을 소비한다는 것을 의미한다. 분명히 인간이 장기적으로 생태발자국을 더 많이 남긴다면 글로벌 생태계는 붕괴될 것이다. 이와 대조적으로 거리범죄가 세계를 붕괴시킬 가능성은 매우 낮다.[112]

글로벌 생태발자국 마이너스를 이끄는 소비 행동은 국가에 균등하게 분배되지 않으며, 선진국들의 과도한 소비 행동이 생태발자국 부족을 야기한다. 예를 들어 2014년 미국은 1인당 3.6ha(글로벌 헥타르[gha][113])의 생태용량과 8.3gha의 소비량을 기록하여 -4.7gha를 기록했다. 생태발자국 마이너스가 큰 국가로는 벨기에 -6.0, 네덜란드 -5.2gha, 일본 -4.1gha, 스위스 -3.5gha, 영국 -3.5gha,

---

111) Lynch, M. J., Long, M. A., Barrett, K. L. and Stretesky, P. B., "Is it a crime to produce ecological disorganization? Why green criminology and political economy matter in the analysis of global ecological harms", *British Journal of Criminology 53*, 2013, pp. 997-1016.

112) 홈페이지 https://www.footprintnetwork.org/ 〈최종 검색: 2024. 12. 22.〉

113) 생태발자국과 생태용량 수치는 모두 글로벌 헥타르(gha)로 표시하는데, 이는 해당 연도의 생물학적 생산성의 세계 평균을 구해 이에 해당하는 면적을 헥타르 단위로 나타낸 것이다. 이런 표현 방식은 각 지역의 헥타르를 표준화하기 때문에 지구적인 비교가 가능하다. 글로벌 헥타르는 토지의 생산성이 반영되도록 물리적 헥타르 수치를 재조정한 것이다. 예를 들어 같은 1헥타르의 면적이라도, 비옥한 농경지의 글로벌 헥타르 값이 일반 목초지의 글로벌 헥타르 값보다 높다. 이는 농경지가 일반적인 목초지에 비해 더 많은 생물학적 활동을 발생 및 재생시키는 점을 반영한 것이다. 이러한 글로벌 헥타르를 사용함으로써 소비를 전 지구적 관점에서 비교·이해할 수 있다(세계자연기금(WWF), 『한국 생태발자국 보고서 2016』, 2016, 11면).

이탈리아 -3.5gha, 독일 -3.3gha, 중국 -2.7gha이다. 이러한 생태발자국 부족은 글로벌 자본주의 체제와 글로벌 물질대사 균열의 일부로 생물능력 잉여를 가진 저개발 국가의 자원고갈 · 추출 · 수출로 인해 증가한다. 저개발국의 생태 잉여가 소비됨에 따라 글로벌 자본주의 체제의 선진 소비국가들은 천연자원 추출을 새로운 장소로 이동한다고 한다.114)

(4) 인위적 생물종 감소(anthropogenic species loss)

인간의 활동으로 인해 생물종이 멸종하거나 개체 수가 급격히 줄어드는 현상을 의미하는 '인위적 생물종 감소(Anthropogenic Species Loss)'는 환경사회학에서 경험적으로 조사되었고 이미 널리 알려진 세계적 관심사이다.115) 인위적 생물종 감소는 자연적인 멸종 속도를 훨씬 초과하며, 생물다양성의 급격한 손실을 야기하고 있다. 녹색범죄학은 동물에 대한 다양한 해악에 관심을 보여 왔지만, 해당 문헌의 상당 부분은 야생동물 밀매와 밀렵에 대한 범죄를 조사한 것이다.116) 이 문헌에 대한 한 가지 비판은 물질대사 균열, 생태적 불평등 교환이론(EUE) 및 생태발자국의 패턴과 다른 인위적 종 손실의 요인에 대한 과학적 증거를 포함하여 종 손실의 광범위한 인위적 요인, 즉 산림훼손, 광업과 하천댐, 도시화, 생산의 디딜방아, 농업 및 서식지 파편화 등에 대해 관심을 충분히 기울이지 않았다는 것이다.117) 또한 연구에 따르면 이러한 인위적 요인은 생물 능력 번식을 약화시키고 종의 풍부함을 감소시키는 부정적인 생물다양성 피드백을 만들어 낸다고 한다.118)

녹색범죄학 문헌에는 인위적 생물종 감소와 관련된 실증 연구가 거의 발견되

---

114) Jorgenson, A. K., "The sociology of ecologically unequal exchange, foreign investment dependence and environmental load displacement", *Journal of Political Ecology 23*, 2016, pp. 334-349.

115) McKinney, L. A., Fulkerson, G. M. and Kick, E. L., "Investigating the correlates of biodiversity loss: A cross-national quantitative analysis of threatened bird species", *Human Ecology Review 16*, 2009, pp. 103-113.

116) 대표적으로 Sollund, R., *The crimes of wildlife trafficking: Issues of justice, legality and morality*, London, England: Routledge, 2019.

117) Betts, M. G. et al., "Global forest loss disproportionately erodes biodiversity in intact landscapes", *Nature 547*, 2017. p. 441

118) Duffy, J. E., Godwin, C. M. and Cardinale, B. J., "Biodiversity effects in the wild are common and as strong as key drivers of productivity", *Nature 549*, p. 261.

지 않는다. 보존범죄학자들에 의한 실증 연구는 주로 상황적 범죄예방 주장과 관련된 것이다. 야생동물 범죄예방 가설에 대한 보존범죄학의 연구 초점은 생물종의 감소보다 불법행위를 예측하는 데 더 관심이 있다는 정도로 이해할 수 있다. 다만 이러한 연구는 인위적 생명종 감소, 법적 통제와 사회적 통제 간의 상호 연관성에 대한 중요한 정보를 제공한다.

Ⅳ. 녹색범죄와 인권, 형법 그리고 국제형법

1. 녹색범죄와 인권

(1) 실정법화되지 않은 녹색범죄 신범죄화의 정당성 근거로서 '인권'

녹색범죄를 평등, 인권, 집단 권리, 세대 간 형평성, 그리고 기후변화에 대한 '역사적 책임(historical responsibility principle)'[119]과 같은 주제를 통해 탐구하기 시작할 때, 우리는 '기후정의(climate justice)'의 세계로 들어가게 된다. 기후정의의 근본적인 명제는 인간이 야기한 기후변화에 가장 적은 책임이 있는 사람들이 가장 심각한 피해를 겪는다는 것이며, 특히 녹색범죄의 주요 피해자로 등장하는 동물은 이 경우 가장 불행한 존재로 여겨진다. 왜냐하면 기후정의 영역에서도 그들의 고통은 오늘날까지 제대로 인정받지 못하고 있기 때문이다.[120] 이처럼 인권은 녹색범죄 피해 사례를 더 극명하게 드러내며, 법의 영역에서 아직까지 실정법화되지 않은 녹색범죄를 새롭게 범죄화하는 데 필요한 가장 강력한 정당성을 제공한다. 녹색범죄와 관련된 인권 사례는 천연자원 불법 채굴이 인권 침해의 주요 원인 중 하나임을 보여주는 중요한 실마리를 제공한다. 예컨대 토지의 강제 수탈, 그리고 토지와 물의 파괴 및 오염은 화석연료(석탄, 석유, 천연가스 등)의 채굴, 벌목, 대규모 산업형 농업에 따른 농약 살포 등으로 인해 직접적으로 발생하며, 이는 원주민과 다른 취약한 사회공동체 구성원들에게 심각한 악영향을 미치고 있다.

---

119) 홍덕화, "기후불평등에서 체제 전환으로: 기후정의 담론의 확장과 전환 담론의 급진화", ECO 제24권 제1호, 2020, 16면.

120) Aliozi, Z., "Climate Justice: Human Rights and Animal Rights", *The Resolution Journal 112*, 2020, pp. 1-20.

(2) 녹색범죄와 '인권법'

대부분의 인권법은 환경보호가 전 세계적인 관심사가 되기 이전에 제정되었다. 예를 들어 1948년에 채택된 「세계인권선언」은 제2차 세계대전 이후의 상황에서 만들어졌으며, 전쟁의 잔혹성으로 인해 알려진 부정의 내지 불의를 다루고 있다. 이는 초기 인권법에서 환경보호와 관련된 쟁점이 부각될 수 없었던 이유를 부분적으로 설명할 수 있다. 다만 가장 분명한 예외는 1976년 「국제인권규약」에서의 생명권과 건강권에서 찾아볼 수 있으며, 이들 조항은 환경에 대한 몇 가지 언급을 포함하고 있다. 예를 들어 「경제적 · 사회적 · 문화적 권리에 관한 규약(ICESCR, A규약)」 제12조는 당사국들이 환경 및 산업위생의 모든 부문을 개선하고, 전염병 및 기타 질병의 예방, 치료 및 통제를 위한 조치를 취할 것을 명시적으로 요구하고 있다.[121] 이 조항은 인권과 환경보호 사이의 연관성, 그리고 인권의 점진적인 실현을 보장하기 위한 법적 조치의 필요성을 보여준다.

(3) 기후변화 소송에서 권리 기반 논거로서 '인권'

인권과 과학이 기후변화 소송에서 주요 주역으로 부상하고 있다는 점을 고려할 필요가 있다. 기후변화 소송의 글로벌 동향은 꾸준히 발전하고 있으며,[122] 실질적으로 기후정의라는 포괄적인 개념의 틀 안에서 기후변화와 인권 사이의 연결을 강화하는 효과를 거두고 있다. 또한 정부나 민간단체를 대상으로 한 중요한 기후정의 소송 사례가 증가하고 있으며, 이러한 기후변화 소송에서는 자연의 권리, 인권 등 권리 기반 논거를 적극적으로 활용함으로써 '권리 전환(rights turn)'이 이루어지고 있다.[123] 예컨대 Ashgar Leghari v. Federation of Pakistan

---

121) A규약 제12조

2. 이 규약당사국이 동 권리의 완전한 실현을 달성하기 위하여 취할 조치에는 다음 사항을 위하여 필요한 조치가 포함된다.

(a) 사산율과 유아사망율의 감소 및 어린이의 건강한 발육

(b) 환경 및 산업위생의 모든 부문의 개선

(c) 전염병, 풍토병, 직업병 및 기타 질병의 예방, 치료 및 통제

(d) 질병 발생시 모든 사람에게 의료와 간호를 확보할 여건의 조성

122) 이에 대한 상세한 분석으로는 Setzer, J. and Higham. C, *Global Trends in Climate Change Litigation: 2024 Snapshot.*, London: Grantham Research Institute on Climate Change and the Environment and Centre for Climate Change Economics and Policy, London School of Economics and Political Science, 2024 참조.

사건(2015년)[124]은 기후변화 소송에서 인권 기반 논거를 인정한 첫 번째 사례이다. 이 사건에서는 인과관계와 초국가적 책임귀속 문제라는 장애물에도 불구하고, 파키스탄 법원이 기후변화에 대응하지 못한 정부의 실패가 청구인의 권리 침해를 야기했다는 주장을 수용함으로써 획기적인 판결을 선고했다.

'기후정의'라는 용어는 원래 기후변화에 대한 실질적인 법적 조치를 의미하는 것으로 정의되었다. 즉 2017년 유엔 보고서에 따르면, 당시 전 세계적으로 894건의 진행 중인 법적 조치가 확인되었는데, 관련 판례의 수를 보면 흥미로운 사실을 발견할 수 있다. 다수의 기후변화 소송에서 인권을 근거로 한 주장은 인과관계를 입증해야 하는 문제에도 불구하고 법원에서 점점 더 중요성을 얻고 있다. 최근 보고서에서 분석된 새로운 기후변화 소송들은 특정 탄소배출원과 환경범죄로 인한 기후 관련 피해 간의 인과관계를 확정하려는 과정에서 이러한 진전을 잘 보여준다. 기후변화 소송은 시대적 요구에 따라 계속 진화하고 있으며, 이러한 법적 사례들이 전 세계적으로 확산되고 있음을 관찰할 수 있다. 현재는 미국을 중심으로 아시아, 태평양 지역, 유럽 등에서 기후변화 소송 사례가 다수 발생하고 있다.

최근의 기후변화 소송 사례는 기후공약을 이행하지 못한 경우 법적으로 책임을 물을 수 있음을 상기시킨다. 예컨대 아일랜드 대법원은 아일랜드 정부의 기후변화 대응 계획이 미흡하다는 점을 인정하며, 파생된 권리, 헌법적 권리, 생명권, 건강권, 신체의 완전성 등과 같은 용어와 개념을 다룬 사건을 심리했다. 이 역사적인 사건인 Friends of the Irish Environment v. The Government of Ireland, et al. 사건(2020년)[125]에서 청구인들은 "헌법과 유럽인권협약(ECHR) 모두에서 보장된 권리에 기반하여 해당 기후변화 대응 계획이 관련 권리를 충분히 보호하지 못했기 때문에 그러한 계획의 채택이 불법이라고 주장할 청구 자격이

123) Peel, J./Osofsky, H. M., "A Rights Turn in Climate Change Litigation?", *Transnational Environmental Law 7(1)*, 2018, pp. 37-67.

124) Leghari v. Federation of Pakistan, (2015) Case No: W.P. No. 25501/2015. 판결문 요약은 https://climatecasechart.com/non-us-case/ashgar-leghari-v-federation-of-pakistan/ 〈최종 검색: 2024. 12. 22.〉

125) Friends of the Irish Environment v. The Government of Ireland and Others, Judgment of 31 July 2020, [2020] IESC 49. 판결문 요약은 https://climatecasechart.com/non-us-case/friends-of-the-irish-environment-v-government-of-ireland/ 〈최종 검색: 2024. 12. 22.〉

있다.”라는 것을 주장했다. 특히 청구인들은 헌법에 따라 아일랜드 정부가 기후변화로 인해 발생할 수 있는 미래의 생명 위협으로부터 개인을 보호할 의무가 있음을 주장했다. 그리고 생명권과 신체의 완전성 권리에 기반하여 기후변화의 결과가 개인의 건강과 신체의 완전성에 중대한 영향을 미치며 이러한 권리를 침해할 것이라고 언급했다. 흥미로운 점은 이 획기적인 사건에서 아일랜드 정부가 인간의 존엄성에 부합하는 환경에 대한 소위 ‘명시되지 않은 권리(unenumerated right)’가 존재한다고 볼 수 있는지에 대한 의문을 제기했다는 것이다. 아일랜드 고등법원은 2017년 Friends of the Irish Environment v. Fingal County Council 사건(2017년)[126]에서 바렛(Barrett, J.) 판사의 판결을 통해 이러한 권리를 인정했다. 이러한 소위 ‘파생된 권리(derived rights)’들은 법적 관점에서 매우 흥미로운 가설이며, 적절한 법원에서 다루어야 할 불가피한 법적 쟁점으로 떠오르고 있다고 한다.[127]

2. 녹색범죄와 형법

(1) 녹색범죄와 죄형법정주의

일반적으로 녹색범죄는 “자연 환경이나 생태계에 해를 끼치는 불법적 행위(작위 또는 부작위)로 법령에 의해 범죄로 규정된 행위”로 정의되고 있음을 앞서 언급했다. 이러한 녹색범죄의 개념정의와 관련하여 중요한 점을 더 잘 이해하려면 라틴어 법률 격언인 “법률없으면 범죄와 형벌이 없다(nullum crimen, nulla poena sine lege)”를 고려해 볼 필요가 있다. 이는 “법률에 규정되지 않은 범죄와 처벌은 있을 수 없다.”라는 뜻으로, 녹색범죄의 분석에도 그대로 적용된다. 환경형법은 기존 환경범죄를 포함하여 녹색범죄를 정의하고, 녹색범죄학의 주요 관심 주제를 설정한다. 이때 형법에서 주관적 구성요건 요소인 범죄 의도 내지 고의의 중요성은 환경형법의 맥락에서 볼 때 무엇이 범죄행위로 분류될 수 있는지를 정

126) Friends of the Irish Environment CLG v. Fingal County Council, Judgment of 21 Nov. 2017, [2017] IEHC 695. 판결문 요약은 https://climatecasechart.com/non-us-case/friends-irish-environment-clg-v-fingal-county-council/ 〈최종 검색: 2024. 12. 22.〉

127) Aliozi, Z., “Green Criminology: A rights-based approach”, *Green Crimes and International Criminal Law*, 2021, pp. 24-27.

의하는 데 있어 매우 중요하다.[128] 범죄 의도 내지 고의는 어떤 행위가 도덕적 비난의 대상이 되는지 여부를 결정한다.[129] 이와 관련하여 형사재판에서 피고인이 녹색범죄를 저지르려는 의도를 가졌거나 자연 환경이나 생태계에 피해의 위험을 일으키거나 이미 발생시켰음을 인식했는지가 중요한 판단 요소로 작용한다. 비난할 만한 범죄 의도나 고의가 수반되지 않는 한, 단순히 피해를 일으켰다는 사실만을 가지고 형사처벌을 하기에 충분하지 않다. 자연 환경이나 생태계에 피해를 주려는 의도 내지 고의(미필적 고의 포함)가 엄격증명에 의해 입증되어야 녹색범죄가 성립할 수 있다는 것이 형법이론의 전제조건이다.[130]

(2) 녹색범죄와 네 가지 형법이론의 관점

녹색범죄라는 개념 틀에서 강력하고 실제적인 환경법적 보호를 방해하는 특정 문제를 드러내기 위해 다음과 같은 네 가지 형법이론의 관점을 간략히 살펴볼 필요가 있다. 이와 관련하여 우선, 일부 형법학자들은 형법의 유일한 기능이 정당한 형벌을 제공하는 것이라고 주장한다. 이는 "죗값을 치르게 해야 한다."라는 응보적 정의(retributive justice) 개념에 기반한 '징벌적 관점(punitive view)'이라고 한다.[131] 반면에 다른 형법학자들은 법원 중심의 정의 실현을 강조는 '사법적 관점(curial view)'을 지지한다. 이는 형사법정에서 의심되는 피고인에게 법치주의와 적법절차의 원칙, 당사자 간의 공평한 기회 보장, 엄격한 증거기준 등을 통해 형사책임을 묻는 것이 형법의 핵심 역할이라고 본다. 이러한 관점에서 형사재판은 단순히 절차의 일부가 아니라 형법 전체에서 중심적 역할을 하는 과정이라는 점을 강조한다.[132]

한편 '공동체주의적 관점(communitarian view)'에서는 형법을 공동체의 도구로 보고, 공동체의 가치와 이익, 구성원 간의 연대와 협력, 개인과 공동체의 조화,

---

128) Lazarus, R. J., "Mens Rea in Environmental Criminal Law: Reading Supreme Court Tea Leaves", *FORDHAM ENVTL. L. Rev.* 7, 2011, p. 861.

129) Gardner, M. R., "The Mens Rea Enigma: Observations on the Role of Motive in the Criminal Law Past and Present", *UtabL. Rev.*, 1993, p. 635.

130) Coffee, J. C., "Does "Unlawful" Mean "Criminal"?: Reflections on the Disappearing Tort/Crime Distinction in American Law", *71 B.U. L. Rev. 193*, 1991, pp. 223-233.

131) Michael S. Moore, *Placing Blame: A Theory of Criminal Law*, Oxford: Oxford University Press, 1997, pp. 28-29.

132) Gardner, J., *Offencesand Defences*, Oxford: Oxford University Press, 2007, p. 80.

사회적 책무, 합의 기반의 의사결정 등을 강조한다. 이러한 관점에서는 피해 회복 과정에서 공동체의 적극적인 역할을 강조하며, 가해자의 처벌 또한 공동체의 정의를 실현하는 과정으로 본다. 이 관점에서 형법이론은 가장 발전된 법적 규칙 체계 중 하나로, 전 세계 모든 법 체계에서 강력한 형벌 체계가 존재함을 인정한다. 또한 판사, 검사, 변호사, 경찰 등 법률 관련 종사자가 피고인의 객관적 행위, 주관적 의도나 고의를 평가할 수 있고, 피해자가 입은 피해와 균형을 맞추는 사법기관(예컨대 법원, 검찰, 피해자 지원 센터 등)을 쉽게 찾을 수 있다고 한다. 앞서 언급했듯이, "범죄(crime)"라는 단어조차도 라틴어로 "심판하다(judge)"라는 의미에서 유래한 것이다.133)

녹색범죄를 형법이론과 형사사법 체계에 포함시키고, 녹색범죄학의 발전을 통해 녹색범죄와 관련된 이론적 기반을 강화하는 것은 법이 살아있는 유기체로서 발전하는 긍정적인 과정이라고 볼 수 있다. 형법은 그 효과성과 영향력을 유지하기 위해 사회적 도덕성과의 상호 의존적 관계 속에서 계속 발전해 왔으며, 단순히 형법학에 국한되지 않고 정치학, 사회학, 철학 등 다른 학문 영역에도 큰 영향을 미치고 있다는 점을 강조할 필요가 있다. 예를 들어 법과 제도의 불완전성을 인정하고 현실적 한계를 고려한 접근을 강조하는 '불완전주의적 관점(imperfectionist view)'은 형법이 어떻게 시민들로 하여금 의무이행을 가능하게 하고 사회의 도덕적 나침반을 형성하며, 더 나아가 개인적・사회적・국가적 법익을 침해하는 범죄행위를 예방하는지를 분석한다. 이러한 불완전주의적 관점에 따르면 형법의 특징은 그 '역할'이 아니라, 이를 수행하는 '방식'에 있다고 한다. 형법은 다른 법 체계와 공유하는 효과성 혹은 유용성을 충족시키기 위해 독특한 방식으로 작동한다는 점에서 특수성이 인정된다. 즉 형법의 특수성은 연쇄살인과 같은 끔찍한 범죄행위를 공개적으로 금지하고, 범죄로 규정하여 법적 비난을 가하고, 형벌로 처벌하는 데 있다. 이때 중요한 것은 주로 형사처벌과 관련이 있다. 특히 불완전주의적 관점은 녹색범죄와 관련하여 완벽한 법 집행의 한계를 인정하고 단계적 규제강화와 상황별 맞춤형 대응 방식을 강조한다. 이러한 불완전주의적 관점은

---

133) Duff, A., "Relational Reasons and the Criminal Law", *Oxford Studies in Philosophy of Law, Vol. 2*, 2012, pp. 12-30.

녹색범죄 대응에 있어 현실적이고 효과적인 해결방안을 모색하는 데 도움을 줄 수 있다고 평가된다.

요약하면, '징벌적 관점'은 형법의 가치가 정당한 처벌을 제공하는 데 있다고 주장하는 반면, '사법적 관점'은 형법의 가치가 법치주의, 적법절차의 준수 등을 통해 피고인에게 형사책임을 묻는 데 있다고 한다. 그러나 이 두 관점 모두 각 기능을 수행하는 핵심 가치가 무엇인지에 대한 자세한 설명을 제공하지 못한다는 한계를 가지고 있다. 예컨대 징벌적 관점은 형사처벌에 대한 정당성을 제공하지 않으며, 사법적 관점 역시 범죄예방의 효과성이나 가치에 대한 유용한 정보를 제공하지 않기 때문이다. 그렇기에 법학에서는 새롭게 구성된 법률 용어들(예컨대 녹색범죄, 대표적인 녹색범죄로 분류할 수 있는 생태살해 범죄 등)이 언어와 법을 통해 탄생하여 형사사법의 내용적 흠결이나 처벌의 공백을 채움으로써 종국적으로 형사정의 실현에 기여할 수 있을지라도, 이러한 새로운 법률 용어들의 포함을 정당화하는 작업이 여전히 필요함을 알 수 있다.

(3) 문서화되지 않은 범죄로서 녹색범죄

이와 관련하여 녹색범죄는 지구상에서 인간만큼이나 오래된 불법행위들을 묘사한다. 녹색범죄는 종전의 환경범죄라는 용어와 달리 새롭게 구성된 법률 용어이지만, 유능한 법적 사고를 하는 사람이라면 누구나 녹색범죄가 무엇을 뜻하는지 쉽게 이해할 수 있다. 형사사법의 본질은 범죄학의 실제적 적용에 있다. 범죄학이 범죄를 연구하는 학문이라면, 형사사법은 범죄에 대한 사회적 대응을 설명한다. 예를 들어 판사, 검사, 변호사, 경찰 등은 형사사법 시스템의 필수 구성요소이다. 형법과 범죄학이 상호 연관성을 가지고 있다는 것은 추가적인 정당화 작업이나 증명이 필요하지 아니한다. 본질적으로 녹색범죄학은 녹색범죄를 연구하는 학문이며, 비교적 새로운 범죄학의 한 분야이자 새로운 법률 용어이다. 하지만 일부 녹색범죄는 인류 역사상 가장 오래된 문서화되지 않은 범죄로 여전히 남아 있다. 예컨대 화석연료 기업이 탄소배출 기준을 고의로 위반하는 것과 같은 녹색범죄의 일부 불법행위는 수 세기 동안 실정법에 의해 범죄로 규정되지 않아 형사처벌받지 않았고, 그 때문에 보이지 않는 범죄(invisible crimes)의 영역에 속해 있다고 할 수 있다. 범죄학자들은 어떤 행위가 실정법에 의해 범죄로 새롭게 규정되더라도 권력자들은 이러한 범죄와 피해를 은폐할 수 있다고 주장한다. 예컨대 화석연료 기업이 그린워싱(green washing_위장 환경주의)[134]을 어떻게 사용하는지를 생각해 보면, 권력자들이 실제의 자연 환경이나 생태계에 초래한 피해를 감추고 대안적이고 더 친환경적인 내러티브를 홍보하려는 많은 사례를 발견할 수 있다. 범죄학자들에 따르면 실질적 혹은 형식적 의미에서 범죄임에도 불구하고 범죄로 보이지 않게 하는 일곱 가지 특징으로, ① 무지, ② 통계 부재, ③ 이론 부재, ④ 연구 부재, ⑤ 통제 부재, ⑥ 정책 부재, 그리고 ⑦ 형사처벌에 대한 공포 부재를 언급한다. 이와 같은 맥락에서 형사정의를 회복하기 위한 최고의 방법은 녹색범죄학의 발전을 계속해서 지원하고, 녹색범죄에 대한 형법이론을 체계적으로 구축하는 것이라고 한다.[135]

(4) 녹색범죄의 구성요건화 작업

녹색범죄란 인간이 자연 환경이나 생태계에 대해 저지르는 범죄적 피해를 의미하기 때문에 자연 환경, 생태계, 그리고 인간의 생명을 위협할 수 있다. 이와 관련하여, 향후 아직까지 실정범죄화 되지 않고 남아 있는 녹색범죄의 객관적 구성요건 요소와 주관적 구성요건 요소가 무엇인지 자세히 검토하고, 이러한 녹색범죄를 구성요건화 하기 위한 이론적 요건들의 인식론적 타당성을 평가하는 것은 유용하고 필요한 법적 작업이 될 것이다. 이것이 바로 녹색범죄학 연구의 핵심이다.

이와 관련하여 녹색범죄의 핵심 문제는 대부분의 자연 환경이나 생태계에 대한 피해가 실정법상 범죄로 규정되어 있지 않다는 단순한 사실로 귀결된다. 즉 녹색범죄에 따른 자연 환경이나 생태계에 대한 피해 중 상당수는 아직 형법상 불법행위로 규정되지 않아 형벌의 부과가 불가능하다. 녹색범죄와 관련된 여러 이론적 관점에서는 인간의 어떤 행위가 불법으로 규정되어야 하는지에 대한 논

---

134) 우리나라에서는 「표시ㆍ광고의 공정화에 관한 법률」과 「환경기술 및 환경산업 지원법」에서 그린워싱을 규제하고 있다.

135) 이에 대해 자세히는 Davies, P., Francis, P. and Jupp. V., *Invisible Crimes: Their Victims and Their Regulation*, Macmillan, 1999 참고.

쟁이 여전히 심하며, 특정 녹색범죄 피해 및 환경 규제를 집행하는 법적 시스템을 연구하고 검토하는 데 있어 여전히 많은 견해 차이가 존재한다는 한계가 있다고 한다.[136] 향후 녹색범죄에 관한 연구의 진척으로 이러한 한계가 조금씩 극복될 필요가 있다고 생각한다.

3. 녹색범죄와 국제형법

(1) 녹색범죄와 관련된 조직화된 산업 규모

녹색범죄는 인류의 생존과 자연 환경 및 생태계 그 자체를 위협하는 새로운 도전 과제로, 이에 대한 전 지구적 차원의 대응이 필요하다. 녹색범죄를 저지르는 초국가적 조직범죄 네트워크 내에서 운영되는 조직화된 산업은 연간 수십억 달러에 달하는 수익을 올리는 것으로 알려졌다. 예를 들어 야생동물 불법 포획·채취·훼손·고사 등과 관련된 녹색범죄는 전통적으로 가장 수익성이 높은 불법 활동인 마약밀매, 인신매매, 무기밀매에 이어 두 번째로 수익성이 높은 범죄로 꼽힌다고 한다.[137]

녹색범죄와 관련된 조직화된 산업 규모를 이해하기 위해 다음 수치를 살펴보면 더 쉽게 이해할 수 있다. 야생동물 관련 녹색범죄의 연간 추정치는 78억 달러에서 100억 달러, 목재 불법거래의 연간 추정치는 70억 달러, 불법 어업의 연간 추정치는 42억에서 95억 달러이다. 녹색범죄의 증가는 이러한 문제를 전 세계 정부의 최우선 과제로 부각시켰다. 이러한 불법행위는 각국의 입법자들에 의해 환경과 인간 생명에 커다란 피해를 일으키는 심각한 국제범죄로 다뤄지고 있다. 대표적인 예로, 인터폴(Interpol)과 유로폴(Europol)은 녹색범죄와 초국가적 조직범죄, 나아가 국제 테러범죄와의 연관성을 인정하고 있다. 인터폴에 따르면 "범죄 네트워크에 의한 천연자원의 불법 채굴은 종종 분쟁 지역에서 평화와 안보에 위협이 된다."[138]라고 한다.

---

136) Aliozi, Z., "Green Criminology: A rights-based approach", *Green Crimes and International Criminal Law*, 2021, pp. 20-24.

137) Haken, J., "Transnational Crime in The Developing World", *Global Financial Integrity*, 2011, p. 56.

138) INTERPOL-UN Environment Report, *Environmental Crime Threatening Peace and Security* (December 8, 2016), https://www.interpol.int/en/News-and-Events/News/2016/Environmental-

이처럼 국제형법에서 녹색범죄를 다룰 때 사용되는 규칙과 언어는 무역범죄와 초국가적 조직범죄와 더 깊은 관련이 있는 것으로 관찰되며, 이는 시장 수요에 따라 달라진다는 점에 주목해야 한다. 녹색범죄의 구체적 사례를 적용한 국제형법과 국내법 관련 규정을 검토했을 때, 현재 국제형사사법 시스템으로부터 강력한 보호를 받는 녹색범죄는 주로 초국가적 조직범죄와 관련이 있음을 알 수 있다. 유엔, 인터폴, EU의 관련 연구에 따르면 수십억 달러 규모의 조직화된 산업의 일부가 기업활동에 의해 야기되고 있다고 한다. 따라서 글로벌 자본주의 시장경제 체제에서 기업에 미치는 경제적 이익의 박탈은 법적 변화를 이끄는 데 있어 더 효과적인 기제로 작동할 것이다.

(2) 녹색범죄에 대한 국제형사사법의 대응 필요성과 국제환경법원

유럽연합(EU)은 제6차 EU 자금세탁방지 지침(the 6th EU Anti-Money Laundering Directive)[139]에서 환경범죄를 범죄행위로 포함시켰으며, 2020년 금융행동특별기구(FATF: Financial Action Task Force)[140]의 새로운 최우선 과제가 야생동물 불법거래에 초점을 맞추고 있다는 점은 고무적이다. 하지만 녹색범죄에 대한 관심이 증가했음에도 불구하고, 이러한 범죄를 통제하기 위한 형사처벌과 형량은 자금세탁방지와 테러범죄와 비교할 때 훨씬 약하다.

이러한 불일치는 국제형사법의 적용 범위를 재평가하고, 녹색범죄로 인한 피해, 인권 침해, 그리고 미래세대에 미치는 위험을 고려하여 기존의 국제형사사법 및 집행 체계를 재검토할 필요성이 있음을 보여준다. 녹색범죄에 대한 효과적인 법 집행을 위해서는 잘 기능하고 효율적인 수사기관(예컨대 인터폴, 유로폴, 검찰)과 독립적인 사법부(예컨대 국제환경법원)가 필요하다. 이를 통해 녹색범죄자들로 하여금 자신의 불법행위에 대해 형사법적 책임을 지도록 함으로써 모든 이

---

crime-threatening-peace-and-security-finds-new-INTERPOL-UNEnvironment-report 〈최종 검색: 2024. 12. 22.〉

139) Eur-Lex, *Directive (EU) 2018/1673 of the European Parliament and of the Council of 23 October 2018 on combating money laundering by criminal law*, https://eurlex.europa.eu/legal-content/EN/TXT/?nri=uriserv:OJ.L_.2018.284.01.0022.01.ENG 〈최종 검색: 2024. 12. 22.〉

140) Financial Action Task Force, *Priorities for the Financial Action Task Force (FATF) under German Presidency*, https://www.fatf-gafi.org/media/fatf/documents/GermanPresidency-Priorities. pdf 〈최종 검색: 2024. 12. 22.〉

해관계자의 권리를 보호할 수 있을 것이다.

국제형사사법 체계가 이러한 도전 과제 중 일부를 해결할 수 있는 한 가지 방법으로 '국제환경법원(International Environmental Court)'의 창설이 논의되고 있다. 국제환경법원은 오로지 녹색범죄를 기소하고 형사처벌 하는 데 전념하는 형사사법기관으로, 기존의 국제형사사법 시스템에서 공백을 메울 수 있어 환영 받을 만한 일이라고 본다. 주목할 만한 점은 2016년 9월, 국제형사재판소(ICC)가 환경범죄로 정부와 개인을 기소하겠다고 발표한 것이다. 같은 해 9월 발표한 '사건선정 및 우선 순위(Case Selection and Prioritisation)'에 관한 정책 보고서에 따르면 ICC는 「국제형사재판소에 관한 로마규정(이하 '로마규정'이라 함)」[141]에 따라 환경 파괴, 천연자원의 불법 채굴, 또는 토지의 불법적 강탈을 수단으로 하거나 그 결과로 발생하는 범죄에 대해 특별히 고려할 것이라고 밝혔다.[142] 향후 로마규정을 개정하여 환경 오염자를 로마규정상 전쟁 범죄자처럼 생태살해 범죄로 기소하는 것은 불가피해 보이며, 유엔과 같은 국제법 제정 공동체는 관련 녹색범죄를 제정하기 위한 법적 절차의 구체적 발전을 촉진할 의무가 있다.[143]

(3) 녹색범죄에 대한 국제형사법적 대응

녹색범죄에 대한 국제형사법적 대응은 크게 다섯 가지 범주로 분류될 수 있다(아래 박스 참조). 녹색범죄로 분류될 수 있는 여러 요건을 충족하는 모든 범죄가 국제형사법의 보호를 받는 것은 아니지만, 대부분의 경우 녹색범죄를 다양한 경로를 통해 기소할 수 있는 국내법이 있다. 국제적으로 조직화된 녹색범죄 "카르텔"의 규모는 국제법에서 특별한 언급과 처리가 필요할 만큼 크다.

---

141) 로마규정(Rome Statute)은 국제형사재판소(ICC) 창설의 근거가 된 국제조약이다. 로마규정은 1998년 7월 17일에 채택되어 2002년 7월 1일에 발효되었다. 우리나라는 그 이행 법률로 「국제형사재판소 관할 범죄의 처벌 등에 관한 법률」을 2007년 12월 21일 법률 제8719호로 제정하여 시행하고 있다.

142) Office of the Prosecutor ICC, *Policy Paper on Case Selection and Prioritisation*, (September 15, 2016), https://www.icc-cpi.int/itemsDocuments/20160915_OTP-Policy_Case-Selection_Eng.pdf 〈최종 검색: 2024. 12. 22.〉

143) 생태살해 범죄를 국제범죄로 도입하여 ICC에서 심리하고자 할 때의 한계와 대안에 대한 상세한 설명으로는 김재윤, "'생태살해죄' 심리법원으로서 국제형사재판소의 한계와 대안", 형사법연구 제35권 제2호, 2023. 6, 287-317면 참조.

녹색범죄에 대한 국제형사법적 대응: 다섯 가지 범주

녹색범죄에 대한 국제사회의 관심이 높아지면서 국제형사법적 대응 방안에 대한 논의가 활발하게 이루어지고 있다. 녹색범죄의 다양한 양상을 고려하여 국제형사법적 대응을 크게 다섯 가지 범주로 나누어 보면 다음과 같다.

1. 에코사이드(Ecocide)를 국제범죄로 규정
   - 개념: 에코사이드는 대규모 환경 파괴 행위를 의미하며, 전쟁범죄, 반인도 범죄와 같은 중대한 국제범죄로 규정하려는 시도이다.
   - 주요 논점: 에코사이드의 정확한 개념정의, 책임 소재, 처벌 수준 등에 대한 국제적인 합의가 필요하며, 기존 국제형사법 체계와의 조화 문제도 고려해야 한다.
   - 의의: 에코사이드를 국제범죄로 규정하면 대규모 환경 파괴 행위에 대한 억지력을 높이고, 피해자들에게 정의로운 해결을 제공할 수 있다.

2. 기존 국제형사법 조항의 확대 해석
   - 개념: 기존 국제형사법 조항, 특히 반인도 범죄 조항을 확대 해석하여 환경 파괴 행위를 포함시키는 방식이다.
   - 주요 논점: 기존 조항의 문언 해석과 관련된 법리적 논쟁이 발생할 수 있으며, 특정 행위가 반인도 범죄에 해당하는지 여부를 판단하기 위한 구체적인 기준 마련이 필요하다.
   - 의의: 법 개정 없이 기존 법 체계 내에서 환경 파괴 행위에 대한 책임을 물을 수 있다는 장점이 있다.

3. 국제환경협약의 이행력 강화
   - 개념: 기존 국제 환경 협약의 내용을 강화하고, 새로운 협약을 체결하여 환경범죄에 대한 국제적인 협력을 강화하는 방식이다.
   - 주요 논점: 각국의 이익 충돌, 협약 이행을 위한 감시 및 제재 시스템 구축 등 다양한 문제가 발생할 수 있다.
   - 의의: 국제적인 공조를 통해 환경범죄 문제 해결을 위한 노력을 체계화하고, 국제 사회의 인식을 제고할 수 있다.

4. 국가책임 규정 강화
   - 개념: 국가가 자국 영토 내에서 발생한 환경범죄에 대한 책임을 지도록 하는 국제법 규정을 강화하는 방식이다.

– 주요 논점: 국가 주권과의 관계, 책임 규정의 구체적인 내용 등에 대한 논쟁이 발생할 수 있다.
– 의의: 국가 차원의 환경 보호 노력을 강화하고, 피해 국가에 대한 구제를 위한 국제적인 메커니즘을 마련할 수 있다.

5. 기업의 형사책임 강화
– 개념: 환경범죄에 가담한 기업에 대한 형사책임을 강화하고, 기업의 사회적 책임을 확대하는 방식이다.
– 주요 논점: 기업의 법인격, 책임 소재, 형사처벌 수준 등에 대한 법리적 논쟁이 발생할 수 있으며, 기업의 경제 활동에 미치는 영향을 고려해야 한다.
– 의의: 기업의 환경보호 노력을 유도하고, 환경범죄에 대한 억지력을 높일 수 있다.

이와 같은 녹색범죄에 대한 국제형사법적 대응은 복잡하고 다양한 측면을 고려해야 하는 문제이다. 앞서 제시한 다섯 가지 범주는 각각 장단점을 가지고 있으며, 실제적인 대응 방안은 국가 간의 협력과 국제사회의 합의를 통해 마련되어야 한다. 앞으로도 녹색범죄에 대한 국제적인 논의는 지속될 것이며, 보다 효과적인 대응 방안이 모색되어야 할 것이다.[144)]

한편, 앞서 언급한 녹색범죄에 대한 국제형사법적 대응과 관련하여 특히 국가 간 국제환경협약은 전체 환경정의나 기후정의 프로젝트에서 중요한 보완적 역할을 하며, 그 유용성은 아무리 강조해도 지나치지 않다. 예컨대 1973년부터 논의가 시작되어 1975년 발효되었으며, 현재 180개 이상의 국가가 가입한 「멸종위기에 처한 야생동식물의 국제거래에 관한 협약(CITES: Convention on International Trade in Endangered Species of Wild Fauna and Flora)」은 멸종위기에 처한 종을 보호하기 위해 무역을 제한함으로써 전 세계 거의 모든 국가를 하나로 모으는 데 중요한 역할을 해왔다.

144) https://gemini.google.com/app/6b599e7ac2476a8b?hl=ko 〈최종 검색: 2024. 12. 22.〉

(4) 개별 국가에서 녹색범죄에 대한 기소와 사법처리 사례

녹색범죄를 억지하고자 하는 정치적 의지 부족은 기업들의 막대한 경제적 이해관계와 상호 결합하여 녹색범죄 피해와 범죄행위를 방지하려는 환경활동가, 기후활동가, 그리고 형법학자들의 호소를 무색하게 만들고 있다. 이는 아직까지 특정 녹색범죄만이 실정법에 규정되어 금지되며 처벌받는 이유를 부분적으로 설명한다. 현재와 같은 글로벌 자본주의 시장경제 체제에서 가장 수익성이 높은 사업은 폐기물 관리, 대기오염이나 수질오염 범죄, 배출기준 위반 범죄, 그리고 기타 대규모 글로벌 환경범죄와 관련이 있다. 하지만 유엔의 활동은 미국과 러시아, 중국 간 정치적 이해관계의 대립 등 여러 정치적 요인으로 인해 취약성을 보일 수밖에 없어 종종 목표를 달성하지 못한다는 시스템상의 실패에도 불구하고 그 역할이 결코 과소평가 되어서는 안 된다. 형사사법 정의를 실현함에 있어 유엔이라는 시스템의 불충분함을 비판하는 것은 쉽지만, 기후위기를 극복하기 위한 유엔 활동의 보완적 역할은 개별 국가에서 국내법적 차원에서 녹색범죄나 기후범죄를 억지하기 위한 형법의 개정에 적극 반영되며 형사사법의 추가적 발전에 기여한다. 환경문제와 기후문제는 모든 정부 의제의 우선 순위 목록 중 최상단에 자리 잡고 있으며, 전례 없는 대중적 관심을 받고 있다. 이에 환경보호, 기후변화, 기후정의 등은 심오한 철학적, 정치적, 법적 토론의 주제로 다루어지고 있다.

이러한 이유로 환경(형)법은 전 세계 법학 및 국제법에서 빠르게 발전하는 분야로 널리 인정받고 있다. 환경 관련 국제협약과 정책이 증가함에 따라 국제법의 '녹색화' 또는 '친환경화'가 법 체계 내에서 활발히 진행되고 있다. 시민사회의 적극적인 활동으로 인해 환경보호나 기후변화와 관련된 철학적, 정치적, 법적 발전이 촉진되었고, 이는 녹색범죄의 범죄화와 형사처벌의 집행력 제고에 크게 기여하고 있다. 그 결과 여러 국가의 형사사법 체계에서 녹색범죄에 대한 기소와 사법처리가 꾸준히 증가하고 있음을 관찰할 수 있다. 예컨대 스페인 특별검사는 녹색범죄 해결에 있어 선구적인 역할을 하고 있다. 스페인은 환경범죄를 전문적으로 다루기 위한 특수 경찰 부대인 'SEPRONA(Servicio de Protección de la Naturaleza)'를 보유한 최초의 국가 중 하나다. SEPRONA는 스페인 경찰인

Guardia Civil의 일부로, 특정 유형의 환경범죄를 다루는 임무를 맡고 있다.

또 다른 예로 인도의 '국가 녹색 재판소(National Green Tribunal)'의 설립을 언급할 수 있다. 인도 사법부는 계속해서 환경전담 법원을 설립할 것을 촉구했으며, 2010년 의회에서 「국가 녹색 재판소법」이 통과되어 환경전담 법원이 설립되었다. 인도 사법부는 이 법안의 입법 과정에서 중심적인 역할을 했으며, 법안 작성자들은 사법부와 관계자들이 제시한 특정 요구사항을 적극적으로 반영하고자 노력했다.[145)]

브라질 아마조나스(Amazonas) 주 환경·농업전담 법원도 주목할 만한 또 다른 사례라 하겠다. 이 법원은 상당히 독립적인 환경법원의 사례로, 환경범죄를 해결하기 위한 가장 광범위하고 혁신적인 구제 수단 중 하나로 평가되고 있다. 독특한 정책으로는 환경법 위반자를 위한 야간 학교가 있는데, 이는 2013년 브라질 사법부 국가 품질상을 수상한 바 있다고 한다.[146)]

아직까지 많은 개별 국가에서 많은 녹색범죄가 여전히 실정법상 범죄로 규정되지 않아 형사처벌이 불가능한 상태로 남아 있다. 하지만 녹색범죄는 그 자체로 하나의 독자적인 범주이자 유형의 실정법상 범죄로 간주하고 법적으로 다루어져야 한다. 녹색범죄에 따른 자연 환경이나 생태계에 대한 피해는 매우 심각하고 영향력이 커서 환경에 연쇄적인 피해를 유발할 수 있으며, 이는 인류, 동식물, 지구 전체에 잠재적으로 피해를 줄 수 있다. 또한 피해에 대한 원상회복이나 적정한 배·보상이 불가능할 수 있다. 하지만 이러한 사유를 녹색범죄에 대한 형사처벌과 형의 선고 단계에서 적정하게 반영되도록 하는 것은 결코 쉬운 일이 아니다. 증오범죄가 한 사회 공동체 전체에 영향을 미칠 수 있는 것처럼, 녹색범죄는 우리 지구와 기후 시스템의 파괴를 일으킬 수 있으며, 이러한 유형의 범죄는 인류 전체에 악영향을 미침과 동시에 미래세대의 권리를 침해한다. 이러한 관점을 지지하는 사람은 지구온난화를 글로벌 범죄로 분류해야 한다고 주장하기까지 한다. 같은 맥락에서 베트남 등 일부 국가에서 형법에서 규정하고 있는 생

145) Amirante, D., "Environmental Courts in Comparative Perspective: Preliminary Reflections on the National Green Tribunal of India", *Pace Environmental Law Review 29*, 2012, p. 441.

146) UNODC, Prosecution and Judiciary, https://www.unodc.org/e4j/en/wildlife-crime/module-3/key-issues/prosecution-and-judiciary.html 〈최종 검색: 2024. 12. 22.〉

태살해 범죄는 환경 파괴를 종식시키는 데 크게 기여할 수 있을 것으로 평가되고 있다. 에코사이드는 생태계의 의도적인 파괴를 의미하며, 이는 인류와 자연 환경이나 생태계에 대한 최악의 범죄로 분류되기 위한 모든 요건을 충족한다. 생태살해 범죄는 아직 로마규정상 다섯 번째 국제범죄로 인정받지 못하고 있지만, 정치적 의지가 부족할 때 법이 어떻게 침묵을 지키는지를 보여주는 좋은 예시로 언급할 가치가 있다고 본다.[147)]

V. 맺음말

인류 전체가 한 가지 쟁점 사안에 대해 합의하고 집단적으로 동의할 수 있다면, 그것은 강력한 법을 통해 자연 환경과 생태계를 보호해야 한다는 것이다. 이는 우리 모두가 자연의 일부이며, 우리의 존재가 건강한 자연 환경과 지구 생태계의 지속가능성에 달려 있기 때문이다. 이상에서는 환경 피해의 범죄화와 환경윤리 및 생태철학을 존중하며, 인권을 보호하고 기후정의를 실현함으로써 미래세대의 권리와 생태계의 지속가능성을 보장하기 위해 영미법계 국가에서 1990년대부터 활발히 논의되고 있는 녹색범죄학과 녹색범죄에 대해 검토했다. 기후정의는 자연 환경을 보호하고 기후변화와 전염병으로 인한 인류의 생존 위협에 대응할 수 있는 강력한 국제형사사법 시스템을 구축하고 국제법을 설계할 기회를 글로벌 정의 프로젝트에 제공한다. 녹색범죄학과 녹색범죄는 이를 발전시키는 긴급한 필요성으로 인해 빠르게 발전하고 있는 학문 분야라 할 수 있다.

현재까지 진행된 국제사회의 기후변화 협상을 간략히 평가하면, "우리 집에 화재가 발생하여 불타고 있는데, 은식기를 누가 가질 것인지 협상하고 있다."라는 비유로 설명할 수 있다. 강조해야 할 점은 기후위기를 해결하기 위한 정치적 의지가 부족하더라도, 더 강력한 일반시민의 의지가 이를 극복하고 대처할 수 있다는 것을 역사가 반복적으로 증명해 왔다는 것이다. 현재 시점에서 기후행동 운동의 힘을 인정해야 한다. 왜냐하면 녹색범죄학과 녹색범죄의 진화를 이해하는 것은 기후행동 운동이 긍정적인 사회적 변화와 법적 변화를 이끄는 데 있어

147) Aliozi, Z., "Green Criminology: A rights-based approach", *Green Crimes and International Criminal Law*, 2021, pp. 16-20.

중요한 역할을 했다는 점을 파악하는 데 필수적이기 때문이다.

법률이 변화하고 있고 자연 환경과 생태계의 보호가 전 세계 모든 국가의 긴급한 문제로서 최우선 순위에 있다는 사실은 녹색범죄에 관한 연구가 얼마나 중요하고 시급한지를 보여준다. 이러한 중요성과 시급성에도 불구하고 녹색범죄를 연구하는 법학자들이 해결해야 할 문제는 녹색범죄가 무엇인지에 대한 일반적 개념정의를 정립하고, 개별 녹색범죄의 객관적 구성요건 요소를 어떻게 명확하게 구성할 수 있는지, 나아가 대부분의 경우 녹색범죄와 관련된 주관적 구성요건 요소로서 의도 내지 고의를 객관적 행위 요소에 연결하는 것이 어렵거나 불가능하기까지 한데 이를 어떻게 극복할 것인지에 있다. 이러한 문제는 전통적 형법이론에서 범죄를 구성하기 위해 요구되는 범죄성립 요건을 충족하는 데 있어 커다란 장애물일 수밖에 없다.

그러나 녹색범죄를 범죄화하는 데 나타나는 여러 형법이론의 문제는 (국제)형사사법기관의 오래된 과제이며, 판사가 개별 사례에서 극복해야 하는 법적 절차의 일부이다. 판사는 개별 사건마다 자연 환경이나 생태계에 대한 구체적이고 명확한 범죄행위가 발생했는지를 판단해야 하고, 이 행위와 행위 주체(인간 또는 법인) 사이의 관계를 연결해야 한다. 그런 다음 각 사건의 사실관계에 따라 법정에서 범죄 의도나 고의가 검사에 의해 합리적 의심을 넘어설 정도로 입증되었는지 판단해야 한다.

한편, 국제형사사법 체계에서 녹색범죄를 완전히 포함시키는 것이 중요하다. 예컨대 생태살해 범죄는 로마규정상 집단살해죄(genocide), 인도에 반한 죄, 전쟁범죄와 동등한 지위, 가치, 그리고 법적 집행력을 가질 필요가 있다. 향후 생태살해 범죄는 로마규정을 통해 사실상 보편적 법적 지위를 얻을 가능성이 있다. 왜냐하면 모든 국가와 인류 전체 구성원이 삶을 유지하고, 세계인권선언의 실현을 위한 모든 필요한 조건을 제공하며, 두려움과 존재적 위협으로부터 자유로운 건강한 환경에서 살아갈 수 있는 생태계를 보호하는 것이 최선의 이익이기 때문이다. 생태살해 범죄가 법적으로 더 명확히 개념정의 되어 로마규장상 국제녹색범죄로 분류됨으로써 오랫동안 지속되어 온 형사처벌의 공백을 메우는 것은 시간문제라고 본다.

결론적으로, 녹색범죄학과 녹색범죄는 기후정의를 논의함에 있어 핵심적인 부분이며, 국제형사사법 체계에서 녹색범죄가 수행해야 할 본질적인 역할을 명확히 부각시켜 이를 인정할 시급한 필요성이 있다. 이러한 녹색범죄를 국내형법 또는 국제형법상 범죄화하여 이에 적극적으로 대처하기 위해서는 법적 금지의 정당화를 가능케 하는 사회적 도덕성에 초점을 맞춰야 한다. 이는 녹색범죄를 국내형법이나 국제형사사법 체계에 포함시키기 위해 요구되는 여러 법적 작업 외에도, 비인간 동물의 생명 가치와 자연 환경이나 기후변화에 대해 지금까지 인간이 행했던 발자취를 재평가해야 함을 의미한다. 향후 이와 관련된 다양한 연구와 프로젝트를 통해 녹색범죄학과 녹색범죄에 관한 연구를 강화할 필요성이 그 어느 때보다 분명해지고 있다. 기후위기를 마주한 인류가 기후변화에 따른 피해에 대한 사회적 인식을 탐구하는 데 있어 녹색범죄학의 역할은 아무리 강조해도 지나치지 않기 때문이다. 특히 우리나라에서는 녹색범죄학, 녹색범죄에 관한 연구가 여전히 부족한데 많은 형법학자, 범죄학자들이 이 글을 계기로 학문적 관심과 활발한 연구가 진행되길 바란다.

[§ 8]
기후형법의 범죄학적 토대로서 '녹색범죄학'과 '지구법학'의 결합

Ⅰ. 머리말

지금까지 제1장 제2절과 제2장 제7절에서 지구법학과 녹색범죄학이라는 두 학문 간의 유사점과 차이점을 다룬 부분을 제외하고는 지구법학과 녹색범죄학이 별도로 논의되어 왔다. 이 글에서는 우선 녹색범죄학과 지구법학의 주요 목표가 무엇이고, 핵심 연구분야가 무엇인지를 강조하여 두 학문 간의 공통점을 파악하고자 한다. 이는 두 학문이 왜 상호 결합하여 함께 논의되어야 하는지에 대한 중심 논거를 제시하기 위한 기초 단서를 제공하기 때문에 중요하다. 이를 위해 녹색범죄학자와 지구법학자들이 동일한 관점에서, 동일한 관심사와 목표를 가지고 작업하고 있음을 강조하고자 한다. 녹색범죄학과 지구법학이라는 두 학문의 주된 목적은 인간의 여러 활동이 환경에 회복하기 어려운 피해를 일으키는 현재 상태를 올바로 이해하고 이를 해결하는 데 있다. 이 점은 각 학문 분야의 선도적인 학자들의 다음 인용문을 통해 잘 드러난다. 즉 한편으로, 녹색범죄학을 대표하는 학자인 린치와 스트리터스키(Lynch/Stretesky)는 "범죄학 분야에서 새롭게 주목을 받고 있는 녹색범죄학의 목적은 인간의 생명과 사회 공동체를 위협하는 일반 범죄보다 더 심각하고 광범위한 환경 피해에 대한 관심을 다시 집중시키는 데 있다."[1]라고 언급하였다. 다른 한편으로, 지구법학을 대표하는 학자인 머레이(Murray)는 "자연과 지구에 대한 변화된, 그리고 더 친밀한 관계를 바탕으로 하여 지구법학의 전반적인 목표는 법과 거버넌스를 재구상하여 지구 공동체 전체에 이익이 되도록 하는 것이다."[2]라고 하였다.

다음으로, 녹색범죄학과 지구법학은 환경 피해에 대한 해결책의 제시에 있어 어떠한 차이점이 있는지를 살펴보고자 한다. 이와 관련하여 녹색범죄학은 단순히 환경 피해가 무엇인지 고찰하는 데 그치지 않고, 환경 문제에 대한 해결책을 제시할 필요성을 설명한다. 이때 주요 전제는 지금까지 녹색범죄학이 환경 피해에 대해 세 가지 총체적 해결책으로 '변혁적 실천(transformative praxis)' 이론, 에코사이드(ecocide), 생태중심적 관점을 제시하고 있으며, 이 학문이 일반적으로 상황에 맞는 맞춤형 해결책을 선호한다는 점에 주목하고자 한다. 따라서 인간중심적 관점에서 발생하는 환경 피해에 대해 인간이 만든 법률에 지구중심적 가치를 내재시키는 방식으로 지구법학의 철학이 환경문제 해결의 네 번째 총체적 해결책으로 제공할 수 있음을 제언하고자 한다.

이 글의 마지막에서는 환경문제 해결을 위해 녹색범죄학과 지구법학을 상호 결합하여 두 학문의 학자들이 이론적 논의에 활발히 참여함으로써 두 학문 모두가 얻게 될 이점은 무엇인지를 살펴보고자 한다.[3]

Ⅱ. 녹색범죄학과 지구법학의 공통된 목표와 연구 영역

제2장 제7절에서 설명했듯이, 녹색범죄학은 "범죄학자에 의한 환경 피해, 환경법 및 환경 규제에 대한 연구"[4]라는 하나의 관점으로 가장 잘 설명되고 시각화될 수 있다. 이는 녹색범죄학자들이 환경 문제와 이론에 대해 아이디어를 논

1) Lynch, M. J./Stretesky, P. B. "The Meaning of Green: Towards a Clarification of the Term Green and Its Meaning for the Development of a Green Criminology", *Theoretical Criminology 7(2)*, 2003, p. 231.

2) Murray, J., "Earth Jurisprudence, Wild Law, Emergent Law: The Emerging Field of Ecology and Law - Part 2,", *Liverpool Law Review 36*, 2015, p. 109.

3) 이하의 논의는 Lampkin, J., *Uniteing Green Criminology and Earth Jurisprudence*, Routledge; London and New York, 2021, pp. 49-64를 기초로 한 것임.

4) White, R., *Crimes Against Nature: Environmental Criminology and Ecological Justice*, Portland, 2008, p. 8.

의하고 연구를 수행하기 위해 함께 모일 수 있는 매개체 역할을 한다. 결과적으로, 녹색범죄학은 본질적으로 작동할 수 있는 개념 우산을 제공하는 것 외에 특정한, 그리고 매우 구체적인 목표를 가지고 있지 않은 것처럼 보이기도 한다. 하지만 녹색범죄학은 다음과 같은 명확한 목표를 가지고 있음은 분명하다.

1. 지역적 및 세계적 차원에서 인간중심적 사고에서 비롯된 환경 피해와 환경범죄에 대한 인식
2. 학문 연구와 이론적 기여를 통해 환경 피해가 발생하는 원인 규명
3. 환경 피해와 환경범죄에 대한 해결책 제시
4. 첫 번째부터 세 번째 목표에 참여함으로써 환경 피해의 발생을 사전에 예방하고, 이를 통해 인간, 비인간 존재, 그리고 지구의 광범위한 생태계에 이익 제공

앞서 제1장 제2절에서 새로운 학문인 지구법학은 "인간은 더 광범위한 존재 공동체의 일부분이고 그 공동체 구성원의 안녕은 지구 전체의 안녕에 의존한다는 사실에 기초한 법과 인간 거버넌스에 관한 철학"임에 대해 상세히 설명을 했다. 이를 통해 지구법학이 특정 이론이라기보다는 여러 접근 방식과 해석을 포함할 수 있는 철학으로 간주할 수 있다는 점을 깨달을 수 있다. 이러한 접근에는 인간이 하나의 종으로서 지구 공동체 전체의 일부로 간주되는 방식, 지구법학의 기본 토대[5] 및 근본 원칙[6] 등이 포함된다. 결과적으로, 지구법학 역시 녹색범죄학과 유사하게 여러 사람에게 다양한 의미를 가지는 관점으로 설명될 수 있다. 그럼에도 불구하고 지구법학은 다음과 같은 목표를 가지고 있다.

1. 인간이 만든 실정법 체계가 환경 피해를 방지하지 못하고 있다는 점을 인식하기
2. 이에 따라, 법을 바라보는 '올바른' 방식은 자연법, 지구의 법, 그리고 우주의 법과 일치하는 방식이어야 함. 자연법, 지구의 법 등은 이미 존재하는 것이며, 인간은 이를 깨닫고 받아들여야 함

5) Koons, J. E., "What Is Earth Jurisprudence: Key Principles to Transform Law for the Health of the Planet", *Penn State Environmental Law Review 18*, 2009, pp. 47-68 참조.
6) Cullinan, C., "A History of Wild Law," in: Burdon, P.D. (ed), *Exploring Wild Law: The Philosophy of Earth Jurisprudence*. Mile End, Australia: Wakefield Press, 2011 참조.

3. 지구법학의 원칙을 '야생의 법(wild laws)'에 통합하여 환경 피해 해결하기
4. 이를 통해 환경 피해가 처음부터 발생하지 않도록 사전에 예방하기

녹색범죄학과 지구법학은 환경 피해에 접근하는 방식에서 차이를 보인다. 즉 녹색범죄학은 환경 피해를 극복하기 위해 해악이 발생한 사실을 인식하고, 그 이유를 설명한 후에 주로 맞춤형 해결책을 제시함으로써 환경 피해의 재발을 방지하고자 한다. 반면에 지구법학은 자연 세계와의 인간관계 및 지구중심적 관점을 바탕으로 법적 접근 방식을 변화시킴으로써 환경 피해를 예방할 수 있다는 견해를 취한다. 따라서 접근하는 방식과 경로는 서로 다를 수 있으나, 두 학문 모두 전 지구적 차원에서 환경 피해를 감소시키고 예방하려는 목표를 공유하며, 이는 현재 자연 세계의 착취와 과잉 사용 문제를 해결하는 데 중점을 둔다. 일부 학자는 이러한 관점이 환경과 관련된 정치적 이념에 지나치게 밀접하게 연관되어 있음에 우려를 표한다. 그러나 범죄학자의 목표는 범죄행위를 예방하기 위한 해결책, 예컨대 형사처벌, 재범의 방지, 상황적 범죄예방 등을 찾는 데 있음을 상기할 필요가 있다. 그리고 변호사들은 범죄로 인한 피해를 바로잡고 피해자를 장래의 피해로부터 보호할 의도로 의뢰인을 대변한다.

이러한 최종 목표에 도달하기 위해서는 녹색범죄학과 지구법학이 목표를 공유하거나, 적어도 이들이 서로 더 밀접하게 협력할 필요가 있다. 현 시점에서 볼 때, 지구법학과 야생의 법(즉 지구 공동체의 모든 구성원들이 행성 지구와 지속적인 공진화 속에서 자기 역할을 수행할 수 있는 자유를 창출하는 방식으로 인간을 규율하는 법)에 대해 연구하는 법학자들은 소수에 불과한 반면, 환경 피해에 대한 논의에 참여하는 녹색범죄학자들은 다수를 이루고 있다. 따라서 같은 목표를 향한 길을 공유함으로써 녹색범죄학은 지구법학의 위상을 높이고, 이론적 학문에 기여하며, 아이디어를 공유하고 확산시킬 수 있다. 반면에 지구법학은 녹색범죄학적 논의에서 거의 다루어지지 않은 환경 피해의 문제와 관련된 총체적 해결책을 제공할 수 있다. 결과적으로 두 학문은 연구 프로젝트의 협업과 아이디어 및 정보를 공유하며 논의하는 과정에서 많은 이점을 서로 얻을 수 있을 것이다.

Ⅲ. 녹색범죄학과 지구법학의 차이점

앞서 설명했듯이, 지구법학의 철학은 환경 피해에 대한 총체적 해결책을 다루며, 이러한 피해가 법이 만들어지는 방식에 의해 나타난다고 주장한다. 즉 법이 인간중심적인 방식으로 제정되는 것에 반해, 지구법학은 법을 제정하는 방식에 있어 지구중심적으로 전환할 것을 제안한다. 리스와 존스(Riihs, N. and Jones, A)는 다음과 같이 말한다: "지구법학은 '합법성(legality)'에 대한 기존 개념을 완전히 근본적으로 재고해야 한다는 필요성을 수반하며, 이는 인간중심적 존재론에서 벗어나 보다 생태중심적 존재론으로 대체하고, 자연과 사회 조직에 대한 지배적인 인간중심적이고 기계론적 세계관을 포기할 것을 요구한다."[7)]

지구법학에서 제안하는 환경 피해와 관련된 해결책들은 학자들의 접근 방식에 따라 다양한 형태를 취할 수 있겠지만, 모두가 법을 지구 시스템과 자연의 중요성을 인식하도록 재정비하는 것이 지구법학의 핵심이자 목표가 되어야 함을 강조하고 있다. 이 글에서는 이러한 해결책에 중점을 두며, 일부 지구법학자들이 제안한 해결책의 예를 소개하면 다음과 같다.

1. 지구 시스템을 우선으로 하는 '야생의 법(wild law)' 제정: 쿤스(Koons)는 "법과 거버넌스에서 지구를 중심으로 설정하고, 인간중심의 시스템에서 벗어나 인류를 더 넓은 존재 공동체의 일부로 인식하는 것이 첫 번째 단계"라고 지적하며, 법은 인간보다 지구 시스템을 우선시하는 '야생의 법'으로 재정비되어야 함을 강조한다.[8)]
2. 자연법칙을 반영하는 인간 법: 컬리넌(Cullinan)은 "우주는 스스로 질서를 유지하는 시스템이며, '자연법칙(the laws of nature)'이 그 기능을 지배하고 인간 법보다 우선한다."라고 설명한다. 따라서 인간이 만든 법은 인간의 필요와 욕구만을 충족시키는 것을 넘어, 자연법칙을 반영해야 한다.[9)]
3. 토착적 세계관의 통합: 베리(Berry)는 토착적 세계관이 자연 세계의 중요성을 인식하고 존중한다고 설명한다.[10)] 이에 따라 맬로니와 지멘(Maloney and

7) Riihs, N./Jones, A., "The Implementation of Earth Jurisprudence Through Substantive Constitutional Rights of Nature", *Sustainability 8(2)*, 2016, pp. 174-193.

Siemen)은 "지구법학 운동은 토착 문화와 지혜가 산업화된 사회와 지구법학 발전에 제공할 수 있는 영감과 지침을 제공할 수 있음을 인정한다."[11]라고 한다.

4. 환경 피해 예방: 라이트(Wright)는 현대 사회가 환경에 대한 영향을 효과적으로 규제하지 못하는 것이 전 지구적 환경 피해의 원인이라고 주장하면서 지구법학 철학에 따라 '야생의 법'을 제정하는 것이 환경 피해를 예방하는 데 기여할 것이라고 주장한다. 따라서 지구법학 이론은 현대 인간의 거버넌스 시스템의 핵심 실패가 인간이 자연과 분리되어 있으며, 자연 시스템이 부과하는 한계를 벗어나 작동할 수 있다는 잘못된 믿음에 기반한다고 주장한다.[12]

이처럼 지구법학 학계에서 제시된 네 가지 해결책을 보면 환경 문제에 대한 해결책이 폭넓으며, 전체론적인 성격을 가지고 있음을 알 수 있다. 반면에 녹색범죄학도 생태철학(ecophilosophy), 에코사이드(ecocide), 생산의 디딜방아 이론(Top: treadmill of production_자본주의 체제에서 생산-소비의 순환은 불가피하며, 환경 문제의 구조적 원인은 경제시스템의 결과라는 이론)과 같은 주제에 대한 탐구를 통해 지구법학과 유사하게 폭넓은 설명과 해결책을 제시하지만, 환경 피해와 환경범죄에 대한 상황별 해결책을 제공하거나 단순히 환경 피해를 인식하는 데 더 중점을 두는 경향이 있다는 점에서 차이가 있다. 이를 보다 구체적으로 설명하기 위해 녹색범죄학자들의 제시하는 세 가지 예를 살펴보면 다음과 같다.

우선 그레이프와 스트리터스키(Greife and Stretesky)는 미국 내 석유 유출에 대한 민사책임과 형사책임의 변화를 연구했다. 이들은 석유 유출에 따른 처벌 유형, 최소 및 최대 벌금, 그리고 엄격책임(strict liability)이 존재하는지 여부를

8) Koons, J. E., "Key Principles to Transform Law for the Health of the Planet", in: Burdon, P.D. (ed), *Exploring Wild Law: The Philosophy of Earth Jurisprudence*, Mile End, Australia: Wakefield Press, 2011, p. 46.

9) Cullinan, C., "The Legal Case for the Universal Declaration of the Rights of Mother Earth", 2010, p. 2. chrome-extension://efaidnbmnnnibpcajpcglclefindmkaj/https://www.garn.org/wp-content/uploads/2021/09/Legal-Case-for-Universal-Declaration-Cormac-Cullinan.pdf 〈최종검색: 2024. 12. 22.〉

10) Berry, T., *The Great Work: Our Way Into the Future*. New York: Three Rivers Press, 1999.

11) Maloney, M./Siemen, P., "Responding to the Great Work: The Role of Earth Jurisprudence and Wild Law in the 21st Century", *Earth Jurisprudence and Environmental Justice Journal 5*, 2015, p. 9.

12) Wright, G., "Climate Regulation as If the Planet Matters: The Earth Juris prudence Approach to Climate Change", *Environmental and Earth Law Journal 3(1)*, 2013, p. 34.

검토했다. 연구 결과, 그레이프와 스트리터스키는 미국의 개별 주(state) 법률이 석유 유출을 다루는 방식에서 상당한 차이가 있음을 발견했다. 이 연구를 통해 저자들은 자신들의 데이터를 제시하여 실증연구에 기여했을 뿐만 아니라, 그들의 논의를 ToP 이론과 연결시키는 이론적 공헌도 달성했다. 또한 해결책의 관점에서 그레이프와 스트리터스키는 '적절한' 법 집행과 법의 발전을 제안했다. 그들은 말을 인용하면, "우리는 법의 발전과 관련하여 희망의 여지가 있음을 발견했다. 특히, 정치적 저항이 강화될수록 주(state) 법률이 「석유유출책임법(oil discharge laws)」에 큰 영향을 미치는 것으로 보이며, 이로 인해 법 집행이 더 용이해지고 주(state) 전체적으로 더 엄격해지고 있는 것으로 나타났다. … 그러나 우리 연구의 경우, 「석유유출책임법」은 단지 위반자를 처벌하고 잠재적 위반자를 억제할 수 있는 정도로 효과성이 있을 뿐, 적절한 법 집행이 없을 경우 법전에 있는 법으로 무용함을 알 수 있었다."13)

따라서 그레이프와 스트리터스키의 연구를 통해 다음과 같은 두 가지 사항을 도출할 수 있다. 첫째, 환경범죄에 대한 일반 시민과 정부의 적극적 대응의 요구가 범죄자를 억제하는 방식으로 환경 피해를 해결하는 데 기여할 수 있으며, 이는 법 집행을 더 용이하게 만든다는 것이다. 아마도 환경범죄에 대한 대응 요구가 약한 국가나 주(州)에 비해 일반 시민의 지지를 통해 법 집행 기관이 더 높은 정당성을 가지기 때문일 것이다. 둘째, 법은 범죄자에 대한 형사처벌(자유형 혹은 벌금)로 작용할 수 있으며, 법 집행은 억지책으로 작용할 수 있다는 것이다. 이러한 해결책이 환경범죄에 대해 단기적으로 효과를 거둘 수 있음을 부인할 수 없다. 더욱이 법 제정의 관점에서 볼 때 지구중심적 관점으로의 전환이라는 근본적인 전환이 국가나 개별 주(州) 차원에서 이루어질 경우, 「석유유출책임법」은 모든 주에서 일관성을 갖게 될 것이며, 지구중심적 철학을 반영하게 될 것이다.

환경범죄 연구에서 녹색범죄학의 접근 방식과 관련된 두 번째 예는 밴 엄과 지겔(Van Uhm and Siegel)이 수행한 캐비어 불법거래에 관한 실증 연구이다. 이

13) Greife, M. B. and Stretesky, P. B., "Crude Laws: Treadmill of Production and State Variations in Civil and Criminal Liability for Oil Discharges in Navigable Waters", in: South, N. and Brisman, A. (eds), *The Routledge International Hand book of Green Criminology*, Abingdon: Routledge, 2013, pp. 150-166.

들은 캐비어 불법거래에 관련된 정보원들(예컨대 밀렵꾼, 밀수업자) 및 기타 정보원들(예컨대 과학자, 변호사, 공무원)과의 인터뷰를 바탕으로 캐비어의 불법 채취와 밀매 과정에 대해 상세히 설명했다.[14] 이러한 연구가 캐비어 불법거래에 대한 이해와 지식을 증진시키는 데 커다란 도움이 된 것은 분명하지만, 해당 연구에서 캐비어 불법거래를 극복하기 위한 해결책은 제시되지 않았다. 이러한 불법거래는 '있는 그대로의 현실'로 받아들여지고 있다. 하지만 녹색범죄학은 기존의 전통범죄학과 마찬가지로 해결책의 제시에 보다 중심을 둘 필요가 있음을 고려할 때 아쉬운 대목이 아닐 수 없다. 녹색범죄학이나 지구법학은 환경 피해를 사전에 예방하고 감소시키고 피해가 발생했을 때 이를 해결하는 것을 공통의 목표로 삼고 있다. 특히 지구법학은 이러한 환경 피해에 대해 전체론적인 해결책을 제공할 수 있다.

환경 피해에 대한 해결책을 제공하는 녹색범죄학의 접근 방식에 대한 세 번째 예는 화이트(White)의 연구에서 찾을 수 있다. 그는 녹색범죄학을 연구하는 대표적인 학자로, 특히 법률, 집행, 규제, 범죄예방을 상세히 검토하며 환경범죄에 대한 효과적인 대응 방안을 연구했다. 이는 녹색범죄학자들의 일반적인 접근 방식이기도 한다. 화이트의 범죄예방 전략은 이미 발생한 피해를 정확하게 인식하고, 문제를 극복하기 위한 해결책을 제시하는 전통적인 녹색범죄학의 순서를 따른다. 예컨대 화이트는 "지구 온난화와 관련된 위협이 분명히 보여주듯이, 강력한 권한을 가진 광범위하고 엄격하며 전 세계적으로 적용 가능한 기후변화 관련 규제 시스템이 시급히 필요하다."라고 주장한다. 그의 견해에 따르면 환경 피해에 대한 해결책은 장래의 환경 피해를 억제하고 예방하려는 인간이 만든 실정법과 규제에서 찾을 수 있다고 한다. 또한 그는 환경범죄에 대응하는 가장 효과적인 방법은 범죄가 발생하기 전에 이를 예방하는 것임을 강조하였다.[15]

그러나 앞서 화이트가 제시한 것과 같은 현재의 환경범죄 예방 전략은 인간중심적 관점에 기초하여 인간이 제정한 실정법에 기반을 두고 있다는 점에서 문

---

14) Van Uhm, D. and Siegel, D., "The Illegal Trade in Black Caviar", *Trends in Organized Crime 19(1)*, 2016, pp. 67-87.

15) White, R., *Crimes Against Nature: Environmental Criminology and Eco logical Justice*, New York: Willan Publishing, 2008, pp. 233-234.

제가 있다는 것이 지구법학자의 공통된 시각이다. 이는 어쩌면 당연해 보일 수 있지만, 이러한 방식으로 환경 피해를 해결하려는 접근은 두 가지 중대한 문제에 직면할 수 없기 때문이다. 하나는, 인간이 제정한 실정법은 인간, 그리고 종종 기업(법인)의 욕구와 필요를 입법의 중심에 두는 일련의 정치-경제적 관계를 통해 설계되고 시행된다는 점이다. 다른 하나는, 부분적으로 첫 번째 문제로 인해 인간이 제정한 실정법은 현재 환경 피해를 방지하는 데 있어 참담할 정도로 실패하고 있다는 것이 명백하다는 것이다. 따라서 많은 전통범죄학자들이 재범의 방지 또는 범죄자의 교화나 재활을 위한 해결책으로 교도소가 효과적이지 않다고 주장해 온 것처럼, 현대 법 체계도 환경 피해를 예방하는 데 효과적이지 않다고 주장할 수 있다. 이에 쿤스는 다음과 같이 적절히 지적한 바 있다: "법과 상업 포함을 주요 인간 제도가 그 기본적 목적을 달성하지 못했기 때문에 전면적인 도덕적 재정렬이 필요하다. 인간과 지구 사이의 단절을 전제로 한 우리의 주요 제도들은 인간 종에게만 가치를 부여해 왔다. 우리는 인간중심적 사고에 바탕은 둔 법, 경제, 도덕이 지구에 야기한 파괴적인 결과를 목격하고 있다."[16)]

이미 앞서 확인한 바 있는 기후변화의 문제나 환경 문제는 환경 피해가 현대 사회에 얼마나 복잡하고 다면적이며, 깊이 뿌리박힌 문제인지 보여준다. 이러한 문제들을 고려할 때, 녹색범죄학이 환경범죄나 녹색범죄에 대한 '해결책'을 제공하는 기존의 정통적인 방식을 넘어설 필요가 있다. 즉 녹색범죄학은 환경 피해를 예방하는 데 이미 비효율적인 것으로 판명이 난 규제적인 실정법적 조치를 뛰어넘어 자연의 권리(rights of nature)나 자연의 고유한 내재적 가치(intrinsic value) 등을 인정할 수 있는 또 다른 실정법과 형사사법 체계를 수용하고 촉진함으로써 전 지구 공동체의 필요를 중심으로 확대・재편되어야 한다는 방향으로 이론적 시야를 확장해야 한다.

일부는 지구법학 철학이 녹색범죄학의 범위를 벗어난 것이며, 대신 법학과 철학의 분야에 맡겨져야 한다고 주장할 수 있다. 하지만 이러한 견해와 달리 녹색범죄학은 지구법학과 공통된 목적을 가질 필요가 있다. 녹색범죄학자들이 단순

16) Koons, J.E., "Earth Jurisprudence: The Moral Value of Nature", *Pace Environmental Law Review 25(2)*, 2008, pp. 262-339.

히 환경 문제를 연구하고, 조사하며, 설명하는 것으로 충분하지 않다. 또한 규제력이 약하거나 미흡한 인간이 만든 법을 계속해서 비난하는 것만으로는 환경 피해를 해결할 수 없다. 녹색범죄학은 그 이상의 연구를 할 수 있고, 해야 하며, 인간이 만든 법을 비판적으로 검토하고 해결책을 제안해야 한다. 지구법학은 그러한 해결책 중 하나이다. 다만 완벽한 해결책은 아니며, 전 지구적 차원에서 즉각적으로 실행할 준비가 된 해결책도 아니다. 그러나 이는 명백히 숨은 의도를 가지고 제정된 인간이 만든 허술하고 느슨한 법률을 단순히 비난하는 것을 넘어서는 해결책이다.

여기서 앞서 언급했던 한 가지 점을 다시 강조할 필요가 있다. 인간이 만든 법이 지구법학 내에 내재된 '야생의 법'으로 전환되는 과정은 많은 시간이 걸리고 느린 과정이라는 것이다. 따라서 이러한 전환 과정에서 녹색범죄학은 환경 피해를 인식하고 설명하며, 해결책을 제공하는 역할을 계속해서 수행하는 것이 중요하다. 이러한 해결책은 전통적인 범죄예방 접근 방식으로 나타날 수 있다. 예를 들어 전통적인 범죄학에서 '상황적 범죄예방 접근법(SCP: Situational Crime Prevention)'과 유사한 글로벌 위치 시스템(GPS) 또는 전자 태그 부착 기술은 고기, 상아, 또는 스포츠를 위한 밀렵으로부터 멸종 위기에 처한 동물을 보호하기 위해 원격 지역에서 성공적으로 구현되었다고 한다[17] 이러한 기술적 대응이 유익한 효과를 도출해 낼 수 있지만, 궁극적으로는 반응적이고 종종 단기적이며, 단순히 범죄를 한 지역에서 다른 곳으로 이동시키는 결과를 야기할 수 있다. 따라서 장기적 관점에서 볼 때 녹색범죄학자들은 이러한 '단기적인 해결책'을 넘어 법의 변화를 위한 더 폭넓고 전체적인 이론을 모색해야 한다. 이를 위해 녹색범죄학자들은 지구법학자들과 상호 긴밀히 협력함으로써 그들이 인식한 환경 문제에 대해 더 '장기적인 해결책'을 제시할 수 있을 것으로 본다.

---

17) Banzi, J.F., "A Sensor Based Anti-Poaching System in Tanzania National Parks", *International Journal of Scientific and Research Publications 4(4)*, 2014, pp. 105-111.

Ⅳ. 녹색범죄학과 지구법학의 결합

1. 결합의 이점

이 글의 제목은 녹색범죄학과 지구법학의 결합으로 '결합'이라는 단어가 포함되어 있다. 이때 '결합'이라는 표현을 통해 두 학문 그 자체와 녹색범죄학 및 지구법학을 동일한 선상에서 논의하는 것의 이점을 언급하고자 한다. 나아가 '결합'은 환경 피해 문제를 연구하거나 다루는 데 녹색범죄학이나 지구 법학의 철학적 관점을 사용하는 학자, 저자, 그리고 이에 관심 있는 사람들의 결합을 의미하기도 한다. 두 학문이 동일한 최종 목표, 즉 전 지구적 환경 피해를 예방하는 것을 공유하기 때문에 법적 지식, 연구방법, 아이디어 등을 함께 함으로써 많은 것을 달성할 수 있다. 따라서 녹색범죄학과 지구법학 사이의 다학제적 협력을 요청하는 것은 두 학문뿐만 아니라 환경 피해를 해결하는 데 있어 지구의 안녕을 위해서도 유익하다.

녹색범죄학이나 지구법학 모두 법적 관점에서 환경 피해의 사전 예방을 목표로 하고 있기 때문에 두 학문의 결합은 자연스러운 것이다. 두 학문은 같은 목표를 향해 나아가고 있다고 볼 수 있다. 브리스먼과 사우스(Brisman and South)가 지적한 바와 같이, 많은 범죄학자들이 환경 문제에 대한 연구에서 법적-절차적 접근법을 채택하여 기존 환경법률 위반에 초점을 맞추며 있으며, 그 결과 많은 녹색범죄학자들은 거버넌스와 실정법적 체계에 대해 비판적이며, 이에 따라 환경범죄나 녹색범죄에 대한 해결책으로 법률의 제・개정 또는 환경범죄자에 대한 더 엄격한 법적, 규제적 조치가 필요함을 제시하고 있다.[18] 하지만 녹색범죄학은 지구법학의 철학이 제공하는 것처럼 법 제정에 있어 근본적으로 다른 접근법을 구상하는 데에 별다른 관심을 두고 있지 않다. 따라서 녹색범죄학자들은 환경 피해에 대한 해결책으로 지구법학을 사용할 수 있으며, 이는 인간으로서 우리가 법을 새롭게 제정하고 집행하는 방식에 대한 관점을 근본적으로 변경하

18) Brisman, A. and South, N., "The Growth of a Field: A Short History of "Green" Criminology", in: Brisman, A. and South, N. (eds), Routledge International Handbook of Green Criminology (2nd Ed.), Abingdon: Routledge, 2020, p. 5.

는 것을 포함한다. 이는 환경 피해를 조장하고 촉진하는 현재의 서구 법 체계 내에 내재된 일반적인 녹색범죄학적 해결책과는 근본적으로 다르다.

녹색범죄학과 지구 법학의 결합, 즉 두 학문 간의 토론과 협력을 촉진하는 것은 현재 녹색범죄학 주요 연구자들이 그들의 연구에서 추진하고 있는 다학제 간 연결 유형과 일치한다. 예컨대 브리스먼과 사우스(Brisman and South)는 그들이 함께 집필한 ≪Routledge International Handbook of Green Criminology(제2판)≫에서 "녹색범죄학은 범죄이론, 정책 및 실천을 발전시키기 위한 연결을 구축하는 노력을 계속해야 하며, 범죄학 내에서뿐만 아니라 다른 학문 분야에서도 관점을 발전시켜야 한다."[19]라고 제안했다. 지구법학자들과의 토론을 독려하는 것은 아직 실현되지 않고 있다. 아마도 녹색범죄학과 지구법학이 모두 학문적 기틀을 잡아가고 있는 초기 단계에 여전히 머물고 있기 때문으로 보인다. 하지만 브리스먼과 사우스가 제언한 학제 간 협력의 필요성은 환경 피해의 특성에서 비롯되는데, 이들은 이와 관련하여 "환경 문제의 초국경적 특성으로 인해 협력적이고 국경을 초월한 해결책이 필요하다."라고 주장한다.[20]

학술 문헌 중에는 녹색범죄학과 지구법학 간에 연결고리가 거의 없거나 전혀 없다고 주장하는 견해도 제시될 수 있지만, 두 학문이 서로 결합을 시도하고 있다는 견해도 제시되고 있다. 대표적인 예로, 2019년 1월, 대표적인 녹색범죄학자로 분류되는 잭 램프킨과 타냐 와이어트(Jack Lampkin/Tanya Wyatt)는 「비판범죄학(Critical Criminology)」 저널에 영국에서 비전통적 수압파쇄(일명 '프래킹_fracking')와 관련된 환경 피해를 극복하기 위한 잠재적 해결책으로 지구법학의 원칙을 사용할 필요가 있다는 논문을 발표했다.[21]

그리고 마이클 린치(Michael Lynch)는 동료 마이클 롱(Michael Long)과 폴 스트리터스키(Paul Stretesky)와 함께 2019년 말에 '가이아 이론(Gaia Theory)'의 중요성을 인식하고, 그것이 녹색범죄학 논의에 어떤 기여를 할 수 있는지를 다룬

19) Id., p. 6.

20) Id., p. 7.

21) Lampkin, J. A. and Wyatt, T., "Utilising Principles of Earth Jurisprudence to Prevent Environmental Harm: Applying a Case Study of Unconventional Hydraulic Fracturing for Shale Gas in the United Kingdom", *Critical Criminology 2019*, pp. 1-16. https://link.springer.com/article/10.1007/s10612-018-9426-7 〈최종 검색: 2024. 12. 22.〉

책을 출판했다. 가이아는 '지구 시스템(the earth system)'의 또 다른 표현으로 볼 수 있는데, 녹색범죄학에 적용함으로써 린치 외 연구진은 지구의 생태계 건강과 일치하는 구체적인 녹색정의 이론을 제시할 수 있었다. 이 이론은 인간과 자연 세계에 대한 가이아의 중요성을 인식하고, 녹색정의를 고려할 때 가이아(즉, 지구 시스템)를 우선시해야 하며, 가이아를 침해하는 행위는 녹색범죄로 간주해야 한다고 주장한다. 이와 관련하여 린치 외 연구진은 다음과 같이 기술하고 있다: "우리는 가이아의 생명력을 녹색정의의 이론적 설명에서 우선시해야 한다고 주장한다. 가이아를 우선시함으로써 지구의 생명 유지 시스템의 재생산적 요구와 생명력을 중심으로 녹색정의를 보다 더 구체적으로 정의할 수 있는 녹색정의 이론이 나타날 수 있다. 이러한 방식으로 가이아를 우선시하면 가이아의 정의 시스템을 침해하는 부정의 형태를 구체화할 수 있으며, 이는 가이아 관점에서 볼 때 녹색범죄로 해석될 수 있다."[22)]

결과적으로, 가이아 개념은 지구법학과 분명한 유사점을 가지며, 두 이론 모두 지구의 자연 시스템의 중요성을 인정한다. 린치 외 연구진의 가이아와 녹색정의 이론에 대한 연구는 린치가 '녹색범죄학'이라는 용어의 창시자로 널리 인정받고 있다는 점에서 중요하다. 그의 동료들 또한 녹색범죄학 분야에서 수백 편의 논문을 집필한 선도적인 학자들이다. 이 학자들이 가이아에 주목한 것은 놀라운 일이 아닐 수 없는데, 이는 이론의 전체론적 성격과 그들의 주요 연구 분야인 생산의 디딜방아(ToP) 이론을 고려할 때 그렇다. 왜냐하면 ToP 이론은 전체론적 성격을 띤 정치·경제 이론이며, 이를 통해 녹색정의 이론에 접근을 시도했기 때문이다. 그러나 린치는 2019년 이전에도 https://greencriminology.org 웹사이트에서 가이아 이론을 언급한 바 있으며, 이는 녹색범죄학과 지구 법학의 원칙이 처음으로 겹친 사례로 간주할 수 있다. 린치는 가이아 이론에 대해 다음과 같이 설명한다: "녹색범죄학과 관련하여 가이아 이론은 생태적 조직과 문제들에 대해 생각하는 방식을 제공하며, 녹색범죄학 내의 이론적 개념에 대한 과학적 근거를 제공한다. 이 이론은 녹색범죄학에서 아직 탐구되지 않은 다양한

---

22) Lynch, M.J., Long, M.A. and Stretesky, P.B., *Green Criminology and Green Theories of Justice: An Introduction to a Political Economic View of Eco-Justice*, London: Palgrave Studies in Green Criminology, 2019, p. 128.

잠재적 활용 가능성을 가지고 있다.”[23)]

따라서 이하에서는 이러한 녹색범죄학과 지구법학의 연결의 중요성을 살펴보고자 한다. 이때 지구법학이 이미 확립된 녹색범죄학 분야에 어떤 기여를 할 수 있을지, 그리고 녹색범죄학은 지구법학 내의 논의를 진전시키기 위해 무엇을 할 수 있는지 대해 보다 더 면밀히 검토할 필요가 있다.

2. 지구법학이 녹색범죄학을 위해 할 수 있는 일

녹색범죄학이 환경 피해와 범죄에 대한 해결책으로 지나치게 개인주의적인 접근에 몰두해 있다는 점은 한계로 지적할 수 있다. 이는 녹색범죄학이 그 모체 학문인 전통범죄학에서 파생되었기 때문일 수 있다. 전통범죄학은 인간의 행동, 일탈, 비행, 그리고 사람들이 왜 형법을 위반하는 행동에 가담하는지를 이해하려는 시도에 매우 집중되어 있다. 따라서 지구법학의 관점에서 볼 때, 전통범죄학은 '인간의, 인간에 의해, 인간을 위해' 만들어진 인간중심의 법에 지나치게 치우친 학문으로 볼 수 있다. 환경법이나 환경형법이 고려되는 경우조차도 인간과 환경과의 관계뿐만 아니라 자연 세계와의 관계에 대한 사고를 거의 반영하지 않고 있다. 예컨대 환경범죄나 녹색범죄와 관련된 형벌정책이나 형사법적 개혁 조치를 다루는 전통적인 범죄학자가 인간중심적 관점에서 벗어난 법 제정 방식을 어떻게 개념화할 수 있을지를 상상하기란 매우 어렵다. 결과적으로, 녹색범죄학자들은 환경 피해의 다양한 유형을 고찰하고 피해학적 사고를 포함시킴으로써 전통범죄학의 인간중심적 관점에서 벗어나 생태중심적 관점으로까지 확장하는 데 큰 진전을 이루었음에도 불구하고, 환경 피해와 관련하여 개별 상황에 따른 범죄학적 해결책을 제시함으로써 전통범죄학적 뿌리에 집착한다는 비판을 받곤 한다. 따라서 환경 피해와 관련하여 지구법학은 녹색범죄학에 대해 더 폭넓고 전체론적인 해결책을 제공할 수 있는 가능성을 가지고 있다. 비록 지구법학적 접근법도 완벽하지 않고 한계가 있겠지만, 이러한 문제들을 전 지구적 차원의 관점에서 해결하는 데 어느 정도 기여할 수 있을 것이다.

둘째, 지구법학은 녹색범죄학에서 전개되는 다양한 논의에 독특한 법적 기술,

23) Lynch, M.J., *Gaia Theory*, 2014.

지식, 관점, 그리고 경험을 제공할 수 있다. 이는 지구법학에 대해 연구하는 대부분의 학자들이 법률적 배경을 가지고 있기 때문이다. 예를 들어 지구법학자인 코막 컬리넌(Cormac Cullinan)은 남아프리카의 대표적인 국제 환경 변호사이다. 따라서 녹색범죄학은 변호사들의 통찰력과 그들이 가져오는 경험, 특히 환경 피해를 방지하지 못한 인간이 만든 법률의 실패와 관련하여 커다란 도움을 받을 수 있다. 컬리넌은 "우리의 거버넌스 시스템이 실패하고 있다는 것을 많은 사람들이 제대로 인식하고 있지 못하고 있다."라고 지적했다.24) 이와 같은 지구법학의 법적 지식과 관점은 녹색범죄학의 학문성을 강화하는 데 기여할 수 있다. 대부분의 전통범죄학자가 아마도 당연하게 범죄학이라는 학문적 배경을 가지고 있기 때문이다. 예컨대 대부분의 녹색범죄학자나 지구법학자의 첫 박사학위는 범죄학 분야에 관한 것이며, 이때 환경 피해와 환경범죄나 녹색범죄의 중요성을 처음 접했을 가능성이 높다. 그러나 중요한 점은 녹색범죄학이 법률적 배경을 쌓은 지구법학자들이 제공하는 추가적인 지식과 경험으로부터 혜택을 받을 수 있다는 것이다. 이는 반대의 경우도 마찬가지이다.

마지막으로, 지구법학이 녹색범죄학 분야에 기여할 수 있다는 측면에서 볼 때, 지구법학은 법이 인간을 위해, 그리고 인간에 의해 만들어졌다는 인간중심적 관점과는 완전히 다른 관점, 또는 여러 관점의 통합에서 법을 바라보는 데 초점을 맞추고 있다.

이 가운데 일부는 이미 존재하는 '자연법(natural laws)', 즉 중력, 상대성 이론, 진화와 같은 우주의 법칙들이 있다는 점이다. 지구법학은 '자연법'이 인간에 의해 마침내 실행될 때, 궁극적으로 인간과 자연 세계가 조화를 이루며 작동하게 될 '진정한 법(real law)'이라고 한다. 현재 녹색범죄학은 종종 인간이 만든 법 내에서 해결책을 찾으려고 시도하며, 그러한 법률이 환경 피해를 방지하는 메커니즘으로 사용될 수 있다고 한다. 이는 많은 경우에 분명히 사실이지만, 대규모 환경 피해의 복잡하고 다양한 특성 때문에 인간이 만든 법으로 모든 환경범죄를 방지할 수 없다. 이는 수백만 개의 인간이 만든 법이 이미 존재하고 있음에도

24) Cullinan, C., *Wild Law: A Manifesto for Earth Justice*, Devon: Green Books, 2nd Edition, 2011, p. 72.

불구하고, 여전히 대규모 환경 파괴가 일어나고 있다는 사실을 통해 알 수 있다. 따라서 지구법학의 이점을 평가하고 우주의 자연법을 고려할 경우에 녹색범죄학은 이론적으로 많은 것을 얻을 수 있다고 본다.

3. 녹색범죄학이 지구법학을 위해 할 수 있는 일

지구법학이 녹색범죄학에 주는 명백한 이점에도 불구하고, 이는 일방통행의 관계가 아님에 유의해야 한다. 즉 녹색범죄학도 지구법학에 많은 것을 제공할 수 있으며, 이는 학제 간 협력의 이점을 잘 보여준다.

지구법학자들은 환경 피해 발생을 방지하려고 노력하는 녹색범죄학자들의 연구에 큰 관심을 가지고 있다. 이와 같이 두 학문은 환경 피해 방지라는 같은 목표를 공유하며 협력할 수 있을 것이다. 녹색범죄학이 학술 출판물의 수 측면에서 훨씬 더 발전된 단계에 있다는 사실로 인해, 녹색범죄학은 학문적 연구를 확장하여 지구법학에서 다루는 핵심 개념들을 논의하고 토론함으로써 연구의 범위와 폭을 넓히고 더 많은 사람들에게 독자층을 확대함으로써 지구법학의 발전에 기여할 수 있다. 이는 지구법학과 녹색범죄학과 모두에게 긍정적인 영향을 미칠 것이다.

더욱이 녹색범죄학이 더 확립된 학문 분야이기 때문에, 21세기에 지속적인 환경 피해가 발생하는 이유를 설명하는 이론적 · 실증적 연구가 더 많이 축적되어 있다. 예컨대 생태철학, ToP 이론, 에코사이드(ecocide) 등과 관련된 연구 결과물이 계속해서 나오고 있다. 이에 비해 지구법학은 환경 피해가 왜 이렇게 많이 발생하는지에 대한 이론화나 과학적 · 실증적인 증거의 제시 없이, 지구법학이 무엇인지에 너무 집중하는 경향이 있다는 비판이 제기되고 있다. 따라서 녹색범죄학은 이러한 개념적 장애물들을 극복하는 데 지구법학을 도울 수 있을 것이다.

이와 관련하여 녹색범죄학자들이 지구법학 개념을 자주, 그리고 깊이 있게 논의함으로써 법률 분야 외부에서 지구법학의 위상을 높이는 데 기여할 수 있다. 이를 통해 지구법학이 범죄학, 경제학, 지리학, 지질학, 자연과학 등 관련 분야에 개방될 수 있다. 이는 지구법학의 인식을 널리 알리는 데 도움을 줄 것이며, 특히 최근 녹색범죄학의 성공을 고려할 때, 지구법학이 "아이디어의 영역에 간히는 것"[25]을 방지하고, 학문적 고립에서 벗어나 학제 간 협력의 이점을 누리게 할 것이다.

다음과 같은 세 가지 사례는 지구법학의 철학이 실제로 구현된 사례를 어느 정도 보여준다. 첫째, 뉴질랜드에서 황가누이 강(Whanganui River)에 부여된 '법인격(legal personality)' 사례이다. 뉴질랜드에서 세 번째로 긴 황거누이 강은 마오리족이 신성시하는 수로로 북섬 중부 지역에서 바다까지 290킬로미터를 흐르고 있다. 황거누이 강은 살아 있는 유기체로 북섬 중앙의 산들로부터 바다에 이르기까지 모든 물질적 · 정신적 요소들을 포용하고 있다고 마오리족 공동체는 믿고 있다. 이에 황거누이 강 주변의 마오리족 공동체는 1873년 이래로 이 강과의 특별한 관계를 인정받고자 정부를 상대로 싸워왔다. 뉴질랜드 의회는 2017년 3월 15일 황거누이 강에 법인격을 부여하는 내용의 황거누이 강 분쟁 해결법을 통과시켰다. 이로써 마오리 족은 약 150년의 긴 싸움 끝에 자신들이 신성하게 여기는 강에 법인격 지위를 인정받음으로써 강을 둘러싼 고유한 전통을 유지할 수 있게 되었다. 이 법에 따라 황거누이 강은 권리와 의무, 책임 등 인간이 가진 것과 같은 법인격 지위를 갖게 되었으며, 마오리 족 공동체가 임명한 대표자 1명과 정부가 임명한 대리인 1명으로 구성된 보호자, 테 포우 투푸아(Te Pou Tupua)가 강의 건강과 안녕으 이익을 대변하게 된다. 새로운 법 실체(legal entity)로서 황거누이 강은 소(訴)를 제기할(반대로 소를 제기당할 수도 있음) 권리가 인정되었다.[26]

둘째, 에콰도르 헌법에 명시된 자연의 권리 사례이다. 에콰도르 헌법 제71조는 "생명이 재창조되고 존재하는 곳인 자연 또는 파차마마(Pachamama_안데스 원주민들에게 신앙의 대상인 영적 존재로 '어머니 대지'로 번역됨)는 존재와 생명의 순환과 구조, 기능 및 진화 과정을 유지하고 재생을 존중받을 불가결한 권리를 가진다. 모든 개인과 공동체, 국민과 민족은 당국에 청원을 통해 자연의 권리를 집행할 수 있다."라고 규정함으로써 모든 개인과 공동체, 국민과 민족에게 "자연과 조화하면서 자연의 권리를 인정하는 방식"으로 안녕(well-being)을 추구할 수

---

25) Schillmoller, A. and Pelizzon, A., "Mapping the Terrain of Earth Jurisprudence: Landscape, Thresholds and Horizons", *Environment and Earth Law Journal 3*, 2013, p. 14.

26) 강금실 외 7인, 『지구를 위한 법학』, 서울대학교출판문화원, 2020, 99-100면.

있음을 선언하고 있다. 또한, 헌법 전문에서 "자연의 다양성과 자연과의 조화 속에서 시민들을 위한 새로운 양식의 공존 질서"를 정립함으로써 '부엔 비비르(Buen Wivir)', 곧 좋은 삶의 방식을 성취하고자 하는 에콰도르 국민의 의도를 뚜렷하게 드러내고 있다.[27)]

마지막으로, 볼리비아의 「어머니 지구 기본법(Framework Law of the Mother)」 사례이다. 볼리비아는 2012년 「어머니 지구 기본법」을 제정하여 시행함으로써 파차마마의 법적 권리를 인정하고, 물질적 생산과 소비를 국가 목표로 거부하였다. 이 법은 재생가능에너지, 유기농업 및 기업 형태에 관한 특별한 규정을 두고 있고, 이에 덧붙여 '어머니 지구'라는 새로운 정부 부처와 시민들의 신청(이의)을 수리・응대하는 옴부즈맨제도를 설치하고 있다. 에콰도르에서와 같이 시민과 단체는 원고적격을 부여받음으로써 자연의 권리를 방어할 수 있게 되었다.[28)]

이러한 세 가지 대표적인 사례는 지구법학의 중요한 '새싹'으로 볼 수 있으며, 인간이 만든 법 내에서 지구법학을 일정 부분이나마 수용할 수 있는 단초로 작용한다. 하지만 이러한 사례는 뉴질랜드, 에콰도르, 볼리비아 이외의 국가에서 찾아보기 어려우며, 세계의 대다수 국가는 자연의 권리, 가이아, 어머니 지구 등과 같은 지구법학 철학의 개념을 여전히 인정하지 않고 있다.

따라서 지구법학은 환경 피해를 일으키는 인간중심적 관점에서 벗어난 해결책을 제안하면서도, 정작 인간중심적 관점에서 인간에 의해 만들어진 법으로부터 탈피하여 지구 공동체와 지구 시스템 전체에 상호 이익이 되는 거버넌스와 법체계를 구축하는 길이 얼마나 험난하고, 어쩌면 불가능할 수도 있는지를 충분히 보여주는 것이다. 녹색범죄학은 이 긴 여정 동안 지구법학을 도울 수 있다. 녹색범죄학은 대규모 환경 피해가 발생함을 인정하고, 그 심각성을 분명히 인식하고 있으며, 그러한 환경 피해를 방지하기 위한 해결책을 제시하려고 노력하고 있다. 그러므로 녹색범죄학은 환경 피해와 환경범죄나 녹색범죄를 분석하고 비판하는 데 있어 지구법학보다 더 앞서 나아갔다고 볼 수 있다. 따라서 지구법학자들은 녹색범죄학자들의 이론적 연구 또는 실증적 연구를 적극적으로 활용하고

27) 강금실 외 7인, 위 책, 85-86면.
28) 강금실 외 7인, 앞의 책, 97면.

응용함으로써 환경 피해를 극복하기 위한 이론적 기여를 강화할 수 있다. 이는 환경 문제나 생태 문제의 해결책이 여전히 인간이 법을 만드는 방식에 뿌리를 두고 있음을 시사한다. 녹색범죄학은 지구중심적 관점에서 법률 제정의 필요성을 보여주기 위한 플랫폼을 제공하며, 지구법학 철학을 녹색범죄학 문제에 적용할 수 있다. 지금까지 설명한 핵심 논의를 요약하면 다음 〈표 8-1〉과 같다.

표 8-1 녹색범죄학과 지구법학 결합의 이점[29)]

지구법학이 녹색범죄학을 위해 할 수 있는 일	1. 지구법학은 환경 피해에 대한 포괄적이고 전체론적인 해결책을 녹색범죄학에 제시하며, 이는 인간중심의 법 제정에서 지구중심의 법 제정으로의 전환으로 나타난다. 2. 연구 분야의 특성상 대부분의 지구법학자들은 법률적 배경을 갖추고 있다. 마찬가지로 대부분 범죄학적 배경을 가진 녹색범죄학자와 협력함으로써 지구법학은 하나의 학문으로서 법적 지식, 연구 방법, 아이디어 등을 녹색범죄학적 논의에 제공할 수 있다. 3. 녹색범죄학은 주로 환경 피해와 환경범죄나 녹색범죄에 대해 개별 상황에 맞는 해결책을 제시함으로써 환경 피해 예방에 실패하고 있다고 볼 수 있다. 궁극적으로, 1990년대 녹색범죄학이 대두된 이후로 이러한 환경 피해는 더욱 악화되고 있음이 이를 반증한다. 따라서 지구법학은 근본적으로 다른 법적 접근방식을 제시함으로써 녹색범죄학이 파악한 광범위한 환경 피해를 고려할 때 변화의 필요성에 대한 정당성을 강화할 수 있는 해결책을 제공한다.
녹색범죄학이 지구법학을 위해 할 수 있는 일	1. 녹색범죄학은 학문적 출판물의 수와 녹색 이슈를 논의하는 범죄학자의 수가 지구법학에 비해 더 많다는 점에서 지구법학보다 비교적 더 발전된 단계에 있다. 따라서 지구법학과 협력함으로써 녹색범죄학은 지구법학의 학문적 발전에 기여할 수 있다. 녹색범죄학은 지구중심적 개념을 논의하고 토론함으로써 지구법학의 연구 범위와 폭을 넓혀 더 많은 사람들에게 영향을 미칠 수 있다. 2. 지구법학은 현대 사회에서 왜 그것이 중요한지보다 지구법학이 무엇인지에 지나치게 치중하고 있다고 볼 수 있다. 반면에 녹색범죄학은 환경 피해와 환경범죄나 녹색범죄를 파악하는 데 매우 성공적이었으며, 이를 통해 지구법학의 중요성과 필요성을 정당화할 수 있다. 3. 녹색범죄학은 지구법학의 영향력을 더 다양한 분야로 확장함으로써 지구법학이 '아이디어의 영역에 갇히는 것'[30)]을 방지할 수 있다. 4. 지구법학이 제안하는 인간중심에서 지구중심으로의 법 제정 전환의 여정은 긴 과정이다. 녹색범죄학은 녹색범죄학들이 파악한 환경 피

29) Lampkin, J., *Uniteing Green Criminology and Earth Jurisprudence*, Routledge; London and New York, 2021, p. 62.

해를 통해 지구법학의 필요성을 계속 정당화할 수 있는 플랫폼을 지구 법학에 제공할 수 있다.

V. 맺음말

이상에서는 녹색범죄학과 지구법학을 결합하는 것이 두 학문 모두에게 긍정적이고 상호 이익이 되는 노력임을 살펴보았다. 이를 간략히 요약하면 다음과 같다.

우선 녹색범죄학과 지구법학은 서로 공통된 목표와 연구 영역을 갖고 있으며, 녹색범죄학과 지구법학 간의 유사점과 차이점을 검토하였다. 다음으로, 녹색범죄학과 지구법학은 환경 피해에 대한 해결책에 있어 서로 다른 접근 방식을 취하고 있음을 확인했으며, 녹색범죄학은 종종 반응적이고 단기적인 해결책을 제공하는 반면, 지구법학은 보다 전체론적이고 장기적인 접근 방식을 제공한다는 점을 제시했다. 셋째, 두 학문은 서로 결합함으로써 지구법학이 녹색범죄학에 대해, 반대로 녹색범죄학이 지구법학에 대해 제공할 수 있는 여러 이점이 있음을 알 수 있다. 전자의 예로 지구법학은 근본적으로 다른 법적 접근방식을 제시함으로써 녹색범죄학이 파악한 광범위한 환경 피해를 고려할 때 변화의 필요성에 대한 정당성을 강화할 수 있는 해결책을 제공할 수 있다는 점을, 후자의 예로 녹색범죄학은 지구법학의 영향력을 더 다양한 분야로 확장함으로써 지구법학이 '아이디어의 영역에 갇히는 것'을 방지할 수 있다는 점을 언급할 수 있다.

결론적으로, 이 글에서는 왜 녹색범죄학자와 지구 법학 학자들이 대화와 소통을 시작해야 하는지에 대한 근거를 제시했다. 물론 이러한 두 학문의 결합이 곧바로 환경 피해를 일으키는 행위와 관행을 근절하는 결과를 가져올 것이라고 주장하는 것은 아니다. 그러나 두 학문이 환경 피해와 환경범죄나 녹색범죄를 파악, 조사, 설명, 그리고 해결책을 제공하기 위해 상호 협력할 때 이론적, 실질적 이점이 존재한다는 것은 분명하다.

30) Schillmoller, A. and Pelizzon, A., "Mapping the Terrain of Earth Jurisprudence: Landscape, Thresholds and Horizons", in: *Environment and Earth Law Journal 3*, 2013, p. 14.

제4장

기후범죄에 대한 기후형법의 대응

[§ 9] 초국가적 환경오염에 대한 기후형법의 대응*

I. 머리말

사례 1

한국인 甲과 중국인 乙은 상하이(上海)에서 화학공장을 공동으로 설립하여 운영하면서 오염물질 처리비용을 절약하기 위해 방지시설을 정당한 사유 없이 정상적으로 가동하지 않기로 공모하여 중국의 「대기오염방지법」[1]과 우리나라 「대기환경보전법」상 오염물질인 '질소산화물(NOx)'[2]을 배출허용기준을 초과하여 장기적으로 다량 배출하였는데, 이 물질이 대기를 통해 한국의 특정 지역으로 유입되어 그 지역 주민 다수가 천식 등 호흡기 질환에 걸리게 되었다. 甲과 乙을 우리나라 환경범죄등의단속및가

---

* 이하의 논의는 김재윤, "초국가적 환경범죄에 대한 우리나라 환경형법 적용과 관련된 쟁점", 형사정책 제31권 제4호, 2020, 7-35면에 이미 게재된 필자의 글을 최근 논의까지 반영한 것임.

1) 중국 「대기오염방지법」은 1988년 6월 1일부터 시행되었고, 1995년, 2000년, 2015년에 걸쳐 세 차례 개정을 거쳐 2015년 개정법률(제8장 129개 조항)이 적용되어 있다. 특히 3차 개정에서는 초미세먼지 PM2.5 배출을 억제하기 위해 휘발유 품질 기준을 강화하는 내용을 골자로 하여 2016년 1월1일부터 시행되고 있다.

2) 환경부는 보도 자료를 통해 사업장에서 배출되는 대기오염물질인 '질소산화물(NOx)'에 대해 대기배출부과금을 도입하는 내용을 골자로 한 '대기환경보전법 시행령' 개정안이 2018년 12월 24일 국무회의에서 의결되었다고 밝혔다. '질소산화물'은 사업장에서 연료를 태울 때 배출되거나 자동차 배출가스에 포함된 대기오염물질로 주로 이산화질소(NO2) 형태로 나오는데, 특히 그 자체로서의 독성뿐만 아니라 햇빛의 광화학반응을 통해 미세먼지 등을 생성한다. 이번 개정안은 국정과제 및 지난해 9월 26일 정부 합동으로 발표한 '미세먼지 관리 종합대책'의 후속 조치 중 하나라고 밝혔

중처벌에관한법률위반(오염물질불법배출치상)죄[3]로 처벌할 수 있는가?

사례 2

중국인 丙은 상하이(上海)에서 운영 중인 화학공장에서 오염물질 처리비용을 절약하기 위해 방지시설을 정당한 사유 없이 정상적으로 가동하지 않아 중국 「대기오염방지법」상 배출허용기준 내이지만 우리나라 「대기환경보전법」상 배출허용기준을 초과하는 질소산화물(NOx)을 장기간 반복해서 배출하였다. 丙이 운영 중인 화학공장 부지는 대규모 화학단지로 이와 같은 행위를 하는 다수의 공장이 가동되고 있었다. 丙이 배출한 질소산화물이 대기를 통해 한국의 특정 지역으로 유입되어 사후적으로 그 지역의 대기가 현저히 오염되었을 경우, 丙을 우리나라 대기환경보전법위반(오염물질불법배출)죄[4]로 처벌할 수 있는가?

현대사회의 가장 큰 문제 가운데 하나인 환경오염 문제는 어느 한 나라만의 문제를 넘어 전 지구적 문제로 발전하고 있다. 지구온난화로 인한 기후변화, 오존층 파괴, 산성비, 미세먼지 또는 초미세먼지,[5] 국제수로·해양오염, 유해폐기

다. 환경부 2018년 12월 24일자 보도자료 참고. http://www.me.go.kr/home/web/board/read.do?boardMasterId=1&boardId=931590&menuId=286 〈최종 검색: 2024. 12. 22.〉

3) 「환경범죄 등의 단속 및 가중처벌에 관한 법률」 제3조(오염물질 불법배출의 가중처벌) ① 오염물질을 불법배출함으로써 사람의 생명이나 신체에 위해를 끼치거나 상수원을 오염시킴으로써 먹는 물의 사용에 위험을 끼친 자는 3년 이상 15년 이하의 유기징역에 처한다.
② 제1항의 죄를 범하여 사람을 죽거나 다치게 한 자는 무기 또는 5년 이상의 유기징역에 처한다.

4) 「대기환경보전법」 제31조(배출시설과 방지시설의 운영) ① 사업자(제29조제2항에 따른 공동 방지시설의 대표자를 포함한다)는 배출시설과 방지시설을 운영할 때에는 다음 각 호의 행위를 하여서는 아니 된다.
5. 그 밖에 배출시설이나 방지시설을 정당한 사유 없이 정상적으로 가동하지 아니하여 배출허용기준을 초과한 오염 물질을 배출하는 행위
「대기환경보전법」 제89조(벌칙) 다음 각 호의 어느 하나에 해당하는 자는 7년 이하의 징역이나 1억 원 이하의 벌금에 처한다.
3. 제31조 제1항 제1호나 제5호에 해당하는 행위를 한 자

5) 미세먼지(PM-10)는 대기 중 고체상태의 입자와 액적상태의 입자의 혼합물로 공기역학직경이 10㎛(*1㎛=백만분의 1m) 이하인 부분을 의미한다. 미세먼지 중에서도 직경이 2.5㎛ 이하로서 특별히 관리되어야할 필요성이 있는 미세먼지를 초미세먼지(PM-2.5)라고 하는데, 초미세먼지는 직경이 10㎛ 이하인 미세먼지(PM-10)에 비해 크기가 매우 작으므로, 흡입시 기도에서 걸러지지 못하고 대부분 폐포까지 침투하여 심장질환과 호흡기질환을 유발하다고 한다(유인호, "미세먼지 시대의 환경·에너지 법정책", 미세먼지 해결 방안에 관한 법·정책적 접근, 대한변호사협회, 2019, 57-58면).

물 · 화학물질의 국가 간 이동 등은 "오염은 국가관할권의 경계를 고려하지 않는다(Pollution respects no jurisdictional boundaries)" 또는 "오염은 경계를 모른다(Polltution knows no boundaries)"에 해당하는 대표적인 예이다. 환경오염 물질은 개별 국가의 영토 내에만 머무르는 것이 아니라 공기와 물을 통해 한 나라에서 다른 나라로 빠르게 이동한다. 이처럼 '국경을 넘는 환경오염(transboundary pollution)'[6]은 한 나라 안에서 발생하여 다른 나라의 환경에 엄청난 피해를 일으키는 단일 사건으로부터 발생[7]하거나, 다른 나라의 환경에 해로운 영향을 미치는 오염물질의 지속적 · 장기적인 방출로부터 발생[8]할 수 있다.[9]

이러한 국경을 넘는 환경오염 문제는 특정 국가 또는 지역의 노력만으로 그 해결책을 찾기에 불가능하거나 한계가 있어 국제적인 노력이 필요하다. 이러한 국제환경 문제에 대처하는 국제 공동 노력은 기존의 국제법에서 '국제환경법(international environmental law)'이라는 영역을 탄생시켰고, 현재는 그 성격이나 내용에 있어 커다란 영역을 구축하고 있다.[10]

일찍이 형법의 영역에서도 국경을 넘는 환경오염 문제에 대해 '국제환경형법' 또는 '초국가적 환경형법'이라는 이름으로 형법의 수단을 통해 국제적 환경보호라는 형태가 존재하고 있는지, 앞으로 존재하게 될 것인지를 밝히려는 시도가 있었다.[11] 이러한 시도에서는 국제환경조약의 벌칙 내용, 국제환경조약의 벌칙과

---

6) transboundary or transfrontier or transnational pollution을 번역할 때 국내의 법학자들 사이에서 그 표현이 통일되어 있지 않다. 조병선 교수는 '월경환경오염'("월경환경오염과 초국환경형법의 단계화 – 초국환경형법과 지역간환경형법 –", 청주법학 제10권, 1995, 43면 이하)으로, 이재곤 교수는 '초국가적 환경오염'("국제법에 있어서 환경권", 『현대사회와 법의 발달』, 홍문사, 1994, 289면), 박기갑 교수는 '국경을 넘는 오염'("국제법상의 국가간 대기오염방지와 그 규제동향", 국제법평론 창간호, 1993, 40-80면) 등으로 다양하게 번역하고 있다. 그런데 '월경(越境)'이란 용어는 일본학자들이 주로 사용하는 용어로 한글로 표현했을 때 어감이 부적절하고, trans-를 '초(超)'로 번역하는 것이 단어조합에 자연스럽고 의미 전달에 적합하다는 이유로 대부분 이렇게 번역하고 있다. 이와 관련하여 오염물질의 경우 우리나라 말로 가장 적합하고 자연스럽다고 생각되는 번역은 '국경을 넘는'이라고 생각한다. 다만 오염물질이 아니라 인간의 행위를 전제로 하는 범죄, 그리고 범죄와 형벌을 핵심내용으로 하는 형법의 경우 국가를 기반으로 하므로 '초국가적'으로 번역하기로 한다.

7) 대표적인 예로 1986년 4월 구소련의 우크라이나 체르노빌 원자로 폭발사고를 언급할 수 있다.

8) 대표적인 예로 중국에서 발생하는 미세먼지, 오존층 파괴와 산성비, 지구온난화, 기후변화 등이 이에 해당한다.

9) 박병도, 『국제환경책임법론』, 집문당, 2007, 15-16면.

10) 김홍균, 『국제환경법(제2판)』, 홍문사, 2015, 9면.

11) 조병선, 앞의 논문, 43면 이하; 조병선, "형법을 통한 국제적 환경보호의 가능성: 국제환경형법의

국내적 이행, 초국가적 환경형법의 존재 가능성과 바람직한 방향 등에 대해 상세히 검토하고 있다. 특히 이러한 논의 가운데 우리나라 형법 제2조에서 규정하고 있는 속지주의의 확대해석, 즉 행위가 행해진 장소나 결과가 발생된 장소 중 어느 하나만 자국의 영토에 해당해도 형법이 적용된다는 이른바 '편재설(ubiquity theory)'의 지지를 통해 국경을 넘는 환경오염에 대해 자국의 형사관할권을 주장할 수 있는 근거를 마련함으로써 '(환경)형법이 국제화' 또는 '초국가화' 되는 경향이 있다는 견해는 주목할 가치가 있다고 본다.[12] 다만 그 논의 대상이 광범위하여 [사례 1, 2]와 같은 구체적 사례를 해결하는 데는 다소 모호할 수 있음을 부인하기 어렵다.

따라서 이하에서는 국경을 넘는 환경오염과 관련하여 국제환경형법의 출현, 적용대상 및 발전방향과 같은 거대 담론을 전개하기보다 우선 [사례 1, 2]의 구체적 해결을 위해 국경을 넘는 환경오염에 어떠한 유형이 있으며 그러한 유형에 초국가적 환경형법의 역할은 무엇인지를 검토하고자 한다(II). 다음으로, [사례 1, 2]의 乙, 丙과 같은 외국인의 국외범에 대해 국내(환경)형법의 적용범위를 확대할 수 있는 속지주의와 편재설의 결합, 형법 제6조 보호주의 적용의 문제를 살펴보고, [사례 1]의 해결과 관련하여 환경범죄의 인과관계 증명을 완화하기 위해 규정한 「환경범죄 등의 단속 및 가중처벌에 관한 법률」(이하 '환경범죄단속법'이라 한다) 제11조 인과관계 추정 규정의 타당성 여부, [사례 2]의 해결과 관련하여 인과관계 입증곤란의 문제를 원천적으로 해결하기 위해 환경형법에 이른바 '누적범(Kumulationsdelikt)'의 도입 여부와 관련된 쟁점을 검토하고자 한다(III). 마지막으로, 이러한 논의를 바탕으로 초국가적 환경범죄에 대처하기 위해 그 개념도 모호한 국제환경형법 내지 초국가적 환경형법을 최우선시하여 문제해결을 시도하기보다 환경정책 내지 에너지정책을 최우선으로, 그 다음으로 국제환경조약과 국제환경법을 차선책으로 선택할 필요가 있음을 결론으로 도출하고자 한다(Ⅳ).

출현?", 환경법연구 제23권, 2000. 12, 259면 이하.

12) 조병선, 앞의 논문, 2000. 12, 383-384면.

Ⅱ. 국경을 넘는 환경오염의 유형

2002년 7월 1일 발효된 「국제형사재판소에 관한 로마규정」(Rome Statute of the International Criminal Court)[13]에 따라 설립된 국제형사재판소(ICC)는 집단살해죄, 인도에 반한 죄, 전쟁범죄, 침략전쟁만을 다루고 있다. 이에 국제형사재판소는 매우 제한적인 역할을 할 수밖에 없어 현재로서는 초국가적 환경범죄에 대해 직접적으로 범죄자를 소추, 처벌하는 사례를 찾아 볼 수 없다. 이 때문에 이른바 '국제범죄'에 대한 소추, 처벌은 그 법익의 성질을 불문하고 모두 국내법이 적용되어 우리나라 법원에 의해 행해지고 있다. 그러나 외형상으로는 같은 국내법의 형태를 취하더라도 다음과 같이 보호 대상이 되는 법익의 성질에 따라 국내법이 관여하는 방법이 달라진다.

이에 국경을 넘는 환경오염에 대한 국내법의 역할은 다음의 세 가지 유형으로 구분하여 생각할 수 있다.

첫 번째 유형으로, 전지구적 차원의 환경오염이 있다. 프레온가스(freon gas)나 할론가스(halon gas) 등에 의한 오존층 파괴, 이산화탄소, 메탄 등 온실가스에 의한 대기온도 상승에 따른 기후변화 등이 이에 해당한다. 오존층 파괴나 기후변화에 따른 피해는 세계 각국이 개별적으로 받은 피해의 집합체라기보다 원래 국경의 개념과 무관한 전지구 차원의 것이다. 따라서 피침해법익은 본질적으로 국제사회에 속하는 것으로 생각된다.

두 번째로, 광역 환경오염으로 불리는 유형이 있다. 공장매연 등에 유래하는 산성비에 의해 여러 나라에 걸친 넓은 지역의 토양이 오염되는 경우, 배수에 의해 여러 나라를 가로 지르는 국제하천이 오염되는 경우 등이 여기에 해당한다. 이 유형은 그 파악하는 방법에 따라 다음과 같은 두 가지 의미를 가진다. 우선 오염이 발생된 개별 국가 측면에서 보면 이는 단적으로 해당 국가의 법익을 침해하는 행위이다. 하지만 하나의 오염원에서 여러 나라에 걸쳐 피해가 야기되는

13) 이에 대한 개략적 소개로는 김성규, "'국제형사재판소에 관한 로마 규정(Rome Statute of the International Criminal Court)'의 국내적 이행 – 현상과 과제", 동아법학 제46권, 2010, 395면 이하 참조.

경우 어느 한 나라의 국내법에 의해 단독으로 자신의 기준에 따라 이를 규제하려는 것은 그리 적절하지 않을뿐더러 효과성도 거두기 어렵다. 그래서 국가 간 상호협력 하에 환경오염 피해를 최대한 방지하기 위해 환경오염 원인, 오염물질에 대한 정보, 피해상황 등을 서로 긴밀히 공유할 수 있도록 관련 국가가 지역 단위의 조약을 체결하여 하나의 '국제사회'를 형성하여 대응한다. 1963년 독일을 비롯한 라인강 연안 국가들은 라인강의 수질오염 방지를 위해 '국제 라인강 수질오염 방지 위원회'를 결성하여 1976년 「라인강 화학 오염방지 조약」과 「라인강 염화물 오염방지 조약」을 체결한 것이 그 전형적인 예이다. 이러한 유형에서 침해된 법익은 '국제사회'에 속하는 것으로 볼 수 있다. 다만 이러한 경우에도 국제사회에 속하게 되는 그 법익은 첫 번째 유형과 같은 전지구적 법익과는 달리 각국에 속하는 법익 집합체 그 이상으로 보기는 어렵다고 본다.

세 번째 유형으로, 국경 부근에서 공장매연에 의한 이웃 나라로의 대기오염 등 비교적 단순한 '국경을 넘는 환경오염'이다. 이 유형에서도 그 방지를 위해 양국 간 내지 다자국 간의 상호주의적 국제협력이 결성될 수 있다. 그러나 기본적으로 그 피침해법익은 특정한 국가에 속하는 것이어서 행위자와 피침해법익 보유국 내지 행위지 국가의 양자의 문제로 환원될 수 있다.[14)]

앞서 언급한 세 가지 유형 가운데 첫 번째 유형에 대한 대응은 본질적으로 국제사회가 주체가 되어서 결정해야 하는 사안이다. 이 경우 국내법은 구체적으로 관련 조약[15)] 실현을 위한 입법 및 법집행이라는 형태로 국제사회의 결정에 따라 그 역할을 담당한다. 예를 들면 우리나라는 오존층 보호를 위해 「오존층 보호를 위한 특정물질의 제조규제 등에 관한 법률」이라는 국내법을 제정하고 있지만,[16)] 이는 「오존층 보호를 위한 비엔나 협약」과 「오존층 파괴물질에 관한 몬트리올 의정서」를 시행하기 위하여 만들어진 법률이다. 따라서 국내법에 있어서

14) 이러한 세 가지 유형 이외에도 침해행위도 침해결과도 한 국가 영역 내에 머물고 있지만 실제로 국제환경 문제로 취급해야 하는 유형도 있다. 외국에서의 폐기물 반입, 선진국이 개발도상국에 유해 공정을 수반하는 공장을 이전함으로써 현지에서 공해의 야기 등과 같이 일반적으로 '공해수출'이라 불리는 유형이 그것이다. 이에 대해서는 추후 연구과제로 남겨두고자 한다.

15) 대표적인 예로 기후변화에 대응하기 위해 1994년 3월 21일 발효된 「기후변화협약」, 2005년 2월 16일 발효된 「교토의정서」가 있다. 우리나라는 1998년 9월 25일 「교토의정서」에 서명하고, 2002년 11월 8일 비준하였다.

16) 법률 제4322호, 1991. 1. 14. 제정.

도 기본적인 정책결정의 주체는 국제사회이며, 이 법률에 의해 보호되는 것도 국내법익이 아닌 국제법익이라고 생각된다.

두 번째 유형에 대한 대응은 개별 국가 측면에서 자국의 환경 피해로 파악할 경우 주변 국가를 배려하면서 자국의 국내법이 스스로 결정하게 되므로 세 번째 유형에서의 대응과 유사하다. 하지만 이와 달리 국제사회를 형성할 경우 각자가 그 협의결과에 따르면 된다. 규제의 유효성이라는 관점에 볼 때 후자의 방법을 채택하는 것이 더 적절할 수 있다.

따라서 초국가적 환경범죄에 대한 국내환경형법의 적용범위와 관련된 쟁점을 논하는 이 글의 검토 대상은 기본적으로 세 번째 유형인 '국경을 넘는 환경오염'의 유형이다. 이때 상대국의 주권을 침해하지 않는 한도 내에서이지만 자국의 법익을 보호한다는 관점에서 침해행위에 대한 대응을 국내환경형법이 스스로 결정할 수 있고, 또한 그렇게 하지 않으면 안 된다. 이에 아래에서는 '국경을 넘는 환경오염'에 대한 국내환경형법을 적용하고자 할 때 발생할 수 있는 몇 가지 쟁점을 검토하고자 한다.

Ⅲ. 초국가적 환경범죄에 대한 우리나라 환경형법 적용과 관련된 쟁점

1. 초국가적 환경범죄와 형법의 장소적 적용범위

(1) 속지주의(형법 제2조)와 편재설 결합의 타당성 여부

가. 속지주의에서 범죄지 결정 기준

국경이라는 지리적 제한과 시간적 한계를 초월해서 넘나드는 오염물질에 의한 환경침해인 초국가적 환경범죄와 관련하여 이른바 '국제형법(internationales Strafrecht)'[17]이라 불리는 형법의 장소적 적용범위 문제가 발생한다. 왜냐하면

17) 이 용어는 '자국형법의 (장소적) 적용범위에 관한 법규범'의 의미로서 제레미 벤담(J. Bentham)이 최초로 사용하였는데, 법적 구속력의 근거가 국제조약 등의 국제법이 아니라 국내법이라는 점에서 형법의 적용범위를 규정하고 있는 형법 제2조에서부터 제7조까지의 규정들에 대해 "국제형법"이라는 용어를 사용하는 것은 부적절하다는 비판을 받고 있다. 이에 그 대안으로 독일에서는 '국내형벌적용법(innerstaatliches Strafanwendungsrecht)', 우리나라에서는 '형법의 장소적 적용범위'(이재상/장영민/강동범, 『형법총론(제10판)』, 박영사, 2019, 49면 외 다수), "형법의 지역적 적용범위"(배종

[사례 1, 2]와 같이 범죄를 실행하는 행위지는 외국이나 범죄의 결과가 발생하는 곳이 국내이거나, 반대로 실행행위지는 국내인데 범행의 결과발생지가 외국인 경우가 빈번하기 때문이다. 이러한 경우를 보통 '국제적 격리범(internationale Distanzdelikt)'이라고 하며, 이러한 경우에 속지주의를 적용하기 위해서 범죄지를 어떻게 결정할지 그 기준이 필요하다. 우리나라 형법은 독일형법과 달리 범죄지에 대한 개념을 명문으로 규정하고 있지 않기 때문이다.[18]

범죄지의 결정과 관련하여 일반적으로 ① 행위자가 범죄를 실현하기 위해서 행위하거나 이를 시도한 장소가 결정적이고 부작위범에 있어서는 작위의무가 발생한 장소가 범죄지의 결정적 기준이 된다는 견해(행위지설), ② 구성요건적 결과가 발생한 장소를 기준으로 범죄지를 결정하는 견해(결과지설) 및 ③ 범죄의 실행행위를 하는 곳이나 구성요건적 결과가 발생하는 장소뿐만 아니라 범죄의 중간현상이 일어나는 모든 곳을 범죄지로 인정하는 견해(편재설, 복합지설, 보편기준설)가 제시되고 있다.[19]

판례는 "외국인이 대한민국 공무원에게 알선한다는 명목으로 금품을 수수하는 행위가 대한민국 영역 내에서 이루어진 이상, 비록 금품수수의 명목이 된 알선행위를 하는 장소가 대한민국 영역 외라 하더라도 대한민국 영역 내에서 죄를 범한 것이라고 하여야 할 것이므로, 형법 제2조에 의하여 대한민국의 형벌법규인 구 변호사법(2000. 1. 28. 법률 제6207호로 전문 개정되기 전의 것) 제90조 제1호가 적용되어야 한다."[20]라고 하여 편재설에 따르고 있다.

대, 『형법총론(제13판)』, 홍문사, 2017, 88면)', 또는 "형법의 국제적 적용범위"(김성천/김형준, 『형법총론(제7판)』, 도서출판 소진, 2017, 46면 이하)가 주로 제시되고 있다고 한다(주승희, "사이버범죄와 국제형법 – 추상적 위험범의 범죄지 및 형법 제6조의 적용 범위를 중심으로 –", 형사정책연구 제16권 제3호, 2005, 115-116면). 국제형법의 개념과 기능에 대한 상세한 설명으로는 김성규, "형법의 장소적 적용범위", 형사법연구 제18권, 2002, 183-185면 참조.

18) 독일형법 제9조는 '범행지(Ort der Tat)'라는 표제 하에 "정범이 행위를 하였거나 또는 부작위범의 경우에는 행위를 하였어야 하는 장소 또는 구성요건에 해당하는 결과가 발생하였거나 또는 행위자의 의사에 따라 결과가 발생하였어야 할 장소"를 범행지로 규정하고 있다.

19) 이러한 세 가지 학설에 대한 상세한 설명으로는 이훈동, "속지주의와 범죄지결정", 비교법학연구 제2권, 2003.9, 3-8면 참조.

20) 대법원 2000. 4. 21. 선고 99도3403 판결. 다만 이 판례에 대해 금품수수행위가 행위지설의 입장에서 국내이며, 결과지설의 입장에서는 알선행위의 결과로 발생하는 수수행위이므로 결과발생으로 볼 수 있기 때문에 편재설 뿐만 아니라 행위지설이나 결과지설의 입장에서도 해석이 가능하다는 견해가 있다(전지연, "사이버공간에서 형법적 적용범위의 수정 · 제한", 법조 통권 제566호, 2003. 11, 83면 각주 12)).

생각건대, 형법 제2조는 '대한민국 영역 내에서 죄를 범한'이라고 규정하고 있으므로 이를 행위지로 국한하여 해석할 이유가 없고 오히려 구성요건요소로서 주요내용인 결과를 고려할 필요가 있다는 점,[21] 결과의 발생지를 고려하지 않는 행위설의 결함과 결과발생을 요하지 않는 거동범 및 미수범의 경우를 고려하지 않는 결과지설의 결함을 보완할 수 있다는 점,[22] 구성요건에 해당하는 사실의 전부가 국내에서 발생한 경우만을 국내범으로 이해하는 경우에는 오늘날 특히 문제가 되는 이른바 '국제범죄' 내지 '초국가적 범죄'의 많은 경우를 국내범으로 볼 수 없다는 점[23] 등을 비추어 볼 때 통설[24]과 판례의 태도인 편재설이 타당하다고 본다. 이러한 편재설에 따르면 공동정범의 경우에는 실행행위를 분담하여 실행한 곳이 범죄지가 되고, 공모공동정범의 경우에는 공모가 이루어진 곳도 범죄지에 해당한다.[25] 교사범이나 방조범과 같은 공범의 경우에 정범의 실행행위지 이외에 교사나 방조의 행위가 행해진 곳도 범죄지에 포함된다.

나. 초국가적 환경범죄와 관련하여 편재설의 문제점

초국가적 환경범죄와 관련하여 편재설에 의하면 예컨대 국내에서 내국인에 의해 행해진 오염물질의 불법배출 행위가 우리나라에는 피해를 가져오지 않았지만 국경을 넘어 중국이나 일본에 피해를 미쳤을 경우에 행위지가 국내이므로 국내범으로 처벌이 가능하다. 반대로 [사례 1]과 같이 중국인 乙이 중국 화학공장에서 행해진 대기오염물질의 불법배출 행위로부터 호흡기 질환이라는 피해가 우리나라의 특정지에서만 발생했을 경우에 결과발생지가 국내이므로 국내범으로 환경범죄단속법 제3조 제2항의 적용이 가능하게 된다. 형법의 목적은 일차적으로 국내법익의 보호에 있으므로 비록 외국인에 의해 외국에서 행위가 행하여졌다고 하더라도 우리나라에서 환경오염에 의한 피해가 발생했을 경우 국내범으로 처벌하는 것은 타당하다.

그러나 편재설의 문제점은 우리나라에서 범죄로 처벌되지만, 외국에서는 범죄

21) 전지연, 위의 논문, 83면.
22) 김성규, 앞의 논문, 2002, 194면; 전지연, 앞의 논문, 83면.
23) 김성규, 앞의 논문, 2002, 194면.
24) 대표적으로 이재상/장영민/강동범, 앞의 책, 50면.
25) 대법원 1998. 11. 27. 선고 98도2734 판결.

로 처벌되지 않는 행위[26]를 외국에서 행하고 그 결과가 우리나라에서 발생한 경우에 등장한다. [사례 2]에서 중국인 丙은 중국에서 오염물질을 반복해서 배출하였으나 중국의 「대기오염방지법」상 배출허용기준을 초과하지 않아 위법하지 않지만 그러한 행위는 우리나라 「대기환경보전법」상 배출허용기준을 초과하는 것으로 범죄로 처벌되고 동시에 한국의 특정 지역의 대기가 현저히 오염되어 결과발생지를 연결점으로 하는 편재설에 따르면 국내범으로 「대기환경보전법」을 적용하여 처벌할 수 있다. 이 경우 해당 외국에서는 위법한 것으로 평가되지 않아 처벌되지 않음에도 불구하고 형법 제2조의 확대해석을 통해 외국인의 국외범을 처벌할 수 있게 되어 국내환경형법이 무한대로 확대 적용될 가능성이 있다.

그런데 [사례 2]에 대해 편재설을 적용하고자 할 때 또 다른 심각한 문제가 내포되어 있다. 우리나라 「대기환경보전법」 제89조 제3호 위반죄는 배출시설이나 방지시설을 정당한 사유 없이 정상적으로 가동하지 아니하여 배출허용기준을 초과한 오염물질을 배출함으로써 성립하는 추상적 위험범이다. 통설적 견해에 따르면 추상적 위험범은 결과발생을 요하지 않으므로 편재설을 따르더라도 결과발생지는 범죄지의 준거점이 될 수 없고 오직 행위지만이 준거점이 될 수 있을 뿐이다.[27] 따라서 [사례 2]에서 결과발생 여부, 즉 한국의 특정 지역의 대기가 현저히 오염되었는지 여부는 중요하지 않다. 다만 일부 견해는 추상적 위험범이라고 하여 구체적 위험이나 침해의 결과가 배제된다는 것을 뜻하는 것은 아니므로, 추상적 위험범에서 기술된 행위를 통해 법익침해 결과가 발생한 경우에 결과발생지를 연결점으로 하여 속지주의를 적용할 수 있다고 한다.[28] 그러나 이렇게 확대해석했을 경우 동일한 행위에 대해 형법적용의 부당한 차별화가 발생한다.[29] 즉 [사례 2]에서 중국인 丙이 중국에서 배출허용기준 내에서 오염물질을

26) 예컨대 사실적시 명예훼손죄의 경우 우리나라에서는 형법 제307조 제1항으로 처벌되지만 미국에서는 형법이 아닌 민사상 불법행위로 손해배상 책임이 부과될 뿐이다.

27) 김성천, "인터넷상의 범죄와 형법의 적용", 인터넷법률 제9호, 2001.11, 35면; 서보학, "인터넷상의 정보유포와 형사책임", 형사정책연구 제12권 제3호, 2001, 40면; 전지연, 앞의 논문, 99면.

28) 주승희, 앞의 논문, 128-129면.

29) 이처럼 추상적 위험범의 결과발생지의 개념을 확대해석함으로써 발생하는 과도한 형벌권의 확장을 회피하기 위해 주관적 측면에 의한 제한, 행위지의 가벌성에 의한 제한, 자국과 관련성에 의한 제한, 세계원칙에 의한 제한 등의 제한 시도가 이루어지고 있다. 이에 대한 제사한 설명으로는 전지연, 앞의 논문, 104-108면 참조.

배출하였고 해당 오염물질이 한국의 특정 지역으로 유입되어 아직 결과가 발생하지 않아 결과발생지가 없을 때에는 국내법으로 처벌할 수 없으나, 대기의 현저한 오염이라는 결과가 발생한 때에는 국내범으로 처벌할 수 있기 때문이다. 또한 중국인 丙 입장에서 볼 때에도 자국 내에서 합법적인 행위이고 대한민국과 아무런 관계도 없으며, 대한민국이나 국민에 대하여 환경오염 피해를 입힐 의도가 없음에도 단지 대한민국 영역으로 오염물질이 대기를 통해 유입되고 우리나라 「대기환경보전법」상 배출허용기준을 초과하였다는 이유만으로 추상적 위험범의 결발발생 여부에 관한 확대해석을 통해 속지주의를 적용하는 것은 부당하다고 본다.[30)]

다. 소 결

요컨대, [사례 2]에서 보듯이 초국가적 환경범죄의 문제를 형법 제2조 속지주의와 편재설의 결합을 통해 해결하려는 것이 타당한지는 의문이다. 초국가적 환경범죄의 문제의 대다수는 오존층 파괴, 지구온난화로 인한 기후변화 등과 같은 초국가적 법익의 침해이거나 국제협력을 통해 대책을 강구해야 하는 광역 환경오염(앞서 언급한 첫 번째, 두 번째 유형)이기 때문이다. 예를 들면 우리나라, 일본, 중국 세 나라가 주변 해역의 수질을 보호하기 위해 조약을 체결하고 수질을 오염시키는 행위를 형벌로 금지하기로 할 경우 우리나라에서는 반드시 자국의 영해가 오염되지 않더라도 대한민국 영역 내에서 행해진 오염행위에 대해서는 속지주의에 따라 행위자가 내국인이든 외국인이든 국내환경형법에 의해 규제하는 것이 요청된다. 이는 국제사회의 의사에 따라 우리나라가 '형법의 국제화'를 추구한 결과이며, 여기서 자국영역 내에서의 행위지나 결과발생지, 경우에 따라 양자 모두를 연결점으로 하여 환경형법을 적용한다는 의미에서 편재설을 따르는 것은 타당하다. 이 경우 우리나라 환경형법이 수행해야 하는 국제적인 역할은 조약 등의 체결을 기반으로 조약체결국에 공통된 환경법익을 보호하는 데 있다. 하지만 우리나라 환경형법의 역할은 일차적으로 국내의 환경보호를 목적으로 하고 있으므로, 국가 간 공통된 환경법익의 보호는 예외적인 상황에서 요청되는데

30) 같은 취지로 전지연, 앞의 논문, 106면.

지나지 않고, 환경형법이 일반적으로 수행해야하는 역할과는 분명히 다른 것임을 유념해야 한다. 또한 초국가적 환경범죄에 있어 일정한 경우 우리나라가 편재설을 따른 다는 것이 결코 우리나라 형법 제2조의 해석으로, 즉 모든 유형의 초국가적 환경범죄에 대해 일반적으로 편재설을 채택하여 형사처벌해야 함을 의미하지는 않는다.

(2) 초국가적 환경범위에 대한 보호주의(형법 제6조) 적용 가능성

앞서 언급한 바와 같이 [사례 2]에서 중국인 丙에 대해 속지주의와 편재설의 결합을 통한 문제해결에는 한계가 있다. 그런데 중국인 丙은 외국인의 국외범에 해당하여 보호주의를 규정하고 있는 형법 제6조를 통해 문제를 해결할 수 없는 것인지 의문이 제기될 수 있다. 이때 쟁점은 중국인 丙이 중국에서 오염물질을 배출한 행위가 '대한민국 또는 대한민국 국민에 대하여' 죄를 범한 것인지 여부로 모아진다.

이러한 쟁점과 관련하여 우선 중국인 丙이 중국에서 배출허용기준 내에서 오염물질을 배출하였고 해당 오염물질이 한국의 특정 지역으로 유입되어 대기가 현저히 오염된 것이므로, 형법 제6조에서 규정하고 있는 '대한민국 국민에 대한 범죄'에는 해당되지 않는다. 다만 丙의 행위는 우리나라 「대기환경보전법」상 배출허용기준을 초과하여 사회적 법익을 침해하는 범죄로 '대한민국에 대한 범죄'에 이러한 사회적 법익에 대한 외국인의 국외범도 포함되는지 여부가 문제된다. 이에 대해서는 세 가지 견해가 대립하고 있다. 첫째, 형법 제6조는 오로지 '대한민국 국민에 대한 범죄', 즉 개인적 법익을 침해한 외국인의 국외범만을 대상으로 하고 사회적 법익 또는 국가적 법익에 대한 외국인의 국외범은 제6조의 적용범위에서 배제된다는 견해이다. 그 논거로 형법 제6조의 국가보호주의가 형법 제5조 이외의 국가적 법익과 사회적 법익을 포함하는 것으로 해석할 경우 우리나라 형법의 적용범위가 무제한적으로 확대될 우려가 있음을 제시한다.[31] 둘째, '대한민국에 대하여' 부분이 국가보호주의에 근거한 것이므로 형법 제5조 이외의 국가적 법익과 사회적 법익을 침해한 국외범도 형법 제6조의 대상이 된다는 견

31) 전지연, 앞의 논문, 94면.

해이다. 다만 이 견해는 형법 제6조의 광범위한 적용으로 발생할 수 있는 국제적 마찰을 해소하기 위해 대한민국의 국가적·사회적 법익에 위해를 가한 모든 행위에 대해 국내형법을 적용하는 것이 아니라 행위자가 행위를 통하여 '의도적으로 자신의 지배하에' 영향력을 행사하여 대한민국의 법익에 위해를 가한다는 추가적인 요건을 충족시킨 경우에만 '대한민국에 대한 죄'에 해당된다는 방식의 제한적 해석이 필요하다고 한다.[32] 셋째, 형법 제6조의 보호주의는 대한민국 자체에 대한 공격 또는 대한민국 국민에 대한 가해행위가 있는 경우에만 발동될 수 있는 원칙이라고 하여 보호법익의 측면보다는 행위객체에 중점을 두는 견해이다. 이 견해에 따르면 예컨대 외국인이 외국에 소재하는 서버를 통해 음란물을 반포·판매한 경우 대한민국 국민이 아닌 음란물 자체가 행위객체이고, 결과적으로 우리 사회의 건전한 성풍속이라는 보호법익만이 침해되기 때문에 형법 제6조가 적용되지 않는다고 한다.[33]

판례는 형법 제6조의 적용범위를 대한민국 또는 대한민국 국민의 법익이 직접적으로 침해되는 결과를 일으키는 죄로 한정하는 태도를 취하고 있다. 즉 대법원은 중국 국적자가 중국에서 대한민국 국적 주식회사의 인장을 위조한 사안에서 "형법 제239조 제1항의 사인위조죄는 형법 제6조의 대한민국 또는 대한민국 국민에 대하여 범한 죄에 해당하지 아니하므로 외국인의 국외범으로서 그에 대하여 재판권이 없다."[34]라고 해석하여 사회적 법익에 대한 외국인의 국외범을 인정하지 아니한다. 나아가 "외국인의 국외범에 대하여는 형법 제5조에 열거된 이외의 죄를 적용할 수 없음이 원칙이고 반공법 자체나 그 밖의 법률에 이와 같은 외국인의 국외범에 대하여 반공법을 적용할 수 있는 근거를 찾아볼 수 없다."[35]라고 하여 국가적 법익인 경우에도 제5조에 정한 범죄로 국한하고 있다.

생각건대 외국인의 국외범에 대해 우리나라가 가벌성을 긍정하는 모든 범죄에 대해 국내형법을 적용하는 것이 아니라, 원칙적·일차적으로 형법 제5조에

32) 원형식, "사이버공간에 있어서 우리나라 형법의 적용범위", 인터넷법률 제10호, 2002. 1, 50-51면.
33) 김성천, 앞의 논문, 36-37면.
34) 대법원 2002. 11. 26. 선고 2002도4929 판결. 이 판결에 대해 사회적 법익을 해하는 죄의 경우에는 형법의 적용범위가 지나치게 축소되기 때문에 타당하지 않다는 견해로는 손동권/김재윤, 『새로운 형법총론』, 율곡출판사, 2013, 62면; 신동운, 『형법총론(제11판)』, 법문사, 2019, 75-76면.
35) 대법원 1974. 8. 30. 선고 74도1668 판결.

규정한 범죄에 국한하여 외국인의 국외범에 대해 국내형법을 적용하고, 예외적·보충적으로 대한민국에 대하여는 형법 제5조 이외의 국가적 범죄에 대하여, 대한민국 국민에 대하여는 개인적 법익에 국한하여 제한적으로 적용하는 것으로 해석함이 형법 제5조와 제6조의 관계를 고려할 때 체계적 해석이라고 여겨진다. 이는 형법 제6조 단서가 본문에 해당할지라도 그 행위가 행위지의 법률에 의하여 범죄를 구성하지 아니하는 경우, 소추가 면제되는 경우, 형의 집행이 면제되는 경우에 국내형법을 적용하지 아니하고 있음에 비추어 볼 때 행위지의 속지주의와 조화를 꾀함으로써 국내형법이 무제한적으로 적용되는 문제를 해소할 수 있다고 본다. 다만 이러한 해석에 대해 자국형사사법권의 후퇴라는 비판이 예상되지만 그렇다고 하여 형법 제6조를 두 번째 견해와 같이 확대해석하여 적용할 경우 우리나라 형법이 외국인의 국외범에 대해서 무제한적으로 적용될 수 있는 발판을 만듦으로써 전세계 범죄의 '보안관' 내지 '파수꾼'의 역할을 담당하려는 것도 결코 바람직하다고 여겨지지 않는다.

형법 제6조에 대한 필자의 해석론에 따르면 [사례 2]에서 외국인의 국외범에 해당하는 丙은 오염물질 배출이라는 사회적 법익의 죄를 범한 것으로 형법 제6조 본문의 '대한민국 또는 대한민국 국민에 대하여' 죄를 범한 것도 아니며, 같은 조 단서에서 규정하고 있듯이 행위지인 중국의 「대기오염방지법」상 배출허용기준을 초과하지 않는 오염물질을 배출함으로써 행위지 법률에 의하여 범죄를 구성하지 아니하는 경우에 해당하므로 우리나라 「대기환경보전법」을 적용하여 형사처벌할 수 없다고 봄이 타당하다.

2. 환경범죄단속법상 인과관계 추정 규정의 타당성 여부

(1) 미세먼지 관련 일본 동경 대기오염 소송에서 나타난 인과관계 입증

[사례 1]에서 甲과 乙이 불법배출한 질소산화물은 최근 국내에서 커다란 환경이슈로 인식되고 있는 미세먼지 내지 초미세먼지의 주된 원인인 것으로 지목되고 있다. 甲과 乙에게 국내법인 환경범죄단속법 제3조 제2항 위반에 따른 오염물질불법배출치상죄로 처벌하기 위해서는 甲과 乙의 오염물질 불법배출과 그에 따른 천식 등 호흡기 질환이라는 상해 사이에 인과관계 입증이라는 커다란 장벽

을 넘어야 한다.[36)]

이와 관련하여 이미 일본에서는 1996년에 이러한 미세먼지배출로 인한 천식 등 호흡기 질환에 걸린 환자와 그 유족들이 손해배상을 청구하는 민사소송을 제기한 바 있는데, 해당 판결에서 인과관계의 입증의 어려움이 잘 드러나고 있다.

보다 구체적으로 1996년 동경 시민 99명은 일본 정부, 동경도, 수도고속도로 공단과 7개 자동차회사들을 상대로 미세먼지배출에 따른 손해배상 및 오염물질 배출금지 청구를 구하는 소송을 제기하였다. 원고들은 자동차 회사들이 동경도 내의 도로에 자신들이 제조·판매한 자동차를 대량으로 집적케 함으로써 다량의 자동차 배출가스를 발생시키고, 이에 의해 대기오염 공해가 발생한다는 것을 충분히 인식하였음에도 대기오염물질의 배출방지나 저감을 위한 조치를 취하지 않고 다량의 자동차를 제조, 판매함으로써 원고 환자들에 대해 자동차 배출가스로 기인하는 여러 질병의 발생, 악화를 야기하였으므로, 공동불법행위에 의한 손해배상의무가 있다고 주장하였다.

이에 대하여 1심 재판부였던 동경지방재판소는 2002년 10월 29일 "일본국, 동경도 및 수도고속도로 공단은 연대하여 또는 단독으로 원고 99명 중 7명에 대하여 피해 기간 및 피해 정도에 따라 1인당 330만 엔 내지 2,750만 엔을 지급하라. 원고들의 자동차 제조·판매회사에 대한 손해배상청구와 모든 피고들에 대한 오염물질 배출금지 청구는 모두 기각한다."라고 원고 일부 승소판결을 선고하였다. 재판부는 자동차 회사들은 각각 독립하여 자동차의 제조 및 판매활동을 하기 때문에 생산량, 판매량에 대해서 기업 사이 조정이 곤란하고, 판매한 자동차의 주행을 지배·관리할 수 없어 대도시 지역의 간선도로의 자동차 교통량 증대에 관해서도 적절한 조치를 전혀 취할 수 없다. 그리고 기관지 천식의 발병(악화)과 자동차 배출가스 사이의 인과관계를 인정하더라도 그 중 어떤 대기오염물질에 의해, 어느 정도의 농도로, 얼마만큼 노출된 경우에 발병 또는 악화에 이르는지 현재의 의학적 지식으로 아직 해명 되지 않았다고 전제하면서, 각 시점에서 어떤 종류 또는 어느 정도까지의 자동차 배출가스 저감을 위한 조치를 강

36) 乙은 비록 중국에서 한국인 甲과 공모하였지만 오염물질의 불법배출 행위에 의한 침해 결과, 즉 오염물질불법배출치상이 국내에서 발생했으므로, 편재설에 따르면 결과발생지를 연결점으로 하여 형법 제2조가 적용될 수 있어 우리나라 환경범죄단속법을 적용할 수 있다.

구하면 결과회피가 가능했는지 예견하기는 극히 곤란함을 이유로 하여 원고들의 결과회피의무위반 주장을 모두 배척하였다고 한다.[37)]

(2) 환경단속법상 인과관계 추정 규정의 타당성 여부

비록 민사소송이지만 일본 동경 대기오염 소송에서 보듯이 미세먼지 내지 초미세먼지의 원인이 되는 질소산화물이 인체에 해롭다는 최근의 여러 연구결과에도 불구하고 가해자의 질소산화물 불법배출행위가 명확히 확정되더라도 오염물질의 이동경로의 확정, 오염물질의 간접적이고 완만한 유입, 오염물질 배출원의 다양성, 그로 인한 오염원인의 불명확성 등으로 인해 피해자의 건강 침해 사이의 인과관계를 입증하기가 지극히 어렵다. 특히 오염물질이 하나의 사업장이 아닌 다수의 사업장에서 불법배출되어 어느 특정 국가의 지역 내에서가 아니라 국경을 넘어 외국의 일정한 지역 주민의 건강을 침해했을 경우 더욱 더 인과관계 입증이 곤란하다. 이때 형사증거법상의 원칙인 '의심스러울 때에는 피고인에게 유리하게'의 원칙이라든가 '무죄추정의 원리' 등을 엄격히 적용한다면 중대하고 사회적으로 용인하기 어려운 결과를 야기했음에도 불구하고 환경범죄에 대해 형사책임을 지울 수 없다는 심각한 문제가 발생한다.[38)]

환경범죄단속법은 이미 이러한 오염물질 불법배출 행위와 건강 침해 사이의 인과관계 입증 곤란의 문제를 해결하고 형사처벌을 용이하게 하기 위해 인과관계 추정 규정을 마련하고 있다. 즉 환경범죄단속법 제11조는 "사람의 생명·신체, 상수원 또는 자연생태계 등(이하 "생명·신체등"이라 한다)에 위해(제3조 제3항 각 호의 어느 하나에 해당하는 경우를 포함한다. 이하 이 조에서 같다)를 끼칠 정도로

37) 신현호, "손해배상 청구를 통한 미세먼지 배출 억제", 미세먼지 해결 방안에 관한 법·정책적 접근, 대한변호사협회, 2019, 94-95면.

38) 환경범죄에 있어 인과관계에 관한 자세한 설명으로는 권오걸, "환경범죄에 있어서의 인과관계의 입증, 형사법연구 제3권, 1990, 59면 이하; 김종덕, "환경범죄의 인과관계", 비교형사법연구 제7권 제1호, 2005, 123면 이하; 박기석, "환경범죄의 인과관계", 한양법학 제4권 1994, 189면; 서원석, "환경범죄의 성립과 실태에 관한 연구", 검찰 통권 제114호, 2003, 672면 이하; 이만종, "환경범죄에 있어 인과관계에 관한 고찰", 환경법연구 제26권 4호, 2007, 199면 이하; 이보영/이무선, "환경범죄에 있어서 인과관계 연구", 한국법학회 법학연구 제38권, 2010, 253면 이하: 정성근, "환경형법에 있어서 인과관계", 형사정책 제11호, 1999, 93면 이하; 정진연/조규태, "환경범죄와 인과관계", 숭실대학교 대학원 논문집 제4집, 1996, 53면 이하; 조병선, 『환경형법』, 청주대학교 출판부, 1998, 86면 이하, 143면 이하 참조.

오염물질을 불법배출한 사업자가 있는 경우 그 오염물질의 불법배출에 의하여 위해가 발생할 수 있는 지역에서 같은 종류의 오염물질로 인하여 생명·신체 등에 위해가 발생하고 그 불법배출과 발생한 위해 사이에 상당한 개연성이 있는 때에는 그 위해는 그 사업자가 불법배출한 물질로 인하여 발생한 것으로 추정한다."라고 하여 인과관계 추정을 규정하고 있다.[39]

그러나 이러한 인과관계 추정 규정에 대해서는 여러 비판이 제기되고 있다. 즉 정황증거에 의한 사실상 추정으로 인과관계를 인정할 수 있기 때문에 굳이 형사소송법상 원칙인 '의심스러울 때에는 피고인에게 유리하게'의 원칙이라든가 '무죄추정의 원칙'에 반하는 법률상 추정 규정을 둘 필요가 없다는 견해,[40] 형사처벌의 강화를 통해 환경보호에 대한 일반인의 인식을 제고하는 효과 이외에는 그 이론적·현실적 합리성을 인정하기 어렵고 오히려 과학적인 수사 발전을 저해할 수 있으며, 추정이 남용되지 않도록 하기 위해 추정의 요건을 구체적으로 정하여야 하는데 그렇게 될 경우 활용 가능성이 적어진다는 견해,[41] 위헌의 소지가 있고 현실적으로 적용 가능성이 낮은 추정 규정보다는 추상적 위험범의 형태로 규정하거나 미수범을 처벌하는 규정을 두는 것이 바람직하다는 견해,[42] 인과관계만 있다면 이를 추정한다는 것으로 의미 없는 규정이므로 폐지되어야 한다는 견해[43] 등이 그것이다.

반면에 환경오염피해의 경우 복잡성·간접성 등에서 기인하는 인과관계의 입증 곤란성을 고려할 때 오염행위와 그 피해 간의 인과관계에 대한 자연과학적 증명은 결코 쉽지 않다는 점을 고려하여 동 규정을 성급하게 삭제하기보다는 적극적인 활용방안을 모색할 필요가 있다고 하여 긍정적으로 바라보는 견해가 있다.[44]

---

39) 「환경범죄단속법 이외의 다른 특별법」상 인과관계 추정을 규정한 예로 「환경오염피해 배상책임 및 구제에 관한 법률」 제9조(인과관계의 추정), 「마약류 불법거래 방지에 관한 특례법」 제17조(불법수익의 추정)등을 언급할 수 있다.

40) 박정식, "환경사범의 인과관계", 검사세미나 연수자료집 11, 법무연수원, 1992, 385면.

41) 장영민, "환경형법의 이론상 문제점", 『환경범죄의 실태와 규제방안 제9회 형사정책 세미나 자료집』, 한국형사정책연구원, 1993, 145면.

42) 김종덕, 앞의 논문, 158면; 허일태, "한국에 있어서 환경범죄에 대한 대처현황", 동아법학 제21호, 동아대학교 법학 연구소, 1996, 80면.

43) 오영근, "현행 환경범죄 규제법규의 문제점", 『환경범죄의 실태와 규제방안』, 제9회 형사정책 세미나 자료집, 한국형사정책연구원, 1993, 193면.

생각건대, 환경범죄에 대하여 인과관계 추정을 두는 것은 환경범죄(특히 초국가적 환경범죄)에 있어서 인과관계의 엄격한 확정을 요구한다면 환경범죄의 특성인 침해의 간접성·완만성·불명확성 등으로 인하여 (초국가적) 환경범죄에 대한 형사제재가 사실상 불가능하게 되기 때문에 실질적으로 환경을 보호하고 일반국민의 생명·신체에 대한 위해를 제거하기 위해서는 불가피하게 인과관계 추정을 두지 않을 수 없다는 정당성이 존재한다. 또한 필요 최소한의 범위 내에서 인정되어야 한다는 관점에서 '상당한 개연성이 인정되는 때에' 한하여 인과관계 추정을 인정하고 있어 헌법 제37조 제2항의 '질서유지를 위해 필요한 경우'라는 취지에 비추어 볼 때 '무죄추정의 원칙'의 본질적인 내용을 침해하고 있다고 여겨지지 않는다는 점, '상당한 개연성'의 입증책임은 여전히 검사에게 남아 있으므로 이 규정은 완전한 의미의 법률상 추정이나 거증책임 전환이라기보다는 '입증책임 완화'로서의 의미가 더욱 강하다고 여겨진다는 점, 환경범죄단속법은 미수범 처벌규정을 두고 있지 않아 같은 법 제11조는 독립행위의 경합을 규정하고 있는 형법 제19조의 규정을 배제하는 실질적인 기능을 발휘한다는 점 등을 고려할 때 충분히 특례 규정의 필요성을 인정할 수 있다고 본다.[45]

3. 환경형법에 있어 누적범의 도입 여부

(1) 누적범의 개념과 등장 배경

통상의 환경범죄는 물론이고 초국가적 환경범죄가 개별 행위자가 아닌 다수 행위자의 행위가 지속적·반복적으로 행해지고 그 행위의 결과가 누적되어 환경침해의 결과가 발생했을 경우 그에 대한 형사책임귀속을 위한 인과관계의 확정은 매우 어렵다.[46] 왜냐하면 이처럼 다수의 원인행위가 존재하는 환경침해의 경우 개별적 인과관계의 입증이 어렵고 더욱이 침해의 결과가 다수의 원인행위로

---

44) 윤지영/임정호/김정환/박종원/이승준, 『법과학을 적용한 형사사법의 선진화 방안(Ⅶ) – 기후변화 위기 시대의 환경범죄 대응 –』, 한국형사정책연구원, 2016, 83-84면.

45) 김재윤, "현대형법에 있어 거증책임전환의 허용한계에 대한 고찰", 저스티스 제86호, 2005, 135-136면.

46) 이와 관련하여 행위와 결과 사이의 (인과)관련성 인정을 위한 논리에 해당하는 인과관계론 내지 객관적 귀속이론은 누적적 인과관계이나 위험증대의 이론, 최근에는 역학적 인과관계론의 도입이 주로 논의되고 있다.

인하여 처음부터 발생한 것인지 아니면 상당한 시간이 경과하여 그러한 행위가 누적된 결과로 인하여 발생한 것인지 여부가 불분명하기 때문이다. 책임원칙에 따라 개별 행위자는 원칙적으로 자신이 야기한 부분 결과에 대해서만 책임을 져야 하지만 누적적 상호작용을 통해 발생한 환경침해에서 각자가 얼마만큼의 결과를 야기했는지 확인하여 입증하는 것은 거의 불가능에 가깝다. 이렇게 인과관계를 입증하지 못하는 경우 형법 제19조의 독립행위 경합의 법리로 해결할 가능성이 있지만, 환경범죄단속법을 포함하여 현행 환경형법에 미수범 처벌규정이 없다는 점을 고려하면 처벌의 흠결은 불가피하다.[47)]

독일 형법학자 쿨렌(Kuhlen)은 개별 행위자의 단독 침해행위로는 구체적 위험 내지 결과 발생을 야기하지 못하나 다수의 침해행위의 누적의 결과로 위험이 발생한 경우 각각의 행위자에게 형사책임귀속이 가능한지의 문제와 관련하여 이른바 '누적범'이라는 새로운 구성요건형태를 도입할 필요가 있다는 견해를 제기하였다.[48)] 이때 누적범이란 각각의 범죄구성요건이 그 자체로는 사회적 법익을 전혀 침해할 수 없는 행위방식이자만 사회의 다수의 사람 혹은 전부가 이에 상응하는 행위를 반복적으로 하여 누적된다면 법익이 침해될 수 있다고 할 때 그 당벌성이 인정되는 범죄 형태를 말한다.[49)] 누적범은 개별 행위의 추상적 위험조차 없는 행위를 처벌한다는 데서 추상적 위험범과 구별된다.

쿨렌에 따르면 대표적인 누적범으로 독일 형법 제324조(수질오염) 제1항[50)]을 예로 들고 있다.[51)] 그에 따르면 이 구성요건이 금지하는 행위는 그 자체로는 수자원의 생태기능을 유해하게 변경시키지 못하지만 다른 수많은 사람들이 동일한

47) 김성은, "환경형법의 구성과 법적용 문제 - 형법적 환경보호의 가능성과 한계에 대하여-", 단국대학교 법학논총 제42권 제3호, 2018, 173면.

48) Kuhlen, "Der Handlungserfolg der strafbaren Gewässerverunreinigung (§324 StGB)", GA 1986, 389면 이하; ders, "Umweltstrafrecht – auf der Suche nach einer neuen Dogmatik", ZStW 105 (1993), 697면 이하.

49) MK-Wohlers, §264 Rn. 12.

50) 독일형법 제324조(수질오염) ① 권한 없이 수자원을 오염시키거나 그 수질을 유해하게 변경시킨 자는 5년 이하의 자유형 또는 벌금형에 처한다.

51) 우리나라에서 Kuhlen의 누적범 이론에 대한 자세한 소개・분석으로는 김동률, "법익개념의 변화와 새로운 범죄유형의 필요성 – 보편적 법익과 관련한 독일에서의 논의를 중심으로 –", 형사정책 제26권 제1호, 2014. 4, 205-209면; 안수길, "누적범 이론에 관하여 – 독일 형법 제324조(수질오염죄)에 관한 쿨렌의 해석론을 중심으로 –", 비교형사법연구 제18권 제2호, 2016, 31면 이하 참조.

행위를 하면 수자원의 생태기능이 손상되는 상황을 야기할 것으로 예상되는 유형의 행위라고 설명한다.[52] 그는 누적범의 구성요건이 개인에게는 합리적인 행위가 다수에 의해 실행될 경우에 비합리적인 결과가 야기되는 상황 – 이른바 '수많은 사소한 행위가 쌓여서 발생하게 되는 손해라는 문제(das Problem der großen Zahl)' – 내지 개개인이 합목적적으로 자기 이익을 추구하는 행위들이 축적되면 집단에는 비극적인 결과가 야기된다는 이른바 '공유지의 비극'에 대처할 수 있는 수단으로 유용할 뿐만 아니라 누적범을 정당화할 수 있는 유일한 논거라고 한다.[53]

쿨렌은 행위의 누적으로 발생하는 손해라는 문제는 아직 추상적 위험조차 없기 때문에 이를 종래의 추상적 위험범의 처벌로 해결하려는 것은 무의미한 시도이며, 오직 누적범 구성요건으로만 해결할 수 있을 뿐이라고 한다. 더 나아가 이 문제를 해결하고 환경을 보호하기 위해 누적범 구성요건을 반드시 도입해야 하고, 이는 선택사항이 아닌 도덕적 의무라고 한다. 그는 오늘날 심각한 환경오염에 대해 효과적인 대책이 마련되지 않는 한 미래세대의 생활터전을 파괴하는 결과로 이어질 것이 분명한데 환경오염의 원인은 개개인에게는 합리적이어서 다수가 실행하는, 그 자체로는 무해한 행위들에 있다고 지적한다. 그렇기 때문에 누적범 구성요건을 통해 이러한 행위들을 형법으로 금하는 것이 환경파괴를 막을 수 있는 유일하고도 효과적인 방책이라고 한다.[54]

(2) 환경형법에 있어 누적범 도입 여부에 대한 견해대립

가. 찬성론

독일 형법학계에서 쿨렌이 제안한 누적범 구성요건을 지지하는 대표적인 학자들로 볼러스(Wohlers)와 헤펜델(Hefendehl)을 언급할 수 있다. 우선, 볼러스는 쿨렌의 누적범을 수용하여 기존의 구체적 위험범과 추상적 위험범의 분류가 구체적 위험성범(Konkretes Gefährlichkeitsdelikt), 누적범(Kumulationsdelikt), 예비범(Vorbereitungsdelikt)으로 재편되어야 하고, 장기간 반복된 행위를 통해 위험에

52) Kuhlen, 앞의 논문, 1986, 399면; 앞의 논문, 1993, 716면.
53) Kuhlen, 앞의 논문, 1986, 401면 이하.
54) Kuhlen, 앞의 논문, 1986, 403면.

처하게 되는 보편적 법익은 개별 행위가 일으키는 직접적 위험에 구애됨이 없이 누적범에 의해 보호된다고 한다. 이에 환경, 국가의 제도, 사회의 기능체계 등을 보호하는 구성요건을 누적범으로 분류한다.[55)]

반면에 헤펜델은 범죄유형은 어디까지나 보호법익을 기준으로 분류되어야 하기 때문에 누적적 행위 그 자체가 별도의 범죄유형을 형성할 수 없다고 본다. 하지만 그는 쿨렌이 제안한 누적적 사고의 기반 위에서 보편적 법익의 유형을 '사회적 신뢰에 관한 법익(gesellschaftliche Vertrauensrechtsgüter)'과 '자연적 환경자원의 형태로 존재하는 소모가능한 사회적 할당(aufzehrbare gesellschaftliche Kontingente in Gestalt der natürlichen Umweltressourcen)에 관련된 법익'으로 분류하고, 이들 법익을 보호하는데 누적범 구성요건이 유용하다고 한다.[56)] 전자를 보호하기 위한 구성요건에는 공무원범죄 · 통화 및 문서위조 · 위증죄 · 병역기피 · 공무방해 등이 포함될 수 있고, 후자에는 수자원 · 토지 · 대기오염 등 일련의 환경범죄들이 해당된다고 한다.[57)] 특히 헤펜델은 환경법익이 실제로 환경법규 위반행위들의 누적에 의해 훼손될 위험에 처했다면 개개의 위반행위를 그 자체로는 무해하다 해도 처벌해야 한다고 주장한다. 아무리 공익을 중시하는 사람이라도 환경이 자기의 환경법규 위반행위만으로는 훼손되지 않고 수많은 위반행위가 누적될 때에 비로소 훼손된다는 사실을 아는 한 환경법규를 어기려는 유혹에 빠지기 쉬운데 이를 처벌하지 않으면 환경파괴를 막을 길이 없음을 강조한다.[58)]

국내에서도 환경형법의 영역에서 누적범 도입을 찬성하는 견해가 제시되고 있다. 즉 누적범에 대한 명확한 한계가 설정되지 아니한 상황에서 이를 기존의 위험범에서 분리하여 새로운 범죄유형으로 정의하고 여기에 추상적 위험범조다 더욱 완화된 형태의 구성요건을 적용하려는 시도는 아직 시기상조이지만, 국민의 삶의 기반으로서 환경범죄의 영역에서, 그 중에서도 우선적으로 대기 · 수질 · 토양에 관련된 범죄에 한정하여 누적범 구성요건의 도입에 찬성한다고 한

55) Wohlers, *Deliktstypen des Präventionsstrafrechts – zur Dogmatik "modernenr" Gefährdungsdelikte*, 2000, 309면 이하.

56) Hefendehl, *Kollektive Rechtsgüter im Strafrecht*, 2002, 132면 이하.

57) Hefendehl, 위의 책, 135면 이하, 382면 이하, 391면 이하.

58) Hefendehl, 앞의 책, 190면, 193면 이하.

다.[59] 환경범죄의 분야에서는 누적적 형태로 이루어지는 전형적인 행위 태양으로 인해 개별 행위에 대해서는 추상적 위험범조차도 성립하기 어렵기 때문이라고 한다.[60]

나. 반대론

쿨렌이 제시한 누적범에 대해 여러 측면에서 반론이 제기되고 있다. 우선, 누적범 이론은 분석이론으로는 설득력이 있지만 규범이론으로는 우려스럽다고 한다. 누적범론의 가벌성은 "모두가 그렇게 한다면 어떻게 될까"라는 가설에 근거해 가벌성을 인정하는데, 이는 개별 행위자 자신의 위법행위가 아니라 그로서는 그 어떤 영향도 미칠 수 없는 타인이 실행한 것도 아닌 실행할 것으로 장래에 예상되는 행위로 인해 처벌되는 것으로, 이는 명백히 책임원칙에 반하는 것이라고 한다.[61]

다음으로, 누적범을 도입하여 무임승차를 처벌하고자 하나 무임승차가 사회구성원들의 평등관계를 해치는 행위임엔 틀림없지만 이것이 형법을 투입해야 할 충분한 이유는 되지 않는다고 한다. 평등원칙을 침해하였다고 하여 곧바로 형벌을 투입하는 것이 아니라 형벌은 위법한 방법으로 타인의 법익을 중대하게 해치는 행위에만 개입해야 한다. 이 때문에 누적범은 아직 "그 누구도, 그 무엇도 침해하거나 위험에 빠뜨리지 않는"[62] 행위에 형벌을 부과하는 것으로 정당화될 수 없다고 한다.[63]

마지막으로, 누적범을 범죄로 규정할지를 결정할 때 행위의 누적으로 발생하는 손해가 관건이 된다고 하나 누적에 의한 손해라는 개념을 어떻게 정의할지가

---

59) 김동률 교수는 환경범죄단속법 제3조 제1항에서 "장기간 누적될 경우 사후적으로 전항과 동일한 결과를 야기할 가능성이 있는 물질을 업무로 반복하여 배출한 자도 같다(혹은 미수범으로 처벌한다)".라는 단서조항을 삽입하는 방식으로 누적범 구성요건을 신설할 수 있다고 한다(김동률, 앞의 논문, 208면).

60) 김동률, 앞의 논문, 208면.

61) Anastasopoulou, *Deliktstypen zum Schutz kollektiver Rechtsgüter*, 2005, 179면; Benthin, *Subventionspolitik und Subventionskriminalität*, 2011, 267면 이하; Daxenberger, *Kumulationseffekte*, 1997, 65면 이하(안수길, 앞의 논문, 38면에서 재인용).

62) Papamoschou/Bung, § 265 StGB, in: Institut für Kriminalwissenschaften und Rechtsphilosophie Frankfurt a.M.(Hrsg.), *Irrwege der Strafgesetzgebung*, 1999, 241면.

63) Anastasopoulou, 앞의 책, 191면(안수길, 앞의 논문, 38면에서 재인용).

모호하게 남아 있다고 한다. 개별행위의 누적이 어떠한 결과를 가져올지, 즉 법익을 침해할지, 위험에 빠뜨릴지, 아니면 법익에 무해할지가 해명되지 않는 채로 남아 있다고 한다. 이로 인해 누적범은 그 가벌성이 부당하게 확대될 가능성이 남아 있다는 비판이 제기된다.[64)]

우리나라에서도 안수길 교수는 누적범 도입에 반대하는 견해를 피력하고 있다. 누적범 도입은 사회 구조상의 문제를 개인의 문제로 환원하여 개인을 문책함으로써 해결하려는 시도로 형벌이론에 어긋날 뿐만 아니라 비효율적이며, 다수인의 누적적 행위에 의한 환경오염을 방지하기 이해서는 형사처벌이 아니라 하수도 시설을 설치하도록 하거나 과태료 등의 비용을 물려 인근의 정화시설에 버리도록 유도하는 것이 더 합리적인 해결책이 될 것이라고 한다.[65)]

다. 검토 및 소결

생각건대 환경형법의 영역에 누적범 구성요건의 도입하는 것은 타당하지 않다고 본다. 물론 환경의 가장 중대한 침해와 위태화는 단지 불법행위에 의해서만이 아니라, 오히려 간과할 수 없는 다수의 합법적인 행위(예컨대 수백만 명이 내뿜는 자동차 매연에 의한 대기오염, 현대 소비사회의 결과물로서 매일 버려지는 쓰레기더미에 의한 수질 및 토양오염)의 누적에 의해 더욱 빈번히 발생함을 부인할 수 없다. 그렇다고 하여 "모두가 그렇게 한다면 어떻게 될까"라는 다수의 행위를 가설로 하여 어떠한 추상적 위험성도 발생하지 않는 경미한 환경법규 위반행위를 누적범이라는 형태로 형사처벌하는 것은 지나치게 가벌성을 전단계화한 것이다. 이는 행위형법의 원칙, 책임원칙, 의심스러울 경우에는 피고인에게 유리하게 원칙, 경미범죄는 형법의 대상이 아니라는 원칙(Bagatellprinzip) 및 비례성의 원칙 등과 같은 전통적인 법치국가적 형법의 체계원칙들을 위태롭게 하여 가벌성과 불법의 체감력을 감소시킬 뿐이다. 결국, 환경보호가 법적인 수단을 통해 다루어지는 한 환경정책 내지 에너지정책과 환경법이 전면에 등장하고 환경형법은 맨 뒷자리로 자리를 양보해야 한다. 환경형법은 효율적인 환경보호를 위해 다만

64) Anastasopoulou, 앞의 책, 179면; Bartholme, *Der Schutz des Bodens im Umweltstrafrecht*, 1995, 166면(안수길, 앞의 논문, 38면에서 재인용).
65) 안수길, 앞의 논문, 44-45면.

보충적이고 보조적인 기능을 수행할 뿐임을 간과해서는 안 된다.[66] 이와 달리 누적범을 도입하지 않으면 환경파괴를 막을 길이 없다는 시각은 잘못된 신념에 지나지 않는다고 본다.

Ⅳ. 맺음말

이상으로 [사례 1, 2]와 같은 구체적인 사례를 중심으로 최근 중국의 미세먼지와 같은 국경을 넘는 환경오염에 대해 우리나라 환경형법을 적용하여 해결하고자 할 때 발생할 수 있는 쟁점으로 형법 제2조 속지주의와 편재설의 결합, 형법 제6조 보호주의에 의한 외국인의 국외범에 대한 적용범위의 문제, (초국가적) 환경범죄에 있어 인과관계 입증 곤란을 해소하기 위해 도입한 인과관계 추정 규정(환경범죄단속법 제11조)의 타당성 여부 그리고 인과관계 입증 문제를 원천적으로 해결할 수 있는 누적범 구성요건 도입의 찬반론을 살펴보았다. 논의결과를 요약하면 다음과 같다.

[사례 1, 2]에서 乙, 丙과 같은 외국인의 국외범에 대해 명문의 규정이 없음에도 해석을 통해, 즉 속지주의를 규정한 형법 제2조에서 범죄지의 결정과 관련하여 편재설을 따르면서도 추상적 위험범에서 결과발생지를 연결점으로 하여 속지주의를 적용할 수 있다거나, 보호주의를 규정한 형법 제6조에서 '대한민국 또는 대한민국 국민에 대하여'와 관련하여 사회적 법익도 포함시켜 처벌할 수 있다는 견해를 통해 국내(환경)형법의 적용범위를 무제한적으로 확대하는 것은 형법의 '국제화'를 넘어 국내(환경)형법이 초국가적 환경범죄의 '파수꾼' 역할을 담당하려는 것으로 바람직하지 않다고 본다. 또한 (초국가적) 환경범죄의 인과관계 입증이 어렵다고 하여 어떠한 추상적 위험성도 발생하지 않는 경미한 환경법규 위반행위를 이른바 '누적범' 구성요건을 도입하여 형사처벌하는 것도 타당하지 않다. 이는 추상적 위험범보다도 더 가벌성을 전단계화 하는 것으로 법치국가적 체계원칙들을 위태롭게 할 우려가 있기 때문이다. 다만 (초국가적) 환경범죄의 특성인 침해의 간접성·완만성·불명확성 등을 고려할 때 인과관계 입증 곤란

66) 김재윤, 『현대형법의 위기와 과제』, 전남대학교출판부, 2009, 74-75면.

을 해소하기 위해 도입한 인과관계 추정 규정은 정당성과 필요성이 인정된다고 본다.

오늘날 더욱 더 심각해지는 국경을 넘는 환경오염에 대해 이를 방치할 경우 현세대는 물론이고 미래세대의 삶의 기반이 무너지게 되기 때문에 효과적인 대책의 마련이 시급하다는 데에는 전적으로 동의한다. 그런데 그 효과적인 대책으로 여전히 개념도 모호한 국제환경형법 내지 초국가적 환경형법을 최우선시하여 문제해결을 시도하려는 생각에는 동의하기 어렵다. 국내환경형법이 국내 환경범죄에서 보여주는 집행의 결손을 보면 실효성을 기대할 수 없고 그 시도가 얼마나 공허한지 알 수 있다.[67] 초국가적 환경범죄에 대한 효과적인 대책으로 환경정책 내지 에너지정책을 최우선으로, 그 다음으로 국제환경조약과 국제환경법을 차선책으로 선택하고 환경형법은 맨 뒷자리로 자리를 양보해야 한다. 양보가 최대의 미덕이란 말은 바로 여기에 해당한다.

67) 환경형법의 실효성에 대한 상세한 설명으로는 김성은, "환경형사법의 동향과 주요 쟁점", 환경법과 정책 제18권, 2017. 2, 115-116면 참조.

[§ 10] 탄소시장에서 탄소배출권 관련 범죄와 대응

I. 머리말

최근 수십 년간 지구 평균기온이 상승하고 있다는 과학적 합의가 점점 강해지고 있다. 이는 주로 산업화와 같은 인간 활동으로 인해 대기 중 온실가스 농도가 증가했기 때문으로 여겨지고 있다. 이러한 과학적 증거에 대응하여, 국제사회는 1992년 국제 조약인 유엔기후변화협약(UNFCCC)을 채택했다. 이 협약은 각국이 지구 평균기온 상승과 그로 인한 기후변화의 영향을 제한하기 위해 무엇을 할 수 있을지 긴밀히 논의하고, 해결 방안을 모색하도록 요구한다. 2013년 6월 기준으로, 이 협약은 195개 당사국에 의해 비준되었다.[1)]

1997년에는 유엔기후변화협약 하의 국제 협정으로서 교토의정서가 채택되었으며, 2005년 2월 발효되었다.[2)] 2013년 6월 기준으로, 교토의정서에는 192개의 당사국이 참여하고 있다. 이 의정서의 주요 특징은 37개의 산업화된 국가("부속서 I" 당사국)와 유럽 공동체에 대해 여섯 가지 특정 유형의 온실가스(GHG) 배출을 감축하기 위한 의무적인 목표를 설정했다는 점이다. 가장 중요한 세 가지 온

1) 협약 비준 현황은 UNFCCC 홈페이지, http://unfccc.int/essential_background/convention/status_of_ratification/items/2631.php 〈최종 검색: 2025. 1. 22.〉

2) Kyoto Protocol, UNFCCC 홈페이지, http://unfccc.int/kyoto_protocol/items/2830.php 〈최종 검색: 2025. 1. 22.〉

실가스는 이산화탄소(CO_2), 메탄(CH_4), 아산화질소(N_2O)이며, 그 외에 수소불화탄소(HFCs), 과불화탄소(PFCs), 육불화황(SF_6)이 있다. 각국은 이러한 모든 온실가스 배출을 줄이는 것이 권장되지만, 측정을 표준화하기 위해 다른 가스 배출량은 CO_2의 "지구 온난화 잠재력"에 상응하는 값으로 환산된다. 예컨대 메탄(CH_4)은 이산화탄소보다 21배 높은 지구 온난화 잠재력을 가지고 있다(100년 시간척도로 측정).[3] 따라서 메탄 1톤 배출은 이산화탄소 21톤 배출과 동등하게 간주된다.

교토의정서는 가입국들이 주로 국내 조치를 통해 목표를 달성하도록 요구하지만, 동시에 다른 국가에서 발생한 감축량을 구매하여 배출을 상쇄할 수 있는 몇 가지 유연성 메커니즘도 제공한다. 이는 "단위"를 구매하는 방식으로 이루어지며, 각 단위는 CO_2 1톤(다른 온실가스 배출량은 CO_2 톤수로 환산됨)에 해당한다. 이러한 단위를 거래하여 온실가스 배출을 상쇄(offset)하는 과정에서 새로운 상품, 즉 배출 감축량 또는 제거량이 창출되었다. 이산화탄소(CO_2)가 주요 온실가스이기 때문에, 이 시장은 흔히 탄소시장(carbon market)이라고 불리며, 거래되는 각 단위는 일반적으로 '탄소 크레딧(carbon credits)'[4]이라고 한다.

탄소시장은 탄소배출량 감축의무 여부에 따라 정부 주도의 '규제적 탄소시장(Compliance Carbon Market)'과 민간 주도의 '자발적 탄소시장(Voluntary Carbon Market)'으로 구분된다. 규제적 탄소시장은 '캡 앤드 트레이드(cap-and-trade)' 또는 '배출권거래제(ETS: Emission Trading Schemes)라고도 불리는데, 국가 온실가스 감축목표(NDC: Nationally Determined Contributions)를 달성하기 위해 온실가스 총량 내에서 감축의무자가 사전에 정한 배출 허용량(emission allowances)[5]을 배출권 형태로 거래하는 탄소시장을 말한다. 규제적 탄소시장에서 배출거래제는 정부가 국가배출권 할당 계획을 사전에 수립한 후 그에 따라 할당 기업을 지정하여 배출권을 할당하고, 할당 기업은 할당량의 부족분 또는 초과분을 배출

---

3) Climate Change 1995, The Science of Climate Change: Summary for Policymakers and Technical Summary of the Working Group I Report, p. 22 참조(http://unfccc.int/ghg_data/items/3825.php 〈최종 검색: 2025. 1. 22.〉)

4) 탄소 크레딧은 온실가스 감축 활동을 통한 감축분을 탄소시장에서 거래가 가능하도록 공인기관의 검증을 거쳐 발급받은 인증서를 말한다.

5) 허용량 당 1미터톤의 이산화탄소 환산 온실가스를 배출할 수 있는 거래 가능한 허가권을 의미한다.

권거래소 등에서 거래할 수 있으며, 해당 기간 동안 실제 배출한 온실가스량을 정부에 보고하면 정부가 이를 인증하고, 할당 기업은 정부의 인증량에 상응하는 배출권을 정부에 제출하는 일련의 절차를 의미한다. 쉽게 설명하면 배출권거래제에 속한 기업은 연말에 그 해에 실제 배출한 총량만큼의 배출권을 정부에 다시 반납해야 하는데, 애초에 할당 받은 배출권보다 실제 배출량이 많은 기업은 시장에서 배출권을 추가로 구매해야 하며, 할당량보다 실제 배출량이 적은 기업은 남은 배출권을 시장에서 판매할 수 있다. 배출거래제는 유럽연합(EU), 우리나라, 호주, 뉴질랜드, 미국 캘리포니아, 캐나다 퀘백, 일본 도쿄, 중국 등에서 운영되고 있다.[6)]

반면에 자발적 탄소시장은 개인, 기업, 정부, 비영리 단체 등이 사회적 책임을 다하기 위해 자발적으로 탄소감축 프로젝트에 참여하여 획득한 감축실적을 탄소크레딧 형태로 거래하는 탄소시장을 의미한다. 자발적 탄소시장은 1997년 제3차 유엔기후변화협약 당사국총회(COP3)에서 합의된 교토의정서에 따라 출범한 청정개발체제(CDM: Clean Development Mechanism)[7)]에서 기원을 찾을 수 있다. 2021년부터 글로벌 기후변화 협약 체제가 교토의정서에서 파리협정으로 대체되면서 청정개발체제는 자발적 탄소시장 등을 포함한 다양한 탄소감축 시장 메커니즘으로 발전하고 있다. 청정개발체제가 주로 선진국의 탄소배출감축 의무를 완수하는데 목적을 둔 반면, 자발적 탄소시장은 탄소배출감축 의무가 없는 기업이나 개인이 자발적으로 탄소감축에 동참할 수 있는 수단을 제공한다. 특히 2021년 제26차 유엔기후변화협약 당사국총회(COP26)에서 파리협정 제6조[8)]의 구체적 이행규칙이 제정됨에 따라 탄소배출권의 활용성이 높아지면서 자발적 탄소시장의 성장 잠재력이 확대되고 있다. 이러한 자발적 탄소시장은 국가온실가스감축목표(NDC) 달성에 기여할 뿐만 아니라, 기후변화 대응에 필요한 자금조

6) 각국의 배출권거래제도에 대한 상세한 설명으로는 안종오, "배출권거래제도의 소송상 쟁점에 관한 연구", 법학평론 제5권, 2015. 2, 242-244면 참조.

7) 청정개발체제(Clean Development Mechanism)는 온실가스 감축 의무가 있는 국가(주로 선진국)가 자국에서 충분히 감축을 하지 못할 경우 외국(주로 개발도상국)의 온실가스 감축 프로젝트(예: 조림사업, 재생 에너지사업 등)에 투자함으로써 획득한 온실가스 감축실적을 자국의 NDC를 달성하는 데 활용하는 메커니즘이다.

8) 파리협정 제6조는 당사국들이 양자 또는 다자 협약을 통해 온실가스를 감축한 실적을 서로 거래함으로써 자국의 감축목표를 달성할 수 있도록 허용하는 프레임워크를 제공한다.

달 수단 확보, 효율적 탄소가격 시그널 제공 등에 기여할 수 있는 것으로 평가되고 있다.[9)]

그런데 전통적인 시장에서 상품 거래에 있어서는 거래 과정 중에 물리적으로 누군가에게 전달되어야 하는 상품이 있는 반면, 탄소시장에서 배출권이나 탄소 크레딧의 거래는 물리적 상품을 나타내지 않으며 대신 '법적 허구'로 설명된다. 이러한 개념은 많은 판매자, 구매자, 거래자에게 잘 이해되지 않는다. 이러한 이해 부족은 탄소시장에서 배출권 내지 탄소 크레딧 거래 시에 사기, 탈세, 이전가격 조작, 자금 세탁, 기타 불법 활동에 특히 취약하게 만든다. 탄소시장은 다른 금융 시장들과 마찬가지로 많은 금액이 투자되고, 규제가 미성숙하며, 감독과 투명성이 부족하기 때문에 범죄자들의 활동 무대로 전락하고 있다. 특히 자발적 탄소시장에서 비정부 기구가 탄소 크레딧을 발행하고 다양한 민간 행위자와 시장 조성자의 감사 및 약속에 의존하며, 거래 프로세스의 모든 단계를 모니터링하는 신뢰할 만한 기관이 부족하고, 탄소 상쇄(offsets)가 주장을 충족하는지 등에 관한 명확한 기준이 없기 때문에 사기와 조작의 위험에 쉽게 노출될 위험에 처해 있다. 그 대표적인 사례로, 2024년 10월 2일, 뉴욕 남부 지방 검찰청은 탄소 크레딧 개발사인 'C 퀘스트 캐피털(CQC Impact Investors LLC, 이하 'CQC'라 함)'가 탄소배출 감소 데이터 조작과 사기성 탄소 크레딧을 판매한 혐의를 조사한 결과를 바탕으로 CQC의 전 최고경영자(CEO)인 케네스 뉴컴(Kenneth Newcombe), CQC의 탄소회계팀 책임자인 트리딥 고스와미(Tridip Goswami), CQC의 최고운영책임자인 제이슨 스틸(Jason Steele)에 대한 형사 기소를 발표한 바 있다.[10)]

따라서 이하에서는 규제적 탄소시장과 자발적 탄소시장의 기본 거래구조, 각국의 배출권거래제의 현황, 탄소시장의 범죄 취약성, 탄소시장에서의 주요 탄소배출권 관련 범죄 유형을 살펴보고 기후형법의 관점에서 대응 방안을 검토하고자 한다.

---

9) 임진, "자발적 탄소시장 전망과 과제", 금융브리프 ESG Inside 제33권 제2호, 2024, 24-25면.
10) 이에 대해 상세히는 https://www.justice.gov/usao-sdny/pr/us-attorney-announces-criminal-charges-multi-year-fraud-scheme-market-carbon-credits 〈최종 검색: 2025. 1. 21.〉

Ⅱ. 규제적 탄소시장에서 배출거래권 관련 범죄와 대응 방안

1. 규제적 탄소시장에서 배출권거래제의 거래 구조

(1) 배출권거래제의 개요

규제적 탄소시장은 흔히 '캡 앤드 트레이드(cap-and-trade)' 제도라고도 한다. 이는 국가나 기업이 배출할 수 있는 온실가스의 총량('캡')을 설정하는 제도이다. 정해진 한도를 초과하면 초과량에 대해 탄소배출권을 구매해야 한다. 반면에 초과 배출권이 있는 주체는 여분의 배출권을 필요로 하는 배출자에게 판매(trade)할 수 있다.

그림 10-1 탄소배출권 거래 개요

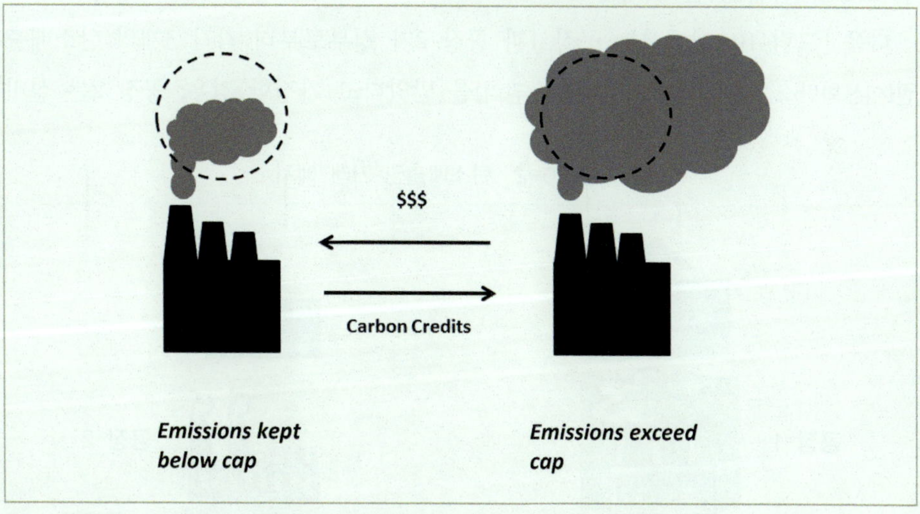

출처: Interpol, 『Guide to Carbon Trading Crime』, 2013, p. 2

교토의정서는 배출 한도를 설정하여 목표를 수용한 국가들에 대해 온실가스 배출을 제한하거나 감축하도록 요구한다. 이 목표는 할당 배출량 단위(AAUs: Assigned Amount Units)라는 고정된 수치로 표현된다. 각 AAUs는 이산화탄소 1톤에 해당하는 온실가스를 배출할 수 있는 권리를 나타낸다. 만약 한 국가가 허용된 배출량을 초과하면, 초과 배출량을 상쇄하기 위해 다른 관할 지역에서 이루어진 감축량을 구매해야 한다.

상쇄(offsets)로 구매할 수 있는 단위는 여러 종류가 있으며, 생성된 법적 관할권에 따라 각각 다른 이름으로 불린다. 하지만 모든 경우에서 각 단위는 표준화되어 탄소배출권 하나(이산화탄소 1톤 상당)에 해당하므로 국경 간에 쉽게 교환할 수 있다. 교토의정서는 할당된 목표를 초과하지 않고 목표보다 낮은 배출량을 유지한 국가가 남는 할당 배출량 단위(AAUs)를 초과 배출한 국가에 판매할 수 있도록 허용한다.[11]

우리나라를 포함하여 유럽연합, 호주, 뉴질랜드 등 여러 국가 및 지역에서 규제적 탄소시장이 개발되었거나 확장되는 과정에 있다. 이러한 국가 및 지역 탄소시장에서는 개별 기업이 탄소시장 내에서 서로 탄소배출권을 거래할 책임을 진다. 이는 민간 부문이 가장 저비용으로 배출량을 줄일 수 있는 곳을 결정할 수 있도록 하기 위한 것이다.

다음 [그림 10-2]에서는 공장 1과 공장 2가 정부로부터 각각 3개의 탄소배출권(이산화탄소 3톤을 배출할 수 있는 권리)을 받았다고 가정할 경우, 공장 2는 설비

그림 10-2 탄소배출권 거래 예시

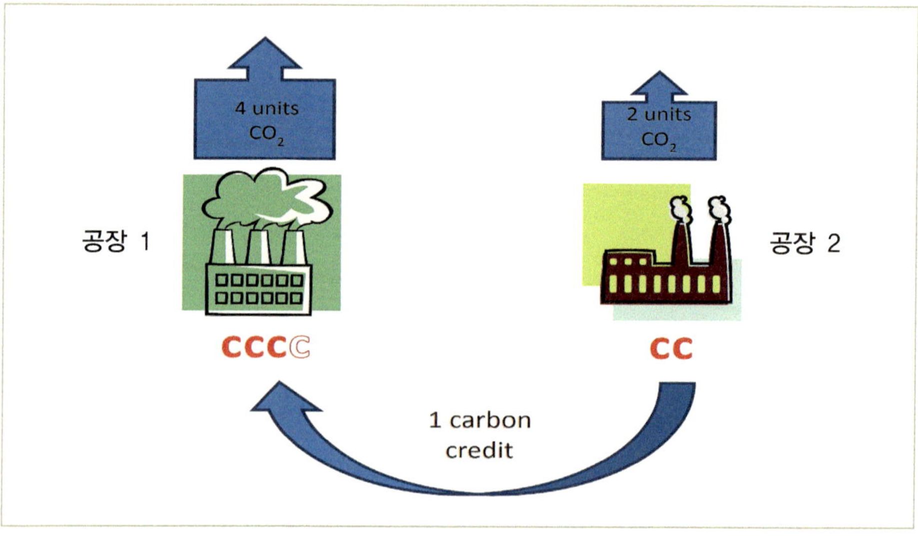

출처: Interpol, 『Guide to Carbon Trading Crime』, 2013, p. 5

11) Interpol, 『Guide to Carbon Trading Crime』, 2013, pp. 2-3.

를 업그레이드하여 효율성을 개선함으로써 이산화탄소를 2톤만 배출했다. 반면에 공장 1은 생산량이 증가하여 전체 배출량이 4톤으로 늘어나게 되었다. 이 경우에 공장 1은 부족한 1개의 탄소배출권을 공장 2로부터 구매해야 한다.

(2) 탄소거래 규모

탄소거래는 세계에서 가장 빠르게 성장하는 상품 시장이다.[12] 세계은행의 탄소시장 연례 보고서에 따르면, 2011년 탄소거래 규모는 1,760억 달러로 평가되었다.[13] 미국이 탄소시장을 도입할 경우, 시장 규모가 2조~3조 달러에 이를 것으로 추정된다. 2011년 전 세계 배출권 거래량은 이산화탄소 환산량으로 103억 톤에 달했으며, 그중 유럽연합 배출권거래제(EU ETS)의 허가권이 전체의 4분의 3 이상을 차지했다.[14]

유럽연합 배출권거래제(EU ETS)는 단연 가장 큰 지역 탄소거래제이다. 세계은행은 EU ETS의 가치를 2011년 기준 1,480억 달러로 추정했으며, 해당 연도의 탄소배출권 평균 가격은 18.80달러였다. 다른 국가 및 지역의 탄소시장은 2011년에 엇갈린 결과를 보였는데, 뉴질랜드의 탄소시장 가치는 3배 증가해 3억 5,100만 달러에 달했지만, 북미의 지역 온실가스 이니셔티브(RGGI)는 거의 절반으로 줄어 2억 4,900만 달러를 기록했다. 그러나 세계은행은 호주, 미국 캘리포니아, 멕시코, 한국, 캐나다 퀘벡에서 새롭게 도입되거나 떠오르고 있는 탄소시장이 전체 탄소거래의 미래 성장에 기여할 것으로 보고 있다([그림 10-3] 참조).[15]

---

12) Mark Schapiro, “Conning the Climate: Inside the Carbon Trading Shell Game”, *Harper's Magazine, Feb. 2010* at p. 31 참조.

13) The World Bank report, State and Trends of the Carbon Market (2012) 참조. 보다 상세한 정보는 http://www.reuters.com/article/2012/05/30/us-world-bank-carbon-idUSBRE84T0872012 0530 〈최종 검색: 2025. 1. 22.〉

14) The World Bank report, State and Trends of the Carbon Market (2012) 참조.

15) http://www.reuters.com/article/2012/05/30/us-world-bank-carbon-idUSBRE84T08720120530 〈최종 검색: 2025. 1. 22.〉

그림 10-3 전 세계 온실가스 배출권 거래

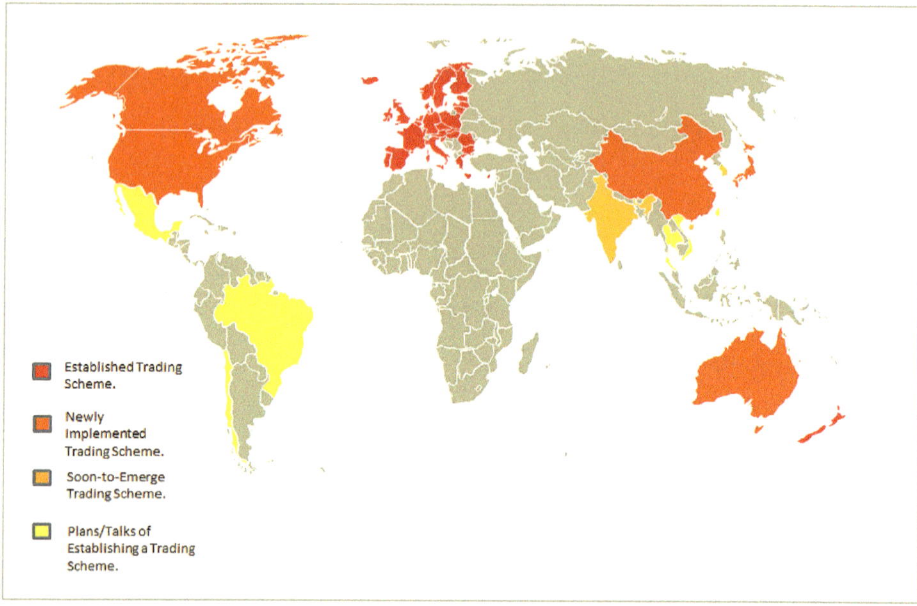

출처: Carbon－Politics.com

아래는 기존 및 새롭게 떠오르는 여러 탄소시장에 대한 간략한 개요이다. 각 지역은 거래되는 탄소배출권을 고유한 이름으로 부르지만, 모든 단위는 여전히 1톤의 CO_2에 해당한다.

2. 각국의 규제적 탄소시장

(1) 유럽연합(EU)

유럽연합 배출권거래제(EU ETS)는 세계에서 가장 큰 다국적 온실가스 배출권 거래제이다. EU ETS는 현재 30개국(27개 EU 회원국과 아이슬란드, 리히텐슈타인, 노르웨이)에서 운영되고 있다. EU ETS 하에서는 기업들이 유럽연합 할당량(EUAs)이라는 배출 허용량을 받으며, 필요에 따라 이를 서로 사고팔 수 있다. 기업들은 매년 자신들의 배출량을 충당할 수 있는 충분한 탄소배출권을 제출해야 한다. 만약 제출한 배출권이 충분하지 않을 경우, 기업들은 재정적 벌금을 받기 전에 필요한 추가 배출권을 생산할 수 있는 유예 기간이 주어진다. 기업이 배출량을 줄일 경우, 남은 배출권을 보유하여 미래 필요에 대비하거나, 부족한 할당량을 가진 다른 기업에 판매할 수 있다.[16)]

이 탄소거래제의 1단계는 2005년에 시작되었다. 1단계(2005년~2007년)에서는 EU CO_2 배출량의 약 40%가 포함되었다. 2단계(2008년~2012년)에서는 공동 이행 프로젝트(ERUs) 및 청정개발체제(CERs)을 통해 생성된 탄소배출권 도입 등으로 제도의 범위가 크게 확대되었다. 3단계 거래 기간은 2013년에 시작되었다.[17)]

EU ETS는 발전소, 연료 연소시설, 석유 정제소, 제철소와 같은 시설에서 발생하는 CO_2 배출뿐만 아니라 시멘트, 유리, 석회, 벽돌, 세라믹, 펄프, 종이 및 판지를 만드는 공장의 배출도 포함된다. 특정 공정에서 발생하는 아산화질소 배출도 포함된다. 2012년 1월 1일부터는 항공 부문에서 발생하는 배출도 포함되었다. EU 공항을 사용하는 모든 항공사는 배출되는 이산화탄소 톤당 세금을 지불해야 한다. 그러나 중국, 인도, 미국 등의 강한 반대에 직면하여, 이러한 규칙을 EU 외부로 확대하는 글로벌 배출거래에 대한 계획은 1년 연기되었다.[18)] 2013년에는 EU ETS가 석유화학, 암모니아, 알루미늄 산업 및 추가적인 온실가스로 확장되었다. 유럽연합은 EU ETS를 전 세계의 호환 가능한 시스템과 연결하여 글로벌 탄소시장의 핵심으로 만들기를 희망하고 있다.[19)]

(2) 우리나라

우리나라는 교토의정서 상 감축목표를 제시할 의무가 있는 당사국은 아니지만 자발적으로 감축목표를 제시하고 이를 달성하기 위하여, 2010년 온실가스 배출에 따른 권리・의무를 명확히 하고 시장거래를 허용하고 다양한 감축수단을 자율적으로 선택할 수 있도록 하는 내용의 「저탄소 녹색성장 기본법」을 제정하였다. 이 법에서는 향후 총량제한 배출권거래제 도입을 규정하고 이를 위하여 배출허용량의 할당방법, 등록・관리 방법 및 거래소 설치・운영 등에 관한 사항

---

16) European Commission, Emissions Trading System (EU ETS), Nov. 15, 2010, http://ec.europa.eu/environment/climat/emission/index_en.htm 〈최종 검색: 2025. 1. 22.〉
17) European Commission, Emissions Trading System (EU ETS), Nov. 15, 2010, http://ec.europa.eu/environment/climat/emission/index_en.htm 〈최종 검색: 2025. 1. 22.〉
18) http://www.bbc.co.uk/news/business-20299388 〈최종 검색: 2025. 1. 22.〉
19) European Commission, Emissions Trading System (EU ETS), Nov. 15, 2010, http://ec.europa.eu/environment/climat/emission/index_en.htm 〈최종 검색: 2025. 1. 22.〉

은 따로 법률에 정하도록 하였다. 위 법에 따라 2013년「온실가스 배출권의 할당 및 거래에 관한 법률」(이하 '배출권거래법'이라 함)이 제정되었고, 2015. 1.부터 본격적으로 온실가스 배출권거래제가 시행되도록 하였다.[20]

우리나라의 온실가스 배출권거래제도는 2015년부터 1기에서 3기로 나누어 점차적으로 확대 실시되는데, 제1기는 2015년에서 2017년으로 무상할당이 100% 적용되며, 제2기는 2018년에서 2020년으로 무상할당 비율이 97%, 제3기는 2021년에서 2025년으로 이후로는 90%이내의 범위에서 결정될 예정이다.

온실가스 배출권 거래시장이 개시된 뒤 거래에 참여한 업체는 525개의 기업이었으며, 이는 최근 3년간 연평균 125천 이산화탄소상당량톤(이산화탄소 1톤 또는「저탄소 녹색성장 기본법」제2조 제9호에 따른 기타 온실가스의 지구 온난화 영향이 이산화탄소 1톤에 상당하는 양) 이상을 배출하는 업체 또는 2만 5천 이산화탄소상당량톤을 배출하는 시설을 가진 업체 및 자발적으로 참여하고자 하는 업체를 포함하여 결정되었다. 각 개별 기업이 받은 할당량은 향후 기업 증설 계획 등 영업비밀이 포함되어 비공개인 상황이나 각 기업별 온실가스 배출량은 공개되어 있기에 이를 통해 추정할 수는 있다. 온실가스 배출권 거래시장에서 거래되는 배출권은 할당 배출권(KAU: Korean Allowance Unit)과 상쇄배출권(KCU: Korean Credit Unit)로 구분할 수 있는데, 전자는 할당대상 기업에게 할당된 온실가스 배출허용량을, 후자는 특정 이행 연도별로 외부사업 온실가스 감축량을 의미한다. 이때 상쇄배출권의 경우, 외부의 감축사업으로 발행받은 인증실적(KOC: Korean Offset Credit)을 상쇄 배출권으로 전환신청 후 주무관청의 승인 절차를 통해 유동적으로 상장할 수 있다.

금융투자업자와 일반투자자는 2차 계획기간 후인 2021년부터 참여할 수 있으며, 정부에 의해 할당된 배출권을 배출권 등록부 시스템에 등록하여 계정을 얻은 뒤에 가능하다. 이러한 이유로 2차 계획기간까지는 4대 공적금융기관인 한국산업은행, 정책금융공사, 중소기업은행, 한국수출입은행만이 참여가 허용되었다.[21]

---

20) 안종오, 앞의 논문, 241면.

21) 심성희/이지웅, "우리나라 배출권거래제 시장 왜곡 요인과 정책적 함의", 에너지경제연구 제14권 제2호, 2015. 9, 186-187면.

현재 온실가스 배출권이 할당된 기업이 이행연도 말미에 제출해야 하는 배출권이 배출한 온실가스 배출량보다 부족할 경우 1이산화탄소상당량톤 당 10만원의 범위 내에서 이행연도 온실가스 배출권 시장가격의 3배에 달하는 과징금을 부과하고 있다. 과징금 액수에 관해 산업계의 이견이 존재하기에 현재는 계획기간 내 다음 이행 연도에 할당대상 기업이 보유한 배출권은 환경부의 승인을 받아 이월할 수 있으며, 다음 계획기간에서 배출권을 20%까지 차입하여 사용할 수 있도록 하고 있다.[22)]

(3) 미 국

2003년 미국 뉴욕 주는 9개의 북동부 주와 함께 발전소의 이산화탄소 배출을 제한하고 거래하는 캡 앤 트레이드 프로그램을 만들기로 약속했다. 이 프로그램은 지역 온실가스 이니셔티브(RGGI: Regional Greenhouse Gas Initiative)라고 불리며, 2009년 1월 1일에 시작되어 2018년까지 각 주의 전력 생산 부문에서

그림 10-4 지역 온실가스 이니셔티브(RGGI)로 커버되는 미국 주와 지방

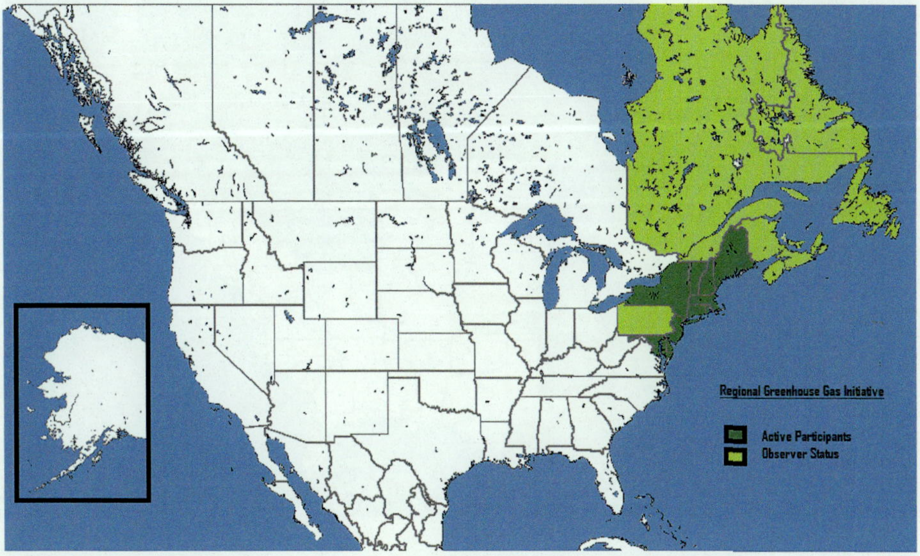

출처: Carbon－Politics.com

22) 이보형, "국내 탄소금융 장외거래 규제제도에 대한 법경제학적 고찰 – 불공정거래행위를 중심으로 –", 은행법연구 제9권 제2호, 2016. 1, 203-204면.

2009년 배출량 대비 10%를 줄이는 것을 목표로 한다. 또한 2003년, 미국 기업들은 시카고 기후 거래소에서 자발적인 계획 하에 CO_2 배출 허용량을 거래할 수 있었다.

2006년 미국 캘리포니아 주는 탄소시장을 설립하기 위한 법안을 통과시켰다. 최종 규정은 2011년 10월 캘리포니아 공기 자원 위원회(CARB: California Air Resources Board)에 의해 채택되었다. 이 시장은 북미 서부지역 기후 이니셔티브(WCI)를 통해 다른 미국의 주들과 캐나다의 지방(브리티시컬럼비아, 온타리오, 퀘벡 포함)들과 함께 지역 온실가스 배출거래 시스템의 일부가 되었다. 제안된 거래 시스템은 프로젝트 기반의 상쇄 메커니즘을 통해 유연성을 허용하고 있다. 주요 상쇄 프로젝트 유형으로는 가축 분뇨 관리, 농촌 및 도시 산림, 오존층 파괴 물질의 파괴가 있으며, 온실가스 배출을 줄이는 다른 방법도 고려되고 있다.[23)]

그림 10-5 서부 기후 이니셔티브(WCI)로 커버되는 미국 주와 지방

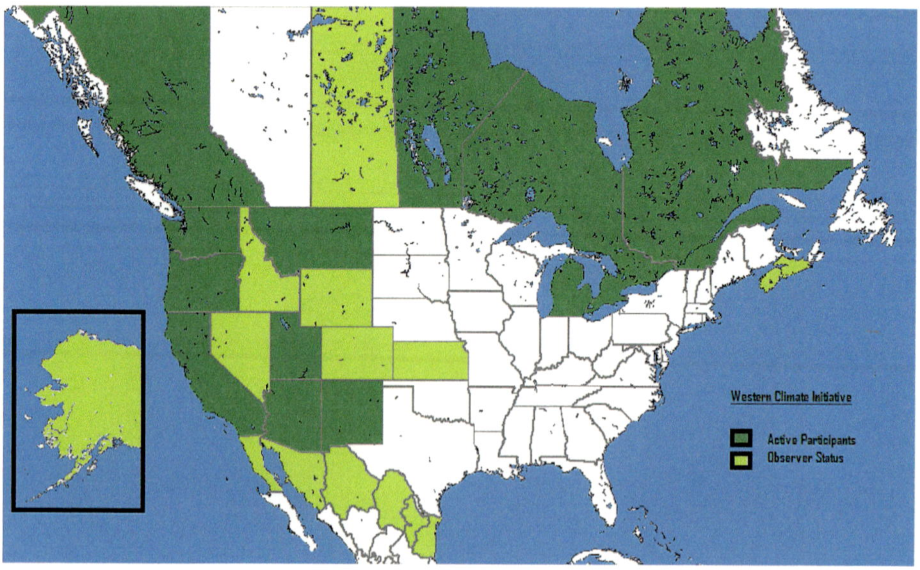

출처: Carbon-Politics.com

23) 미국의 배출권거래제도에 대한 상세한 설명으로는 이종영, 『총량제한 탄소배출권거래제 도입을 위한 입법적 과제』, 국회입법조사처, 2009, 75-80면 참조.

(4) 캐나다 퀘벡

캐나다 퀘벡은 2008년 4월 서부 기후 이니셔티브(WCI)에 가입했으며, 2011년 12월에는 자체 탄소시장 프로그램을 채택했습니다. 이 지방은 2013년부터 캘리포니아의 탄소시장과 연결하는 작업을 진행 중입니다. 퀘벡은 캐나다에서 탄소시장을 구축하기 위한 규정을 채택한 첫 번째 지방입니다.

(5) 호 주

1990년부터 2005년 동안 호주의 온실가스 순배출량은 2.2% 상승하고, 1인당 배출량은 OECD 국가 중 가장 높은 수준이며, 세계적으로도 상위에 속함으로 인하여 호주의 연방정부는 교토의정서에 대한 비준을 거부하여 왔다. 그러던 중 2003년 호주 뉴사우스웨일즈 주(NSW: State of New South Wales) 정부는 전력생산 회사와 소비자가 뉴사우스웨일즈 온실가스 감소 증명서(NGACs)를 구매하도록 요구하는 온실가스 감소 계획을 수립했다. 2011년 이 계획은 호주 연방정부가 「청정 에너지 법(Clean Energy Act)」을 통과시키면서 국가 차원의 계획으로 대체되었다. 이 법은 고정 가격 탄소세를 도입하지만, 2015년 중반부터 탄소시장으로 전환되었다. 당시 호주 정부는 자국의 탄소시장을 유럽연합의 배출권거래제(EU ETS)와 연결하고, 2018년 7월까지 양방향 연결을 완료할 계획을 수립했다.[24)]

(6) 뉴질랜드

2008년 뉴질랜드 정부는 모든 부문과 온실가스를 포함하는 뉴질랜드 배출권거래제(NZ ETS)를 수립했다. 산림 부문 등 각 부문은 다른 날짜에 거래 제도에 포함되었다. 즉 온실가스를 흡수하는 산림 부문은 2008년 1월 1일에 포함되었으며, 2010년 7월 1일부터는 고정 에너지, 산업, 액체 화석연료 부문도 포함되었다. 농업 배출은 2015년까지 포함에 유예되었다. 2010년 7월 1일부터 2012년 12월 31일까지는 전환 기간이 운영되었으며, 이 기간 동안 배출권의 가격은 뉴질랜드 25달러로 상한이 설정되었다. NZ ETS는 국제 탄소시장과 연결되어 있

---

24) 호주의 배출권거래제도에 대한 상세한 설명으로는 이종영, 앞의 보고서, 83-89면 참조.

으며, 대부분의 교토의정서 배출권을 사용할 수 있다.[25)]

(6) 일 본

일본은 탄소시장의 성장과 함께 탄소시장의 활성화를 위한 주요국의 노력이 활발하게 진행되고 있고, 아직 의무적 배출권거래제를 실시하고 있지 않으나 자발적 총량 거래제를 실시하여 배출권거래에 대한 기업들의 관심 및 참여도를 제고하고 있다.

일본은 도쿄시를 대상으로 하는 탄소시장을 수립했다. 이 계획의 첫 번째 단계는 2014년까지 진행된다. 2011년부터는 지정된 배출 한도 아래로 운영하지 못하는 조직은 초과 배출량을 상쇄하기 위해 탄소배출권을 구매해야 한다.[26)]

(8) 중 국

2024년 2월 4일, 중국 국무원은 「탄소배출권 거래 관리에 관한 임시 규정(碳排放权交易管理暂行条例)」(이하 '규정'이라 함)을 발표했고, 이는 2024년 5월 1일부터 시행되었다. 이 규정은 현재 2,000개가 넘는 발전소에서 매년 배출되는 약 50억 톤의 이산화탄소를 다루는 배출권거래제도(ETS)에 대한 보다 강력한 법적 틀을 제공하도록 고안된 것이다. 중국의 배출권거래제도는 참여자들이 다른 회사로부터 배출권을 구매하여 배출 목표를 달성할 수 있도록 하는데, 데이터 정확성에 대한 우려로 인해 수년간 지연된 후 2021년에 공식적으로 시작되었다.

새로운 규정의 핵심 내용은 배출권거래 행정을 위한 기본 제도적 틀을 확립함을 목표로 하는데, 여기에는 국가 탄소배출 등록 및 거래 기관의 법적 지위와 책임, 배출권거래 범위, 거래 상품, 거래 주체 및 거래 방법을 명확히 하는 것이 포함된다. 또한 주요 탄소배출 주체의 식별, 탄소배출 허용량 할당, 연간 온실가스 배출 보고서 작성 및 검증, 탄소배출 허용량 반납 및 시장거래도 포함된다. 나아가 당국에 배출량을 모니터링하고 검증하는 제3자 회사를 포함하여 데이터를 위조한 회사를 조사하고 처벌할 수 있는 권한을 부여하고 있다.[27)]

---

25) Interpol, 앞의 보고서, p. 8.

26) 일본의 배출권거래제도에 대한 상세한 설명으로는 이종영, 앞의 보고서, 80-82면 참조.

27) https://www.chinajusticeobserver.com/a/china-issues-regulations-for-carbon-emissions-trading 〈최종 검색: 2025. 1. 22.〉

3. 규제적 탄소시장에서 발생하는 범죄 유형과 실제 사례

(1) 측정 조작을 통한 추가 탄소배출권(크레딧) 사기

청정개발체제(CDM: Clean Development Mechanism) 프로젝트는 프로젝트가 예상보다 적은 배출을 야기한 정도에 따라 탄소배출권을 생성한다. 이는 사기범들에게 두 가지 접근 방법을 통해 측정을 조작하고 부당하게 더 많은 탄소배출권을 얻을 수 있는 기회를 제공한다. 하나는, 그들은 예상되는 배출량을 과대 평가(예컨대 정상적인 프로젝트 수행시 일어날 시나리오를 과장하는 방식)하여 배출이 발생했을 경우의 추정치를 과대 추정할 수 있다. 다른 하나는, 그들은 프로젝트가 실제보다 더 많은 배출 감소를 이루었다고 허위 주장을 할 수 있다.

이러한 측정을 조작하는 방법은 그 밖에도 여러 가지가 있을 수 있다. 가장 명백하게는 데이터를 의도적으로 허위로 보고하는 방식이다. 그러나 더 미묘하게는 측정을 수행하는 사람들이 특정 변수만 측정하거나, 데이터를 수집할 사이트를 선택적으로 고르거나, 계산에서 특정 가정을 채택하여 분석을 왜곡할 수 있다. 많은 개발도상국에서는 신뢰할 수 있는 데이터의 부족 또는 데이터 수집 과정의 감시를 위한 미비한 제도 허점으로 인해, 이해관계자들이 탄소 측정을 자신에게 유리하게 조작할 기회를 많이 가질 수 있다.

이러한 위험을 해결하기 위해, 청정개발체제는 프로젝트가 탄소배출권을 받기 전에 제3자에 의한 검증을 요구한다. 이러한 검증은 청정개발체제 집행위원회가 지정하고 인증한 운영기구(DOE, 이하 '청정개발체제운영기구'라 함)에 의해 수행된다. 하지만 독립적인 제3자 감사역조차도 뇌물이나 공모를 통해 결과를 조작할 수 있다. 특히 프로젝트에 고위 정부 관료와 강력한 사업적 이익이 포함된 경우, 감사 기관이나 개별 직원은 상당한 정치적 압력을 받거나, 실제로 달성된 것보다 더 높은 목표 달성치를 보여주는 탄소 측정값을 제시하도록 하는 청탁을 받고 뇌물을 받을 수 있다.

또한 청정개발체제운영기구의 독립성에 대한 우려가 제기되고 있다. 청정개발체제 프로젝트의 계약에 대한 일반적인 비즈니스 관행은 청정개발체제운영기구가 프로젝트 개발자로부터 지급을 받고, 프로젝트가 청정개발체제 집행위원회의 승인을 받은 후에 이루어진다는 것이다. 이는 청정개발체제운영기구가 검증 과정의 정확성을 보장하기보다는 프로젝트 승인을 촉진하도록 유도하는 이해충돌의 문제를 발생시킨다.

모든 탄소배출권은 서로 교환 가능하다(시장 용어로 이는 '교환 가능성_fungible' 이라고 불림). 따라서 탄소시장의 무결성을 보장하려면, 탄소배출권이 관련 법적 체제에서 법적으로 인정받고, 그런 방식으로 사고팔 수 있도록 하는 것이 우선되어야 한다. 이는 명확하고 독립적으로 규제된 거래 규칙을 수립함으로써 달성할 수 있다. 그러나 환경적 무결성은 프로젝트가 온실가스 배출을 검증 가능한 방식으로 감소시키는 결과를 가져오는지를 요구한다. 이 목표의 불일치, 즉 탄소배출권이 검증되어 법적으로 거래 가능하도록 하는 것과 배출이 실제로 감소하도록 하는 것의 불일치는 탄소시장 참여자들이 탄소배출권의 출처를 조사하거나 자체적으로 규제 활동을 할 동기를 약화시킨다. 따라서 탄소배출권 생성에서의 사기와 기타 부패를 줄이려면 규제 당국의 특정 감독이 필요하다.

실제로, 2008년과 2009년, 유엔은 각각 두 개의 독립적인 탄소 회계 조직인 노르웨이의 Det Norske Veritas와 스위스의 SGS(Société Générale de Surveillance)가 실시하는 인증 서비스 업무에 대해 일시적인 중단 조치를 내렸다. 이는 현장 점검에서 이들 조직의 인증 서비스 방법론에 결함이 발견되었기 때문이다. 조사를 통해 두 회사가 프로젝트를 승인하면서 현장조사를 하지 않았음이 밝혀졌다. 유엔의 검사에서 노르웨이 회사는 결함이 있는 검토 과정, 부적절한 준비와 감사 직원의 교육, 그리고 적합한 기술적 능력을 가진 감사원을 배정하지 않은 전반적인 결함이 발견되었다. 스위스 SGS는 직원 자격과 내부 검토 품질에 대한 우려가 제기되어 중단되었다.[28)]

이 두 회사의 일시적인 인증 서비스 업무 중단은 유엔이 청정개발체제운영기구 활동을 감독하는 데 있어 중요한 진전을 나타내지만, 그 능력의 한계도 노출했다. 특히 유엔은 청정개발체제운영기구의 검증 보고서와 그들이 수집한 데이터를 바탕으로만 평가할 수 있었다. 즉 그들 스스로 작성하고 제시한 증거를 사

---

28) Mark Schapiro, "Conning the Climate: Inside the Carbon Trading Shell Game", *Harper's Magazine*, Feb. 2010, at 36.

용한 것이다. 유엔은 현장 점검을 수행할 때 현장보다는 그들의 사무실에서 해당 기능을 수행했다. 전 세계의 외딴 지역에서 진행되는 프로젝트가 많기 때문에 유엔이 이러한 프로젝트를 적절하게 감독하는 데는 계속해서 한계가 있을 수밖에 없을 것이다.[29]

한편 청정개발체제 하에서 프로젝트는 온실가스 배출 감소가 추가적인 경우에만 탄소배출권을 받을 자격이 부여된다. 즉 청정개발체제 프로젝트를 통해 달성된 온실가스 감축량이 사업이 없었을 경우(baseline scenario)와 비교해 추가적인 감축 효과가 명확히 발생하여야 한다. 이는 청정개발체제의 환경적 무결성을 결정하는 중요한 요소이기도 하다. 이른바 '추가성(additionality)'이라 불리는 이 요건은 새로운 프로젝트만을 장려하고, 다른 곳에서 이미 자금이 지원될 기존 또는 이미 계획된 활동에 대한 자금을 지원하지 않도록 보장한다.

그러나 이러한 추가성은 이론적으로만 평가할 수 있을 뿐이다. 청정개발체제 프로젝트가 구현되지 않았다면 무엇이 일어났을지를 확실히 증명하는 것은 불가능에 가깝기 때문이다. 이처럼 추가성을 평가하는 데 어려움이 있기 때문에 추가성 입증 절차를 조작하고 프로젝트의 환경적 무결성에 대한 허위 주장을 할 수 있는 여러 기회를 만들어 낼 수 있다. 이러한 상황에서 기업들은 자신들의 프로젝트가 실제로는 전혀 탄소배출권을 받을 자격이 없는 상황에서 탄소배출권을 받을 수 있도록 조작할 수 있다.

탄소배출권 품질 보증의 두 번째 문제는 '영속성'이다. 이는 탄소배출 감축이 오랜 기간 동안 실질적으로 유지될 수 있는지에 관한 문제를 말한다. 이 개념은 탄소 상쇄 프로젝트가 단기적으로는 탄소를 줄이는 효과를 가질 수 있지만, 장기적으로 그 효과가 지속되지 않을 가능성을 염두에 둔 것이다. 예를 들어 산림 복원 프로젝트에서 산림 복원을 통해 탄소를 흡수한다고 가정할 때, 복원된 산림이 자연재해(산불, 가뭄), 토지 소유권의 변화, 정치적 혼란, 그 밖의 인간 활동(벌목 등)으로 파괴되면, 원래 흡수했던 탄소가 다시 대기로 방출될 수 있다. 이러한 상황에서는 처음 계획했던 탄소 감축 목표가 달성되지 않게 된다.[30] 이러

29) Ib.

30) Zeke Hausfather, "Let's Not Pretend Planting Trees Is a Permanent Climate Solution," *The New York Times* (June 4, 2022), https://www.nytimes.com/2022/06/04/opinion/environment/

한 자연기반 상쇄 프로그램을 사용하는 많은 기업이 40년을 기간으로 하여 탄소 거래 계약을 체결한다. 산림이 40년 동안 보호되고 그 후에는 산림에서 벌목이 가능하다는 약속이다. 그런데 이산화탄소는 대기 중에 약 100년 동안 머무르기 때문에 프로그램이 유효하려면 산림이 최소한 그 기간 동안 온전하게 유지되어야 한다. 그러나 ProPublica가 2019년에 실시한 조사에 따르면 삼림 벌목 방지 오프셋에 사용되었음에도 불구하고 브라질과 캄보디아에서 상당한 삼림 벌목이 발생한 프로젝트 사례가 여러 건 발견되었다고 한다. 한 예로, 탄소 크레딧에 사용된 특정 지역은 원래 90%가 삼림이었는데 10년도 채 안 되어 삼림이 0%로 줄었다고 한다.[31)]

(2) 존재하지 않거나 다른 사람에게 속한 탄소배출권의 판매를 통한 사기

탄소배출권의 무형성은 탄소 권리의 소유권을 물리적 프로젝트와 분리할 수 있게 만든다. 예컨대 나무를 심거나 공장을 설비를 개선하는 프로젝트는 한 사람이나 회사가 소유하고 관리할 수 있지만, 다른 사람은 이러한 프로젝트를 통해 생성된 탄소배출권을 거래할 법적 권리를 취득할 수 있다. 따라서 탄소 권리의 소유자를 물리적으로 확인할 수 있는 표시가 없기 때문에 사기의 위험이 그만큼 증가한다. 탄소배출권 소유와 관련된 허위 문서를 등록할 수 있도록 정부나 관련 기관의 부패가 용인된다면 이는 탄소배출권 사기를 촉진할 수 있다.

이로 인해 다음과 같은 위험이 발생할 수 있다. 첫째, 탄소 권리의 소유자가 동일한 탄소배출권을 여러 구매자에게 반복해서 판매하는 것을 막기 어렵다. 이러한 행위는 이른바 '이중 계산(double-counting)'이라고 불린다([그림 10-6] 참조). 여러 해외 거래소를 통해 탄소배출권을 판매할 경우, 각 국가마다 규제가 다르고 거래소 간의 모니터링이나 상호 검토 기준이 느슨할 때 판매자는 이러한 이중 계산을 쉽게 숨길 수 있다. 둘째, 특정 청정개발체제 프로젝트에서 생성된 탄소배출권의 소유권을 사기적으로 주장하는 경우, 개별 국가의 법 집행 기관이

---

climate-change-trees-carbon-removal.html 〈최종 검색: 2025. 1. 22.〉

31) Lisa Song and Paula Moura, "An Even More Inconvenient Truth", ProPublica (May 22, 2019), https://features.propublica.org/brazil-carbon-offsets/inconvenient-truth-carbon-credits-dont-work-deforestation-redd-acre-cambodia/ 〈최종 검색: 2025. 1. 22.〉

정부 탄소 등록부를 정기적으로 모니터링하지 않으면 이런 이중 계산에 의한 사기를 발견하기 어려울 것이다.

그림 10-6 탄소배출권의 이중 계산 구조

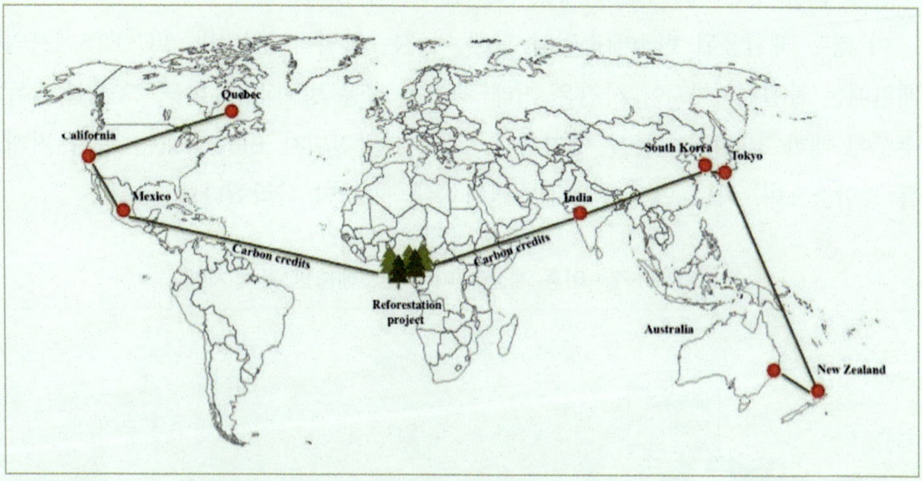

출처: Interpol, 『Guide to Carbon Trading Crime』, 2013, p. 14.

이중 계산의 대표적인 사례로, 탄소배출권이 EU ETS에서 거래된 후 배출량 상쇄에 사용되고 나서 여러 국제거래를 통해 다시 EU ETS로 돌아온 사례를 언급할 수 있다. 사실상 동일한 탄소배출권이 두 번 배출량 상쇄에 사용된 셈이다. 2010년 3월 헝가리 정부는 기업들이 정부에 제출한 200만 톤의 탄소배출권을 재판매했다. EU-ETS 규정상 헝가리 정부는 교토 의정서 목표치를 초과하지 않을 것으로 예상했기 때문에 이러한 탄소배출권을 합법적으로 판매할 수 있었다. 그러나 EU-ETS 규정에 따르면 이미 사용되었거나 재활용된 탄소배출권이 EU 내에서 재사용되는 것을 금지하고 있었다.[32)]

이때 헝가리 정부는 이 탄소배출권을 새로 설립된 회사인 헝가리 에너지 파워(Hungarian Energy Power)에 재판매했으며, 해당 배출권은 유럽에서 사용할 수 없다는 제한을 두고, 유럽연합 집행위원회(European Commission)에 이러한 판매 사실을 통보했다.[33)] 이후 이 회사는 탄소배출권을 영국의 한 거래 회사에

32) http://www.euractiv.com/climate-environment/hungarys-sale-co2-credits-worrie-news-368250 〈최종 검색: 2025. 1. 22.〉

판매했고, 이 회사는 다시 이를 홍콩의 한 기업에 재판매했다. 그러나 홍콩 기업은 이 재활용된 탄소배출권을 파리의 탄소거래소인 BlueNext에 상장했다.[34] 그 결과, 여러 유럽 중개업체와 은행들이 해당 탄소배출권이 이미 유럽에서 사용된 것임을 알지 못한 채 이를 구매했다([그림 10-7] 참조).

이 경우 재활용된 탄소배출권의 판매 자체는 합법적이었지만, EU ETS에서의 재판매는 불법이었다. 이 사건은 거래 체계의 작동 방식과 유효성, 그리고 감독 수준에 대한 심각한 의문을 제기했다. 사건이 발견되자 BlueNext는 즉시 거래를 중단했으며, 이로 인해 탄소배출권의 현물 가격이 급락했다.

그림 10-7 이중 계산에 따른 탄소배출권 거래 사례

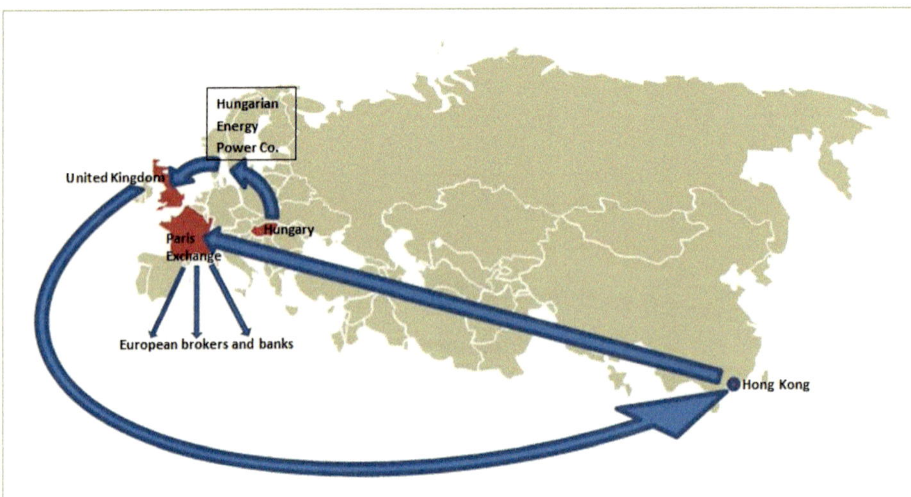

출처: Interpol, 『Guide to Carbon Trading Crime』, 2013, p. 15.

BlueNext는 재활용된 탄소배출권을 소멸시키기 위해 3일 동안 거래를 중단한 후, 시장 신뢰를 회복하기 위해 '스왑 백(swap back)' 거래를 주선했다.[35] 이러

33) Catherine Airlie, "BlueNext Arranges 'Swap Back' of Recycled CO2 Credits After Trading Halt", *BLOOMBERG*, April 14, 2010, http://www.bloomberg.com/news/2010-04-14/bluenext-arranges-swap-backs-of-recycled-co2-credits-after-trading-halt.html 〈최종 검색: 2025. 1. 22.〉

34) The Wrong Sort of Recycling, THE ECONOMIST, Mar. 25, 2010, http://www.economist.com/node/15774368 〈최종 검색: 2025. 1. 22.〉

35) Catherine Airlie, "BlueNext Arranges 'Swap Back' of Recycled CO_2 Credits After Trading

한 거래에서 판매자들은 재활용된 배출권을 다시 구매했다. 거래가 재개되면서 가격은 이전 수준으로 회복되었다.[36] 유럽연합 집행위원회는 이후 재활용된 탄소배출권이 EU ETS로 재진입하는 것을 허용했던 허점을 시정 조치했다고 보고했다. 그러나 이 사건은 특히 여러 외국 거래소를 통한 탄소배출권 이동을 모니터링하고, 거래소 간 상호 검증을 강화하기 위한 강력한 규정이 얼마만큼 중요한지를 알게 했다. 따라서 규제 기관은 거래소 간의 모니터링이나 상호 점검에 대한 엄격한 기준과 함께 호환 가능한 법률과 규정을 마련할 필요성이 있다.

(3) 탄소시장 투자에 대한 환경적·재정적 이점에 관한 허위나 오해를 불러일으키는 주장

탄소시장은 상대적으로 복잡하며, 새롭게 떠오르는 시장이라는 점에서 거래자와 구매자들은 탄소배출권 거래 구조에 대한 이해도가 낮다. 이러한 소비자의 순진함은 기업들에 의해 악용되어 왔으며, 허위나 오해를 불러일으키는 주장으로 이루어진 광고 캠페인이나 투자 조언에 따른 사기 피해 사례가 다수 발생한다.

이처럼 새로운 탄소시장에 투자하는 데 대한 흥분감은 사기꾼들이 '폰지 사기(Ponzi scheme)'를 설계하고 투자자를 끌어들이는 데 이용될 수 있다. 폰지 사기는 새로운 투자자를 모집하여 투자자로부터 받은 돈을 기존 초기 투자자들에게 수익금으로 지급하는 방식으로 운영되는 금융사기 수법을 말한다. 이때 흔히 탄소배출권 투자에 대한 경제적 수익에 대해 허위 주장을 하여 추가 투자자를 유치하는 데 폰지 사기 수법이 사용된다.[37]

대표적인 사례로, 2000년에 한 탄소배출권 거래자가 캘리포니아 오염 거래 프로그램을 이용하여 허위 송장과 판매 문서를 통해 폰지 사기를 설계했다. 이전 투자자들에게는 새로운 투자자들을 모집하여 수익금을 지급했다([그림 10-8] 참조). 2004년 해당 탄소거래자는 6건의 '전신 사기(Telecommunication Fraud)'[38]

Halt", *BLOOMBERG*, April 14, 2010, http://www.bloomberg.com/news/2010-04-14/bluenext-arranges-swap-backs-of-recycled-co2-credits-after-trading-halt.html 〈최종 검색: 2025. 1. 22.〉

36) The Wrong Sort of Recycling, THE ECONOMIST, Mar. 25, 2010, http://www.economist.com/node/15774368 〈최종 검색: 2025. 1. 22.〉

37) Michelle Chan,"Ten Ways to Game the Carbon Market", *Friends of the Earth*, May 2010.

38) 전신 사기(Telecommunication Fraud)는 전화, 문자, 이메일, 인터넷 등을 이용하여 사람들을 속

혐의로 기소되었으며, 파산 절차 중 투자자들은 5천만 달러에서 8천만 달러에 이르는 손해배상 청구를 제기했다. 2005년 해당 탄소거래자는 한 건의 혐의에 대해 유죄를 인정하고 5년간 보호 관찰을 선고받았다.[39)]

또 다른 사례로, 2009년과 2010년에 한 투자 회사가 호주에서 공격적인 텔레마케팅 전략을 펼치며, 합법적인 기관 및 환경 기준과의 허위 연관성을 대대적으로 광고했다. 잠재적 투자자들에게는 탄소배출권에 대한 높은 수익률의 투자 기회가 있는 것처럼 홍보했다.[40)] 이러한 광고는 허위로 밝혀졌으며, 해당 회사는 호주 투자자들에게 약 320만 호주 달러의 사기를 저지른 것으로 추정되었다.[41)]

그림 10-8 탄소시장에서 탄소배출권 폰지 사기의 거래 구조

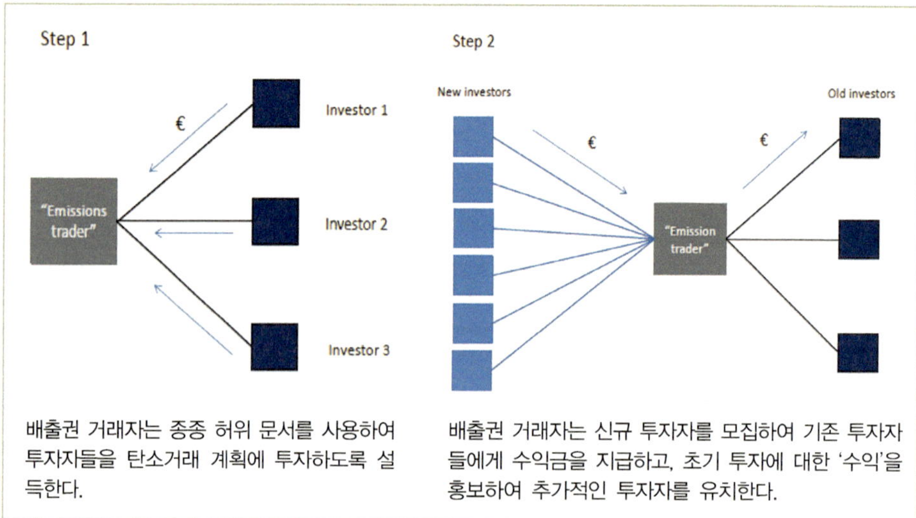

출처: Interpol, 『Guide to Carbon Trading Crime』, 2013, p. 16.

이고 금전적 이익을 가로채는 사기 범죄를 말한다. 기술을 활용한 사기 방식으로, 보이스 피싱과 피싱(phishing)이 대표적인 유형이다.
https://chatgpt.com/c/6793281c-c778-800b-a6a1-fbe56d5b0df9 〈최종 검색: 2025. 1. 22.〉

39) Chip Jacobs, "Air of Deceit," *Pasadena Weekly*, 20 Aug 2009. http://www.pasadenaweekly.com/cms/story/detail/an_air_of_deceit/7616/ 〈최종 검색: 2025. 1. 22.〉

40) David Fogarty, "Firm Accused of Carbon Scam May Face Legal Claims", *REUTERS*, Mar. 26, 2010, http://uk.reuters.com/article/2010/03/26/us-carbon-investment-fraud-idUKTRE62P19020100326 〈최종 검색: 2025. 1. 22.〉

41) SCAMwatch, WesternField Holdings Inc. Carbon Credit Investment Scams, http://www.scamwatch.gov.au/content/index.phtml/itemId/781866 〈최종 검색: 2025. 1. 22.〉

이러한 허위 주장을 하는 기업들에 대한 우려로 인해, 미국 연방거래위원회(FTC: Federal Trade Commission)는 「연방거래위원회법(FTC Act)」에 따라 탄소배출권 거래 기업들의 불공정하고 기만적인 마케팅을 금지하는 지침을 제안했다. 탄소 상쇄 마케팅의 진실성에 대한 우려는 호주경쟁소비자위원회(ACCC: Australian Competition and Consumer Commission)로 하여금 이 분야의 마케팅 사기를 구체적으로 조사하게 하는 계기가 되었다.[42)]

(4) 세금 사기

유럽연합에서의 탄소거래는 이미 특정 형태의 세금 사기, 즉 부가가치세(VAT)를 탈취하는 방식으로 피해를 입은 바 있다. 이 사기는 '회전목마 사기(carousel fraud)' 또는 '실종된 거래자 사기(MTIC: Missing Trader Intra-Community fraud)'로도 알려져 있다.

이 유형의 사기는 유럽의 다국적 거래에서 부가가치세가 처리되는 방식을 악용한다. 이는 부가가치세가 면제되는 한 관할권(예컨대 유럽연합 회원국 간)에서 상품을 수입한 후, 해당 상품을 판매하면서 판매 가격에 부가가치세를 추가하여 청구하는 방식이다. 그런 다음 이 상품과 부가가치세는 여러 회사를 거쳐 판매되며, 여러 유럽연합 내 국경을 넘으며 거래가 진행된다. 각 거래 단계가 추가될수록 최종적으로 세금을 지불해야 하는 정부 당국과 원래 수입업자 사이의 연결고리를 추적하기가 더 어려워지며, 이때 원래 수입업자는 세금을 지불하지 않고 사라진다([그림 10-9] 참조).

가장 기본적인 형태에서는 국가 1의 A가 국가 2의 B에게 탄소배출권을 판매한다. 유럽연합 내 국경을 넘는 거래이므로 부가가치세는 부과되지 않는다. 이제 B는 국가 2 내의 C에게 판매하며, C는 B에게 판매하면서 부가가치세를 지불해야 한다. B는 이 부가가치세를 정부에 송금해야 하지만, 부가가치세 포탈 사기에서는 B가 사라져서 세금을 납부하지 않는다.

---

42) Press Release, Australian Competition and Consumer Commission, ACCC Addresses Carbon Claims (Jun. 27, 2008), http://www.accc.gov.au/content/index.phtml/itemId/833354 〈최종 검색: 2025. 1. 22.〉

그림 10-9 탄소시장에서 부가가치세 포탈 사기 개요

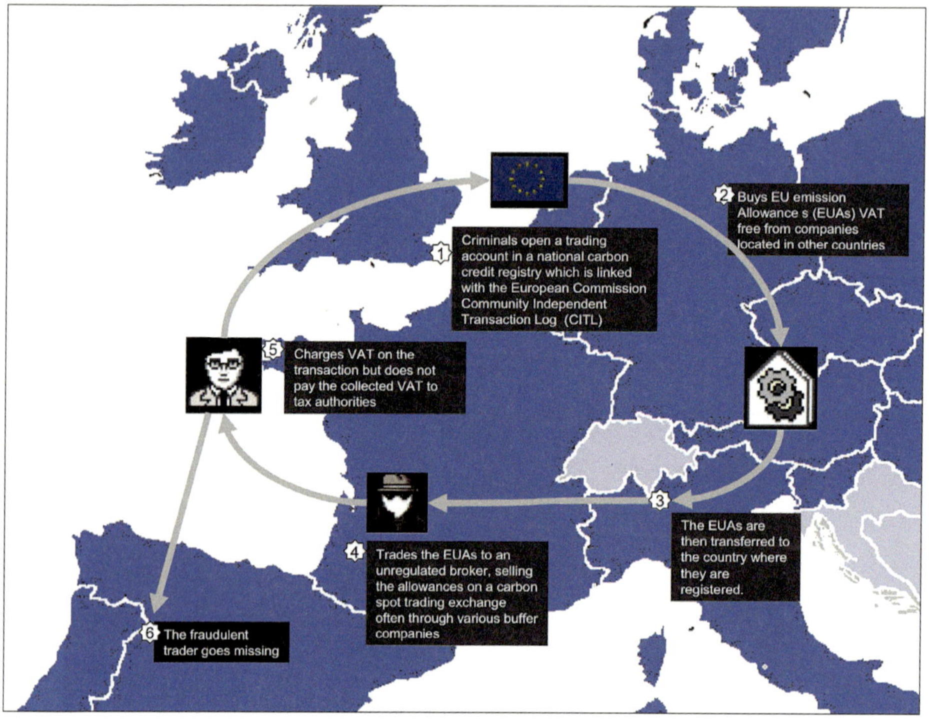

출처: Interpol, 『Guide to Carbon Trading Crime』, 2013, p. 16.

탄소시장을 악용하기 전에 이 형태의 세금 사기는 고가의 물품이지만 작고 쉽게 국경을 넘을 수 있는 품목(예컨대 휴대 전화나 컴퓨터 칩)에서 널리 사용되었다. 그러나 탄소배출권의 경우, 이러한 사기는 더욱 매력적이다. 왜냐하면 탄소배출권은 전자적으로 이전되므로 물리적으로 국경을 넘는 현물 제품이 없기 때문이다.43)

부가가치세 포탈 사기의 대표적인 사례로, Rv. Dosanjh, Chahal and Gill [2012] 사건을 언급할 수 있다. 이 사건에서 2012년 6월, 영국 서더크(Southwark) 형사법원은 세 명의 피고인에게 탄소거래 회전목마 사기로 유죄 판결을 받아 총 35년의 징역형을 선고했다. 이 부가가치세 사기범들은 영국으로 탄소배

43) Ken Macken, Strengthening Credibility in the EU ETS Following Security and Fraud Related Incidents 2-3 (June 2011) (conference paper available at http://inece.org/conference/9/papers/Macken_Ireland_Final.pdf). 〈최종 검색: 2025. 1. 22.〉

출권을 수입하기 위해 여러 가짜 페이퍼 회사들을 설립했고, 탄소배출권이 판매된 후에는 원래의 회사들을 해산시켰다. 해당 탄소배출권은 조직이 운영하는 세 개의 추가 '버퍼(buffer)' 회사들 사이에서 다시 판매되어 거래 체인이 합법적으로 보이게 만든 후, 최종적으로 합법적인 회사들에게 판매되었다. 이 과정에서 부과된 부가가치세는 정부에 납부되지 않았다. 69일 간의 거래 기간 동안 총 거래액은 2억 7,600만 유로였으며, 이 중 4,100만 유로가 부가가치세로 납부되었어야 했다. 거래는 컴퓨터 시스템을 통해 몇 분 만에 이루어졌고, 탈루된 부가가치세는 아랍에미리트의 역외 은행 계좌로 이체되어 '자금 세탁'된 후 조직원들이 사용했다.[44)]

2009년, 당국은 프랑스의 BlueNext 탄소거래소에서 거래량이 급증하는 것을 관찰하기 시작했다. 후속 조사 결과, 거래 급증은 범죄자들이 조직적으로 탄소배출권을 대량으로 거래하며 회전목마 사기를 실행한 결과라는 것이 밝혀졌다. 유럽 경찰기관인 유로폴(Europol)은 이후 일부 국가에서의 탄소거래의 최대 90%가 이러한 사기 활동의 결과라고 추정했다.[45)] 이러한 부가가치세 포탈 사기로 인해 여러 정부는 18개월이 채 지나지 않은 기간 동안 약 50억 유로의 손실을 입은 것으로 추정된다고 한다.[46)]

이러한 경험은 탄소시장이 서로 다른 법적 규제가 적용되는 다양한 관할권 간에 거래가 이루어질 때, 범죄자들이 법의 허점을 악용하는 데 특히 취약하다는 점을 보여주었다. 국가 및 지역 탄소시장이 서로 연결될수록, 각 관할권에서 일관된 강력한 규제가 없으면 악용 및 세금 사기의 위험은 증가할 것이다. 규제 당국은 여러 탄소시장 간에 대량의 탄소배출권이 교환될 때, 각기 다른 법적 체

---

44) http://www.dailymail.co.uk/news/article-2161520/Fraud-mastermind-cheated-taxpayer-39million-just-69-DAYS-spent-money-1million-home-Rolls-Royce-jailed-15-years.html#ixzz29O6SfXtp 〈최종 검색: 2025. 1. 22.〉

45) Rowena Mason, "Copenhagen Climate Summit: Carbon Trading Fraudsters in Europe Pocket €5bn", *THE TELEGRAPH*, Dec. 10, 2009, http://www.telegraph.co.uk/earth/copenhagen-climate-change-confe/6778003/Copenhagen-climate-summit-Carbon-trading-fraudsters-in Europe-pocket-5bn.html <최종 검색: 2025. 1. 22.>

46) Europol press release, "Carbon Credit fraud causes more than 5 billion euros damage for European Taxpayer", 9 December 2009, https://www.europol.europa.eu/content/press/carbon-credit-fraud-causes-more-5-billion-euros-damage-european-taxpayer-1265 <최종 검색: 2025. 1. 22.>

계에 따라 발생할 수 있는 모든 허점을 차단할 필요가 있다.[47]

(5) 증권 사기

증권 사기는 탄소시장에서 허위 정보를 기반으로 투자자들이 탄소배출권을 매입하거나 매도하도록 유도하여 손실을 일으키는 증권법위반의 기만적 행위를 포함한다. 예를 들어 탄소배출권의 가격을 조작하여 투자자들로부터 직접적으로 탈취하는 경우(예컨대 거래자의 횡령)가 있습니다.

탄소배출권의 가격은 예를 들어 대형 거래자들이 고객에게 매수/매도 권고를 하면서 자신들의 탄소배출권에 대해서는 반대 행동을 하거나, '상품 지수(commodity indexes)'[48]를 발생하는 기업들이 탄소배출권의 지수 가중치를 조정하여 포함 비중을 높이는 방식으로 조작될 수 있다. 특히 후자의 방식으로 지수 가중치를 조정하면 탄소배출권에 대한 수요가 증가하고, 이에 따라 탄소시장에 대한 투자가 증가하여 가격이 상승할 수 있다.

대형 파생상품 거래자들 중 많은 기업들은 탄소배출권 거래 외에도 상쇄 프로젝트를 통해 탄소배출권을 생성하는 사업을 구매하거나 별도의 회사를 설립했다. 이는 해당 거래자들이 자체적으로 탄소배출권을 생성하는 사업 부문의 수익을 증가시키기 위해 자신들의 거래 규모를 임의로 늘리거나, 고객들에게 '매수' 권고를 발행함으로써 탄소배출권 가격을 인위적으로 상승시킬 가능성이 높다.[49]

(6) 인터넷 범죄와 컴퓨터 해킹을 통한 탄소배출권 도용

교토의정서 체제에 따라 각국은 탄소배출권을 추적하기 위해 국가 등록부를 설립했다. 탄소배출권 거래는 이러한 등록부에서 판매자의 계좌에서 구매자의 계좌로 단위를 이전하는 방식으로 이루어진다. 각 등록부는 국제 거래 로그와 연결되어 거래를 검증한다.[50] 그러나 이러한 등록부의 인터넷 보안 취약점은 범죄자들이 탄소배출권을 도용하는 데 악용되었다. 탄소배출권과 그 등록부의 전

47) Interpol, 앞의 보고서, pp. 18-19.

48) 상품 지수(Commodities Index)는 귀금속, 농산물, 탄소배출권과 같은 다양한 상품의 가격을 추적하여 그 성과를 측정한다. 이러한 지수의 가치는 기초가 되는 상품의 가치 변화에 따라 변동한다.

49) Michelle Chan,"Ten Ways to Game the Carbon Market", *Friends of the Earth*, May 2010.

50) UNFCCC, Registry Systems Under the Kyoto Protocol, http://unfccc.int/kyoto_protocol/registry_systems/items/2723.php 〈최종 검색: 2025. 1. 22.〉

자적 특성은 탄소거래 시장을 해킹과 같은 기술적 범죄에 특히 취약하게 만든다. 탄소배출권은 고유한 일련 번호로 식별할 수 있어 도난당한 배출권을 추적할 수 있지만, 이는 특히 도난당한 배출권이 서로 다른 법적 관할 지역에서 거래될 때 규제 감독기관의 감독 소홀로 인해 단속과 처벌이 제대로 이루어지고 있지 않다.

실제 사례로, 2010년 11월 해킹 공격으로 세계 두 번째로 큰 건축자재 제조업체인 홀심(Holcim Ltd.)의 루마니아 등록부 계좌에서 160만 개의 탄소배출권이 도난당했다.[51] 해킹은 'Nimkey'라는 바이러스를 사용하여 홀심의 컴퓨터에서 계좌 데이터를 훔치는 방식으로 이루어졌다. 해커들은 이 데이터를 이용해 루마니아 등록부에 로그인하고, 2,350만 유로(약 3,300만 달러) 상당의 탄소배출권을 이전했다. 홀심은 즉시 도난당한 탄소배출권의 식별 번호를 자사의 웹사이트에 게시했다. 루마니아와 리히텐슈타인의 협력적인 법 집행 노력 덕분에 도난당한 60만 개의 배출권을 추적하고 반환할 수 있었다.[52] 탄소배출권의 고유 식별 번호 덕분에 도난된 배출권을 추적할 수 있었지만, 해당 배출권을 홀심에 반환하는 것은 탄소배출권의 법적 성질이 서로 다른 여러 법적 관할 지역 때문에 더 복잡했다. 일부 관할 지역은 보유자가 도난당한 탄소배출권을 법적 소유자에게 반환하도록 요구했으나, 다른 관할 지역에서는 구매자가 이를 보유할 수 있도록 허용했으며, 원래의 소유자는 손실을 떠안아야 했다.[53]

이러한 보안 침해가 발견되었을 때, 유럽연합 집행위원회는 EU ETS의 30개 국가 등록부에서 특정 유형의 거래(이른바 스팟 거래[54])를 시작하지 못하도록 일

---

51) Catherine Airlie, "EU Carbon Dioxide Emissions Permits Stolen from Romanian Unit of Holcim", *BLOOMBERG*, Dec. 1 2010, http://www.bloomberg.com/news/2010-12-01/romania-s-holcim-says-eu-carbon-permits-stolen-from-its-account.html <최종 검색: 2025. 1. 22.>

52) Emissionshandelsregister, Recent News: Million EUAs Stolen from Romanian Registry, Dec. 2, 2010, http://en.emissionshandelsregister.at/service/recent_info/items/news127.html <최종 검색: 2025. 1. 22.>

53) Michelle Chan,"Ten Ways to Game the Carbon Market", Friends of the Earth, May 2010.

54) '스팟 거래(Spot Trading)'는 탄소배출권을 즉시 인도하기 위한 거래를 의미한다. 스팟 거래는 미래의 특정 날짜가 아닌, 거래가 이루어지는 시점에서 즉시 거래 대금이 결제된다. 이러한 거래는 전자적으로 처리되기 때문에 현물 시장은 사실상 즉각적으로 작동한다. 유럽연합 탄소시장은 주로 즉시 인도가 이루어지지 않는 선물 거래로 구성되어 있지만, 이 스팟 거래를 위한 일시 중단은 전체 시장 활동의 약 5분의 1에 해당하는 영향을 미쳤다(https://chatgpt.com/c/6793281c-c778-

시적으로 중단시켜, 전체 등록부 시스템의 무결성을 보호하려 했다.[55] 오스트리아 당국은 도난당한 탄소배출권이 리히텐슈타인과 스웨덴에 있는 것으로 추적되었으며, 그곳에서 오스트리아의 모든 탄소배출권은 동결되어 시장에 재진입하는 것을 방지했다.[56]

이러한 사건은 탄소배출권의 전자적 특성 때문에 해커들이 절취한 탄소배출권을 빠르게 법적 관할 지역을 벗어나 다른 국가들의 등록부를 통해 이동시킬 수 있음을 잘 보여준다. 따라서 도난당한 탄소배출권을 추적하려면 전 세계적인 법 집행 대응과 다국적 조사가 필요하다.[57]

(7) 피싱(Phishing)에 의한 탄소배출권 절도

범죄자들은 새롭게 등장한 탄소시장을 이용하여 고객과 투자자들의 개인 정보를 훔칠 기회를 발견했다. 이러한 정보는 사용자 이름, 계좌번호, 비밀번호, 은행 정보 등을 포함할 수 있으며, 그 후 이를 사용하여 불법적으로 금전이나 탄소배출권을 이전할 수 있다.

이러한 개인 정보 또는 신원 도용은 이른바 '피싱(phishing)' 수법을 활용을 한다. 피싱은 이메일, 문자 메시지, 인터넷 웹사이트 등과 같은 전자통신 수단을 이용해 사용자를 속이고 민감한 정보(예컨대 계좌번호, 비밀번호, 신용카드 정보 등)를 탈취하려는 사기 수법을 말한다. 예컨대 가짜 인터넷 웹사이트를 생성하여 공식 웹사이트와 거의 동일한 외관을 갖춘 후에 이러한 위조된 웹사이트나 링크에서 민감한 정보를 입력하도록 유도하여 계좌번호, 비밀번호, 신용카드 정보 등을 탈취한다. 피싱에 의한 배출권 절도는 피싱 등 위법한 방법으로 배출권 거래 계좌의 정보를 수집하여 해당 계좌에 있는 탄소배출권 등을 처분하는 방식의 범죄를 말한다.

800b-a6a1-fbe56d5b0df9 〈최종 검색: 2025. 1. 22.〉).

55) Press Release, European Commission, Statement on the Suspension of the EU ETS National Registries (Jan. 25, 2011), http://europa.eu/rapid/pressReleasesAction.do?reference=MEMO/11/44&format=HTML&aged=0&language=EN&guiLanguage=en <최종 검색: 2025. 1. 22.>

56) Ewa Krukowska, "Stolen Carbon Permits Won't Enter Market Austrian Registry Says", *BLOOMBERG*, Feb. 7, 2001, http://www.bloomberg.com/news/2011-02-07/stolen-carbon-permits-won-t-re-enter-the-market-austrian-registry-says.html <최종 검색: 2025. 1. 22.>

57) Interpol, 앞의 보고서, p. 22-23.

실제로 2010년 2월, 독일 당국은 유럽, 일본, 뉴질랜드의 여러 기업들이 피싱으로 인해 상당한 수의 탄소배출권을 도난당한 사건을 밝혀냈습니다. 피해자들은 보안 문제로 인해 국가 탄소 등록부에 다시 등록하라는 이메일을 받았으며, 이 이메일에는 가짜 웹사이트로 연결되는 링크가 포함되어 있었다. 피해 기업들이 계좌 정보를 입력하게 되면, 절도범들은 그들의 계좌 정보를 얻고, 다른 계좌로 탄소배출권을 이전한 후 즉시 판매하여 250,000개의 배출권을 절취했다. 이 탄소배출권은 320만 유로(약 430만 달러)에 해당하였다. 독일 탄소 거래소는 즉시 탄소 거래를 중단시켰으며, 여러 다른 국가들도 이를 따랐다. 이 사건으로 모두 9개 국가에서 탄소 등록부가 잠정 폐쇄되었고, 독일 등록부에서는 거래가 일주일 동안 중단되었다. 이러한 유형의 탄소배출권 절도를 방지하기 위한 여러 보안 기능이 있었지만, 이는 선택 사항에 불과하며 모든 회원국이 이를 사용한 것은 아니었다.[58]

4. 규제적 탄소시장에서 발생하는 범죄에 대한 대응 방안

지난 20년 동안 기후변화의 악영향을 제한하려는 세계 공동체의 활동이 증가했다. 가장 두드러진 움직임은 교토 의정서 하에서 산업화된(〈부속서 1〉) 국가들에게 온실가스 배출 한도를 설정하는 것으로, 이는 탄소시장에서 탄소배출권을 거래하거나 해외 배출 상쇄 프로젝트에 투자하여 충족할 수 있다. 이로 인해 탄소거래는 세계에서 가장 빠르게 성장하는 상품 시장이 되었으며, 유럽연합 배출거래제(EU ETS)만 해도 1,480억 달러(약 1,950조 원)의 가치를 지니고 있다.

하지만 금융시장으로서 탄소시장은 다른 금융시장과 유사한 특징을 가지면서도 동일한 취약점에 직면해 있다. 탄소시장의 상대적인 미성숙과 상품 자체의 무형성은 탄소시장을 다른 상품 시장에서는 통상적으로 발생하지 않는 범죄에 특히 취약하게 만든다. 탄소배출권의 무형성이란 취약성으로 인해 이중 계산에 의한 사기, 부가가치세 탈루 사기, 증권 사기, 해킹을 통한 탄소배출권 도용, 피싱을 통한 탄소배출권 절도 등의 범죄가 발생하고 있다.

이러한 규제적 탄소시장은 특히 폰지 사기나 절도, 해킹 등 여러 범죄에 악용

58) Interpol, 앞의 보고서, p. 24.

될 위험에 처해 있으며, 환경적·재정적 범죄의 가능성을 해결하기 위해 충분한 모니터링과 강력한 법적 집행이 필요하다. 이러한 문제를 해결하기 위해 인터폴은 다음과 같은 강화된 노력을 권장하였다. 첫째, 규제 기관 및 전문가를 한자리에 모아 기존 및 신흥 탄소시장에 대한 전략적 분석을 수행하고 범죄적 악용의 위험을 식별하는 조사 워크숍을 포함하여 법 집행 기관의 인식을 제고할 필요가 있다. 둘째, 탄소시장을 규제하고 단속할 책임이 있는 정부 기관의 역량을 구축하고 강화하여야 한다. 셋째, 탄소거래 플랫폼 설계 과정에 법 집행 및 규제 커뮤니티를 참여시키고, 허점을 방지하며, 탄소거래 규제가 서로 다른 관할권 간에 일관되고 실질적이며 집행 가능하도록 필요한 법률을 제정하고 필요에 따라 개정 작업을 수행해야 한다. 넷째, 서로 다른 국가의 법 집행 기관 간에 탄소배출권 거래를 공유해야 하고, 정보 공유를 위한 조정과 의사소통 채널을 개선해야 한다. 다섯째, 컴퓨터 해킹을 방지하기 위해 탄소거래소의 인터넷 보안을 강화할 필요가 있다. 여섯째, 탄소거래소에서 이루어지는 금융 거래의 투명성을 향상시켜야 한다. 마지막으로 배출량 감소의 측정 프로세스, 방법론 및 계산이 투명하게 수행되고 쉽게 검증될 수 있도록 추가성 결정에 대한 명확한 지침과 절차를 수립해야 한다. 이를 위해 조작하기 어렵고, 명확히 정의되며, 객관적으로 검증하기 쉬운 지표 또는 데이터 유형을 사용하는 방안이 마련되어야 한다.[59)]

Ⅲ. 자발적 탄소시장에서 배출거래권 관련 범죄와 대응 방안

1. 자발적 탄소시장에서 탄소배출권 거래 구조

규제적 탄소시장과 달리 자발적 탄소시장에서 시장 참여자는 탄소배출량을 제한하도록 국가로부터 강요받지 않고 탄소 발자국을 줄이기 위해 '자발적 탄소배출권(VCCs: Voluntary Carbon Credits)'을 사고 파는 것을 말 그대로 자발적으로 선택한다. 자발적 탄소시장에서 거래되는 자발적 탄소배출권은 현물 및 파생상품 시장에서 거래되는 상품으로, 기업이나 개인이 법적 의무 없이 다른 곳에

59) Interpol, 앞의 보고서, p. 24.

서 배출량을 줄이는 탄소 상쇄(offsets) 프로젝트에 투자하여 자체 배출량을 보상할 수 있는 유형의 탄소배출권을 말한다. 예를 들어 항공사는 항공편에서 발생하는 온실가스 배출량을 상쇄하기 위해 재산림화 프로젝트에 투자할 수 있다.[60)]

일반적으로 탄소 상쇄 프로젝트는 감축, 제거, 회피의 세 가지 종류가 있다. 첫째, 탄소 감축(carbon reduction) 프로젝트는 새로운 기술이나 새로운 관행을 사용하여 이전 사용에 비해 온실가스 배출량을 줄인다. 인기 있는 탄소 감축 프로젝트의 한 예는 수백만 가구가 땔감 나무, 등유 또는 기타 연기가 나는 연료로 요리하는 저개발 국가나 지역에 저탄소배출 조리용 스토브를 배포하는 것이다. 둘째, 탄소 제거(carbon removal) 프로젝트는 대기에서 이산화탄소를 추출하여 무해한 형태로 가두어 둔다. 이러한 탄소 제거 프로젝트는 나무 심기 및 재산림화와 같은 자연기반 프로젝트이거나 '탄소 포집 및 저장 기술(CCS)'과 같은 기술기반 프로젝트으로 구분될 수 있다. 마지막으로, 탄소 회피(carbon avoidance) 프로젝트는 탄소 배출이 발생하지 않도록 방지하는 것이다. 가장 흔한 예 중 하나는 삼림 벌채를 피하는 것이다. 산불과 벌목은 매년 80억 톤 이상의 이산화탄소를 방출하며, 이는 전 세계 온실가스의 최대 19%에 해당한다. 산림 보존 용역권과 유사한 절차에서 토지 소유자는 삼림을 보호하겠다고 약속함으로써 탄소 상쇄 크레딧을 획득할 수 있다.

이러한 탄소 상쇄 프로젝트 활동을 통해 탄소배출권을 발급받으려면, 프로젝트 개발자는 일반적으로 탄소 인증 프로그램([그림 10-10] 참조)과 협력하여 프로젝트 및 배출 감축량을 산출하는 데 사용하는 방법론이 탄소 인증 프로그램의 기준을 충족하는지 확인한다. 또한 베라(Verra)와 같은 제3자 검증 및 확인 기관(VVBs: Third-party validation and verification bodies)[61)]을 통해 프로젝트를 검증하고 확인받는다. 일반적으로, 탄소 인증 프로그램은 시장 참여자가 자발적 탄

---

60) CFTC Approves Final Guidance Regarding the Listing of Voluntary Carbon Credit Derivative Contracts, Release No. 8969-24 (Sept. 20, 2024), https://www.cftc.gov/PressRoom/PressReleases/8969-24 〈최종 검색: 2025. 1. 22.〉

61) 제3자 검증 및 확인 기관(VVBs)는 탄소 배출 감축 활동이나 프로젝트의 신뢰성을 평가하고, 관련 데이터 및 보고서를 독립적으로 검증하는 역할을 수행하는 전문 기관이다. 이들은 온실가스 배출 감축 프로젝트가 특정 표준과 규정을 준수했는지 확인하며, 다양한 탄소 인증 프로그램에서 필수적인 부분을 차지한다(https://chatgpt.com/c/67943e56-0f04-800b-a88c-e5254a1258b2 〈최종 검색: 2025. 1. 22.〉

소배출권을 거래하고 추적할 수 있는 탄소배출권 등록부를 운영하거나 이를 활용한다. 프로젝트가 인증 프로그램에 등록되면, 프로젝트 활동에 대한 보고서를 제출하고 보고된 온실가스 감축량에 따라 탄소배출권이 등록부에 발행된다.

그림 10-10 2023년 기준 우수 4대 탄소 인증 프로그램

Carbon Offset Program	Market Volume (in M)	Name of carbon credits issued	Project Locations	Projects Sector
Verified Carbon Standard (VCS)	746 M carbon credits (70% share)	Verified Carbon Units (VCUs)	Projects dominant in developing countries	Covers all sectors
Gold Standard (GS)	184 M carbon credits (17% share)	Verified Emission Reductions (VER)	Over 80 countries, mostly developing nations	Covers all sectors, excluding REDD+ projects
American Carbon Registry (ACR)	63 M carbon credits (6% share)	Emission Reduction Tons (ERTs)	United States	Covers AFOLU projects, industrial processes and wastes
Climate Action Reserve (CAR)	66M carbon credits (6.2% share)	Climate Reserve Tonnes (CRTs)	United States, Canada, Mexico	Agriculture, forestry, wastes, energy, and non-carbon emission reductions

출처: CarbonCredits.com

자발적 탄소배출권이 발행된 후, 프로젝트 개발자는 자발적 탄소배출권을 시장 참여자에게 판매할 수 있다. 시장 참여자가 자발적 탄소배출권을 구매하려는 이유는 여러 가지가 있다. 일부는 관할 권한이 허용하는 경우, 의무적인 규제 기준을 준수하기 위해(예컨대 특정 국가나 주에서 시행하는 온실가스 배출 한도를 준수하기 위해) 자발적 탄소시장에서 탄소배출권을 구매할 수 있다. 또 다른 일부는 탄소배출 감축 목표를 달성하기 위해 자발적 탄소배출권을 구매할 수 있다. 또한, 일부 시장 참여자는 최종 사용자에게 재판매하기 위해 탄소배출권을 구매하는 마케터 역할을 하기도 한다([그림 10-11] 참조).[62]

62) Lola Mendez, "Taylor Swift Claims She Offsets Her Travel Carbon Footprint - How Does That Work?", *BBC* (Feb. 13, 2024), https://www.bbc.com/travel/article/20240213-taylor-swift-private-jet-flight-travel-carbon-footprint 〈최종 검색: 2025. 1. 22.〉

:: 그림 10-11 탄소 크레딧 생애 주기

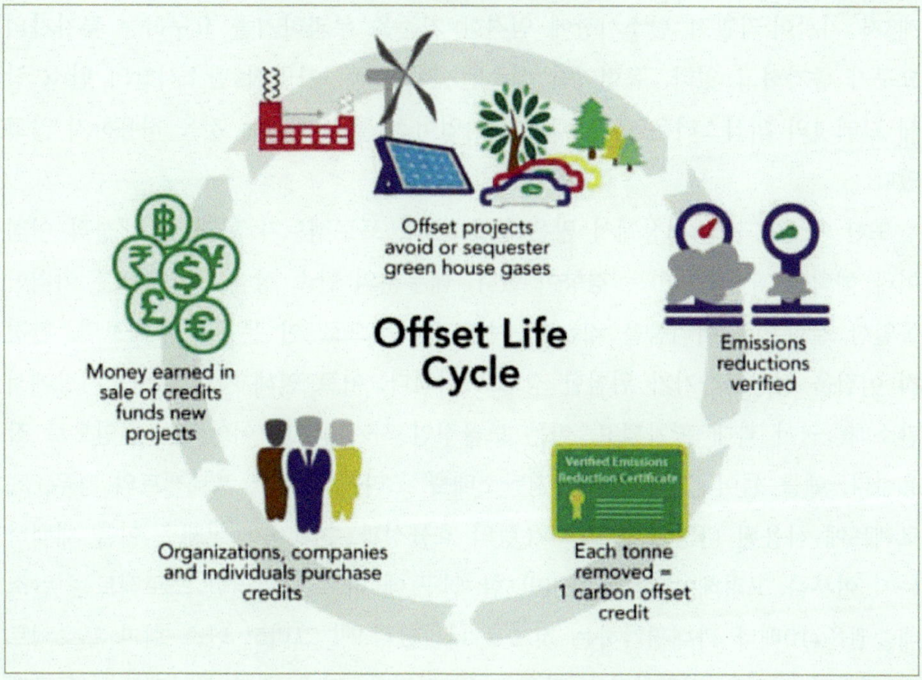

출처: https://carboncredits.com/the-carbon-credit-lifecycle/

탄소 상쇄 프로젝트에서 사기가 만연할 위험이 곳곳에 놓여 있다. 석유나 밀과 같은 유형 상품의 경우 약속된 상품의 인도를 확인하는 것은 그렇게 어렵지 않지만, 대부분의 경우에 탄소 크레딧 소유자는 약속된 탄소배출량 감소가 발생하고 있는지 현실적으로 스스로 확인할 방법이 거의 없다. 대신 구매자는 판매자나 제3자 검증 및 확인 기관이 수행한 특정 보증에 의존해야 한다. 예를 들어 탄소 크레딧을 판매할 가능성이 없었다면 특정 탄소 상쇄 프로젝트가 발생하지 않았을 것이라는 보증이나 탄소를 저장하는 일정 지역의 산림이 벌목되지 않았을 것이라는 보증이 있어야 한다. 이러한 유형의 가정과 보증은 자발적 탄소시장을 사기와 조작에 특히 취약하게 만드는 요인으로 작용한다.

이와 더불어 자발적 탄소시장은 정부나 유엔과 같은 국제기구로부터 감독·통제·운영되는 규제적 탄소시장과 달리 탄소배출권 거래와 관련된 규제를 받지 않으며, 탄소배출권의 가격과 품질은 앞서 언급한 탄소 감축, 제거, 회피 프로젝트마다 크게 다르다. 이로 인해 광범위한 탄소배출권 사기가 발생했고, 정부나 제3자 기관이 자발적 탄소시장에 엄격한 기준을 부과하기를 요구하는 투자자의 요구가 증가하고 있다. 유럽연합 배출권거래제도는 자발적 탄소시장의 탄소 상쇄 크레딧의 의심스러운 품질 때문에 기업이 이를 거래하는 것을 허용하지 않고 있다.

또한 자발적 탄소시장에서 많은 탄소 상쇄 프로젝트가 환경적·재정적 이점이나 혜택을 과대평가하는 경향이 있다. 대부분의 탄소 상쇄 프로젝트는 이러한 동일한 결함으로 어려움을 겪는다. 보다 구체적으로 이 문제를 살펴보면, 환경적 이점을 정량화하기가 위험할 정도로 어렵다. 이로 인해 자발적 탄소시장에서 탄소배출권이 과대 평가되고, 이는 노골적인 사기범행로 이어지는 원인으로 작용한다. 예를 들어 앞서 언급한 저탄소배출 조리용 스토브 프로젝트의 경우, 프로젝트에 사용된 다양한 스토브 유형의 효율성과 수혜자가 실제로 이를 채택하는지 여부를 고려해야 한다. 하지만 한 연구 에 따르면 이러한 프로젝트는 탄소배출권을 10배나 과대평가하는 것으로 나타났다.[63] 그리고 탄소 회피 프로젝트의 재정적 이점을 정량화하는 것은 더욱 어렵다. 탄소 회피 프로젝트는 프로젝트가 없었다면 방출되었을 온실가스의 양을 추정해야 한다. 이러한 계산은 종종 추측에 근거한다. 일부 전문가들은 회피된 삼림 벌채 탄소 상쇄를 '사기'라고 부르며, '가짜 크레딧'을 생산한다. 최근 연구에서 연구자들은 수십 개의 회피된 삼림 벌채 프로젝트를 조사한 결과 이러한 프로젝트에서 생성된 상쇄 크레딧의 6%만이 배출량을 실제로 감소시킨 것으로 나타났다.[64]

이처럼 자발적 탄소시장은 규제가 부족하고 환경적·재정적 이점이나 혜택이 결정되는 방식에 대한 투명성이 부족하기 때문에 범죄자들은 쉽게 허황된 탄소배출권을 생성하여 판매할 수 있다. 2024년 7월 24일 워싱턴 포스트 기사는 브라질 아마존에 위치한 열대우림 탄소 상쇄 프로젝트에 대한 6개월 조사 결과를 발표했는데, 포스트는 이러한 프로젝트의 절반 이상이 사기의 징후를 보였다고

---

63) Lola Mendez, "Taylor Swift Claims She Offsets Her Travel Carbon Footprint – How Does That Work?", *BBC* (Feb. 13, 2024), https://www.bbc.com/travel/article/20240213-taylor-swift-private-jet-flight-travel-carbon-footprint 〈최종 검색: 2025. 1. 22.〉

64) https://www.phillipsandcohen.com/whistleblowers-carbon-market-fraud/ 〈최종방문: 2025. 1. 22.〉

결론지었다. 이 조사에서 가장 큰 탄소 크레딧 인증 기관인 베라(Verra)가 발행한 열대우림 상쇄 크레딧의 대부분이 가치가 없을 수 있다고 결론지었다. 그리고 브라질의 대부분이 삼림 벌목을 회피한 방법 중 하나가 벌목이 이미 금지된 산림보호 공공 토지를 포함하고 있었다고 설명했다.[65)]

2. 자발적 탄소배출권 사기의 범죄 유형

자발적 탄소배출권 사기는 탄소 상쇄 프로젝트의 배출량 감소를 고의로 거짓으로 표현하고 사기성 크레딧을 발행하는 것을 말한다. 사기성 크레딧은 명시된 환경적 이점과 일치하지 않으며, 약속된 온실가스 감축을 제공하지 않는다. 즉 이러한 사기성 크레딧을 구매하는 기업은 실제로 배출량을 상쇄하지 않는다는 것을 의미한다.

이러한 자발적 탄소배출권 사기는 탄소시장의 신뢰성을 중대하게 훼손하고, 진정한 지속가능성을 위한 부단한 노력을 좌절시키며, 기업이 고의적이든 무의식적이든 거짓으로 탄소배출량 감축을 주장할 수 있게 한다. 이는 궁극적으로 기후변화 완화에 있어 탄소 크레딧 시스템의 효과를 떨어뜨리고, 탈탄소 사회로의 전환이라는 목표를 달성하기 위한 글로벌 노력을 방해한다.

자발적 탄소배출권 사기는 여러 형태로 나타나는데, 가장 흔한 사기 유형을 살펴보면 다음과 같다.[66)]

(1) 유령 크레딧과 거짓 탄소배출량 감소

유령 크레딧은 전혀 존재하지 않거나, 주장된 탄소배출량 감소를 제공하지 못하는 프로젝트에서 발생한다. 이는 실제 배출량 감소를 나타내지 않는다. 이를 탄소배출량 사기라고 한다.

이 유형의 사기범들은 종종 실제로 달성한 배출량 감소를 과대평가하고 과대평가된 금액에 대한 크레딧을 발행하는 프로젝트 형태를 취한다. 탄소 상쇄 프로

65) https://www.washingtonpost.com/world/interactive/2024/brazil-amazon-carbon-credit-offsets/ 〈최종 검색: 2025. 1. 22.〉

66) 이하 Eric Koons, "What is Carbon Credit Fraud? How Does It Impact Climate Action?", *Energy Tracker Asia* (Oct. 29, 2024), https://energytracker.asia/what-is-carbon-credit-fraud/ 〈최종 검색: 2025. 1. 22.〉

젝트의 일부 크레딧은 합법적이지만, 모든 크레딧이 합법적인 것은 아니다. 이는 구매자를 오도하고 탄소 크레딧 프로그램의 전반적인 영향을 감소시킵니다.

(2) 이중 계산에 의한 사기

규제적 탄소시장에서 설명했듯이, 이중 계산은 동일한 탄소 크레딧이 두 번 이상 판매되거나 사용될 때 발생하는 것으로 자발적 탄소시장에서도 가능하다. 이는 탄소배출권 거래 사기에 해당한다. 이러한 관행은 배출량 감소 노력의 실제 영향을 부풀려 탄소시장의 무결성을 훼손한다.

이중 계산을 퇴치하는 것은 투명성과 검증 프로세스를 개선하는 것을 중심으로 이루어져야 한다. 탄소시장에 출시된 최근의 기술적 접근 방식은 블록체인 기술을 사용하여 탄소 크레딧 발행 및 사용에 대한 공개 기록을 만들어 이중 계산을 원천적으로 막고자 한다.

(3) 사기 탄소 상쇄 프로젝트 청구

사기 탄소 상쇄 프로젝트 청구는 탄소 크레딧을 확보하기 위해 거짓 주장을 하거나, 명시된 환경적·재정적 이점이나 혜택을 제공할 수 없음에도 있다고 하는 방식으로 이루어진다. 예컨대 프로젝트 설계 문서에 기재된 배출량 감소 예측을 비현실적으로 과장하는 경우이다. 이러한 거짓 주장은 탄소 크레딧의 품질에서 추가성과 공동 혜택에 이르기까지 다양할 수 있다. 공동 혜택은 크레딧을 상당히 더 바람직하게 만들고 더 높은 시장 가격을 형성할 수 있게 한다. 예를 들어 공동 혜택이 하나 이상 있는 프로젝트의 크레딧은 공동 혜택이 없는 프로젝트의 크레딧보다 평균 78% 더 높은 가격으로 판매된다.

(5) 세탁 거래

세탁 거래는 수요와 공급에 의존하는 모든 시장의 우려 사항이다. 자발적 탄소 시장에서는 동일한 주체가 인위적인 시장 활동을 만들고 가격을 부풀리기 위해 탄소 크레딧을 동시에 사고 파는 것을 포함한다. 이러한 거래 관행은 투자자를 오도하고 시장 가치를 왜곡할 수 있다.

3. 자발적 탄소배출권 사기의 실제 사례

2024년 10월 2일, 미국 법무부(DOJ)는 C 퀘스트 캐피털(CQC)이 탄소배출량 감소 데이터 조작과 사기성 온실가스 배출 감소 크레딧(기소장에는 '자발적 크레딧 단위_VCU: Verified Carbon Unit라고 기재하고 있음)을 판매한 혐의를 조사한 결과를 바탕으로, CQC 임원들에 대해 "천만 달러 상당의 탄소 크레딧을 사기적으로 취득하고 1억 달러 이상의 투자를 사기적으로 확보한" 혐의로 형사 기소하기로 발표했다. 이 탄소배출권 사기 범행은 CQC의 탄소배출 감축 프로젝트와 관련된 허위 정보를 보고함으로써 회사가 받을 자격이 없는 탄소배출권을 추가로 취득하려는 목적으로 이루어졌다.[67)]

CQC는 에너지 효율적인 프로젝트를 개발하여 동일한 성격의 더 많은 배출을 일으키는 프로젝트를 대체하는 것을 사업의 일부로 삼았다. 예컨대 CQC는 기존 가정용 요리 방식보다 효율성이 높은 요리용 스토브를 개발했으며, 이를 설치하면 탄소배출량이 줄어들었다고 홍보를 했다. 2019년부터 2023년 12월경까지(이하 '관련 기간'이라 함) CQC는 수백만 대의 요리용 스토브 설치를 저개발 국가에 설치하여 관리했다.[68)]

CQC는 설치된 요리용 스토브로 인해 발생한 배출 감축량을 산출하는 데 사용된 승인된 방법론에 따라, 이 프로젝트와 관련된 정보를 탄소배출권 등록부와 제3자 검증 및 확인 기관(VVBs)인 베라(Verra)에 보고했다. 이와 함께 CQC는 탄소배출권 등록부에 제공된 정보가 진실하고, 정확하며, 실질적으로 완전하고, 허위이거나 사기적이거나, 오해의 소지가 없다는 내용의 진술서를 제출했으며, 일부는 CQC의 설립자이자 전 CEO인 케너스 뉴컴(Newcombe)이 직접 서명한 경우도 있었다.

보고된 정보는 탄소배출권 등록부에 공개적으로 게시되었고, 이를 바탕으로 탄소배출권 등록부는 CQC에 자발적 탄소배출권(VCCs)을 발행했다. CQC는 이

67) Complaint for Injunctive and Other Equitable Relief and for Civil Monetary Penalties Under the Commodity Exchange Act and Commission Regulations, Commodity Futures Trading Comm'n v. Kenneth Newcombe, No. 24-cv-7477 (S.D.N.Y. Oct. 2, 2024) (hereinafter, "Complaint") at 1.

68) Complaint at 8-9.

배출권을 시장 참여자에게 판매할 수 있었고, 실제로 판매했다.[69]

미국 상품선물거래위원회(CFTC: Commodity Futures Trading Commission)는 CQC 임원들에 대한 민사 소송을 제기하면서 뉴컴과 CQC의 다른 직원들이 프로젝트의 품질과 결과에 대해 오해를 일으키고, 프로젝트에 발행될 탄소배출권 수를 부당하게 증가시키기 위해 탄소배출권 등록부와 VVBs에 '허위, 오도된, 부정확한 정보'를 반복적으로 제공했다고 주장했다.[70]

CFTC의 소장은 뉴컴과 CQC의 다른 직원들이 프로젝트와 관련하여 탄소배출권 등록부와 VVBs에 보고된 데이터를 조작하는 사기 계획을 세웠다고 설명했다. 이들은 내부적으로 이를 '데이터 관리(managing the data)'[71]라고 불렀다고 한다. 예를 들어 CQC 직원들이 CQC의 요리용 스토브 프로젝트와 관련된 추정 온실가스 감축량을 계산하는 데 사용된 방법론과 관련된 정보를 수집하기 위해 설문조사를 수행한 사례가 있었다. 조사 결과, 추정 온실가스 감축량이 적게 나타났는데, 이러한 결과를 보고받은 뉴컴은 일부 직원들에게 "프로젝트의 더 높은, 더 긍정적인 결과를 보고 싶다."[72]라고 말하며 자신이 원하는 목표 수치를 지정한 것으로 알려졌다.

이에 CQC 직원 중 한 명이 뉴컴에게 "그 목표를 달성하려면 데이터를 수정해야 한다."[73]라고 답한 것으로 전해졌다. 소장에 따르면, 이후 CQC 직원들은 "프로젝트 설문조사 데이터를 허위로 조작하여 더 높은, 더 긍정적인 온실가스 감축량 계산 결과"[74]를 만들어냈다. 이 정보는 탄소배출권 등록부에 제출되었고, 등록부는 이 정보를 바탕으로 CQC에 VCCs를 발행했다. 뉴컴은 제출된 정보의 진실성과 정확성을 보증하는 진술서에 서명했다.[75] 상품선물거래위원회는 이러한 사기 계획의 결과로 CQC가 받을 자격이 없는 '수백만 개의 탄소배출권'[76]을 발행받았다고 주장했다.

---

69) Id. at 10-11.
70) Id. at 11.
71) Id. at 12.
72) Id. at 14.
73) Id.
74) Id.
75) Id. at 15.
76) Id. at 16

상품선물거래위원회는 시정 조치를 하기 위해 뉴컴과 그의 협력자, 대리인, 하인, 직원, 후계자, 양수인, 변호사, 및 그와 협력 관계에 있는 모든 사람들이 소장에 명시된 행위를 수행하거나, 등록된 기관에서 거래를 하거나, 상품 관련 거래에 참여하거나, 상품선물거래위원회 등록이 요구되는 활동에 참여하지 못하도록 하는 영구 금지 명령을 요청했다.[77] 또한 뉴컴이 "급여, 수수료, 대출, 수익, 거래 이익 등 직접적 또는 간접적으로 소장에서 기술된 CFTC 규정위반 행위나 관행으로부터 파생된 모든 이익을 반환하도록 명령할 것을 요청했다.[78] 마지막으로, 뉴컴이 그가 저지른 것으로 추정되는 위반 행위로 인해 손해를 입은 사람들에게 손해배상금을 지급하고, 미국 「상품거래법(CEA: Commodity Exchange Act)」에 따른 민사 벌금을 납부하도록 명령할 것을 요청했다.[79]

병행 조치로 2024년 10월 2일, 미국 뉴욕 남부지구 연방검찰청은 위에서 설명한 사기 계획과 관련하여 뉴컴과 CQC의 탄소 회계팀 책임자인 고스와미(Goswami)에 대한 형사 기소를 비공개 상태에서 해제했다고 발표했다.[80] 뉴컴은 최대 징역 5년을 선고받을 수 있는 증권 사기 공모, 최대 징역 20년을 선고받을 수 있는 증권 사기 혐의로 기소되었으며, 고스와미는 최대 징역 20년을 선고받을 수 있는 전신 사기 공모, 최대 징역 20년을 선고받을 수 있는 전신 사기, 최대 징역 5년을 선고받을 수 있는 상품 사기 공모, 최대 징역 10년을 선고받을 수 있는 상품 사기 혐의로 기소된 상태였다.[81]

한편 CQC와 CQC의 최고운영책임자인 스틸(Steele)은 각각 CQC와 스틸이 사기 범행을 저질렀다는 혐의와 관련해 합의안을 상품선물거래위원회에 제출했고, 상품선물거래위원회는 이를 수락했다. 이에 따라, CQC와 스틸은 각각 CFTC가 주장한 사실을 인정하고, 자신들의 행위가 「상품거래법(CEA)」 제6(c)(1)조, 제6(c)(1)(A)조, 제9(a)(2)조 및 CFTC 규정 180.1(a)(1)-(4)를 위반했음을 시인했

77) Complaint at 22.
78) Complaint at 23.
79) Complaint at 23-24.
80) Sealed Indictment, United States v. Kenneth Newcombe and Tridip Goswami, 24-crm-567 (S.D.N.Y. Oct. 2, 2024).
81) U.S. Attorney Announces Criminal Charges In Multi-Year Fraud Scheme In The Market For Carbon Credits, DOJ (Oct. 2, 2024), https://www.justice.gov/usao-sdny/pr/us-attorney-announces-criminal-charges-multi-year-fraud-scheme-market-carbon-credits.

다.[82)]

CQC 합의안에 따르면, 관련 기간 동안 CQC는 개발 중이던 탄소배출권 프로젝트, 즉 요리용 스토브와 에너지 효율적인 전구 프로젝트와 관련된 사기 계획에 가담했음을 인정했다. CQC는 요리용 스토브 및 전구 프로젝트의 품질에 대해 오해를 일으키고, 프로젝트로 생성될 탄소배출권의 수를 부당하게 늘리기 위해 탄소배출권 등록부와 VVBs에 고의적으로 허위 및 오도된 정보를 반복적으로 제공했다. 이러한 행위는 미국을 포함한 여러 곳에서 이루어졌으며, 당시 특정 CQC 임원, 감독자 및 준법 감시 직원들이 이를 알고 있었고, 감독하거나 참여한 것으로 밝혀졌다.[83)]

마찬가지로, 스틸 합의안에 따르면, 관련 기간 동안 스틸은 CQC의 최고운영책임자로서 CQC가 탄소배출권 프로젝트와 관련된 허위 및 오도된 정보를 탄소배출권 등록부, VVBs 및 기타 대상에 보고하도록 유도하는 사기 계획에 가담했다. 이로 인해, 해당 프로젝트들에 대해 실제로 발행될 자격이 없는 수백만 개의 자발적 탄소배출권이 발행되고, 등록부에 기재되었다.[84)]

합의의 일환으로, CQC는 100만 달러의 민사 벌금을 납부하고, 위반행위로 생성된 모든 탄소배출권을 취소하는 절차를 수행해야 한다.[85)] 또한 CQC는 위반행위에 책임이 있는 개인의 해고, 새로운 고위경영진(새로운 CEO 포함) 임명, VCCs 검증 및 보고와 관련된 추가적인 컴플라이언스 정책 및 개선사항 이행, 관련 교육 실시 등 시정 프로그램을 시행했다고 밝혔다.[86)] 마지막으로, CQC는 상품선물거래위원회가 현재 또는 향후 위반행위와 관련하여 진행하는 조사 또는 조치에 협력하기로 합의했다.[87)]

스틸은 합의에 따라 민사 벌금을 부과받지 않았으나, 집행 부서와 체결한 공식 협력 계약에 따라 CFTC와 협력하기로 합의했다. 그리고 스틸은 현재 또는

82) In re CQC Impact Investors LLC, CFTC No. 24-37 (Sept. 30, 2024) (hereinafter, “CQC Settlement”) at 1; In re Jason Steele, CFTC No. 24-36 (Sept. 30, 2024) (hereinafter, “Steele Settlement”) at 1.
83) CQC Settlement at 5.
84) Steele Settlement at 5.
85) CQC Settlement at 10.
86) Id.
87) Id. at 12.

미래의 위법 행위와 관련하여 다른 정부 기관과도 협력해야 한다.

이와 별도로, 뉴욕 남부지방법원 검찰청은 스틸이 정보에 따라 유죄를 인정했다고 발표했으며, 그는 정부와 협력하고 있다고 밝혔다.[88]

4. 자발적 탄소배출권 사기에 대한 대응 방안

자발적 탄소시장에서 탄소배출권 사기 문제는 자발적 탄소시장 전반에 걸쳐 엄격한 기준이 없는 한 계속될 가능성이 높다. 탄소시장에 참여하는 탄소 상쇄 프로젝트 개발자는 품질을 향상시키고 보장할 강력한 인센티브가 없다. 순 배출량을 줄였다고 주장하기 위해 탄소배출권을 구매하는 기업은 기본 탄소 크레딧이 앞서 설명한 영구성이나 추가성의 문제를 실제로 해소했는지 신경 쓰지 않다. 그리고 자발적 탄소배출권을 규제하는 단일한 기준이 부재하고 관련 규정이 미비하며 정보 비대칭성이 높은 경우 기후 공약을 내세운 기업은 면밀한 실사를 수행하지 않고 구매할 수 있는 가장 저렴하고 품질이 낮은 탄소 크레딧을 찾으려고 할 수 있다. 표준을 시행하지 않는 한 기업은 여전히 구매한 오프셋을 사용하여 대중에게 공약을 충족했다고 알릴 수 있다.[89]

이러한 이유로, 기업 참여자뿐만 아니라 정부도 자발적 탄소시장에서 탄소배출권 거래와 관련한 표준을 개선하는 데 노력할 필요가 있다. 자발적 탄소시장에 도움이 되고 사기 위험을 줄일 수 있는 표준으로 다음을 고려해 볼 수 있다. 첫째, 고품질 탄소 오프셋에 대한 표준을 수립할 필요가 있다. 제3자 검증 도입을 통해 인증된 검증 기관(VVBs)만이 프로젝트의 신뢰성과 크레딧의 품질을 평가하도록 해야 하며, 품질 기준을 명확히 설정하여 VCS, Gold Standard 등 국제 표준을 준수한 크레딧만 거래를 허용해야 한다. 둘째, '추가성'과 '영구성' 정의에 대한 표준을 개발할 필요가 있다. 이를 통해 탄소 크레딧이 실제로 추가적인 감축 효과를 제공하고, 장기적으로 유지되는지 확인해야 한다. 특히 영구성

---

88) U.S. Attorney Announced Criminal Charges in Multi-Year Fraud Scheme in the Market for Carbon Credits, U.S. Attorney's Office, Southern District of New York (Oct. 2, 2024), https://www.justice.gov/usao-sdny/pr/us-attorney-announces-criminal-charges-multi-year-fraud-scheme-market-carboncredits 〈최종 검색: 2025. 1. 22.〉

89) Frederic Hache, "50 Shades of Green: The Rise of Natural Capital Markets and Sustainable Finance" (Ixelles, Belgium: Green Finance Observatory, 2019), p. 43.

과 관련하여 대기에서 이산화탄소를 물리적으로 제거하고 무기한 저장하는 프로젝트만이 진정한 탄소 제거로 간주될 수 있을 것이다. 셋째, 탄소시장의 투명성을 개선할 필요가 있다. 투명성 강화를 위해 공공 등록부를 통해 탄소 크레딧의 발행, 사용, 취소 과정을 실시간으로 추적이 가능하도록 해야 한다. 이때 예컨대 블록체인 기술을 활용한 거래 기록 관리의 도입을 고려해 볼 수 있다. 넷째, 탄소 크레딧 발행자가 준수해야 하는 통일된 정보공개 제도를 마련할 필요가 있다. 이를 통해 구매자는 기본 탄소 상쇄 프로젝트에 대한 더 많은 정보를 얻을 수 있으므로 탄소 크레딧을 구매할 때 더 합리적인 결정을 내릴 수 있다. 다섯째, 회계 방법에 대한 표준을 개발할 필요가 있다. 여섯째, 자발적 탄소시장에 대한 규제 및 법적 제재를 강화할 필요가 있다. 사기 거래를 한 기업이나 개인에게 고액의 벌금을 부과하거나 탄소시장에서 일시 또는 영구적으로 퇴출시키는 등 엄격한 법 집행과 형사처벌이 요구된다. 마지막으로, 탄소배출권 사기에 대한 강력한 처벌에는 한계가 있으므로, 소비자와 시민 단체가 기업의 탄소 중립 주장과 탄소 크레딧 거래를 엄정하게 감시하는 등 공공 감시와 참여를 대폭 확대할 필요가 있다.

Ⅳ. 맺음말

탄소시장은 정부 주도의 규제적 탄소시장과 민간 주도의 자율적 탄소시장으로 구분되는데, 이러한 탄소시장은 기후변화에 대응하기 위해 설계된 중요한 정책적 도구이다. 탄소배출권 거래는 세계에서 가장 빠르게 성장하는 상품 시장이다. 2024년 전 세계 탄소배출권 거래 시장 규모는 약 9,488억 달러(1,264억 원)로, 전년 대비 2% 증가한 것으로 나타났다. 이러한 성장은 유럽 및 북미 지역에서의 가격 상승이 주요 원인으로 분석된다.[90)]

국내 배출권거래제는 규제적 탄소시장으로 2012년 도입돼, 2015년부터 제1차 계획 기간으로, 2018년부터 제2차 계획기간으로 설정돼 운영됐다. 현재는 지난

90) 김정아, “전 세계 탄소배출권 거래시장 작년 1264억원 규모”, 모바일한경 2024년 2년 12일자 기사. https://plus.hankyung.com/apps/newsinside.view?aid=202402128557i&category=&sns=y 〈최종 검색: 2025. 1. 22.〉

2021년부터 5년 동안을 기간으로 하는 제3계획 기간이 운영 중이다. 제3차 할당계획 기간(2021~2025년) 동안 배출권거래제의 배출 커버리지는 국가 전체 총배출량의 약 73.5%를 차지하고 있을 만큼, 이 제도의 실효성 확보 여부가 2030 국가온실가스감축목표(NDC) 달성 여부의 핵심 사항이다. 하지만 그동안 운영된 국내 배출권거래제는 낮은 할당 수준과 배출권 가격으로 인해 실질적으로 발전부문과 산업계의 온실가스 감축을 끌어내는 데 사실상 실패했다는 평가를 받고 있다.[91] 또한 미국과 달리 우리나라는 현재까지 자발적 탄소시장은 활성화되어 있지 않다.

한편 탄소시장은 사기를 포함하여 다양한 범죄 유형에 취약한 면이 드러나고 있다. 사기 및 불법거래 유형은 측정 조작, 허위 탄소배출권 판매, 이중 계산, 세금 사기, 해킹, 피싱 등을 포함하며, 이는 탄소배출권의 비물리적 성격과 시장의 복잡성, 그리고 규제와 감독의 허점을 악용한 것이다. 대표적인 사례로 탄소배출권의 이중 거래를 통한 사기나 세금 사기(회전목마 사기)가 있으며, 이는 국가 간 법적 차이와 규제·감독 부족으로 더욱 심화되고 있다. 실제로 유럽연합 배출권거래 시장에서 대규모 부가가치세 포탈 사기가 발생했으며, 자발적 탄소시장에서는 2024년 CQC의 탄소배출권 사기 범행이 적발되어 미국 뉴욕 남부지방 검찰청(DOJ)에 의해 CQC의 임원진이 형사 고발되었다. 우리나라에서는 아직 탄소시장에서의 불법거래가 많지 않지만 장내거래의 경우에는 배출권거래법에서 포괄적 사기행위를 금지하기 위한 제22조 제3항 규정상의 부정한 수단에 해당하는 것으로 보아 제41조에 따른 형사제재가 가능하고, 장외거래의 경우에는 현재는 형법상 사기죄를 통한 제재와 민법상 불법행위에 따른 일반적인 손해배상 수준으로 제재가 가능하다는 한계가 있다.

따라서 향후 우리나라의 탄소시장이 현재보다 활성화될 경우 사기나 불법거래가 동반해서 증가할 것이므로, 이에 대한 적절한 대응 방안이 마련될 필요가 있다. 이러한 대응 방안으로 다음과 같은 점들을 제시하였다. 첫째, 글로벌 규제 협력을 강화하고 우리나라도 이러한 협력 기구에 적극적으로 참여할 필요가 있

91) 김인성, "'제3차 배출권거래제' 사실상 실패… 기업 부당이익 방치 결과", 월간환경 제279호, 2024. 1, 89면.

다. 탄소시장의 표준화와 국제적 상호 검증 체계는 국가 간 탄소배출권 거래의 허점을 최소화하기 위한 것이다. 둘째, 탄소배출권 거래와 관련된 투명한 관리 시스템을 구축해야 한다. 예컨대 블록체인 기술 등을 활용해 탄소배출권 거래의 투명성과 추적 가능성을 높일 수 있을 것이다. 셋째, 탄소 상쇄 프로그램의 효과성에 대한 독립적인 검증 기관의 역할을 강화하고, 실시간 모니터링을 통해 거래의 적법성을 보장해야 한다. 마지막으로, 탄소시장에서 사기와 불법거래에 대한 처벌을 명확히 하고, 다국적 범죄에 대한 국제적 협력을 강화할 필요가 있다.

결론적으로, 탄소시장의 무결성을 유지하기 위해서는 기술적, 제도적, 국제적 대응이 결합된 포괄적인 노력이 필요하다. 이를 통해 탄소시장이 기후변화 완화라는 본래의 목적을 효과적으로 달성할 수 있을 것이다.

[§ 11]
국제형사재판소(ICC) 관할 국제범죄로서 '생태살해(Ecocide)죄'의 신설*

I. 머리말: 기후변화가 야기할 '존재론적 위기'

현재 인류는 18세기 산업혁명 이후 과학기술의 끊임없는 발전을 통해 그 어느 세기보다 풍요로운 삶을 영위하고 있다. 하지만 물질적 풍요의 이면에는 화석연료의 사용에 따른 이산화탄소(CO_2), 메탄(CH_4), 아산화질소(N2O) 등 온실가스가 지구 대기에 확산·누적되어 지구온난화에 따른 '기후변화(climate change)'가 급격히 진행되고 있다. 세계기상기구(WMO)가 2020년 12월에 발표한 보고서에 따르면 2020년 지구 평균기온은 산업화 이전(1850~1900년) 수준보다 1.2±0.1도 높았으며, 2024년까지 일시적으로 1.5도를 초과할 가능성은 적어도 20%라고 한다.[1] 지구의 기온이 2도 증가하면 빙상이 붕괴되기 시작하고 4억 명 이상의 사람이 물 부족을 겪으며 적도 지방의 주요 도시가 사람이 살 수 없는

---

* 이하의 논의는 김재윤, "국제범죄로서 '생태살해(ecocide)죄'의 도입에 대한 검토", 형사정책 제34권 제1호, 2022, 141-165면에 이미 게재된 필자의 글을 최근 논의까지 반영한 것임.

1) WMO, WMO Provisional Report on the State of the Global Climate 2020. https://public.wmo.int/en/our-mandate/climate/wmo-statement-state-of-global-climate 〈최종 검색: 2022. 3. 18.〉

곳으로 변하고 북위도 지역조차 여름마다 폭염으로 수천 명이 목숨을 잃을 것으로 예상된다고 한다.[2)]

이러한 지구온난화에 따른 기후변화는 극심한 기상이변, 자연재해 증가, 빙하 손실, 해수면 상승, 허리케인, 홍수와 범람, 극한 폭염, 가뭄과 용수 부족, 산불, 사막화, 열대 풍토병과 매개체 감염질환 급증 등을 발생시키고, 그로 인해 수백만 명의 사람들에게 영향을 미쳐 현재의 인류 생존뿐만 아니라 미래세대의 삶까지도 위협하는 '기후위기'를 야기하고 있다. 이러한 기후위기가 야기할 미래 상황은 생각보다 훨씬 더 심각하다. 2018년도 과학저널 '자연기후변화(Nature Climate Change)'에 실린 한 논문에서 매우 구체적인 수치를 제시하고 있다. 즉 해당 논문에서 드루 신델(Drew Shindell)이 이끄는 연구진은 지구가 2도 뜨거워지는 경우 1.5도 뜨거워졌을 때보다 대기오염으로 사망하는 사람만 약 1억 5천만 명 더 늘어난다고 한다.[3)] 1억 5천만 명이라는 숫자는 홀로코스트 희생자의 25배에 달하는 규모이고, 가장 사망자를 많이 야기한 제2차 세계대전과 비교해도 2배 이상이다. 그리고 이미 대기오염으로 사망하는 사람만 하더라도 매년 700만 명에 달한다. 이는 아무런 명분도 없이 연례적으로 홀로코스트가 자행되고 있는 셈이다. 기후위기가 '존재론적 위기'라고 불리는 이유도 바로 이 때문이다. 이러한 기후위기에 대한 최선의 결말은 홀로코스트 25배 규모의 피해 발생을 억지하도록 최대한의 노력을 하거나, 이것이 불가능하다면 그 피해를 감당하는 것이고, 최악의 결말은 인류 멸종 직전까지 가는 것이다.[4)]

기후위기에 대한 국제형사법[5)]의 대응과 관련하여 영국의 변호사이자 환경운동가인 폴리 히긴스(Polly Higgins)[6)]가 주도한 "생태살해를 멈추라!(Stop Ecocide!)"[7)]

---

2) Robert McSweeney, "The Impacts of Climate Change at 1.5C, 2C and Beyond", *Carbon Brief*, October. 4, 2018.

3) Drew Shindell et al., "Quantified, localized health benefits of accelerated carbon dioxide emissions reductions", *Nature Climate Change* 8 (March 2018), pp. 291-295.

4) 기위위기의 구체적 내용과 그 위험성에 대한 경고에 대한 자세한 설명으로는 마크 라이너스/김아림(역), 『최종경고: 6도의 멸종』, 세종, 2022; 데이비드 월러스 웰즈/김재경(역), 『2050 거주불능 지구』, 추수밭, 2020; 마틴 엠슨 외/장호종(역), 『기후 위기, 불평등, 재앙』, 책갈피, 2021 참조.

5) 국제형사법은 "인간 존엄의 보호라는 궁극적 가치를 기반으로 인류 전체의 보호와 개인의 보호를 함께 지향하는 복합적 목적"을 가지고 있으며, "국내형사법이 국가 내에서의 평화로운 상호공존에 봉사하는 것이라면 국제형사법은 국가 경계를 초월하는 중대한 인권침해와 인류의 평화와 안녕에 대한 거시적 위협에 대처한다."고 한다(김기준, 『국제형사법』, 박영사, 2017, 17면).

라는 국제 캠페인을 통해 수년 동안 '생태살해(ecocide)'[8]를 「국제형사재판소에 관한 로마규정(Rome Statute of the International Criminal Court)」(이하 '로마규정')[9]의 국제범죄로 도입하려는 시도에 주목할 필요가 있다. 히긴스의 제안에 따르면 '생태살해'란 "인간의 행위 또는 기타 원인에 의해 주어진 영토에서 생태계가 광범위하게 손실, 손상 또는 파괴됨으로써 해당 영토에 거주하는 거주자의 평화로운 향유가 심각하게 감소되거나 장차 감소되는 것"[10]을 의미한다. 이러한 캠페인의 지지자들은 국제형사재판소에서 심리할 수 있도록 인류의 평화와 안전에 반하는 다섯 번째 국제범죄로서 생태살해죄를 포함시키기를 원하고 있다.

따라서 이 글에서는 기후위기에 대한 국제형사법의 대응으로 히긴스가 제안한 로마규정상 생태살해죄의 개념정의, 유형 그리고 캠페인의 국제적 전개(Ⅱ), 생태살해죄 구성요건의 구체적 내용(Ⅲ), 국제범죄로서 생태살해죄의 이론적 한계(Ⅳ)를 검토함으로써 향후 기후위기에 대한 대응으로서 국제형사법의 미래를 전망해 보고자 한다(Ⅴ).

---

6) Polly Higgins는 생태살해를 범죄로 만들기 위한 Stop Ecocide! 캠페인을 최초로 제안하고 이 국제 캠페인을 주도적으로 이끈 영국 변호사이다. 그녀는 2019년 4월 21일 타계하기 전까지 수많은 강연과 다큐멘터리를 제작하고 영국 정부에 조언하면서 '생태살해'라는 단어를 전 세계적으로 이해하도록 만들었다.

7) 이에 대한 상세한 소개로 https://www.stopecocide.earth/ 참고.

8) ecocide의 용어 번역과 관련하여 현재 우리나라의 신문기사, 관련 전문서적, 학술논문 등에서 '환경학살', '생태학살', '생태살해'가 사용되고 있다. eco에 대해 예컨대 Eco-House와 같이 '친환경' 주택 또는 '환경친화적' 주택으로 번역되는 경우도 있으나 ecocide가 생태계의 광범위한 손실, 손상 또는 파괴를 의미하기 때문에 '친환경' 또는 '환경'은 부적절하다고 보며, 가혹하게 마구 죽임을 뜻하는 '학살'은 법률용어라기 보다는 살해의 가혹성에 초점을 둔 일상적 용어이다. 또한 ecocide는 genocide에서 착안하여 새롭게 만든 합성어인데, genocide에 대해 집단'학살' 또는 집단'살해'로 번역되어 사용되고 있다. 그러나 「국제형사재판소에 관한 로마규정」의 번역문에서 genocide를 집단살해죄로, 로마규정의 국내 이행 법률인 「국제형사재판소 관할 범죄의 처벌 등에 관한 법률」에서도 genocide를 집단살해죄로 사용하고 있다. 따라서 본 논문에서는 법률용어의 성격을 강조하여 ecocide를 '생태살해' 또는 '생태살해죄'로 번역하여 사용하고자 한다.

9) 로마규정(Rome Statute)은 국제형사재판소(ICC) 창설의 근거가 된 국제조약이다. 로마규정은 1998년 7월 17일에 채택되어 2002년 7월 1일에 발효되었다. 우리나라는 그 이행 법률로 「국제형사재판소 관할 범죄의 처벌 등에 관한 법률」을 2007년 12월 21일 법률 제8719호로 제정하여 시행하고 있다.

10) Polly Higgins, *Eradicating Ecocide: Exposing the Corporate and Political Practices Destroying the Planet and Proposing the Laws Needed to Eradicate Ecocide* (2010), p. 3.

Ⅱ. 생태살해(ecocide)의 개념정의, 유형, 그리고 캠페인의 국제적 전개

언어적으로 '생태살해(ecocide)'는 두 단어의 조합으로 이루어진 것이다. 즉 '생태(eco)'는 '집' 또는 '가정'을 의미하는 그리스 단어인 'oikos'에서 파생된 것이고, '살해(cide)'는 '파괴하다' 또는 '살해하다'를 의미하는 라틴어 동사 'caedere'에서 유래된 것이다. 따라서 생태살해를 문자 그대로 해석하면 "우리 가정의 파괴"를 의미한다. 이는 자연 환경 파괴에 대한 기술로 적절하다.[11)]

'생태살해'라는 용어는 1970년 미국의 식물생리학자이자 생명윤리학자인 아서 갈스톤(Arthur W. Galston) 교수에 의해 처음으로 사용되기 시작했는데, 특히 베트남 전쟁에서 자주 언급되었다. 미군은 베트남 전쟁에서 유독성 화학물질인 에이전트 오렌지(Agent Orange)라는 고엽제를 사용하였고, 그에 따라 극단적인 환경 파괴를 야기하였다. 이러한 미군의 군사행동은 미국이 베트남 전쟁에서 '생태살해'를 자행했는지에 대한 논의를 촉발시켰다.[12)]

1970년 갈스톤 교수는 워싱턴에서 개최된 전쟁과 국가책임에 관한 회의에서 "제2차 세계대전이 끝난 후, 그리고 뉘른베르크 전범재판의 결과로 우리는 한 민족 전체와 그 문화의 고의적인 파괴를 정당하게 규탄하면서 반인륜적 범죄를 '집단살해(genocide)'라고 불렀다. 사람이 스스로 선택한 방식으로 삶을 영유할 수 있는 환경의 고의적이고 영구적인 파괴를 '집단살해'와 유사하게 '생태살해(ecocide)'라는 용어로 명명하여 사용할 수 있다."라고 언급하면서 '생태살해'를 금지하는 새로운 국제협약을 제안하였다.[13)] 갈스톤 교수가 '생태살해'라는 용어를 만든 이후, 이 용어는 에이전트 오렌지 관련 뉴스 기사, 법률 관련 학술논문 및 베트남 전쟁에 관한 저서들 등에서 사용되기 시작하였다. 다만 이때 대부분

---

11) Prisca Merz, Valérie Cabanes and Emilie Gaillard, *Ending Ecocide – the next necessary step in international law*, 18TH CONGRESS OF THE INTERNATIONAL ASSOCIATION OF DEMOCRATIC LAWYERS (2014), p. 4.

12) Damien Short, *Redefining Genocide: Settler Colonialism, Social Death and Ecocide* (2016), p. 40.

13) David Zierler, *The Invention of Ecocide: Agent Orange, Vietnam, and the Scientists Who Changed the Way We Think About the Environment* (2011), p. 19.

의 경우 저자들은 평화 시기의 행위를 포함하는 보다 광범위한 개념을 채택하기보다는 전쟁 시 행위로 제한하여 '생태살해'를 언급하였다.

한편 오하이오 대학의 해리 페티그루(Harry W. Pettigrew) 교수는 "생태살해로부터 자유로울 헌법상 권리(A Constitutional Right of Freedom from Ecocide)"라는 1971년 논문에서 미국 헌법은 생태살해로부터 자유로울 권리를 포함하고 있으며, 미국 법원은 기업이나 정부의 생태살해 행위로부터 이러한 개인의 권리를 보호하기 위해 행동해야 한다고 주장했다.[14] 그는 생태살해를 "특정 생태계의 필수적인 부분의 실질적인 파괴 또는 일반적으로 환경의 불합리한 악화"로 정의했다. 또한 그는 "환경은 유기물과 무기물의 모든 자연 순환이 상호 밀접하게 연관되어 있는 '생태계(ecosystem)'로 구성되어 있으며, 이러한 자연 순환의 어느 하나가 고장 나면 전체 시스템이 손상된다."고 하였다.[15]

갈스톤 교수에 의해 처음 사용된 '생태살해'라는 용어는 차츰 사람들의 기억에서 잊혀져갔으나, 히긴스가 2010년 4월 유엔국제법위원회(International Law Commission)에 '생태살해법(ecocide law)'에 대한 제안서를 제출하면서 다시 역사의 전면에 등장하였다.

히긴스의 제안서는 "생태살해는 전쟁범죄와 같이 취급되어야 한다."라면서 인류의 평화와 안전에 반하는 다섯 번째 국제범죄로서 '생태살해'를 포함하도록 하는 로마규정의 개정을 핵심 내용으로 하고 있다. 히긴스의 제안처럼 생태살해죄가 로마규정에 다섯 번째 국제범죄로 새롭게 추가될 경우, 생태살해죄는 국제형사재판소에 의해 심리가 진행될 수 있다.

히긴스는 제안서에서 '생태살해'의 정의를 다음과 같이 제시하였다: "생태살해라 함은 인간의 행위에 의한 것이든, 다른 원인에 의한 것이든 주어진 영토에서 생태계가 광범위하게 손실, 손상 또는 파괴됨으로써 해당 영토에서 거주하는 거주자의 평화로운 향유가 심각하게 감소되거나 장차 감소되는 것을 말한다."

이후 히긴스는 '생태살해'의 개념을 보다 구체화하여 다음과 같이 확장하였다:

---

14) Harry W. Pettigrew, "A Constitutional Right of Freedom from Ecocide", Environmental Law Vol.2, No.1 (1971), pp. 1-4.

15) Pettigrew, 위의 논문, p. 1.

“1. 평화 또는 분쟁 시기에 국가, 기업 또는 기타 단체의 활동 과정에서 주어진 영토 내에서 생태계에 심각한 생태적, 기후적 또는 문화적 손실이나 손상 또는 파괴를 야기 내지 기여하거나 또는 할 것으로 예상되는 고위층에 의한 작위 또는 부작위를 말한다. 이러한 행위는 거주자의 평화로운 향유를 심각하게 감소시키거나 장차 감소하게 한다.

2. 피해의 중대성이 확인되기 위해서는 그 영향이 광범위하거나, 장기간에 걸쳐 있거나 심각해야 한다.

3. 위 1.에는 다음 각 호가 해당한다.

   (a) ‘기후적 손실, 손상 또는 파괴’라 함은 국가 또는 관할권이 미치는 영역의 경계에 제한되지 않는 (i) 해수면 상승, (ii) 허리케인, 태풍 또는 사이클론, (iii) 지진, (iv) 기타 기후적 이변의 발생 중 하나 이상의 영향을 의미한다.

   (b) ‘생태계’는 상호 의존적인 거주자와 그들의 물리적 환경으로 이루어진 생물학적 공동체를 의미한다.

   (c) ‘영토’는 국가 또는 관할권이 미치는 영역의 경계에 제한되지 않는 (i) 육상, (ii) 담수, 해양 또는 공해, (iii) 대기, (iv) 기타 자연 서식지 중 하나 이상을 의미한다.

   (d) ‘평화로운 향유’는 평화, 건강 및 문화적 무결성을 의미한다.

   (e) ‘거주자’는 (i) 인간, (ii) 동물, 물고기, 새 또는 곤충, (iii) 식물종, (iv) 기타 살아있는 유기체 중 하나 이상으로 구성된 영토의 토착 거주자 또는 정착 공동체를 의미한다.”[16]

히긴스가 제안한 ‘생태살해법’에서 생태살해의 개념정의는 인간의 행위에 의한 것이든 다른 원인에 의한 것이든 생태적 피해를 포함하고 있다. 따라서 생태살해는 해수면 상승, 허리케인, 태풍 또는 사이클론, 지진, 화산 폭발 등과 같은 자연재해도 포함된다. 그녀는 생태살해의 유형을 ‘확인 가능한 생태살해’와 ‘확인 불가능한 생태살해’이라는 두 가지로 구분하였다. ‘확인 가능한 생태살해’는 인간의 행위에 의해 야기된다. 반면에 ‘확인 불가능한 생태살해’는 자연재해이다. 하지만 ‘생태살해법’은 인간의 작위 또는 부작위로 인해 발생한 생태적 손상이나 피해를 대상으로 한다. 여기에는 특정 영토에서 거주하는 거주자의 생명 또는 인간 이외의 생명체의 생명에 대한 광범위한 손실, 손상 또는 파괴를 일으키는

16) Ecocide Crime. https://perma.cc/3V9H-XG9K 〈최종 검색: 2022. 3. 18.〉

행위가 포함된다.[17)]

한편 히긴스가 주도한 '생태살해법' 제정을 위한 캠페인은 국제적 차원에서 계속 전개되고 있다. 구체적으로 2014년 '지구에서 생태학살의 종언'(End Ecocide on Earth)이라는 그룹은 생태살해에 대한 유럽연합법을 지지하는 170,000명의 서명을 받아 유럽의회에 제출하였다.[18)] 2016년 10월 14-16일 세계시민 사회는 헤이그에서 세계 최대 농화학기업인 몬산토(Monsanto)[19)]에 대한 모의국제법정을 개최하였고, 결론적으로 몬산토에게 '생태살해'에 대해 책임이 있다고 판결을 내렸다.[20)] 2017년 유럽 33개국 36개 정당으로 구성된 유럽녹색당(European Green Party)은 생태살해죄의 국제적 승인을 위한 결의안 초안을 검토하였고, 세계녹색의회(Global Greens Congress)는 베네수엘라의 파괴적인 광업 활동을 생태살해죄로 간주하는 결의안을 채택하였다.[21)] 또한 2019년 12월 섬나라인 바누아투공화국과 몰디브공화국은 국제형사재판소 제18차 당사국 총회에서 123개 당사국에 국제형사재판소 관할권을 생태살해죄로 확장할 것을 촉구하는 대담한 성명을 발표했고, 2020년 6월에는 에마뉘엘 마크롱(Emmanuel Macron) 프랑스 대통령이 생태살해죄 규정에 대해 지지를 표명했고, 2020년 12월에는 벨기에 정부가 국제형사재판소 총회에서 생태살해죄를 처벌 대상으로 규정하자고 공식 제

---

17) Higgins, 앞의 책, p. 63.

18) Ian Johnston, Campaign to put ecocide on part with genocide, THEI NDEPENDENT (2014). https://www.independent.co.uk/climate-change/news/campaign-to-put-ecocide-on-a-par-with-genocide-in-attempt-to-curb-environmental-destruction-9789297.html 〈최종 검색: 2022. 3. 18.〉 참조.

19) 몬산토(Monsanto Company)는 미국 미주리주 세인트 루이스에 본사를 둔 다국적 생화학 제조업체로 유전자 변형 작물에 주력하고 있는 기업이다. 특히 몬산토는 농약 제조업체로 유명하고 베트남 전쟁에서 사용된 맹독성 고엽제 '에이전트 오렌지'의 제조업체이기도 하다. 몬산토는 2018년 6월 7일 독일 바이엘이 인수합병하여 사라졌다. https://ko.wikipedia.org/wiki/%EB%AA%AC%EC%82%B0%ED%86%A0 〈최종 검색: 2022. 3. 18.〉참조.

20) 몬산토 모의국제법정에서 5명의 판사는 환경파괴와 주민들의 질병 증가의 심각한 문제를 일으키는 몬산토의 아르헨티나, 브라질, 파라과이에서 글리포세이트 공중살포 활동이 기본적 인권에 부정적인 영향을 미친다는 결론을 내렸다. 또한 다국적 기업의 피해자를 보호하기 위해 더 나은 규제가 필요하며, 국제법은 환경보호를 위해 개선되어야 하고 생태살해 범죄도 포함되어야 한다는 결론을 도출했다. 몬산토를 모의국제법정에 세우기까지의 전과정과 법정에서 나온 증언들을 생생히 기록한 문헌으로는 마리-모니크 로뱅/목수정(역), 『에코사이드』, 시대의창, 2020 참조.

21) Draft European Green Resolution, On an international recognition of the crime of ecocide: For a binding international environmental law architecture, 5th European Green Cong. (April 2, 2017) 참조.

안했다.[22)]

Ⅲ. 폴리 히긴스가 제안한 생태살해죄의 구체적 내용

1. 생태살해 범죄의 기소 대상

히긴스가 제안한 '생태살해법'은 평화 또는 분쟁 시에 국가, 기업 또는 기타 단체의 활동 과정에서 생태살해 범죄를 저지른 고위층을 기소 대상으로 한다. 이러한 제안은 국가 또는 기업 그 자체가 아니라 개인에게만 적용된다. 따라서 예컨대 세계 최대 석유회사인 엑손모빌(Exxon Mobil)의 최고경영책임자(CEO)나 특정 국가의 부패한 대통령이나 수상이 기소 대상이 될 수 있을 뿐이다.[23)]

2. 주관적 요소로서 '의도(intent)'의 요구?

무엇보다 집단살해죄, 인도에 반한 죄, 전쟁범죄, 침략범죄와 같은 국제형사재판소 관할 핵심범죄와 달리 히긴스에 의해 제안된 '생태살해 법'은 '범죄 의도(criminal intent)'를 성립요건으로 하지 않는다. 이것은 생태살해죄가 범죄행위의 객관적 요소(actus reus)의 전부 또는 일부에 대해 그에 대응하는 주관적 요소(mens rea)로서 고의 또는 의도(intent), 인식(knowledge) 혹은 적어도 무모함(recklessness)이나 과실(negligence)을 범죄성립 요건으로 요구하지 않는 '엄격책임 범죄(crime of strict liability)'임을 의미한다.[24)] 히긴스는 생태살해죄는 특정한 고의 또는 의도를 요구하지 않지만 결과범으로 이해할 수 있다고 한다. 때때로 생태살해는 특정한 고의나 의도 없이 산업재해로 인해 발생하기도 한다. 피해의 심각성은 범죄 의도가 없이도 유죄선고를 정당화한다.

역사적으로 영국 법원은 자연인이 아닌 기업(법인)은 범죄 의도를 가질 수 없으며, 주관적 요소인 멘스 레아(mens rea)를 요구하는 범죄에 대해 기업(법인) 그 자체에게 유죄판결을 할 수 없음을 인정해 왔다.[25)] 하지만 처음부터 주관적

---

22) 송인재, "독점기업들에 의한 범죄, 에코사이드를 고발하다", ECO 제25권 1호, 2021, 403면.
23) Higgins, 앞의 책, p. 68.
24) 영미형법상 엄격책임에 대한 상세한 설명으로는 박강우, "영미형법상 엄격책임의 이해", 형사정책연구 제18권 제3호, 2007. 9, 247-264면 참조.
25) 영국에서 기업(법인)의 형사처벌에 대한 역사적 전개과정에 대한 상세한 설명으로는 김재윤, 『기업

요소인 고의나 의도를 요구하지 않는 엄격책임으로서 생태살해죄는 비록 히긴스가 기소 대상을 개인으로 한정하였음에도 불구하고 상급관리자의 범죄행위를 곧 법인의 범죄행위로 간주함으로써 기업(법인)의 형사책임을 인정하는 '동일성 원리'에 따라 기업(법인)에게도 형사책임을 물을 수 있다.

마지막으로 엄격책임으로서 생태살해죄는 생태살해로 야기된 피해에 대해 비난에 초점에 두기보다 그로 인해 야기되는 손실, 손상 또는 파괴를 방지할 책임을 개인에게 부여한다.[26]

3. 생태살해죄의 보호객체

'생태살해 법'은 특정 영토에서 삶을 살아가는 거주자의 평화로운 향유를 심각하게 감소시키는 행위를 범죄화한다. 히긴스의 제안에 따르면 생태살해의 개념정의에 기술된 '거주자'에는 (i) 인간, (ii) 동물, 물고기, 새 또는 곤충, (iii) 식물종, (iv) 기타 살아있는 유기체 중 하나 이상으로 구성된 특정 영토의 토착 거주자 또는 정착 공동체가 포함된다. 따라서 생태살해죄는 인간의 생명뿐만 아니라 모든 생명체의 생명을 침해하는 범죄이다.[27]

4. 생태살해죄로 간주될 수 있는 환경 파괴의 정도

'생태살해 법'은 생태살해를 "주어진 영토에서 생태계에 심각한 생태적, 기후적 또는 문화적 손실이나 손상 또는 파괴, 그 결과 거주자의 평화로운 향유가 심각하게 감소되거나 장차 감소될 것"으로 정의하고 있다. 또한 피해의 중대성이 확인되기 위해서는 "그 영향이 광범위하거나, 장기간에 걸쳐 있거나 심각해야 함"을 요구한다.[28] 이러한 표현은 "광범위하거나, 장기간에 걸쳐 있거나 심각한"이라는 용어를 개념정의하고 있는 기존 유엔조약에서 차용한 것이다. 구체적으로 「환경변경기술의 군사적 또는 기타 적대적 사용의 금지에 관한 협약(Convention on the Prohibition of Military or any other Hostile Use of

---

의 형사책임』, 마이드텝, 2015, 143면 이하 참조.

26) Higgins, 앞의 책, p. 68.

27) Ecocide Crime. https://perma.cc/3V9H-XG9K 〈최종 검색: 2022. 3. 18.〉

28) Ecocide Crime. https://perma.cc/3V9H-XG9K 〈최종 검색: 2022. 3. 18.〉

Environmental Modification Techniques: ENMOD)」 제1조에 따르면 '광범위한'은 "수백 킬로미터에 범위에 달하는 것"으로, '장기적'은 "수개월 또는 대략 한 계절 동안 지속적인 것"으로, '심각한'은 "인간의 생명, 자연・경제적 자원 또는 기타 자산에 대한 심각하거나 중대한 손상이나 파괴를 수반하는 것"으로 정의하고 있는데,[29] 같은 의미로 사용된다.

Ⅳ. 국제범죄로서 생태살해죄의 이론적 한계

히긴스를 포함한 많은 생태살해 법 지지자들은 생태살해죄를 로마규정의 다섯 번째 국제범죄로 도입함으로써 생태계에 심각한 생태적, 기후적 또는 문화적 손실이나 손상 또는 파괴를 억지하고 예방할 수 있으며, 더 건강한 지구를 만들 수 있다고 하나, 반대론자들은 국제범죄로 생태살해죄는 다음과 같은 이론적 한계가 있음을 지적하고 있다.

1. '생태살해'에 대한 여러 상이한 개념정의

'생태살해'에 대한 여러 상이한 개념정의가 있다. 서로 다른 범죄와 행위를 기술하는 데 있어 동일한 용어의 사용은 혼동과 불확실성을 야기하고 용어의 효율성을 감소시킨다. '생태살해'에 대한 명확하고 확고한 개념정의의 부재는 환경파괴의 범죄화에 대한 법적 논쟁 전반에 걸쳐 문제가 되고 있다.

앞서 언급했듯이 생태살해라는 용어는 1970년 갈스톤 교수에 의해 베트남 전쟁 동안 제초제인 에이전트 오렌지 사용의 부당성을 지적하기 위해 최초로 사용되었다. 그 후 학자들이 생태살해라는 용어에 대한 보다 실질적인 법적 개념정의를 만들려고 시도하였다. 하지만 이러한 시도에도 불구하고 개념정의의 모호성은 생태살해를 '범죄'라기보다 환경과 관련된 하나의 '개념'처럼 보이게 한다. 이에 생태살해라는 용어에 토착 거주자의 권리, 기업의 이익, 여성의 권리가 포괄될 수 있다. 전쟁범죄나 인도에 반한 죄와 같은 다른 로마규정상 국제범죄와

29) Understanding Relating to Article I, Rep. of the Conference of the Comm. on Disarmament, U.N. GAOR, 31st Sess., Supp. No. 27, at 91-92, U.N. Doc. A/31/2 (1976). https://perma.cc/F53E-CA3R 〈최종 검색: 2022. 3. 18.〉

달리 생태살해는 현재까지 최종적인 형태로 '범죄'로서 개념정의가 확립된 바 없다. 1978년 "국제범죄로서 생태살해"에 대한 유엔국제법위원회의 평가는 "'생태살해'라는 용어나 개념이 법적으로 정의되어 있지는 않지만 본질적인 의미는 이해할 수 있다."라는 기술로 시작하고 있다.[30] 2015년 "생태살해 – 평화에 반하는 새로운 범죄?"의 저자들은 네덜란드 헤이그 소재 국제형사재판소 앞에서 생태살해죄의 채택을 촉구했다.[31] 저자들은 생태살해의 용어에 대해 폭넓은 개념정의를 내렸지만 각주에서 "생태살해의 정확한 개념정의와 평화로운 향유의 의미에 관한 합의가 없지만 이것이 저자가 작업한 개념정의이다."라고 적시하고 있다.[32]

이처럼 생태살해는 아직 법적 개념으로서 명확하지 않아 그 개념 사용자가 원하는 모든 것을 의미할 수 있다. 이처럼 생태살해 의미의 모호성은 '법률 없으면 범죄 없다(Nullum Crimen sine Lege)'라는 죄형법정주의를 채택하고 있는 국제형사법이나 국제형사재판소에서 사용하기에 부적절할 수 있다.[33]

2. 고의(의도)의 요구에 따른 어려움

국제범죄로서 생태살해죄 지지자들은 이 죄가 엄격책임 범죄이어야 한다고 주장한다. 예컨대 마크 앨런 그레이(Mark Allan Gray)는 엄격책임의 기준이 기업으로 하여금 잘못된 관행을 우선적으로 시정하게 함으로써 예방 행동을 장려하고, '오염자부담원칙'과 '사전예방원칙'을 발전시킬 것이라고 믿는다.[34] 그러나 엄격책임은 일반적으로 형법이나 국제형사법에서 선호되지 않는다고 한다. 왜냐하면 "피고인에게 특별히 비난할만한 정신적 요소를 요구하지 않는 엄격책임은 형법에서 찾아보기 힘들고 선호되지 않기 때문"이다.[35]

30) Report on the Study of the Question of the Prevention and Punishment of the Crime of Genocide, UN Doc. E/CN.4/Sub.2/416 at 128 quoting John H.E. Pried, *War by ecocide: some legal observations*, BULLETIN OF PEACE PROPOSALS (1973), p. 43.

31) Sailesh Mehta & Prisca Merz, "Ecocide – A New Crime Against Peace?", *Environmental Law Review Vol.17(1)*, 2015, pp. 3-7.

32) Mehta & Merz, 위의 논문, p. 1 각주 1).

33) 로마규정 제22조 제2항 "범죄의 정의는 엄격히 해석되어야 하며 유추에 의하여 확장되어서는 아니된다. 범죄의 정의가 분명하지 않은 경우, 정의는 수사·기소 또는 유죄판결을 받는 자에게 유리하게 해석되어야 한다."

34) Mark Allan Gray, "The International Crime of Ecocide", 26 CAL. W. INT'L L.J. (1996), p. 218.

35) Allison Marston Danner & Jenny S. Martinez, *Guilty Associations: Joint Criminal Enterprise,*

반면에 지지자들은 현재까지 제안된 생태살해 법 중 어느 것도 '고의(의도)' 요건을 요구하지 않음을 지적한다. 고의 또는 의도가 생태살해죄의 성립에 있어 필요불가결한 주관적 요소로 요구될 경우 이는 두 가지 측면에서 커다란 법적 허점을 야기하여 처벌의 공백을 발생시킬 수 있다. 하나는, 이러한 허점을 이용하여 가해자는 생태살해에 의한 막대한 피해를 전혀 의도한 바 없었다고 손쉽게 주장할 수 있다. 다른 하나는, 기업이 야기한 대부분의 생태살해는 의도한 것이 아니라 단순히 사고나 다른 목적을 추구하는 과정에서 부수적으로 발생한 피해로 간주될 수 있다.[36] 이에 세계 최초의 녹색 형사정책 도서를 집필한 롭 화이트(Rob White)는 생태살해와 같은 범죄에 있어 '고의'의 문제는 피해의 대규모성에 의해 무시될 수 있고, 형벌은 책임과 비례해야 하는데 이는 엄격책임의 범죄에서 조차 높은 수준의 형사제재를 허용하게 한다고 언급했다.[37]

그러나 엄격책임 기준 하에서 조차 언제 환경오염이 범죄로 규정될 만큼 유해한 것인지 그리고 기업의 책임자는 구체적으로 누구인지 등에 대한 일정한 기준을 설정할 필요가 있다. 예를 들어 모든 인간은 숨을 쉴 때조차 이산화탄소를 배출하는데, 언제 또는 얼마만큼의 탄소배출이 있어야 생태살해로 고려될 수 있는 것인가? 열대우림의 파괴가 얼마만큼 되어야 생태살해라고 할 수 있는가? 화이트는 생태살해죄가 범죄화되어 기소되기 위해서는 이러한 질문에 대해 정확한 답변이 있어야 함을 언급했다.[38]

나아가 '생태살해법' 지지자들이 요구하는 이러한 엄격책임의 기준은 이미 로마규정에서 규정하고 있는 전쟁범죄를 포함하여 네 개의 핵심범죄에서 고의 내지 인식을 요구하고 있는 것과도 배치된다. 로마규정 제30조(주관적 요소) 제1항에 따르면 "달리 규정되지 않는 한, 사람은 고의와 인식을 가지고 범죄의 객관적 요소를 범한 경우에만 국제형사재판소 관할범죄에 대하여 형사책임을 지며

Command Responsibility, and the Development of International Criminal Law, 93 CAL.L.REV. (2005), p. 147.

36) Polly Higgins et al., "Protecting the Planet: A Proposal for a Law of Ecocide", 59 CRIME, LAW AND SOCIAL CHANGE (2013), pp. 251-266.

37) Rob White, "Carbon criminals, ecocide and climate justice", CRIMINOLOGY AND THE ANTHROPOCENE (2017), p. 68.

38) White, 위의 논문, p. 69.

처벌을 받는다."라고 규정하고 있다. 이때 고의는 행위와 결과를 바탕으로 도출된다. 즉 "행위와 관련하여 사람이 그 행위에 관여하려고 의도한 경우, 결과와 관련하여 사람이 그 결과를 야기하려고 의도하였거나 또는 사건의 통상적인 경과에 따라 그러한 결과가 발생할 것을 알고 있는 경우에 고의를 가진 것"으로 본다(로마규정 제30조 제2항).[39)]

생태살해의 많은 사례는 예컨대 1986년 체르노빌 원자력 발전소 폭발사고와 2010년 멕시코 만에서 영국의 국제 석유 메이저 업체인 British Petroleum(이하 BP) 관할의 딥워터 호라이즌(Deepwater Horizon)호 폭발에 따른 기름유출 사고의 결과이다. 이들 사고는 책임 있는 당사자가 결코 고의나 의도적으로 발생시킨 것이 아니다. 즉 BP는 대규모 기름유출 사고를 일으키려는 의도가 없었다. 그렇지만 이러한 비정상적인 환경 재난이 '정상적인 과정에서 발생한 사고'라고 주장하기도 어렵다. 따라서 생태살해죄가 국제형사재판소 관할 국제범죄로 새롭게 추가되더라도 로마규정에서 규정하고 있는 '고의' 요건에 의해 여전히 제한적일 수밖에 없다. 히긴스가 언급한 것처럼 그러한 '고의' 요구는 생태살해죄가 의도하고자 했던 많은 환경 재난에 대한 기소를 하지 못하게 하는 결과를 야기한다.[40)]

3. 인과관계 증명과 책임귀속의 어려움 – 생태살해로서 기후변화?

로마규정은 행위와 결과 사이에 인과관계에 대한 명시적 규정을 두고 있지 않다. 하지만 주관적 요소를 규정한 로마규정 제30조 제2항(b)에 의하여 인과관계 요건은 묵시적으로 인정되며, 구체적 범죄개념에 인과관계가 전제되어 있음을 나타내는 조항들이 있다.[41)] 생태살해죄가 로마규정에 새로운 국제범죄로 도입될 경우에도 생태살해죄가 성립하기 위해서는 피고인이 광범위하거나 장기간에 걸쳐 있거나 심각한 환경 파괴를 야기한 행위와 그 결과 사이에 인과관계가 인정되어야 한다. 그러나 피고인의 어느 한 행위가 형사책임을 목적으로 하는 환경 파괴를 야기했음을 형사법정에서 엄격한 증명을 통해 입증하는 것은 매우

39) 로마규정 제30조의 주관적 요건에 대한 상세한 설명으로는 김기준, 앞의 책, 190-199면 참조.

40) Anastacia Greene, "The Campaign to Make Ecocide an International Crime: Quixotic Quest or Moral Imperative?", Fordham Environmental Law Review Vol.30(3) (2019), pp. 32-34.

41) 로마규정 제7조 제1항(k) "신체 또는 정신적·육체적 건강에 대하여 중대한 고통이나 심각한 피해를 고의적으로 일으키는 유사한 성격의 다른 비인도적 행위"

어렵다.

환경 재난은 때때로 핵폭발이나 기름유출과 같은 극적인 사고의 결과로 발생하기도 하지만 종종 여러 사람들이 수년에 걸쳐 다수의 사소하고 극단적이지 않은 행동의 결과로서 발생하기도 한다. 어느 한 개인의 일상적 행위가 산호초를 파괴하거나, 해우를 멸종 위기에 빠뜨리거나, 기후변화를 야기하지 않는다. 그렇다고 다수의 원인행위가 오랜 시간의 경과로 누적된 상호작용의 결과로 인하여 생태살해가 발생했다고 하더라도 책임원칙에 따라 개별 행위자는 원칙적으로 자신이 야기한 부분 결과에 대해서만 형사책임을 귀속시킬 수 있을 뿐이다. 하지만 생태계는 매우 방대하고 서로 다른 상호작용의 요소가 너무 많기 때문에 법정에서 인과관계를 식별하거나 형사법정에서 엄격한 증명에 의해 입증하는 것은 불가능할 수 있다.

독일 형법학자 로타르 쿨렌(Lothar Kuhlen)은 이러한 개별 행위자의 일상적 행위로는 환경 침해를 야기하지 못하지만 다수의 원인행위가 누적적 상호작용의 결과로 환경 침해의 위험이 발생한 경우 각각의 개별 행위자에게 책임귀속을 가능하기 위해 이른바 '누적범(Kumulationsdelikt)'이라는 새로운 구성요건 형태를 고안해 냈다.[42] 이때 누적범이란 개개인의 일상적 행위 그 자체로는 사회적 법익을 전혀 침해할 수 없는 행위이지만 다수의 행위자 또는 전부가 이러한 행위를 장기간에 걸쳐 반복적으로 하여 누적된다면 법익이 침해될 수 있다고 할 때 그 당벌성이 인정되는 범죄 형태를 말한다.[43] 그는 이러한 누적범에 대해 개인에게는 합리적인 행위가 다수에 의해 실행될 경우에 비합리적인 결과가 야기되는 상황인 이른바 '수많은 사소한 행위가 쌓여서 발생하게 되는 손해라는 문제(das Problem der großen Zahl)'를 해결하는 데 유용한 수단이라고 한다.[44] 하지

42) Lothar Kuhlen, "Der Handlungserfolg der strafbaren Gewässerverunreinigung (§324 StGB)", GA 1986, 389면 이하; ders, "Umweltstrafrecht – auf der Suche nach einer neuen Dogmatik", ZStW 105 (1993), S. 697 ff. 우리나라에서 Kuhlen의 누적범 이론에 대한 자세한 소개·분석으로는 김동률, "법익개념의 변화와 새로운 범죄유형의 필요성 – 보편적 법익과 관련한 독일에서의 논의를 중심으로 –", 형사정책 제26권 제1호, 2014. 4, 205-209면; 김재윤, "초국가적 환경범죄에 대한 우리나라 환경형법 적용과 관련된 쟁점", 형사정책 제31권 제4호, 2020, 24-29면; 안수길, "누적범 이론에 관하여 – 독일 형법 제324조(수질오염죄)에 관한 쿨렌의 해석론을 중심으로 –", 비교형사법연구 제18권 제2호, 2016, 31면 이하 참조.

43) MK-Wohlers/Mühlbauer, §264 Rn. 12.

44) Kuhlen, 앞의 논문, 1986, S. 401 ff.

만 누적범은 아직 그 누구도, 그 무엇도 침해하거나 위험에 빠뜨리지 않는 경미한 위반행위를 한 다수에게 국가형벌권을 발동하는 것으로 정당화될 수 없다거나,[45] 다수에 의한 행위의 장기간에 걸친 누적적・중첩적・상호보완적 작용이 어떤 결과를 가져올지 여전히 해명되지 않는 채로 남아 있기 때문에 누적범은 그 가벌성이 부당하게 확대될 위험성이 있다[46]는 비판이 제기된다.[47]

생각건대, 이러한 누적범의 개념은 생태살해죄의 인과관계 증명의 어려움을 해소할 수 있어 보이지만 인과관계 증명의 논의 이전에 생태살해의 개념 자체에서 이미 누적범을 원용할 수 없다고 본다. 왜냐하면 앞서 언급했듯이 히긴스는 생태살해를 정의하면 그 피해의 중대성이 확인되기 위해서는 그 영향이 광범위하거나, 장기간에 걸쳐 있거나 심각해야 함을 요구하고 있는데, 생태살해를 야기할 수 있는 다수의 누적적・중첩적 행위가 구체적으로 무엇인지 특정하기 어렵고, 어느 정도 다수의 누적적・중첩적 행위가 피해의 중대성을 야기할 수 있는 것인지도 모호하기 때문이다. 뿐만 아니라 히긴스의 제안이 받아들여지더라도 국제형사재판소에 피의자를 국제범죄로서 생태살해죄로 기소를 하기 위해서는 "거주자의 평화로운 향유를 심각하게 감소하게 한 자'가 누구인지 구체적으로 특정을 해야 하는데, 누적범은 인류 전체 혹은 한 지역 주민 전체 등 수많은 다수인의 행위를 전제로 하고 있다. 그런데 다수의 누적적・중첩적 행위와 주어진 영토에서 생태계의 광범위한 손실, 손상 또는 파괴를 의미하는 생태살해 결과 사이에 자연과학적 인과관계가 일의적으로 판명되었다고 하더라도 원인과 생태살해 결과 사이의 객관적 침해연관을 확인하여 특정 행위자만을 피의자로 선별하기가 쉽지 않다. 왜냐하면 생태살해 결과는 그 원인행위로부터 시간적・공간적 거리가 멀리 떨어져 있기 때문이다. 그렇다고 하여 인류 전체를 국제형사재판소의 생태살해죄 피고인으로 삼을 수도 없는 일이다. 이에 히긴스는 생태살해죄의 행위주체를 국가, 기업 또는 기타 단체의 고위층으로 한정하고 있어 다수인을 전제로 하는 누적범의 개념과 배치된다.

---

45) Marsha Papamoschou/Jochen Bung, § 265 StGB, in: Institut für Kriminalwissenschaften und Rechtsphilosophie Frankfurt a.M.(Hrsg.), *Irrwege der Strafgesetzgebung*, 1999, S. 241.

46) Ioanna Anastasopoulou, *Deliktstypen zum Schutz kollektiver Rechtsgüter*, 2005, 179면; Stefan Bartholme, *Der Schutz des Bodens im Umweltstrafrecht*, 1. Aulf., 1995, S. 166.

47) 김재윤, 앞의 논문, 27-28면.

한편 대부분의 과학자들은 기후변화가 생태살해라고 말하지만, 이를 인정할 경우 생태살해죄는 범죄자가 없는 범죄가 될 뿐이다. 우리 모두는 생태살해의 가해자인 동시에 피해자이기 때문이다. 일부 지지자는 생태살해죄는 '가장 중요한 탄소배출원'에 대해 그 책임을 묻는데 사용될 수 있다고 주장한다. 예컨대 화이트는 지구온난화는 현재 자본주의 시장경제 체제의 정상적인 작동의 결과로 발생한 것이라고 주장한다. 범죄학자들은 기후변화와 관련하여 딜레마에 직면하게 된다. 왜냐하면 자본주의 시장경제 체제가 비난받을 만하지만 형사책임을 시장경제 체제 그 자체에 물을 수 없기 때문이다. 다만 그들은 개인 소비자의 소비에 초점을 맞추는 것은 실수라고 생각한다. 대신에 그들은 개인 소비자가 아닌 국가 지도자와 기업 대표자들이 기후변화와 관련하여 책임을 져야 하는 사람이라고 주장한다. 왜냐하면 그들이 현재 시스템을 효과적으로 계획하고 통제하는 사람들이기 때문이다.48)

그러나 이러한 주장을 모두 수용한다고 하더라도, 누가 국제형사재판소의 심리를 통해 생태살해죄로 유죄판결을 받고 교도소에 가야하는가, 세계의 모든 기업의 대표자와 국가 지도자가 가야하는가라는 문제는 여전히 남는다. 기후변화를 '생태살해'라고 부르는 데는 매우 설득력 있는 논거가 제시되지만, 한 명의 가해자에 대한 인과관계나 형사책임 귀속 문제에 있어 커다란 어려움에 직면한다. 따라서 히긴스가 제안한 '생태살해법'은 특별한 환경 재난을 야기한 특정한 고위층, 예컨대 기업의 대표자와 국가 지도자 또는 다국적 기업에 대한 형사책임을 묻는데 사용될 수 있겠지만, 인류 전체가 야기한 광범위한 환경 파괴에 대해서는 사용할 수 없다고 본다.49)

V. 맺음말: 기후변화에 대한 국제형사법의 미래

국제형사법의 경우 국제형사재판소라는 하나의 법원만이 존재한다. 로마규정의 단 하나의 조항인 제8조 제2항(b)(iv)50)만이 환경에 대해 언급하고 있다. 이

48) White, 앞의 논문, p. 63.

49) Greene, 앞의 논문, pp. 34-35.

50) "Intentionally launching an attack in the knowledge that such attack will cause incidental

것도 전쟁범죄의 문맥에서 등장할 뿐이다. 2002년 국제형사재판소가 창설된 이래로 어떤 피고인도 환경을 파괴한 혐의로 로마규정상 해당 규정에 따라 기소된 바 없다.[51] 따라서 사실상 환경 재난을 야기한 개인이나 기업에 대한 국제형사법에 따른 형사책임은 없는 것과 마찬가지이다. 이는 국제형사법에 커다란 결함이 있음을 나타내는 것이다.

히긴스는 환경 재난을 포함하여 기후위기에 대한 국제형사법의 결함을 간파하고 로마규정에 생태계에 대한 돌이킬 수 없는 파괴와 피해를 의미하는 생태살해죄를 다섯 번째 국제범죄로 도입할 것을 제안하였다. 하지만 이러한 그녀의 제안은 국제형사법의 이론적 관점에서 볼 때 생태살해의 법적 개념정의가 모호하여 죄형법정주의에 위반될 소지가 있으며, 주관적 요소로서 고의나 의도를 요구하지 않는 엄격책임으로서 생태살해죄는 일반적으로 형법이나 국제형사법에서 찾아보기 힘들고 선호되지 않고 있으며, 생태살해를 야기한 개인의 행위와 생태계 파괴라는 침해결과 사이의 인과관계와 관련하여 생태계는 복잡하고 다양한 상호작용에 의해 작동되기 때문에 형사법정에서 인과관계에 대한 엄격한 증명이 불가능에 가깝다는 어려움에 직면하고 있다.

그렇다면 국제형사법은 기후변화가 야기할 존재론적 위기에 직면하여 이러한 이론적 한계만을 언급하며 아무런 노력을 하지 않아야 하는가? 그렇지 않다. 국제형사법은 현재와 미래, 국경에 관계없이 전체 인류 공동체를 보호하는 것을 목표로 한다. 그렇다면 생태살해 행위는 심각하고 광범위하게 그리고 장기간에 걸쳐 인간과 모든 생명체의 생명권을 침해하며, 일정한 지역의 거주자의 생계권과 건강권을 침해하며, 자기 집단의 삶의 방식, 정치적 의사, 경제·사회·문화적 발전을 자유롭게 선택할 자기결정권을 침해하며, 기후위기로 인한 가뭄, 홍수, 해충 등으로 농사를 망쳐 식량권을 침해하는 중대한 범죄가 아닐 수 없다.[52] 형법과 국제형사법의 역사를 되돌아 볼 때 우리는 우리가 가장 근본적으

---

loss of life or injury to civilians or damage to civilian objects or widespread, long-term and severe damage to the natural environment which would be clearly excessive in relation to the concrete and direct overall military advantage anticipated;"(밑줄은 인용자 강조)

51) Brownyn Lay et al., "Timely and Necessary: Ecocide Law as Urgent and Emerging", 28 J. JURIS 431 (2015), p. 431.

52) 기후위기로 침해되는 인권에 대한 상세한 설명으로는 조효제, 『탄소사회의 종말』, 21세기북스,

로 보호받아야 할 가치를 손상시키는 행위를 범죄행위로 규정하고 엄격한 형사처벌로 대응하여 왔다.

문제는 이러한 생태살해죄에 대한 형사처벌의 필요성을 인정하더라도 국제범죄로서 생태살해죄의 이론적 한계로 앞서 언급한 생태살해 개념의 모호성, 주관적 요소로서 고의 또는 의도의 불요구, 인과관계 증명과 책임귀속의 어려움을 어떻게 극복할 수 있는가에 있다. 그런데 이러한 생태살해죄의 이론적 한계들은 형법을 포함한 국제형사법 체계가 자연의 생명적 질서인 다양성, 순환성, 공생성, 관계성을 존중하는 '생태중심적 세계관'에 바탕을 둔 '생태중심주의'라는 새로운 패러다임으로 전환하지 못한 채 여전히 인간이 자연보다 우월하다는 인식 아래 자연의 조종과 착취를 승인한 '인간중심주의'에 기초하여 문제의 해결책을 찾으려는 데서 비롯된 것이라 보인다.[53] 생태살해죄는 국가형벌권의 행사를 엄격하게 제한하여 개인의 자유를 최대한 보장하기 위한 전통적인 인간중심적 형법이론을 수단으로 대응하는데 일정한 한계를 나타낼 수밖에 없다고 본다. 따라서 이러한 이론적 한계를 극복하기 위해서는 종래의 인간중심적 법학의 패러다임에서 벗어나 인간뿐만 아니라 환경 그 자체의 고유 가치를 인정함으로써 법에 의한 사회정의, 법을 통한 자연과 인간의 평화로운 공동체형성 및 이를 통한 생태정의 내지 기후정의까지 실현될 수 있는 새로운 패러다임으로서 '생태중심적' 또는 '지구중심적' 법학[54]으로 패러다임의 대전환이 요구된다. 이러한 생태중심적 (형)법학에서는 생태살해죄의 이론적 한계를 극복하기 위해 생태정의(ökologische Gerechtigkeit), 생태중심적 법익보호의 정당성, 인과관계의 추정, 추상적・구체적 위험범(소위 '적성범'), 결과반가치가 아닌 행위반가치에의 지향, 기업(법인)의 범죄능력 등 새로운 이론 틀에 대한 면밀한 검토가 요구된다고 본다.[55]

2020, 163면 이하 참조.

53) 이러한 인간중심적 사고의 주요원리를 생태중심주의에 입각하여 분석한 글로는 조정옥, "서양 철학사에서 생태중심적 원리의 모색", 철학과 현상학 연구 제22권, 2004, 155면 이하 참조.

54) 최근 지구중심주의 관점에서 법학의 변화를 탐구한 문헌으로 강금실 외 7인, 『지구를 위한 법학』, 서울대학교출판문화원, 2020 참조.

55) 생태살해죄를 정당화하기 위한 이러한 생태중심적 형법학에서의 이론 틀에 대한 상세한 연구는 지면 관계상 추후 연구과제로 남기고자 한다. 다만 그 단초에 대해서는 김재윤, 『현대형법의 위기와 과제』, 전남대학교출판부, 2009, 293-300면 참조.

요컨대 국제형사법의 미래는 현재의 인간중심적 세계관에 바탕을 둔 국제형사법의 이론적 한계를 탓하지 말고 더 늦지 않게 생태중심적 세계관에 기초하여 생태살해를 국제범죄로(만약 그것이 어렵다면 국내 형법상 범죄[56])로) 채택함으로써 기후위기를 야기한 국가 지도자, 기업의 최고경영책임자, 다국적 기업 그 자체 등에게 그들의 행동이나 부작위에 대해 형사책임을 지도록 하는 방향으로 나아가야 한다. 만약 그렇지 않다면 마치 출구가 없는 극장에서 화재가 발생했을 경우 탈출을 위해 아무런 행동을 하지 않음으로써 가장 저렴한 좌석부터 시작하여 극장의 많은 사람들이 화재로 부상을 입고 사망에 이르게 되는 재난을 겪게 하는 것과 다름없다. 극장에 불이 나지 않았다거나 심각하지 않다거나 불을 끌 시간이 충분하다고 큰 소리로 외치는 사람은 극장의 가장 비싼 좌석에 앉아 있는 사람들뿐이다. 국제형사법이 기후변화가 야기할 존재론적 위기에 적극적으로 대처하려고 노력하지 않는다면 국제형사법을 다룰 인간이 더 이상 지구에 남아 있지 않을 미래가 기다릴 뿐이다.

56) 이미 베트남을 비롯하여 우즈베키스탄, 타지키스탄, 러시아연방, 몰도바 공화국, 키르기스스탄, 카자흐스탄, 벨로루시, 우크라이나, 아르메니아, 조지아 등 11개 국가의 형법전에서 '생태살해'를 금지하는 규정을 두고 있다. 특히 베트남은 베트남 전쟁 동안 겪었던 환경 피해에 대한 대응으로 1990년 '생태살해'를 형법전에 범죄로 규정한 최초의 국가이다. 베트남의 생태살해 규정은 제5장 "평화를 훼손하는 범죄, 반인도적 범죄 및 전쟁범죄", 제342조 "인류에 대한 범죄"에 포함되어 있다. 즉 베트남 형법 제342조는 "평화시나 전쟁시에 한 지역의 다수 주민의 몰살, 주민의 생계 수단의 파괴, 국가의 문화적·정신적 삶의 훼손, 사회를 무너뜨릴 목적으로 사회적 기반의 전복, 기타 집단살해, 생태살해, 자연 환경의 파괴 행위를 한 사람은 사형, 무기징역, 10년 이상 20년 이하의 징역에 처한다."라고 규정하고 있다(Penal Code Vietnam, Ch. 5, art. 342 (1990)).

[§ 12] '생태살해(Ecocide)죄' 심리법원으로서 국제형사재판소(ICC)의 한계와 대안*

Ⅰ. 머리말

2010년 10월 4일 헝가리 서부 콜론타르(Kolontár) 마을에서 알루미늄 공장의 부식성 슬러지 폐기물 저수지가 붕괴하여 엄청난 결과를 일으키는 사고가 발생했다. 저수지의 댐 북서면 코너가 붕괴된 후 약 1백만 세제곱미터에 달하는 폐기물이 방출되었다. 10명의 사망자와 150명이 부상을 입었다. 이 독성이 강한 폐기물의 범람으로 인해 수백 채의 집이 침수되었고 자연은 오랫동안 오염되다. 유출된 폐기물은 마르셀(Marcal)강의 모든 생명의 씨를 말렸으며 10월 7일에는 국제하천인 다뉴브 강에까지 도달했다. 이러한 산업재해에 따른 생태적 재앙은 최근 국제형법 분야에서 빈번히 논의되고 있는 이른바 '생태살해(ecocide)'[1]의

* 이하의 논의는 김재윤, "'생태살해죄' 심리법원으로서 국제형사재판소의 한계와 대안", 형사법연구 제35권 제2호, 2023, 287-317면에 이미 게재된 필자의 글을 최근 논의까지 반영한 것임.

1) 이하의 논의에서 '생태살해(ecocide)'란 "인간의 행위 또는 기타 원인에 의해 주어진 영토에서 생태계가 광범위하게 손실, 손상 또는 파괴됨으로써 해당 영토에 거주하는 거주자의 평화로운 향유

고전적인 사례이다. '생태살해'는 이처럼 국경을 초월한 초국가적(transboundary pollution) 환경범죄[2] 사례에 국한되는 것이 아니라 온실가스의 과잉 배출에 따른 기후변화로 인해 생태계의 광범위한 파괴 또는 손상과 아울러 지구 주민들의 평화로운 공존을 위협하는 '기후범죄(climate crime)'[3] 사례를 포괄하는 의미로 사용되고 있다.

일반적으로 '생태살해'는 생태계의 전부 또는 일부의 파괴를 의미하는 용어로 사용된다. 이 용어는 1970년 미국의 식물생리학자이자 생명윤리학자인 아서 갤스턴(Arthur W. Galston) 교수에 의해 베트남 전쟁에서 유독성 화학물질인 에이전트 오렌지(Agent Orange)라는 고엽제 사용에 따른 극단적인 환경파괴를 고발하며 처음으로 사용되기 시작했다.[4] 갤스턴 교수에 의해 최초로 사용된 '에코사이드'라는 용어는 점차 학술적 논의와 뉴스 미디어에서 자취를 감추어 갔으나, 영국 출신의 변호사이자 환경운동가인 폴리 히긴스(Polly Higgins)[5]가 2010년 4월 유엔국제법위원회(International Law Commission)에 '생태살해 법률 초안(a

---

가 심각하게 감소되거나 장차 감소되는 것"으로 개념정의하고자 한다. 이는 폴리 히긴스(Polly Higgins)의 개념정의를 전적으로 수용한 것이다. 또한 ecocide의 용어 번역과 관련하여 국내에서 에코사이드, 생태학살, 생태살해 등으로 번역되지만 법률용어의 성격을 강조하여 '생태살해'로 사용하고자 한다. ecocide의 개념정의 및 용어번역에 대한 자세한 설명으로는 김재윤, "국제범죄로서 '생태살해(ecocide)죄'의 도입에 대한 검토", 형사정책 제34권 제1호, 2022.4, 144-148면, 143면 각주 8) 참조.

2) transboundary or transfrontier or transnational pollution의 용어 번역과 관련하여 오염물질의 경우 우리나라 말로 가장 자연스러운 번역은 '국경을 넘는'이지만 오염물질이 아니라 인간의 행위를 전제로 하는 범죄, 그리고 범죄와 형벌을 핵심내용으로 하는 형법의 경우 국가를 기반으로 하므로 '초국가적'으로 번역함이 적합하다는 지적으로는 김재윤, "초국가적 환경범죄에 대한 우리나라 환경형법 적용과 관련된 쟁점", 형사정책 제31권 제4호, 2020. 1, 9면 각주 6).

3) Ronald C. Kramer는 그의 저서 「탄소 범죄자, 기후범죄(Carbon Criminals, Climate Crimes)」에서 지구온난화 및 기후변화와 관련된 기후범죄를 ① 계속되는 화석연료 추출과 그에 따라 탄소배출량을 증가시키는 기후범죄, ② 정치적 부작위를 통해 탄소배출량 감소 실패를 일으키는 기후범죄, ③ 보수적 싱크탱크를 통해 조직적으로 기후변화를 거부 혹은 부인하는 기후범죄, ④ 석유전쟁, 군사적 온실가스 배출, 기후위기에 대한 부당하고 군국주의적인 적응 형태를 포함하는 제국의 기후범죄로 분류하여 설명하고 있다. 이에 대해 자세히는 Ronald C. Kramer, *Carbon Criminals, Climate Crimes*, Rutgers University Press, 2020, pp. 58-83.

4) Damien Short, *Redefining Genocide: Settler Colonialism, Social Death and Ecocide*, Zed Books: London, 2016, p. 40.

5) Polly Higgins는 생태살해를 범죄로 만들기 위한 Stop Ecocide! 캠페인을 최초로 제안하고 이 국제 캠페인을 주도적으로 이끈 영국 변호사이다. 그녀는 2019년 4월 21일 타계하기 전까지 수많은 강연과 다큐멘터리를 제작하고 영국 정부에 조언하면서 '생태살해'라는 단어를 전 세계적으로 이해하도록 만들었다.

draft law of ecocide)'을 제출하면서 다시 역사의 전면에 등장하였다.[6] 히긴스는 "생태살해를 멈추라!(Stop Ecocide!)"[7]라는 국제 캠페인을 주도적으로 이끌면서 '생태살해'를 「국제형사재판소에 관한 로마규정(Rome Statute of the International Criminal Court)」(이하 '로마규정')[8]상 집단살해죄(제노사이드)와 같은 국제범죄의 하나로 도입할 것을 제안하였다.[9] 생태계는 수년 동안 인간의 직·간접적 행위를 통해 엄청나게 손상되고 파괴되고 있으며, 기후위기는 현재 인류의 미래, 안보 및 세계 평화를 위협하고 있는 실정이다. 이 때문에 국제형사재판소(ICC)에서 인류의 평화와 안전에 반하는 다섯 번째 국제범죄로서 생태살해죄를 포함시켜 심리하여 생태살해를 야기한 국가의 수반이나 화석연료 기업의 최고경영책임자(CEO)를 형사처벌함으로써 기후위기를 크게 완화시켜 수백만 명의 생명을 보호하고 심각한 생태계의 파괴나 손상을 예방하려는 것이다.

이러한 생태살해죄가 국제범죄로서 국제형사재판소의 처벌 대상이 되려면 로마규정 체결국들이 규정 개정을 요구해야 하는데 국가 차원의 요구들이 현재 진행 중이다. 2019년 12월 섬나라인 바누아투와 몰디브가 국제형사재판소 제18차 당사국 총회에서 국제형사재판소의 관할권을 생태살해죄로 확장할 것을 처음으

---

6) 영국 캠브리지 사전은 2018년 사전에 'ecocide'라는 단어를 추가하여, 생태살해를 "한 지역의 자연 환경을 파괴하거나 중대한 피해를 입힌 것"으로 정의하였다. 캠브리지 사전은 2018년 연말에 올해를 가장 잘 요약한 단어인 '2018년의 단어' 후보 4개를 발표하고 최고의 단어를 뽑는 콘테스트를 개최하였는데, '2018년의 단어' 후보 4개 중 하나가 'ecocide'였다고 한다(Olivia Petter, "'Nomophobia' crowned word of 2018, but what does it mean?", *THE INDEPENDENT*, Dec. 31, 2018). https://perma.cc/YD5E-BKSU 〈최종 검색: 2023. 6. 10.〉

7) 이에 대한 상세한 소개로는 https://www.stopecocide.earth/ 〈최종 검색: 2023. 6. 10.〉

8) 로마규정(Rome Statute)은 국제형사재판소(ICC) 창설의 근거가 된 국제조약이다. 로마규정은 1998년 7월 17일에 채택되어 2002년 7월 1일에 발효되었다. 우리나라는 그 이행 법률로 「국제형사재판소 관할 범죄의 처벌 등에 관한 법률」을 2007년 12월 21일 법률 제8719호로 제정하여 시행하고 있다.

9) 히긴스의 제안에 따르면 '생태살해'란 "인간의 행위 또는 기타 원인에 의해 주어진 영토에서 생태계가 광범위하게 손실, 손상 또는 파괴됨으로써 해당 영토에 거주하는 거주자의 평화로운 향유가 심각하게 감소되거나 장차 감소되는 것"을 의미한다(Polly Higgins, *Eradicating Ecocide: Exposing the Corporate and Political Practices Destroying the Planet and Proposing the Laws Needed to Eradicate Ecocide(2 Edition)*, Shepheard-Walwyn, 2010, p. 3). 또한 2021년 6월 22일 '에코사이드의 법적 개념 정의를 위한 독립 전문가 패널(Independent Expert Panel for the legal Definition of Ecocide: IEP)'은 로마규정의 개정 초안을 내놓으면서 생태살해를 "환경에 심각하고, 광범위하거나 장기간의 피해가 발생할 가능성이 상당함을 인식하고서도 저지른 불법적이거나 고의적인 경시에서 비롯된 행위"로 개념 정의하였다. https://www.stopecocide.earth/legal-definition 〈최종 검색: 2023. 6. 10.〉

로 촉구했으며, 2020년 6월에는 에마뉘엘 마크롱 프랑스 대통령이 생태살해죄 규정에 대해 지지를 표명했다. 또한 2020년 12월에는 벨기에 정부가 국제형사재판소 총회에서 생태살해를 처벌 대상으로 규정하자고 공식 제안한 바 있다.[10)]

그러나 로마규정에 생태살해죄를 국제범죄로 도입하여 국제형사재판소에서 심리하자는 생태살해죄 지지자들의 견해와 달리 로마규정에 생태살해죄를 포함시키는 것을 비준하는 국가는 현실적으로 매우 적을 것이며, 실제 비준이 이루어진다고 하더라도 생태살해죄는 로마규정상 네 가지 핵심범죄와 달리 국제법상 범죄로서 승인된 바 없어 국제법상 역사적 기반이 취약하고, 로마규정상 생태살해죄 도입은 기존 관할 범죄인 핵심범죄의 중대성을 경시할 우려가 있으며, 현재의 국제형사재판소의 검사나 판사 가운데 (국제)환경법 전문가가 없어 전문성이 취약하다는 등의 비판이 제기되고 있다.

따라서 이 글에서는 환경위기 내지 기후위기에 대한 국제형사법의 대응으로서 히긴스가 제안한 생태살해죄가 국제범죄로서 형사처벌의 필요성이 있는지를 간략히 살펴보고, 생태살해죄 도입 지지자들의 견해와 달리 로마규정상 생태살해죄가 다섯 번째 국제범죄로 도입될 경우 생태살해죄 심리법원으로서 국제형사재판소의 한계는 무엇인지, 그리고 그러한 한계를 극복하기 위한 또 다른 대안으로 어떤 것을 고려해 볼 수 있는지를 검토하고자 한다. 마지막으로 이상의 논의를 간략히 요약하고 장기적 관점에서 볼 때 생태살해죄를 로마규정 개정을 통해 도입하여 국제형사재판소가 관할권을 가지고 심리할 필요성이 있음을 결론으로 제시하고자 한다.

Ⅱ. 생태살해(ecocide)에 대해 국제범죄로서 형사처벌의 필요성

1. 현행 국제(환경)형법상 생태살해에 대한 대처의 한계

많은 학자들이 국제(환경)형법이 초국가적 환경범죄의 새로운 위협의 대처에 불충분하거나 뒤쳐져 있음을 언급하면서 주요 환경오염이나 파괴 사건에 대한 유죄판결이 턱없이 부족하다고 논평하고 있다.[11)] 또한 여러 개별 국제환경협약

10) 송인재, "독점기업들에 의한 범죄, 에코사이드를 고발하다", ECO 제25권 1호, 2021, 403면.

에 의해 초국가적 환경범죄에 대처하고자 하였으나, 이는 미봉책에 불과한 것으로 초국가적 환경범죄를 다루는 포괄적이고 성문화된 단일 국제환경협약은 아직 없다. 몇몇 존재하는 국제환경협약은 1971년 「물새 서식지로서 국제적으로 중요한 습지에 관한 협약(Ramsar협약)」에서 보듯이 물새와 같은 한 가지 보호객체만을 다루고 있으며, 이러한 협약의 준수 방법과 관련 국내법을 제정하는 것은 개별 국가에 전적으로 맡겨져 있다. 보다 구체적으로 최소한 두 가지 국제환경협약, 즉 「국제포경규제협약(the Convention for the Regulation of Whaling, 1931)」과 「유류에 의한 해양의 오염방지를 위한 국제협약(the International Convention for the Prevention of Pollution of the Sea by Oil, 1954)」은 국가가 관련 위반행위에 대해 형사처벌이 가능하도록 국내 형법상 관련 조문을 제정할 것을 요구하고 있다. 하지만 이러한 형태의 국제환경협약은 일시적이고 제한된 범위에 한정되어 있을 뿐이다. 이로 인해 많은 사람들이 환경에 대한 국제적 위반행위가 무엇인지를 구체적으로 개념 정의할 것을 요구하고 있다. 국제사회가 가장 큰 환경오염이나 파괴를 고려하여 위반행위를 모아 성문화하여야 한다는 것이다. 현재까지 그러한 의미에서 환경에 대한 국제범죄는 존재하지 않는다.[12)]

국제형사법의 경우 국제형사재판소라는 하나의 법원만이 존재한다. 로마규정의 단 하나의 조항인 제8조제2항(b)(iv)[13)]만이 환경에 대해 언급하고 있다. 동 조항에는 "인명손실, 민간인 피해, 광범위하고 장기적인 자연 환경의 파괴가 일어날 수 있음을 인식하였음에도 불구하고, 의도적인 공격을 자행하는 것"을 범죄로 규정하고 있다. 즉 전쟁범죄에 한해서만 환경파괴의 범죄성을 인정하고 있을 뿐이다. 2002년 국제형사재판소가 창설된 이래로 어떤 피고인도 환경파괴 혐의로 로마규정상 해당 규정에 따라 기소된 바 없다.[14)] 따라서 사실상 환경파괴

---

11) Frédéric Mégret, "The Case for a General International Crime Against the Environment", *SSRN Electronic Journal*, 2010, pp. 1-16.

12) Id., p. 3.

13) "Intentionally launching an attack in the knowledge that such attack will cause incidental loss of life or injury to civilians or damage to civilian objects or <u>widespread, long-term and severe damage to the natural environment</u> which would be clearly excessive in relation to the concrete and direct overall military advantage anticipated;"(밑줄은 인용자 강조)

14) Brownyn Lay et al., "Timely and Necessary: Ecocide Law as Urgent and Emerging", *28 J. Juris*, 2015, pp. 431-452.

에 대한 국제법에 따른 형사책임은 없는 것과 마찬가지이다. 이는 현재 법률체계에 결함이 있는 것으로 볼 수 있으며, 이에 따라 새로운 법의 필요성이 제기되고 있다.

캐나다 몬트리올에 위치한 맥길(McGill) 대학교의 프레데릭 메그레(Frédéric Mégret) 교수는 "국제환경법과 국제형법은 모두 그 자체로 호황을 누리고 있는 분야이지만 몇 가지 예외를 제외하고는 상호 작용이 흥미롭게도 충분히 탐구되지 않고 있다."라고 기술하고 있다.[15] 사실 이 두 분야는 법에 대해 매우 다른 접근 방식을 채택하고 있다. 국제환경법은 '연성법(soft law)'의 도구와 관습법의 사용, 과학적 변화를 수용할 수 있는 유연성, 예방적이고 협상적인 접근 방식, 국가의 목표치 준수를 증진시키기 위한 인센티브의 제공 등을 선호한다. 반면에 국제형법은 잘 정립된 법적 지침을 가지고 있으며, 국제규범 위반을 처벌하기 위한 수단으로 강제처분과 구금을 부과할 수 있는 전통적인 '강성법(hard law)'을 선호한다. 국제환경법의 모호성, 유연성 및 부정확성은 국제형법 규정이 요구하는 경직성 및 명확성과 조화되기 어려울 수 있다. 이처럼 국제환경법과 국제형법은 대규모 환경파괴를 다루는 방식에 있어 상호 간의 교차점을 발견하기 어렵다고 한다.[16]

그러나 많은 활동가들은 국제환경협약의 이행력을 강화하기 위해 형법적 메커니즘을 사용할 것을 요구한다.[17] 그들은 환경 관련 규정의 위반을 억지하고 규정 준수에 긍정적 영향을 미치기 위해 일부 범죄의 수정이 필요하다고 주장한다. 그렇지 않으면 기업은 관련 규정을 무시하는 것을 손쉽게 선택하고, 손해배상으로 지출된 민사책임 비용을 사업비용으로 흡수시킬 것이다. 민사상 금전배상은 기업으로 하여금 생산비용으로 환경 피해를 고려하도록 부추길 수 있다. 반면에 그러한 비용이 이윤보다 크다면 환경오염은 기업이 중요하게 고려할 요인으로 가치를 가질 수 있다. 환경범죄에 대한 형사처벌의 억지 가치는 집단살해죄, 인도에 반한 죄, 전쟁범죄, 침략범죄와 같은 국제형법의 다른 영역보다 훨

15) Frédéric Mégret, "The Problem of an International Criminal Law of the Environment", *36 Colum. J. Envtl. L.*, 2011, p. 201.

16) Id., p. 5.

17) Lisa Mastny & Hilary French, "Crimes of (a) Global Nature", *WORLD WATCH MAGAZINE*, September/October 2002, https://perma.cc/US2S-JZWV, 〈최종 검색: 2023. 6. 10.〉

씬 더 높을 수 있다. 왜냐하면 기업이 자행하는 환경에 대한 공격은 고의적이고 냉철한 비용·편익 분석의 결과인 경우가 더 많기 때문이다. 환경파괴의 국제범죄화는 그러한 환경파괴를 억지하고 예방할 수 있으며, 더 건강한 지구를 만들 수 있다고 본다.[18)]

2. 생태살해에 대한 도덕적 분노의 반영

마크 알렌 그레이(Mark Allen Gray)와 같은 학자들은 생태살해에 대한 국제법은 도덕적 분노의 표현이라고 언급했다. 그레이는 생태살해를 다음과 같이 개념 정의했다. 즉 생태살해는 주요 국가 및 인권에 대한 고의 또는 과실에 의한 침해에 기반하여 (i) 심각하고 광범위하거나 지속적인 생태계 파괴, (ii) 국제적 결과, (iii) 황폐화라는 기준에 따라 그 여부가 판별된다. 이처럼 다소 급진적인 것처럼 보이는 생태살해의 개념은 사실 국제법상 원칙에서 파생한 것이다.[19)]

생태살해를 민법상 불법행위로부터 범죄로 격상시키는 핵심 요소는 일반적으로 인류 자신이 주의의무를 위반하여 야기한 대규모 환경파괴, 즉 황폐화라는 요소이다. 이에 그레이는 "대규모 환경파괴에 대한 국제적 불관용은 결과적으로 새로운 인도주의 법률의 형성을 야기한 뉘른베르크 헌장과 판결의 밑바탕에 깔려 있는 도덕적 분노를 점점 더 반영하고 있다."라고 언급하였다.[20)]

3. 타협이 아닌 금지규범으로서 생태살해

히긴스는 자신의 책에서 생태살해에 대해 타협이나 의무할당제가 아닌 완전한 금지를 옹호한다. 그녀는 생태살해 범죄를 처벌할 수 있는 법의 제정은 생태적 재앙을 방지하고 뱃머리를 빠르게 되돌릴 수 있는 '트림 탭(Trim Tab)'[21)]과

---

18) Mégret, 앞의 논문, p. 5.

19) Mark Allan Gray, "The International Crime of Ecocide", *California Western International Law Journal 26(2)*, 1996, p. 216.

20) Id., p. 269.

21) trim tab(보조 키)란 비행기의 비행 고도 안정을 위해 승강타·보조날개·방향타의 뒤끝에 붙인 작은 날개로, 방향을 잡는 큰 방향타를 돌리는 작은 방향타를 말한다. 트림 탭은 비유적으로 보잘 것없는 것처럼 보이지만, 실은 매우 중요한 의미를 갖는 것을 가리키는 말로 쓰인다(네이버 지식백과). https://terms.naver.com/entry.naver?docId=2717969&cid=55551&categoryId=55551 〈최종 검색: 2023. 6. 10.〉

같은 과감한 조치라고 생각한다. 그녀는 특정 피해를 최소화하거나 줄이는 것을 목적으로 하는 법률의 실패를 강조한다. 이때 그녀는 노예제도를 예로 제시한다. 즉 노예 상인들은 노예제도가 경제를 위해 필요하다고 주장했고, 노예제도의 피해를 '최소화'하기 위해 타협, 할당제 및 기타 제한적 조치를 주장했다. 영국에서 노예제도 폐지운동을 이끈 정치인 윌리엄 윌버포스(William Wilburforce)만이 노예제도를 전면 금지하기 위한 정치활동을 적극적으로 펼쳤을 뿐이다. 노예제도가 금지된 후 노예 상인들은 다른 상품으로 거래품목을 손쉽게 전환하였다. 그녀는 유해물질을 규제하기 위한 다자간 협력조치의 실패와 비교하면서 살충제인 DDT 금지와 독성물질 배출을 금지하기 위한 환경캠페인의 성공을 강조하였다. 기본적으로 정부가 먼저 행위를 금지하면 기업은 곧바로 이에 적응할 수 있지만 자본주의 시장경제 체제 위에 지구를 보호하기 위한 구조물을 건설하기 위한 노력은 모래 위에 성을 쌓은 것과 같음을 지적하였다.[22)]

생태살해를 방지하기 위한 히긴스의 권고사항에는 (i) 환경에 대한 모든 손상 및 파괴 행위의 금지, (ii) 과태료, 과징금, 벌금형 등 금전적 처벌만을 전제로 하는 기존 관행이 아닌 손상된 영토의 복원을 우선적으로 가능케 하는 조항의 포함과 같이 모든 타협적인 조약, 법률, 규칙 및 규정을 개정하기 위한 노력이 포함되어 있다.[23)]

4. 생태살해 억지를 위한 주의의무 부과

현행법상 기업(법인) 이사는 이윤을 추구할 법적 의무가 있다. 그러나 히긴스가 제안한 새롭고, 급진적인 생태살해법은 현재 작동하고 있는 기본 틀을 손쉽게 바꿀 수 있다. 생태살해법을 제정함으로써 기업은 의사결정을 할 때 환경에 미치는 영향을 반드시 고려해야 하기 때문이다.

지지자들은 생태살해법이 기업으로 하여금 환경파괴에 대한 책임을 지도록 할 수 있다고 믿는다. 히긴스는 기업에 대해 소송을 제기하고, 로비를 하고, 피해를 야기할 수 있는 '가상적 인물'로 간주하였지만 기업이 야기한 환경파괴에

22) Higgins, 앞의 책, p. 172.
23) Higgins, 앞의 책, p. 57.

대해 형사법원에서 재판을 받을 수 없는 현행 법률 체계의 한계를 강조하였다.[24] 이처럼 기업에 대한 형사상 실질적인 불처벌은 어떤 대가를 치르더라도 이윤을 극대화하고자 하는 유인을 제공한다. 생태살해법은 기업에게 주의의무와 구속력 있는 의무를 부과한다. 이사, 고위관리자 및 최고경영책임자는 기업이 야기한 생태적 재앙에 대해 모든 형사책임을 진다. 이 법은 환경에 대해 보다 더 주의의무를 기울여 행동하고 생태적 재앙을 일으키는 무모한 또는 이윤추구에 지나치게 매몰된 행위를 억지하도록 기업에게 유인을 만든다. 따라서 생태살해법은 기업의 무책임을 견제함으로써 이러한 생태적 재앙이 발생하지 않도록 사전에 방지하는 역할을 할 수 있을 것이다.

또한 히긴스에 의해 제안된 생태살해법은 엄격책임(strict liability)을 요구하기 때문에 이사는 인식 또는 의도의 결여를 항변수단으로 사용할 수 없다.[25] 일반적으로 기업의 규모가 크면 클수록 대표이사가 형사책임을 회피하기가 더 쉽다. 대기업의 규모와 복잡성으로 인해 대표이사를 포함한 개별 임원은 자신의 행위에 대한 인식 또는 의도가 없어 전반적인 책임을 지지 않는다. 이는 어느 한 개인에게 고의 범죄로 인한 법익침해의 결과에 대해 형사책임을 묻는 것을 어렵게 한다(이른바 '조직화된 무책임'). 엄격책임 범죄로서 생태살해죄는 이러한 난점을 타개하고 '의도'가 아닌 해당 행위로 인해 발생한 침해결과의 '효과'를 고려한다. 이를 통해 기업은 그러한 행위(즉 생태살해)가 처음부터 발생하지 않도록 사전 예방조치를 취해야 한다. 이처럼 생태살해 법은 환경파괴가 이미 발생한 후에 피해를 복구하고 벌금을 부과하기 위해 '하류'로 이동하는 대신 생태적 재앙의 발생을 예방하기 위해 '상류'로 이동하는 것이다.[26]

로마규정 체결국은 국내법적 차원에서 유사한 법률을 제정할 것으로 예상되므로, 생태살해 법의 제정은 체결국들로 하여금 국내법적 차원에서 생태살해죄를 빠르게 이행하도록 압력을 받게 할 것이다.[27] 생태살해법은 자연 환경의 파

24) Higgins, 앞의 책, p. 26.

25) 그러나 이러한 엄격책임의 기준은 이미 로마규정에서 규정하고 있는 집단살해죄(제노사이드)를 포함하여 네 개의 핵심범죄에서 고의 내지 인식을 요구하고 있는 것과 정면으로 배치된다. 이러한 문제점에 대한 설명으로는 김재윤, 앞의 논문, 152-154면 참조.

26) Higgins, 앞의 책, p. 26.

27) Higgins, 앞의 책, p. 70.

괴로 인해 피해를 입은 토착민의 보호와 기업의 이익보다 깨끗하고 쾌적한 환경에 대한 지역 공동체의 이익을 증진시키는 데 도움이 될 것이다.

생태살해 법의 제정을 지지하는 많은 사람들은 가까운 미래에 다가오는 생태적 재앙을 막기 위해 과감한 조치의 필요성과 인간중심적 사고에 입각한 현행 환경규제의 한계를 강조한다. 즉 인류는 실존의 기로에 서 있는데 생태적 재앙을 막기 위해 생태중심적 사고에 바탕을 둔 강력한 법적 혹은 행정적 조치를 취해야 한다고 한다.[28)]

Ⅲ. 생태살해죄 심리법원으로서 국제형사재판소(ICC)의 한계

1. 국제형사재판소 관할 '핵심범죄'로서 생태살해죄의 역사적 기반의 취약성

국제형사재판소가 관할하는 네 가지 핵심범죄에 대한 역사적 근거는 제2차 세계대전 이후 뉘른베르크 전범 재판소까지 거슬러 올라간다. 뉘른베르크 헌장은 집단살해죄, 인도에 반한 죄, 전쟁범죄 및 침략범죄를 포함했다. 이것은 오늘날 국제형사재판소가 관할하는 네 가지 핵심범죄에 반영되었다. 뉘른베르크 재판 당시 이러한 네 가지 핵심범죄는 이미 국제협약에 따라 금지되어 있었다.

보다 구체적으로 1948년 제노사이드 협약이 제정되어 집단학살을 범죄로 인정하였다. 또한 제네바 협약은 인도에 반한 죄와 전쟁범죄를 인정했다. 국제형사재판소가 창설되기 이전에 유엔은 유고슬라비아와 르완다에서 일어난 잔악행위를 조사하기 위해 임시 국제형사재판소로 1993년 구유고슬라비아 국제형사재판소(International Criminal Tribunal for the former Yugoslavia: ICTY), 1995년 르완다 국제형사특별재판소(International Criminal Tribunal for Rwanda: ICTR)를 설치했다. 이들 임시 국제형사재판소는 집단살해죄, 인도에 반한 죄, 전쟁범죄 및 침략범죄를 저지른 개인을 기소했다.

로마규정은 국제법상 새로운 범죄를 규정하지 않았다. 대신에 이러한 기존 범

---

28) Sailesh Mehta & Prisca Merz, "Ecocide – A New Crime Against Peace?", *Environmental Law Review 17(1)*, 201, pp. 3-7.

죄를 상설 국제형사재판소 관할로 통합하였다. 로마규정 제8조에서 규정하고 있는 '전쟁범죄'는 기존 제네바 협약의 내용을 수용한 것이며, 집단살해죄에 대한 로마규정은 기존 제노사이드 협약의 문구를 반영한 것이다. 따라서 국제형사재판소의 네 가지 핵심범죄는 공유된 역사를 가지고 있다. 이러한 각각의 네 개 범죄는 로마규정이 마련되기 이전에 유엔협약에서 인정되었으며, 이들 범죄는 모두 분쟁 이후 잔악행위를 조사한 뉘른베르크에서부터 르완다에 이르기까지 국제형사재판소에 모두 기소되었다.

히긴스에 의해 제안된 생태살해죄는 국제형사재판소의 네 가지 핵심범죄와 달리 생태살해를 승인하거나 금지하는 기존 관련 국제협약이 없으며, 이전 전쟁범죄를 다룬 국제재판소나 국제법원 형사소송에서도 활용된 바 없다. 로마규정이 제정될 당시 네 가지 핵심범죄는 이미 국제법상 정당하고 유효한 것으로 확립되어 있었다. 이것은 국제형사재판소가 이들 범죄를 고려함에 있어 확고한 역사적 기반을 제공했다. 이와 달리 생태살해는 국제법상 범죄로서 승인된 바 없고, 확립된 정당성 내지 유효성이 없으며, 기존에 합의된 명확한 개념 정의조차 없다. 이러한 사정을 모두 고려할 때 생태살해죄를 국제형사재판소에 다섯 번째 범죄로 포함시키는데 국제법상 역사적 기반은 매우 취약하다고 본다.

2. 국제형사재판소 관할 '핵심범죄'의 중대성 축소 우려

몇몇 국제인권변호사는 로마규정에 국제범죄로서 생태살해죄를 포함시키는 것은 집단살해죄를 경시할 수 있다는 우려를 표명한 바 있다. 대표적으로 미국 비영리 싱크탱크인 디스커버리 연구소(Discovery Institute)의 선임 연구원 웨슬리 스미스(Wesley J. Smith)는 "자원 착취와 환경오염을 집단살해와 동일시하는 것은 르완다에서의 학살자과 같은 진정한 악마를 하찮게 여기게 될 것이다."라는 견해를 펼쳤다.[29] 또한 유엔지속가능성 고등연구 연구소(The United Nations University Institute for the Advanced Study of Sustainability: UNU-ISP)의 수석 학술책임자인 베슬린 포포브스키(Vesselin Popovski) 박사는 생태살해죄를 국제형

29) Ido Liven, "ICC Urged to Accept 'Ecocide' as an International Crime", *INTER PRESS SERVICE*, September/October 2002. https://www.ipsnews.net/2011/06/icc-urged-to-accept-ecocide-as-an-international-crime/ 〈최종 검색: 2023. 6. 10.〉

사재판소 관할 국제범죄로 만들기 위한 캠페인에 대해 비판적 입장을 전개하였다.[30] 그는 환경 내지 생태계 파괴에 대처할 필요성에 대해서는 전적으로 공감하지만 국제인도법이 이를 해결하는 데 적합한 수단이 아니라고 믿었다. 그는 각각의 범죄에서 요구되는 서로 다른 수준의 '고의'를 강조했다. 즉 집단살해죄는 특별한 범죄 의도와 계획을 요구하는 데, 생태살해죄는 때때로 과실 또는 실수의 결과라는 것이다.[31] 특히 그는 "생태살해죄로 집단살해죄를 경시하게 하면 안 된다. 제노사이드는 대규모 집단에 속한 사람들을 절멸시키기 위해 개인 지도자에 의해 고의적으로 획책한 끔찍한 반인륜 범죄이다. 만약 우리가 말장난을 하고 집단학살과 생태학살을 같은 수준의 범죄로 밀어붙인다면 홀로코스트나 르완다 집단학살의 희생자들을 사실상 모욕하는 것이다."라는 견해를 밝혔다.[32]

반면에 피터 슈투에트(Peter Stoett) 교수는 '생태살해'라는 용어는 집단살해죄와 함께 강력한 반향을 불러일으키기 때문에 여전히 논쟁의 여지가 많다고 주장한다. 그는 이러한 이유에서 생태살해를 지지하는 활동가들에게 '생태살해' 대신에 '초국가적 환경범죄'라는 용어를 사용할 것을 제안했다.[33] 또한 마그레는 생태살해를 '흥미로운 이론적 가능성'이라고 불렀으나, '집단살해'이라는 용어를 차용하여 흉내를 내는 것은 부정적 반응을 일으킬 수 있다고 생각했다. 집단살해는 다양한 수준의 피해를 구별하지 않고 국민적, 민족적, 인종적 또는 종교적 집단의 전부 또는 일부를 그 자체로서 파괴할 의도를 가지고 집단 구성원의 살해 그 자체로 인정되기 때문에 이 보다 더 작은 피해를 일으키는 환경범죄에 대한 용어로 차용하여 사용하는 데 도움이 되지 않는다고 한다.[34]

이와 같은 비슷한 우려가 유엔국제법위원회(ILC)의 1978년 검토 과정에서도 제기되었는데, 소위원회는 '생태살해' 또는 '민족학살(ethnocide)'을 제노사이드 협약에 추가하는 제안을 고려했다. 그 과정에서 특별보고관은 "집단살해라는 개

---

30) Mark Notaras, "Should Ecocide Be Deemed a Crime against Peace?", *OUR WORLD*, May 3, 2010. https://ourworld.unu.edu/en/should-ecocide-be-deemed-a-crime-against-peace 〈최종 검색: 2023. 6. 10.〉

31) Mégret, 앞의 논문, p. 21.

32) Mégret, 앞의 논문, p. 21.

33) Peter Stoett, "Ecocide as a Global Governance Issue: Between Transnational Environmental Crime and Environmental Justice", *LOYOLA SUSTAINABILITY RESEARCH CENTRE 12*, 2014.

34) Mégret, 앞의 논문, p. 23.

념을 그와 아주 먼 연관성을 가질 수 있는 사건에까지 지나치게 확장하는 것은 1948년 제노사이드 협약의 효과를 매우 중대하게 감소시킬 수 있다는 것이 더욱 명백해 지고 있다."라는 결론을 도출했다.[35)]

요컨대 이러한 모든 비판은 기존 국제범죄의 범위를 '생태살해죄'까지 포함하도록 확대하는 것은 국제형사재판소의 관할 범죄인 핵심범죄의 중대성을 경시하도록 하거나 감소시킬 수 있다는 동일한 우려를 나타내는 것으로 볼 수 있다.

3. 국제형사재판소의 관할권 문제

로마규정상 생태살해죄를 도입함에 있어 또 다른 걸림돌로 관할권 문제를 언급할 수 있다. 즉 국제형사재판소의 재판 관할권은 체결국에 대해서만 미치는데, 미국, 러시아, 중국, 인도를 포함하여 지구에서 가장 큰 영향력을 미치는 국가 중 일부는 로마규정에 서명하지 않고 있다. 이러한 국가들은 지구에서 가장 큰 오염원 중 하나임에도 불구하고 국제형사재판소의 관할권이 미치지 않는다. 예컨대 중국은 세계에서 가장 많은 환경오염을 일으키는 국가이며, 미국, 인도, 러시아가 그 뒤를 잇고 있다.[36)]

이러한 주요 오염국은 로마규정의 미체결로 말미암아 관할권이 미치지 않아 생태살해죄가 실제로 도입될지라도 국제형사재판소에서 그 영향은 기대와 달리 매우 제한적일 수밖에 없다. 과도한 탄소배출을 범죄화하는 것과 같이 상태살해에 대해 가장 폭넓게 개념 정의가 마련되더라도 가장 큰 가해자는 여전히 국제형사재판소의 관할권 밖에 남아 있게 된다.

한편 로마규정 제25조 제1항은 "국제형사재판소는 이 규정에 따라 자연인에 대하여 관할권을 갖는다."라고 규정하고 있어 '자연인'에 대해서만 관할권이 미친다. 반면에 국가나 기업과 같은 법인에 대한 소송에 관할권이 없다. 국가는 토지착취나 식민지화 같은 생태살해 행위에 때때로 직접 관여하기 때문에 이는 커다란 장애가 될 수 있다. 하지만 이와 달리 개별 국가의 대통령이나 총리 등 개인은 다른 핵심범죄와 마찬가지로 국제형사재판소에 여전히 기소될 수 있다.[37)]

---

35) United Nations Social and Economic Council, Art.V, ECN.4/Sub.2/416 (July 4, 1978).

36) Who are the world's biggest polluters?, REUTERS (June 2, 2017). https://www.reuters.com/news/picture/who-are-the-worlds-biggest-polluters-idUSRTXRKSI 〈최종 검색: 2023. 6. 10.〉

그리고 엑슨모빌(Exxon Mobil)이나 셰브론(Chevron) 등과 같이 화석연료 산업에 종사하는 기업들은 생태살해의 대부분을 자행하는 것으로 알려지고 있다. 그러나 기업은 국제형사재판소에 의해 기소될 수 없다. 로마규정 초안은 국제형사재판소에 '법인'을 기소할 수 있는 규정을 도입했지만 그 규정은 최종적으로 무산되었다.[38]

그러나 로마규정은 적어도 이론상으로는 최고경영책임자나 이사가 기업 활동에 대해 기소될 수 있도록 허용하고 있다. 즉 로마규정 제28조 제2항에 따르면 상급자는 자신의 실효적인 권위와 통제 하에 있는 하급자가 범한 재판소 관할범죄에 대하여 하급자를 적절하게 통제하지 못한 결과로서의 형사책임을 질 수 있으며, 이때 상급자는 하급자가 그러한 범죄를 범하고 있거나 또는 범하려 한다는 사실을 알았거나 그 범행을 방지하거나 억제하기 위하여 필요한 조치를 취하지 않았어야 한다.

하지만 이러한 규정을 기업의 최고경영책임자나 이사에게 적용하는 것은 그 처음 의도와 거리가 멀다. 로마규정 제28조는 '지휘관 및 기타 상급자의 책임'을 표제로 하고 있으며, 제28조 제1항은 특히 군 지휘관을 지칭한다. 이러한 지휘관 책임과 관련한 법문은 야마시타(Yamashita) 판결을 토대로 하고 있다. 즉 야마시타 판결에서 미국 연방대법원은 야마시타 장군이 그의 부하들에 의해 자행된 전쟁범죄에 대해 형사책임을 질 수 있는지에 대해 판결을 했다. 이 판결에서 다수견해는 군 지휘관은 자신의 예하 부대를 통제하고 그들이 전쟁범죄를 자행하지 않도록 하기 위해 자신의 권한 내에서 적절한 조치를 취할 의무가 있다고 보았다.[39] 이러한 1946년 판결은 로마규정으로 통합된 제3차 제네바 협약의 법문에 구체화되었다. 이처럼 기업의 최고경영책임자가 로마규정 제28조에 따라 형사책임을 질 수 있다고 이론상 주장하는 것은 가능하겠으나, 실제로 현재까지

37) 예를 들어 국제형사재판소는 2011년 11월 2010년 12월 대통령 선거 후 발발한 내전에서 자행된 살상과 성폭력과 관련하여 "인도에 반한 죄"로 전 코트디부아르 대통령 로랑 그바그보(Laurent Gbagbo)를 체포하여 재판에 회부하였다. 그는 국제형사재판소에서 재판을 받은 최초의 전직 국가수반이나, 2019년 3월 '증거 불충분'으로 무죄를 선고받았다.

38) Mohammad Saif-Alden Wattad, "Rome Statute & Captain Planet: What Lies Between Crime Against Humanity and the Natural Environment", *19 Fordham Envtl. L. Rev.*, 2009, p. 272.

39) *In re Yamashita*, 327 U.S. 1, 15-18 (1946). 이 판결을 상세히 소개한 국내문헌으로는 이윤제, 『국제범죄의 지휘관책임』, 경인문화사, 2017, 91-100면 참조.

그러한 목적으로 사용된 바 없다. 더욱이 로마규정 제28조가 그러한 목적으로 의도된 것 같지도 않다. 대신에 이 규정은 전체 로마규정에 걸쳐 있는 전쟁범죄와 인도에 반한 죄에 초점을 맞추고 있음을 보여준다. 로마규정 제5조를 개정하여 다섯 번째 국제범죄로 생태살해죄를 추가하더라도 나머지 조항과 절차 관련 규정들은 핵심범죄에 맞추어져 있다. 결국 이는 생태살해죄 관련 사건의 맥락에서 이러한 규정들을 활용하는 데 상당한 어려움을 야기할 수밖에 없음을 의미한다.

4. 국제형사재판소의 환경범죄 관련 전문성 결여와 제한된 구제수단

국제형사재판소는 생태살해죄와 같은 환경범죄를 기소하는 데 필요한 전문지식을 가지고 있지 않다. 왜냐하면 국제형사재판소의 검사나 판사는 (국제)환경법 전문가가 아니기 때문이다. 보다 구체적으로 국제형사재판소는 9년의 임기를 단임으로 하는 18명의 재판관으로 구성되어 있다.[40] 체결국은 재판관 후보자를 각 1명을 추천하고 당사국 총회가 선출을 위해 소집된다. 체결국은 비밀투표 방식으로 투표를 하고, 가장 높은 득표율을 보인 18명의 후보자가 재판관으로 선출된다. 국제형사재판소의 재판관은 '높은 도덕성'을 기준으로 선출되며, 판사 또는 검사로서 형사법 또는 국제법의 중요한 관련 분야(예컨대 국제인도법 또는 국제인권법)에서 '확립된 능력과 경험'을 가지고 있어야 한다. 적어도 9명의 판사는 형법 및 형사절차에 대한 경험이 있어야 하고, 최소 5명은 국제법의 중요한 관련 분야에서 전문성을 갖추고 있어야 한다.[41]

국제형사재판소의 인적 구성은 국제형사재판소의 주요 관심을 반영한다. 재판관은 형사법, 국제인도법, 국제인권법 분야에서 전문가이지만 환경법 전문가는 아니다. 현재 국제형사재판소 재판관의 이력을 살펴보면 재판관 중 어느 누구도 환경법에 경험을 가지고 있지 않다.[42] 국제형사재판소는 환경 문제를 적절하게

---

40) *The Court Today*, ICC, March 18, 2019. https://www.icccpi.int/iccdocs/PIDS/publications/TheCourtTodayEng.pdf 〈최종 검색: 2023. 6. 10.〉

41) Mark Drumbl, "International Human Rights, International Humanitarian Law, and Environmental Security: Can the International Criminal Court Bridge the Gaps?", *6 ILSA J. INT'L & COMP. L.*, 1999, p. 327.

42) *Procedure for the Nomination and Election of Judges of the International Criminal Court*, ICC, Sep 10, 2004. http://www.icc-cpi.int/library/asp/ICC-ASP-3-Res6_English.pdf. 〈최종 검색: 2023. 6. 10.〉

검토하기 위해 상당한 외부 전문가의 도움과 시간이 필요하다. 왜냐하면 '국제형사법'과 '국제환경법'의 분야는 매우 뚜렷하게 구분되어 전문화되어 있기 때문에 두 분야 모두에서 관련 경험이 있는 재판관을 상상하기 어렵다. 환경침해 사건을 국제형사재판소 판사에게 맡기는 것은 지적재산권법위반 사건을 가족법 전문 판사에게 맡기는 것과 유사하다. 이는 매우 부적절한 것이다. 이처럼 국제형사재판소의 판사와 검사는 의심할 여지없이 형사법, 국제인도법, 국제인권법 분야에서 풍부한 경험을 가지고 있으나, 환경법 전문가라고 말할 수 없다.

따라서 국제형사재판소 판사와 검사에게 '생태살해' 사건의 심리를 요청하는 것은 국제형사재판소의 신뢰성에 부정적 영향을 미칠 수 있고, 그에 따라 환경법에 대한 무지나 무경험에서 비롯된 판결 결과는 커다란 비판에 직면할 가능성이 높다. 이는 곧 '생태살해' 사건을 포함한 환경범죄 관련 판결의 신뢰성을 약화시킬 수 있다. 이 때문에 많은 학자들은 환경범죄는 국제형사재판소가 아닌 독립된 환경법원에 기소되어야 한다고 주장한다. 환경법원에서 검사와 판사는 환경범죄 사건을 적절하게 수사하고 판결하는 데 필요한 전문적이고 과학적 지식을 가질 수 있다. 반면에 국제형사재판소에 생태살해죄의 도입을 지지하는 사람들은 국제형사재판소 소속 법관의 독립 재판부가 환경범죄를 충분히 담당할 수 있다고 반론을 제기하나,[43] 그에 대한 설득력 있는 논거를 찾아보기 어렵다.

다른 한편으로, 국제형사재판소는 피해에 대한 구제수단이 매우 제한된 형사법원이다. 즉 로마규정은 피해자가 가해자로부터 몰수한 금전을 받을 수 있지만 피해를 원상복구하거나 원상복구를 명하는 별도의 규정은 없다. 예컨대 로마규정에는 장래의 손해를 방지하기 위해 금지명령을 내리는 것과 같은 전형적인 '형평성'을 꾀하는 구제책은 없다. 또한 생태살해 사례의 경우 그러한 로마규정상의 금전적 제재는 토지, 해양, 대기 그 자체의 구제에 초점이 맞추어지기보다 피해를 입은 개인에게 지급되게 될 뿐이다.[44]

43) Gar Smith, "Ecocide, the Fifth War Crime?", *EARTH ISLAND JOURNAL*, 2010. https://www.earthisland.org/journal/index.php/magazine/entry/ecocide_the_fifth_war_crime/ 〈최종 검색: 2023. 6. 10.〉

44) Drumbl, 앞의 논문, p. 328.

5. 실행가능성에 대한 우려

로마규정에서 생태살해죄의 도입에 대한 가장 큰 어려움은 현실적이지 않다는 데 있다. 일부에서는 이러한 제안을 '유토피아적'인 것으로 일축한다.[45] 이러한 아이디어를 지지하는 일부 학자들도 현실적으로 실현되기 어렵다는 점을 인정한다. 예를 들어 알렉산드라 미스투라(Alessandra Mistura)는 생태살해죄를 인류의 평화와 안전에 반하는 다섯 번째 범죄로 도입하려는 시도와 이에 반대하는 견해를 상호 평가하면서 유엔 회원국의 2/3가 생태살해 범죄화에 동의할 가능성이 없기 때문에 생태살해의 범죄화 가능성이 매우 낮다고 결론지었다.[46] 로마규정의 개정은 123개 체결국 중 82개국(2/3)의 승인이 필요한데, 그 단계에 이르기 전에 국제사회는 생태살해죄의 존재와 개념 정의에 대한 합의에 도달해야 한다. 생태살해에 대한 확립된 기본 틀, 국제협약 또는 법적 개념 정의의 결여를 고려할 때, 이는 달성하기 매우 어려울 것으로 예상된다. 로마규정은 1945년 유엔 창설 이래로 최종초안이 마련되어 1998년 제정되기 전까지 거의 50년이라는 세월이 걸렸다. 또한 로마규정에 규정된 범죄는 이미 국제법 또는 국제협약에서 승인된 범죄에 국한되었다.

국제조약은 매우 다양한 법률체계와 지정학적 이해관계가 상충하는 여러 국가가 관련되어 있다. 이는 범죄에 대한 개념 정의를 확립하는 것과 관련하여 합의 도출을 어렵게 하는 요인으로 작용한다. 예를 들어 침략범죄는 인류의 평화와 안보에 반하는 범죄에 관한 최초 규약 초안에서 네 가지 핵심범죄의 하나로 포함되어 있었다.[47] 1970년대 이래로 침략 규정의 여러 초안이 회원국 사이에 회람되었지만 회원국은 침략범죄에 합의된 개념 정의에 도달할 수 없었다. 최종적으로 회원국은 침략의 요소는 추후에 정의내리기로 하고 침략범죄에 대한 법

45) Mégret, 앞의 논문, p. 254.

46) Alessandra Mistura, "Is There Space for Environmental Crimes Under International Criminal Law? The Impact of the Office of the Prosecutor Policy Paper on Case Selection and Prioritization on the Current Legal Framework", *Columbia Journal of Environmental Law, 43(1)*, 2018, p. 191, 201.

47) Draft Code of Crimes Against Peace and Security of Mankind, art. 2, U.N.Doc. A/46/10 (1991).

적 개념 정의를 내리지 않은 채 1998년에 로마규정을 통과시켰다.[48] 침략범죄가 로마규정에서 네 번째 핵심범죄가 되었으나, 국제형사재판소는 침략범죄의 합의된 개념 정의가 비준되기 전까지 이 규정에 따른 행위에 대해 재판 관할권을 가지지 못했다. 회원국은 2010년에 도달해서야 침략범죄의 개념 정의에 합의했고, 2017년 12월 15일 회원국은 로마규정 하에 네 번째 핵심범죄로 발효시키기 위해 투표를 했다. 마침내 침략범죄는 로마규정 채택 20주년인 2018년 7월 17일에 승인되었다.[49] 이처럼 침략범죄에 대한 개념 정의가 이루어지고 승인되기까지 오랜 시간이 걸린 것을 감안할 경우 국제사회가 현재 시점에서 혹은 향후 몇 년 내에 생태살해죄를 로마규정상 다섯 번째 범죄로 포함시키는 것은 가능하지 않다고 본다.

6. 소 결

환경운동가들의 생태살해죄 도입 캠페인과 달리 이를 실제 로마규정상 다섯 번째 국제범죄로 도입이 가능한지의 논의는 차원을 달리하는 것이다. 전자는 구호로 그칠 수 있으나, 후자는 생태살해죄를 하나의 독자적인 국제범죄로서 형사처벌의 필요성을 전면적으로 긍정하더라도 로마규정상 기존 네 가지 핵심범죄와의 관계, 국제형사재판소의 관할권 문제, 국제형사재판소에 환경범죄 관련 전문성을 가진 재판관의 유무와 그에 따른 판결의 신뢰성 확보 여부, 로마규정 개정을 위해 82개국 이상의 승인 필요 등을 종합적으로 고려하여 그 실현가능성을 판단해야 한다. 이와 관련하여 앞서 언급한 생태살해죄 심리법원으로 국제형사재판소가 갖는 한계에 대해 다음과 같이 재반론을 제기할 수 있다.

우선 생태살해죄가 국제형사재판소 관할 핵심범죄로서 역사적 기반이 취약하다는 지적은 일응 타당한 면이 있으나, 이러한 문제는 생태살해죄와 같이 새로운 국제범죄를 로마규정에 도입하고자 할 때 언제나 제기될 수 있는 문제로 보인다. 종래의 집단학살죄 등과 같은 네 가지 핵심범죄는 모두 국제형사재판소

48) *The Crime of Aggression*, COALITION FOR THE INTERNATIONAL CRIMINAL COURT. http://www.coalitionfortheicc.org/explore/icc-crimes/crime-aggression 〈최종 검색: 2023. 6. 10.〉

49) Assembly of States Parties, Rep. *on the facilitation on the activation of the jurisdiction of the International Criminal Court over the crime of aggression*, Nov. 27. 2017, ICC-ASP/16/24.

창설의 근본적 배경이 된 것이지만 생태살해죄 도입 논의는 앞서 언급한 바와 같이 히긴스가 기후위기에 대한 국제형사법의 대응으로 2010년 4월 유엔국제법위원회에 생태살해 법에 대한 제안서를 제출하면서 본격적으로 시작되었다. 이 제안서에서 히긴스는 생태살해를 '특정 지역의 생태계를 광범하게 파괴하거나 손상하는 행위'로 개념 정의하고 평화에 반하는 범죄로 규정할 것을 유엔에 요구했다. 유엔은 이 요구를 수용하지 않았지만 국제형사재판소는 환경파괴를 반인도범죄 차원에서 검토하겠다고 밝힌 바 있다. 이처럼 생태살해와 같은 새로운 국제범죄 현상에 대해 종전의 역사적 기반을 이유로 로마규정에 도입할 수 없다는 것은 과거의 틀에만 머물자는 것과 다름없다고 본다.

둘째, 생태살해죄가 로마규정에 도입될 경우 집단살해죄 등 국제형사재판소 관할 핵심범죄의 중대성이 경시될 수 있다는 우려는 지나친 기우라고 본다. 만일 생태살해죄가 로마규정에 도입된다면 국제형사재판소에 환경전문 재판관을 추가로 선임하여 집단살해죄 등을 심리하는 재판부와 독립된 별도의 재판부가 구성되어 심리가 이루어질 것이다. 그렇다면 기존 핵심범죄의 중대성을 손상시키지 않으면서도 생태살해 사건을 집중적으로 다루는 독립된 재판부의 운용이 가능할 것으로 본다.

셋째, 국제형사재판소의 관할권 문제는 생태살해죄 도입 여부와 무관하게 미국, 러시아, 중국 등이 로마규정 체결국이 아니어서 이미 집단살해죄 등 핵심범죄에 대해서도 마찬가지로 관할권이 미치지 못하는 동일한 한계에 직면하고 있다. 또한 지휘관책임의 근거 조항인 로마규정 제28조가 생태살해를 자행한 화석연료 기업의 최고경영책임자에 대해 형사책임을 묻고자 할 때 원용된 바 없으며 그러한 목적으로 의도되지 않았다는 것은 당연한 지적에 불과하다. 로마규정 제28조를 마련할 당시에는 생태살해죄라는 범죄의 개념 정의에 관한 시도가 이루어지지 않았을 뿐더러 생태살해죄가 아직 로마규정에 도입되지 않았기 때문에 이를 원용할 수도 없다. 다만 생태살해죄가 로마규정에 도입될 경우 생태살해죄로 기소될 가능성이 높은 화석연료 기업의 최고경영책임자에 대해 형사책임의 근거를 전쟁범죄에서 지휘관책임을 묻고자 마련된 로마규정 제28조를 충분히 원용할 수 있다고 본다. 화석연료 기업의 최고경영책임자나 군 지휘관 모두 생태살해죄나 전쟁범죄에 있어 최종적이고 실질적 권한을 가진 최고책임자이기 때문이다.

넷째, 국제형사재판소에 (국제)환경법 내지 환경범죄 관련 전문적 지식과 경험을 가진 재판관이 없다는 지적은 종래 네 가지 핵심범죄의 성격이 환경범죄가 아니므로 관련 전문가를 재판관으로 선임하지 않은 데서 온 결과로 보인다. 향후 로마규정에 생태살해죄가 포함된다면 (국제)환경법 전문가를 재판관으로 선임하여 수사와 심리에 전문성을 확보하면 해결될 수 있는 문제로 보인다.

마지막으로, 실행가능성에 대한 우려는 생태살해죄를 로마규정에 도입하고자 할 때 예상되는 가장 큰 난관이라고 여겨진다. 즉 생태살해죄에 대해 국제범죄로서의 형사처벌의 필요성을 국제사회가 깊이 인식한다고 하더라도 로마규정 개정에 82개국의 승인이 필요함을 감안할 때 상당한 노력과 시일이 걸릴 것으로 예상된다.

이처럼 생태살해죄를 로마규정에 단시일 내에 도입하는 것이 어렵다는 것을 감한할 때 생태살해죄 심리법원으로서 국제형사재판소 이외의 대안으로는 어떤 것이 있을지 살펴보면 다음과 같다.

Ⅳ. 생태살해죄 심리법원으로서 국제형사재판소(ICC) 이외의 대안 모색

1. 국제환경재판소(ICC, International Environmental Court)

우선 생태살해죄를 국제범죄로 신설하기 위해 로마규정을 개정하는 대신 생태살해 관련 내용을 새로운 국제환경협약의 하나로 만드는 방안이다. 이 협약에 기초하여 생태살해를 포함한 초국가적 환경범죄와 관련한 사건을 수사 및 심리하기 위해 국제환경재판소의 창설을 고려할 수 있다.[50] 이러한 새로운 국제환경협약에는 예를 들어 환경오염 피해 지역에 대한 배상 및 원상회복 또는 추가적

50) 국제환경재판소(International Environmental Court) 창설 계획은 1980년대 후반 국제환경재판소 재단(International Court of the Environment Foundation: ICEF)의 설립자이며 이탈리아 최고법원인 파기원(Corte di Cassazione) 법관이었던 Amedeo Postiglione에 의해 추진되었으나, 현재까지 별다른 진전이 없다(박병도, “국제환경분쟁의 해결 – 사법적 해결의 한계와 그 대체적 방법의 모색 –”, 국제법평론 통권 제42호, 2015, 149면).

인 생태적 재앙을 방지하기 위한 금지명령과 관련한 생태중심적 조항이 포함될 수 있다. 또한 새로운 국제환경협약은 로마규정의 이전 제한사항에 구속되지 않으며, 의도 또는 고의라는 주관적 요건[51)]을 별도로 요구하지 않는 엄격책임으로 생태살해죄를 구성할 수 있다. 나아가 새롭게 창설되는 국제환경재판소는 기존 국제형사재판소와 달리 생태적 재앙과 구제책을 평가할 수 있는 경험이 풍부한 환경전문가로 재판관을 구성할 수 있다. 이러한 국제환경재판소는 잠재적으로 덜 심각한 환경 피해 행위를 민사소송에 의해 불법행위로 판결할 수 있다. 뿐만 아니라 국제환경재판소는 생태살해죄를 포함한 초국가적 환경범죄를 국제형사재판소에 회부하는 대신 형사소송 절차를 통해 심리·판결할 수 있다. 이러한 방안은 앞서 제기한 생태살해죄 판결에 대한 신뢰성 문제를 해소할 수 있다는 장점이 있다.

2. 국제사법재판소(ICJ, International Court of Justice)

국제형사재판소만이 유일한 국제 법원은 아니다. 즉 유엔헌장에 근거하여 1945년에 설립된 국제사법재판소는 상설 국제 법원으로서 국가 간의 분쟁과 관련된 사건을 국제법에 따라 심리한다. 생태살해 행위로 피해를 입은 국가는 국제사법재판소의 '환경문제 전담재판부(Chamber for Environmental Matters)'에 잠정적으로 분쟁 해결을 요청하고 책임 있는 국가를 제소할 수 있다.[52)] 실제로 이러한 상황은 이미 발생하고 있다. 즉 2005년 서남아시아태평양에 위치한 투발루(Tuvalu) 국가는 기후변화 위기를 야기한 미국에 대해 국제사법재판소에 제소하겠다고 법적 위협을 가했다.[53)][54)]

국제사법재판소는 개별 당사자가 아닌 국가 간의 사건만 심리하므로 국가만

---

51) 로마규정 제30조에서 규정하고 있는 주관적 요소에 대한 상세한 설명으로는 박미경, "국제형사재판소규정 제30조 '주관적 요소'에 관한 분석", 법학연구 제34권 제1호, 2023, 407-440면 참조.

52) 국제환경분쟁을 다루는 국제재판소에 대한 상세한 설명으로는 박병도, 앞의 논문, 146-147면 참조.

53) Rebecca Elizabeth Jacobs, "Treading Deep Waters: Substantive Law Issues in Tuvalu's Threat to Sue the United States in the International Court of Justice", *14 Pac. Rim L & Pol'y J.*, 2005, p. 103.

54) 그러나 국제사법재판소의 환경문제 전담재판부는 1993년에 설치되어 13년간 존속하였으나 단 한 건의 재판실적도 없었다. 결국 2006년 국제사법재판소는 환경전담재판부를 개정하지 않기로 결정하였다고 한다(박병도, 앞의 논문, 149면).

이 사건을 제소할 수 있다.[55] 또한 가해 국가와 피해 국가는 국제사법재판소의 관할권에 구속된다. 국제형사재판소와 달리 국제사법재판소는 형사법원이 아니기 때문에 형벌을 선고할 수 없지만 그 판결은 국가를 구속한다. 나아가 국제사법재판소는 유엔 총회에 자문 의견을 제출할 수 있다. 예컨대 학자들은 국제사법재판소가 기후변화의 영향을 가장 많이 받는 사람들[56]에 대해서 국제인권법에 따른 국제사회의 법적 의무에 대한 의견을 적극적으로 발표해야 함을 제안했다.[57] 이러한 학자들의 권고 의견은 생태살해죄를 포함한 초국가적 환경범죄를 다루는 최적의 법적 메커니즘에 초점을 맞출 수 있다. 비록 법적 구속력은 없지만 이러한 권고 의견은 국제법에 따른 주장으로서 '생태살해'의 타당성을 강화할 수 있다.

3. 국내법에 상태살해죄 도입을 통한 직접적 처벌

세 번째 대안으로 생태살해는 국제법적 차원이 아닌 국내법적 차원에서 범죄화될 수 있다. 생태살해 행위가 국경을 초월하여 영향을 미치는 경우도 있지만 종종 피해가 한 국가 또는 심지어 한 지역에 국한되기도 한다. 생태살해에 대한 국내법은 해당 국가 내에서 즉각적인 영향을 미칠 수 있으며, 이는 열대우림 파괴 및 기타 환경에 대한 지속적인 피해로 인한 지속적인 환경파괴를 방지하는 데 특히 중요하다. 생태살해를 처벌할 수 있는 형법 내지 환경 관련 특별법은 개별

55) Alfred Rest/최승환 역, "국제환경재판소: 상설중재재판소의 역할", 환경법연구 제21권, 1999, 13면.
56) 2021년 9월 13일 세계은행은 '그라운즈웰 2.0(Groundswell 2.0)' 보고서를 통해 "라틴아메리카, 북아프리카, 사하라 사막 이남 아프리카, 동유럽과 중앙아시아, 남아시아, 그리고 동아시아와 태평양 등 6개 지역을 분석해본 결과, 탄소배출량이 높은 수준을 유지하고 개발이 불평등하게 진행된다는 가장 비관적인 시나리오 하에서 자국 내 이주민이 최대 2억 1,600만 명에 이를 것"이라고 전망했다. 보고서는 사막화와 취약한 해안선, 그리고 높은 농업 의존도로 인해 기후변화에 가장 취약한 지역인 사하라 사막 이남 아프리카에서 가장 많은 이주민이 생기면서 국경 내에서만 8,600만 명에 달하는 사람들이 이주하게 될 것으로 예상했다. 또 튀니지 북동부, 알제리 북서부, 모로코 서부와 남부, 그리고 아틀라스 중앙 산맥 물 부족 현상이 심화되면서 북아프리카 인구의 약 9%에 해당하는 1,900만 명이 이주해 기후 이주민 중 가장 높은 비율을 차지할 것으로 내다봤다(이진원, "기후변화로 2050년까지 2억 명 넘는 이주민 발생 위험", ESG경제 2021. 9. 14.자 기사). https://www.esgeconomy.com/news/articleView.html?idxno=1216 〈최종 검색: 2023. 6. 10.〉
57) Mariya Gromilova, "Rescuing the People of Tuvalu: Towards an ICJ Advisory Opinion on the International Legal Obligations to Protect the Environment and Human Rights of Populations Affected by Climate Change", *10 INTERCULTURAL HUM. RTS. L. REV.*, 2015, p. 234.

국가의 입법을 바탕으로 확립될 수 있다. 결국 많은 개별 국가에서 국내법적 차원에서 생태살해를 범죄로 인정하면 국제관습법상 규범으로 인정될 수 있다.

이미 베트남을 비롯하여 우즈베키스탄, 타지키스탄, 러시아연방, 몰도바공화국, 키르기스스탄, 카자흐스탄, 벨로루시, 우크라이나, 아르메니아, 조지아 등 11개 국가의 형법전에서 '생태살해'를 금지하는 규정을 두고 있다. 특히 베트남은 베트남 전쟁 동안 겪었던 환경 피해에 대한 대응으로 1990년 '생태살해'를 형법전에 범죄로 규정한 최초의 국가이다. 베트남의 생태살해 규정은 제5장 "평화를 훼손하는 범죄, 반인도적 범죄 및 전쟁범죄", 제342조 "인류에 대한 범죄"에 포함되어 있다. 즉 베트남 형법 제342조는 "평화 시나 전쟁 시에 한 지역의 다수 주민의 몰살, 주민의 생계 수단의 파괴, 국가의 문화적·정신적 삶의 훼손, 사회를 무너뜨릴 목적으로 사회적 기반의 전복, 기타 집단살해, 생태살해, 자연 환경의 파괴 행위를 한 사람은 사형, 무기징역, 10년 이상 20년 이하의 징역에 처한다."[58]라고 규정하고 있다.[59]

그리고 프랑스 마크롱 대통령은 2020년 '기후변화를 위한 시민의회(Citizens' Convention for Climate)'가 생태살해를 프랑스 형법전에 포함하는 안을 통과시켰는데, 이 결정의 기본 취지를 수용하여 법률전문가들에게 생태살해를 프랑스 형법전에 포함하는 방안을 검토해 볼 것을 지시했다. 마크롱 대통령은 G7 국가원수 가운데 최초로 생태살해를 국제범죄로 규정하는 데 대한 지지를 밝혔다. 프랑스 외에도 영국, 스웨덴, 포르투갈, 네덜란드, 캐나다 등이 생태살해를 국내법에 도입하는 방안을 검토하고 있다.[60]

4. 국내 법원에서 생태살해죄에 대한 간접적 처벌

마지막으로 생태살해죄를 국내 법원에서 간접적 집행력을 갖는 초국가적 환경범죄의 한 유형으로 만드는 방안이다. 국제형사재판소가 유일한 국제형사법원이지만 다수의 유엔협약은 범죄에 관한 폭넓은 개념 정의를 채택하고 있다. 회원국들은 유엔협약의 체결·비준을 통해 그 국내법상 이행을 위해 이러한 개념

58) Penal Code Vietnam, Ch. 5, art. 342 (1990).
59) 김재윤, 앞의 논문, 159면 각주 56).
60) 한빛나라·황지선, "환경범죄와의 전쟁: 에코사이드", 기후사회리포트 시리즈 5, 2022, 5-6면.

정의를 가지고 유사한 법문으로 된 국내법상 범죄로 규정해야 한다. 이러한 범죄는 국내법에 따라 국내 법원에 기소된다. 이는 집행 규정을 갖춘 또 다른 환경 관련 법령의 모델이다. 예컨대 국제무역에 대한 국제협약의 하나인 「멸종위기에 처한 야생 동・식물종의 국제거래에 관한 협약(Convention on International Trade in Endangered Species of Wild Flora and Fauna: CITES)」은 멸종위기에 처한 야생 동・식물종의 국제적 거래의 방지를 목표로 한다. 이에 회원국들은 그러한 국제적 거래를 방지하기 위해 필요한 국내법적 조치를 취할 것을 동의했다. 이 국제협약은 1973년 미국의 「멸종위기종법(Endangered Species Act: ESA)」에 기초를 두고 있다. 또한 1989년의 「유해폐기물의 국가간 이동 및 그 처리의 통제 관한 바젤 협약(Basel Convention on the Control of Transboundary Movements of Hazardous Wastes and their Disposal)」은 서명국들로 하여금 위반행위를 처벌하기 위해 국내형사처벌 규정을 만들 것을 요구하고 있다.

이러한 유엔협약에서 '생태살해'를 개념 정의할 경우 더 큰 편리성을 가질 수 있다. 독립적인 소송절차 규칙, 관할권을 갖는 새로운 국제환경재판소를 창설하려고 시도하기보다 회원국들은 기존 국내 법원을 쉽게 이용할 수 있다. 그러한 유엔협약은 회원국들로 하여금 생태살해에 대한 국내법을 채택할 것을 요구할 것이다. 이는 생태살해를 새로운 국제규범으로 빠르게 변화시킬 수 있다. 또한 국제형사재판소에 생태살해 관련 사건을 회부하는 것이 어렵다는 점을 고려할 때 생태살해죄를 국내 법원에 회부하여 심리하도록 하는 편이 더 효과적일 수 있다. 국제형사재판소에서 매년 소수의 사건을 재판하는 대신, 잠재적으로 매년 수천 건의 사건을 국내 법원에서 재판할 수 있기 때문이다. 광범위한 이행력을 갖는 통일된 생태살해의 개념 정의를 국내법에 도입할 경우 일부 국가가 생태살해 법을 제정한 결과 이웃 국가의 이익을 위해 경제적 손실로 고통 받는 상황을 막을 수 있다.

그러나 이러한 마지막 대안에 대해서는 국내 법원은 국경을 넘나드는 기름 유출 사고와 같이 초국가적 피해를 처리할 수 있는 충분한 수단을 갖추고 있지 못하다는 점, 국내 법원은 부패와 정치적 이해관계로 인해 수사와 기소에 방해를 받을 수 있다는 점, 생태살해 사건은 의심할 여지없이 유력한 정부 고위관리나 다국적 화석연료 기업의 대표이사들이 개입되는 경향이 크며, 이들은 여러 경로를 통해 기소를 하지 못하도록 위협하거나 흔들고 억압하는 데 상당한 영향력을 행사할 수 있다는 한계가 있다.

V. 맺음말

2021년 6월 22일 '에코사이드의 법적 개념정의를 위한 독립 전문가 패널(IEP)'은 '생태살해'에 대해 국제범죄로서 형사처벌의 필요성을 충분히 인정하고 생태살해죄 도입을 위한 로마규정 개정 초안을 발표하였다. IEP는 그 서문에서 오늘날 가장 심각한 환경파괴는 전시가 아닌 평화 시기에 발생하여 국제형사재판소의 관할권을 벗어난다고 지적하면서 생태살해죄를 새로운 다섯 번째 국제범죄로 규정하여 환경을 보호하고 인류의 미래를 위한 보다 효과적인 법 체계를 갖출 필요가 있다고 설명했다.[61] 하지만 에코사이드 옹호론자들의 주장을 수용하여 로마규정을 개정하여 생태살해죄를 도입할 경우 생태살해죄는 국제형사재판소 관할 네 가지 핵심범죄와 비교할 때 역사적 기반이 취약하다는 점, 끔직한 반인륜 범죄인 집단살해죄 등 핵심범죄의 중대성이 경시될 수 있다는 점, 세계에서 가장 큰 환경오염 내지 파괴를 일으키는 국가로 지목되는 미국, 중국, 인도, 러시아 등이 로마규정을 채택하지 않아 관할권이 미치지 못하여 생태살해죄 관련 행위자 처벌에 실효성을 기대할 수 없다는 점, 국제형사재판소의 재판관은 국제인도법이나 국제인권법 전문가이어서 환경범죄 관련 전문성이 결여되어 그 판결에 신뢰성을 확보하기 어렵다는 점, 로마규정 개정에 회원국 2/3의 동의가 필요한데 생태살해 범죄화에 이러한 동의를 얻어내기가 어렵다는 점 등의 한계가 있음을 직시할 필요가 있다. 다만 이러한 한계에 대해서는 생태살해죄와 같이 새로운 국제범죄를 로마규정 개정을 통해 도입하고자 할 때 언제나 제기될 수 있는 문제이며, 국제형사재판소의 관할권 문제는 생태살해죄 도입과 무관하

---

61) IEP가 제안한 로마규정 개정 초안 원문은 아래에서 확인이 가능하다. chrome-extension://efaidnbmnnnibpcajpcglclefindmkaj/https://static1.squarespace.com/static/5ca2608ab914493c64ef1f6d/t/60d1e6e604fae2201d03407f/1624368879048/SE+Foundation+Commentary+and+core+text+rev+6.pdf 〈최종 검색: 2023. 6. 10.〉

게 미국, 중국 등의 국가가 로마규정을 여전히 채택하지 않는데서 오는 근본적 한계라는 등의 재반박이 가능하다.

한편 생태살해죄 심리법원으로서 국제형사재판소 이외에도 국제환경재판소의 창설, 국제사법재판소에의 제소, 생태살해죄를 형법상 범죄로 규정한 베트남 형법 제342조와 같이 개별 국가의 국내법적 차원에서 범죄화하는 방안, 유엔협약에서 '생태살해'를 개념 정의하고 회원국들로 하여금 생태살해에 대한 국내법을 채택할 것을 요구하는 방안 등의 대안이 있을 수 있다.

결론적으로 장기적 관점에서 볼 때 국제환경재판소의 창설, 국제사법재판소에의 제소 등의 대안보다는 로마규정 체결국들의 설득에 상당한 시간이 소요되더라도 로마규정을 개정하여 생태살해죄를 도입하는 방안이 타당하다고 본다. 즉 현재 인류세가 직면한 환경위기 내지 기후위기를 극복하고 인류를 포함한 지구상의 모든 생명체들이 '심각하고, 광범위하거나 장기간'에 걸친 생태살해 피해로부터 보호되기 위해서는 로마규정에 생태살해죄를 다섯 번째 국제범죄로 도입하고 그에 따라 국내의 이행법률에서도 생태살해죄를 신설하여 자국 내에서 발생한 생태살해 사건에 대해서는 일차적으로 국내 법원에 의해, 다국적 기업 등에 의한 초국가적 환경범죄(생태살해) 사건에 대해서는 국제형사재판소에서 관할권을 가지고 심리할 필요가 있다.

결론 기후형법의 과제와 전망

현재 인류세가 직면한 환경위기 내지 기후위기는 갈수록 심화되고 있다. 이러한 환경위기나 기후위기는 인간과 자연의 관계를 주체-객체의 관계로, 주종관계로 파악하는 인간중심적 관점을 바탕으로 한 근대 법학의 한계에서 비롯된 것이다. 이러한 종래 기계론적 자연관에서 벗어나 생태중심적 관점에서 모든 생명체는 고유한 생명의 권리를 가지고 있으며, 인간과 생태계를 상호 의존적 관계로 파악하는 '녹색법학' 내지 '녹색범죄학'이 1990년대부터 등장하였다. 최근에는 기존 법학의 이론적 체계가 지구의 심각한 생태위기나 기후위기를 해결할 수 없다는 점에 대한 뼈아픈 자각에서 출발하여 지구중심적 관점에서 법과 거버넌스에서 보호받고 권리를 누리는 주체를 인간과 법인뿐만 아니라 지구 전체 생명으로 확대하여 우주의 모든 것은 동일한 가치와 도덕적 지위가 있어 동등하게 취급하는 '지구법학'의 개념이 새롭게 등장하고 있다. 그런데 녹색범죄학은 종종 반응적이고 단기적인 해결책을 제공하는 반면, 지구법학은 보다 전체론적이고 장기적인 접근 방식을 제공한다는 각각의 한계를 가지고 있다. 따라서 생태중심적·지구중심적 관점에서 양자를 서로 결합할 필요성이 있다. 이를 통해 지구법학은 근본적으로 다른 법적 접근방식을 제시함으로써 녹색범죄학이 파악한 광범위한 환경 피해를 고려할 때 전 지구적 관점으로 관점을 변화시킬 필요성에 대한 정당성을 강화하는 해결책을 제공할 수 있으며, 녹색범죄학은 지구법학의 영향력을 더 다양한 분야로 확장함으로써 지구법학이 단지 '아이디어의 영역에 갇히는 것'을 방지할 수 있다는 이점을 확보할 수 있다. 결국 환경위기나 기후위기를 극복하기 위한 기후형법의 생태철학적 토대는 생태중심적·지구중심적 관점에서 찾아야 한다. 정치·경제·사회·문화·교육 등 전체적인 사회구조가 인간중심적 패러다임에서 벗어나, 인간과 자연은 한 수레 두 바퀴와 같이 생태계의 일원으로서 상호 연대하는 생태중심적·지구중심적 패러다임으로 전환을 바탕으로 하여 녹색범죄학과 지구법학의 결합을 통해 새로운 법학적 이론토대가 구축될 때 환경위기나 기후위기의 진정한 해결의 실마리를 찾아낼 수 있을 것이다.

지금까지 인간중심적 관점을 바탕으로 한 형사법, 전통범죄학, 기후변화법, 국제환경(형)법을 통한 기후위기 극복은 다음과 같은 한계를 분명히 보여주고 있어, 이를 극복하기 위한 대응 방안을 고려할 필요가 있다. 첫째, 기후변화와 관련하여 형사사법은 기후소송에 대해 소극적 태도를 보이고 있다. 정부나 화석연료 기업 등을 상대로 기후변화 대응 강화를 촉구하거나 각종 기후재난으로 입은 손실에 대해 배·보상 요구, 가해자에 대한 형사처벌을 요구하며 제기하는 소송을 의미하는 '본래적 의미의 기후소송'에서 형사사법은 막강한 법적·재정적 자원을 활용하여 법적 책임을 회피하는 강력한 글로벌 에너지 기업의 법적 책임귀속 문제를 방관하는 한계를 보이고 있다. 또한 '부차적 의미의 기후소송'은 기후위기의 심각성을 대중들에게 적극적으로 알리고 국가 차원의 기후대책을 시급히 촉구하는 과정에서 발생하는 기후활동가들의 범죄행위를 처벌하기 위한 소송을 의미한다. 부차적 의미의 기후소송은 화석연료 기업이 피고가 되는 것이 아니라, 기후변화 대응 강화를 촉구하고 기후정의 실현을 위해 노력하는 기후활동가들이 실정법 위반의 혐의로 기소되어 피고인으로 전락되게 함으로써 기후정의 운동을 위축시키는 문제를 보이고 있다. 그러나 기후소송에서 사법부는 기존의 인간중심적 관점에서 벗어나 생태중심적·지구중심적 관점을 바탕으로 보다 전향적인 태도를 보일 필요가 있다. 이를 바탕으로 사법부는 기후활동가들을 범죄자로 전락시키기보다 기후변화로 인해 야기된 생태적·사회적 피해에 대해 국가뿐만 아니라 화석연료 기업들에게 책임귀속을 강화할 필요가 있다.

둘째, 기후변화에 대한 범죄학적 대응은 기존 정치·경제 권력에 의해 커다란 저항에 부딪치고 있는 것이 현실이다. 실제로 기후범죄학이 기후위기를 극복하기 위한 범죄학적 대응 방안을 제시하는 현시점에서도 글로벌 자본주의 체제와 자본가 계급은 석탄, 석유, 천연가스 등의 천연자원을 총체적으로 이용하면서 기후변화에 대한 완화 및 적응 전략에 반대 목소리를 높이고 있다. 반면 현재 기후변화 피해로 발생한 막대한 비용 부담은 자본가 계급이 아닌 일반 시민과 사회경제적 약자에게 전가되고 있다. 그러나 기후범죄학은 인간, 환경, 동물을 착취하기보다는 이들과 공생하고 생태중심적·지구중심적 세계관이 중심이 되는 미래를 위한 토대를 만드는 데 기여해야 한다. 기후범죄학자는 지식인으로서 기후변화 관련 정치적 행동에 참여하고, 미래세대의 수호자 역할을 맡고, 기후변화 관련 주제에 관한 연구, 정책 및 실천에 우선순위를 두어야 한다. 기후위기를 극복하는 건 현재 인류가 직면한 가장 큰 도전이기 때문이다.

셋째, 기후변화에 대응하기 위해 국제사회는 2015년 파리협정을 마련하고 그 실효적 이행을 위해 개별 국가 차원에서 기후변화법을 제정하여 파리협정에서 제시한 '산업화 이전(1850~1900년) 대비 지구 평균기온 상승을 2℃ 이하로 유지, 가능하면 1.5℃ 이하로 제한'이라는 목표를 달성하기 위해 노력하고 있다. 그러나 일부 개별 국가에서 제정한 기후변화법은 감축목표 달성 경과 등의 정기적 제출 의무를 고의로 이행하지 않거나, 각국이 자발적으로 설정한 감축목표를 이행하지 않았을 때 이를 강제할 수 있는 강제조항이나 과태료 또는 형벌을 부과할 수 있는 별도의 벌칙조항이 없으므로 이를 강제할 방법이 없다는 근본적인 한계를 보이고 있다. 따라서 향후 우리나라를 포함하여 각국의 기후변화 대응 관련 법률에서 화석연료 기업에게 탄소배출 감축을 위한 구체적이고 명확한 의무를 부과하고, 화석연료 기업이 탄소배출량을 고의로 증가시키거나, 탄소배출 감축 의무를 고의로 위반하는 행위 등을 기후범죄의 대표적 유형 중 하나인 '탄소범죄'로 범죄화하여 형사제재를 부과할 수 있도록 함으로써 이행력을 확보할 필요가 있다.

기후형법의 논의에서 국제형사법상 로마규정에 생태계에 대한 돌이킬 수 없는 파괴와 피해를 의미하는 '생태살해(ecocide)죄'를 다섯 번째 국제범죄로 도입할지에 대한 논의가 대두되고 있다. 로마규정상 상태살해죄 도입 여부는 향후 기후형법이 어떻게 발전할 수 있을지 이론적 발전의 시금석일 될 것이다. 생태살해죄 도입 논의에 있어 법적 개념이 여전히 모호한 생태살해, 주관적 요소로서 고의나 의도의 불요구, 인과관계 증명과 책임귀속의 어려움 등 여러 이론적 한계에 직면하고 있다. 이러한 이론적 한계를 극복하기 위해서는 종래의 인간중심적 법학의 패러다임에서 벗어나 인간뿐만 아니라 환경 그 자체의 고유 가치를 인정함으로써 법에 의한 사회정의, 법을 통한 자연과 인간의 평화로운 공동체형성 및 이를 통한 생태정의 또는 기후정의까지 실현될 수 있는 새로운 패러다임으로서 '생태중심적·지구중심적' 법학으로 패러다임의 대전환이 요구된다. 이러한 생태중심적·지구중심적 (형)법학에서는 생태살해죄의 이론적 한계를 극복하기 위해 생태정의, 생태중심적 법익보호의 정당성, 인과관계의 추정, 추상적·구체적 위험범(소위 '적성범'), 결과반가치가 아닌 행위반가치에의 지향, 기업(법인)의 범죄능력 등 새로운 이론 틀에 대한 면밀한 검토가 요구된다.

푸른 행성 지구는 지속될 것이다. 기후형법과 기후범죄학은 생태중심적·지구중심적 관점에서 미래가 지속되기 위해 요구되는 이론적 토대를 제공해야 할 임무를 부여받고 있다. 기후변화에 대한 대응은 근본적으로 우리 자신의 생존에 관한 것이며, 인간과 비인간 존재 모두의 생존을 위협하면서까지 자신들의 정치·경제적 이익을 추구하는 지배권력에 대한 저항을 뜻하기도 한다.

'기후변화가 아닌 체제 전환(System Change, Not Climate Change)'이라는 슬로건이 회자되고 있다. 이는 기후정의 실현을 위해 세계 각국에서 제안되고 있는 '그린 뉴딜' 정책을 녹색 경기부양과 경제위기 관리의 수단이 아닌 반자본주의·탈성장의 출발점으로 인식시키는 과정에서 등장한 슬로건이다. 기후위기는 더 이상 '환경문제'나 '생태문제'가 아니라, 경제성장을 최우선으로 하는 자본주의 체제, 생산과 소비의 문제라는 인식이 확산되고 있다. 자본주의 경제성장 중심 체제가 작동하는 구조인 자본주의 권력관계, 즉 생산수단의 사적소유에 따른 배타적이고 독점적 전유 권리에 맞서지 못한 채 이루지는 기후정의 운동 차원에서의 '대안' 모색은 글로벌 자본주의 체제 하에서는 한계가 있을 수밖에 없다.

인류 전체가 한 가지 쟁점 사안에 대해 합의하고 집단적으로 동의할 수 있다면, 그것은 강력한 법을 통해 환경과 기후 시스템을 보호해야 한다는 것이다. 이는 우리 모두가 자연의 일부이며, 우리의 존재가 건강한 자연 환경과 지구의 지속가능성에 달려 있기 때문이다.

기후위기의 시대, 우리는 수많은 갈림길 위에 서 있다. 근대 법학의 테두리에 머물 것인지, 생태중심적·지구중심적 관점을 바탕으로 한 지구형법의 길을 모색할 것인지 가운데 어느 길을 선택할지는 전적으로 우리의 몫이다. 여러분은 어떤 길을 선택하시겠습니까?

참고문헌

■ [국내문헌]

강금실 외 7인, 『지구를 위한 법학』, 서울대학교출판문화원, 2020.

구스타브 라드브루후(최종고 옮김), 『법철학(제3판)』, 삼영사, 2007.

기후정의포럼, 『기후정의선언 2021』, 한티재, 2021.

김기준, 『국제형사법』, 박영사, 2017.

김대순, 『국제법론』, 삼영사, 2014.

김성수 외 9인 공저, 『기후변화와 법학의 과제』, 신조사, 2014.

김성천/김형준, 『형법총론(제7판)』, 도서출판 소진, 2017.

김일수/서보학, 『새로 쓴 형법총론(제13판)』, 박영사, 2020.

김재윤, 『현대형법의 위기와 과제』, 전남대학교출판부, 2009.

_____, 『기업의 형사책임』, 마이드탭, 2015.

김종구, 『미국 형법의 비교법적 연구』, 정독, 2023.

김현우, 『정의로운 전환』, 나름북스, 2014.

김홍균, 『국제환경법(제2판)』, 홍문사, 2015.

나오미 클라인/이순희 옮김, 『이것이 모든 것을 바꾼다: 자본주의 대 기후』, 열린책들, 2016.

데이비드 보이드/이지원 옮김, 『자연의 권리: 세계의 운영이 걸린 법률 혁명』, 고유서가, 2017.

데이비드 월러스 웰즈/김재경 옮김, 『2050 거주불능 지구』, 추수밭, 2019.

마리-모니크 로뱅/목수정 옮김, 『에코사이드』, 시대의창, 2020.

마이클 샌델/김명철 옮김, 『정의란 무엇인가』, 와이즈베리, 2014.

마크 라이너스/김아림 옮김, 『최종 경고: 6도의 멸종』, 세종서적(주), 2022.

마틴 엠슨 외/장호종 옮김, 『기후 위기, 불평등, 재앙』, 책갈피, 2021.

박병도, 『국제환경책임법론』, 집문당, 2007.

배현주 외 3명, 『환경정의 구현을 위한 건강위해성 평가 및 관리전략 도입 연구』, 한국환경정책 · 평가연구원, 2020.

법무부, 『독일형법』, 2008.5.

빌 드발/조지 세션스(김영준/민정희/박미숙/함엄석 옮김), 『딥 에콜로지(Deep Ecology)』, 원더박스, 2022.

손동권/김재윤, 『새로운 형법총론』, 율곡출판사, 2013.
신동운, 『형법총론(제11판)』, 법문사, 2019.
안준관 외, 『기후변화와 노동계의 대응 과제－정의로운 전환을 위하여』, 발전노조, 2008.
앤서니 기든스/홍욱희 옮김, 『기후변화의 정치학』, 에코리브르, 2009.
윤지영 외 4인, 『법과학을 적용한 형사사법의 선진화 방안(Ⅶ): 기후변화 위기 시대의 환경범죄 대응』, 한국형사정책연구원, 2016.12.
윤지영/임정호/김정환/박종원/이승준, 『법과학을 적용한 형사사법의 선진화 방안(Ⅶ) －기후변화 위기 시대의 환경범죄 대응－』, 한국형사정책연구원, 2016.
이재상/장영민/강동범, 『형법총론(제10판)』, 박영사, 2019.
이종영, 『총량제한 탄소배출권거래제 도입을 위한 입법적 과제』, 국회입법조사처, 2009.
장호종/마틴 엠슨 외, 『기후 위기, 불평평, 재앙: 마르크스주의적 대안』, 책갈피, 2021.
조너선 닐/김종환 옮김, 『기후위기와 자본주의: 체제를 바꿔야 기후변화를 멈춘다』, 책갈피, 2019.
조병선, 『환경형법』, 청주대학교출판부, 1998.
조준현, 『범죄학(개정판)』, 법원사, 2008.
조효제, 『탄소사회의 종말』, 21세기북스, 2021.
______, 『침묵의 범죄: 에코사이드』, 창비, 2022.
최병두, 『비판적 생태학과 환경정의』, 한울, 2010.
코막 컬리넌/박태현 옮김, 『야생의 법: 지구법 선언』, 로도스, 2016.
토다 키요시/김원석 옮김, 『환경정의를 위하여』, 창작과 비평사, 1995.
프리초프 카프라/우고 마테이(박태현/김영준 옮김), 『최후의 전환』, 경희대학교출판부, 2019.
피터 벤츠(Peter S. Wenz)/최병두 외 옮김, 『환경정의』, 한울, 2007.
한국형사 · 법무정책연구원, 『스위스 형법전』, 2009.
한면희, 『미래세대와 생태윤리』, 철학과 현실사, 2007.
한상운 외, 『기후정의 실현을 위한 정책 개선방안 연구(Ⅰ)』, 한국환경정책 · 평가연구원, 2019.
한재각, 『기후정의: 희망과 절망의 갈림길에서』, 한티재, 2021
환경부, 『교토의정서 이후 신 기후체제－파리협정 길라잡이』, 2016.5.
______, 『파리협정 길라잡이』, 2016.5.
Posner & Weisbach/이은기 옮김, 『기후변화 정의』, 서강대학교출판부, 2014.

■ [해외문헌]

Alfred W. McCoy, In the Shadows of the American Century: The Rise and Decline of U.S. Global Power, Chicago: Haymarket Books, 2017.

Allan Schnaiberg, The environment: From surplus to scarcity, New York, NY: Oxford University Press, 1980.

Andreas Malm, Fossil Capital: The Rise of Steam Power and the Roots of Global Warming, London: Verso, 2016.

Andrew J. Bacevich, The New American Militarism: How Americans Are Seduced by War, New York: Oxford University Press, 2005.

Anil Agrwal and Sunita Narain, Global Warming In an Unequal World: a case of environmental colonialism, Center for Science and Environment New Delhi, 1991.

Anthony Giddens, The Politics of Climate Change, Second edition. Cambridge, UK: Polity Press, 2011.

Avi Brisman and Nigel South, Green Cultural Criminology: Constructions of Environmental Harm, Consumerism, and Resistance to Ecocide, London: Routledge, 2014.

Bill Devall/George Sessions, Deep ecology: Living as if Nature Mattered, Utah: Gibbs Smith Publisher, 1985.

Bill McKibben, Eaarth: Making Life on a Tough New Planet, New York: Tinies Books/Henry Holt, 2010.

Bob Torres, Making a Killing: The Political Economy of Animal Rights, Oakland, CA: AK Press, 2007.

Bunyan Bryant, Environmental Justice: Issues, Policies, and Solutions, Island Press, 1995.

Carl G. Hempel, Aspects of scientific explanation and other essays in the philosophy of science, New York, NY: The Free Press, 1965.

Carolin Reese, Großverbrechen und kriminologische Konzepte: Versuch einer theoretischen Integration, Münster, 2004.

Carolyn Merchant, Radical Ecology: The Search for a Livable World, New York: Routledge, 2005.

Charles H. Anderson, The sociology of survival : social problems of growth, Dorsey Press, 1976.

Christian Parenti, Tropic of Chaos: Climate Change and the NeuGeography of

Violence, New York: Nation Books, 2011.
Cormac Cullinan, Wild Law: A Manifesto for Earth Justice, London: Green Books, in association with The Gaia Foundation, 2003.
Damien Short, Redefining Genocide: Settler Colonialism, Social Death and Ecocide, Zed Books: London, 2016.
David M. Smith, Geography and Social Justice, Blackwell. London, 1994.
David Pepper, Eco−Socialism: From Deep Ecology to Social Justice, London & New York: Routledge, 1993.
David Zierler, The Invention of Ecocide: Agent Orange, Vietnam, and the Scientists Who Changed the Way We Think About the Environment, 2011.
Dawn L. Rothe and David Kauzlarich, Crimes of the Powerful: An Introduction, Routledge, 2016.
Eamonn Carrabine et al., Criminology: A Sociological Introduction, London & New York: Routledge, 2004.
Edwardo Lao Rhodes, Environmental Justice in America: A New Paradigm, Indiana University Press, 2003.
EEA (European Environment Agency), EEA Signals: Biodiversity, Climate Change and You, Copenhagen: European Environment Agency, 2010.
Eric A. Posner and David Weisbach, Climate Change Justice, Princeton University Press, 2010.
European Commission, European Green Deal: Strengthening EU law to combat environmental crime, Brussels: European Commission, 2021.
Foster, J. B., Marx's ecology: Materialism and nature. New York: New York University Press, 2000.
Herbert Jäger, Makrokriminalität: Studien zur Kriminologie kollektiver Gewalt, Frankfurt am Main, 1989.
Ian Angus, Facing the Anthropocene: Fossil Capitalism and the Crisis of the Earth System, New York: Monthly Review Press, 2016.
Ioanna Anastasopoulou, Deliktstypen zum Schutz kollektiver Rechtsgüter, Verlag C.H. Beck, München, 2005.
IPCC, Climate Change 2014 Synthesis Report, Approved Summary for Policymakers, 2014.
______, Fifth Assessment Report. Climate Change 2013: The Physical Science Basis, Geneva: Author, 2013.

Jack Lampkin, Uniteing Green Criminology and Earth Jurisprudence, Routledge; London and New York, 2021.

James Heydon, Sustainable Development as Environmental Harm: Rights, Regulation, and Injustice in the Canadian Oil Sands, Abingdon: Routledge, 2019.

Jane Mayer, Dark Money: The Hidden History of the Billionaires behind the Rise of the Radical Right, New York: Anchor Books, 2017.

Jason Moore, Capitalism in the Web of Life: Ecology and the Accumulation of Capital, London: Verso, 2015.

Joana Setzer/Catherine Higham, Global Trends in Climate Change Litigation: 2024 Snapshot., London: Grantham Research Institute on Climate Change and the Environment and Centre for Climate Change Economics and Policy, London School of Economics and Political Science, 2024.

John Gardner, Offencesand Defences, Oxford: Oxford University Press, 2007.

Kenny Bruno, Greenhouse Gangsters vs. Climate Justice, TRAC/Tides Centre, 1999.

Matthias Daxenberger, Kumulationseffekte, Nomos, Baden–Baden, 1997.

Michael J. Lynch/Michael A. Long/Paul B. Stretesky, Green Criminology and Green Theories of Justice: An Introduction to a Political Economic View of Eco–Justice, London: Palgrave Studies in Green Criminology, 2019.

Michael J. Lynch/Michael A. Long/Paul B. Stretesky/Kimberly L. Barrett, Green Criminology: Crime, Justice, and the Environment, University of California Press, 2017.

Michael Mann, Incoherent Empire, London: Verso, 2003.

Michael S. Moore, Placing Blame: A Theory of Criminal Law, Oxford: Oxford University Press, 1997.

Paul Stretesky, Michael Long, Michael Lynch, The treadmill of crime: Political economy and green criminology, New York, NY: Routledge, 2013.

Peter S. Wenz, Environmental Justice, Staste University of New York, Albqny, 1988.

Pfeiffer, D. K. and Scheerer, S., Kriminalsoziologie: eine Einführung in Theorien und Themen, Stuttgart, 1979.

Piers Beime, Confronting Animal Abuse: Law, Criminology, and Human–Animal Relation ships, New York: Rowman & Litdefield Publishers, 2009.

Polly Higgins, Earth is our Business: Changing the Rules of the Game, London: Shepheard－Walwyn Publishers Ltd., 2012.
______, Eradicating Ecocide: Exposing the Corporate and Political Practices Destroying the Planet and Proposing the Laws Needed to Eradicate Ecocide, London: Shepheard－Walwyn Publishers, 2010,
Rachel Carson, Silent spring, Boston, MA: Houghlin Mifflin, 1962.
Ragnhild Aslaug Sollund, The crimes of wildlife trafficking: Issues of justice, legality and morality, London, England: Routledge, 2019.
Rob White, Crimes Against Nature: Environmental Criminology and Eco logical Justice, New York: Willan Publishing, 2008.
______, Transnational Environmental Crime: Toward an Eco－Global Criminology, London: Routledge, 2011.
______, Environmental Harm: An Eco－Justice Perspective, Bristol: Policy Press, 2013.
______, Climate Change Criminology, Bristol University Press, 2020.
______, Theorising Green Criminology: Selected Essays, Routledge, 2021.
Robert Agnew, Toward a Unified Criminology: Integrating Assumptions about Crime, People, and Society, New York: New York University Press, 2011.
Robert Jay Lifton, The Climate Swerve: Reflections on Mind, Hope, and Survival, The New Press, 2017.
Robert Reiner, Crime: The Mystery of the Common－Sense Concept, Cambridge, UK: Polity Press, 2016.
Robyn Eckersley, Environmentalism and Political Theory: Toward an Ecocentric Approach, New York: State University of New York Press, 1992.
Roland Hefendehl, Kollektive Rechtsgüter im Strafrecht, Heymann, Köln u.a., 2002.
Ronald C. Kramer, Carbon Criminals, Climate Crimes, Rutgers University Press, 2020.
Ruchi Anand, International Environmental Justice: A North－South Dimension, ASHGATE, 2004.
Sabine Benthin, Subventionspolitik und Subventionskriminalität, 2011.
Stanley Cohen, States of Denial: Knowing about Atrocities and Suffering, Cambridge, UK: Polity Press, 2001.
Stefan Bartholme, Der Schutz des Bodens im Umweltstrafrecht, Hartung－Gorre, 1995.

Stuart Bell, Donald McGillivray, Ole Pedersen, Emma Lees, and Elen Stokes, Environmental Law (9th Edition), Oxford: Oxford University Press, 2017.

Thomas M. Hoban and Richard O. Brooks, Green Justice: The Environment and the Courts(2nd Ed), New York: Routledge, 1996.

Thomas Mary Berry, The Great Work: Our Way Into the Future. New York: Three Rivers Press, 1999.

Timothy Morton, Hyperobjects: Philosophy and Ecology after the End of the World, University Of Minnesota Press, 2013.

Vandana Shiva, Soil Not Oil: Environmental Justice in an Age of Climate Crisis, North Atlantic Books, 2015.

WHO, Protecting Health from Climate Change: Connecting Science, Policy and People, Geneva: WHO Press, 2009.

Wolfgang Wohlers, Deliktstypen des Präventionsstrafrechts–zur Dogmatik "modernenr" Gefährdungsdelikte, Duncker & Humblot, Berlin, 2000.

Yingyi Situ/David Emmons, Environmental crime, Thousand Oaks, 2000.

찾아보기

ㄱ

ㄴ

ㅅ

ㅇ

ㅈ

ㅊ

ㅋ

ㅌ

ㅍ

ㅎ

저자 약력

▪ 김 재 윤

건국대학교 법과대학 졸업
건국대학교 대학원 졸업(법학석사)
독일 트리어(Trier) 대학교 법학석사(LL.M.)
독일 트리어(Trier) 대학교 법학박사(Dr. jur.)
인제대학교 법학과 조교수
전남대학교 법학전문대학원 교수
現 건국대학교 법학전문대학원 원장
광주고등검찰청 검찰시민위원회 위원
광주지방검찰청 형사상고심의위원회 위원
대검찰청 과거사 진상조사단 조사단원
광주지방법원 국선변호운영위원회 위원
서울동부지방검찰청 형사조정위원회 위원
서울동부지방검찰청 형사상고심의위원회 위원
서울중앙지방검찰청 형사상고심의위원회 위원

사법시험, 변호사시험 등 각종 국가고시 시험위원

[주요 저서 및 논문]
『Umweltstrafrecht in der Risikogesellschaft －Ein Beitrag zum Umgang mit abstrakten Gefährdungsdelikten－』(Dissertation, Göttingen, 2004)
『현대형법의 위기와 과제』(전남대학교출판부, 2009)
『형법판례 －총론편－』(전남대학교출판부, 3인 공저, 2010)
『새로운 형법총론』(율곡출판사, 2인 공저, 2011)
『새로운 형법각론(제2판)』(율곡출판사, 2인 공저, 2022)
『로스쿨 의료형법』(전남대학교출판부, 2013)
『생명의 형법적 보호』(전남대학교출판부, 2014)
『의료분쟁과 법(제2판)』(율곡출판사, 2015)
『기업의 형사책임』(마인드탭, 2015)_2016년도 대한민국학술원 우수학술도서 선정
『기업범죄예방과 준법지원인제도』(박영사, 2020)_2021년도 세종도서 선정
「영국의 기업과실치사법에 대한 고찰과 시사점」(형사정책연구 제25권 제4호, 한국형사정책연구원, 2014.12, 181~218면)
「CMIT/MIT 성분 가습기살균제로 인한 사망 사건 판결의 형사법적 쟁점 －서울중앙지방법원 2021. 1. 12. 선고 2019고합142,388,501 판결을 중심으로－」(환경법연구 제43권 제2호, 2021. 8, 1~28면) 외 다수

기후위기, 환경 그리고 기후형법

2025년 8월 10일 초판 인쇄
2025년 8월 20일 초판 1쇄 발행

저 자 김 재 윤
발행인 배 효 선

발행처 도서출판 法 文 社

주 소 10881 경기도 파주시 회동길 37-29
등 록 1957년 12월 12일/제2-76호(윤)
전 화 (031)955-6500~6 FAX (031)955-6525
E-mail (영업) bms@bobmunsa.co.kr
(편집) edit66@bobmunsa.co.kr
홈페이지 http://www.bobmunsa.co.kr
조 판 법 문 사 전 산 실

정가 35,000원 ISBN 978-89-18-91618-7